软件开发魔典

SQL Server 从入门到项目实践（超值版）

聚慕课教育研发中心　编著

清华大学出版社
北　京

内容简介

本书采取“基础知识→核心技术→核心应用→高级应用→项目实践”的结构和“由浅入深，由深到精”的学习模式进行讲解。全书共分为5篇20章。首先讲解数据库的基础知识，数据库的安装、配置与管理，SQL的基本操作，创建与管理数据库及数据表，表的约束条件以及SQL数据的查询操作等；然后侧重讲解了视图、游标、存储过程、索引、触发器、事务与锁的应用等；最后又介绍了SQL Server数据库的安全管理、数据库的备份与还原等；最后在实践环节讲解了外卖订餐管理系统、企业工资管理系统两个项目实践案例。

本书旨在从多角度、全方位地帮助读者快速掌握软件开发技能，构建从学校到社会的就业桥梁，让有志于从事软件开发行业的读者轻松步入职场。同时本书还赠送王牌资源库，由于赠送的资源比较多，在本书前言部分对资源包的具体内容、获取方式以及使用方法等做了详细说明。

本书适合SQL Server入门者，也适合SQL Server数据库管理员以及想全面学习SQL Server数据库技术以提升实战技能的人员使用，还可作为大中专院校及培训机构的教师、学生以及正在进行软件专业相关毕业设计的学生阅读。

图书在版编目（CIP）数据

SQL Server从入门到项目实践：超值版 / 聚慕课教育研发中心编著. —北京：清华大学出版社，2019
（软件开发魔典）

ISBN 978-7-302-52818-0

Ⅰ. ①S…　Ⅱ. ①聚…　Ⅲ. ①关系数据库系统　Ⅳ. ①TP311.132.3

中国版本图书馆CIP数据核字（2019）第082245号

责任编辑： 张　敏　薛　阳
封面设计： 杨玉兰
责任校对： 胡伟民
责任印制： 杨　艳

出版发行： 清华大学出版社
网　　址：http://www.tup.com.cn, http://www.wqbook.com
地　　址：北京清华大学学研大厦A座　　邮　　编：100084
社 总 机：010-62770175　　邮　　购：010-62786544
投稿与读者服务：010-62776969, c-service@tup.tsinghua.edu.cn
质量反馈：010-62772015, zhiliang@tup.tsinghua.edu.cn

印 刷 者：北京富博印刷有限公司
装 订 者：北京市密云县京文制本装订厂
经　　销：全国新华书店
开　　本：203mm×260mm　　印　　张：22　　字　　数：625千字
版　　次：2019年8月第1版　　印　　次：2019年8月第1次印刷
定　　价：79.90元

产品编号：075195-01

丛书说明

本套“软件开发魔典”系列图书，是专门为编程初学者量身打造的编程基础学习与项目实践用书。

本套丛书针对“零基础”和“入门”级读者，通过案例引导读者深入技能学习和项目实践。为满足初学者在基础入门、扩展学习、编程技能、行业应用、项目实践 5 个方面的职业技能需求，特意采用“基础知识→核心技术→核心应用→高级应用→项目实践”的结构和“由浅入深，由深到精”的学习模式进行讲解。

SQL Server 数据库最佳学习线路

本书以 SQL Server 最佳的学习模式分配内容结构，第 1～4 篇可使读者掌握 SQL Server 数据库基础知识和应用技能等，第 5 篇可使读者拥有多个行业项目开发经验。读者如果遇到问题，可学习本书同步微视频，也可以通过在线技术支持让资深程序员答疑解惑。

本书内容

全书分为 5 篇 20 章。

第 1 篇（第 1～6 章）为基础知识，主要讲解数据库基础知识，SQL Server 数据库的安装、配置与部署，SQL Server 数据库服务的启动与注册，SQL 基础知识，SQL 语句的应用，SQL 函数应用等。读者在学完本篇后，将会了解到 SQL Server 数据库的基本概念，掌握 SQL Server 数据库的基本操作及应用方法，为后面更好地学习 SQL Server 数据库编程打好基础。

第 2 篇（第 7～10 章）为核心技术，主要讲解 SQL Server 数据库的创建与管理、创建与管理数据表、设置表中的约束条件、SQL 数据的查询操作等。通过本篇的学习，读者将会使用 SQL Server 数据库进行基础编程。

第 3 篇（第 11～16 章）为核心应用，主要讲解 SQL Server 视图的使用、游标的应用、存储过程的应用、索引的应用、触发器的应用、SQL Server 事务与锁的应用等。学完本篇，读者将对 SQL Server 数据库的管理、操作以及使用 SQL Server 数据库综合性应用的能力有一定的提高。

第 4 篇（第 17、18 章）为高级应用，主要讲解 SQL Server 数据库安全管理、SQL Server 数据的备份与还原等。学好本篇内容，可以进一步提高运用 SQL Server 数据库进行编程和维护数据安全的能力。

第 5 篇（第 19、20 章）为项目实践，通过外卖订餐管理系统、企业工资管理系统两个实践案例，介绍了完整的 SQL Server 数据库系统开发流程。通过本篇的学习，读者将对 SQL Server 数据库编程在项目开发中的实际应用拥有切身的体会，为日后进行软件开发积累项目管理及实践开发经验。

全书不仅融入了作者丰富的工作经验和多年的编程心得，还提供了大量来自工作现场的实例，具有较强的实战性和可操作性。读者系统学习本书后可以掌握 SQL Server 数据库基础知识、全面的 SQL Server 数据库编程能力、优良的团队协同技能和丰富的项目实战经验。我们的目标就是让初学者、应届毕业生快速成长为一名合格的初级程序员，通过演练积累项目开发经验和团队合作技能，在未来的职场中获取一个高的起点，并能迅速融入到软件开发团队中。

本书特色

1. 结构科学，易于自学

本书在内容组织和范例设计中都充分考虑到初学者的特点，由浅入深、循序渐进地进行讲解，无论读者是否接触过 SQL Server 数据库，都能从本书中找到最佳的起点。

2. 视频讲解，细致透彻

为降低学习难度、提高学习效率，本书录制了同步微视频（模拟培训班模式），通过视频学习除了能轻松学会专业知识外，还能获取老师的软件开发经验，使学习变得更轻松有效。

3. 超多、实用、专业的范例和实战项目

本书结合实际工作中的应用范例逐一讲解 SQL Server 数据库的各种知识和技术，在项目实践篇中更以两个项目的实践来总结贯通本书所学，使读者在实践中掌握知识，轻松拥有项目开发经验。

4. 随时检测自己的学习成果

每章首页中，均提供了“学习指引”和“重点导读”，以指导读者重点学习及学后检查；章后的“就业面试技巧与解析”，均根据当前最新求职面试（笔试）精选而成，读者可以随时检测自己的学习成果，做到融会贯通。

5. 专业创作团队和技术支持

本书由聚慕课教育研发中心编著并提供在线服务。读者在学习过程中遇到任何问题，均可登录 http://www.jumooc.com 网站或加入图书读者（技术支持）QQ 群（674741004）进行提问，作者和资深程序员为您在线答疑。

本书附赠超值资源库

本书附赠了极为丰富、超值的王牌资源库，具体内容如下。

（1）王牌资源 1：随赠本书“配套学习与教学”资源库，提升读者的学习效率。

- 本书同步 353 节教学微视频录像（扫描二维码观看），总时长 13 学时。
- 本书中两个大型项目案例以及本书实例源代码。
- 本书配套上机实训指导手册及教学 PPT 课件。

（2）王牌资源 2：随赠“职业成长”资源库，突破读者职业规划与发展瓶颈。

- 求职资源库：100 套求职简历模板库、600 套毕业答辩模板库和 80 套学术开题报告 PPT 模板库。

- 面试资源库：程序员面试技巧，常见面试（笔试）题库，400 道求职常见面试（笔试）真题与解析。
- 职业资源库：程序员职业规划手册，软件工程师技能手册，常见错误及解决方案，开发经验及技巧集，100 套岗位竞聘模板。

（3）王牌资源 3：随赠“SQL Server 数据库软件开发魔典”资源库，拓展读者学习本书的深度和广度。

- 案例资源库：600 个经典案例库。
- 程序员测试资源库：计算机应用测试题库，编程基础测试题库，编程逻辑思维测试题库，编程英语水平测试题库。
- 软件开发文档模板库：60 套八大行业软件开发文档模板库，SQL Server 数据库经典案例库，SQL Server 数据库等级考试题库等。
- 电子书资源库：SQL Server 数据库远程连接开启方法电子书，SQL Server 安全配置电子书，SQL Server 常用维护管理工具电子书，SQL Server 数据备份电子书，SQL Server 常用命令电子书，SQL Server 数据库优化电子书，SQL Server 修改 root 密码方法电子书，SQL Server 数据库连接实例电子书，SQL Server 常见面试题及解析电子书。

（4）王牌资源 4：编程代码优化纠错器。

- 本助手能让软件开发更加便捷和轻松，无须配置复杂的软件运行环境即可轻松运行程序代码。
- 本助手能一键格式化，让凌乱的程序代码更加规整美观。
- 本助手能对代码精准纠错，让程序查错不再难。

上述资源获取及使用

注意：由于本书不配送光盘，因此书中所用及上述资源均需借助网络下载才能使用。

1. 资源获取

采用以下任意途径，均可获取本书所附赠的超值王牌资源库。

（1）加入本书微信公众号“聚慕课 jumooc”，下载资源或者咨询关于本书的任何问题。

（2）登录网站 www.jumooc.com，搜索本书并下载对应资源。

（3）加入本书读者（技术支持）服务 QQ 群（674741004），读者可以打开群“文件”中对应的 Word 文件，获取网络下载地址和密码。

2. 使用资源

读者可通过以下途径学习和使用本书微视频和资源。

（1）通过 PC 端、App 端、微信端学习本书微视频和练习考试题库。

（2）将本书资源下载到本地硬盘，根据学习需要选择性使用。

本书适合哪些读者阅读

本书非常适合以下人员阅读：

- 没有任何 SQL Server 数据库基础的初学者。
- 有一定的 SQL Server 数据库基础、想精通 SQL Server 数据库编程的人员。
- 有一定的 SQL Server 数据库编程基础，没有项目实践经验的人员。
- 正在进行软件专业相关毕业设计的学生。
- 大中专院校及培训学校的教师和学生。

创作团队

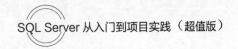

本书由聚慕课（JUMOOC）教育研发中心组织编写，参与本书编写的主要人员有王湖芳、张开保、贾文学、张翼、白晓阳、李伟、李欣、樊红、徐明华、白彦飞、卞良、常鲁、陈诗谦、崔怀奇、邓伟奇、凡旭、高增、郭永、何旭、姜晓东、焦宏恩、李春亮、李团辉、刘二有、王朝阳、王春玉、王发运、王桂军、王平、王千、王小中、王玉超、王振、徐利军、姚玉忠、于建彬、张俊锋、张晓杰、张在有等。

在编写过程中，我们竭尽所能地将最好的讲解呈现给读者，但也难免有疏漏和不妥之处，敬请广大读者不吝指正。若您在学习中遇到困难或疑问，或有何建议，可发邮件至 zhangmin2@tup.tsinghua.edu.cn。另外，您也可以登录我们的网站 http://www.jumooc.com 进行交流以及免费下载学习资源。

作者

第1篇　基础知识

第2篇 核心技术篇

第 3 篇 核心应用篇

第 4 篇 高级应用篇

第 5 篇　项目实践篇

第 1 篇

基础知识

本篇讲解数据库基础知识，SQL Server 数据库的安装、配置与部署，SQL Server 数据库服务的启动与注册，SQL 语言基础，SQL 语句基础，SQL 函数应用等。读者在学完本篇后，将会了解到 SQL Server 数据库的基本概念，掌握 SQL Server 数据库的基本操作及应用方法，为后面更好地学习 SQL Server 数据库编程打好基础。

第1章

数据库基础知识

学习指引

数据库（DataBase）是按照数据结构来组织、存储和管理数据的仓库。本章将介绍数据库的基础知识，主要内容包括数据库的基本概念、发展历史，数据库的分类模型以及常见关系数据库等。

重点导读

- 熟悉数据库的基本概念。
- 熟悉数据库的发展历史。
- 掌握数据库的数据模型。
- 掌握数据库的体系结构。
- 认识常用的关系数据库。

1.1 认识数据库

数据库产生于距今 60 多年前，随着信息技术和市场的发展，特别是 20 世纪 90 年代以后，数据管理不再仅仅是存储和管理数据，而转变成用户所需要的各种数据管理的方式。

1.1.1 数据库的概念

数据库有很多种类型，从最简单的存储有各种数据的表格到能够进行海量数据存储的大型数据库系统都在各个方面得到了广泛的应用。关于数据库的概念可以从以下两个方面来理解。

1. 按照数据库的形象来理解

按照数据库的形象来理解，可以将数据库看作是电子化的文件柜，也就是存储电子文件的处所，用户可以对文件中的数据进行新增、读取、更新、删除等操作。在日常管理工作中，常常需要把某些相关的数据放进这样的“仓库”，并根据管理的需要进行相应的处理。

例如，企业或事业单位的人事部门常常要把本单位职工的基本情况（职工号、姓名、年龄、性别、籍贯、工资、简历等）存放在表中，这张表就可以看成是一个数据库。有了这个“数据仓库”，用户就可以根据需要随时查询某职工的基本情况，也可以查询工资在某个范围内的职工人数等。这些工作如果都能在计算机上自动进行，那人事管理就可以达到极高的水平。

2. 按照数据库的原理来理解

按照数据库的原理来理解，数据库是依照某种数据模型组织起来并存放在二级存储器中的数据集合。这种数据集合具有如下特点：尽可能不重复，以最优方式为某个特定组织的多种应用服务，其数据结构独立于使用它的应用程序，对数据的增、删、改、查由统一软件进行管理和控制。

1.1.2 数据库技术的发展

数据库技术是管理信息系统、办公自动化系统、决策支持系统等各类信息系统的核心部分，是进行科学研究和决策管理的重要技术手段。从发展的历史看，数据库是数据管理的高级阶段，它是由文件管理系统发展起来的。

数据管理技术是对数据进行分类、组织、编码、输入、存储、检索、维护和输出的技术，数据管理技术的发展大致经过了以下三个阶段：人工管理阶段、文件系统阶段和数据库系统阶段。

1. 人工管理阶段

20 世纪 50 年代以前，计算机主要用于数值计算，从当时的硬件看，外存只有纸带、卡片、磁带等，没有直接存取设备；从软件看，没有操作系统以及管理数据的软件；从数据看，数据量小，数据无结构，由用户直接管理，数据间缺乏逻辑组织，数据依赖于特定的应用程序，缺乏独立性。

2. 文件系统阶段

20 世纪 50 年代后期到 60 年代中期，出现了磁鼓、磁盘等数据存储设备，新的数据处理系统迅速发展，这种数据处理系统是把计算机中的数据组织成相互独立的数据文件，系统可以按照文件的名称对其进行访问，对文件中的记录进行存取，并可以实现对文件的修改、插入和删除，这就是文件系统。

文件系统实现了记录内的结构化，即给出了记录内各种数据间的关系。但是，文件从整体来看却是无结构的，其数据面向特定的应用程序，因此数据共享性、独立性差，且冗余度大，管理和维护的代价也很高。

3. 数据库系统阶段

20 世纪 60 年代后期，出现了数据库这样的数据管理技术，数据库的特点是数据不再只针对某一特定应用，而是面向全组织，具有整体的结构性，共享性高，冗余度小，具有一定的程序与数据间的独立性，并且实现了对数据进行统一的控制。

1.1.3 数据库系统的组成

数据库系统是由数据库及其管理软件组成的系统，人们常把与数据库有关的硬件和软件系统统称为数据库系统。具体来讲，数据库系统是由数据库、数据库管理系统、数据库管理员、支持数据系统的硬件和软件（应用开发工具、应用系统等）、用户等多个部分构成的运行实体，如图 1-1 所示。

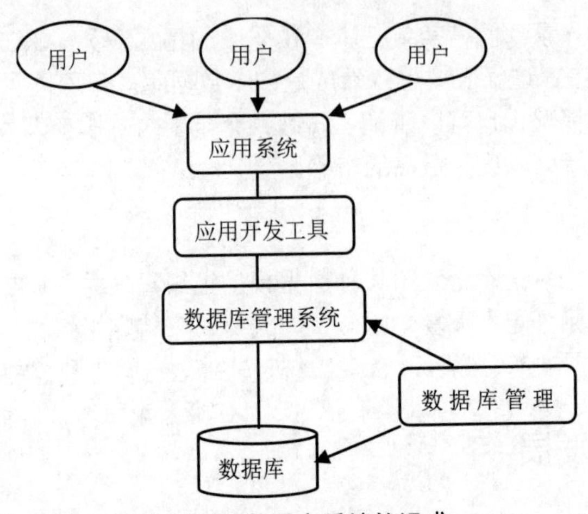

图 1-1　数据库系统的组成

下面详述主要部分的功能与作用。

（1）数据库：数据库（DataBase System）提供了一个存储空间用以存储各种数据，可以将数据库视为一个存储数据的容器。一个数据库可能包含许多文件，一个数据库系统中通常包含许多数据库。

（2）数据库管理员（DataBase Administrator，DBA）：数据库管理员是对数据库进行规划、设计、维护和监视等的专业管理人员，在数据库系统中起着非常重要的作用。

（3）数据库管理系统：数据库管理系统（DataBase Management System，DBMS）是用户创建、管理和维护数据库时所使用的软件，位于用户与操作系统之间，对数据库进行统一管理。DBMS 能定义数据存储结构，提供数据的操作机制，维护数据库的安全性、完整性和可靠性。

（4）数据库应用程序（DataBase Application）：数据库应用程序的使用可以满足对数据管理的更高要求，还可以使数据管理过程更加直观和友好，数据库应用程序负责与数据库管理系统进行通信，访问和管理数据库管理系统中存储的数据，允许用户插入、修改、删除数据库中的数据。

1.2　数据库的发展历史

数据库技术最初产生于 20 世纪 60 年代中期，根据数据模型的发展，可以划分为三代：第一代的层次数据库系统；第二代的关系数据库系统；第三代的面向对象数据库系统。

1.2.1　层次数据库

层次数据库的数据模型是有根的定向有序树，最具代表的是 1969 年 IBM 公司研制的数据库管理系统 IMS，该数据库奠定了现代数据库发展的基础。

层次数据库具有如下共同点：

- 支持三级模式（外模式、模式、内模式）。保证数据库系统具有数据与程序的物理独立性和一定的逻辑独立性。
- 用存取路径来表示数据之间的联系。
- 有独立的数据定义语言。
- 导航式的数据操纵语言。

1.2.2 关系数据库

关系数据库的主要特征是支持关系数据模型（数据结构、关系操作、数据完整性），是目前应用最为广泛的数据库系统，如常见的 SQL Server、Oracle、MySQL 等都是关系数据库系统。

关系模型具有以下特点：

- 关系模型的概念单一，实体和实体之间的联系用关系来表示。
- 以关系数学为基础。
- 数据的物理存储和存取路径对用户不透明。
- 关系数据库语言是非过程化的。

1.2.3 面向对象数据库

面向对象数据库产生于 20 世纪 80 年代，随着科学技术的不断进步，各个行业领域对数据库技术提出了更多的需求，关系型数据库已经不能完全满足需求，于是产生了面向对象数据库。

面向对象数据库主要有以下特征：

- 支持数据管理、对象管理和知识管理。
- 保持和继承了关系数据库系统的技术。
- 对其他系统开放，支持数据库语言标准，支持标准网络协议，有良好的可移植性、可连接性、可扩展性和互操作性等。

面向对象数据库支持多种数据模型（如关系模型和面向对象的模型），并和诸多新技术相结合（如分布处理技术、并行计算技术、人工智能技术、多媒体技术、模糊技术），广泛应用于多个领域（商业管理、GIS、计划统计等），由此也衍生出多种新的数据库技术。下面介绍如下。

- 分布式数据库：允许用户开发的应用程序把多个物理上分开的、通过网络互连的数据库当作一个完整的数据库看待。
- 并行数据库：通过 cluster 技术把一个大的事务分散到 cluster 中的多个结点去执行，提高了数据库的吞吐和容错性。
- 多媒体数据库：提供了一系列用来存储图像、音频和视频对象类型，更好地对多媒体数据进行存储、管理、查询。
- 模糊数据库：是存储、组织、管理和操纵模糊数据库的数据库，可以用于模糊知识处理。

总之，随着科学技术的发展，计算机技术不断应用到各行各业，随着数据存储不断膨胀的需要，对未来的数据库技术将会有更高的要求。

1.3 数据库的数据模型

数据模型是一种对客观事物抽象化的表现形式，它对客观事物加以抽象，通过计算机来处理现实世界中的具体事物。数据模型客观反映了现实世界，易于理解，与人们对外部事物描述的认识一致。

1.3.1 数据模型的概念

数据模型是数据库系统的核心与基础，是关于描述数据与数据之间的联系，数据库的语义、数据一致

性约束的概念性工具的集合。

数据模型通常是由数据结构、数据操作和完整性约束三部分组成。

- 数据结构：是对系统静态特征的描述。描述对象包括数据的类型、内容、性质和数据之间的相互关系。
- 数据操作：是对系统动态特性的描述。是对数据库中各种对象实例的操作。
- 完整性约束：是完整性规则的集合。它定义了给定数据模型中数据及其联系所具有的制约和依存规则。

1.3.2 层次结构模型

用树状结构表示实体类型及实体间联系的数据模型称为层次结构模型，简单地讲，层次结构模型实质上是一种有根结点的定向有序树（在数学中“树”被定义为一个无回的连通图）。

如图 1-2 所示是一个计算机系统的组织结构图，这个组织结构图像一棵树，系统就是树根（称为根结点），各个组件、组件系统、主板、电源等称为枝点（也称为枝结点），树根与枝结点之间的联系称为边，树根与边之比为 1∶*N*，如同一棵树，树根只能有一个，但树枝可以有 *N* 个。

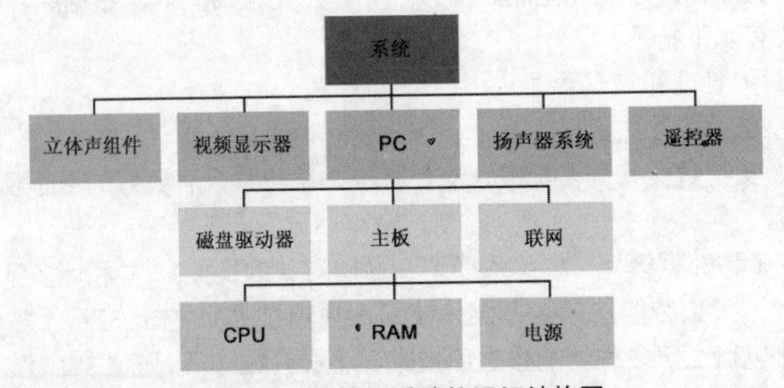

图 1-2 计算机系统的组织结构图

按照层次模型建立的数据库系统称为层次模型数据库系统，IMS(Information Management System)是其典型代表。层次结构模型具有以下特点：

- 每棵树有且仅有一个无双亲结点，称为根。
- 树中除根外所有结点有且仅有一个双亲。

1.3.3 网状结构模型

用有向图表示实体类型及实体间联系的数据模型称为网状模型。按照网状数据结构建立的数据库系统称为网状数据库系统，其典型代表是 DBTG(DataBase Task Group)，图 1-3 所示为一个网状结构模型示意图。

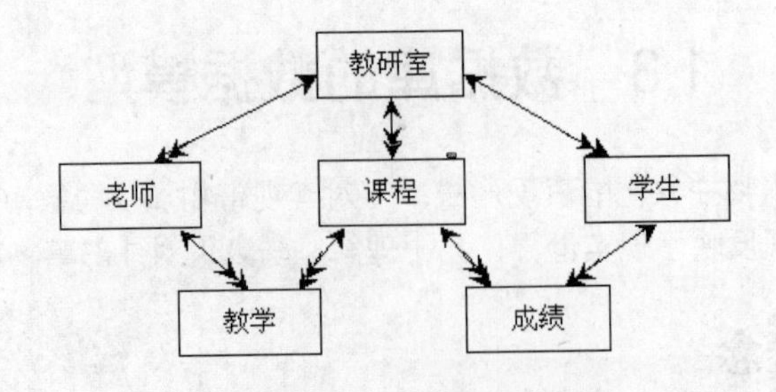

图 1-3 网状结构模型示意图

网状模型的数据结构主要有以下两个特征：

- 允许一个以上的结点无双亲。
- 一个结点可以有多于一个的双亲。

网状数据模型具有以下优点：

- 能够更为直接地描述现实世界。如一个结点可以有多个双亲，结点之间可以有多种联系。
- 具有良好的性能，存取效率较高。

网状数据模型具有以下缺点：

- 结构比较复杂，而且应用环境越大，数据库的结构就变得越复杂，不利于最终用户掌握。
- 其数据定义语言(DDL)、数据操作语言(DML)复杂，用户不容易使用。

1.3.4 关系结构模型

用二维表的形式表示实体和实体间联系的数据模型称为关系结构模型。关系结构模型中无论是实体还是实体间的联系均由单一的结构类型——关系来表示，在实际的关系数据库中的关系也称为表，一个关系数据库就是由若干个表组成的。关系结构模型的列表如表 1-1 和表 1-2 所示。

表 1-1 员工信息表

员工工号	姓名	性别	部门编号	工作岗位	基本工资
1001	黄建华	男	20	部门经理	3000
1002	张霞	女	30	技术员	1600
1003	刘英	女	30	技术员	1600
1004	李旭	男	20	销售员	1600
1005	李玉	男	30	研发人员	1250

表 1-2 部门信息表

部门编号	部门名称	工作地点
10	财务部	上海
20	销售部	北京
30	研发部	广州
40	办公室	天津

关系结构模型具有如下优点。

（1）数据结构单一。

关系模型中，不管是实体还是实体之间的联系，都用关系来表示，而关系都对应一张二维数据表，数据结构简单、清晰。

（2）关系规范化，并建立在严格的理论基础上。

构成关系的基本规范要求关系中的每个属性不可再分割，同时关系建立在具有坚实的理论基础的严格数学概念基础上。

（3）概念简单，操作方便。

关系模型最大的优点就是简单，用户容易理解和掌握，一个关系就是一张二维表格，用户只需用简单的查询语言就能对数据库进行操作。

1.4 数据库的体系结构

数据库具有严谨的体系结构，这样可以有效地组织、管理数据，提高数据库的逻辑独立性和物理独立性，下面介绍数据库系统的体系结构。

1.4.1 数据库的三级模式

数据库领域公认的标准结构是三级模式结构，如图 1-4 所示。它包括外模式、概念模式、内模式。用户级别对应外模式；概念级别对应概念模式；物理级别对应内模式。

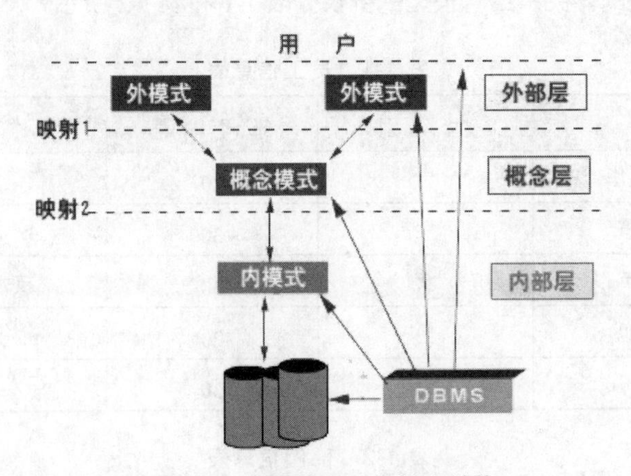

图 1-4 数据库的三级模式结构

通过这样的划分，可以使不同级别的用户对数据库形成不同的视图。所谓视图，就是指观察、认识和理解数据的范围、角度和方法，是数据库在用户“眼中”的反映，很显然，不同层次（级别）的用户所“看到”的数据库是不相同的。

1. 外模式

外模式也被称为用户模式，它是数据库用户，包括应用程序员和最终用户，能够看见和使用的局部数据的逻辑结构和特征的描述，是数据库用户的数据视图，是与某一应用有关的数据的逻辑表示。外模式是模式的子集，一个数据库可以有多个外模式。外模式是保证数据安全性的一个有力措施。

2. 概念模式

概念模式又称为模式或逻辑模式，对应于概念级。它是由数据库设计者综合所有用户的数据，按照统一的观点构造的全局逻辑结构，是对数据库中全部数据的逻辑结构和特征的总体描述，是所有用户的公共数据视图（全局视图）。它是由数据库管理系统提供的数据模式描述语言（Data Description Language，DDL）来描述、定义的，体现、反映了数据库系统的整体观。

3. 内模式

内模式又称存储模式，对应于物理级，它是数据库中全体数据的内部表示或底层描述，是数据库最低一级的逻辑描述，它描述了数据在存储介质上的存储方式和物理结构，对应着实际存储在外存储介质上的数据库。内模式由内模式描述语言来描述、定义，它是数据库的存储观。

在一个数据库系统中，只有唯一的数据库，因而作为定义、描述数据库存储结构的内模式和定义、描述数据库逻辑结构的模式，也是唯一的，但建立在数据库系统之上的应用则是非常广泛、多样的，所以对应的外模式不是唯一的，也不可能是唯一的。

1.4.2 三级模式的工作原理

数据库的三级模式是数据库在三个级别（层次）上的抽象，使用户能够逻辑地、抽象地处理数据而不必关心数据在计算机中的物理表示和存储。实际上，对于一个数据库系统而言，物理级数据库是客观存在的，它是进行数据库操作的基础，概念级数据库不过是物理级数据库的一种逻辑的、抽象的描述（即模式），用户级数据库则是用户与数据库的接口，它是概念级数据库的一个子集（外模式）。

1.4.3 三级模式之间的映射

为了能够在内部实现数据库的三个抽象层次的联系和转换，数据库管理系统在三级模式之间提供了两层映射。

1. 外模式与模式之间的映射

用户应用程序根据外模式进行数据操作，通过外模式与模式的映射，定义和建立某个外模式与模式间的对应关系，将外模式与模式联系起来，当模式发生改变时，只要改变其映射，就可以使外模式保持不变，对应的应用程序也可保持不变。

2. 模式与内模式之间的映射

另一方面，通过模式与内模式的映射，定义建立数据的逻辑结构（模式）与存储结构（内模式）间的对应关系，当数据的存储结构发生变化时，只需改变模式与内模式的映射，就能保持模式不变，因此应用程序也可以保持不变。

1.5 常见的关系数据库

目前主流关系数据库包括 SQL Server、Oracle、MySQL、DB2 数据库和 Access 数据库等，下面分别进行介绍。

1.5.1 Access 数据库

Microsoft Office Access 是由微软发布的关联式数据库管理系统。它结合了 Microsoft Jet DataBase Engine 和图形用户界面两项特点，是 Microsoft Office 的系列软件之一。专业人士主要用它来进行数据分析，目前的开发一般不用。如图 1-5 所示为 Access 数据库工作界面。

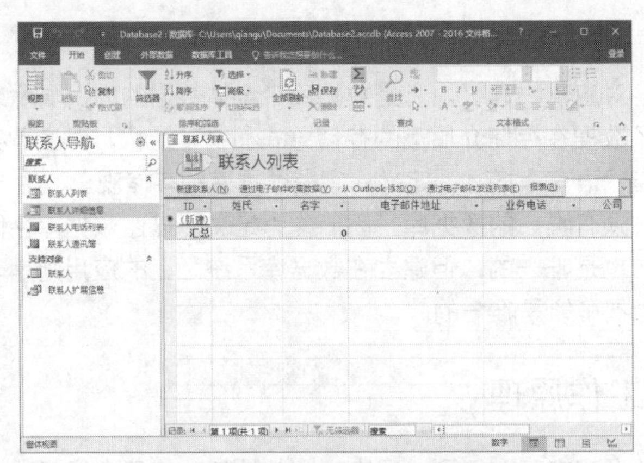

图 1-5　Access 数据库工作界面

1.5.2　DB2 数据库

DB2 是 IBM 著名的关系型数据库产品，在企业级的应用中十分广泛，用户遍布各个行业。目前，DB2 支持从 PC 到 UNIX，从中小型计算机到大型计算机，从 IBM 到非 IBM（HP 及 Sun UNIX 系统等）的各种操作平台。如图 1-6 所示为 DB2 数据库的下载页面。

图 1-6　DB2 数据库的下载页面

1.5.3　MySQL 数据库

MySQL 数据库是一个小型关系型数据库管理系统，开发者为瑞典 MySQL AB 公司。由于 MySQL 体积小、速度快、总体拥有成本低，尤其是开放源码这一特点，目前许多中小型网站为了降低网站总体拥有成本而选择了 MySQL 作为网站数据库。如图 1-7 所示为 MySQL 数据库的用户登录成功界面。

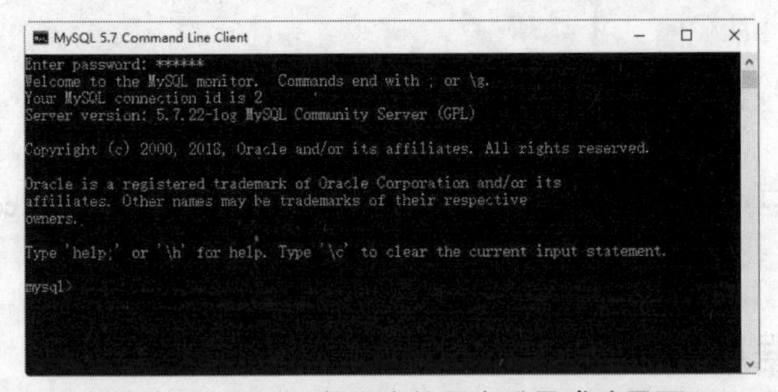

图 1-7　MySQL 数据库的用户登录成功界面

另外，MySQL 还是一种关联数据库管理系统。关联数据库将数据保存在不同的表中，而不是将所有数据放在一个大仓库内，这样就增加了速度并提高了数据应用的灵活性。

1.5.4 Oracle 数据库

Oracle 前身叫 SDL，由 Larry Ellison 和另外两个编程人员在 1977 年创建。1979 年，Oracle 公司引入了第一个商用 SQL 关系数据库管理系统，其产品支持最广泛的操作系统平台。目前，Oracle 关系数据库产品的市场占有率名列前茅。如图 1-8 所示为 Oracle 数据库的安装配置界面。

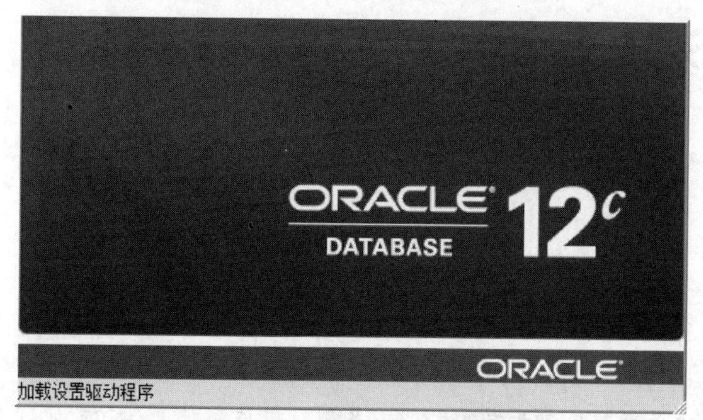

图 1-8 Oracle 数据库的安装配置界面

Oracle 公司是目前全球最大的数据库软件公司，也是近年业务增长极为迅速的软件提供与服务商。2013 年 6 月 26 日，Oracle Database 12c 版本正式发布，12c 里面的 c 是 cloud 的缩写，代表云计算。

1.6 就业面试技巧与解析

1.6.1 面试技巧与解析（一）

面试官：你觉得你个性上最大的优点是什么？

应聘者：我认为我具有沉着冷静、条理清楚、乐于助人和关心他人、适应能力强等优点。我相信经过一两个月的培训及项目实战，我能胜任这份工作。

1.6.2 面试技巧与解析（二）

面试官：数据库中有三个重要的概念需要理解，分别是什么？它们之间是什么关系？

应聘者：三个重要概念分别为：实例（Instance）、数据库（DataBase）和数据库服务器（DataBase Server）。

实例：是指一组 SQL Server 后台进程以及在服务器中分配的共享内存区域。

数据库：是由基于磁盘的数据文件、控制文件、日志文件、参数文件和归档日志文件等组成的物理文件集合。其主要功能是存储数据，其存储数据的方式通常称为存储结构。

数据库服务器：指管理数据库的各种软件工具（如 sqlplus、OEM 等）和实例及数据库三个部分。

关系：实例用于管理和控制数据库；而数据库为实例提供数据。一个数据库可以被多个实例装载和打开；而一个实例在其生存期内只能装载和打开一个数据库。

注意：当用户连接到数据库时，实际上连接的是数据库的实例，然后由实例负责与数据库进行通信，最后将处理结果返回给用户。

第2章

安装与部署 SQL Server 数据库

学习指引

Microsoft SQL Server 是微软公司开发的大型关系型数据库系统，其功能比较全面，效率高，可以作为中型企业或单位的数据库平台，为用户提供了更安全可靠的存储功能。本章主要介绍 SQL Server 2016 的安装、卸载等基础知识。

重点导读

- 熟悉 SQL Server 的新功能与特性。
- 掌握安装与卸载 SQL Server 2016 的方法。
- 掌握 SQL Server 数据库的升级策略。
- 掌握 SQL Server 管理平台的安装与启动方法。

2.1 认识 SQL Server 2016

SQL Server 2016 是由微软发布的一款数据库开发管理工具，主要针对企业使用，新版本拥有新的性能和功能，更加适合企业级数据存储。

2.1.1 SQL Server 2016 新功能

SQL Server 2016 提供从数 TB 到数百 TB 全面端到端的解决方案，作为微软的信息平台解决方案，可以帮助数以千计的企业用户突破性地快速实现各种数据体验。全新一代 SQL Server 2016 为用户带来更多全新体验，独特的产品优势定能使用户获益良多。

具体地讲，SQL Server 2016 的新功能如下。

- 安全性和高可用性：提高服务器正常运行时间并加强数据保护，无须浪费时间和金钱即可实现服务器到云端的扩展。

- 企业安全性及规范管理：内置的安全性功能及 IT 管理功能，能够在极大程度上帮助企业提高安全性能级别并实现规范管理。
- 安心使用：得益于卓越的服务和技术支持、大量值得信赖的合作伙伴，以及丰富的免费工具，用户可以放心使用。
- 超快的性能：在业界首屈一指的基准测试程序的支持下，用户可获得突破性的、可预测的性能。
- 快速的数据发现：通过快速的数据探索和数据可视化对成堆的数据进行细致深入的研究，从而能够引导企业提出更为深刻的商业洞见。
- 可扩展的托管式自助商业智能服务：通过托管式自助商业智能、IT 面板及 SharePoint 之间的协作，为整个商业机构提供可访问的智能服务。
- 全方位的数据仓库解决方案：凭借全方位数据仓库解决方案，以低成本向用户提供大规模的数据容量，能够实现较强的灵活性和可伸缩性。
- 根据需要进行扩展：通过灵活的部署选项，根据用户需要实现从服务器到云的扩展。
- 解决方案的实现更为迅速：通过一体机和私有云/公共云产品，降低解决方案的复杂度并有效缩短其实现时间。
- 工作效率得到优化提高：通过常见的工具，针对在服务器端和云端的 IT 人员及开发人员的工作效率进行优化。
- 随心所欲扩展任意数据：通过易于扩展的开发技术，可以在服务器或云端对数据进行任意扩展。

2.1.2 SQL Server 2016 新特性

SQL Server 2016 具有如下新特性：

- 增强的安全性。
- 改进 AlwaysOn 可用性及灾难可恢复性。
- 原生 JSON 数据支持，为多种类型数据提供更好的支持。
- SQL Server 企业信息管理（EIM）工具和分析服务的性能，可用性和可扩展性得到提升。
- 更快的 Hybrid 备份。

2.2 安装与卸载 SQL Server 2016

安装 SQL Server 2016 数据库是使用它管理数据的前提，当不需要使用 SQL Server 管理数据库时，用户可以将其卸载。

2.2.1 硬件及软件的配置要求

在安装 SQL Server 2016 之前，首先要了解安装 SQL Server 2016 所需的必备条件，检查计算机的软硬件配置是否满足 SQL Server 2016 开发环境的安装要求。不过，不同版本的 SQL Server 2016 对系统的要求略有差异，下面以 SQL Server 2016 标准版为例，具体安装硬件及软件如表 2-1 所示。

表 2-1　SQL Server 2016 硬件及软件的配置要求

软 硬 件	描 述
操作系统	Windows 7、Windows 10 等
处理器	x64 处理器；处理器速度：最低 1.4 GHz，建议 2.0 GHz 或更快
内存	最小 1GB，推荐使用 4GB 内存
硬盘	6GB 可用硬盘空间
驱动器	从磁盘进行安装时需要相应的 DVD 驱动器
显示器	Super-VGA（800×600）或更高分辨率的显示器
Framework	在选择数据库引擎等操作时，NET 4.6 SP1 是 SQL Server 2016 所必需的。此程序可以单独安装
Windows PowerShell	对于数据库引擎组件和 SQL Server Management Studio 而言，Windows PowerShell 2.0 是一个安装必备组件

2.2.2　安装 SQL Server 2016 数据库

安装 SQL Server 2016 是创建与管理数据库的先决条件，具体的安装步骤如下。

步骤 1：将安装光盘放入光驱，双击安装文件夹中的安装文件 setup.exe，进入 SQL Server 2016 的安装中心界面，单击安装中心左侧的“安装”选项，该选项提供了多种功能，如图 2-1 所示。

步骤 2：对于初次安装的读者，选择第一个选项“全新 SQL Server 独立安装或向现有安装添加功能”，进入“产品密钥”界面，在该界面中可以输入购买的产品密钥。如果是使用体验版本，可以在下拉列表框中选择 Evaluation 选项，如图 2-2 所示。

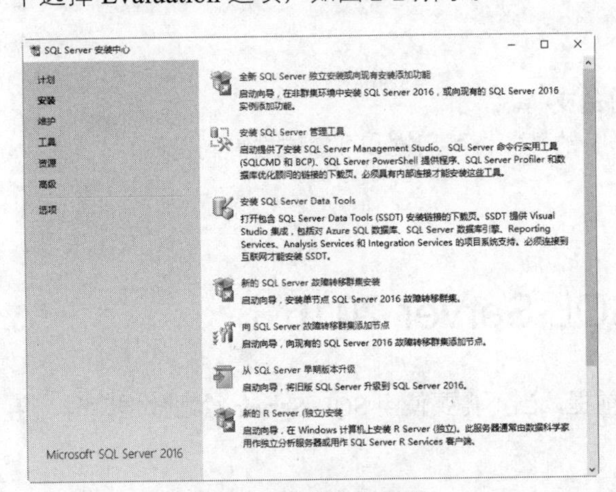

图 2-1　安装中心界面

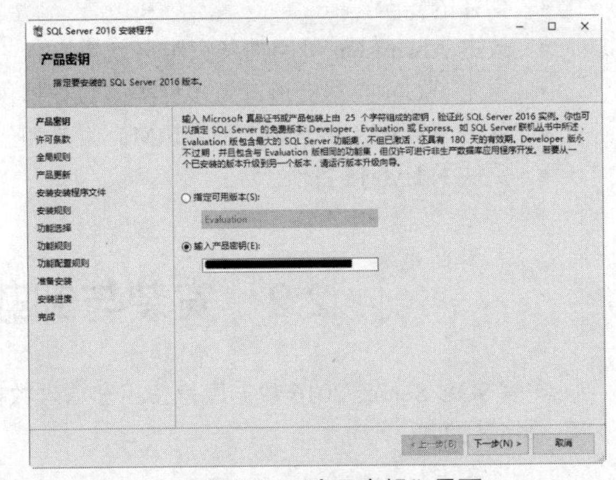

图 2-2　“产品密钥”界面

提示：安装时读者可以使用购买的安装光盘进行安装，也可以从微软的网站上下载相关的安装程序（微软提供一个 180 天的免费企业试用版，该版本包含所有企业版的功能，随时可以直接激活为正式版本。读者可以下载该文件进行安装）。

步骤 3：单击“下一步”按钮，打开“许可条款”窗口，选中该界面中的“我接受许可条款”复选框，如图 2-3 所示。

步骤 4：单击“下一步”按钮，安装程序将对系统进行一些常规的检测，如图 2-4 所示。

提示：如果缺少某个组件，可以直接在官方下载后安装即可。

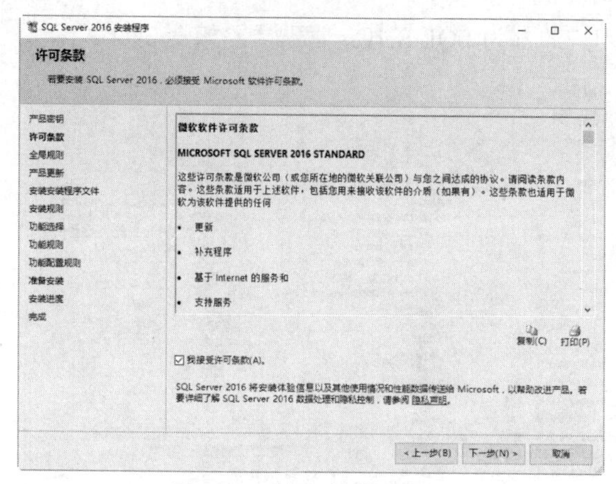

图 2-3 “许可条款”窗口

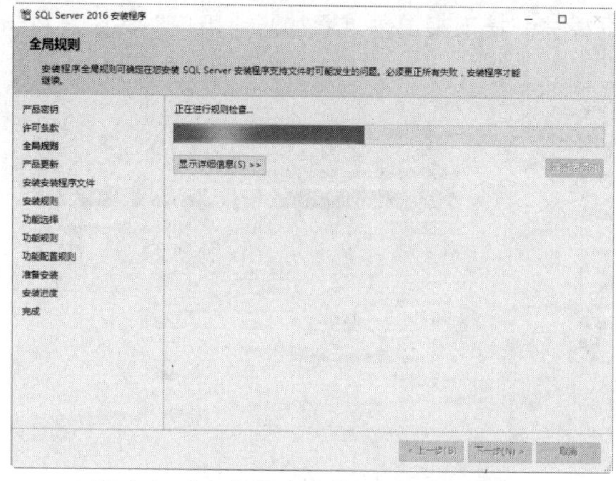

图 2-4 “安装程序支持规则”检测界面

步骤 5：检测完毕后，打开“产品更新”窗口，取消勾选“包括 SQL Server 产品更新”复选框，如图 2-5 所示。

步骤 6：单击“下一步”按钮，打开“安装安装程序文件”窗口，该步骤将安装 SQL Server 程序所需的组件，安装过程如图 2-6 所示。

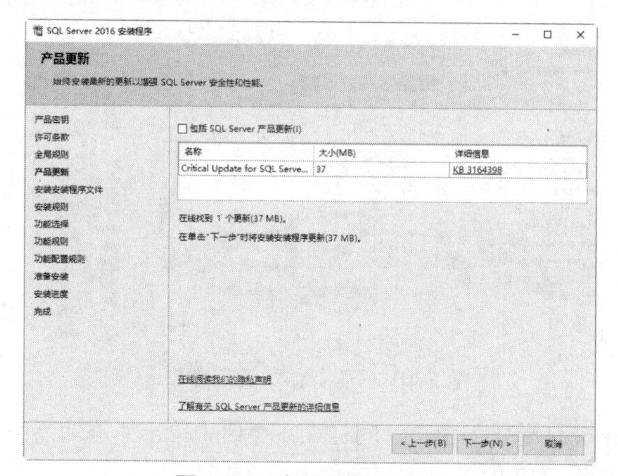

图 2-5 “产品更新”窗口

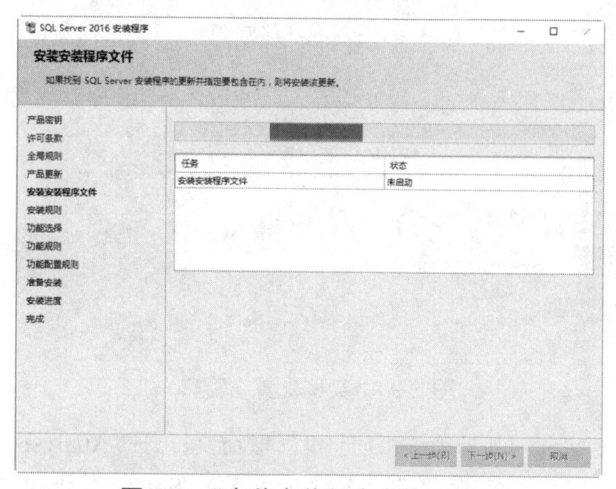

图 2-6 “安装安装程序文件”窗口

步骤 7：安装完安装程序文件之后，安装程序将自动进行第二次支持规则的检测，检测完毕后，会给出已通过信息提示，如图 2-7 所示。

步骤 8：单击“下一步”按钮，打开“功能选择”窗口，如果需要安装某项功能，则选中对应的功能前面的复选框，也可以使用下面的“全选”或者“取消全选”按钮来选择，为了以后学习方便，这里单击“全选”按钮，如图 2-8 所示。

步骤 9：单击“下一步”按钮，打开“实例配置”窗口，在安装 SQL Server 的系统中可以配置多个实例，每个实例必须有唯一的名称，这里选择“默认实例”单选按钮，如图 2-9 所示。

步骤 10：单击“下一步”按钮，打开“服务器配置”窗口，该步骤设置使用 SQL Server 各种服务的用户，如图 2-10 所示。

步骤 11：单击“下一步”按钮，打开“数据库引擎配置”窗口，窗口中显示了设计 SQL Server 的身份验证模式，这里可以选择使用 Windows 身份验证模式，也可以选择第二种混合模式，此时需要为 SQL Server 的系统管理员设置登录密码，之后可以使用两种不同的方式登录 SQL Server。这里选择使用 Windows 身份验证模式。接下来单击“添加当前用户”按钮，将当前用户添加为 SQL Server 管理员，如图 2-11 所示。

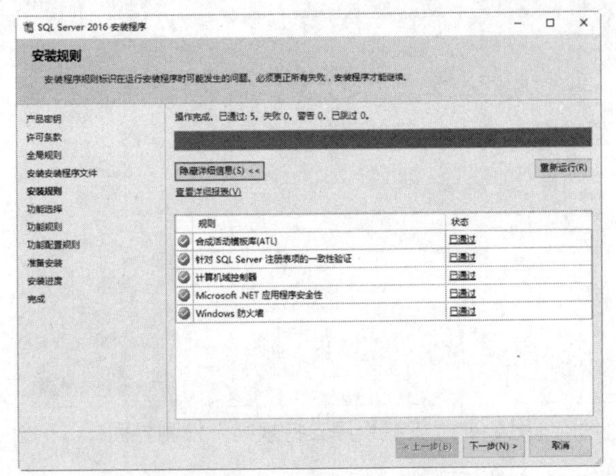

图 2-7 “安装规则”窗口

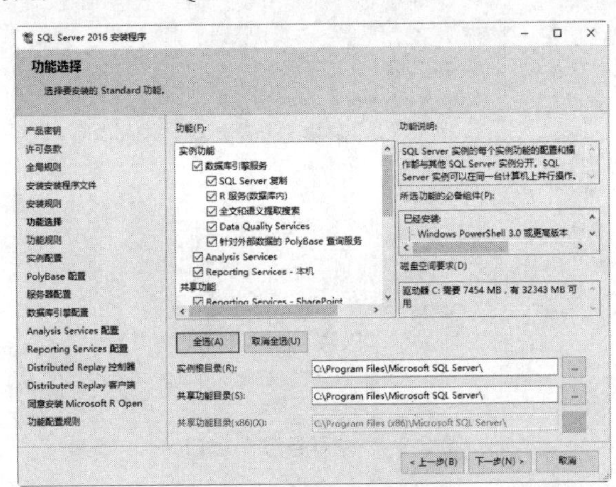

图 2-8 “功能选择”窗口

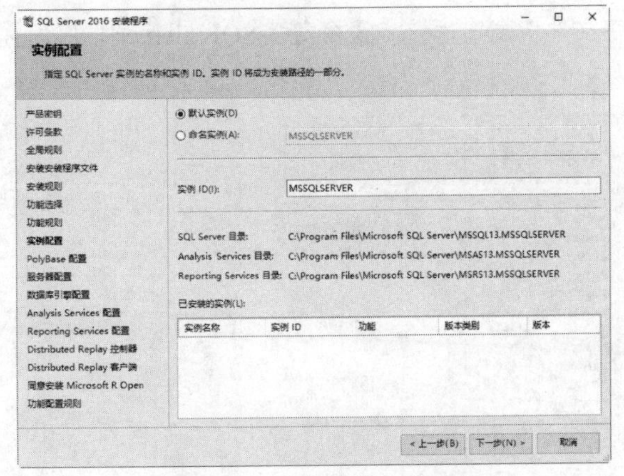

图 2-9 “实例配置”窗口

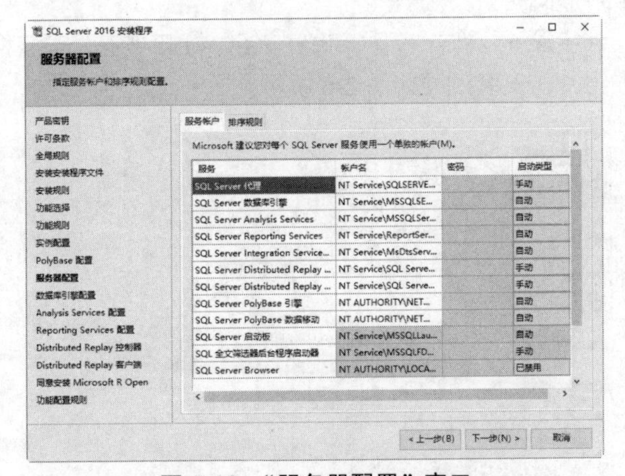

图 2-10 “服务器配置”窗口

步骤 12：单击“下一步”按钮，打开“Analysis Services 配置”窗口，同样在该界面中单击“添加当前用户”按钮，将当前用户添加为 SQL Server 管理员，如图 2-12 所示。

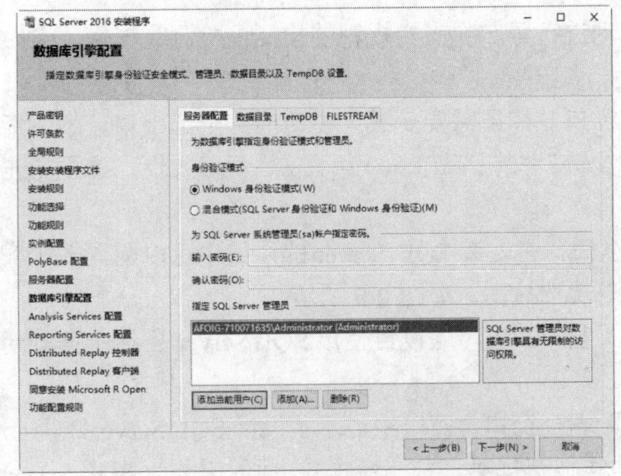

图 2-11 “数据库引擎配置”窗口

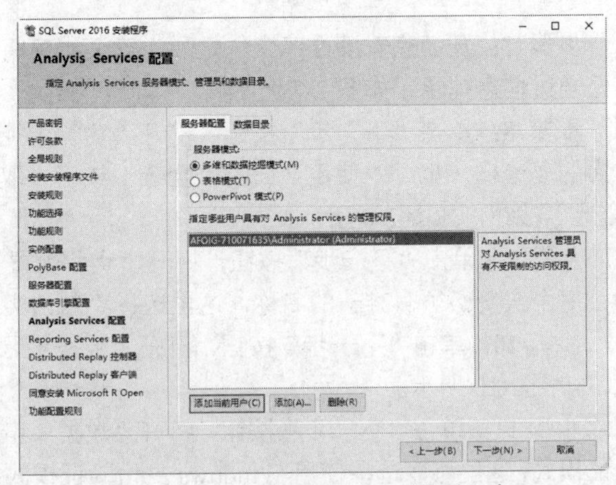

图 2-12 “Analysis Services 配置”窗口

步骤 13：单击“下一步”按钮，打开“Reporting Services 配置”窗口，选中“安装和配置”单选按钮，如图 2-13 所示。

步骤 14：单击“下一步”按钮，打开“Distrbuted Replay 控制器”窗口，指定向其授予针对分布式重播控制器服务的管理权限的用户。具有管理权限的用户将可以不受限制地访问分布式重播控制器服务。单击“添加当前用户”按钮，将当前用户添加为具有上述权限的用户，如图 2-14 所示。

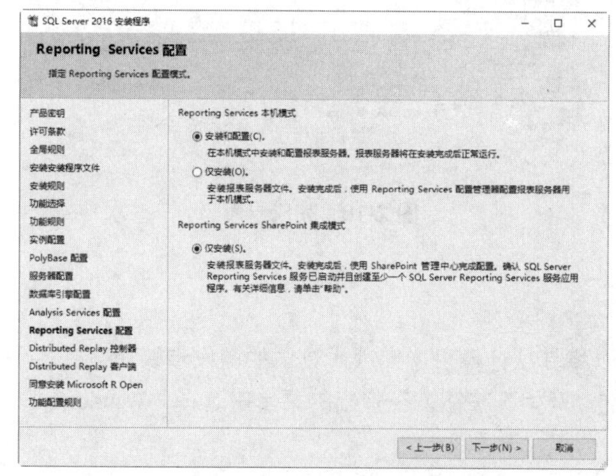

图 2-13 “Reporting Services 配置”窗口

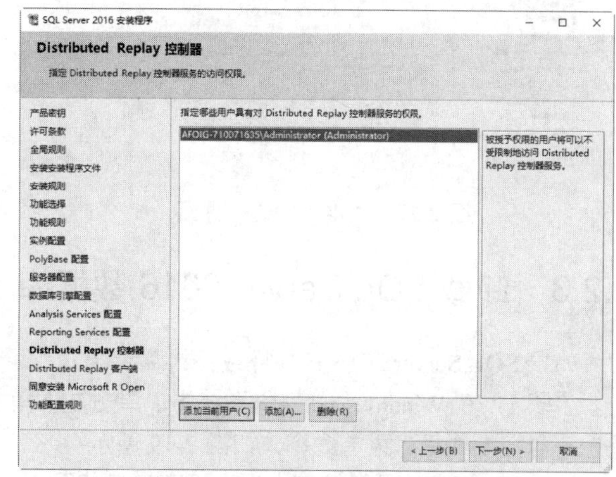

图 2-14 “Distrbuted Replay 控制器”窗口

步骤 15：单击“下一步”按钮，打开“Distrbuted Replay 客户端”窗口，在“控制器名称”文本框中输入“yingdakeji”为控制器的名称，然后设置工作目录和结果目录，如图 2-15 所示。

步骤 16：单击“下一步”按钮，打开“同意安装 Microsoft R Open”窗口，单击“接受”按钮，如图 2-16 所示。

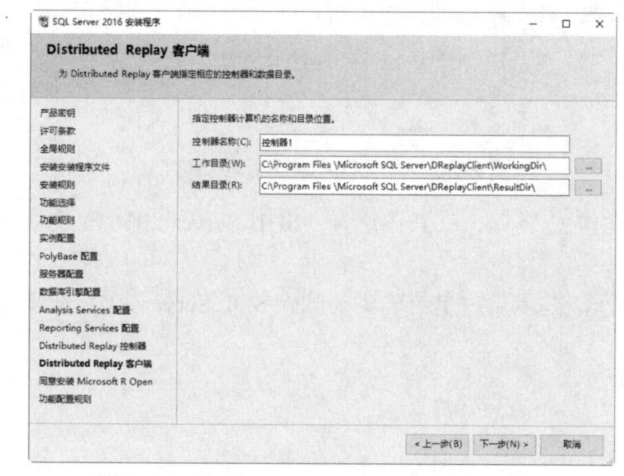

图 2-15 “Distrbuted Replay 客户端”窗口

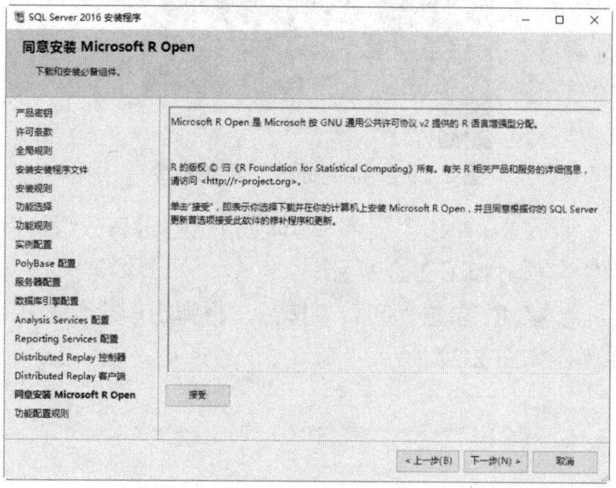

图 2-16 “同意安装 Microsoft R Open”窗口

步骤 17：单击“下一步”按钮，打开“准备安装”窗口，该界面只是描述了将要进行的全部安装过程和安装路径，如图 2-17 所示。

步骤 18：单击“安装”按钮开始进行安装，安装完成后，单击“关闭”按钮，完成 SQL Server 2016 的安装过程，如图 2-18 所示。

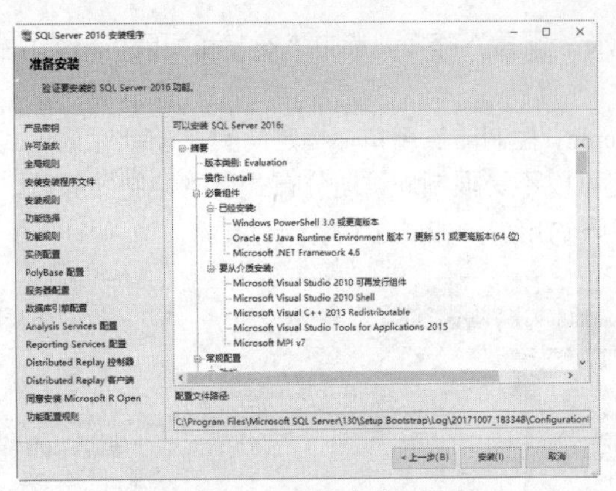

图 2-17 “准备安装”界面

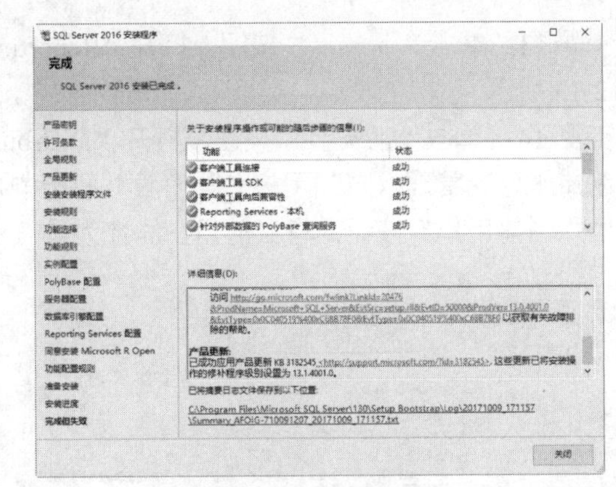

图 2-18 完成界面

2.2.3 卸载 SQL Server 2016 数据库

如果 SQL Server 2016 被损坏或不再需要了，就可以将其从计算机中卸载，具体的操作步骤如下。

步骤 1：在 Windows 10 操作系统中，单击左下角的“开始”按钮，在弹出的菜单中选择“Windows 系统”→“控制面板”菜单命令，如图 2-19 所示。

步骤 2：打开“所有控制面板项”窗口，如图 2-20 所示。

图 2-19 “控制面板”菜单命令

图 2-20 “所有控制面板项”窗口

步骤 3：单击“程序和功能”按钮，打开“程序和功能”窗口，在其中选择“SQL Server 2016 安装程序”选项，如图 2-21 所示。

步骤 4：单击“卸载”按钮，将弹出一个信息提示框，提示用户是否确实要删除 SQL Server 2016 安装程序，如图 2-22 所示。

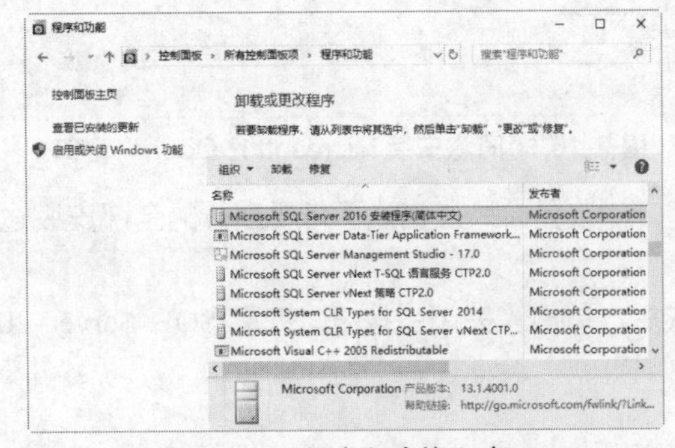

图 2-21 “程序和功能”窗口

图 2-22 信息提示框

步骤 5：单击“是”按钮，即可根据向导卸载 SQL Server 2016 数据库系统。

2.3　SQL Server 数据库升级策略

SQL Server 安装程序支持在各种版本的 SQL Server 间进行版本升级，例如，可以将 SQL Server 2008、SQL Server 2008 R2、SQL Server 2012 (11.x)或 SQL Server 2014 的实例升级到 SQL Server 2016。

2.3.1　升级前的准备工作

在对数据库进行升级之前，需要了解升级前的准备工作，还需要了解哪些情况下不能进行升级操作。

1. 升级前的准备

（1）在从 SQL Server 2016 (13.x)的某个版本升级到另一个版本之前，请确认当前所用的功能在要移到的版本中受支持。

（2）升级到 SQL Server 之前，请先为 SQL Server Agent 启用 Windows 身份验证，并验证默认配置：SQL Server Agent 服务账户是否是 SQL Server sysadmin 组的成员。

（3）若要升级到 SQL Server 2016 (13.x)，运行的必须是受支持的操作系统。

（4）如果有挂起的重新启动操作，则会阻止升级。

（5）如果未运行 Windows Installer 服务，则会阻止升级。

2. 不受支持的升级方案

（1）不支持 SQL Server 2016 (13.x)的跨版本实例。数据库引擎、Analysis Services 和 Reporting Services 组件的版本号在 SQL Server 2016 (13.x)实例中必须相同。

（2）SQL Server 2016 (13.x)仅适用于 64 位平台。不支持跨平台升级。不能使用 SQL Server 安装程序将 SQL Server 的 32 位实例升级到本机 64 位。但是，如果数据库未在复制过程中发布，则可以从 SQL Server 的 32 位实例中备份或分离数据库，然后再将它们还原或附加到 SQL Server 的新实例（64 位）。必须在 master、msdb 和 model 系统数据库中重新创建任何登录名和其他用户对象。

（3）不能在升级现有的 SQL Server 实例的过程中添加新功能。将 SQL Server 实例升级到 SQL Server 2016 (13.x)之后，可以使用 SQL Server 2016 (13.x)安装程序添加功能。

（4）在 WOW 模式下不支持故障转移群集。

（5）不支持从以前的 SQL Server 版本的 Evaluation 版升级。

（6）从 RC1 或以前版本的 SQL Server 2016 升级到 RC3 或更高版本时，必须在升级前卸载 PolyBase 并在升级后重新安装。

2.3.2　具体的升级过程

对于本地安装，必须以管理员身份运行安装程序。如果从远程共享安装 SQL Server，则必须使用对远程共享具有读取权限的域账户，为了激活对 SQL Server 版本进行的升级更改，必须重新启动 SQL Server 服务。

具体的升级过程如下。

步骤 1：插入 SQL Server 安装介质，在根文件夹中，双击 setup.exe 或者从配置工具中启动 SQL Server 安装中心，若要从网络共享进行安装，请找到共享中的根文件夹，然后双击 SETUP.EXE，如图 2-23 所示。

步骤 2：若要将 SQL Server 的现有实例升级到另一版本，请在 SQL Server 安装中心中单击“维护”，然后选择“版本升级”，如图 2-24 所示。

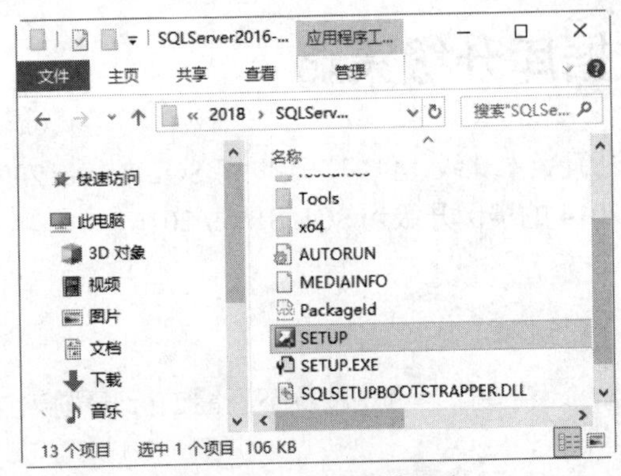

图 2-23 双击安装程序

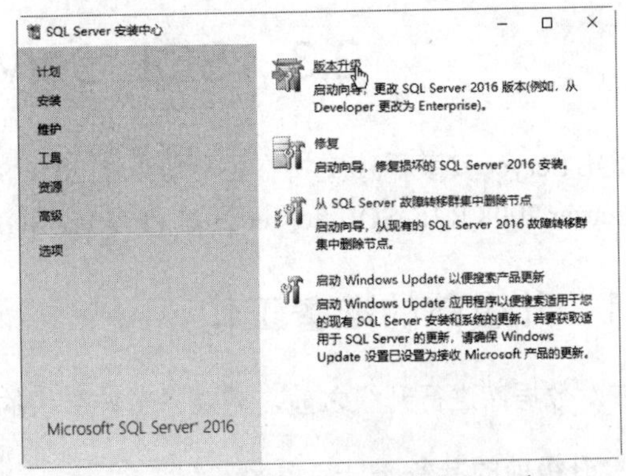

图 2-24 “SQL Server 安装中心”窗口

提示：如果需要使用安装程序支持文件，SQL Server 安装程序将安装它们，如果安装程序指示重新启动计算机，请在继续操作之前重新启动。系统配置检查器将在用户的计算机上运行发现操作，若要继续，可单击“确定”按钮。

步骤 3：在“产品密钥”窗口中，选择相应的单选按钮，这些单选按钮指示选择升级的类型，如升级到免费版本的 SQL Server，如图 2-25 所示。

步骤 4：单击“下一步”按钮，在“许可条款”窗口中阅读许可协议，然后选中相应的复选框以接受许可条款和条件。若要继续，单击“下一步”按钮，若要结束安装程序，单击“取消”按钮，如图 2-26 所示。

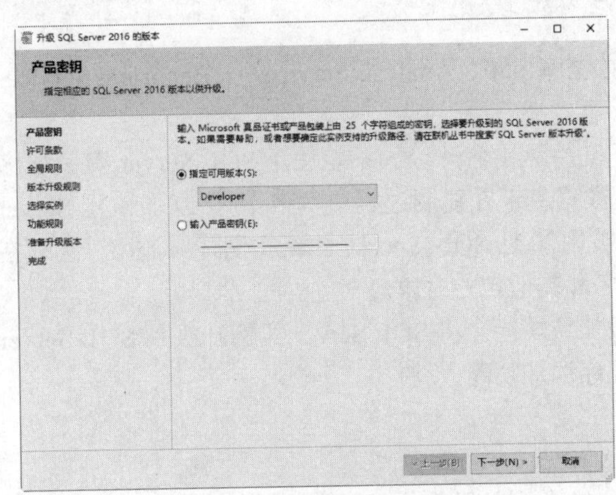

图 2-25 “产品密钥”窗口

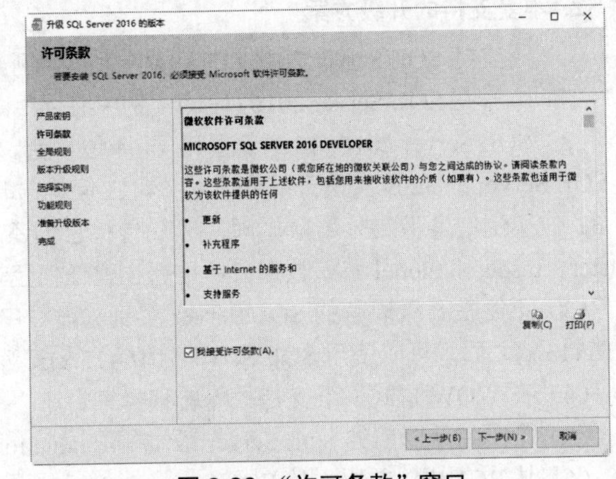

图 2-26 “许可条款”窗口

步骤 5：单击“下一步”按钮，在“全局规则”窗口中，安装程序全局规则可确定在用户安装 SQL Server 安装程序支持文件时可能发生的问题，必须更正所有失败，安装程序才能继续，如图 2-27 所示。

步骤 6：单击“下一步”按钮，进入“版本升级规则”窗口，在版本升级操作开始之前，“版本升级规则”窗口会验证用户的计算机配置，如图 2-28 所示。

步骤 7：单击“下一步”按钮，在“选择实例”窗口上指定要升级的 SQL Server 实例，如图 2-29 所示。

步骤 8：单击“下一步”按钮，“准备升级版本”窗口显示用户在安装过程中指定的安装选项的树视图，若要继续，可单击“升级”按钮，如图 2-30 所示。

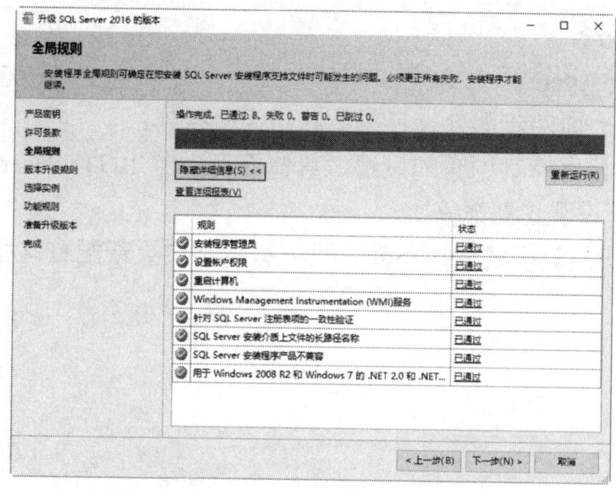

图 2-27 “全局规则”窗口

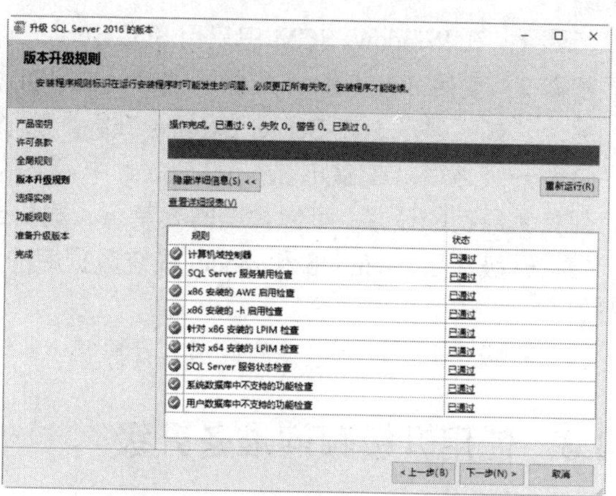

图 2-28 “版本升级规则”窗口

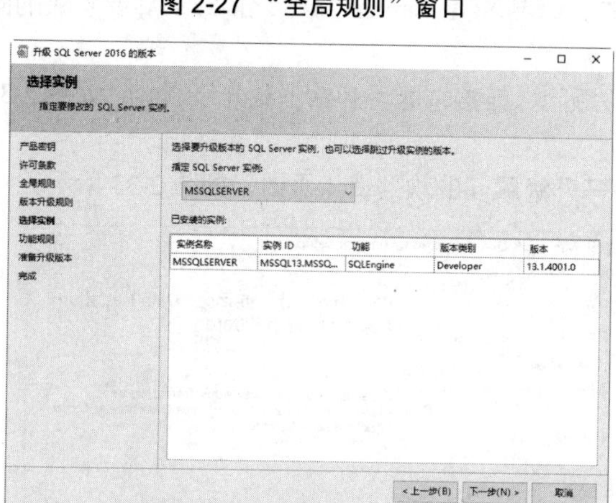

图 2-29 “选择实例”窗口

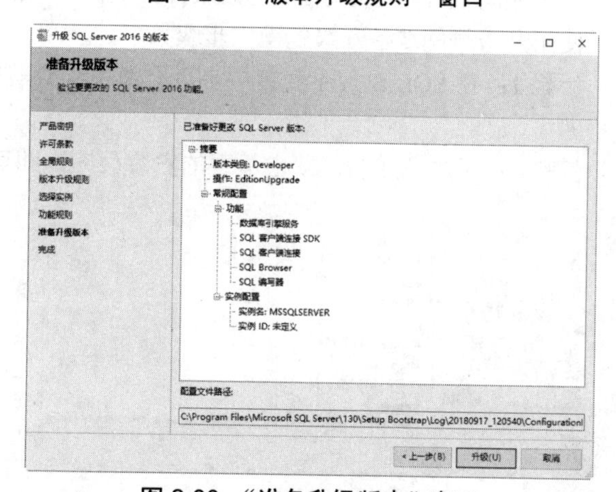

图 2-30 “准备升级版本”窗口

步骤 9：在版本升级过程中，需要重新启动服务以便接受新设置。版本升级完成后，“完成”窗口会提供指向版本升级摘要日志文件的链接，若要关闭该向导，单击“关闭”按钮，如图 2-31 所示。

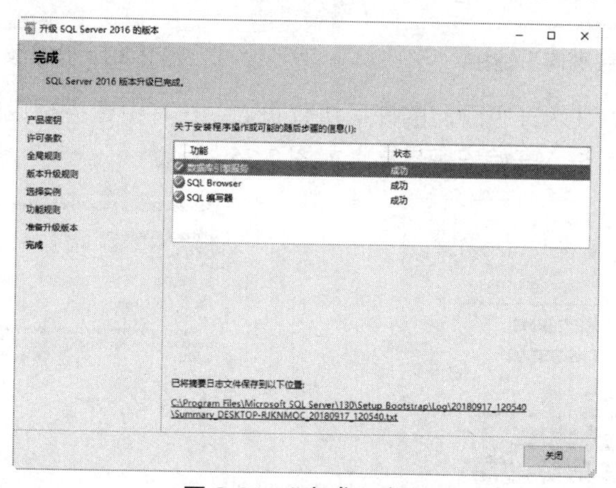

图 2-31 “完成”窗口

如果是从 SQL Server Express 进行的升级，则必须执行以下附加步骤才能使用 SQL Server 的升级实例。具体的附加步骤如下。

步骤 1：在 Windows SCM 中启用 SQL Server Agent 服务。

步骤 2：使用 SQL Server 配置管理器设置 SQL Server Agent 服务账户。

另外，如果是从 SQL Server Express 升级，除了执行上面的步骤外，还需要执行下列操作：

（1）升级之后，在 SQL Server Express 中设置的用户将保持其原有的设置，具体而言，BUILTIN\Users 组将保持其原有的设置，可以根据需要禁用、删除或重新设置这些账户。

（2）升级之后，tempdb 和 model 系统数据库的大小和恢复模式保持不变。可以根据需要重新配置这些设置。

（3）升级之后，模板数据库保留在计算机上。

2.3.3 使用升级顾问准备升级

升级顾问将分析已安装的 SQL Server 组件，并确定在升级到 SQL Server 2016 之前或之后要解决的问题。使用升级顾问准备升级的操作步骤如下。

步骤 1：在 SQL Server 安装中心页面单击“下载升级顾问”链接，即可开始下载升级顾问，如图 2-32 所示。

步骤 2：下载完成后，双击下载的安装程序，即可打开升级顾问的欢迎使用页面，如图 2-33 所示。

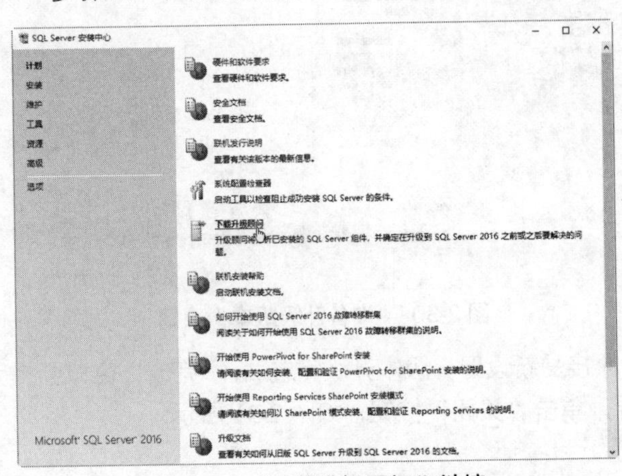

图 2-32 “下载升级顾问”链接

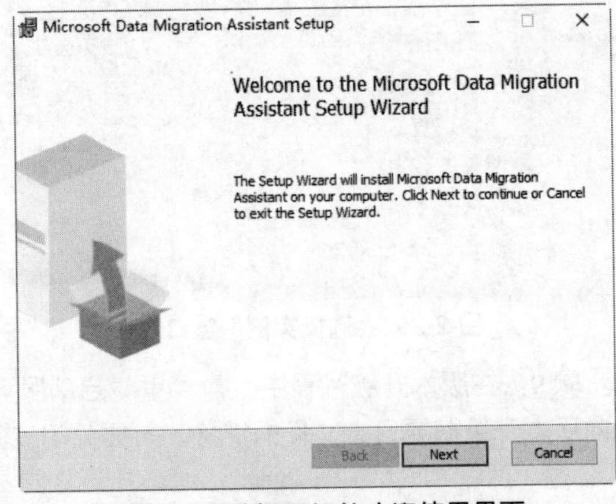

图 2-33 升级顾问的欢迎使用界面

步骤 3：单击 Next 按钮，进入升级顾问的许可协议页面，在其中选择相应的复选框，如图 2-34 所示。

步骤 4：单击 Next 按钮，进入开始安装界面，如图 2-35 所示。

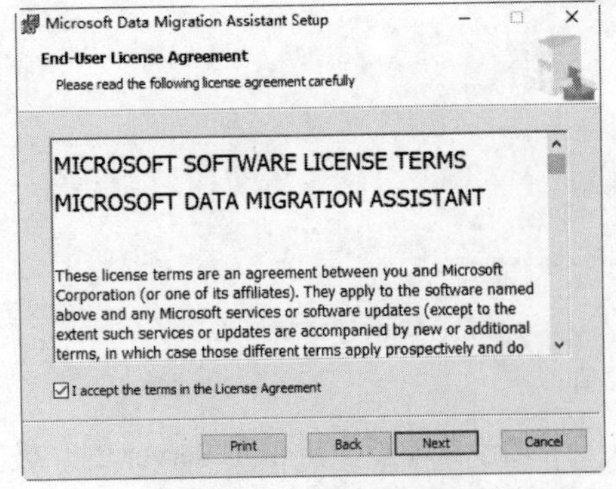

图 2-34 许可协议界面

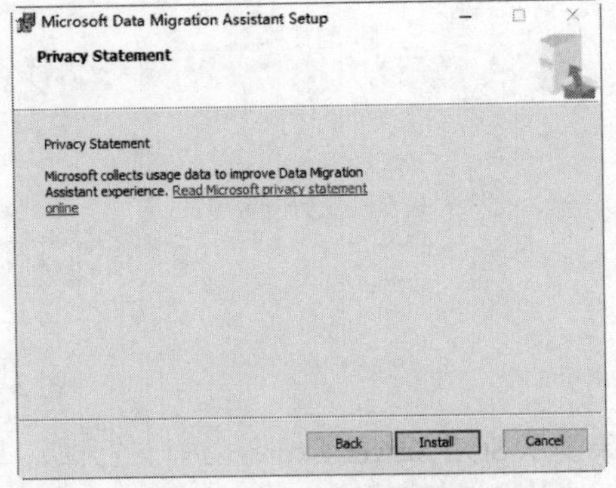

图 2-35 开始安装界面

步骤 5：单击 Install 按钮，即可开始安装升级顾问，在其中显示安装的进度，如图 2-36 所示。

步骤 6：安装完成后，即可进入升级顾问的工作界面，在其中根据自己的需要即可对 SQL Server 进行升级操作，如图 2-37 所示。

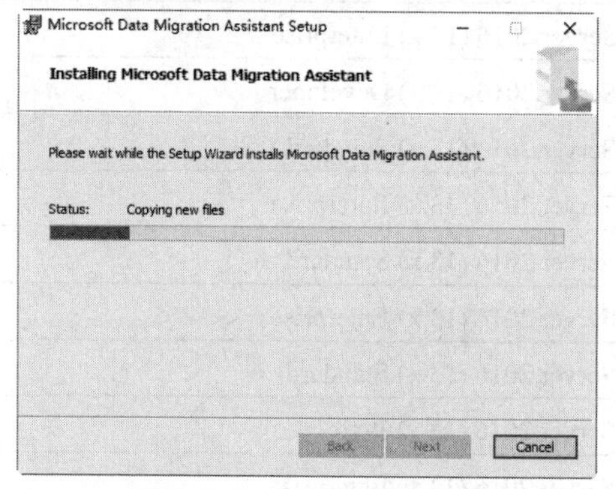

图 2-36 显示安装的进度

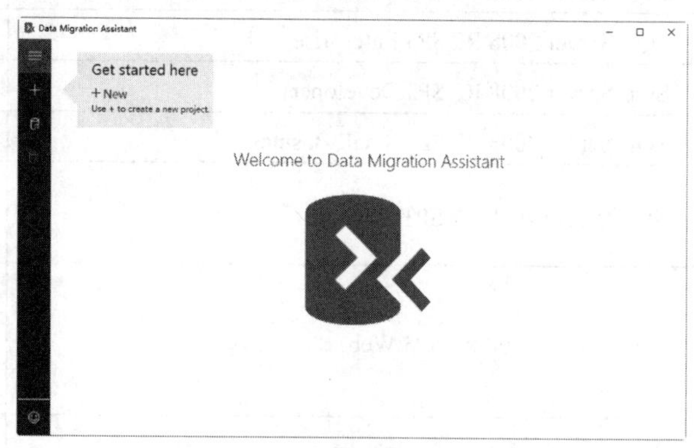

图 2-37 升级顾问工作界面

2.3.4 SQL Server 2016 的升级方案

SQL Server 2016 支持从下列 SQL Server 版本升级。

- SQL Server 2008 SP4 或更高版本。
- SQL Server 2008 R2 SP3 或更高版本。
- SQL Server 2012 (11.x) SP2 或更高版本。
- SQL Server 2014 (12.x) 或更高版本。

表 2-2 列出了从 SQL Server 的早期版本升级到 SQL Server 2016 (13.x)的支持方案。

表 2-2 SQL Server 2016 的升级方案

升级前的版本	支持的升级途径
SQL Server 2008 SP4 Enterprise	SQL Server 2016 (13.x) Enterprise
SQL Server 2008 SP4 Developer	SQL Server 2016 (13.x) Developer
SQL Server 2008 SP4 Standard	SQL Server 2016 (13.x) Enterprise
	SQL Server 2016 (13.x) Standard
SQL Server 2008 SP4 Small Business	SQL Server 2016 (13.x) Standard
SQL Server 2008 SP4 Web	SQL Server 2016 (13.x) Enterprise
	SQL Server 2016 (13.x) Standard
	SQL Server 2016 (13.x) Web
SQL Server 2008 SP4 Workgroup	SQL Server 2016 (13.x) Enterprise
	SQL Server 2016 (13.x) Standard
SQL Server 2008 SP4 Express	SQL Server 2016 (13.x) Enterprise
	SQL Server 2016 (13.x) Standard
	SQL Server 2016 (13.x) Web
	SQL Server 2016 (13.x) Express

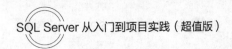

续表

升级前的版本	支持的升级途径
SQL Server 2008 R2 SP3 Datacenter	SQL Server 2016 (13.x) Enterprise
SQL Server 2008 R2 SP3 Enterprise	SQL Server 2016 (13.x) Enterprise
SQL Server 2008 R2 SP3 Developer	SQL Server 2016 (13.x) Developer
SQL Server 2008 R2 SP3 Small Business	SQL Server 2016 (13.x) Standard
SQL Server 2008 R2 SP3 Standard	SQL Server 2016 (13.x) Enterprise
	SQL Server 2016 (13.x) Standard
SQL Server 2008 R2 SP3 Web	SQL Server 2016 (13.x) Enterprise
	SQL Server 2016 (13.x) Standard
	SQL Server 2016 (13.x) Web
SQL Server 2008 R2 SP3 Workgroup	SQL Server 2016 (13.x) Enterprise
	SQL Server 2016 (13.x) Standard
SQL Server 2008 R2 SP3 Express	SQL Server 2016 (13.x) Enterprise
	SQL Server 2016 (13.x) Standard
	SQL Server 2016 (13.x) Web
	SQL Server 2016 (13.x) Express
SQL Server 2012 (11.x) SP2 Enterprise	SQL Server 2016 (13.x) Enterprise
SQL Server 2012 (11.x) SP2 Developer	SQL Server 2016 (13.x) Developer
	SQL Server 2016 (13.x) Standard
	SQL Server 2016 (13.x) Web
	SQL Server 2016 (13.x) Enterprise
SQL Server 2012 (11.x) SP2 Standard	SQL Server 2016 (13.x) Enterprise
	SQL Server 2016 (13.x) Standard
SQL Server 2012 (11.x) SP1 Web	SQL Server 2016 (13.x) Enterprise
	SQL Server 2016 (13.x) Standard
	SQL Server 2016 (13.x) Web
SQL Server 2012 (11.x) SP2 Express	SQL Server 2016 (13.x) Enterprise
	SQL Server 2016 (13.x) Standard
	SQL Server 2016 (13.x) Web
	SQL Server 2016 (13.x) Express
SQL Server 2012 (11.x) SP2 商业智能	SQL Server 2016 (13.x) Enterprise
SQL Server 2012 (11.x) SP2 Evaluation	SQL Server 2016 (13.x) Evaluation
	SQL Server 2016 (13.x) Enterprise
	SQL Server 2016 (13.x) Standard
	SQL Server 2016 (13.x) Web
	SQL Server 2016 (13.x) Developer

续表

升级前的版本	支持的升级途径
SQL Server 2014 (12.x) Enterprise	SQL Server 2016 (13.x) Enterprise
SQL Server 2014 (12.x) Developer	SQL Server 2016 (13.x) Developer
	SQL Server 2016 (13.x) Standard
	SQL Server 2016 (13.x) Web
	SQL Server 2016 (13.x) Enterprise
SQL Server 2014 (12.x) Standard	SQL Server 2016 (13.x) Enterprise
	SQL Server 2016 (13.x) Standard
SQL Server 2014 (12.x) Web	SQL Server 2016 (13.x) Enterprise
	SQL Server 2016 (13.x) Standard
	SQL Server 2016 (13.x) Web
SQL Server 2014 (12.x) Express	SQL Server 2016 (13.x) Enterprise
	SQL Server 2016 (13.x) Standard
	SQL Server 2016 (13.x) Web
	SQL Server 2016 (13.x) Express
	SQL Server 2016 (13.x) Developer
SQL Server 2014 (12.x) Business Intelligence	SQL Server 2016 (13.x) Enterprise
SQL Server 2014 (12.x) Evaluation	SQL Server 2016 (13.x) Evaluation
	SQL Server 2016 (13.x) Enterprise
	SQL Server 2016 (13.x) Standard
	SQL Server 2016 (13.x) Web
	SQL Server 2016 (13.x) Developer
SQL Server 2016 (13.x) 候选发布	SQL Server 2016 (13.x) Enterprise
SQL Server 2016 (13.x) Developer	SQL Server 2016 (13.x) Enterprise

2.3.5　升级过程中的常见问题

升级过程中常见的问题如下：

（1）升级会删除早期的 SQL Server 实例的注册表设置。升级之后，必须重新注册服务器。

（2）为了帮助优化查询性能，建议用户在升级之后更新所有数据库的统计信息。使用 sp_updatestats 存储过程可以更新 SQL Server 数据库中用户定义的表中的统计信息。

（3）为了减少系统的可攻击外围应用，SQL Server 将有选择地安装和启用一些关键服务和功能，因此，升级完成后，需要配置新安装的 SQL Server。

2.4　SQL Server 管理平台的安装与启动

SQL Server Management Studio（SSMS）是 SQL Server 的管理平台，该工具中包含大量的图形工具和丰富的脚本编辑器，极大地方便了开发人员和管理人员对 SQL Server 的访问和控制。通过 SQL Server

Management Studio 工具，不仅能够配置系统环境和管理 SQL Server，所有 SQL Server 对象的建立与管理工作都可以通过它完成。

2.4.1 安装 SSMS 工具

SQL Server Management Studio 是 SQL Server 提供的一种集成化开发环境，使用该工具可以直观地访问、配置、控制、管理和开发 SQL Server 的所有组件。默认情况下，SQL Server Management Studio 并没有被安装，需要用户自行进行安装，安装的具体操作步骤如下。

步骤 1：在 SQL Server 2016 的安装中心界面，单击安装中心左侧的“安装”选项，进入安装中心管理界面，如图 2-38 所示。

步骤 2：单击“安装 SQL Server 管理工具”选项，打开 SSMS 的下载页面，如图 2-39 所示。

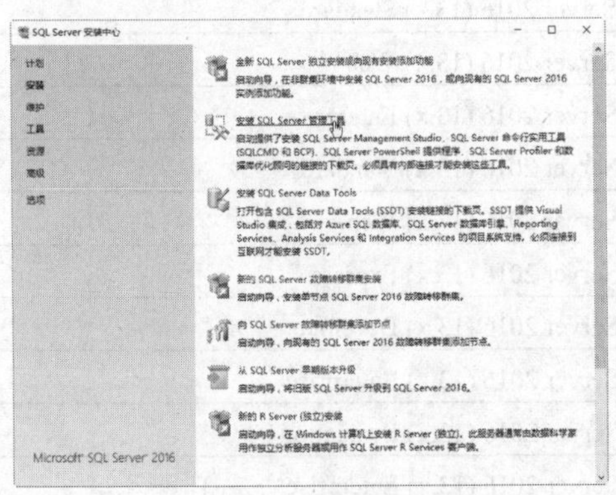

图 2-38 安装中心界面

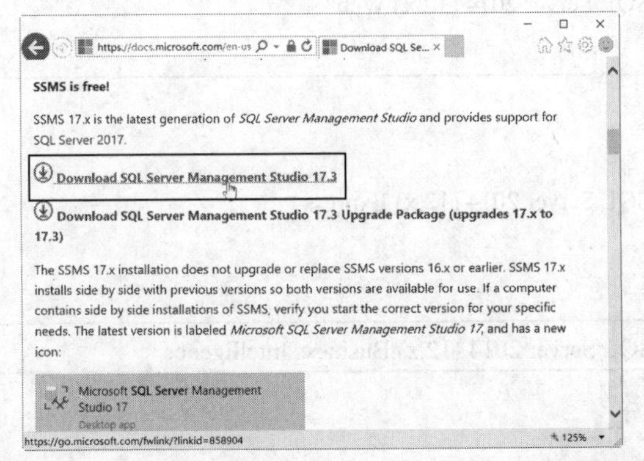

图 2-39 SQL Server Management Studio 的下载页面

步骤 3：单击 Download SQL Server Management Studio 17.3 链接，下载 SSMS 安装文件，下载完成后，双击下载文件 SSMS-Setup-CHS.exe，打开安装界面，如图 2-40 所示。

步骤 4：单击“安装”按钮，系统开始自动安装并显示安装进度，如图 2-41 所示。

步骤 5：安装完成后，单击“关闭”按钮即可，如图 2-42 所示。

图 2-40 安装界面

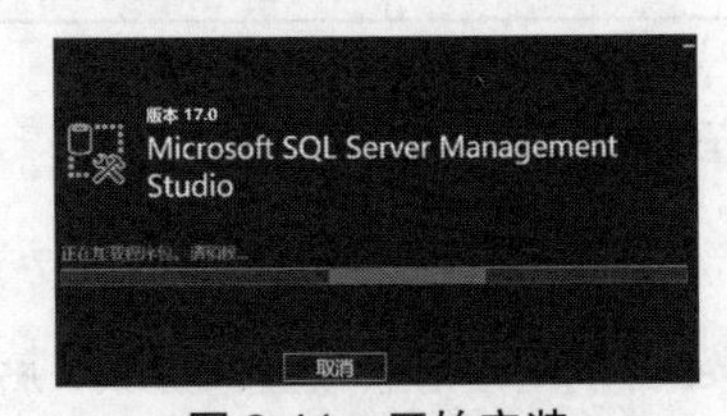

图 2-41 开始安装

图 2-42 安装完成

2.4.2 SSMS 的启动与连接

SQL Server 安装到系统中之后，将作为一个服务由操作系统监控，而 SSMS 是作为一个单独的进程运行的，安装好 SQL Server 2016 之后，可以打开 SQL Server Management Studio 并且连接到 SQL Server 服务器，具体操作步骤如下。

步骤 1：单击“开始”按钮，在弹出的菜单中选择“所有程序”→Microsoft SQL Server 2016→SQL Server Management Studio 菜单命令，打开 SQL Server 的“连接到服务器”对话框，在其中选择服务器的类型、名称，并进行身份验证设置，如图 2-43 所示。

步骤 2：单击“连接”按钮，连接成功后则进入 SSMS 的主界面，该界面显示了左侧的“对象资源管理器”窗口，如图 2-44 所示。

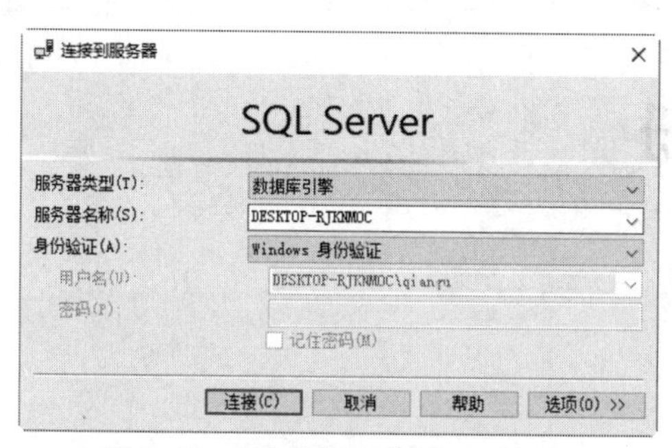

图 2-43 “连接到服务器”对话框

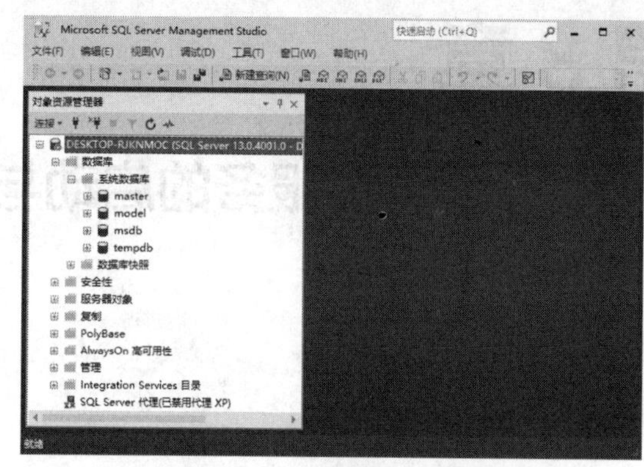

图 2-44 SSMS 图形界面

在“连接到服务器”对话框中有如下几项内容。

（1）服务器类型：根据安装的 SQL Server 的版本，这里可能有多种不同的服务器类型，对于本书，将主要讲解数据库服务，所以这里选择“数据库引擎”。

（2）服务器名称：下拉列表框中列出了所有可以连接的服务器的名称，这里的 DESKTOP-RJKNMOC 为笔者主机的名称，表示连接到一个本地主机；如果要连接到远程数据服务器，则需要输入服务器的 IP 地址。

（3）身份验证：最后一个下拉列表框中指定连接类型，如果设置了混合验证模式，可以在下拉列表框中使用 SQL Server 身份登录，此时，需要输入用户名和密码；在前面安装过程中指定使用 Windows 身份验证，因此这里选择“Windows 身份验证”。

2.5 就业面试技巧与解析

2.5.1 面试技巧与解析（一）

面试官：你对工资有什么要求？

应聘者：我对工资没有硬性要求，我受过系统的软件编程的训练，不需要进行大量的培训，而且我本人也对编程特别感兴趣。因此，我希望公司能根据我的情况和市场标准的水平，给我合理的工资。

2.5.2 面试技巧与解析（二）

面试官：如果你的工作出现失误，给本公司造成经济损失，你认为该怎么办？

应聘者：我本意是为公司努力工作，如果造成经济损失，我认为首要的问题是想方设法去弥补或挽回经济损失。如果是我的责任，我甘愿受罚；如果是一个我负责的团队中别人的失误，我会帮助同事查找原因总结经验。从中吸取经验教训，并在今后的工作中避免发生同类的错误。

第 3 章

SQL Server 服务的启动与注册

学习指引

SQL Server 2016 是一个高性能的关系型数据库管理系统，以 Client/Server 为设计结构、支持多个不同的开发平台，能够满足不同类型的数据库解决方案。本章主要介绍 SQL Server 2016 服务的启动与注册。

重点导读

- 认识 SQL Server 2016 的服务。
- 掌握启动 SQL Server 2016 服务的方法。
- 掌握注册 SQL Server 2016 服务的方法。
- 掌握配置 SQL Server 2016 服务的方法。

3.1 SQL Server 2016 的服务

SQL Server 2016 成功安装后，用户可以查看其提供的服务。具体的方法是：在“控制面板”窗口中，选择“管理工具”选项，然后在打开的窗口中选择“服务”选项，即可打开“服务”窗口，用户可以在该窗口中查看 SQL Server 2016 的每个后台服务，如图 3-1 所示。

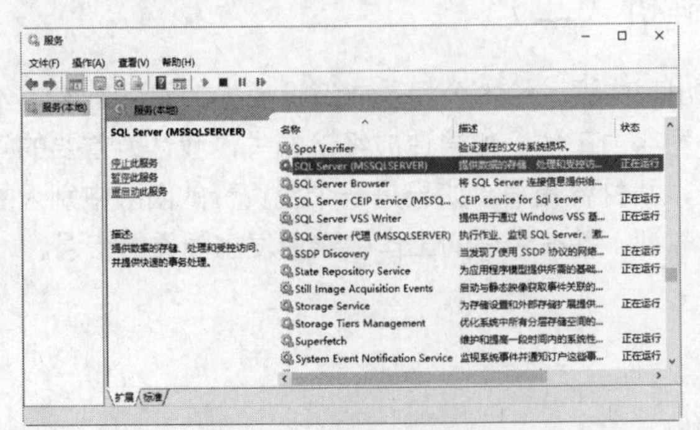

图 3-1 “服务”窗口

3.2 启动 SQL Server 2016 服务

启动 SQL Server 2016 服务的方法有两种，一种是从服务后台直接启动 SQL Server 2016 服务，一种是通过 SQL Server 配置管理器来启动。

3.2.1 从后台直接启动服务

从后台启动 SQL Server 2016 服务的方法比较简单，在“服务”窗口中，选择需要启动的 SQL Server 2016 服务，然后右击鼠标，在弹出的快捷菜单中选择“启动”菜单命令，即可启动 SQL Server 2016 服务，如图 3-2 所示。

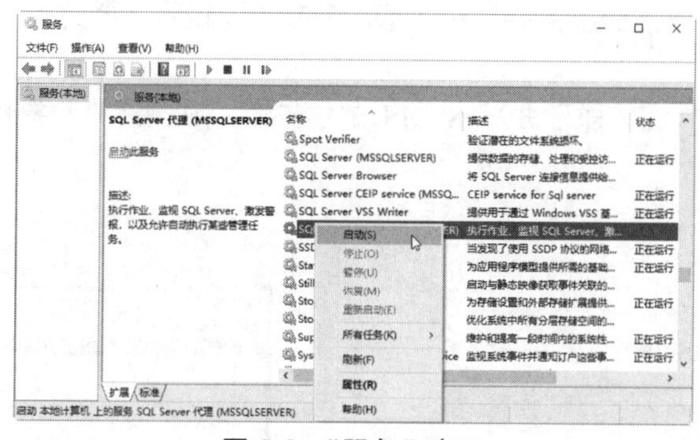

图 3-2 “服务”窗口

3.2.2 通过配置管理器启动

通过 SQL Server 配置管理器可以启动 SQL Server 2016 服务，具体操作步骤如下。

步骤 1：选择“开始”→“所有程序”→Microsoft SQL Server 2016→“SQL Server 配置管理器”选项，如图 3-3 所示。

步骤 2：打开 Sql Server Configuration Manager 窗口，在左侧列表中选择“SQL Server 服务”选项，在右侧的窗口中选择需要启动的服务，然后右击鼠标，在弹出的快捷菜单中选择“启动”菜单命令，即可启动 SQL Server 2016 服务，如图 3-4 所示。

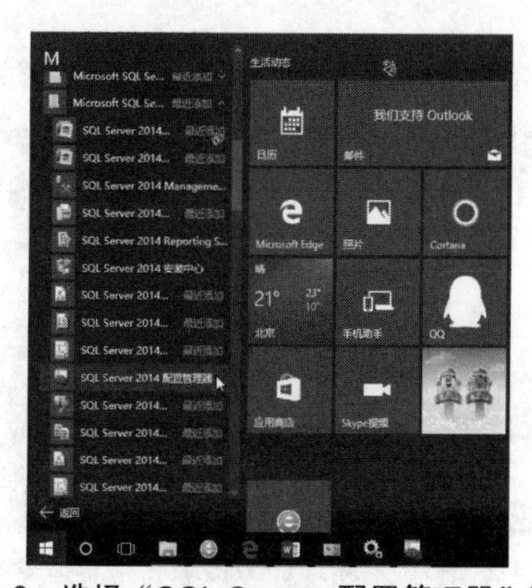

图 3-3 选择“SQL Server 配置管理器”选项

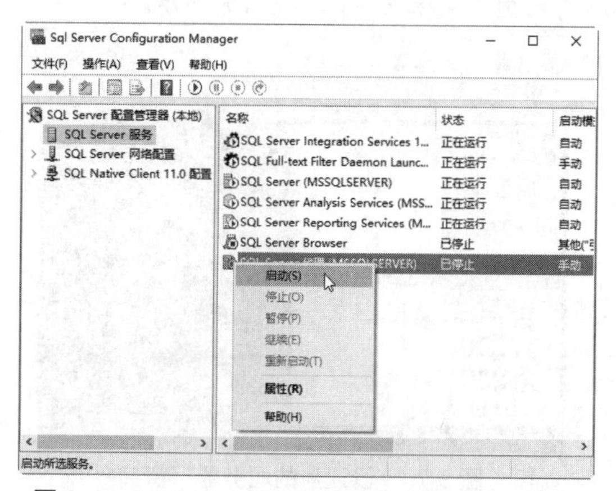

图 3-4 Sql Server Configuration Manager 窗口

3.3 注册SQL Server 2016服务器

如果想要将众多已注册的服务器进行分组化管理，需要创建服务器器组。通过注册SQL Server 2016服务器，可以存储服务器连接的信息，以供在连接该服务器时使用。

3.3.1 创建和删除服务器组

SQL Server安装到系统中之后，将作为一个服务由操作系统监控。用户可以根据需要创建和删除服务器组，具体操作步骤如下。

步骤1：单击“开始”按钮，在弹出的菜单中选择Microsoft SQL Server Tools 17→SQL Server Management Studio 17菜单命令，打开“连接到服务器”对话框，在其中设置服务器的类型、名称以及身份验证信息，如图3-5所示。

步骤2：单击“连接”按钮，即可进入SSMS的主界面，左侧为“对象资源管理器”窗口，如图3-6所示。

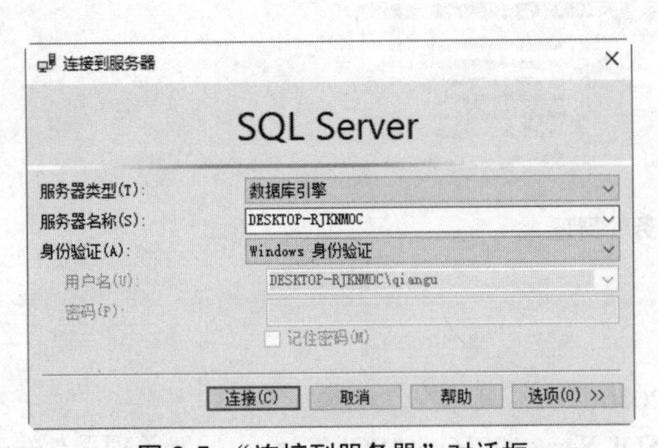

图3-5 “连接到服务器”对话框

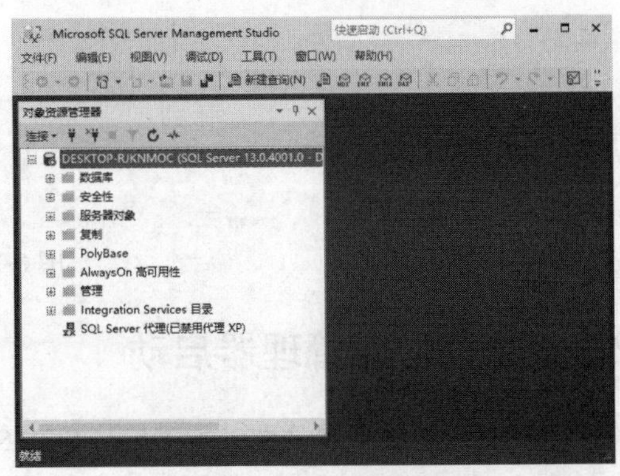

图3-6 SSMS图形界面

步骤3：选择“视图”→“已注册的服务器”菜单命令，即可打开“已注册的服务器”窗格，在其中显示了所有已经注册的SQL Server服务器，如图3-7所示。

步骤4：如果需要注册其他的服务，可以右击“本地服务器组”结点，在弹出的快捷菜单中选择“新建服务器组”菜单命令，如图3-8所示。

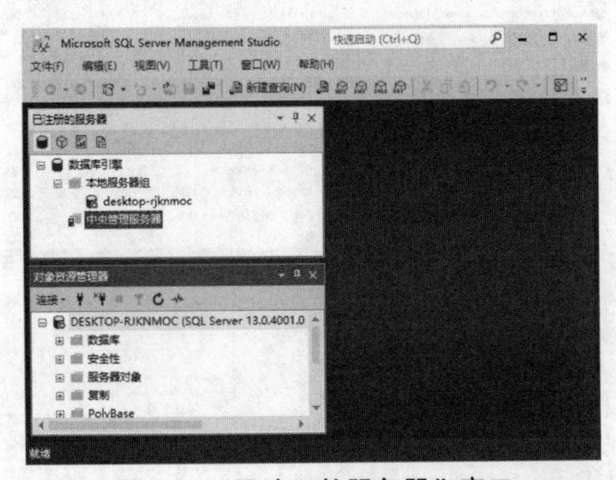

图3-7 “已注册的服务器”窗口

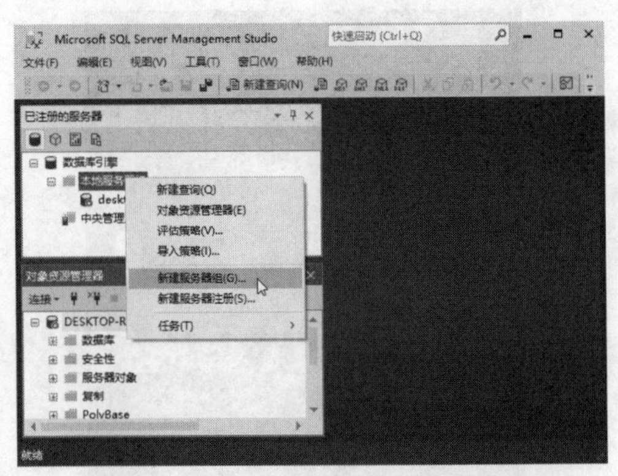

图3-8 “新建服务器组”菜单命令

步骤 5：打开“新建服务器组属性”对话框，在其中输入服务器组的名称和服务器组的说明信息，如图 3-9 所示。

步骤 6：单击“确定”按钮，返回到 SSMS 主界面，即可看到新建的服务器组，如图 3-10 所示。

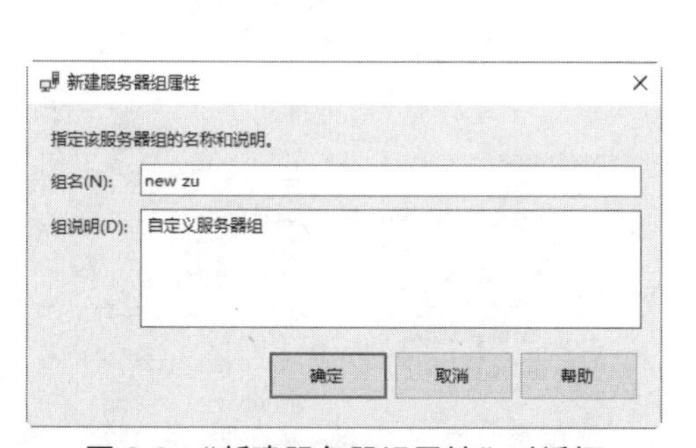

图 3-9 “新建服务器组属性”对话框

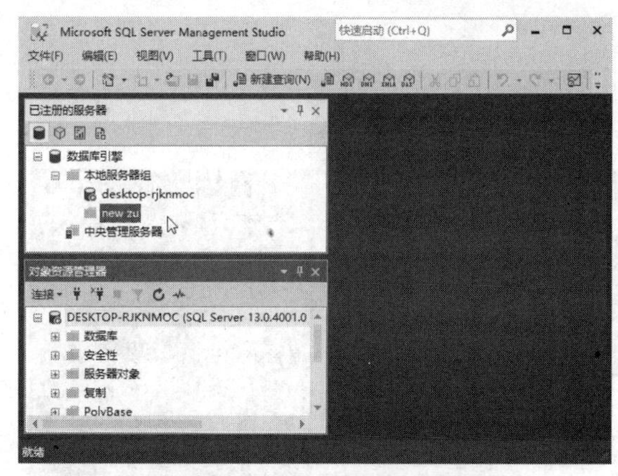

图 3-10 查看新建的服务器组

步骤 7：如果想删除不用的服务器组，可以在选择服务器组后右击鼠标，在弹出的快捷菜单中选择“删除”菜单命令，如图 3-11 所示。

步骤 8：弹出“确认删除”对话框，单击“是”按钮，即可删除选择的服务器组，如图 3-12 所示。

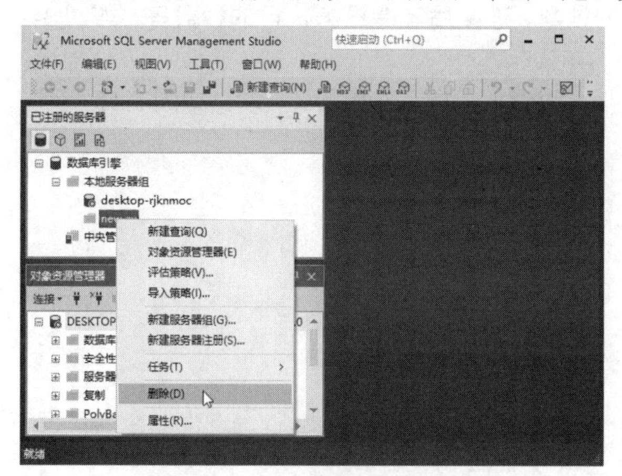

图 3-11 选择“删除”菜单命令

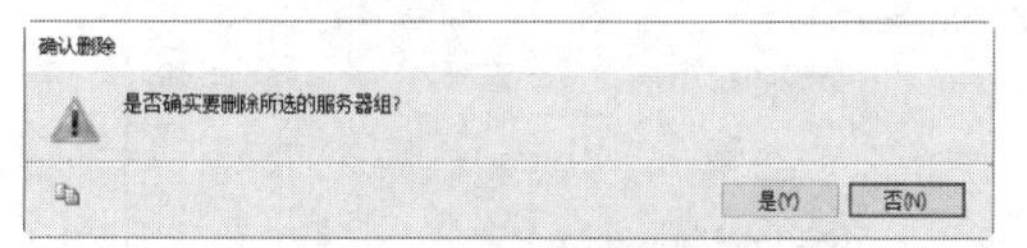

图 3-12 删除服务器组

3.3.2 注册和删除服务器

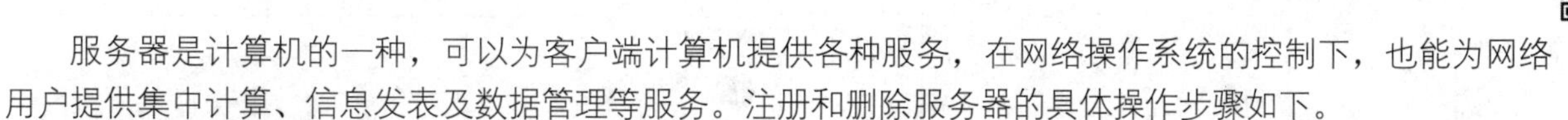

服务器是计算机的一种，可以为客户端计算机提供各种服务，在网络操作系统的控制下，也能为网络用户提供集中计算、信息发表及数据管理等服务。注册和删除服务器的具体操作步骤如下。

步骤 1：选择需要注册的服务器后右击鼠标，在弹出的快捷菜单中选择“新建服务器注册”菜单命令，如图 3-13 所示。

步骤 2：打开“新建服务器注册”对话框，默认选择“常规”选项卡，这里包括服务器类型、服务器名称、登录时身份验证的方式、登录所用的用户名、密码、已注册的服务器名称、已注册的服务器说明等设置信息，如图 3-14 所示。

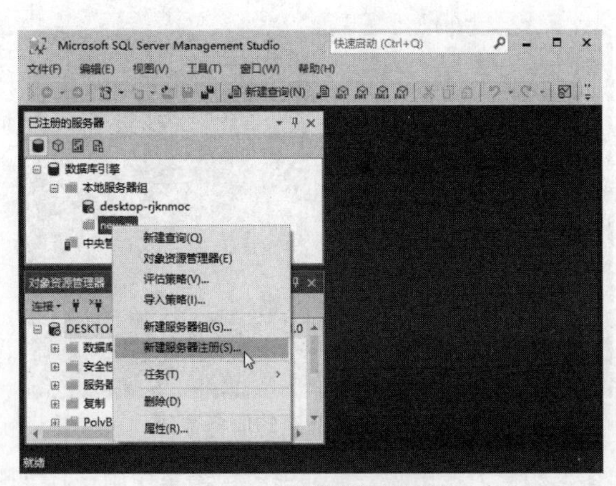

图 3-13　新建服务器注册

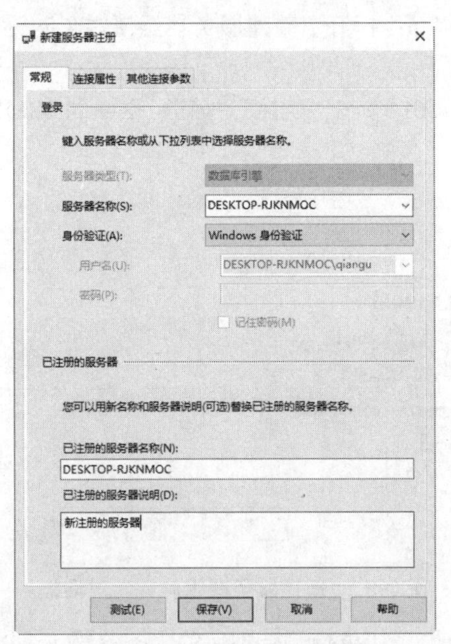

图 3-14　“常规”选项卡

步骤 3：选择“连接属性”选项卡，包括所要连接服务器中的数据库、连接服务器时使用的网络协议、发送的网络数据包的大小、连接时等待建立连接的秒数、连接后等待任务执行的秒数等，如图 3-15 所示。

步骤 4：单击“测试”按钮，打开“新建服务器注册”对话框，提示连接测试成功，如图 3-16 所示。

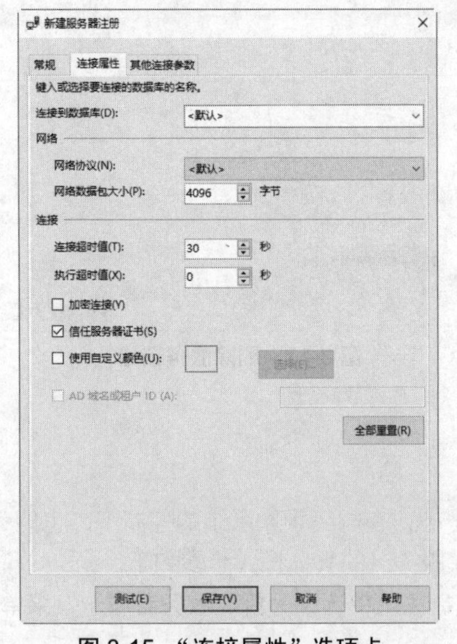

图 3-15　“连接属性”选项卡

图 3-16　“新建服务器注册”对话框

步骤 5：单击“保存”按钮，即可完成服务器的注册，如图 3-17 所示。

步骤 6：对于不需要的注册服务器，可以将其删除，选择需要删除的服务器，然后右击鼠标，在弹出的快捷菜单中选择“删除”菜单命令，如图 3-18 所示。

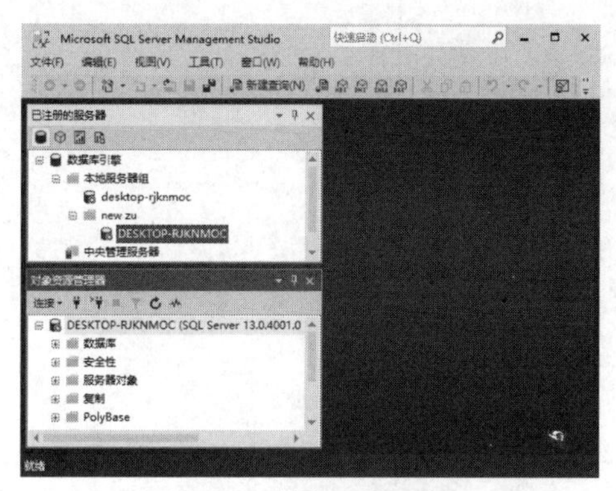

图 3-17　新注册的服务器

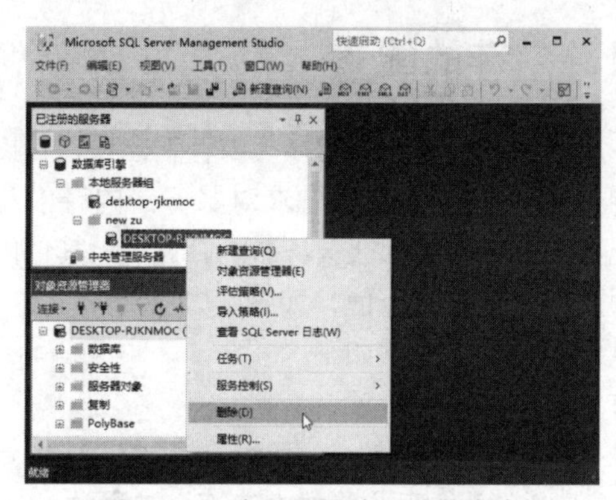

图 3-18　选择“删除”菜单命令

步骤 7：打开“确认删除”对话框，单击“是”按钮，即可删除选择的服务器，如图 3-19 所示。

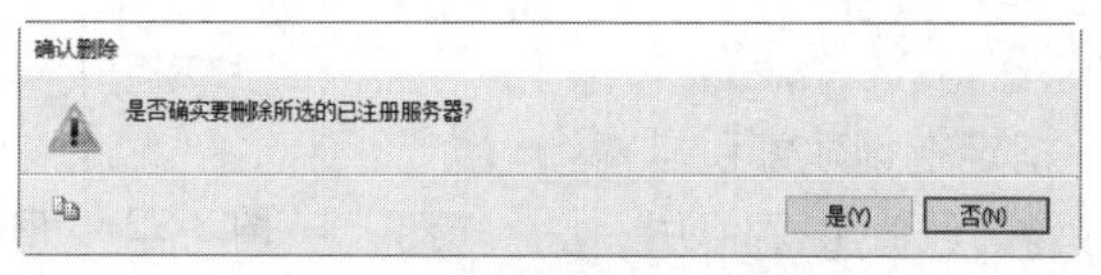

图 3-19　“确认删除”对话框

3.4　配置服务器的属性

对服务器进行必需的优化配置可以保证 SQL Server 2016 服务器安全、稳定、高效地运行。配置时可以从内存、安全性、数据库设置和权限等几个方面进行。配置 SQL Server 2016 服务器之前需要打开“服务器属性”对话框，具体的方法如下。

首先启动 SSMS 管理工具，在“对象资源管理器”窗口中选择当前登录的服务器，然后右击鼠标，在弹出的快捷菜单中选择“属性”菜单命令，如图 3-20 所示。

这时打开“服务器属性”窗口，在窗口左侧的“选择页”中可以看到当前服务器的所有选项，包括“常规”“内存”“处理器”“安全性”“连接”“数据库设置”“高级”和“权限”。其中，“常规”选项中的内容不能修改，这里列出服务器名称、产品信息、操作系统、平台、版本、语言、内存、处理器、根目录等固有属性信息，而其他 7 个选项卡中包含服务器端的可配置信息，如图 3-21 所示。

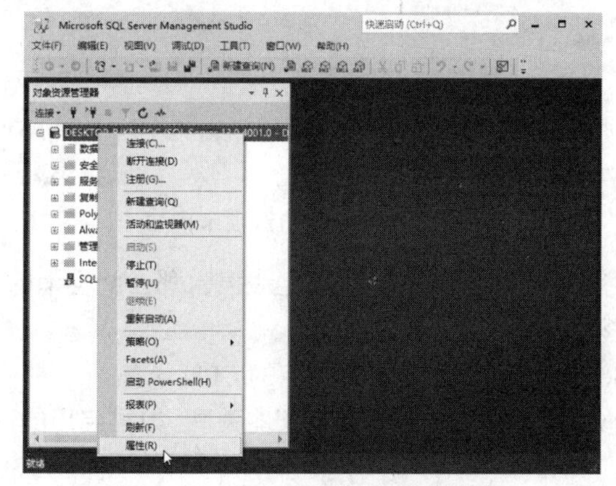

图 3-20　选择“属性”菜单命令

图 3-21　“服务器属性”窗口

3.4.1 内存的配置

在“选择页”列表中选择“内存”选项，在打开的界面中可以根据实际需求对服务器内存大小进行配置，主要参数包括服务器内存选项、其他内存选项、配置值和运行值，如图 3-22 所示。

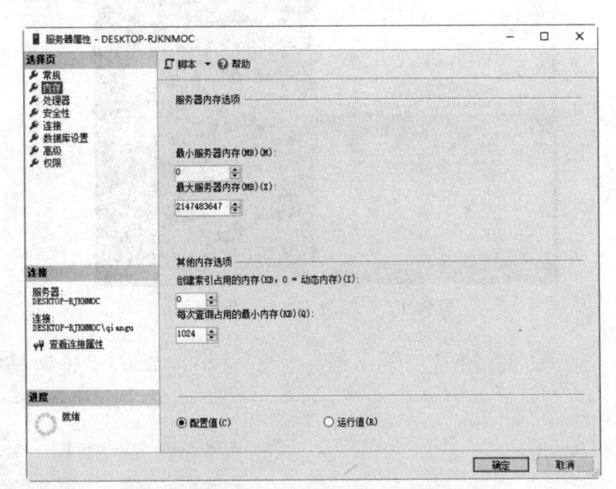

图 3-22 “内存”选项卡内容

主要参数含义介绍如下。

（1）服务器内存选项。

- 最小服务器内存：分配给 SQL Server 的最小内存，低于该值的内存不会被释放。
- 最大服务器内存：分配给 SQL Server 的最大内存。

（2）其他内存选项。

- 创建索引占用的内存：指定在创建索引排序过程中要使用的内存量，数值 0 表示由操作系统动态分配。
- 每次查询占用的最小内存：为执行查询操作分配的内存量，默认值为 1024KB。
- 配置值：显示并运行更改选项卡中的配置内容。
- 运行值：查看本对话框上选项的当前运行的值。

3.4.2 处理器的配置

在“选择页”列表中选择“处理器”选项，在打开的界面中可以根据实际需求对处理器进行配置，如查看或修改 CPU 选项。一般来说，只有安装了多个处理器时才需要配置此项，主要内容包括自动设置所有处理器的处理器关联掩码、自动设置所有处理器的 I/O 关联掩码、处理器关联、I/O 关联等，如图 3-23 所示。

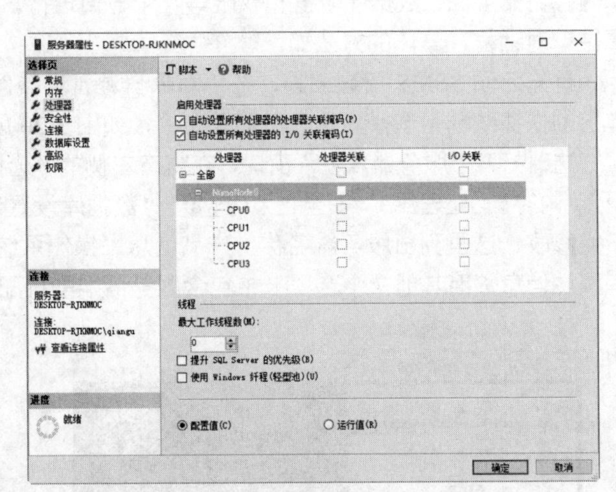

图 3-23 “处理器”选项卡内容

主要参数含义介绍如下。

- 处理器关联：对于操作系统而言，为了执行多任务，同进程可以在多个 CPU 之间移动，提高处理器的效率，但对于高负荷的 SQL Server 而言，该活动会降低其性能，因为会导致数据的不断重新加载。这种线程与处理器之间的关联就是“处理器关联”。如果将每个处理器分配给特定线程，那么就会消除处理器的重新加载需要和减少处理器之间的线程迁移。
- I/O 关联：与处理器关联类似，设置是否将 SQL Server 磁盘 I/O 绑定到指定的 CPU 子集。
- 自动设置所有处理器的处理器关联掩码：设置是否允许 SQL Server 设置处理器关联。如果启用的话，操作系统将自动为 SQL Server 2016 分配 CPU。
- 自动设置所有处理器的 I/O 关联掩码：此项是设置是否允许 SQL Server 设置 I/O 关联。如果启用的话，操作系统将自动为 SQL Server 2016 分配磁盘控制器。

- 最大工作线程数：允许 SQL Server 动态设置工作线程数，默认值为 0。一般来说，不用修改该值。
- 提升 SQL Server 的优先级：指定 SQL Server 是否应当比其他进程具有优先处理的级别。

3.4.3 安全性配置

在“选择页”列表中选择“安全性”选项，在打开的界面中可以根据实际需求对服务器的安全性进行配置，主要内容包括服务器身份验证、登录审核、服务器代理账户等，如图 3-24 所示。

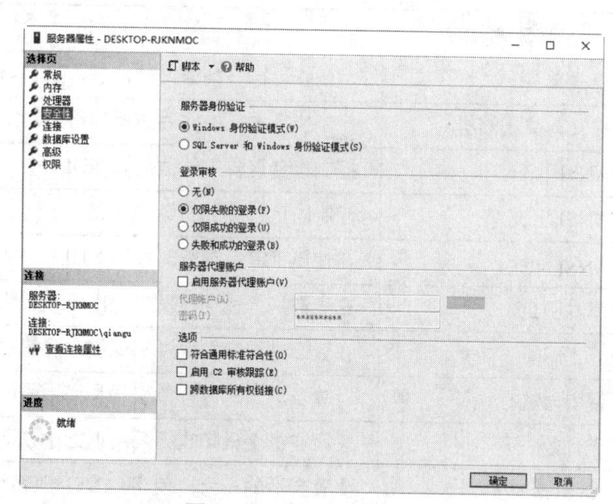

图 3-24 “安全性”选项

主要参数介绍如下。

- 服务器身份验证：表示在连接服务器时采用的验证方式，默认在安装过程中设定为“Windows 身份验证”，也可以采用“SQL Server 和 Windows 身份验证模式”的混合模式。
- 登录审核：对用户是否登录 SQL Server 2016 服务器的情况进行审核。
- 服务器代理账户：是否启用服务器代理账户。
- 符合通用标准符合性：启用通用标准需要三个元素，分别是残留保护信息（RIP）、查看登录统计信息的能力和字段 GRANT 不能覆盖表 DENY。
- 启用 C2 审核跟踪：保证系统能够保护资源并具有足够的审核能力，运行监视所有数据库实体的所有访问企图。
- 跨数据库所有权链接：允许数据库成为跨数据库所有权限的源或目标。

提示：*更改安全性配置之后需要重新启动服务，才能使安全性配置生效。*

3.4.4 连接的配置

在“选择页”列表中选择“连接”选项，在打开的界面中可以根据实际需求对服务器的连接选项进行配置，主要内容包括：最大并发连接数、默认连接选项、使用查询调控器防止查询长时间运行、允许远程连接到此服务器和需要将分布式事务用于服务器到服务器的通信等，如图 3-25 所示。

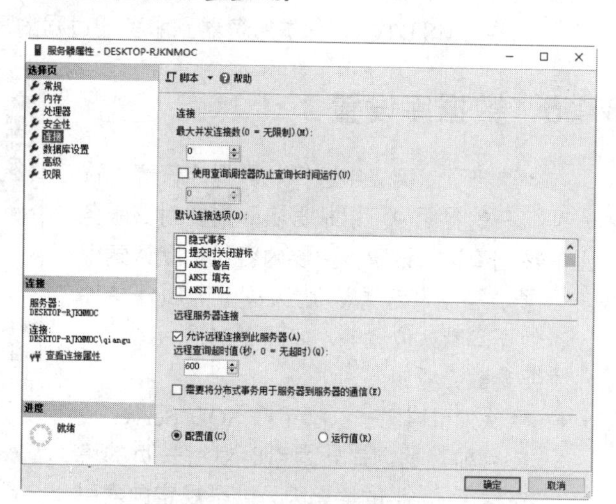

图 3-25 “连接”选项

主要参数介绍如下。

- 最大并发连接数：默认值为 0，表示无限制。也可以输入数字来限制 SQL Server 2016 允许的连接数。注意如果将此值设置过小，可能会阻止管理员进行连接，但是“专用管理员连接”始终可以连接。

- 使用查询调控器防止查询长时间运行：为了避免使用 SQL 查询语句执行过长时间，导致 SQL Server 服务器的资源被长时间占用，可以设置此项。选择此项后输入最长的查询运行时间，超过这个时间后，会自动中止查询，以释放更多的资源。
- 默认连接选项：默认连接的选项内容比较多，各个选项的作用如表 3-1 所示。

表 3-1　默认连接选项

配 置 选 项	作　用
隐式事务	控制在运行一条语句时，是否隐式启动一项事务
提交时关闭游标	控制执行提交操作后游标的行为
ANSI 警告	控制集合警告中的截断和 NULL
ANSI 填充	控制固定长度的变量的填充
ANSI NULL	在使用相等运算符时控制 NULL 的处理
算术中止	在查询执行过程中发生溢出或被零除错误时终止查询
算术忽略	在查询过程中发生溢出或被零除错误时返回 NULL
带引号的标识符	计算表达式时区分单引号和双引号
未计数	关闭在每个语句执行后所返回的说明有多少行受影响的消息
ANSI 默认启用	更改会话的行为，使用 ANSI 兼容为空性。未显式定义为空性的新列定义为允许使用空值
ANSI 默认禁用	更改会话的行为，不使用 ANSI 兼容为空性。未显式定义为空性的新列定义为不允许使用空值
串联 null 时得到 null	当将 NULL 值与字符串连接时返回 NULL
数值舍入中止	当表达式中出现失去精度的情况时生成错误
xact 中止	如果 Transact-SQL 语句引发运行时错误，则回滚事务

- 允许远程连接到此服务器：选中此项则允许从运行的 SQL Server 实例的远程服务器，控制存储过程的执行。远程查询超时值是指定在 SQL Server 超时之前远程操作可执行的时间，默认为 600s。
- 需要将分布式事务用于服务器到服务器的通信：选中此项则允许通过 Microsoft 分布式事务处理协调器（MS DTC），保护服务器到服务器过程的操作。

3.4.5　数据库设置

在“选择页”列表中选择“数据库设置”选项，在打开的界面中可以根据实际需要对该服务器上的数据库进行设置，主要内容包括默认索引填充因子、备份和还原、默认备份介质保持期（天）、数据库默认位置等，如图 3-26 所示。

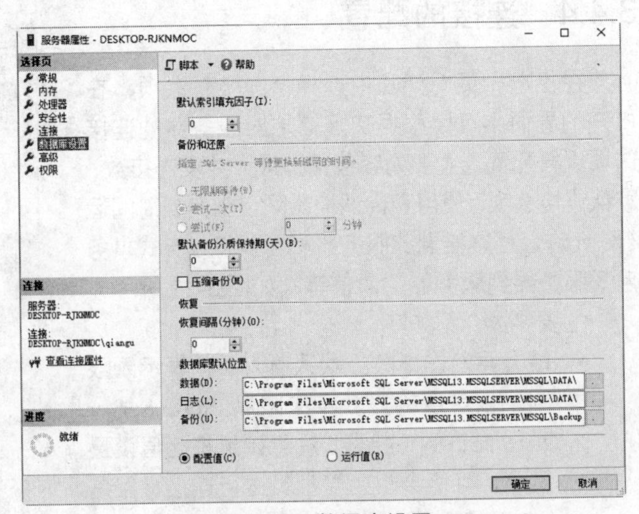

图 3-26　数据库设置

主要参数介绍如下。

- 默认索引填充因子：指定在 SQL Server 使用目前数据创建新索引时对每一页的填充程度。索引的填充因子就是规定向索引页中插入索引数据最多可以占用的页面空间。例如，填充因子为 70%，那么在向索引页面中插入索引数据时最多可以占用页面空间的 70%，剩下的 30%的空间保留给索引的数据更新时使用。默认值是 0，有效值是 0～100。

- 备份和还原：指定 SQL Server 等待更换新磁带的时间，包括三个选项，介绍如下。

  无限期等待：SQL Server 在等待新备份磁带时永不超时。

  尝试一次：是指如果需要备份磁带时，但它却不可用，则 SQL Server 将超时。

  尝试：它的分钟数是指如果备份磁带在指定的时间内不可用，SQL Server 将超时。
- 默认备份介质保持期（天）：指示在用于数据库备份或事务日志备份后每一个备份媒体的保留时间。此选项可以防止在指定的日期前覆盖备份。
- 恢复：设置每个数据库恢复时所需的最大分钟数。数值 0 表示让 SQL Server 自动配置。
- 数据库默认位置：指定数据文件和日志文件的默认位置。

3.4.6 高级的配置

在“选择页”列表中选择“高级”选项，在打开的界面中可以根据实际需要对服务器的高级选项进行设置，主要内容包括并行的开销阈值、查询等待值、最大并行度等，如图 3-27 所示。

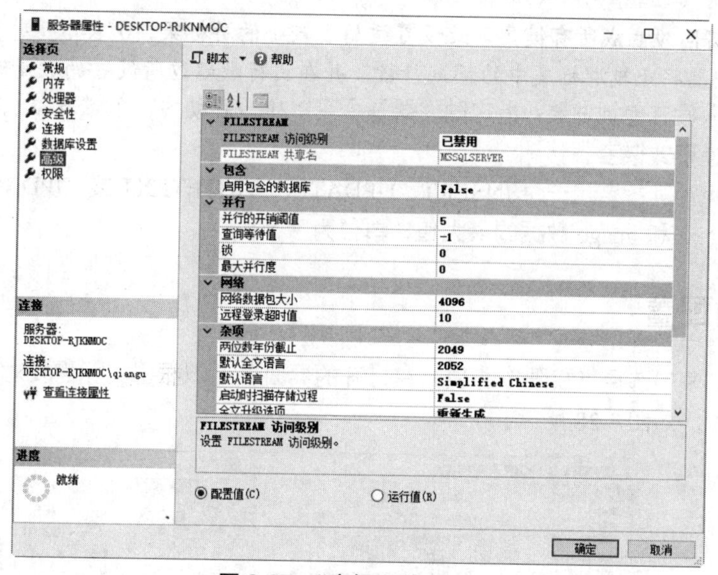

图 3-27 “高级”选项

主要参数介绍如下。

- 并行的开销阈值：指定数值，单位为秒，如果一个 SQL 查询语句的开销超过这个数值，那么就会启用多个 CPU 来并行执行高于这个数值的查询，以优化性能。
- 查询等待值：指定在超时之前查询等待资源的秒数，有效值是 0～2 147 483 647。默认值是-1，其意思是按估计查询开销的 25 倍计算超时值。
- 锁：设置可用锁的最大数目，以限制 SQL Server 为锁分配的内存量。默认值为 0，表示允许 SQL Server 根据系统要求来动态分配和释放锁。
- 最大并行度：设置执行并行计划时能使用的 CPU 的数量，最大值为 64。0 值表示使用所有可用的处理器；1 值表示不生成并行计划，默认值为 0。
- 网络数据包大小：设置整个网络使用的数据包的大小，单位为字节。默认值是 4096 字节。

提示：如果应用程序经常执行大容量复制操作或者是发送、接收大量的 text 和 image 数据的话，可以将此值设大一点儿。如果应用程序接收和发送的信息量都很小，那么可以将其设为 512 字节。

- 远程登录超时值：指定从远程登录尝试失败返回之前等待的秒数。默认值为 20s，如果设为 0 的话，则允许无限期等待。此项设置影响为执行异类查询所创建的与 OLE DB 访问接口的连接。
- 两位数年份截止：指定 1753～9999 的整数，该整数表示将两位数年份解释为四位数年份的截止年份。
- 默认全文语言：指定全文索引列的默认语言。全文索引数据的语言分析取决于数据的语言。默认值为服务器的语言。
- 默认语言：指定默认情况下所有新创建的登录名使用的语言。
- 启动时扫描存储过程：指定 SQL Server 将在启动时是否扫描并自动执行存储过程。如果设为 TRUE，则 SQL Server 在启动时将扫描并自动运行服务器上定义的所有存储过程。
- 游标阈值：指定游标集中的行数，如果超过此行数，将异步生成游标键集。当游标为结果集生成键集时，查询优化器会估算将为该结果集返回的行数。如果查询优化器估算出的返回行数大于此阈值，则将异步生成游标，使用户能够在继续填充游标的同时从该游标中提取行。否则，同步生成游标，查询将一直等待到返回所有行。

提示：-1 表示将同步生成所有键集，此设置适用于较小的游标集。0 表示将异步生成所有游标键集。其他值表示查询优化器将比较游标集中的预期行数，并在该行数超过所设置的数量时异步生成键集。

- 允许触发器激发其他触发器：指定触发器是否可以执行启动另一个触发器的操作，也就是指定触发器是否允许递归或嵌套。
- 大文本复制大小：指定用一个 INSERT、UPDATE、WRITETEXT 或 UPDATETEXT 语句可以向复制列添加的 text 和 image 数据的最大值，单位为字节。

3.4.7 权限的配置

在“选择页”列表中选择“权限”选项，在打开的界面中可以根据实际需要对服务器的用户操作权限进行授予或撤销设置，如图 3-28 所示。

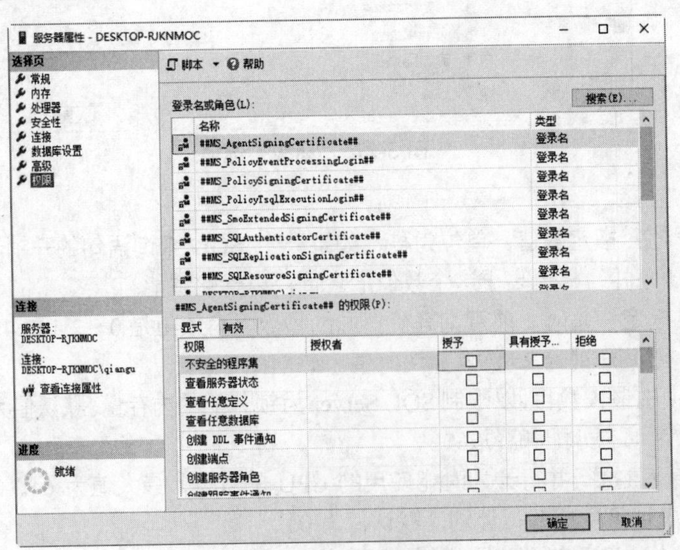

图 3-28 “权限”选项

主要参数介绍如下。

- “登录名或角色”列表框：显示多个可以设置权限的对象，单击“添加”按钮，可以添加更多的登录名和服务器角色到这个列表框里，单击“删除”按钮也可以将列表框中已有的登录名或角色删除。
- “显式”列表框：在其中可以看到“登录名或角色”列表框里的对象的权限。在“登录名或角色”列表框里选择不同的对象，在“显式”的列表框里会有不同的权限显示。在这里也可以为“登录名或角色”列表框里的对象设置权限。

3.5　就业面试技巧与解析

3.5.1　面试技巧与解析（一）

面试官：数据字典是什么？有什么用？有没有命名规则？

应聘者：数据字典是数据库用于存放关于数据库内部信息的地方，其用途是用来描述数据库内部的运行和管理情况。例如，一个数据表的所有者、创建时间、所属表空间、用户访问权限等信息。

数据字典的命名规则如下。

（1）DBA_：包含数据库实例的所有对象信息。

（2）V$_：当前实例的动态视图，包含系统管理和系统优化等所使用的视图。

（3）USER_：记录用户的对象信息。

（4）GV_：分布式环境下所有实例的动态视图，包含系统管理和系统优化使用的视图。

（5）ALL_：记录用户的对象信息及被授权访问的对象信息。

3.5.2　面试技巧与解析（二）

面试官：你对公司加班有什么看法？

应聘者：如果是工作需要我会义不容辞地加班，再加上我现在单身，没有任何家庭负担，可以全身心地投入工作。但同时，我也会提高工作效率，减少不必要的加班。

第4章 SQL基础知识

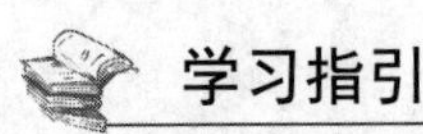

学习指引

SQL 是用于访问和处理数据库的标准计算机语言。SQL 指结构化查询语言，全称是 Structured Query Language。使用 SQL 可以访问和处理数据库。本章就来学习 SQL 基础知识，主要内容包括认识 SQL、常量、变量、运算符以及各种类型的 SQL 语句等。

重点导读

- 了解 SQL 的概念。
- 掌握 SQL 的常量。
- 掌握 SQL 的变量。
- 掌握 SQL 的运算符。
- 掌握 SQL 的通配符。
- 掌握 SQL 的注释符。

4.1 认识 SQL

对数据库进行查询和修改操作的语言叫作 SQL，下面从 SQL 的标准、种类和功能三个方面来认识一下 SQL。

4.1.1 SQL 的标准

SQL 是数据库沟通的语言标准，有以下三个主要的标准：

（1）ANSI（American National Standards Institute，美国国家标准机构）SQL，对 ANSI SQL 修改后在 1992 年采纳的标准，称为 SQL-92 或 SQL2。

（2）最近的 SQL-99 标准，SQL-99 标准从 SQL2 扩充而来并增加了对象关系特征和许多其他新功能。

（3）其次，各大数据库厂商提供了不同版本的 SQL，这些版本的 SQL 不但包括原始的 ANSI 标准，而且在很大程度上支持新推出的 SQL-92 标准。

注意：虽然 SQL 是一门 ANSI 标准的计算机语言，但是仍然存在着多种不同版本的 SQL。然而，为了与 ANSI 标准相兼容，它们必须以相似的方式共同地来支持一些主要的命令（比如 SELECT、UPDATE、DELETE、INSERT、WHERE 等）。

4.1.2 SQL 的种类

SQL 共分为 4 大类：数据查询语句 DQL、数据操作语句 DML、数据定义语句 DDL、数据控制语句 DCL。具体介绍如下。

（1）数据查询语句（DQL）：SELECT 语句。

（2）数据操作语句（DML）：INSERT、UPDATE、DELETE 语句。

（3）数据定义语句（DDL）：DROP、CREATE、ALTER 等语句。

（4）数据控制语句（DCL）：GRANT、REVOKE、COMMIT、ROLLBACK 等语句。

4.1.3 SQL 的功能

SQL 的主要功能是管理数据库，具体来讲，它可以面向数据库执行查询操作，还可以从数据库中取回数据。除了这两个主要功能外，使用 SQL 还可以执行如下操作。

- 可在数据库中插入新的记录。
- 可更新数据库中的数据。
- 可从数据库中删除记录。
- 可创建新数据库。
- 可在数据库中创建新表。
- 可在数据库中创建存储过程。
- 可在数据库中创建视图。
- 可以设置表、存储过程和视图的权限。

4.2 常量

常量也称为文字值或标量值，是表示一个特定数据值的符号。常量的格式取决于它所表示的值的数据类型。一个常量通常有一种数据类型和长度，这二者取决于常量格式。根据数据类型的不同，常量可以分为数字常量、字符串常量、日期和时间常量以及符号常量。

4.2.1 数字常量

在 SQL 中，数字常量包括整数常量、小数常量以及浮点常量。

整数常量在 SQL 中被写成普通的整型数字，而且全部为数字，它们不能包含小数，前面可加正负号，例如：

```
18,-2
```

注意：在数字常量的各个位之间不要加逗号，例如，123456 这个数字不能表示为 123,456。

小数常量由没有用引号括起来并且包含小数点的数字字符串来表示，例如：

```
184.12,2.0
```

浮点常量使用科学记数法来表示，例如：

```
101.5E5,0.5E-2
```

货币常量以前缀为可选的小数点和可选的货币符号的数字字符串来表示，货币常量不使用引号括起来，例如：

```
$12,￥542023.14
```

在使用数字常量的过程中，若要指示一个数是正数还是负数，对数值常量应用“+”或“-”一元运算符，如果没有应用+或-一元运算符，数值常量将使用正数。

4.2.2 字符串常量

字符串常量括在单引号内，包含字母和数字字符（a～z、A～Z 和 0～9）以及特殊字符，如感叹号（!）、at 符号（@）和#号（#）。

如果单引号中的字符串包含一个嵌入的引号，可以使用两个单引号表示嵌入的单引号。如下列出了常见字符串常量实例：

```
'Time'
'L' 'Ning!'
'I Love SQL Server!'
```

4.2.3 日期和时间常量

在 SQL 中，日期和时间常量使用特定格式的字符日期值来表示，并用单引号括起来，例如：

```
'December 1, 2019'
'1 December, 2019'
'191105'
'11/5/19'
```

4.2.4 符号常量

在 SQL 中，除了为用户提供一些数字常量、字符串常量、日期与时间常量外，还提供了几个比较特殊的符号常量，这些常量代表不同的常用数据值，如 CURRENT_DATE 表示当前系统日期、CURRENT_TIME 表示当前系统时间等，这些符号常量可以通过 SQL Server 的内嵌函数访问。

4.3 变量

变量可以保存查询之后的结果，可以在查询语句中使用变量，也可以将变量中的值插入到数据表中，在 SQL 中变量的使用非常灵活方便，可以在任何 SQL 语句集合中声明使用，根据其生命周期，可以分为全局变量和局部变量。

4.3.1　局部变量

局部变量是用户可自定义的变量，它是一个能够拥有特定数据类型的对象，其作用范围仅限制在程序内部。局部变量被引用时要在其名称前加上标志“@”，而且必须先用 DECLARE 命令声明后才可以使用。

定义局部变量的语法形式如下：

```
DECLARE {@local-variable data-type}  [...n]
```

主要参数含义介绍如下。

- @local-variable：用于指定局部变量的名称，变量名必须以符号“@”开头，且必须符合 SQL Server 的命名规则。
- data-type：用于设置局部变量的数据类型及其大小。data-type 可以是任何由系统提供的或用户定义的数据类型。但是，局部变量不能是 text、ntext 或 image 数据类型。

4.3.2　全局变量

全局变量是 SQL Server 系统提供的内部使用的变量，不用用户参与定义，对用户而言，其作用范围并不仅局限于某一程序，而是任何程序均可以随时调用。

全局变量通常存储一些 SQL Server 的配置设定值和统计数据，用户可以在程序中用全局变量来测试系统的设定值或者是 SQL 命令执行后的状态值。

在使用全局变量时，由于全局变量不是由用户的程序定义的，它们是在服务器级定义的，用户只能使用预先定义的全局变量，而不能修改全局变量。引用全局变量时，必须以标记符“@@”开头。另外，局部变量的名称不能与全局变量的名称相同，否则会在应用程序中出现不可预测的结果。SQL Server 中常用的全局变量及其含义如表 4-1 所示。

表 4-1　SQL Server 中常用的全局变量

全局变量名称	含　义
@@CONNECTIONS	返回 SQL Server 自上次启动以来尝试的连接数，无论连接是成功还是失败
@@CPU_BUSY	返回 SQL Server 自上次启动后的工作时间。其结果以 CPU 时间增量或“滴答数”表示，此值为所有 CPU 时间的累积，因此可能会超出实际占用的时间。乘以@@TIMETICKS 即可转换为微秒
@@CURSOR_ROWS	返回连接上打开的上一个游标中的当前限定行的数目。为了提高性能，SQL Server 可异步填充大型键集和静态游标。可调用@@CURSOR_ROWS 以确定当其被调用时检索了游标符合条件的行数
@@DATEFIRST	针对会话返回 SET DATEFIRST 的当前值
@@DBTS	返回当前数据库的当前 timestamp 数据类型的值。这一时间戳值在数据库中必须是唯一的
@@ERROR	返回执行的上一个 Transact SQL 语句的错误号
@@FETCH_STATUS	返回针对连接当前打开的任何游标，发出的上一条游标 FETCH 语句的状态
@@IDENTITY	返回插入到表的 IDENTITY 列的最后一个值
@@IDLE	返回 SQL Server 自上次启动后的空闲时间。结果以 CPU 时间增量或“时钟周期”表示，并且是所有 CPU 的累积，因此该值可能超过实际经过的时间。乘以 @@TIMETICKS 即可转换为微秒

续表

全局变量名称	含　义
@@IO_BUSY	返回自从 SQL Server 最近一次启动以来，SQL Server 已经用于执行输入和输出操作的时间。其结果是 CPU 时间增量（时钟周期），并且是所有 CPU 的累积值，所以，它可能超过实际消逝的时间。乘以@@TIMETICKS 即可转换为微秒
@@LANGID	返回当前使用的语言的本地语言标识符（ID）
@@LANGUAGE	返回当前所用语言的名称
@@LOCK_TIMEOUT	返回当前会话的当前锁定超时设置（毫秒）
@@MAX_CONNECTIONS	返回 SQL Server 实例允许同时进行的最大用户连接数。返回的数值不一定是当前配置的数值
@@MAX_PRECISION	按照服务器中的当前设置，返回 decimal 和 numeric 数据类型所用的精度级别。默认情况下，最大精度返回 38
@@NESTLEVEL	返回对本地服务器上执行的当前存储过程的嵌套级别（初始值为 0）
@@OPTIONS	返回有关当前 SET 选项的信息
@@PACK_RECEIVED	返回 SQL Server 自上次启动后从网络读取的输入数据包数
@@PACK_SENT	返回 SQL Server 自上次启动后写入网络的输出数据包数
@@PACKET_ERRORS	返回自上次启动 SQL Server 后，在 SQL Server 连接上发生的网络数据包错误数
@@ROWCOUNT	返回上一次语句影响的数据行的行数
@@PROCID	返回 SQL 当前模块的对象标识符（ID）。SQL 模块可以是存储过程、用户定义函数或触发器。不能在 CLR 模块或进程内数据访问接口中指定@@PROCID
@@SERVERNAME	返回运行 SQL Server 的本地服务器的名称
@@SERVICENAME	返回 SQL Server 正在其下运行的注册表项的名称。若当前实例为默认实例，则@@SERVICENAME 返回 MSSQLSERVER；若当前实例是命名实例，则该函数返回该实例名
@@SPID	返回当前用户进程的会话 ID
@@TEXTSIZE	返回 SET 语句的 TEXTSIZE 选项的当前值，它指定 SELECT 语句返回的 text 或 image 数据类型的最大长度，其单位为字节
@@TIMETICKS	返回每个时钟周期的微秒数
@@TOTAL_ERRORS	返回自上次启动 SQL Server 之后，SQL Server 所遇到的磁盘写入错误数
@@TOTAL_READ	返回 SQL Server 自上次启动后，由 SQL Server 读取（非缓存读取）的磁盘的数目
@@TOTAL_WRITE	返回自上次启动 SQL Server 以来，SQL Server 所执行的磁盘写入数
@@VERSION	返回当前安装的日期、版本和处理器类型
@@TRANCOUNT	返回当前连接的活动事务数

4.4　运算符

运算符是一些符号，它们能够用于执行算术运算、字符串连接、赋值以及在字段、常量和变量之间进行比较。在 SQL Server 中，运算符主要有以下 6 大类：算术运算符、赋值运算符、比较运算符、逻辑运算符、连接运算符以及按位运算符。

4.4.1 算术运算符

算术运算符可以在两个表达式上执行数学运算，这两个表达式可以是任何数值数据类型。SQL 中的算术运算符如表 4-2 所示。

表 4-2 SQL 中的算术运算符

运 算 符	作 用
+	加法运算
-	减法运算
*	乘法运算
/	除法运算，返回商
%	求余运算，返回余数

加法和减法运算符也可以对日期和时间类型的数据执行算术运算，求余运算即返回一个除法运算的整数余数，例如，表达式 14%3 的结果等于 2。

4.4.2 比较运算符

比较运算符用来比较两个表达式的大小，表达式可以是字符、数字或日期数据，其比较结果是布尔值。比较运算符测试两个表达式是否相同。除了 text、ntext 或 image 数据类型的表达式外，比较运算符可以用于所有的表达式。表 4-3 列出了 SQL 中的比较运算符。

表 4-3 SQL 中的比较运算符

运 算 符	含 义
=	等于
>	大于
<	小于
>=	大于或等于
<=	小于或等于
< >	不等于
!=	不等于（非 ISO 标准）
!<	不小于（非 ISO 标准）
!>	不大于（非 ISO 标准）

4.4.3 逻辑运算符

逻辑运算符可以把多个逻辑表达式连接起来测试，以获得其真实情况，返回带有 TRUE、FALSE 或 UNKNOWN 值的 Boolean 数据类型。SQL 中包含如表 4-4 所示的一些逻辑运算符。

表 4-4　SQL 中的逻辑运算符

运　算　符	含　义
ALL	如果一组的比较都为 TRUE，那么就为 TRUE
AND	如果两个布尔表达式都为 TRUE，那么就为 TRUE
ANY	如果一组的比较中任何一个为 TRUE，那么就为 TRUE
BETWEEN	如果操作数在某个范围之内，那么就为 TRUE
EXISTS	如果子查询包含一些行，那么就为 TRUE
IN	如果操作数等于表达式列表中的一个，那么就为 TRUE
LIKE	如果操作数与一种模式相匹配，那么就为 TRUE
NOT	对任何其他布尔运算符的值取反
OR	如果两个布尔表达式中的一个为 TRUE，那么就为 TRUE
SOME	如果在一组比较中有些为 TRUE，那么就为 TRUE

4.4.4　连接运算符

加号（+）是字符串串联运算符，可以将两个或两个以上字符串合并成一个字符串。其他所有字符串操作都使用字符串函数（如 SUBSTRING）进行处理。

默认情况下，对于 varchar 数据类型的数据，在 INSERT 或赋值语句中，空的字符串将被解释为空字符串。在串联 varchar、char 或 text 数据类型的数据时，空的字符串被解释为空字符串。例如，'abc'+''+'def'被存储为'abcdef'。

4.4.5　按位运算符

按位运算符在两个表达式之间执行位操作，这两个表达式可以为整数数据类型类别中的任何数据类型。SQL 中的按位运算符如表 4-5 所示。

表 4-5　按位运算符

运　算　符	含　义
&	位与
|	位或
^	位异或
~	返回数字的非

4.4.6　运算符的优先级

当一个复杂的表达式有多个运算符时，运算符优先级决定执行运算的先后次序。执行的顺序可能严重地影响所得到的值，在较低级别的运算符之前先对较高级别的运算符进行求值，如表 4-6 所示按运算符从高到低的顺序列出了 SQL Server 中的运算符优先级别。

表 4-6　SQL Server 运算符的优先级

级　别	运　算　符
1	～（位非）
2	*（乘）、/（除）、%（取模）
3	+（正）、-（负）、+（加）、+（连接）、-（减）、&（位与）、^（位异或）、|（位或）
4	=、>、<、>=、<=、<>、!=、!>、!<（比较运算符）
5	NOT
6	AND
7	ALL、ANY、BETWEEN、IN、LIKE、OR、SOME
8	=（赋值）

当一个表达式中的两个运算符有相同的运算符优先级别时，将按照它们在表达式中的位置对其从左到右进行求值。当然，在无法确定优先级的情况下，可以使用圆括号（）来改变优先级，并且这样会使计算过程更加清晰。

4.5　通配符与注释符

注释符是对代码给出解释或说明，通配符一般与 Like 运算符一起使用，用于实现模糊查询。

4.5.1　通配符

查询时，有时无法指定一个清楚的查询条件，此时可以使用 SQL 通配符，通配符用来代替一个或多个字符，在使用通配符时，要与 LIKE 运算符一起使用。SQL 中常用的通配符如表 4-7 所示。

表 4-7　SQL 中的通配符

通　配　符	说　明
%	匹配任意长度的字符，甚至包括零字符
_	匹配任意单个字符
[字符集合]	匹配字符集合中的任何一个字符
[^]或[!]	匹配不在括号中的任何字符

4.5.2　注释符

注释语句不是可执行语句，不参与程序的编译，通常是一些说明性的文字，对代码的功能或者代码的实现方式给出简要的解释和提示。SQL 中的注释分为以下两种。

1. 单行注释

单行注释以两个连字符“--”开始，作用范围是从注释符号开始到一行的结束。例如：

```
--CREATE TABLE temp
--( id INT PRIMAYR KEY, hobby VARCHAR(100) NULL)
```

该段代码表示创建一个数据表，但是因为加了注释符号“--”，所以该段代码是不会被执行的。

```
--查找表中的所有记录
SELECT * FROM member WHERE id=1
```

该段代码中的第二行将被 SQL 解释器执行，而第一行作为第二行语句的解释说明性文字，不会被执行。

2. 多行注释

多行注释作用于某一代码块，该种注释使用斜杠星型（/**/），使用这种注释时，编译器将忽略从“/*”开始后面的所有内容，直到遇到“*/”为止。例如：

```
/*CREATE TABLE temp
--( id INT PRIMAYR KEY, hobby VARCHAR(100) NULL)*/
```

该段代码被当作注释内容，不会被解释器执行。

4.6 就业面试技巧与解析

4.6.1 面试技巧与解析（一）

面试官：你希望这个职务能给你带来什么？

应聘者：希望能借此发挥我的所学及专长，同时也会吸收贵公司在这方面的经验，就公司、我个人而言，可以缔造“双赢”的局面。

4.6.2 面试技巧与解析（二）

面试官：为什么选择这个职务？

应聘者：这一直是我的兴趣和专长，经过这几年的磨炼，我也积累了一定的经验，相信我一定能胜任这个职务。

第5章

SQL语句的应用

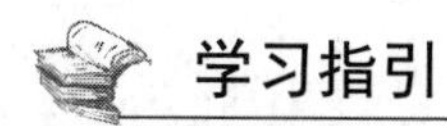

学习指引

在SQL语句中，每一条子句都由一个关键字开始，使用SQL语句可以对数据库进行详细的管理。本章将介绍SQL语句的应用，如数据定义语句、数据操作语句、数据控制语句等。

重点导读

- 掌握数据定义语句的应用。
- 掌握数据操作语句的应用。
- 掌握数据控制语句的应用。
- 掌握其他基本语句的应用。
- 掌握流程控制语句的应用。

5.1 数据定义语句

数据定义语句（Data Definition Language, DDL）是SQL中负责数据结构定义与数据库对象定义的语句，由CREATE、ALTER、DROP和RENAME 4个语句所组成。

5.1.1 创建数据库对象——CREATE语句

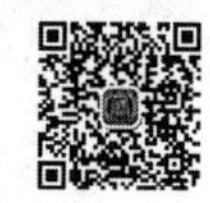

CREATE语句主要用于数据库对象的创建，凡是数据库、数据表、数据库索引、用户函数、触发程序等对象，都可以使用CREATE语句来创建。

例如，创建一个数据库的语法格式如下：

```
CREATE DATABASE dbname;
```

其中，dbname为数据库的名称。

下面使用SQL语句创建一个名为my_db的数据库，具体的SQL代码如下：

```
CREATE DATABASE my_db;
```

又如，使用 CREATE 语句还可以创建数据库中的数据表，包括表的行与列，具体语法格式如下：

```
CREATE TABLE table_name
(
    column_name1 data_type(size),
    column_name2 data_type(size),
    column_name3 data_type(size),
    ...
);
```

参数介绍如下：

- column_name 参数规定表中列的名称。
- data_type 参数规定列的数据类型（例如 varchar、integer、decimal、date 等）。
- size 参数规定表中列的最大长度。

例如，创建一个名为 Persons 的表，包含 4 列：ID、Name、Address 和 City。SQL 语句如下：

```
CREATE TABLE Persons
(
    ID        int,
    Name      varchar(20),
    Address   varchar(200),
    City    varchar(20)
);
```

其中，ID 列的数据类型是 int，包含整数；Name、Address 和 City 列的数据类型是 varchar，包含字符，且这些字段的最大长度为 255 字符。

除数据库与数据表外，在数据库中还可以使用 CREATE 语句创建其他对象，具体如下。

- CREATE INDEX：创建数据表索引。
- CREATE PROCEDURE：创建预存程序。
- CREATE FUNCTION：创建用户函数。
- CREATE VIEW：创建视图。
- CREATE TRIGGER：创建触发程序。

5.1.2 修改数据库对象——ALTER 语句

ALTER 语句主要用于修改数据库中的对象，相对于 CREATE 语句来说，该语句不需要定义完整的数据对象参数，还可以依照要修改的幅度来决定使用的参数，因此使用简单。

例如，如果需要在表中添加列，具体的语法格式如下：

```
ALTER TABLE table_name
ADD COLUMN_name datatype
```

例如，修改 Persons 表，为表添加一个名为 Date of Birth 的列，SQL 语句如下：

```
USE mydb
ALTER TABLE Persons
ADD "Date of Birth" date
```

如果需要删除表中的列，具体的语法格式如下：

```
ALTER TABLE table_name
DROP COLUMN column_name
```

例如，删除 Persons 表中的 Date of Birth 列，SQL 语句如下：

```
USE mydb
```

```
ALTER TABLE Persons
DROP COLUMN "Date of Birth"
```

如果要改变表中列的数据类型，具体的语法格式如下：

```
ALTER TABLE table_name
ALTER COLUMN column_name datatype
```

例如，想要改变 Persons 表中 Date of Birth 列的数据类型，SQL 语句如下：

```
ALTER TABLE Persons
ALTER COLUMN Date of Birth year
```

这样，"Date of Birth"列的类型是 year，可以存放 2 位或 4 位格式的年份。

另外，用户还可以为 ALTER 语句添加更为复杂的参数，例如下面一段 SQL 语句：

```
ALTER TABLE Persons
ADD age int NULL;
```

这段代码的作用为：在数据表 Persons 中加入一个新的字段，名称为 age，数据类型为 int，允许 NULL 值。

5.1.3 删除数据库对象——DROP 语句

通过使用 DROP 语句，可以轻松地删除数据库中的索引、表和数据库，该语句的使用比较简单。

删除索引的 SQL 语句如下：

```
DROP INDEX index_name
```

删除表的 SQL 语句如下：

```
DROP TABLE table_name
```

删除数据库的 SQL 语句如下：

```
DROP DATABASE database_name
```

例如，想要删除 mydb 数据库中的 fruit_old 表，SQL 语句如下：

```
USE mydb
DROP TABLE fruit_old
```

5.2 数据操作语句

用户通过数据操作语句（Data Manipulation Language，DML）可以实现对数据库的基本操作，例如，对表中数据的插入、删除和修改等。

5.2.1 数据的插入——INSERT 语句

使用 INSERT 语句可以在指定记录前添加记录。INSERT 语句可以有以下两种编写形式。

第一种形式无须指定要插入数据的列名，只需提供被插入的值即可，语法结构如下：

```
INSERT INTO table_name
VALUES (value1,value2,value3,...);
```

第二种形式需要指定列名及被插入的值，语法结构如下：

```
INSERT INTO table_name (column1,column2,column3,...)
VALUES (value1,value2,value3,...);
```

例如，在 Persons 数据表中插入一行数据记录，SQL 语句如下：

```
USE mydb
INSERT INTO Persons (Id, Name, Address, City)
VALUES ('10','夏明','北京路25号','北京');
```

5.2.2 数据的更改——UPDATE 语句

UPDATE 语句用于更新表中已存在的记录。具体语法格式如下：

```
UPDATE table_name
SET column1=value1,column2=value2,...
WHERE some_column=some_value;
```

例如，修改 Persons 数据表中的数据，将“夏明”的“Address”更改为“天明路 12 号”、“City”更改为“上海”。SQL 语句如下：

```
USE mydb
UPDATE Persons
SET Address ='天明路12号', City='上海'
WHERE Name ='夏明';
```

注意：SQL UPDATE 语句中的 WHERE 子句规定哪条记录或者哪些记录需要更新。如果省略了 WHERE 子句，所有的记录都将被更新。

5.2.3 数据的查询——SELECT 语句

数据查询语句（DQL）的基本结构是由 SELECT 子句、FROM 子句、WHERE 子句组成的查询块，具体格式如下：

```
SELECT <字段名表>
FROM <表或视图名>
WHERE <查询条件>
```

SELECT 语句用于从数据库中选取数据，结果被存储在一个结果表中，称为结果集。SELECT 语法结构如下：

```
SELECT column_name,column_name
FROM table_name;
```

与

```
SELECT * FROM table_name;
```

例如，查询 fruit 表中的 name 和 price 列，SQL 语句如下：

```
SELECT name, price FROM fruit;
```

如果想要获取数据表 fruit 中的所有列，SQL 语句如下：

```
SELECT * FROM fruit;
```

5.2.4 数据的删除——DELETE 语句

DELETE 语句用于删除表中不需要的记录，该语句使用比较简单，具体的语法格式如下：

```
DELETE FROM table_name
WHERE some_column=some_value;
```

参数介绍如下。

- table_name：要删除的数据所在的表名。
- some_column=some_value：限制要删除的行，该条件可以是指定具体的列名、表达式、子查询或者比较运算符等。

注意：SQL DELETE 语句中的 WHERE 子句规定哪条记录或者哪些记录需要删除。如果省略了 WHERE 子句，所有的记录都将被删除！

如果想要在不删除表的情况下，删除表中所有的行。这意味着表结构、属性、索引将保持不变，具体的语法格式如下：

```
DELETE FROM table_name;
```

或

```
DELETE * FROM table_name;
```

注意：在删除记录时要格外小心！因为不能重来！

例如，删除数据表 Persons 中的数据记录。SQL 语句如下：

```
DELETE FROM Persons;
```

5.3 数据控制语句

数据控制语句（DCL）是用来设置或者更改数据库用户或角色权限的语句，这些语句包括 GRANT、REVOKE、COMMIT、ROLLBACK 等。在默认状态下，只有 sysadmin、dbcreator、db_owner 或 db_securityadmin 等角色的成员才有权利执行数据控制语句。

5.3.1 用户授予权限——GRANT 语句

利用 SQL 的 GRANT 语句可向用户授予操作权限，当用该语句向用户授予操作权限时，若允许用户将获得的权限再授予其他用户，应在该语句中使用 WITH GRANT OPTION 短语。

授予语句权限的语法格式为：

```
GRANT {ALL | statement[,...n]} TO security_account [ ,...n ]
```

授予对象权限的语法格式为：

```
GRANT{ ALL [ PRIVILEGES ] | permission [ ,...n ] }{[ ( column [ ,...n ] ) ]ON { table | view }| ON { table | view } [ ( column [ ,...n ] ) ]| ON {stored_procedure | extended_procedure }| ON { user_defined_function } }TO security_account [ ,...n ] [ WITH GRANT OPTION ] [ AS { group | role} ]
```

例如，对名称为 guest 的用户进行授权，允许其对 fruit 数据表执行更新和删除的操作权限，SQL 语句如下：

```
USE mydb
GRANT UPDATE,DELETE ON fruit
TO guest WITH GRANT OPTION
```

在上述代码中，UPDATE 和 DELETE 为允许被授予的操作权限，fruit 为权限执行对象，guest 为被授予权限的用户名称，WITH GRANT OPTION 表示该用户还可以向其他用户授予其自身所拥有的权限。这里只是对 GRANT 语句有一个大概的了解，在后面章节中会详细介绍该语句的用法。

5.3.2 收回权限操作——REVOKE 语句

REVOKE 语句是与 GRANT 语句相反的语句，它能够将以前在当前数据库内的用户或者角色上授予或拒绝的权限删除，但是该语句并不影响用户或者角色从其他角色中作为成员继承过来的权限。

收回语句权限的语法格式为：

```
REVOKE { ALL | statement [ ,…n ] } FROM security_account [ ,…n ]
```

收回对象权限的语法格式为：

```
REVOKE { ALL [ PRIVILEGES ] | permission [ ,…n ] } { [( column [ ,…n ] ) ] ON { table | view }
| ON { table | view } [ (column [ ,…n ] ) ] | ON { stored_procedure | extended_procedure } |ON
{ user_defined_function } } { TO | FROM } security_account [ ,…n ][ CASCADE ] [ AS { group | role } ]
```

例如，收回 guest 用户对 fruit 表的删除权限，SQL 语句如下：

```
USE mydb
REVOKE DELETE ON fruit FROM guest CASCADE;
```

5.3.3 拒绝权限操作——DENY 语句

出于某些安全性的考虑，可能不太希望让一些人来查看特定的表，此时可以使用 DENY 语句来禁止对指定表的查询操作，DENY 可以被管理员用来禁止某个用户对一个对象的所有访问权限。

禁止语句权限的语法格式为：

```
DENY { ALL | statement [ ,…n ] } FROM security_account [ ,…n ]
```

禁止对象权限的语法格式为：

```
DENY { ALL [ PRIVILEGES ] | permission [ ,…n ] } { [( column [ ,…n ] ) ] ON { table | view }
| ON { table | view } [ (column [ ,…n ] ) ] | ON { stored_procedure | extended_procedure } |ON
{ user_defined_function } } { TO | FROM } security_account [ ,…n ][ CASCADE ] [ AS { group | role } ]
```

例如，禁止 guest 用户对 fruit 表的操作更新权限，SQL 语句如下：

```
USE mydb
DENY UPDATE ON fruit TO guest CASCADE;
```

5.4 其他基本语句

SQL 中除了一些重要的数据定义、数据操作和数据控制语句之外，还提供了一些其他的基本语句，如数据声明语句、数据赋值语句和数据输出语句，以此来丰富 SQL 语句的功能。

5.4.1 数据声明——DECLARE 语句

DECLARE 语句为数据声明语句，数据声明语句可以声明局部变量、游标变量、函数和存储过程等，除非在声明中提供值，否则声明之后所有变量将初始化为 NULL。可以使用 SET 或 SELECT 语句对声明的变量赋值。DECLARE 语句声明变量的基本语法格式如下：

```
DECLARE
{{ @local_variable [AS] data_type } | [ = value ] }[,…n]
```

主要参数含义如下。

- @ local_variable：变量的名称。变量名必须以 at 符号（@）开头。
- data_type：系统提供数据类型或是用户定义的表类型或别名数据类型。变量的数据类型不能是 text、ntext 或 image。AS 指定变量的数据类型，为可选关键字。
- = value：声明的同时为变量赋值。值可以是常量或表达式，但它必须与变量声明类型匹配，或者可隐式转换为该类型。

例如，声明两个局部变量，名称为 username 和 pwd，并为这两个变量赋值，SQL 语句如下：

```
USE mydb
```

```
DECLARE @username VARCHAR(20)
DECLARE @pwd VARCHAR(20)
SET   @username = 'newadmin'
SELECT @pwd = 'newpwd'
SELECT '用户名: '+@username +'  密码: '+@pwd
```

上述代码中，第一个 SELECT 语句用来对定义的局部变量@pwd 赋值，第二个 SELECT 语句显示局部变量的值。

5.4.2 数据赋值——SET 语句

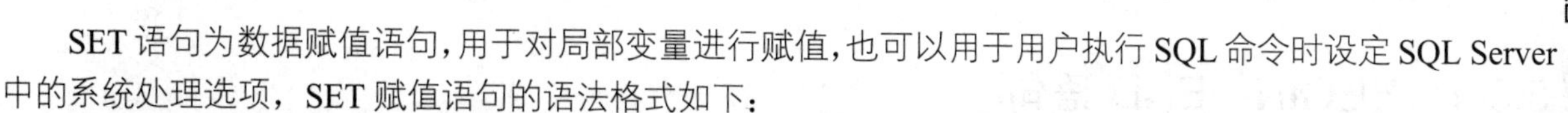

SET 语句为数据赋值语句，用于对局部变量进行赋值，也可以用于用户执行 SQL 命令时设定 SQL Server 中的系统处理选项，SET 赋值语句的语法格式如下：

```
SET {@local_variable = value | expression}
SET 选项 {ON | OFF}
```

主要参数介绍如下：

- 第一条 SET 语句表示对局部变量赋值，value 是一个具体的值，expression 是一个表达式；
- 第二条语句表示对执行 SQL 命令时的选项赋值，ON 表示打开选项功能，OFF 表示关闭选项功能。

另外，SET 语句可以同时对一个或多个局部变量赋值。SELECT 语句也可以为变量赋值，其语法格式与 SET 语句格式相似。

```
SELECT {@local_variable = value | expression}
```

提示：在 SELECT 赋值语句中，当 expression 为字段名时，SELECT 语句可以使用其查询功能返回多个值，但是变量保存的是最后一个值；如果 SELECT 语句没有返回值，则变量值不变。

例如，想要查询 fruit 表中的水果价格，并将其保存到局部变量 priceScore 中，SQL 语句如下：

```
USE mydb
DECLARE @priceScore INT
SELECT  price FROM fruit
SELECT  @priceScore =price FROM fruit
SELECT  @priceScore AS Lastprice
```

5.4.3 数据输出——PRINT 语句

PRINT 语句为数据输出语句，可以向客户端返回用户定义信息，可以显示局部或全局变量的字符串值。其语法格式如下：

```
PRINT msg_str | @local_variable | string_expr
```

主要参数介绍如下。

- msg_str：是一个字符串或 Unicode 字符串常量。
- @local_variable：任何有效的字符数据类型的变量，它的数据类型必须为 char 或 varchar，或者必须能够隐式转换为这些数据类型。
- string_expr：字符串的表达式，可包括串联的文字值、函数和变量。

例如，定义字符串变量 name 和整数变量 age，使用 PRINT 输出变量和字符串表达式值，SQL 语句如下：

```
USE mydb
DECLARE @name VARCHAR(10)='小明'
DECLARE @age INT = 21
PRINT '姓名    年龄'
PRINT @name+'     '+CONVERT(VARCHAR(20), @age)
```

上述代码中，第 4 行输出字符串常量值，第 5 行 PRINT 的输出参数为一个字符串串联表达式。

5.5 流程控制语句

流程控制语句是用来控制程序执行流程的语句，使用流程控制语句可以提高编程语言的处理能力，常用的流程控制语句有：BEGIN…END 语句、IF…ELSE 语句、CASE 语句、WHILE 语句、GOTO 语句、BREAK 语句、WAITFOR 语句和 RETURN 语句等。

5.5.1 BEGIN…END 语句

BEGIN…END 语句用于将多个 SQL 语句组合为一个逻辑块，当流程控制语句必须执行一个包含两条或两条以上的 SQL 语句的语句块时，需要使用 BEGIN…END 语句。另外，BEGIN…END 语句块允许嵌套。

例如，定义局部变量@count，如果@count 值小于 10，执行 WHILE 循环操作中的语句块，SQL 语句如下：

```
USE mydb
DECLARE @count INT;
SELECT @count=0;
WHILE @count < 10
BEGIN
    PRINT 'count = ' + CONVERT(VARCHAR(8), @count)
    SELECT @count= @count +1
END
PRINT 'loop over count = ' + CONVERT(VARCHAR(8), @count);
```

在上述代码中执行了一个循环过程，当局部变量@count 值小于 10 的时候，执行 WHILE 循环内的 PRINT 语句打印输出当前@count 变量的值，对@count 执行加 1 操作之后回到 WHILE 语句的开始重复执行 BEGIN…END 语句块中的内容。直到@count 的值大于等于 10，此时 WHILE 后面的表达式不成立，将不再执行循环。最后打印输出当前的@count 值。

5.5.2 IF…ELSE 语句

IF…ELSE 语句用于在执行一组代码之前进行条件判断，根据判断的结果执行不同的代码。IF…ELSE 语句对布尔表达式进行判断，如果布尔表达式返回 TRUE，则执行 IF 关键字后面的语句块；如果布尔表达式返回 FALSE，则执行 ELSE 关键字后面的语句块。语法格式如下：

```
IF Boolean_expression
{ sql_statement | statement_block }
[ ELSE
{ sql_statement | statement_block } ]
```

Boolean_expression 是一个表达式，表达式计算的结果为逻辑真值（TRUE）或假值（FALSE）。当条件成立时，执行某段程序；条件不成立时，执行另一段程序。

IF…ELSE 语句可以嵌套使用。

例如，使用 IF…ELSE 流程控制语句输出符合条件的字符串，SQL 语句如下：

```
USE mydb
DECLARE @age INT;
SELECT @age=18
IF  @age <40
   PRINT 'This is a young man!'
ELSE
   PRINT 'This is an old man!'
```

上述代码的含义是：变量@age 值为 18，小于 40，因此表达式@age<40 成立，返回结果为逻辑真值（true），所以执行第 5 行的 PRINT 语句，输出结果为字符串“This is an young man!”。

5.5.3 CASE 语句

使用 CASE 语句可以很方便地实现多重选择的情况，CASE 是多条件分支语句，相比 IF…ELSE 语句，CASE 语句进行分支流程控制可以使代码更加清晰，易于理解。

CASE 语句根据表达式逻辑值的真假来决定执行的代码流程，CASE 语句有以下两种格式。

1. 格式 1

```
CASE input_expression
    WHEN when_expression1 THEN result_expression1
    WHEN when_expression2 THEN result_expression2
    [ ...n ]
    [    ELSE else_result_expression   ]
END
```

在第一种格式中，CASE 语句在执行时，将 CASE 后的表达式的值与各 WHEN 子句的表达式值比较，如果相等，则执行 THEN 后面的表达式或语句，然后跳出 CASE 语句；否则，返回 ELSE 后面的表达式。

例如，使用 CASE 语句根据水果名称判断各个水果的产地，SQL 语句如下：

```
USE mydb
SELECT id,name,
CASE name
   WHEN '苹果' THEN '山东'
   WHEN '香蕉' THEN '海南'
   WHEN '芒果' THEN '海南'
   ELSE '无'
END
AS '产地'
FROM fruit
```

2. 格式 2

```
CASE
    WHEN Boolean_expression1 THEN result_expression1
    WHEN Boolean_expression2 THEN result_expression2
    [ ...n ]
    [   ELSE else_result_expression     ]
END
```

在第二种格式中，CASE 关键字后面没有表达式，多个 WHEN 子句中的表达式依次执行，如果表达式结果为真，则执行相应 THEN 关键字后面的表达式或语句，执行完毕之后跳出 CASE 语句。如果所有 WHEN 语句都为 FALSE，则执行 ELSE 子句中的语句。

例如，使用 CASE 语句对水果价格进行综合评定，SQL 语句如下：

```
USE mydb
SELECT id,name,price,
CASE
   WHEN price > 10 THEN '很贵'
   WHEN price > 8 THEN '稍贵'
   WHEN price> 6 THEN '一般'
   WHEN price >4 THEN '平价'
   ELSE '便宜'
END
```

```
AS '价格评定'
FROM fruit
```

5.5.4 WHILE 循环语句

WHILE 语句根据条件重复执行一条或多条 T-SQL 代码，只要条件表达式为真，就循环执行语句。在 WHILE 语句中可以通过 CONTINUE 或者 BREAK 语句跳出循环。WHILE 语句的基本语法格式如下：

```
WHILE Boolean_expression
{ sql_statement | statement_block }
[ BREAK | CONTINUE ]
```

主要参数介绍如下。

- Boolean_expression：返回 TRUE 或 FALSE 的表达式。如果布尔表达式中含有 SELECT 语句，则必须用括号将 SELECT 语句括起来。
- {sql_statement | statement_block}：T-SQL 语句或用语句块定义的语句分组。若要定义语句块，需要使用控制流关键字 BEGIN 和 END。
- BREAK：导致从最内层的 WHILE 循环中退出，将执行出现在 END 关键字（循环结束的标记）后面的任何语句。
- CONTINUE：使 WHILE 循环重新开始执行，忽略 CONTINUE 关键字后面的任何语句。

5.5.5 GOTO 语句

GOTO 语句表示将执行流更改到标签处，跳过 GOTO 后面的 T-SQL 语句，并从标签位置继续处理。GOTO 语句和标签可在过程、批处理或语句块中的任何位置使用。GOTO 语句的语法格式如下：

先定义标签名称，使用 GOTO 语句跳转时，要指定跳转标签名称。

```
label:
```

再使用 GOTO 语句跳转到标签处：

```
GOTO label
```

5.5.6 WAITFOR 语句

WAITFOR 语句用来暂时停止程序的执行，直到所设定的等待时间已过或所设定的时刻快到时，才继续往下执行。延迟时间和时刻的格式为“HH:MM:SS”。在 WAITFOR 语句中不能指定日期，并且时间长度不能超过 24 小时。WAITFOR 语句的语法格式如下：

```
WAITFOR
{
    DELAY 'time_to_pass'
  | TIME 'time_to_execute'
  | [ ( receive_statement ) | ( get_conversation_group_statement ) ]
    [ , TIMEOUT timeout ]
}
```

主要参数介绍如下。

- DELAY：指定可以继续执行批处理、存储过程或事务之前必须经过的指定时段，最长可为 24 小时。
- TIME：指定运行批处理、存储过程或事务的时间点。只能使用 24 小时制的时间值，最大延迟为一天。

5.5.7 RETURN 语句

RETURN 表示从查询或过程中无条件退出。RETURN 的执行是即时且完全的，可在任何时候用于从过程、批处理或语句块中退出。RETURN 之后的语句是不执行的。语法格式如下：

```
RETURN [ integer_expression ]
```

integer_expression 为返回的整数值。存储过程可向执行调用的过程或应用程序返回一个整数值。

提示：除非另有说明，所有系统存储过程均返回 0 值。此值表示成功，而非 0 值则表示失败。RETURN 语句不能返回空值。

5.6 就业面试技巧与解析

5.6.1 面试技巧与解析（一）

面试官：每一张表中都要有一个主键吗？

应聘者：并不是每一张表中都需要主键，一般地，如果多张表之间进行连接操作时，需要用到主键。因此并不需要为每张表建立主键，而且有些情况下最好不使用主键。

5.6.2 面试技巧与解析（二）

面试官：你并非毕业于名牌院校，你认为你和名牌院校的毕业生相比，有哪些优势？

应聘者：是否毕业于名牌院校不重要，重要的是有能力完成公司交给我的工作，我接受了相关知识的职业培训，掌握的技能完全可以胜任贵公司现在的工作，而且我比一些名牌院校的应届毕业生的动手能力还要强，我想我更适合贵公司这个职位。

第 6 章

SQL 函数应用基础

学习指引

SQL 提供了多种用于执行特定操作的专用函数，这些函数大大提高了用户对数据库的管理效率，本章就来介绍 SQL 函数的应用，主要内容包括数学函数、字符串函数、日期和时间函数、条件判断函数、系统信息函数等。

重点导读

- 了解什么是 SQL 的函数。
- 掌握数学函数的用法。
- 掌握字符串函数的用法。
- 掌握时间和日期函数的用法。
- 掌握条件函数的用法。
- 掌握系统信息函数的用法。

6.1 SQL 函数简介

函数可以接受零个或者多个输入参数，并返回一个输出结果。SQL 提供了大量丰富的函数，在进行数据库管理以及数据的查询和操作时将会经常用到各种函数。通过对数据的处理，数据库功能可以变得更加强大，能够更加灵活地满足不同用户的需求。

SQL 数据库中主要使用两种类型的函数，一种是单行函数，一种是聚合函数。

1. 单行函数

每一个函数应用在表的记录中时，只能输入一行结果，返回一个结果，例如，MOD(x,y)返回 x 除以 y 的余数（x 和 y 可以是两个整数，也可以是表中的整数列），常用的单行函数有以下几种。

- 字符函数：对字符串操作。

- 数字函数：对数字进行计算，返回一个数字。
- 转换函数：可以将一种数据类型转换为另外一种数据类型。
- 日期函数：对日期和时间进行处理。

2. 聚合函数

聚合函数可以同时对多行数据进行操作，并返回一个结果。例如，SUM(x)返回结果集中 x 列的总和。

6.2 字符串函数

字符串函数用于对字符和二进制字符串进行各种操作，它们返回对字符数据进行操作时通常所需要的值。大多数字符串函数只能用于 char、nchar、varchar 和 nvarchar 数据类型，或隐式转换为上述数据类型。某些字符串函数还可用于 binary 和 varbinary 数据类型。字符串函数可以用在 SELECT 或者 WHERE 语句中。本节将介绍各种字符串函数的功能和用法。

6.2.1 ASCII()函数

ASCII(character_expression)函数用于返回字符串表达式中最左侧字符的 ASCII 码值。参数 character_expression 必须是一个 char 或 varchar 类型的字符串表达式。

新建查询，运行下面的例子。

【例 6-1】 查看指定字符的 ASCII 值，输入语句如下：

```
SELECT ASCII('s'),ASCII('sql'), ASCII(1);
```

执行结果如图 6-1 所示。

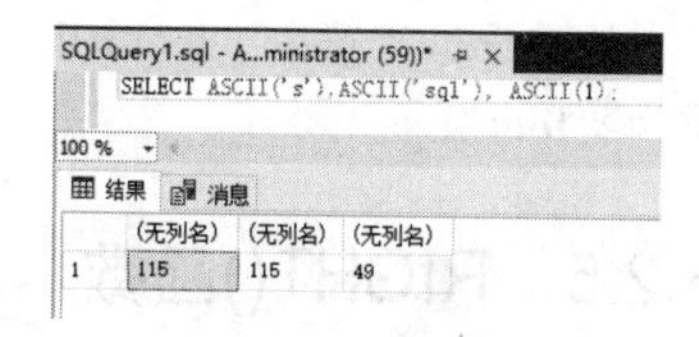

图 6-1 ASCII()函数

字符's'的 ASCII 值为 115，所以第一个和第二个返回结果相同。对于第三条语句中的纯数字的字符串，可以不使用单引号括起来。

6.2.2 CHAR()函数

CHAR(integer_expression)函数将整数类型的 ASCII 值转换为对应的字符，integer_expression 是一个介于 0 和 255 的整数。如果该整数表达式不在此范围内，将返回 NULL 值。

【例 6-2】 查看 ASCII 值 115 和 49 对应的字符，输入语句如下：

```
SELECT CHAR(115), CHAR(49);
```

执行结果如图 6-2 所示。

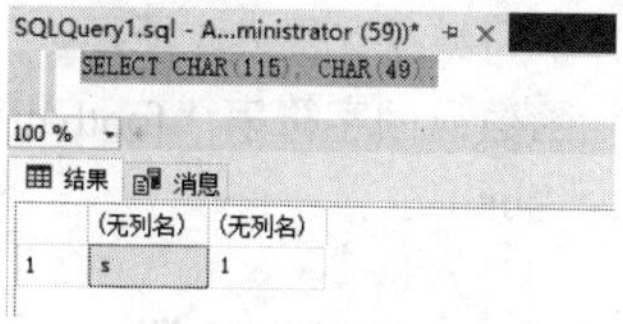

图 6-2 CHAR()函数

可以看到，这里返回值与 ASCII 函数的返回值正好相反。

6.2.3 CHARINDEX()函数

CHARINDEX(str1,str,[start]) 函数返回子字符串 str1 在字符串 str 中的开始位置，start 为搜索的开始位置。如果指定 start 参数，则从指定位置开始搜索；如果不指定 start 参数或者指定为 0 或者为负值，则从字符串开始位置搜索。

【例 6-3】使用 CHARINDEX()函数查找字符串中指定子字符串的开始位置，输入语句如下：

```
SELECT                                  CHARINDEX('a','banana'),
CHARINDEX('a','banana',4),CHARINDEX('na', 'banana',4);
```

执行结果如图 6-3 所示。

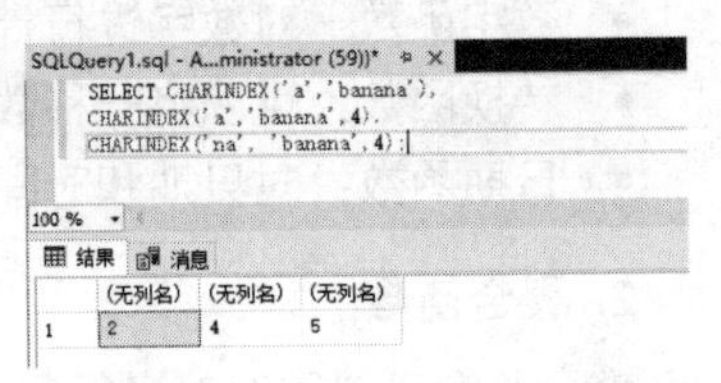

图 6-3　CHARINDEX()函数

CHARINDEX('a','bananan')返回字符串'banana'中子字符串'a'第一次出现的位置，结果为 2；CHARINDEX('a','banana',4)返回字符串'banana'中从第 4 个位置开始子字符串'a'的位置，结果为 4；CHARINDEX('na', 'banana',4)返回从第 4 个位置开始子字符串'na'第一次出现的位置，结果为 5。

6.2.4　LEFT()函数

LEFT(character_expression, integer_expression)函数返回字符串左边开始指定个数的字符串、字符或二进制数据表达式。character_expression 是字符串表达式，可以是常量、变量或字段。integer_expression 为正整数，指定 character_expression 将返回的字符数。

【例 6-4】使用 LEFT()函数返回字符串中左边的字符，输入语句如下：

```
SELECT  LEFT('football', 4);
```

执行结果如图 6-4 所示。

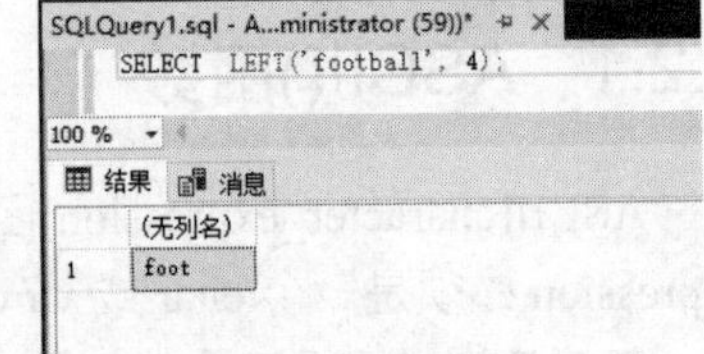

图 6-4　LEFT()函数

函数返回字符串“football”左边开始的长度为 4 的子字符串，结果为“foot”。

6.2.5　RIGHT()函数

与 LEFT()函数相反，RIGHT(character_expression,integer_expression)返回字符串 character_expression 最右边 integer_expression 个字符。

【例 6-5】使用 RIGHT()函数返回字符串中右边的字符，输入语句如下：

```
SELECT  RIGHT('football', 4);
```

执行结果如图 6-5 所示。

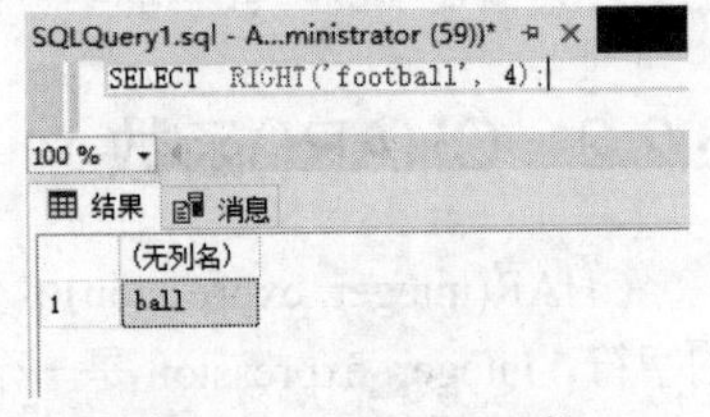

图 6-5　RIGHT()函数

函数返回字符串“football”右边开始的长度为 4 的子字符串，结果为“ball”。

6.2.6　LEN()函数

返回字符表达式中的字符数。如果字符串中包含前导空格和尾随空格，则函数会将它们包含在计数内。LEN()对相同的单字节和双字节字符串返回相同的值。

【例 6-6】使用 LEN()函数计算字符串长度，输入语句如下：

```
SELECT LEN ('no'), LEN('日期'),LEN(12345);
```

执行结果如图 6-6 所示。

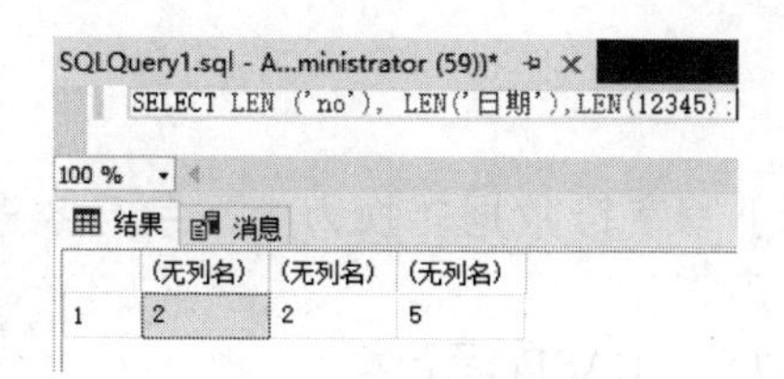
```
SELECT LEN ('no'), LEN('日期'),LEN(12345);
```

	(无列名)	(无列名)	(无列名)
1	2	2	5

图 6-6　LEN()函数

可以看到，LEN()函数在对待英文字符和汉字字符时，返回的字符串长度是相同的。一个汉字也算作一个字符。LEN()函数在处理纯数字时也将其当作字符串，但是使用纯数字时可以不使用引号。

6.2.7　LTRIM()函数

LTRIM(character_expression)用于去除字符串左边多余的空格。字符数据表达式 character_expression 是一个字符串表达式，可以是常量、变量，也可以是字符字段或二进制数据列。

【例 6-7】使用 LTRIM()函数删除字符串左边的空格，输入语句如下：

```
SELECT '(' + ' book ' + ')', '(' + LTRIM (' book ') + ')';
```

执行结果如图 6-7 所示。

对比两个值，LTRIM()只删除字符串左边的空格，右边的空格不会被删除，“　book　”删除左边空格之后的结果为“book　”。

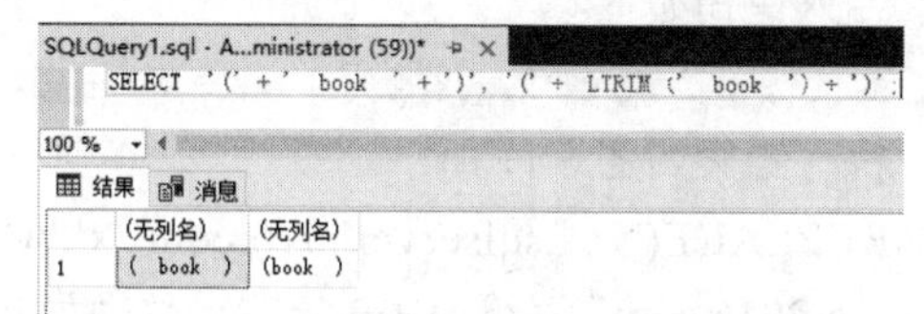

图 6-7　LTRIM()函数

6.2.8　RTRIM()函数

RTRIM(character_expression)用于去除字符串右边多余的空格。字符数据表达式 character_expression 是一个字符串表达式，可以是常量、变量，也可以是字符字段或二进制数据列。

【例 6-8】使用 RTRIM()函数删除字符串右边的空格，输入语句如下：

```
SELECT '(' + ' book ' + ')', '(' + RTRIM (' book ') + ')';
```

执行结果如图 6-8 所示。

对比两个值，RTRIM()只删除字符串右边的空格，左边的空格不会被删除，“　book　”删除右边空格之后的结果为“　book”。

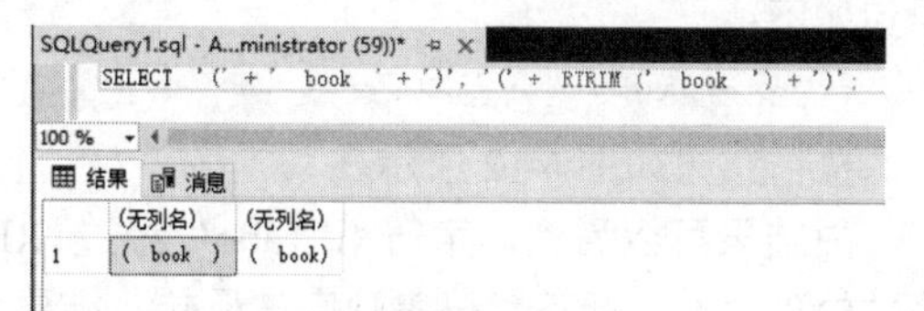

图 6-8　RTRIM()函数

6.2.9　LOWER()函数

LOWER(character_expression)将大写字符数据转换为小写字符数据后返回字符表达式。character_expression 是指定要进行转换的字符串。

【例 6-9】使用 LOWER()函数将字符串中所有字母字符转换为小写，输入语句如下：

```
SELECT LOWER('BEAUTIFUL'), LOWER('Well');
```

执行结果如图 6-9 所示。

由结果可以看到，经过 LOWER()函数转换之后，大写字母都变成了小写，小写字母保持不变。

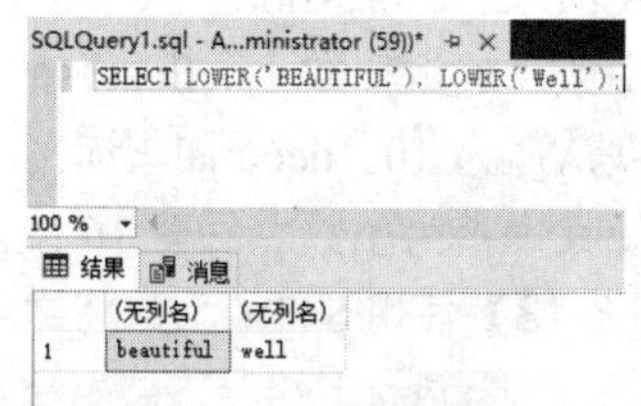

图 6-9　LOWER()函数

6.2.10 UPPER()函数

UPPER(character_expression)将小写字符数据转换为大写字符数据后返回字符表达式。character_expression 是指定要进行转换的字符串。

【例 6-10】使用 UPPER()函数或者 UCASE()函数将字符串中所有字母字符转换为大写，输入语句如下：

```
SELECT UPPER('black'), UPPER ('BLacK');
```

执行结果如图 6-10 所示。

由结果可以看到，经过 UPPER()函数转换之后，小写字母都变成了大写，大写字母保持不变。

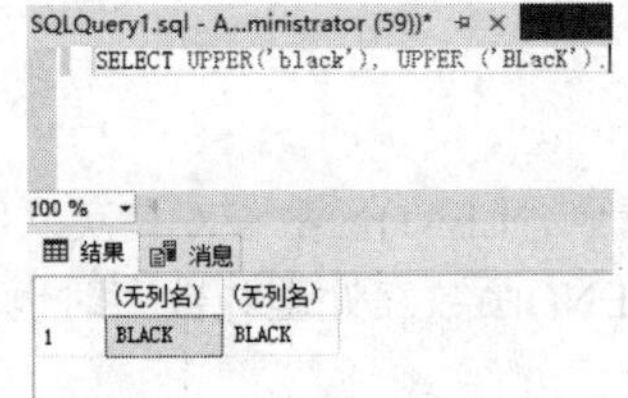

图 6-10 UPPER()函数

6.2.11 REPLACE()函数

REPLACE(s,s1,s2)使用字符串 s2 替代字符串 s 中所有的字符串 s1。

【例 6-11】使用 REPLACE()函数进行字符串替代操作，输入语句如下：

```
SELECT REPLACE('xxx.sqlserver2016.com', 'x', 'w');
```

执行结果如图 6-11 所示。

REPLACE('xxx.sqlserver2016.com','x','w')将“xxx.sqlserver2016.com”字符串中的'x'字符替换为'w'字符，结果为“www.sqlserver2016.com”。

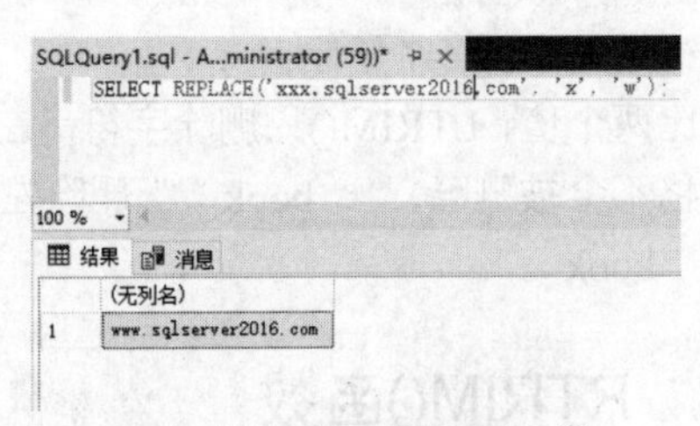

图 6-11 REPLACE()函数

6.2.12 REVERSE()函数

REVERSE(s)将字符串 s 反转，返回的字符串的顺序和 s 字符顺序相反。

【例 6-12】使用 REVERSE()函数反转字符串，输入语句如下：

```
SELECT REVERSE('abc');
```

执行结果如图 6-12 所示。

由结果可以看到，字符串“abc”经过 REVERSE()函数处理之后，所有字符串顺序被反转，结果为“cba”。

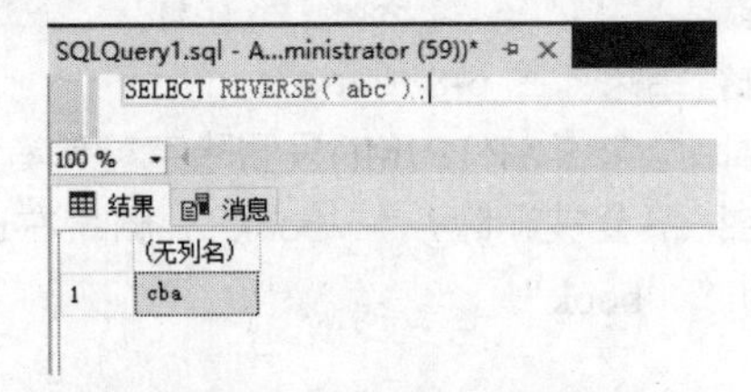

图 6-12 REVERSE()函数

6.2.13 STR()函数

STR (float_expression [, length [, decimal]])函数用于将数值数据转换为字符数据。float_expression 是一个带小数点的近似数字（float）数据类型的表达式。length 表示总长度，它包括小数点、符号、数字以及空格，默认值为 10。decimal 指定小数点后的位数，必须小于或等于 16，如果 decimal 大于 16，则会截断结果，使其保持为小数点后有 16 位。

【例 6-13】使用 STR()函数将数字数据转换为字符数据，输入语句如下：

```
SELECT STR(3141.59,6,1), STR(123.45, 2, 2);
```

执行结果如图 6-13 所示。

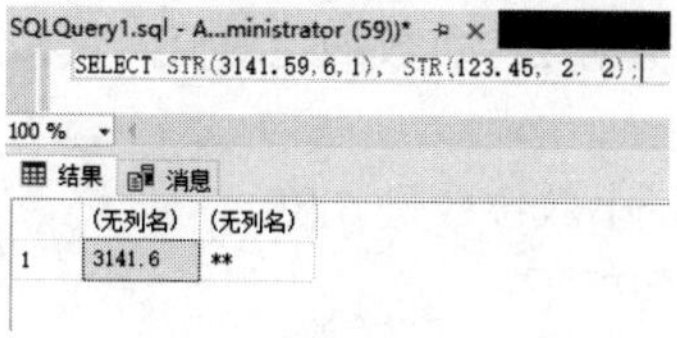

图 6-13 STR()函数

第一条语句 6 个数字和一个小数点组成的数值 3141.59 转换为长度为 6 的字符串，数字的小数部分舍入为一个小数位。

第二条语句中表达式超出指定的总长度时，返回的字符串为指定长度的两个星号**。

6.2.14 SUBSTRING()函数

SUBSTRING(value_expression, start_expression, length_expression)函数返回字符表达式、二进制表达式、文本表达式或图像表达式的一部分。

value_expression 是 character、binary、text、ntext 或 image 表达式。

start_expression 指定返回字符的起始位置的整数或表达式。如果 start_expression 小于 0，会生成错误并中止语句。如果 start_expression 大于值表达式中的字符数，将返回一个零长度的表达式。

length_expression 是正整数或指定要返回的 value_expression 的字符数的表达式。如果 length_expression 是负数，会生成错误并中止语句。如果 start_expression 与 length_expression 的总和大于 value_expression 中的字符数，则返回整个值表达式。

【例 6-14】使用 SUBSTRING()函数获取指定位置处的子字符串，输入语句如下：

```
SELECT  SUBSTRING('breakfast',1,5), SUBSTRING
('breakfast',LEN('breakfast')/2,LEN('breakfast'));
```

执行结果如图 6-14 所示。

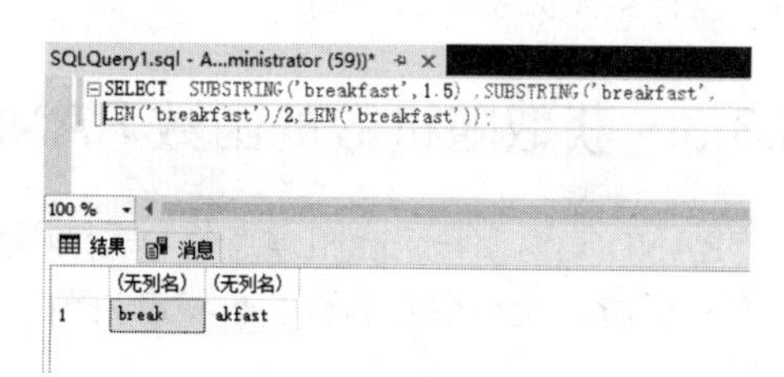

图 6-14 SUBSTRING()函数

第一条返回字符串从第一个位置开始长度为 5 的子字符串，结果为“break”。第二条语句返回整个字符串的后半段子字符串，结果为“akfast”。

6.3 数学函数

数学函数主要用来处理数值数据，主要的数学函数有：绝对值函数、三角函数（包括正弦函数、余弦函数、正切函数、余切函数等）、对数函数、随机数函数等。在有错误产生时，数学函数将会返回空值 NULL。本节将介绍各种数学函数的功能和用法。

6.3.1 绝对值函数 ABS(x)和返回圆周率的函数 PI()

ABS(x)返回 x 的绝对值。

【例 6-15】求 2，-3.3 和-33 的绝对值，输入语句如下：

```
SELECT ABS(2), ABS(-3.3), ABS(-33);
```

执行结果如图 6-15 所示。

正数的绝对值为其本身，2 的绝对值为 2；负数的绝对值为其相反数，-3.3 的绝对值为 3.3；-33 的绝对值为 33。

PI()返回圆周率 π 的值。默认的显示小数位数是 6 位。

【例 6-16】返回圆周率值，输入语句如下：

```
SELECT  pi();
```

执行结果如图 6-16 所示。

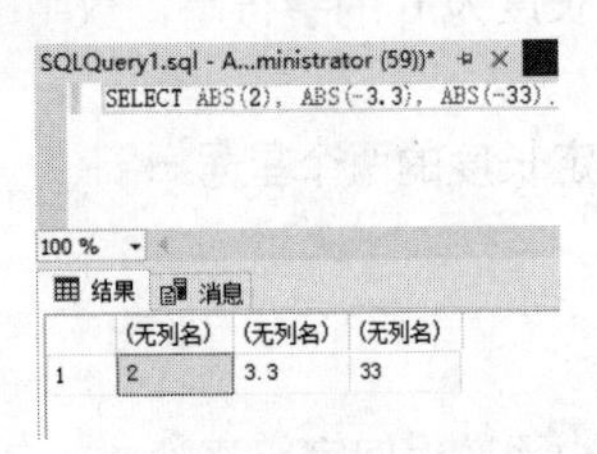

图 6-15　ABS()函数

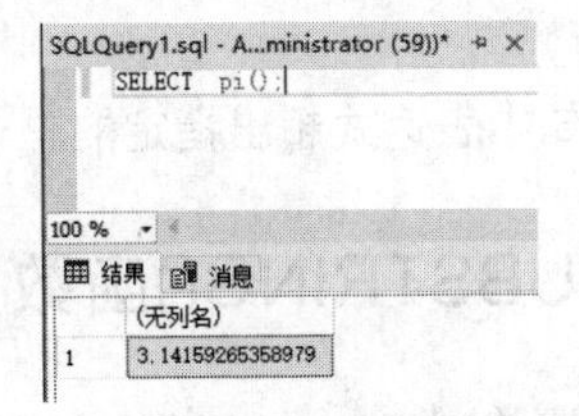

图 6-16　PI()函数

6.3.2　平方根函数 SQRT(x)

SQRT(x)返回非负数 x 的二次平方根。

【例 6-17】求 9，40 的二次平方根，输入语句如下：

```
SELECT SQRT(9), SQRT(40);
```

执行结果如图 6-17 所示。

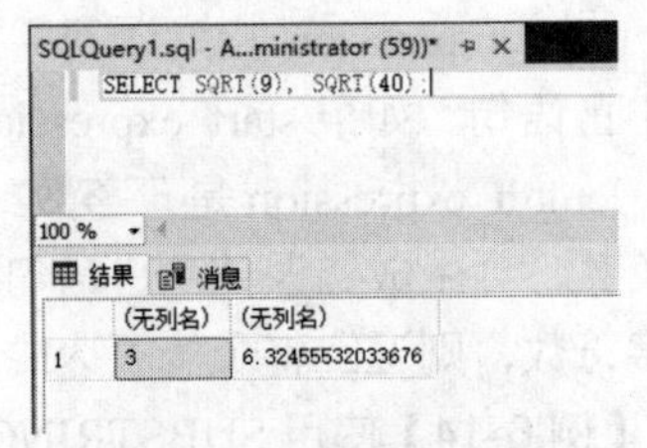

图 6-17　SQRT()函数

6.3.3　获取随机数的函数 RAND()和 RAND(x)

RAND(x)返回一个随机浮点值 v，范围为 0～1（即 0 ≤ v ≤ 1.0）。若指定一个整数参数 x，则它被用作种子值，使用相同的种子数将产生重复序列。如果用同一种子值多次调用 RAND()函数，它将返回同一生成值。

【例 6-18】使用 RAND()函数产生随机数，输入语句如下：

```
SELECT RAND(),RAND(),RAND();
```

执行结果如图 6-18 所示。

可以看到，不带参数的 RAND()每次产生的随机数值是不同的。

【例 6-19】使用 RAND(x)函数产生随机数，输入语句如下：

```
SELECT RAND(10),RAND(10),RAND(11);
```

执行结果如图 6-19 所示。

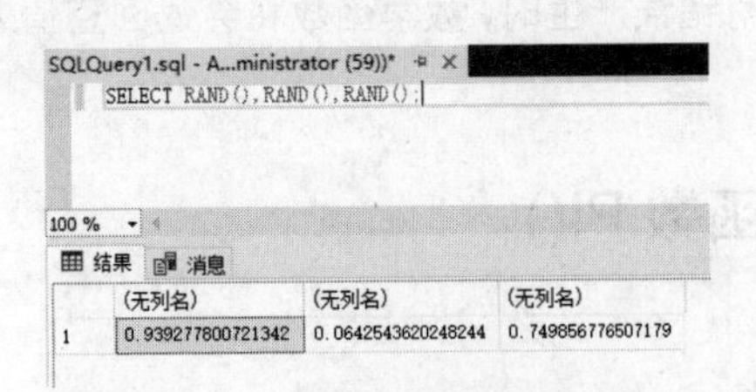

图 6-18　不带参数的 RAND()函数

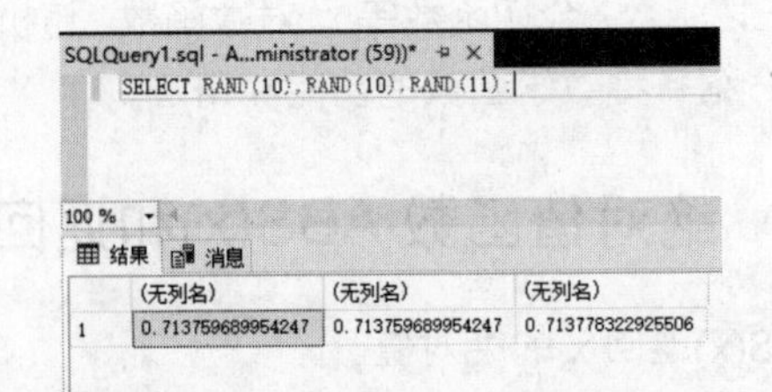

图 6-19　带参数的 RAND()函数

可以看到，当 RAND(x)的参数相同时，将产生相同的随机数，不同的 x 产生的随机数值不同。

6.3.4 四舍五入函数 ROUND(x,y)

ROUND(x,y)返回最接近于参数 x 的数，其值保留到小数点后面 y 位，若 y 为负值，则将保留 x 值到小数点左边 y 位。

【例 6-20】使用 ROUND(x,y)函数对操作数进行四舍五入操作，结果保留小数点后面指定 y 位，输入语句如下：

```
SELECT ROUND(1.38, 1), ROUND(1.38, 0), ROUND(232.38, -1), ROUND(232.38,-2);
```

执行结果如图 6-20 所示。

ROUND(1.38,1)保留小数点后面 1 位，四舍五入的结果为 1.4；ROUND(1.38,0)保留小数点后面 0 位，即返回四舍五入后的整数值；ROUND(232.38,−1)和 ROUND(232.38,−2)分别保留小数点左边 1 位和 2 位。

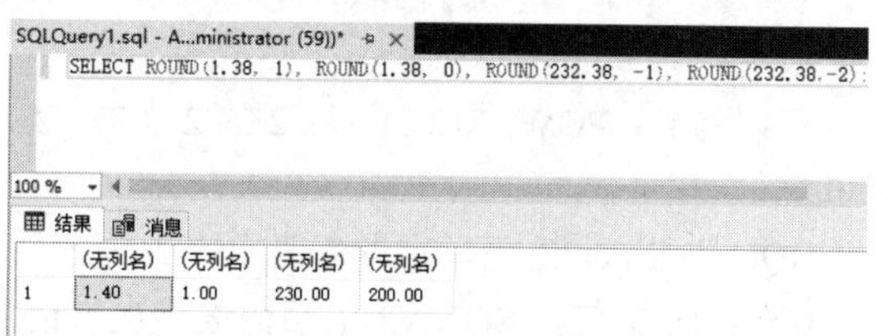

图 6-20 ROUND()函数

6.3.5 符号函数 SIGN(x)

SIGN(x)返回参数的符号，x 的值为负、零或正时，返回结果依次为-1、0 或 1。

【例 6-21】使用 SIGN()函数返回参数的符号，输入语句如下：

```
SELECT SIGN(-21),SIGN(0), SIGN(21);
```

执行结果如图 6-21 所示。

SIGN(−21)返回−1；SIGN(0)返回 0；SIGN(21)返回 1。

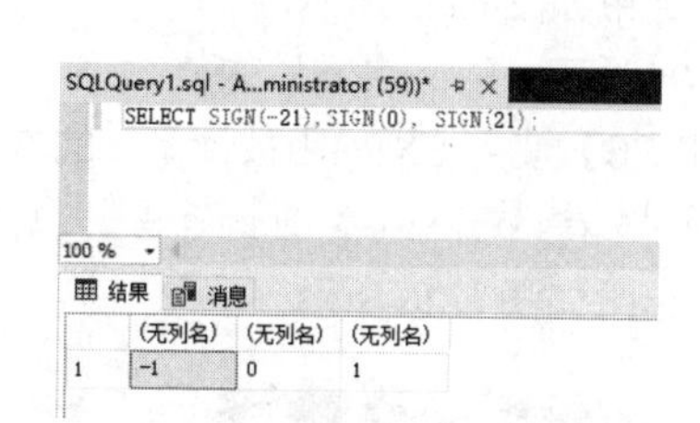

图 6-21 SIGN()函数

6.3.6 获取整数的函数 CEILING(x)和 FLOOR(x)

CEILING(x)返回不小于 x 的最小整数值。

【例 6-22】使用 CEILING()函数返回最小整数，输入语句如下：

```
SELECT  CEILING (-3.35),CEILING(3.35);
```

执行结果如图 6-22 所示。

−3.35 为负数，不小于−3.35 的最小整数为−3，因此返回值为−3；不小于 3.35 的最小整数为 4，因此返回值为 4。

FLOOR(x)返回不大于 x 的最大整数值。

【例 6-23】使用 FLOOR()函数返回最大整数，输入语句如下：

```
SELECT FLOOR(-3.35), FLOOR(3.35);
```

执行结果如图 6-23 所示。

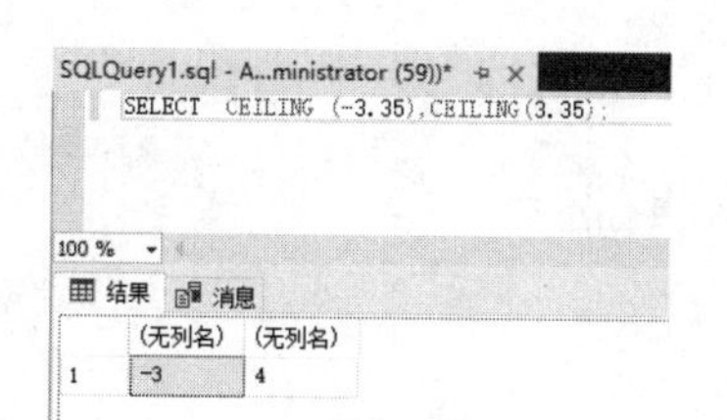

图 6-22 CEILING()函数

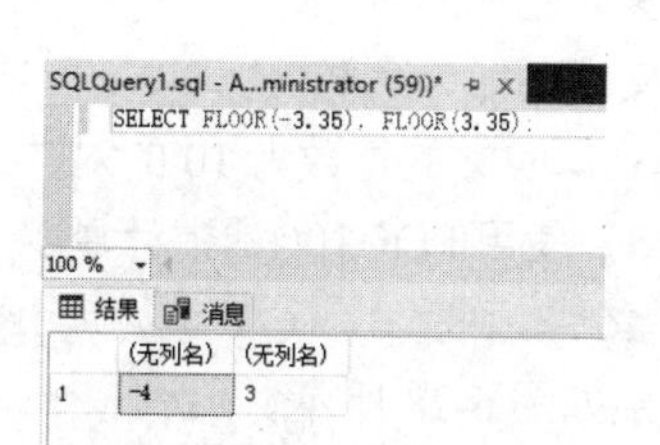

图 6-23 FLOOR()函数

−3.35 为负数，不大于−3.35 的最大整数为−4，因此返回值为−4；不大于 3.35 的最大整数为 3，因此返回值为 3。

6.3.7 幂运算函数 POWER(x,y)、SQUARE (x)和 EXP(x)

POWER(x,y)函数返回 x 的 y 次方的结果值。

【例 6-24】使用 POWER()函数进行乘方运算，输入语句如下：

```
SELECT POWER(2,2), POWER(2.00,-2);
```

执行结果如图 6-24 所示。

可以看到，POWER(2,2)返回 2 的 2 次方，结果是 4；POWER(2,−2)返回 2 的−2 次方，结果为 4 的倒数，即 0.25。

SQUARE (x) 返回指定浮点值 x 的 2 次方。

【例 6-25】使用 SQUARE()函数进行次方运算，输入语句如下：

```
SELECT SQUARE (3), SQUARE (-3), SQUARE (0);
```

执行结果如图 6-25 所示。

EXP(x)返回 e 的 x 次方后的值。

【例 6-26】使用 EXP()函数计算 e 的次方，输入语句如下：

```
SELECT EXP(3),EXP(-3),EXP(0);
```

执行结果如图 6-26 所示。

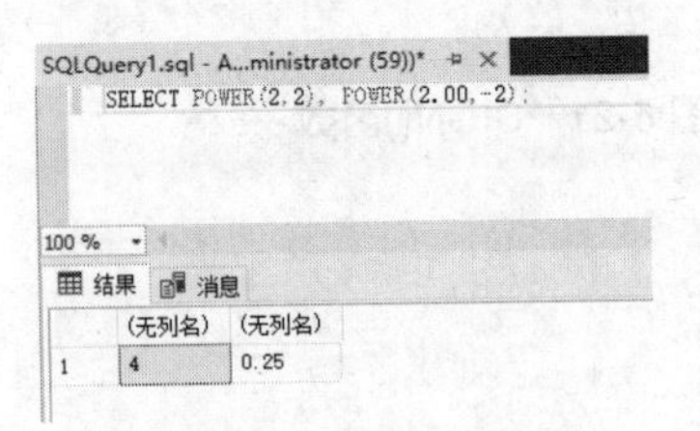

图 6-24 POWER()函数

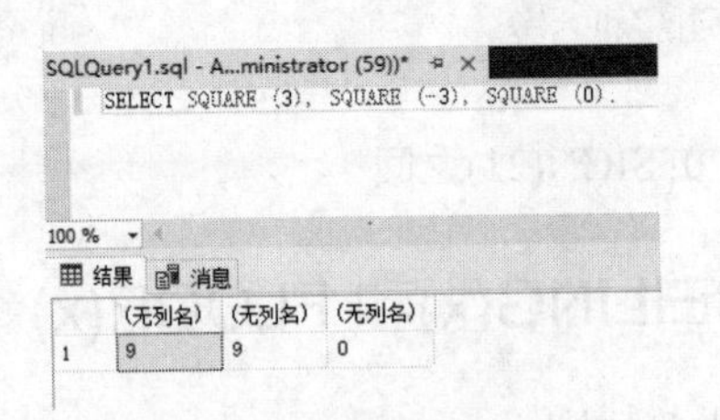

图 6-25 SQUARE()函数

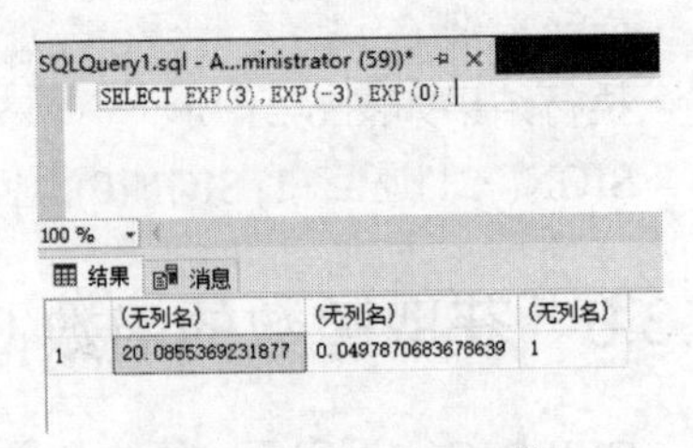

图 6-26 EXP()函数

EXP(3)返回以 e 为底的 3 次方，结果为 20.085536923187；EXP(−3)返回以 e 为底的−3 次方，结果为 0.0497870683678639；EXP(0)返回以 e 为底的 0 次方，结果为 1。

6.3.8 对数运算函数 LOG(x)和 LOG10(x)

LOG(x)返回 x 的自然对数，x 相对于基数 e 的对数。

【例 6-27】使用 LOG()函数计算自然对数，输入语句如下：

```
SELECT LOG(3), LOG(6);
```

执行结果如图 6-27 所示。

对数定义域不能为负数。

LOG10(x)返回 x 的基数为 10 的对数。

【例 6-28】使用 LOG10()函数计算以 10 为基数的对数，输入语句如下：

```
SELECT LOG10(1), LOG10(100), LOG10(1000);
```

执行结果如图 6-28 所示。

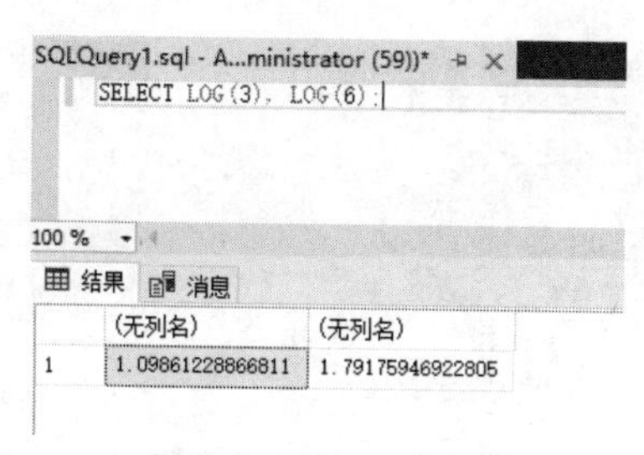

图 6-27　LOG()函数

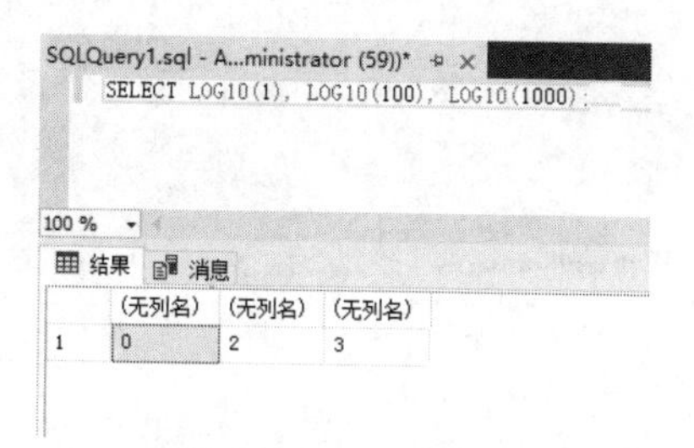

图 6-28　LOG10()函数

10 的 0 次方等于 1，因此 LOG10(1)返回结果为 0，10 的 2 次方等于 100，因此 LOG10(100)返回结果为 2。10 的 3 次方等于 1000，因此 LOG10(1000)返回结果为 3。

6.3.9　角度与弧度相互转换的函数 RADIANS(x)和 DEGREES(x)

RADIANS(x)将参数 x 由角度转换为弧度。

【例 6-29】使用 RADIANS()函数将角度转换为弧度，输入语句如下：

```
SELECT RADIANS(90.0),RADIANS(180.0);
```

执行结果如图 6-29 所示。

DEGREES(x)将参数 x 由弧度转换为角度。

【例 6-30】使用 DEGREES()函数将弧度转换为角度，输入语句如下：

```
SELECT DEGREES(PI()), DEGREES(PI() / 2);
```

执行结果如图 6-30 所示。

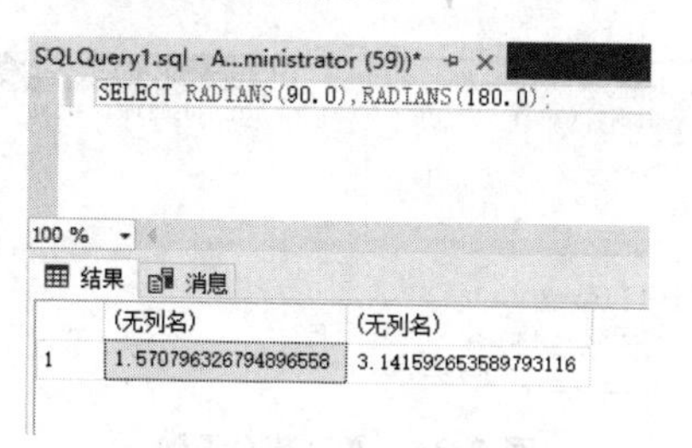

图 6-29　RADIANS()函数

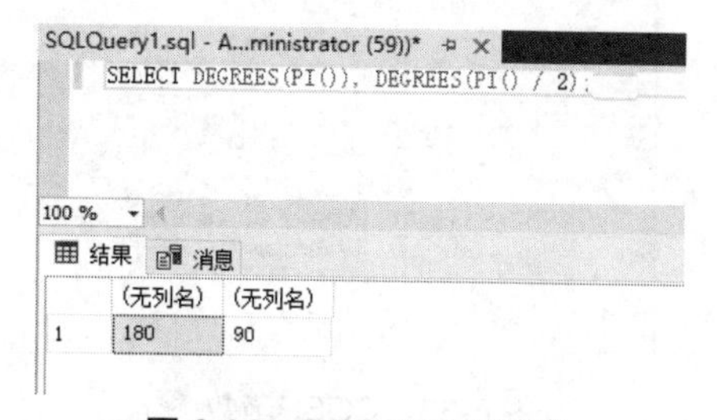

图 6-30　DEGREES()函数

6.3.10　正弦函数 SIN(x)和反正弦函数 ASIN(x)

SIN(x)返回 x 的正弦，其中，x 为弧度值。

【例 6-31】使用 SIN()函数计算正弦值，输入语句如下：

```
SELECT SIN(PI()/2), ROUND(SIN(PI()),0);
```

执行结果如图 6-31 所示。

ASIN(x)返回 x 的反正弦，即正弦为 x 的值。若 x 不在-1～1，则返回 NULL。

【例 6-32】使用 ASIN()函数计算反正弦值，输入语句如下：

```
SELECT ASIN(1), ASIN(0);
```

执行结果如图 6-32 所示。

由结果可以看到，ASIN 函数的值域正好是 SIN 函数的定义域。

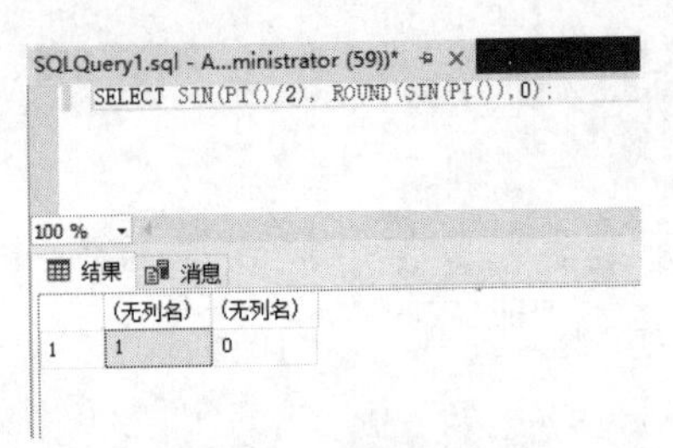

图 6-31　SIN()函数

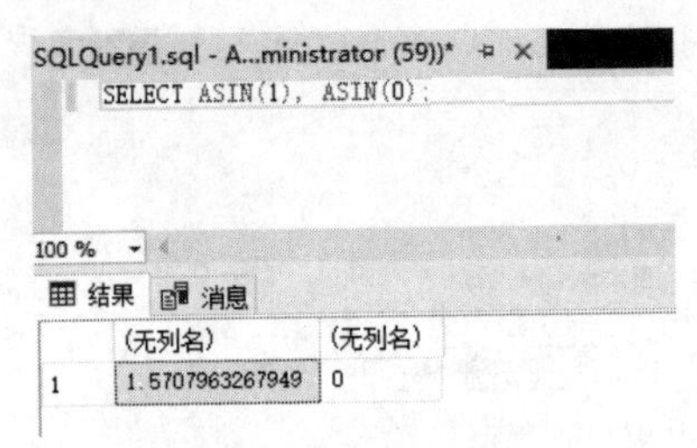

图 6-32　ASIN()函数

6.3.11　余弦函数 COS(x)和反余弦函数 ACOS(x)

COS(x)返回 x 的余弦，其中，x 为弧度值。

【例 6-33】使用 COS()函数计算余弦值，输入语句如下：

```
SELECT COS(0),COS(PI()),COS(1);
```

执行结果如图 6-33 所示。

由结果可以看到，COS(0)值为 1；COS(PI())值为-1；COS(1)值为 0.54030230586814。

ACOS(x)返回 x 的反余弦，即余弦是 x 的值。若 x 不在-1～1，则返回 NULL。

【例 6-34】使用 ACOS()函数计算反余弦值，输入语句如下：

```
SELECT ACOS(1),ACOS(0), ROUND(ACOS(0.5403023058681398),0);
```

执行结果如图 6-34 所示。

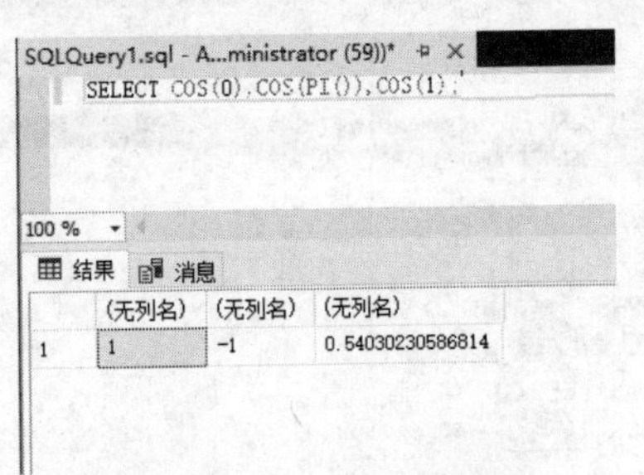

图 6-33　COS()函数

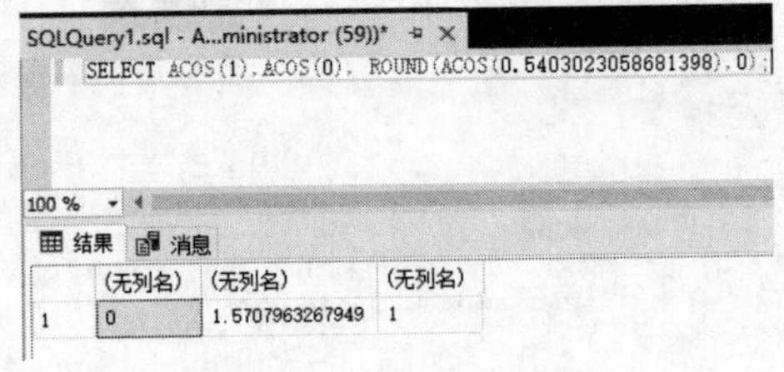

图 6-34　ACOS()函数

由结果可以看到，函数 ACOS 和 COS 互为反函数。

6.3.12　正切函数、反正切函数和余切函数

TAN(x)返回 x 的正切，其中，x 为给定的弧度值。

【例 6-35】使用 TAN()函数计算正切值，输入语句如下：

```
SELECT TAN(0.3), ROUND(TAN(PI()/4),0);
```

执行结果如图 6-35 所示。

ATAN(x)返回 x 的反正切，即正切为 x 的值。

【例 6-36】使用 ATAN()函数计算反正切值，输入语句如下：

```
SELECT ATAN(0.30933624960962325), ATAN(1);
```

执行结果如图 6-36 所示。

由结果可以看到，函数 ATAN 和 TAN 互为反函数。

COT(x)返回 x 的余切。

【例 6-37】使用 COT()函数计算余切值，输入语句如下：

```
SELECT COT(0.3), 1/TAN(0.3),COT(PI() / 4);
```

执行结果如图 6-37 所示。

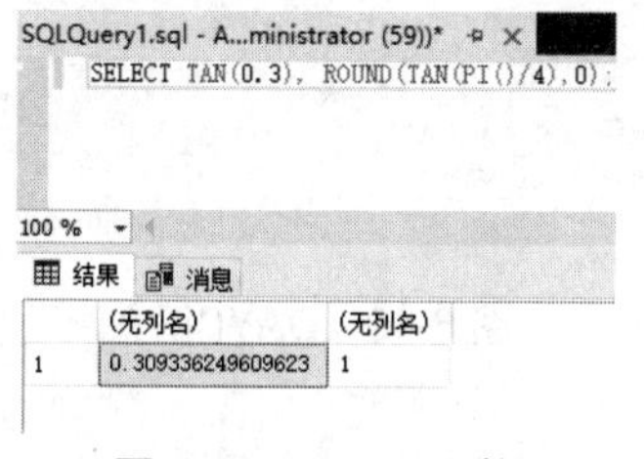

图 6-35 TAN()函数

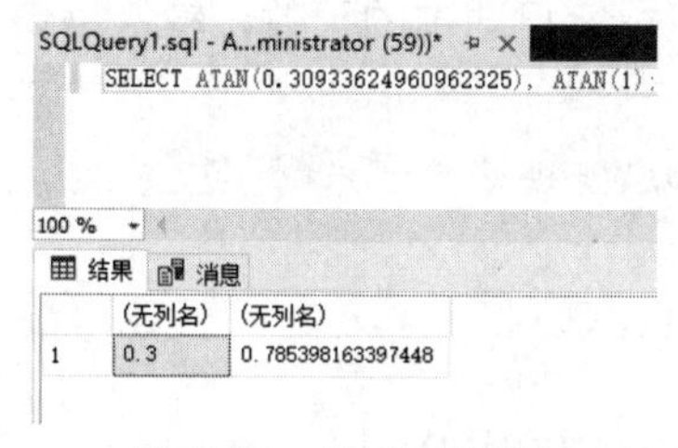

图 6-36 ATAN()函数

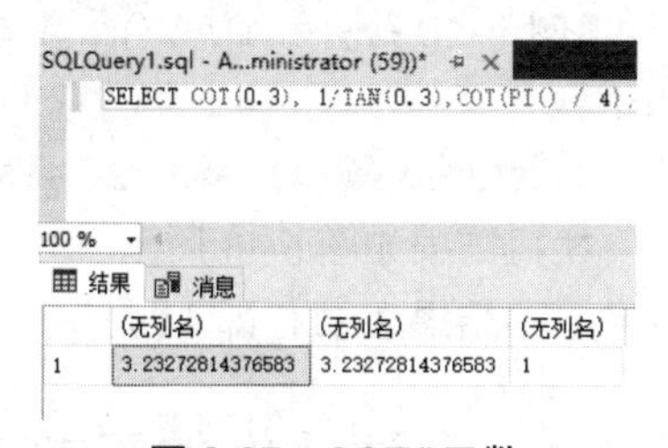

图 6-37 COT()函数

由结果可以看到，函数 COT 和 TAN 互为倒函数。

6.4 日期和时间函数

日期和时间函数主要用来处理日期和时间值，本节将介绍各种日期和时间函数的功能和用法。一般的日期函数除了使用 date 类型的参数外，也可以使用 datetime 类型的参数，但会忽略这些值的时间部分。相同地，以 time 类型值为参数的函数，可以接受 datetime 类型的参数，但会忽略日期部分。

6.4.1 获取系统当前日期的函数 GETDATE()

GETDATE()函数用于返回当前数据库系统的日期和时间，返回值的类型为 datetime。

【例 6-38】使用日期函数获取系统当前日期，输入语句如下：

```
SELECT GETDATE();
```

执行结果如图 6-38 所示。

这里返回的值为笔者计算机上的当前系统时间。

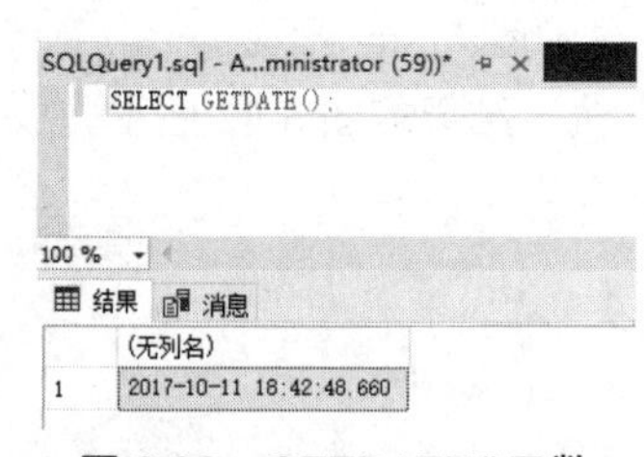

图 6-38 GETDATE()函数

6.4.2 返回 UTC 日期的函数 GETUTCDATE()

GETUTCDATE ()函数返回当前 UTC（世界标准时间）日期值。

【例 6-39】使用 GETUTCDATE()函数返回当前 UTC 日期值，输入语句如下：

```
SELECT GETUTCDATE();
```

执行结果如图 6-39 所示。

对比 GETDATE()函数的返回值，可以看到，因为读者位于东 8 时区，所以当前系统时间比 UTC 提前 8 个小时，这里显示的 UTC 时间需要减去 8 个小时的时差。

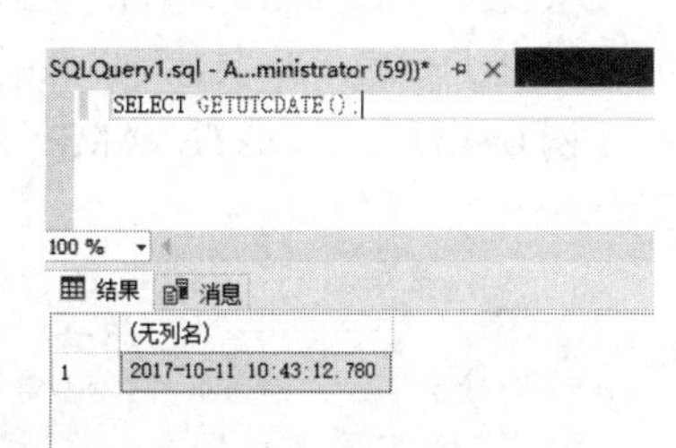

图 6-39 GETUTCDATE()函数

6.4.3 获取天数的函数 DAY(d)

DAY(d)函数用于返回指定日期的 d 是一个月中的第几天，范围是 1～31，该函数在功能上等价于 DATEPART(dd,d)。

【例 6-40】使用 DAY()函数返回指定日期中的天数，输入语句如下：

```
SELECT DAY('2018-11-12 01:01:01');
```

执行结果如图 6-40 所示。

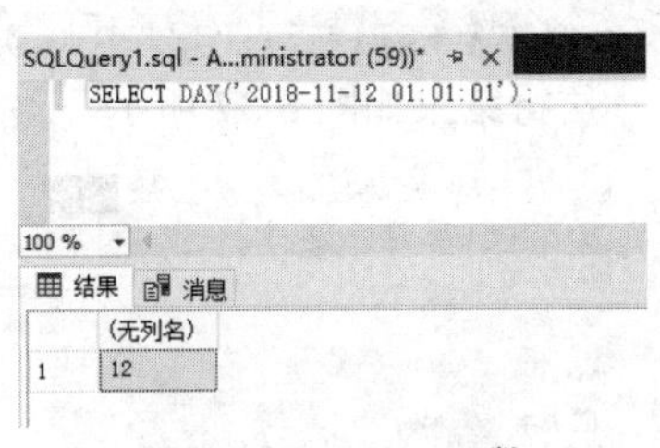

图 6-40　DAY()函数

返回结果为 12，即 11 月中的第 12 天。

6.4.4 获取月份的函数 MONTH(d)

MONTH (d)函数返回指定日期 d 中月份的整数值。

【例 6-41】使用 MONTH()函数返回指定日期中的月份，输入语句如下：

```
SELECT MONTH('2018-04-12 01:01:01');
```

执行结果如图 6-41 所示。

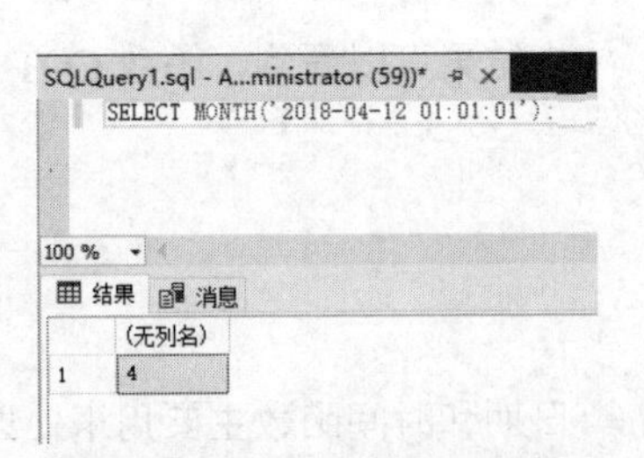

图 6-41　MONTH()函数

6.4.5 获取年份的函数 YEAR(d)

YEAR(d)函数返回指定日期 d 中年份的整数值。

【例 6-42】使用 YEAR()函数返回指定日期对应的年份，输入语句如下：

```
SELECT YEAR('2020-02-03'),YEAR('2018-02-03');
```

执行结果如图 6-42 所示。

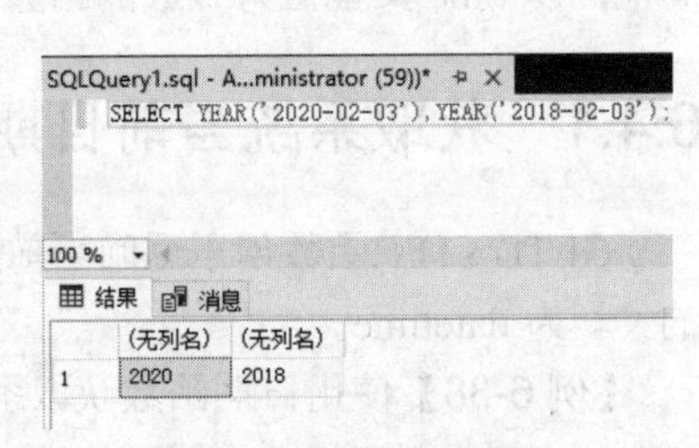

图 6-42　YEAR()函数

6.4.6 获取日期中指定部分字符串值的函数 DATENAME(dp,d)

DATENAME (dp,d)根据 dp 指定返回日期中相应部分的值，例如，YEAR 返回日期中的年份值，MONTH 返回日期中的月份值，dp 其他可以取的值有 quarter、dayofyear、day、week、weekday、hour、minute、second 等。

【例 6-43】使用 DATENAME()函数返回日期中指定部分的日期字符串值，输入语句如下：

```
SELECT DATENAME(year,'2018-11-12 01:01:01'),
DATENAME(weekday, '2018-11-12 01:01:01'),
DATENAME(dayofyear, '2018-11-12 01:01:01');
```

执行结果如图 6-43 所示。

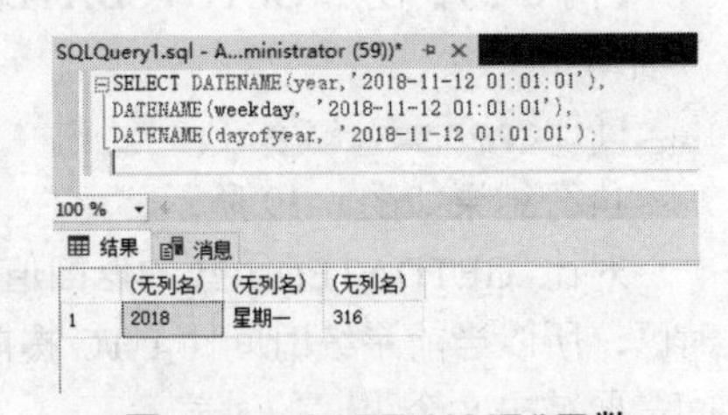

图 6-43　DATENAME()函数

由结果可以看到，这里的三个 DATENAME()函数分别返回指定日期值中的年份值、星期值和该日是一年中的第几天。

6.4.7 获取日期中指定部分的整数值的函数 DATEPART(dp,d)

DATEPART(dp,d)函数返回指定日期中相应部分的整数值。dp 的取值与 DATENAME 函数中的相同。

【例 6-44】使用 DATEPART()函数返回日期中指定部分的整数值，输入语句如下：

```
SELECT DATEPART (year,'2018-11-12 01:01:01'),
DATEPART (month, '2018-11-12 01:01:01'),
DATEPART (dayofyear, '2018-11-12 01:01:01');
```

执行结果如图 6-44 所示。

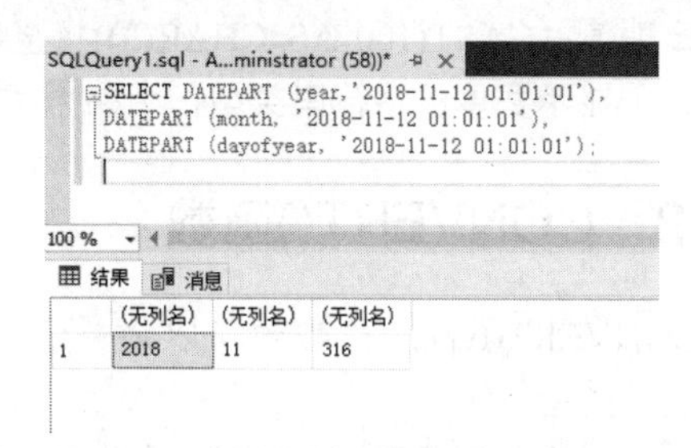

图 6-44　DATEPART()函数

6.4.8 计算日期和时间的函数 DATEADD(dp,num,d)

DATEADD(dp,num,d)函数用于执行日期的加运算，返回指定日期值加上一个时间段后的新日期。dp 指定日期中进行加法运算的部分值，例如，year、month、day、hour、minute、second、millisecond 等；num 指定与 dp 相加的值，如果该值为非整数值，将舍弃该值的小数部分；d 为执行加法运算的日期。

【例 6-45】使用 DATEADD()函数执行日期加操作，输入语句如下：

```
SELECT DATEADD(year,1,'2018-11-12 01:01:01'),
DATEADD(month,2,'2018-11-12 01:01:01'),
DATEADD(hour,1,'2018-11-12 01:01:01')
```

执行结果如图 6-45 所示。

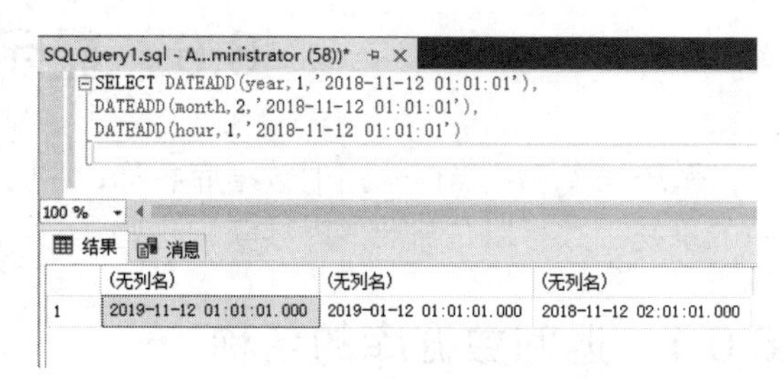

图 6-45　DATEADD()函数

DATEADD(year,1,'2018-11-12 01:01:01')表示年值增加 1，2018 加 1 之后为 2019；DATEADD(month,2,'2018-11-12 01:01:01')表示月份值增加 2，11 月增加 2 个月之后为 1 月，同时，年值增加 1，结果为 2019-01-12；DATEADD(hour,1,'2018-11-12 01:01:01')表示时间部分的小时数增加 1。

6.5 转换函数

在同时处理不同数据类型的值时，SQL Server 一般会自动进行隐式类型转换。这对于数据类型相近的数值是有效的，比如 int 和 float，但是对于其他数据类型，例如整型和字符型数据，隐式转换就无法实现了，此时必须使用显式转换。为了实现这种转换，SQL 提供了两个显式转换的函数，分别是 CAST()函数和 CONVERT()函数。

6.5.1 CAST()函数

CAST(x AS type)函数可以将一个类型的值转换为另一个类型的值。

【例 6-46】使用 CAST()函数进行数据类型的转换，输入语句如下：

```
SELECT CAST('181231' AS DATE), CAST(100 AS CHAR(3));
```

执行结果如图 6-46 所示。

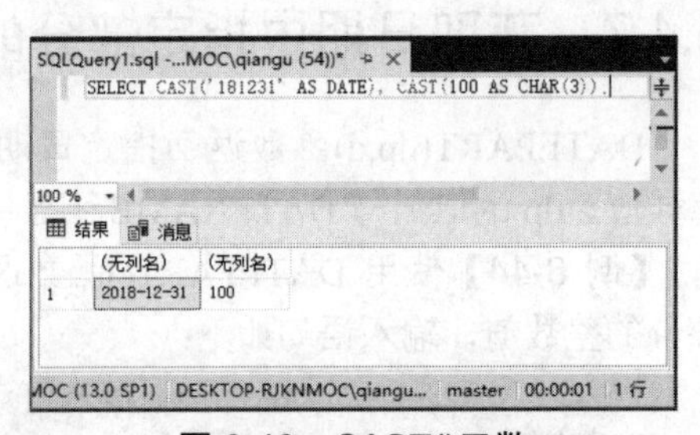

图 6-46 CAST()函数

可以看到，CAST('181231' AS DATE)将字符串值转换为相应的日期值；CAST(100 AS CHAR(3))将整数数据 100 转换为带有 3 个显示宽度的字符串类型，结果为字符串“100”；

6.5.2 CONVERT()函数

CONVERT(type,x)函数也可以将一个类型的值转换为另一个类型的值。

【例 6-47】使用 CONVERT()函数进行数据类型的转换，输入语句如下：

```
SELECT CONVERT(TIME,'2018-05-01 12:11:10');
```

执行结果如图 6-47 所示。

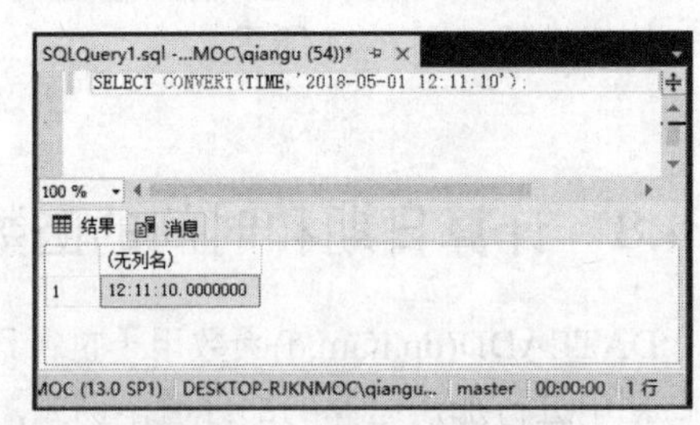

图 6-47 CONVERT()函数

由结果可以得知，CONVERT(TIME,'2018-05-01 12:11:10')将 datetime 类型的值，转换为 time 类型值，结果为“12:11:10.0000000”。

6.6 显示系统信息函数

系统信息包括当前使用的数据库名称、主机名、系统错误信息以及用户名称等内容。使用 SQL Server 中的系统函数可以在需要的时候获取这些信息。本节将介绍常用的系统函数的作用和使用方法。

6.6.1 返回数据库的名称

DB_NAME (database_id)函数返回数据库的名称。其返回值类型为 nvarchar(128)。database_id 是 smallint 类型的数据。如果没有指定 database_id，则返回当前数据库的名称。

【例 6-48】返回指定 ID 的数据库的名称，输入语句如下：

```
USE master
SELECT DB_NAME(),DB_NAME(DB_ID('test_db'));
```

执行结果如图 6-48 所示。

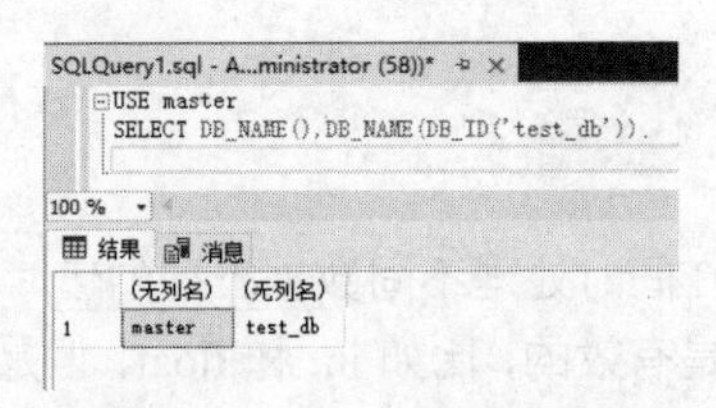

图 6-48 DB_NAME()函数

USE 语句将 master 选择为当前数据库，因此 DB_NAME()返回值为当前数据库 master；DB_NAME(DB_ID ('test_db'))返回值为 test_db 本身。

6.6.2 OBJECT_ID()函数

OBJECT_ID(database_name.schema_name.object_name，object_type)函数返回数据库对象的编号。其返回值类型为 int。object_name 为要使用的对象，它的数据类型为 varchar 或 nvarchar。如果 object_name 的数据类型为 varchar，则它将隐式转换为 nvarchar。可以选择是否指定数据库和架构名称。object_type 指定架构范围的对象类型。

【例 6-49】返回 test_db 数据库中 stu_info 表的对象 ID，输入语句如下：

```
SELECT OBJECT_ID('test_db.dbo.stu_info');
```

执行结果如图 6-49 所示。

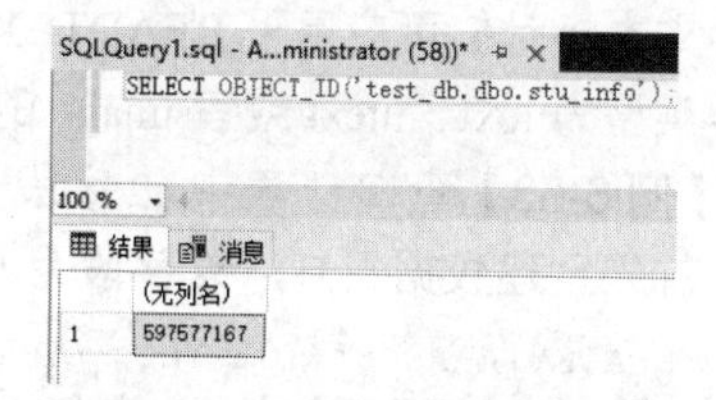

图 6-49 OBJECT_ID()函数

6.6.3 返回表中指定字段的长度值

COL_LENGTH(table,column)函数返回表中指定字段的长度值。其返回值为 INT 类型。table 为要确定其列长度信息的表的名称，是 nvarchar 类型的表达式。column 为要确定其长度的列的名称，是 nvarchar 类型的表达式。

【例 6-50】显示 test_db 数据库中 stu_info 表中的 s_name 字段长度，输入语句如下：

```
USE test_db
SELECT COL_LENGTH('stu_info','s_name');
```

执行结果如图 6-50 所示。

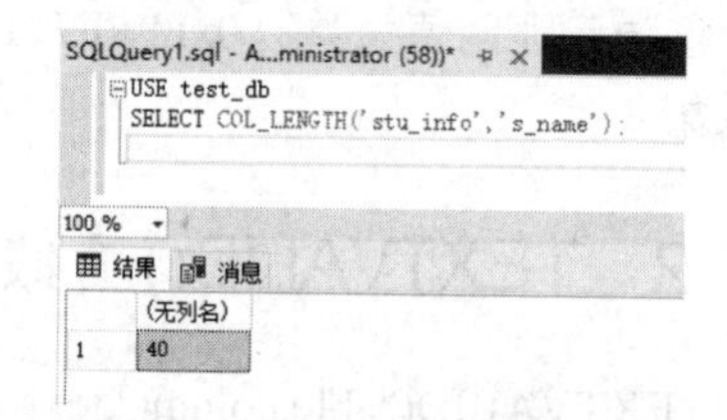

图 6-50 COL_LENGTH()函数

6.6.4 返回表中指定字段的名称

COL_NAME (table_id, column_id)函数返回表中指定字段的名称。table_id 是表的标识号，column_id 是列的标识号，类型为 int。

【例 6-51】显示 test_db 数据库中 stu_info 表中的第一个字段的名称，输入语句如下：

```
SELECT COL_NAME(OBJECT_ID('test_db.dbo.stu_info'),1);
```

执行结果如图 6-51 所示。

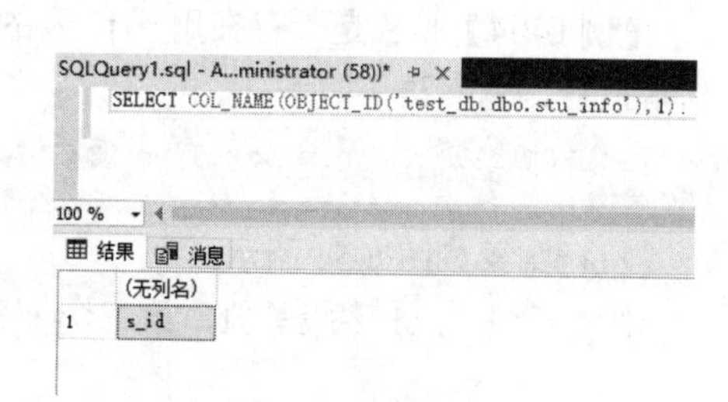

图 6-51 COL_NAME()函数

6.6.5 返回数据库用户名

USER_NAME(id)函数根据与数据库用户关联的 id 号返回数据库用户名。其返回值类型为 nvarchar(256)。如果没有指定 id，则返回当前数据库的用户名。

【例 6-52】查找当前数据库名称，输入语句如下：

```
USE test_db;
SELECT USER_NAME();
```

执行结果如图 6-52 所示。

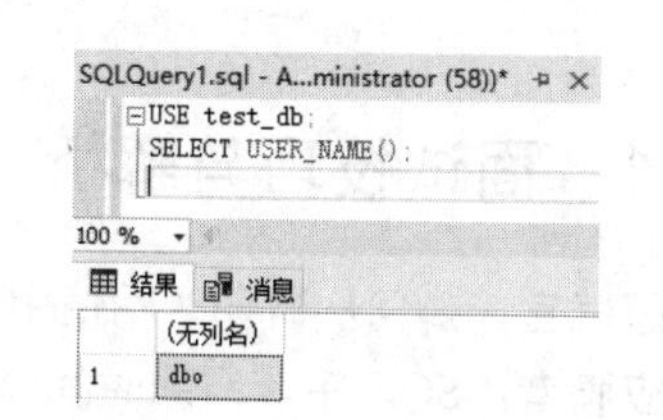

图 6-52 USER_NAME()函数

6.7 文本和图像处理函数

文本和图像函数用于对文本或图像输入值或字段进行操作，并提供有关该值的基本信息。T-SQL 中常用的文本函数有两个，即 TEXTPTR 函数和 TEXTVALID 函数。

6.7.1 TEXTPTR()函数

TEXTPTR(column)函数用于返回对应 varbinary 格式的 text、ntext 或者 image 字段的文本指针值。查找到的文本指针值可应用于 READTEXT、WRITETEXT 和 UPDATETEXT 语句。其中，参数 column 是一个数据类型为 text、ntext 或者 image 的字段列。

【例 6-53】查询 t1 表中 c2 字段十六字节文本指针，输入语句如下。

首先创建数据表 t1，c2 字段为 text 类型，T-SQL 代码如下：

```
CREATE TABLE t1 (c1 int, c2 text)
INSERT t1 VALUES ('1', 'This is text.')
```

使用 TEXTPTR 查询 t1 表中 c2 字段的十六字节文本指针。

```
SELECT c1,TEXTPTR(c2) FROM t1 WHERE c1 = 1
```

执行结果如图 6-53 所示。

该语句返回值为类似 0xFFFF7117000000000940000000001000000 的记录集。

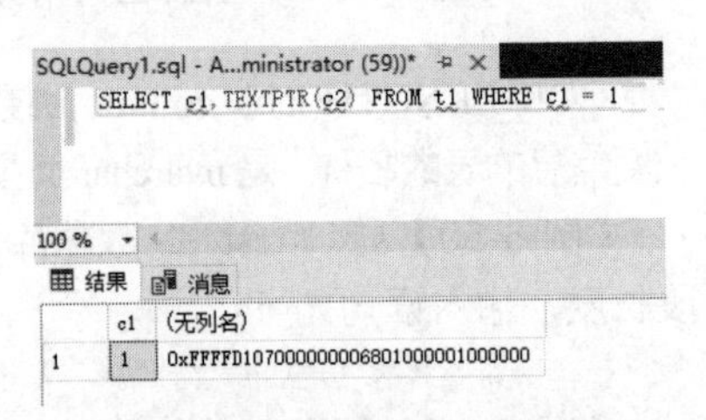

图 6-53　TEXTPTR()函数

6.7.2　TEXTVALID()函数

TEXTVALID('table.column',text_ptr)函数用于检查特定文本指针是否为有效的 text、ntext 或 image 函数。table.column 为指定数据表和字段，text_ptr 为要检查的文本指针。

【例 6-54】检查是否存在用于 t1 表的 c2 字段中的各个值的有效文本指针，输入语句如下：

```
    SELECT c1, 'This is text.' = TEXTVALID('t1.c2', TEXTPTR(c2))
FROM t1;
```

执行结果如图 6-54 所示。

第一个 1 为 c1 字段的值，第二个 1 表示查询的值存在。

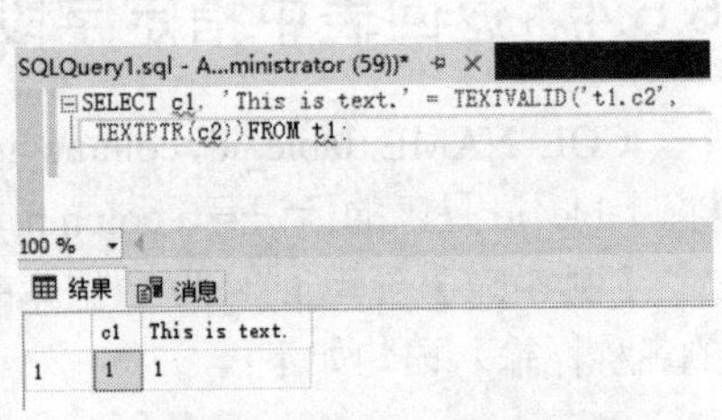

图 6-54　TEXTVALID()函数

6.8　就业面试技巧与解析

6.8.1　面试技巧与解析（一）

面试官：如何从日期时间值中获取年、月、日等部分日期或时间值？

应聘者：SQL 中，日期时间值以字符串形式存储在数据表中，因此可以使用字符串函数分别截取日期时间值的不同部分，例如，某个名称为 dt 的字段有值“2010-10-01 12:00:30”，如果只需要获得年值，可以输入 YEAR FROM TIMESTAMP '2010-10-1 12:00:30'；如果只需要获得月份值，可以输入 MONTH FROM TIMESTAMP '2010-10-1 12:00:30'。

6.8.2　面试技巧与解析（二）

面试官：如何选择列表中第一个不为空的表达式？

应聘者：COALESCE(expr)函数返回列表中第一个不为 NULL 的表达式。如果全部为 NULL，则返回一个 NULL。

第 2 篇

核心技术篇

在了解了 SQL Server 的基本概念、基本应用之后，本篇主要讲解 SQL Server 数据库的创建与管理、创建与管理数据表、设置表的约束条件、SQL 数据的查询操作等。通过本篇的学习，读者将对使用 SQL Server 数据库进行基础编程具有了一定的水平。

第 7 章

创建与管理数据库

学习指引

数据库是存储数据的仓库，数据的操作也只有创建了数据库之后才能进行。本章主要介绍数据库的创建与管理，主要内容包括 SQL Server 数据库的常用对象、命名规则，以及创建、修改和删除 SQL Server 数据库。

重点导读

- 了解 SQL Server 数据库。
- 掌握 SQL Server 的命名规则。
- 掌握使用 SSMS 创建与管理数据库的方法。
- 掌握使用 SQL 语句创建与管理数据库的方法。

7.1 SQL Server 数据库

数据库是按照数据结构来组织、存储和管理数据的仓库，是存储在一起的相关数据的集合。下面从数据库常用对象、数据库的组成等方面来认识 SQL Server 数据库。

7.1.1 数据库常用对象

在 SQL Server 2016 的数据库中，表、字段、索引、视图、存储过程等常用对象被称为数据库对象，下面进行详细介绍。

1. 表

表是包含数据库中所有数据的数据库对象，由行和列组成，用于组织和存储数据。

2. 字段

在数据库中，大多数表的“列”被称为“字段”，字段具有自己的属性，如字段类型、字段大小等，其中，字段类型是字段最重要的属性，它决定了字段能够存储哪种数据。

SQL 规范支持 5 种基本字段类型，包括字符型、文本型、数值型、逻辑型和日期时间型。

3. 索引

索引是对数据库表中一列或多列的值进行排序的一种结构，使用索引可快速访问数据库表中的特定信息。

4. 视图

视图（View）是从一张或多张表（或视图）导出的表。视图与表不同，视图是一张虚表，即视图所对应的数据不进行实际存储，数据库中只存储视图的定义，在对视图的数据进行操作时，系统根据视图的定义去操作与视图相关联的基本表。

5. 存储过程

存储过程（Stored Procedure）是一组为了完成特定功能的 SQL 语句集，存储在数据库中，经过第一次编译后再次调用不需要再次编译，用户通过指定存储过程的名字并给出参数（如果该存储过程带有参数）来执行它。存储过程是数据库中的一个重要对象。

7.1.2 数据库的组成

SQL Server 数据库主要由文件和文件组组成，数据库中的所有数据和对象都被存储在文件中。

1. 文件

文件是指数据库中用来存放数据库数据和数据库对象的文件，一个数据库可以有一个或多个数据文件，一个数据文件只能属于一个数据库。文件主要分为以下三类。

- 主要数据文件：存放数据和数据库的初始化信息，每个数据库有且只有一个主要数据文件，默认扩展名为.mdf。
- 次要数据文件：存放除主要数据文件以外的所有数据文件。有些数据库可能没有次要数据文件，也可能有多个次要数据文件，默认扩展名为.ndf。
- 事务日志文件：存放用于恢复数据库的所有日志信息，每个数据库至少有一个事务日志文件，也可以有多个事务日志文件，默认扩展名为.ldf。

注意： SQL Server 2016 不强制使用.mdf、.ndf 或者.ldf 作为文件的扩展名，但建议使用这些扩展名帮助标识文件的用途。

2. 文件组

文件组是数据库文件的一种逻辑管理单位，它将数据库文件分为不同的文件组，方便于对文件的分配和管理。文件组主要分为以下两类。

- 主文件组：包含主要数据文件和任何没有明确指派给其他文件组的文件，系统表的所有页都分配在主文件组中。
- 用户自定义文件组：主要是在 Create Database 或 Alter Database 语句中，使用 FileGroup 关键字指定的文件组。

提示： 每个数据库中都有一个文件组作为默认文件组运行，默认文件组包含在创建时没有指定文件组的所有表和索引的页。在没有指定的情况下，主文件组为默认文件组。

对文件进行分组时，一定要遵循文件和文件组的设计规则：

- 文件只能是一个文件组的成员。
- 文件或文件组不能由一个以上的数据库使用。

- 数据和事务日志信息不能属于同一文件或文件组。
- 日志文件不能作为文件组的一部分，日志空间与数据空间分开管理。

注意：系统管理员在进行备份操作时，可以备份或恢复个别的文件或文件组，而不用备份或恢复整个数据库。

7.1.3 认识系统数据库

SQL Server 2016服务器安装完成之后，默认建立4个系统数据库，分别是master、model、msdb和tempdb。打开 SSMS 工具，在“对象资源管理器”中的“数据库”结点下面的“系统数据库”结点下，可以看到这4个系统数据库，如图 7-1 所示。

图 7-1 系统数据库

1. master 数据库

master 数据库是 SQL Server 2016 中最重要的数据库，是整个数据库服务器的核心。用户不能直接修改该数据库，如果损坏了 master 数据库，那么整个 SQL Server 服务器将不能工作。

2. model 数据库

model 数据库是 SQL Server 2016 中创建数据库的模板，对 model 数据库进行的修改，如数据库大小、排序规则、恢复模式和其他数据库选项等，将应用于以后创建的数据库。

3. msdb 数据库

msdb 提供运行 SQL Server Agent 工作的信息。SQL Server Agent 是 SQL Server 中的一个 Windows 服务，该服务用来运行指定的计划任务。计划任务是在 SQL Server 中定义的一个程序，该程序不需要干预即可自动开始执行。

4. tempdb 数据库

tempdb 是 SQL Server 中的一个临时数据库，用于存放临时对象或中间结果，SQL Server 关闭后，该数据库中的内容被清空，每次重新启动服务器之后，tempdb 数据库将被重建。

7.2 SQL Server 的命名规则

为了提供完善的数据库管理机制，SQL Server 设计了严格的命名规则。在创建或引用数据库实例，如表、索引、约束等时，必须遵守 SQL Server 的命名规则，否则可能发生一些难以预测和检测的错误。

7.2.1 认识标识符

SQL Server 的所有对象，包括服务器、数据库及数据对象等都可以有一个标识符，对绝大多数对象来说，标识符是必不可少的，但对某些对象来说，是否规定标识符是可以选择的。对象的标识符一般在创建对象时定义，作为引用对象的工具使用。

1. 标识符规则

（1）标识符的首字符必须是下列字符之一。

第一种情况：所有在 Unicode 2.0 标准中规定的字符，包括 26 个英文字母 a～z 和 A～Z，以及其他一些语言字符，如汉字。例如，可以给一张表命名为“员工基本情况”。

第二种情况：下画线“_”、符号“@”或符号“#”。

（2）标识符首字符后的字符可以是以下三种。

第一种情况：所有在 Unicode 2.0 标准中规定的字符，包括 26 个英文字母 a～z 和 A～Z，以及其他一些语言字符，如汉字。

第二种情况：下画线“_”、符号“@”或符号“#”。

第三种情况：0，1，2，3，4，5，6，7，8，9。

（3）标识符不允许是 T-SQL 的保留字。因为 T-SQL 不区分大小写，所以无论是保留字的大写还是小写都不允许使用。

（4）标识符内部不允许有空格或特殊字符。因为某些以特殊符号开头的标识符在 SQL Server 中具有特定的含义。例如，以“@”开头的标识符表示这是一个局部变量或是一个函数的参数；以“#”开头的标识符表示这是一个临时表或存储过程；以“##”开头的标识符表示这是一个全局的临时数据库对象。T-SQL 的全局变量以标识符“@@”开头，为避免同这些全局变量混淆，建议不要使用“@@”作为标识符的开始。

2. 标识符的分类

在 SQL Server 中，标识符共有两种类型：一种是规则标识符（Regular Identifer），一种是界定标识符（Delimited Identifer）。

- 规则标识符：严格遵守标识符的有关格式的规定，所以在 Transact_SQL 中凡是规则标识符都不必使用定界符。
- 界定标识符：对于不符合标识符格式的标识符要使用界定标识符 [ ] 或‘ ’，如[MR GZGLXT]中 MR 和 GZGLXT 之间含有空格，但因为使用了方括号，所以也被称为分隔标识符。

注意：规则标识符和界定标识符包含的字符数必须在 1 ~ 128，对于本地临时表，标识符最多可以有 116 个字符。

7.2.2 对象命名规则

SQL Server 数据库管理系统中的数据库对象名称由 1～128 字符组成，不区分大小写。标识符也可以作为对象的名称。在一个数据库中创建了一个数据库对象后，数据库对象的完整名称应该由服务器名、数据库名、所有者名和对象名 4 部分组成，其格式如下：

```
[[[server.][database].][owner_name].]object_name
```

服务器、数据库和所有者的名称即所谓的对象名称限定符。当引用一个对象时，不需要指定服务器、数据库和所有者，可以利用句号标出它们的位置，从而省略限定符。

注意：不允许存在 4 部分名称完全相同的数据库对象。在同一个数据库中可以存在两个名为 EXAMPLE 的表格，但前提必须是这两个表的所有者不同。

7.2.3 实例命名规则

使用 SQL Server 2016，可以在一台计算机上安装 SQL Server 的多个实例。SQL Server 2016 提供了两种类型的实例，即默认实例和命名实例。

1. 默认实例

此实例由运行它的计算机的网络名称标识，使用以前版本 SQL Server 客户端软件的应用程序可以连接到默认实例。但是，一台计算机上每次只能有一个版本作为默认实例运行。

2. 命名实例

计算机可以同时运行多个 SQL Server 命名实例。实例通过计算机的网络名称加上实例名称以<计算机名称> \ <实例名称>格式进行标识，即 computer_name\instance_name，但该实例名不能超过 16 个字符。

7.3 使用 SSMS 创建与管理数据库

在 SQL Server 中，数据库主要用来存储数据及数据库对象，下面介绍如何使用 SQL Server Management Studio（SSMS）来创建与管理数据库。

7.3.1 使用 SSMS 创建数据库

在 SSMS 中可以以界面方式创建数据库，具体操作步骤如下。

步骤 1：启动 SSMS 并连接到 SQL Server 2016 数据库，连接成功之后，在左侧的“对象资源管理器”窗口中打开“数据库”结点，如图 7-2 所示。

步骤 2：右击“数据库”结点文件夹，在弹出的快捷菜单中选择“新建数据库”菜单命令，如图 7-3 所示。

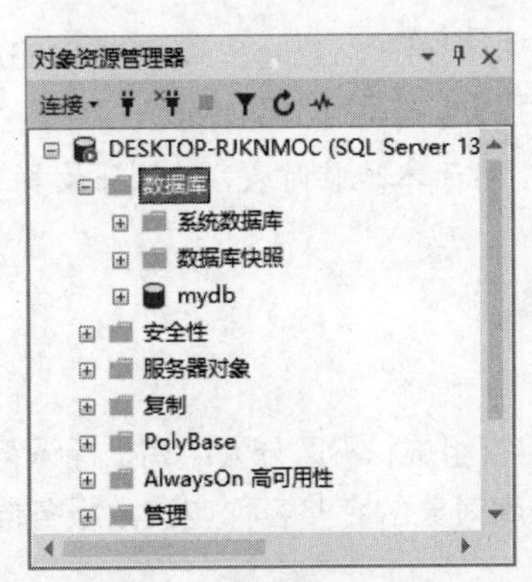

图 7-2 “数据库”结点

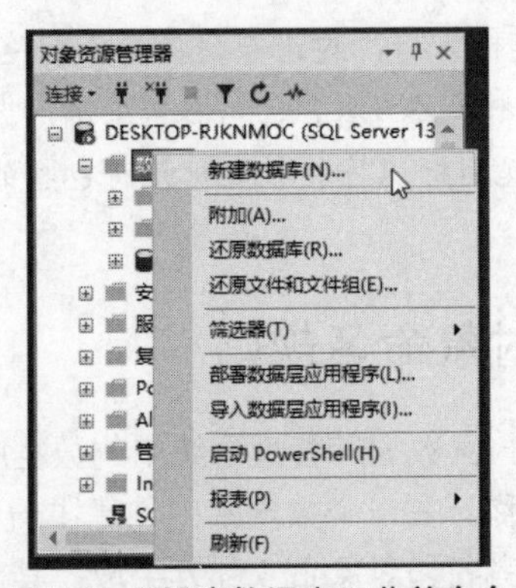

图 7-3 “新建数据库”菜单命令

步骤 3：打开“新建数据库”窗口，默认选择“常规”选项，在“常规”选项卡中设置创建数据库的参数，这里输入数据库的名称，并设置初始大小等参数，如图 7-4 所示。

注意：数据库名称中不能包含以下 Windows 不允许使用的非法字符：“"” “'” “*” “/” “?” “:” “\” “<” “>” “-”。

步骤 4：在“选择页”列表中选择“选项”选项，在打开的界面中可以设置有关选项的相关参数，如图 7-5 所示。

步骤 5：在“文件组”选项卡中，可以设置或添加数据库文件和文件组的属性，例如，是否为只读，是否有默认值，如图 7-6 所示。

步骤 6：参数设置完毕后，单击“确定”按钮，即可开始创建数据库，创建成功之后，返回到 SSMS 窗口中，在“对象资源管理器”中可以看到新创建的名称为 mydatabase 的数据库，如图 7-7 所示。

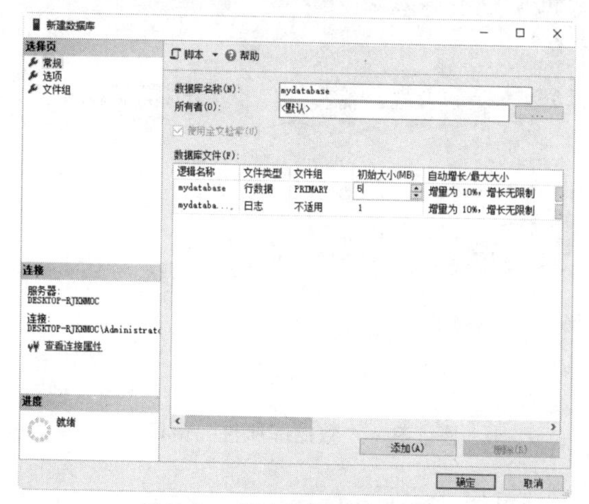

图 7-4　“新建数据库”窗口

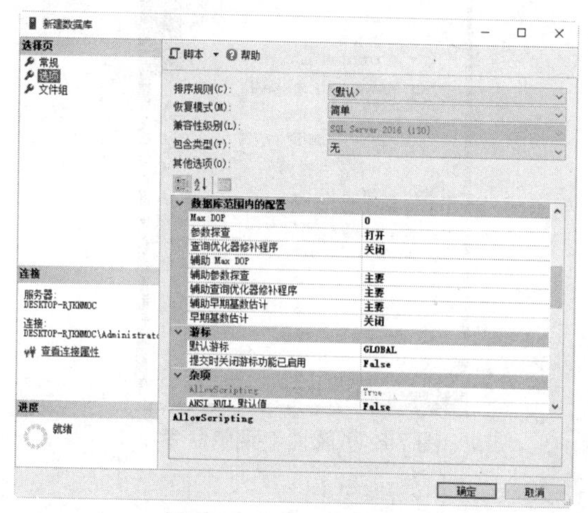

图 7-5　“选项”选项卡

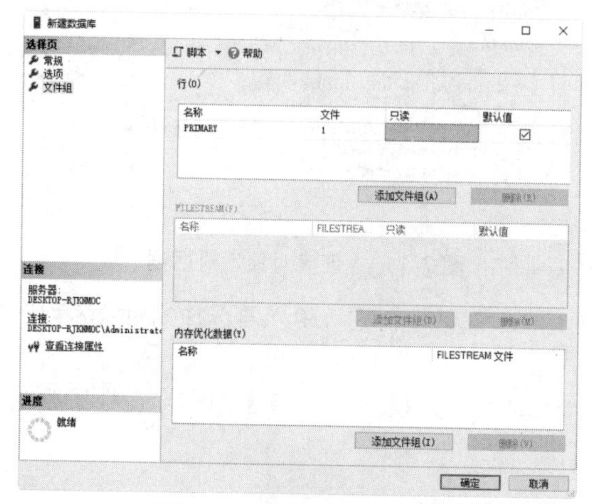

图 7-6　“文件组”选项卡

图 7-7　创建的数据库

注意：SQL Server 2016 在创建数据库的过程中，将对数据库进行检验，如果存在一个相同名称的数据库，则创建操作失败，并提示错误信息。

7.3.2　使用 SSMS 修改数据库

在 SSMS 中可以以界面方式修改数据库的某些属性，下面以修改数据库的所有者为例，来介绍以界面方式修改数据库的操作步骤。

步骤 1：数据库连接成功之后，在左侧的“对象资源管理器”窗口中打开“数据库”结点，选择需要修改的数据库，右击鼠标，在弹出的快捷菜单中选择“属性”菜单命令，如图 7-8 所示。

步骤 2：打开“数据库属性”对话框，在“选择页”列表中选择“文件”选项，进入“文件”设置界面，如图 7-9 所示。

步骤 3：单击“所有者”右侧的“浏览”按钮，打开“选择数据库所有者”对话框，如图 7-10 所示。

步骤 4：单击“浏览”按钮，打开“查找对象”对话框，在其中选择需要匹配的对象，如图 7-11 所示。

图 7-8 “属性”菜单命令

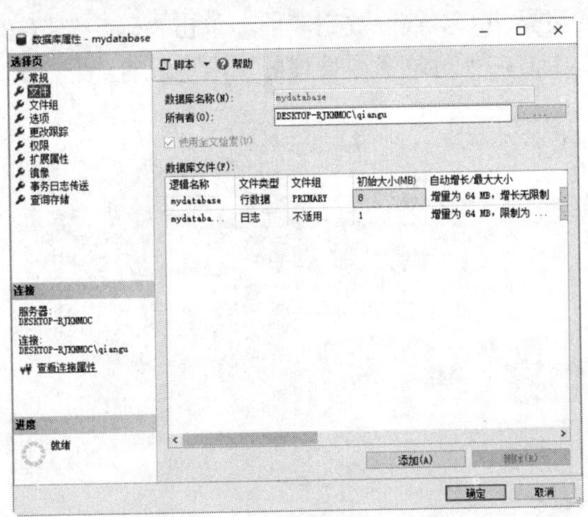

图 7-9 “数据库属性”窗口

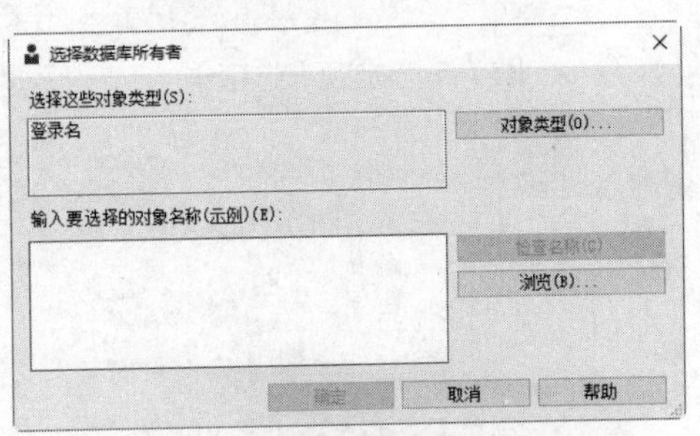

图 7-10 “选择数据库所有者”对话框

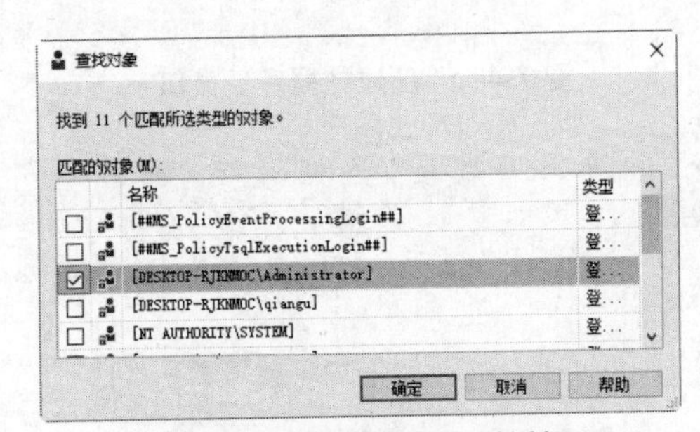

图 7-11 “查找对象”对话框

步骤 5：单击“确定”按钮，返回到“选择数据库所有者”对话框，在“输入要选择的对象名称”列表框中可以看到添加的所有者信息，如图 7-12 所示。

步骤 6：单击“确定”按钮，返回到“数据库属性”窗口中，可以看到数据库的所有者发生了改变，如图 7-13 所示。

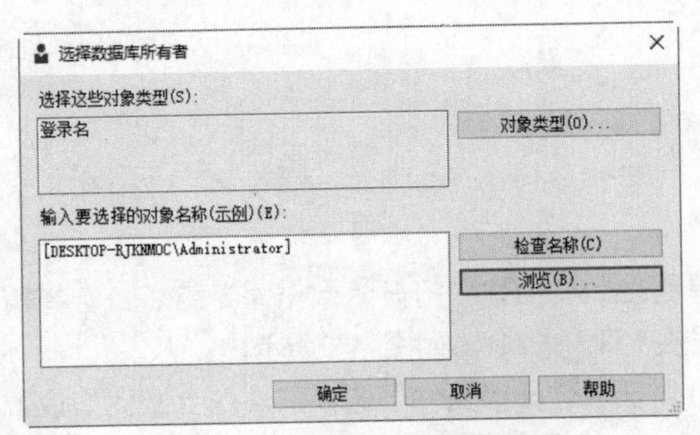

图 7-12 输入要选择的对象名称

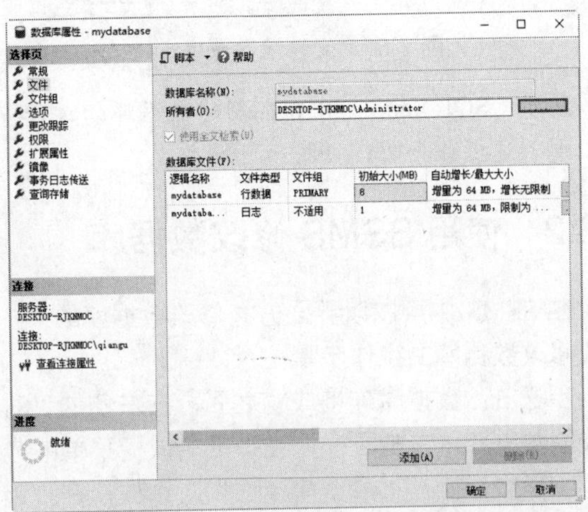

图 7-13 “数据库属性”窗口

如果想要修改数据的其他属性，可以在“数据库属性”对话框中选择其他选项，然后进入相应的设置界面进行修改，具体操作步骤如下。

步骤 1：选择“文件组”选项，进入“文件组”设置界面，通过单击“添加文件组”按钮，可以对数据库文件组进行添加操作，如图 7-14 所示。

步骤 2：选择“选项”选项，在打开的界面中可以对排序规则、恢复模式、兼容性级别等参数进行修改，如图 7-15 所示。

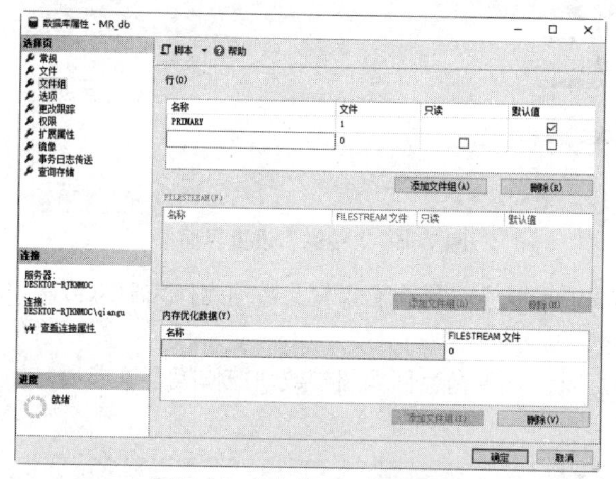

图 7-14 “文件组”设置界面

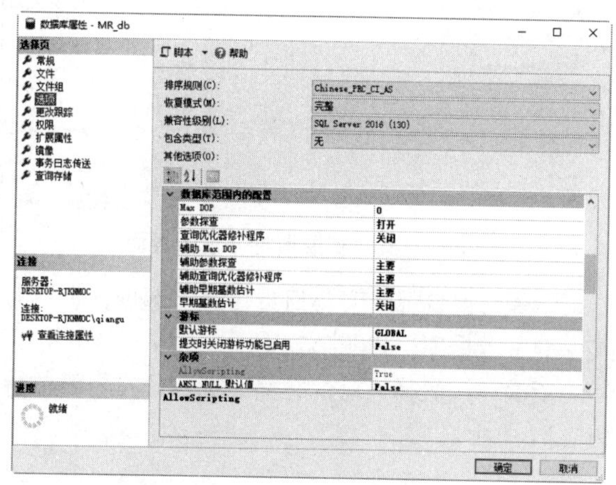

图 7-15 “选项”设置界面

步骤 3：选择“更改跟踪”选项，在打开的界面中可以设置是否对数据库启用更改跟踪，如图 7-16 所示。

步骤 4：选择“权限”选项，在打开的界面中可以对服务器的名称、数据库的名称、用户或角色进行修改，如图 7-17 所示。

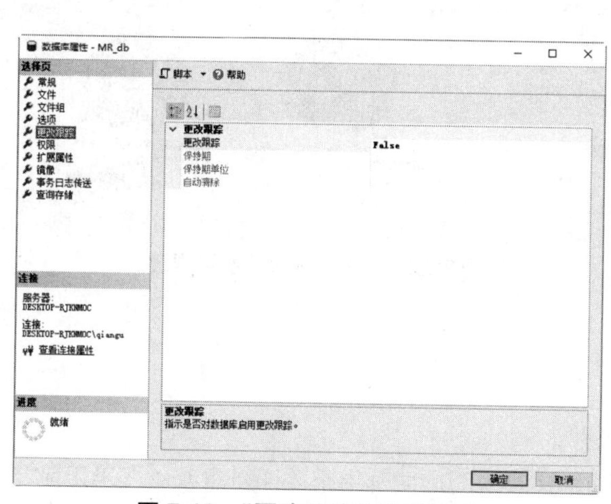

图 7-16 “更改跟踪”设置界面

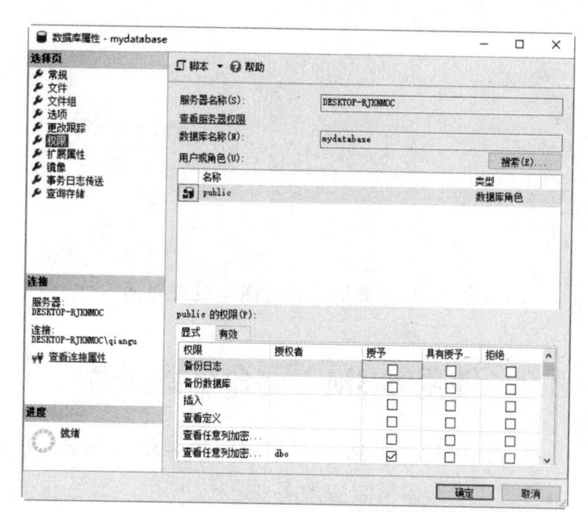

图 7-17 “权限”设置界面

步骤 5：选择“扩展属性”选项，在打开的界面中可以对数据库的排序规则、属性等参数进行设置，如图 7-18 所示。

步骤 6：选择“镜像”选项，在打开的界面中可以对数据库镜像进行安全设置，如图 7-19 所示。

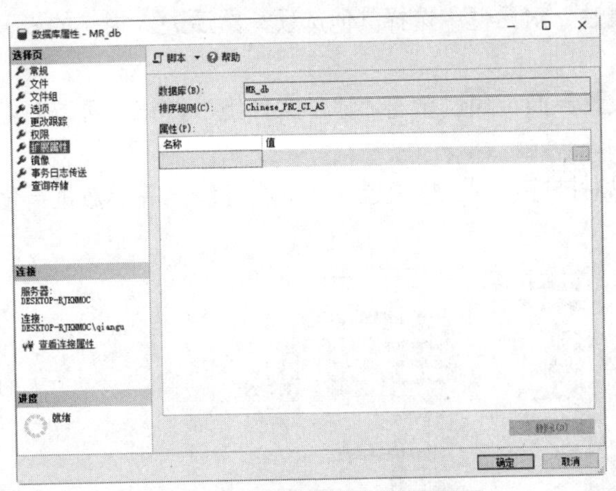

图 7-18 “扩展属性”设置界面

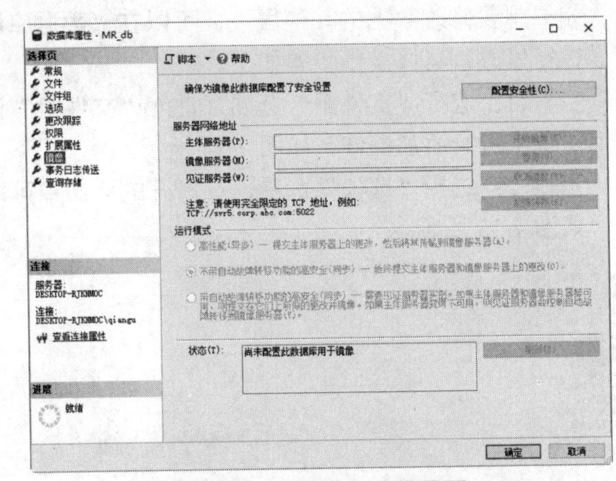

图 7-19 “镜像”设置界面

步骤 7：选择“事务日志传送”选项，在打开的界面中可以设置是否启用将此数据库作为日志传送配置中的主数据库，如图 7-20 所示。

步骤 8：选择“查询存储”选项，在打开的界面中可以设置查询存储保留参数、操作模型等选项，如图 7-21 所示。

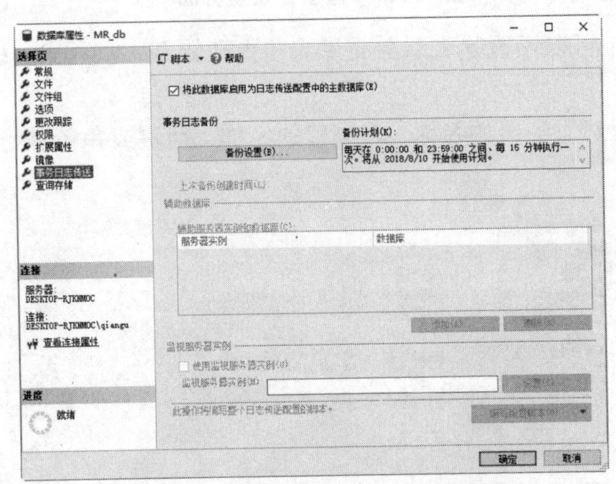

图 7-20 “事务日志传送”设置界面

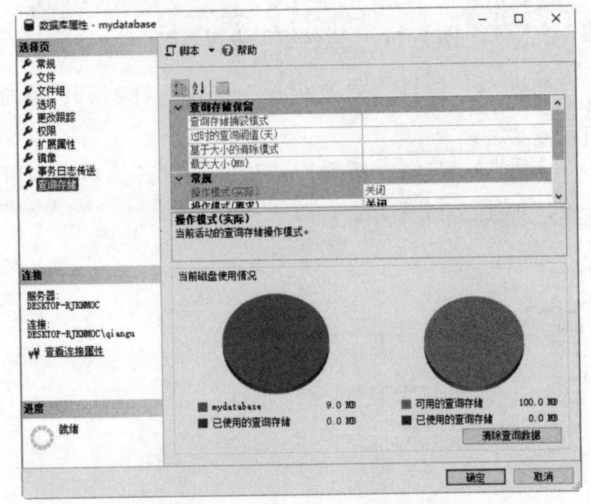

图 7-21 “查询存储”设置界面

7.3.3 使用 SSMS 重命名数据库

在 SSMS 中，可以更改数据库的名称，具体操作步骤如下。

步骤 1：选择需要更改名称的数据库，然后右击鼠标，在弹出的快捷菜单中选择“重命名”菜单命令，如图 7-22 所示。

步骤 2：在显示的文本框中输入新的数据库名称“my_dbase”，然后，按 Enter 键确认或在“对象资源管理器”中的空白处单击，即可完成名称的更改，如图 7-23 所示。

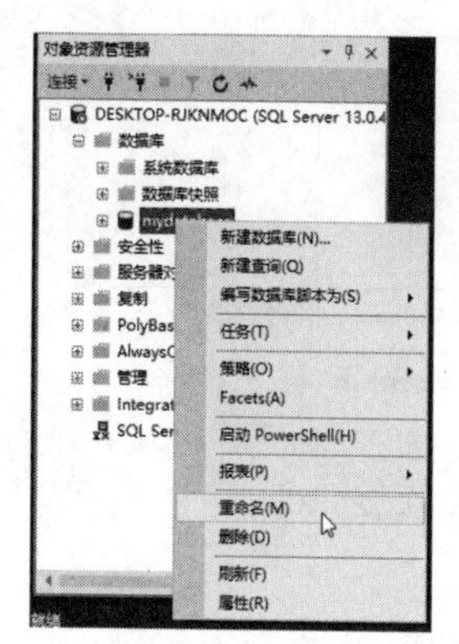

图 7-22 选择“重命名”菜单命令

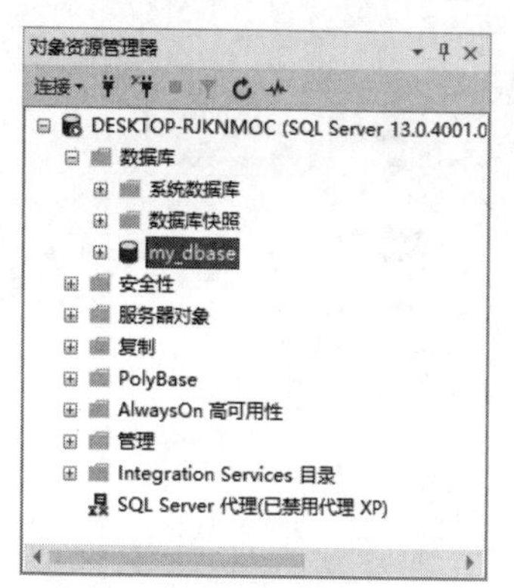

图 7-23 修改数据库名称

7.3.4 修改数据库的初始大小

创建了一个名称为 mydbase 的数据库，数据文件的初始大小为 8MB，这里修改该数据库的数据文件大小。具体操作步骤如下。

步骤 1：选择需要修改的数据库，右击鼠标，在弹出的快捷菜单中选择“属性”菜单命令，打开“数据库属性”窗口，选择“文件”选项卡，如图 7-24 所示。

步骤 2：单击 mydbase 行的“初始大小”列下的文本框，重新输入一个新值，这里输入 15，单击“确定”按钮，即可完成数据文件大小的修改，如图 7-25 所示。

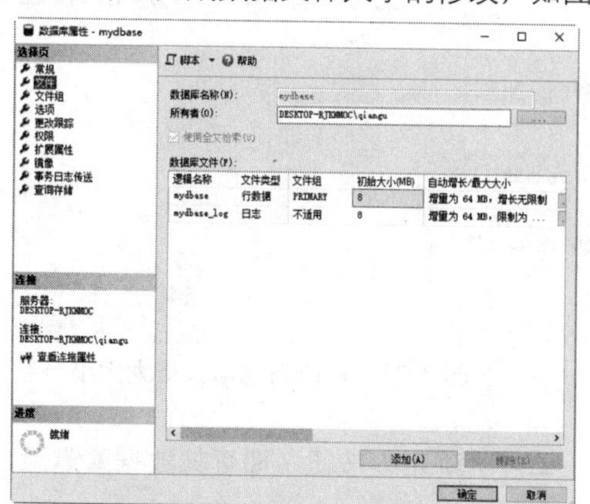

图 7-24 “文件”选项卡

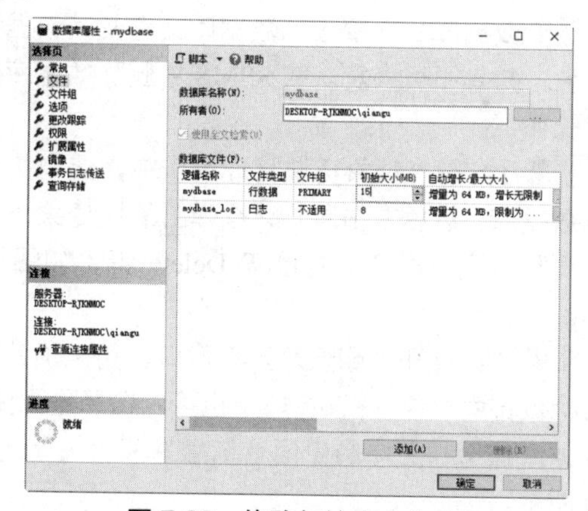

图 7-25 修改初始大小为 15

提示：也可以单击旁边的两个小箭头按钮，增大或者减小值，修改完成之后，读者可以重新打开 mydbase 数据库的属性窗口，查看修改结果。

7.3.5 修改数据库的最大容量

增加数据库容量可以增加数据增长的最大限制，用户可以在 SSMS 中的“对象资源管理器”中增加数据库容量，具体操作步骤如下。

步骤 1：选择需要增加数据库容量的数据库，这里选择 mydbase 数据库，然后打开“数据库属性”窗口，选择左侧的“文件”选项卡，在 mydbase 行中，单击“自动增长”列下面的 ... 按钮，如图 7-26 所示。

步骤 2：弹出“更改 mydbase 的自动增长设置”对话框，在“最大文件大小”文本框中输入值 150，增加数据库的增长限制，如图 7-27 所示。

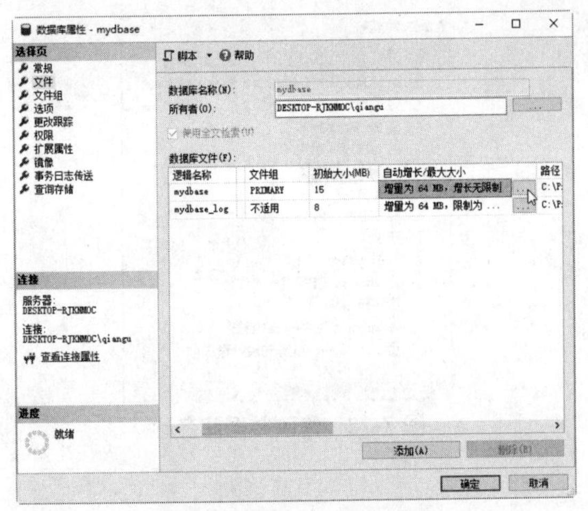

图 7-26　mydb 的属性窗口

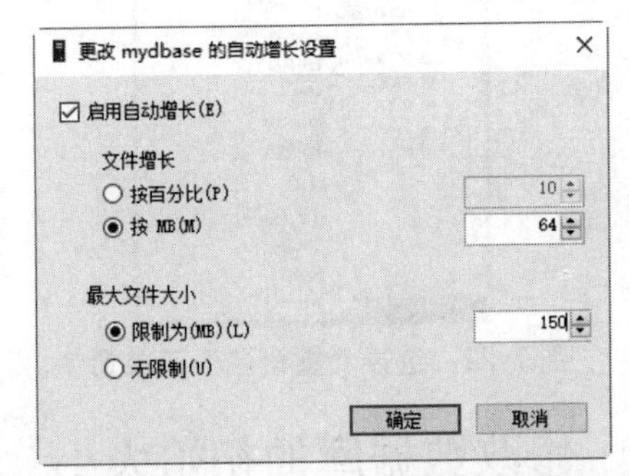

图 7-27　“更改 mydbase 的自动增长设置”对话框

步骤 3：单击“确定”按钮，返回到“数据库属性”窗口，即可看到修改后的结果，单击“确定”按钮完成修改，如图 7-28 所示。

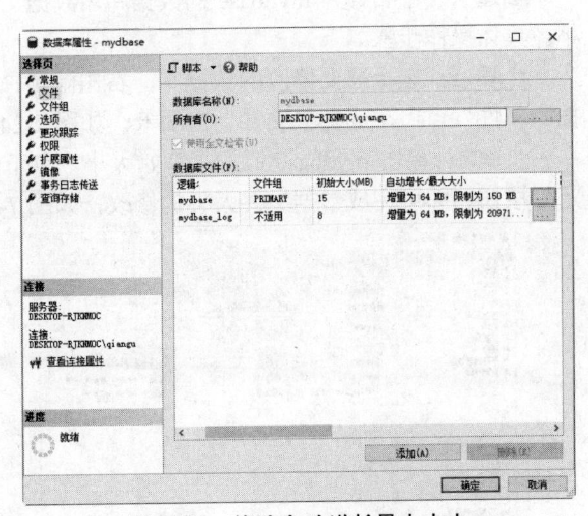

图 7-28　修改自动增长最大大小

7.3.6　使用 SSMS 删除数据库

删除数据库后，相应的数据库文件及其数据都会被删除，并且不可恢复。在 SSMS 中删除数据库的操作步骤如下。

步骤 1：在“对象资源管理器”中，选中需要删除的数据库，然后右击鼠标，在弹出的快捷菜单中选择“删除”菜单命令或直接按 Delete 键，如图 7-29 所示。

步骤 2：打开“删除对象”窗口，用来确认删除的目标数据库对象，在该窗口中也可以选择是否要“删除数据库备份和还原历史记录信息”和“关闭现有连接”，单击“确定”按钮，即可将数据库删除，如图 7-30 所示。

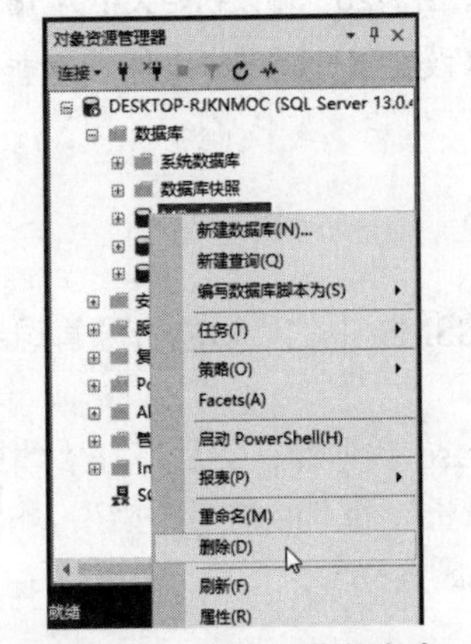

图 7-29　“删除”菜单命令

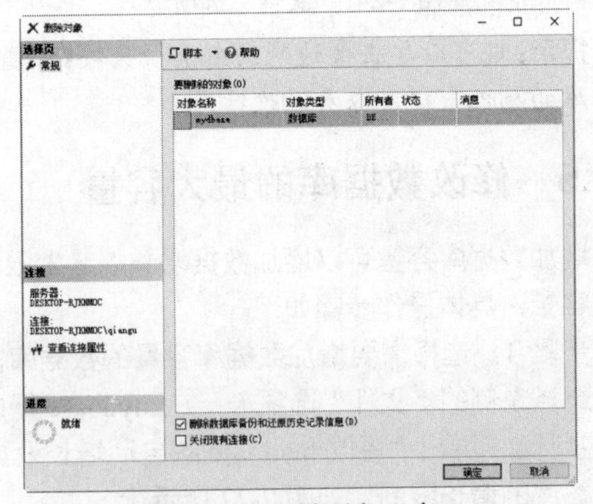

图 7-30　“删除对象”窗口

注意：每次删除时，只能删除一个数据库。而且，并不是所有的数据库在任何时候都可以被删除，只有处于正常状态下的数据库才能被删除。当数据库处于正在使用、正在恢复、数据库包含用于复制的对象时，不能被删除。

7.4 使用 SQL 语句创建与管理数据库

除了使用 SSMS 来创建与管理数据库外，用户还可以使用 SQL 语句来创建与管理数据库。

7.4.1 使用 CREATE 语句创建数据库

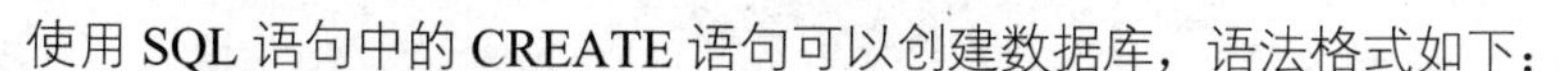

使用 SQL 语句中的 CREATE 语句可以创建数据库，语法格式如下：

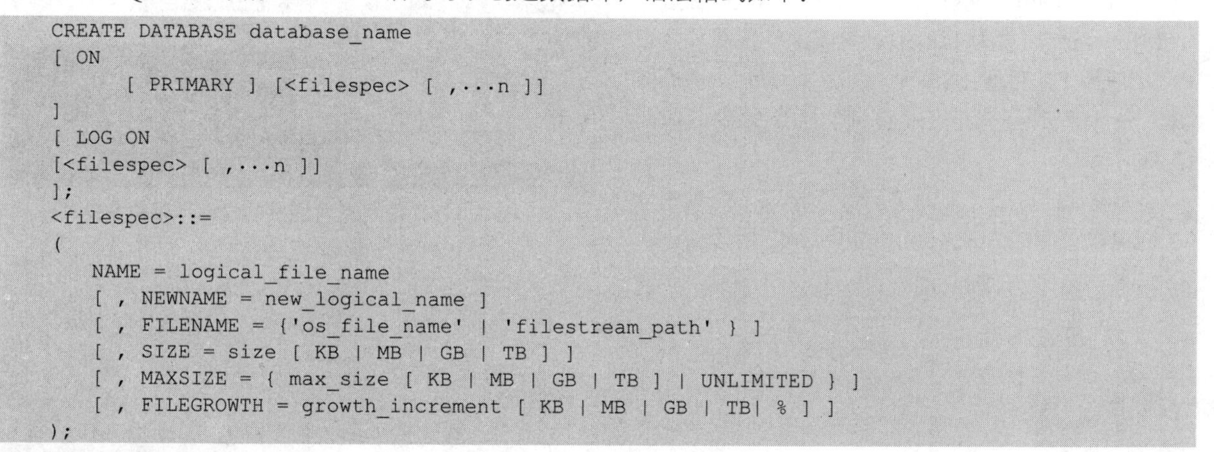

```
CREATE DATABASE database_name
[ ON
      [ PRIMARY ] [<filespec> [ ,...n ]]
]
[ LOG ON
[<filespec> [ ,...n ]]
];
<filespec>::=
(
    NAME = logical_file_name
    [ , NEWNAME = new_logical_name ]
    [ , FILENAME = {'os_file_name' | 'filestream_path' } ]
    [ , SIZE = size [ KB | MB | GB | TB ] ]
    [ , MAXSIZE = { max_size [ KB | MB | GB | TB ] | UNLIMITED } ]
    [ , FILEGROWTH = growth_increment [ KB | MB | GB | TB| % ] ]
);
```

主要参数介绍如下。

- database_name：数据库名称，不能与 SQL Server 中现有的数据库实例名称相冲突，最多可以包含 128 字符。
- ON：指定显示定义用来存储数据库中数据的磁盘文件。
- PRIMARY：指定关联的<filespec>列表定义的主文件，在主文件组<filespec>项中指定的第一个文件将生成主文件，一个数据库只能有一个主文件。如果没有指定PRIMARY，那么CREATE DATABASE 语句中列出的第一个文件将成为主文件。
- LOG ON：指定用来存储数据库日志的日志文件。LOG ON 后跟以逗号分隔的用以定义日志文件的 <filespec> 项列表。如果没有指定 LOG ON，将自动创建一个日志文件，其大小为该数据库的所有数据文件大小总和的 25% 或 512 KB，取两者之中的较大者。
- NAME：指定文件的逻辑名称。指定 FILENAME 时，需要使用 NAME，除非指定 FOR ATTACH 子句之一。无法将 FILESTREAM 文件组命名为 PRIMARY。
- FILENAME：指定创建文件时由操作系统使用的路径和文件名，执行 CREATE DATABASE 语句前，指定路径必须存在。
- SIZE：指定数据库文件的初始大小，如果没有为主文件提供 size，数据库引擎将使用 model 数据库中的主文件的大小。
- MAXSIZE：指定文件可增大到的最大大小。可以使用 KB、MB、GB 和 TB 作后缀，默认值为 MB。

max_size 是整数值。如果不指定 max_size，则文件将不断增长直至磁盘被占满。UNLIMITED 表示文件一直增长到磁盘装满。

- FILEGROWTH：指定文件的自动增量。文件的 FILEGROWTH 设置不能超过 MAXSIZE 设置。该值可以 MB、KB、GB、TB 或百分比（%）为单位指定，默认值为 MB。如果指定 %，则增量大小为发生增长时文件大小的指定百分比。值为 0 时表明自动增长被设置为关闭，不允许增加空间。

【例 7-1】使用 CREATE 语句创建一个名称为 my_db 的数据库，并在语句中设置相关参数。

该数据库的主数据文件逻辑名为 my_db，物理文件名称为 sample.mdf，初始大小为 10MB，最大容量为 30MB，增长速度为 5%；数据库日志文件的逻辑名称为 sample_log，保存日志的物理文件名称为 sample.ldf，初始大小为 5MB，最大容量为 15MB，增长速度为 128KB。具体操作步骤如下。

步骤 1：启动 SSMS，选择“文件”→“新建”→“使用当前连接的查询”菜单命令，如图 7-31 所示。

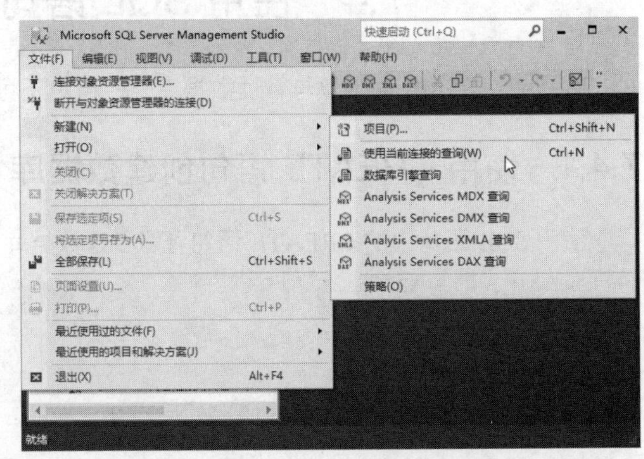

图 7-31 “使用当前连接的查询”菜单命令

步骤 2：打开“查询编辑器”窗口，在其中输入创建数据库的 SQL 语句，如图 7-32 所示。

```
CREATE DATABASE [my_db] ON  PRIMARY
(
NAME = 'sample_db',
FILENAME = 'D:\SQL Server 2016\sample.mdf',
SIZE = 10MB,
MAXSIZE =30MB,
FILEGROWTH = 5%
)
LOG ON
(
NAME = 'sample_log',
FILENAME = 'D:\SQL Server 2016\sample_log.ldf',
SIZE = 5MB ,
MAXSIZE = 15MB,
FILEGROWTH = 10%
)
GO
```

步骤 3：输入完成之后，单击“执行”命令 ▶ 执行(X)，命令执行成功之后，在“消息”窗口中显示命令已成功完成的信息提示，如图 7-33 所示。

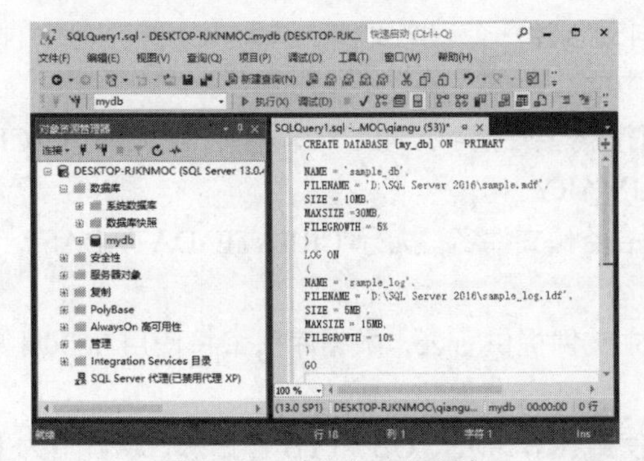

图 7-32 输入相应的语句

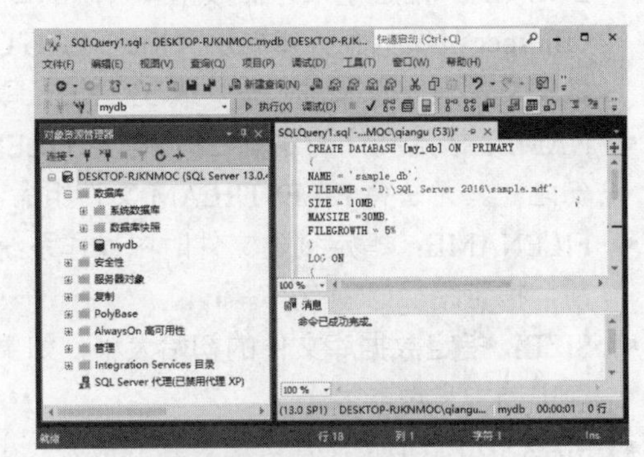

图 7-33 执行相应的语句

步骤 4：刷新 SQL Server 2016 中的数据库结点，可以在子结点中看到新创建的名称为 my_db 的数据库，如图 7-34 所示。

注意： 如果刷新 SQL Server 2016 中的数据库结点后，仍然看不到新建的数据库，可以重新连接“对象资源管理器”，即可看到新建的数据库。

步骤 5：选择新建的数据库，然后右击鼠标，在弹出的快捷菜单中选择“属性”菜单命令，打开“数据库属性”窗口，选择“文件”选项，即可查看数据库的相关信息。可以看到，这里各个参数值与 SQL 代码中指定的值完全相同，说明使用 SQL 代码也可以创建数据库，如图 7-35 所示。

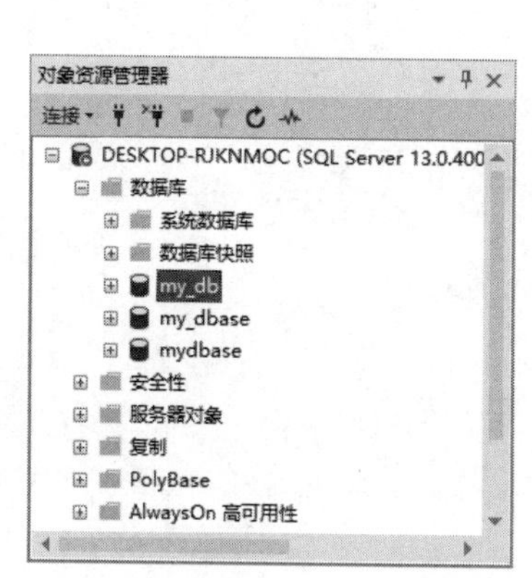

图 7-34 新创建 my_db 数据库

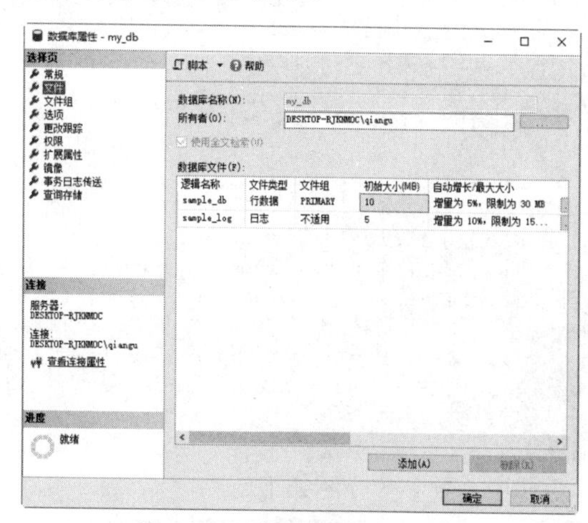

图 7-35 “数据库属性”窗口

【例 7-2】使用 CREATE 语句创建一个名称为 MR_db 的数据库。数据库的参数采用系统默认设置，代码如下：

```
CREATE DATABASE MR_db;
```

语句执行完成后，在“对象资源管理器”窗格中可以看到新创建的数据库，如图 7-36 所示。选择新建的数据库，然后右击鼠标，在弹出的快捷菜单中选择“属性”菜单命令，打开“数据库属性”窗口，选择“文件”选项，即可查看数据库的相关信息，这里默认数据库的初始大小为 8MB，自动增长增量为 64MB，如图 7-37 所示。

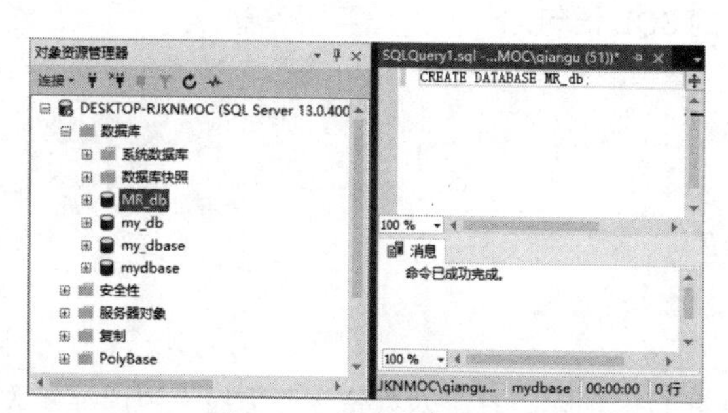

图 7-36 输入执行语句

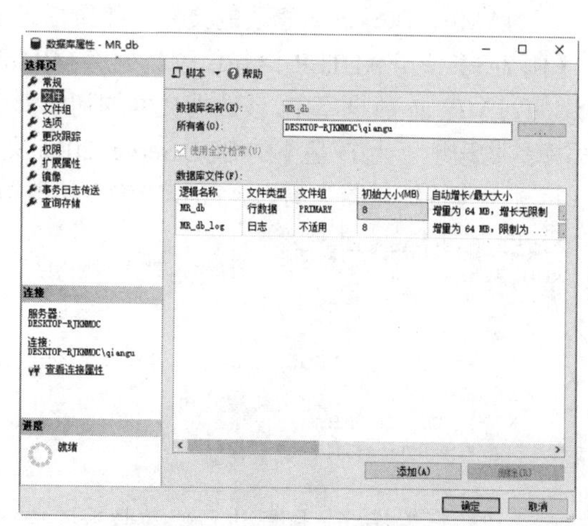

图 7-37 查询数据库属性

7.4.2 使用 ALTER 语句修改数据库

使用 ALTER DATABASE 语句可以修改数据库，修改的内容包括增加或删除数据文件、改变数据文件或日志文件的大小和增长方式等。

ALTER DATABASE 语句的基本语法格式如下：

```
ALTER DATABASE database_name
{
   MODIFY NAME = new_database_name
  | ADD FILE <filespec> [ ,…n ] [ TO FILEGROUP { filegroup_name } ]
  | ADD LOG FILE <filespec> [ ,…n ]
  | REMOVE FILE logical_file_name
  | MODIFY FILE <filespec>
}
<filespec>::=
(
   NAME = logical_file_name
   [ , NEWNAME = new_logical_name ]
   [ , FILENAME = {'os_file_name' | 'filestream_path' } ]
   [ , SIZE = size [ KB | MB | GB | TB ] ]
   [ , MAXSIZE = { max_size [ KB | MB | GB | TB ] | UNLIMITED } ]
   [ , FILEGROWTH = growth_increment [ KB | MB | GB | TB| % ] ]
   [ , OFFLINE ]
);
```

语句中主要参数介绍如下。

- database_name：要修改的数据库的名称。
- MODIFY NAME：指定新的数据库名称。
- ADD FILE：向数据库中添加文件。
- TO FILEGROUP { filegroup_name }：将指定文件添加到的文件组。filegroup_name 为文件组名称。
- ADD LOG FILE：将要添加的日志文件添加到指定的数据库。
- REMOVE FILE logical_file_name：从 SQL Server 的实例中删除逻辑文件并删除物理文件。除非文件为空，否则无法删除文件。logical_file_name 是在 SQL Server 中引用文件时所用的逻辑名称。
- MODIFY FILE：指定应修改的文件。一次只能更改一个<filespec>属性。必须在<filespec>中指定 NAME，以标识要修改的文件。如果指定了 SIZE，那么新大小必须比文件当前大小要大。

【例 7-3】使用 ALTER 语句修改数据库 MR_db。具体修改的内容为：将一个大小为 10MB 的数据文件 mr 添加到 MR_db 数据库中。该数据文件的初始大小为 10MB，最大的文件大小为 100MB，增长速度为 2MB，数据库的物理地址为 D 盘下的 SQL Server 2016 文件夹。

打开“查询编辑器”窗口，在其中输入修改数据库的 SQL 语句：

```
ALTER DATABASE MR_db
ADD FILE
(
   NAME =mr,
   FILENAME= 'D:\SQL Server 2016\mr.mdf',
   SIZE=10MB,
   MAXSIZE =100MB,
   FILEGROWTH =2MB
);
```

单击“执行”按钮，即可进行修改数据库操作，如图 7-38 所示。在“对象资源管理器”中选择修改后的数据库，右击鼠标，在弹出的快捷菜单中选择“属性”菜单命令，打开“数据库属性”对话框，选择“文件”选项，即可在“数据库文件”列表框中查询添加的数据文件 mr，如图 7-39 所示。

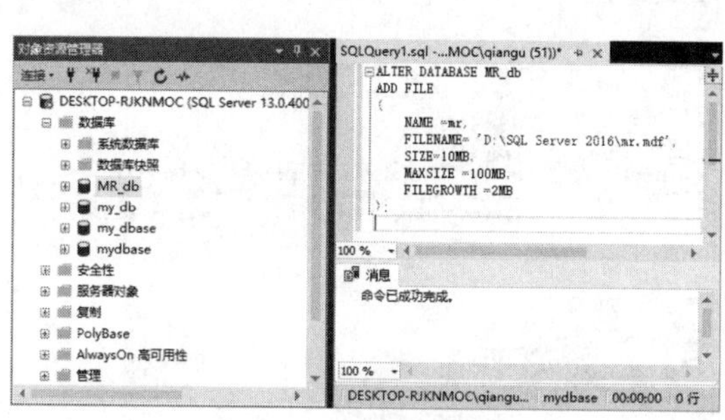

图 7-38　修改数据库

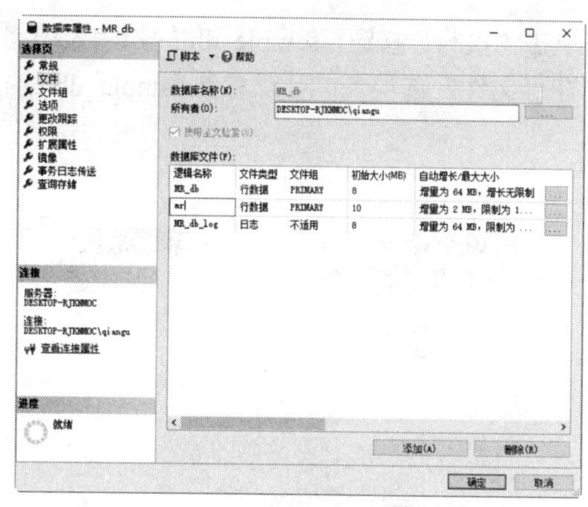

图 7-39　“数据库属性”窗口

7.4.3　使用 ALTER 语句更改名称

使用 ALTER DATABASE 语句可以更改数据库名称，其语法格式如下：

```
ALTER DATABASE old_database_name
 MODIFY NAME = new_database_name
```

【例 7-4】将数据库 my_dbase 的名称更改为 newmy_dbase，在“查询编辑器”窗口中输入以下 SQL 语句：

```
ALTER DATABASE my_dbase
   MODIFY NAME = newmy_dbase;
GO
```

单击“执行”按钮，即可更改数据库的名称，如图 7-40 所示。刷新数据库结点，可以看到更改后的新的数据库名称，如图 7-41 所示。

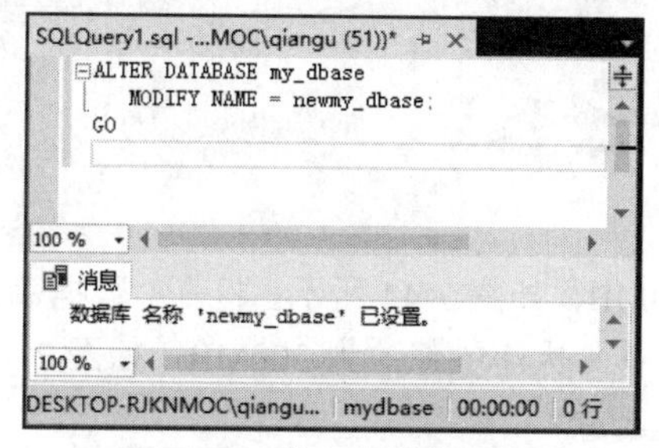

图 7-40　输入并执行语句

图 7-41　更改数据库名称后的效果

7.4.4　修改数据库的初始大小

使用 SQL 语句可以修改数据库的初始大小。

【例 7-5】将 my_db 数据库中的主数据文件 sample_db 的初始大小修改为 20MB，在“查询编辑器”窗口中输入以下 SQL 语句：

```
ALTER DATABASE my_db
MODIFY FILE
(
  NAME=sample_db,
  SIZE=20MB
);
GO
```

单击“执行”按钮，sample_db 的初始大小将被修改为 20MB，如图 7-42 所示。打开“数据库属性”窗口，在“文件”选项卡中可以看到 sample_db 的初始大小被修改为 20MB，如图 7-43 所示。

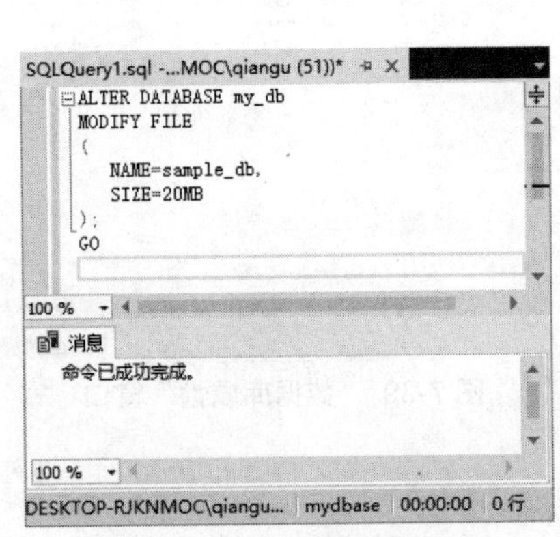

图 7-42　输入并执行语句

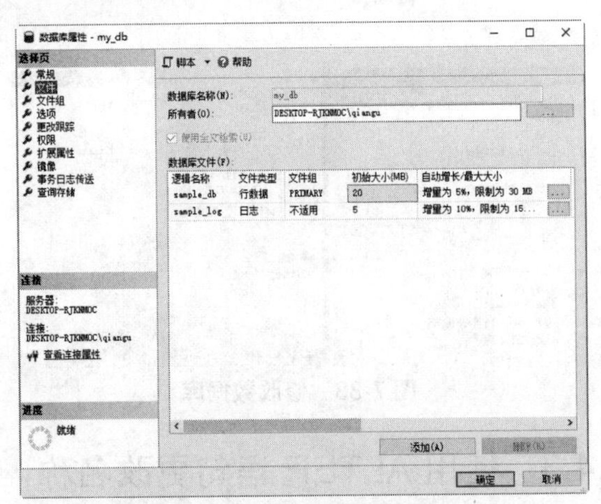

图 7-43　修改数据库的初始大小

注意：修改数据文件的初始大小时，指定的 SIZE 的大小必须大于或等于当前大小，如果小于，代码将不能被执行。

7.4.5　修改数据库的最大容量

用户可以通过 SQL 语句来修改数据库的最大容量。

【例 7-6】使用 SQL 语句增加 my_db 数据库容量，SQL 语句如下：

```
ALTER DATABASE my_db
MODIFY FILE
(
  NAME=sample_db,
  MAXSIZE=200MB
);
GO
```

单击“执行”按钮，my_db 数据库的容量将被修改为 200MB，如图 7-44 所示。打开“数据库属性”窗口，在“文件”选项卡中可以看到 my_db 数据库的自动增长/最大大小被修改为 200MB，如图 7-45 所示。

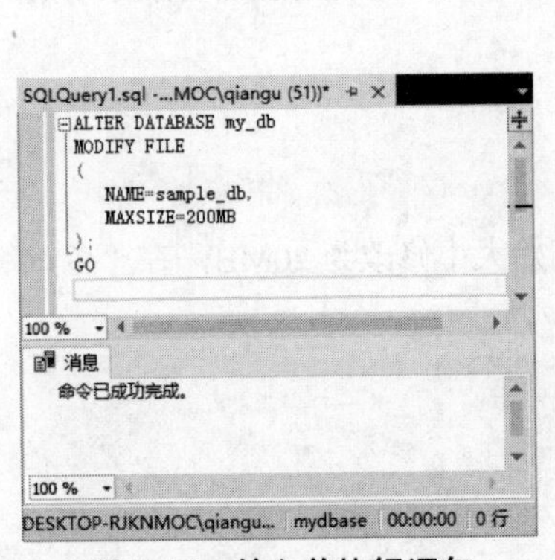

图 7-44　输入并执行语句

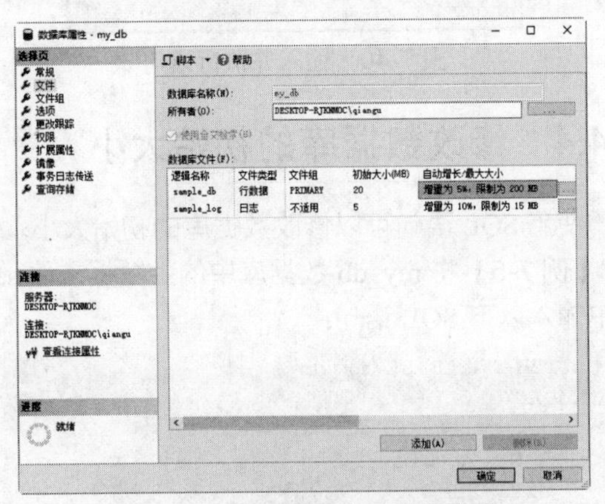

图 7-45　修改数据库的最大容量

提示：相反地，缩减数据库容量可以减小数据增长的最大限制，修改方法与增加数据库容量的方法相同，这里不再赘述。

7.4.6 使用 DROP 语句删除数据库

使用 SQL 中的 DROP 语句可以删除数据库，DROP 语句可以从 SQL Server 中一次删除一个或多个数据库。该语句的用法比较简单，基本语法格式如下：

```
DROP DATABASE database_name[,...n];
```

【例 7-7】删除 my_db 数据库。在“查询编辑器”窗口中输入以下 SQL 语句：

```
DROP DATABASE my_db;
```

单击“执行”按钮，my_db 数据库将被删除，如图 7-46 所示。

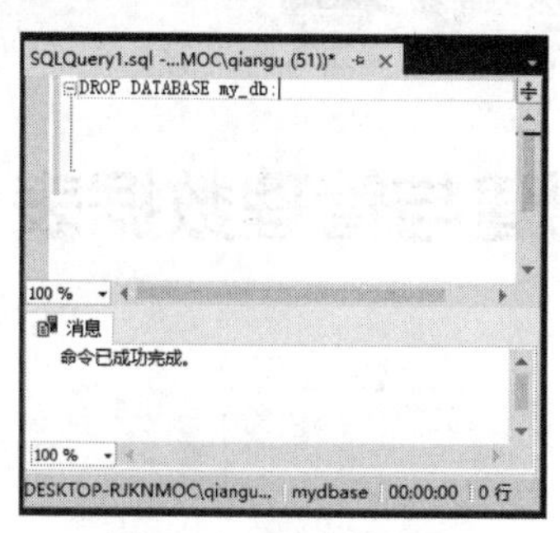

图 7-46　删除数据库

7.5　就业面试技巧与解析

7.5.1　面试技巧与解析（一）

面试官：何时可以到职？

应聘者：如果被录用的话，可按公司规定到职日上班。

7.5.2　面试技巧与解析（二）

面试官：谈谈如何适应办公室工作的新环境？

应聘者：我想我应该从以下三个方面来适应办公室新环境：首先办公室里每个人有各自的岗位与职责，不得擅离岗位；其次，根据领导指示和工作安排，制订工作计划，提前预备，并按计划完成；再次，多请示并及时汇报，遇到不明白的要虚心请教；最后，抓间隙时间多学习，努力提高自己的政治素质和业务水平。

第8章

创建与管理数据表

学习指引

在数据库中，数据实际存储在数据表中，可见在数据库中，数据表是数据库中最重要、最基本的操作对象，是数据存储的基本单位。本章将详细介绍数据表的基本操作，主要内容包括：创建数据表、管理数据表结构、修改数据表、删除数据表等。

重点导读

- 了解数据表的基本数据类型。
- 掌握自定义数据类型的方法。
- 掌握使用 SSMS 创建与管理数据表的方法。
- 掌握使用 SQL 语句创建与管理数据表的方法。

8.1 数据表基础

在创建数据表之前，需要事先定义好数据列的数据类型，即定义数据表中各列所允许的数据值，SQL Server 2016 为用户提供了两种数据类型，一种是基本数据类型，一种是自定义数据类型。

8.1.1 基本数据类型

SQL Server 2016 提供的基本数据类型按照数据的表现方式及存储方式的不同可以分为整数数据类型、货币数据类型、浮点数据类型等。

通过使用这些数据类型，在创建数据表的过程中，SQL Server 会自动限制每个系统数据类型的值的范围，当插入数据库中的值超过了数据类型允许的范围时，SQL Server 就会报错。

1. 整数数据类型

整数数据类型是常用的一种数据类型，主要用于存储整数，可以直接进行数据运算而不必使用函数转换，如表 8-1 所示。

表 8-1 整数数据类型

数据类型	描述
BIT	允许介于-9 223 372 036 854 775 808～9 223 372 036 854 775 807 的所有数字
INT	允许介于-2 147 483 648～2 147 483 647 的所有数字
SMALLINT	允许介于-32 768～32 767 的所有数字
TINYINT	允许介于 0～255 的所有数字

2. 浮点数据类型

浮点数据类型用于存储十进制小数。浮点数据为近似值，浮点数值的数据在 SQL Server 中采用只入不舍的方式进行存储，即当且仅当要舍入的数是一个非零数时，对其保留数字部分的最低有效位上的数值加 1，并进行必要的进位，如表 8-2 所示。

表 8-2 浮点数据类型

数据类型	描述
REAL	从-3.40E+38 到 3.40E+38 的浮动精度数字数据
FLOAT(n)	从-1.79E+308 到 1.79E+308 的浮动精度数字数据 n 参数指示该字段保存 4 字节还是 8 字节。float(24)保存 4 字节，而 float(53)保存 8 字节。n 的默认值是 53
DECIMAL(p,s)	固定精度和比例的数字 允许从-10^38+1 到 10^38-1 的数字 p 参数指示可以存储的最大位数（小数点左侧和右侧）。p 必须是 1～38 的值。默认值是 18 s 参数指示小数点右侧存储的最大位数。s 必须是 0～p 的值。默认值是 0
NUMERIC(p,s)	固定精度和比例的数字 允许从-10^38+1 到 10^38-1 的数字 p 参数指示可以存储的最大位数（小数点左侧和右侧）。p 必须是 1～38 的值。默认值是 18 s 参数指示小数点右侧存储的最大位数。s 必须是 0～p 的值。默认值是 0

3. 字符数据类型

字符数据类型也是 SQL Server 中最常用的数据类型之一，用来存储各种字母、数字符号和特殊符号，在使用字符数据类型时，需要在其前后加上英文单引号或者双引号，如表 8-3 所示。

表 8-3 字符数据类型

数据类型	描述
CHAR(N)	固定长度的字符串。最多 8 000 字符
VARCHAR(N)	可变长度的字符串。最多 8 000 字符
VARCHAR(MAX)	可变长度的字符串。最多 1 073 741 824 字符
NCHAR	固定长度的 Unicode 字符串。最多 4 000 字符
NVARCHAR	可变长度的 Unicode 字符串。最多 4 000 字符
NVARCHAR(MAX)	可变长度的 Unicode 字符串。最多 536 870 912 字符

4. 日期和时间数据类型

日期和时间数据类型用于存储日期类型和时间类型的组合数据，如表 8-4 所示。

表 8-4　日期和时间数据类型

数 据 类 型	描　述
DATETIME	从 1753 年 1 月 1 日到 9999 年 12 月 31 日，精度为 3.33 毫秒
DATETIME2	从 1753 年 1 月 1 日到 9999 年 12 月 31 日，精度为 100 纳秒
SMALLDATETIME	从 1900 年 1 月 1 日到 2079 年 6 月 6 日，精度为 1 分钟
DATE	仅存储日期。从 0001 年 1 月 1 日到 9999 年 12 月 31 日
TIME	仅存储时间。精度为 100 纳秒
DATETIMEOFFSET	与 DATETIME2 相同，外加时区偏移
TIMESTAMP	存储唯一的数字，每当创建或修改某行时，该数字会更新。TIMESTAMP 值基于内部时钟，不对应真实时间。每个表只能有一个 TIMESTAMP 变量

5. 图像和文本数据类型

图像和文本数据类型用于存储大量的字符及二进制数据，如表 8-5 所示。

表 8-5　图像和文本数据类型

数 据 类 型	描　述
TEXT	可变长度的字符串。最多 2GB 文本数据
NTEXT	可变长度的字符串。最多 2GB 文本数据
IMAGE	可变长度的二进制字符串。最多 2GB

6. 货币数据类型

货币数据类型用于存储货币值，使用时在数据前加上货币符号，不加货币符号的情况下默认为“￥”，如表 8-6 所示。

表 8-6　货币数据类型

数 据 类 型	描　述
MONEY	介于-922 337 203 685 477.5808～922 337 203 685 477.5807 的货币数据
SMALLMONEY	介于-214 748.3648～214 748.3647 的货币数据

7. 二进制数据类型

二进制数据类型用于存储二进制数，如表 8-7 所示。

表 8-7 二进制数据类型

数 据 类 型	描　述
BINARY(N)	固定长度的二进制字符串。最多 8 000B
VARBINARY	可变长度的二进制字符串。最多 8 000B
VARBINARY(MAX)	可变长度的二进制字符串。最多 2GB

8. 其他数据类型

除上述介绍的数据类型外，SQL Server 还提供大量其他数据类型供用户进行选择，常用的其他数据类型如表 8-8 所示。

表 8-8 其他数据类型

数据类型	描述
BIT	位数据类型，只取 0 或 1 为值，长度 1 字节。BIT 值经常当作逻辑值用于判断 TRUE（1）和 FALSE（0），输入非零值时系统将其换为 1
TIMESTAMP	时间戳数据类型，TIMESTAMP 的数据类型为 ROWVERSION 数据类型的同义词，提供数据库范围内的唯一值，反映数据修改的相对顺序，是一个单调上升的计数器，此列的值被自动更新
SQL_VARIANT	用于存储除文本、图像数据和 TIMESTAMP 数据外的其他任何合法的 SQL Server 数据，可以方便 SQL Server 的开发工作
UNIQUEIDENTIFIER	存储全局唯一标识符(GUID)
XML	存储 XML 数据的数据类型。可以在列中或者 XML 类型的变量中存储 XML 实例。存储的 XML 数据类型表示实例大小不能超过 2 GB
CURSOR	游标数据类型，该类型类似于数据表，其保存的数据中包含行和列值，但是没有索引，游标用来建立一个数据的数据集，每次处理一行数据
TABLE	用于存储对表或者视图处理后的结果集。这种新的数据类型使得变量可以存储一张表，从而使函数或过程返回查询结果更加方便、快捷

8.1.2 自定义数据类型

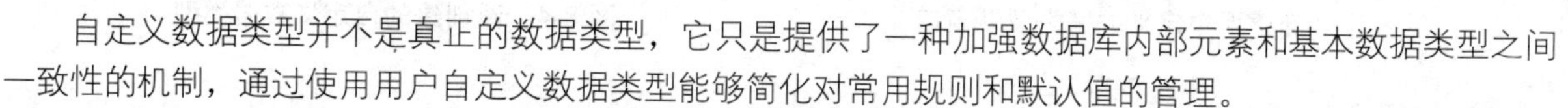

自定义数据类型并不是真正的数据类型，它只是提供了一种加强数据库内部元素和基本数据类型之间一致性的机制，通过使用用户自定义数据类型能够简化对常用规则和默认值的管理。

在 SQL Server 2016 中，创建用户自定义数据类型有两种方法，一种是在 SSMS 中的“对象资源管理器”中创建，一种是使用 SQL 语句来创建。

1. 在 SSMS 中的“对象资源管理器”中创建

自定义数据类型与具体的数据库有关，因此，在创建自定义数据类型之前，首先需要选择要创建数据类型所在的数据库，具体操作步骤如下。

步骤 1：打开 SSMS 工作界面，在“对象资源管理器”窗格中选择需要创建自定义数据类型的数据库，如图 8-1 所示。

步骤 2：依次打开 mydbase→“可编程性”→“类型”结点，右击“用户定义数据类型”结点，在弹出的快捷菜单中选择“新建用户定义数据类型”菜单命令，如图 8-2 所示。

步骤 3：打开“新建用户定义数据类型”窗口，在“名称”文本框中输入需要定义的数据类型的名称，这里输入新数据类型的名称为“remark”，表示存储一个简介数据值，在“数据类型”下拉列表框中选择 char 的系统数据类型，“长度”指定为 8000，如果用户希望该类型的字段值为空的话，可以选择“允许 NULL 值”复选框，其他参数不做更改，如图 8-3 所示。

步骤 4：单击“确定”按钮，完成用户定义数据类型的创建，即可看到新创建的自定义数据类型，如图 8-4 所示。

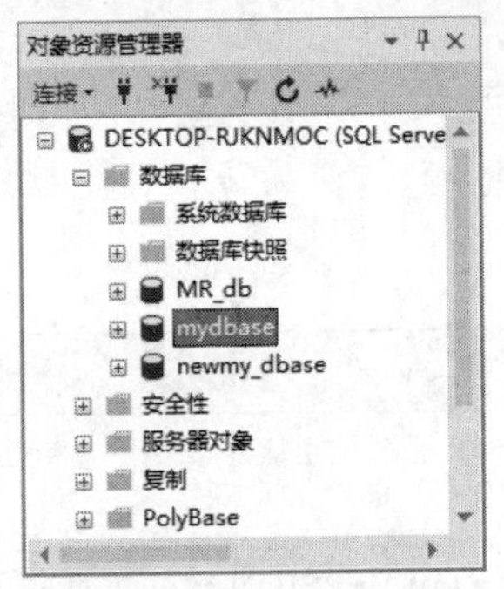

图 8-1　选择数据库

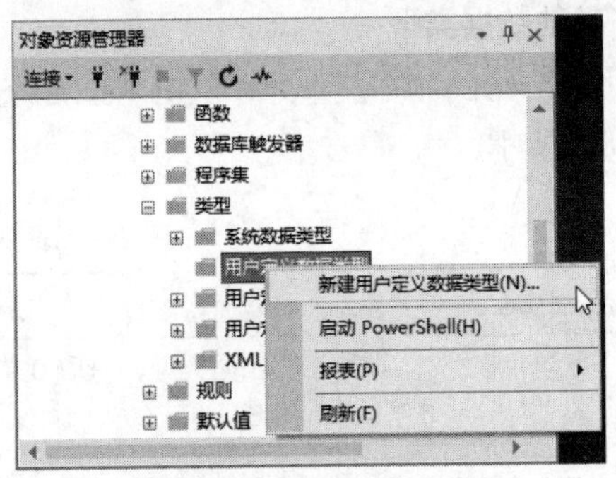

图 8-2　“新建用户定义数据类型”命令

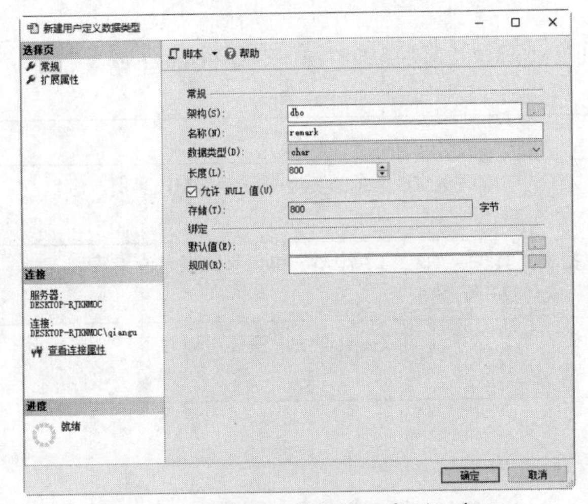

图 8-3　“新建用户定义数据类型”窗口

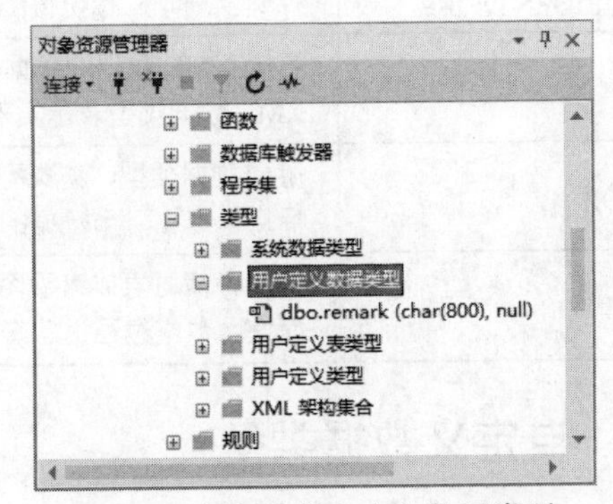

图 8-4　新创建的自定义数据类型

2. 使用 SQL 语句创建

在 SQL Server 2016 中，还可以使用系统数据类型 sp_addtype 来创建用户自定义数据类型。其语法格式如下：

```
sp_addtype [@typename=] type,
[@phystype=] system_data_type
[, [@nulltype=] 'null_type']
```

各个参数的含义如下。

- type：用于指定用户定义的数据类型的名称。
- system_data_type：用于指定相应的系统提供的数据类型的名称及定义。注意，未能使用 timestamp 数据类型，当所使用的系统数据类型有额外说明时，需要用引号将其括起来。
- null_type：用于指定用户自定义的数据类型的 null 属性，其值可以为“null”“not null”或“nonull”。默认时与系统默认的 null 属性相同。用户自定义的数据类型的名称在数据库中应该是唯一的。

【例 8-1】在 mydbase 数据库中，创建用来存储邮政编号信息的“postcode”用户自定义数据类型。在“查询编辑器”窗口中输入以下 SQL 语句：

```
sp_addtype postcode,'char(128)','not null'
```

单击“执行”按钮，即可完成用户定义数据类型的创建，如图 8-5 所示。执行完成之后，刷新“用户定义数据类型”结点，将会看到新增的数据类型，如图 8-6 所示。

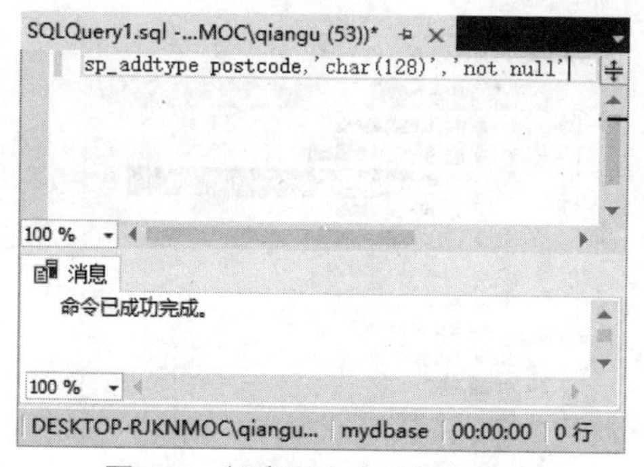

图 8-5 创建用户定义数据类型

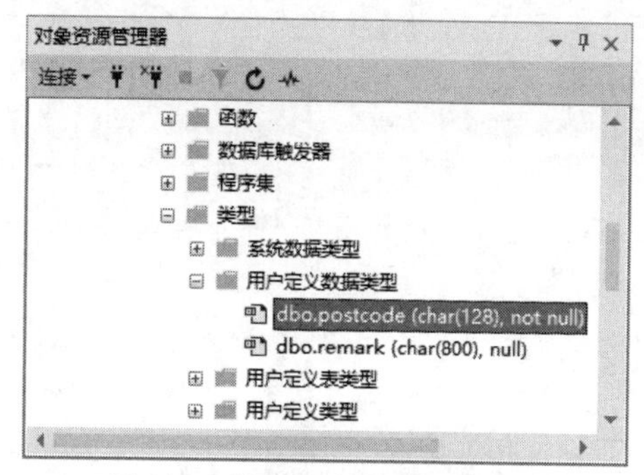

图 8-6 新建用户定义数据类型

8.1.3 删除自定义数据类型

当不再需要用户自定义的数据类型时，可以将其删除，删除的方法有两种，一种是在 SSMS 中的“对象资源管理器”中删除，一种是使用系统存储过程 sp_droptype 来删除。

1. 在“对象资源管理器”中删除

具体操作步骤如下。

步骤 1：在“对象资源管理器”中选择需要删除的数据类型，然后右击鼠标，在弹出的快捷菜单中选择“删除”菜单命令，如图 8-7 所示。

步骤 2：打开“删除对象”窗口，单击“确定”按钮，即可删除自定义数据类型，如图 8-8 所示。

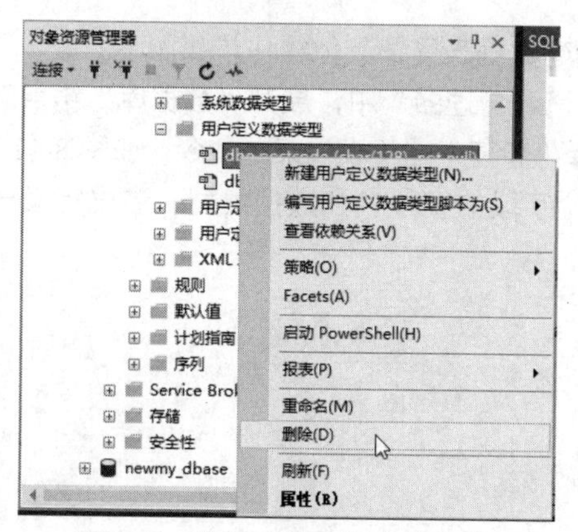

图 8-7 选择“删除”菜单命令

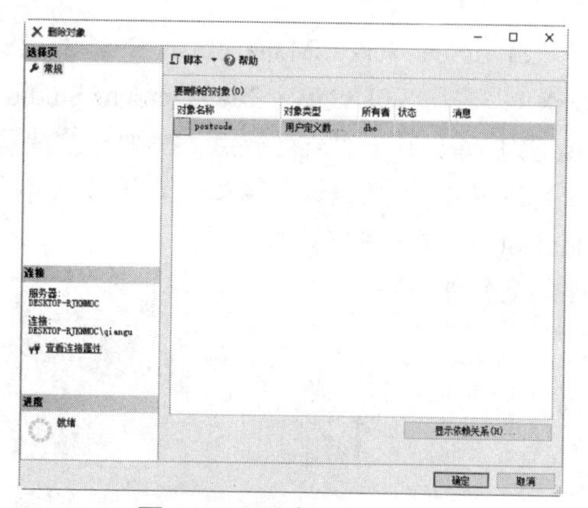

图 8-8 “删除对象”窗口

2. 使用 T-SQL 语句来删除

使用 sp_droptype 来删除自定义数据类型，该存储过程从 systypes 删除别名数据类型，语法格式如下：

```
sp_droptype type
```

type 为用户定义的数据类型。

【例 8-2】在 mydbase 数据库中，删除 remark 自定义数据类型。打开“查询编辑器”窗口，在其中输入删除用户自定义数据类型的 T-SQL 语句：

```
sp_droptype remark
```

单击“执行”按钮，即可完成删除操作，如图 8-9 所示。执行完成之后，刷新“用户定义数据类型”结点，将会看到删除的数据类型消失，如图 8-10 所示。

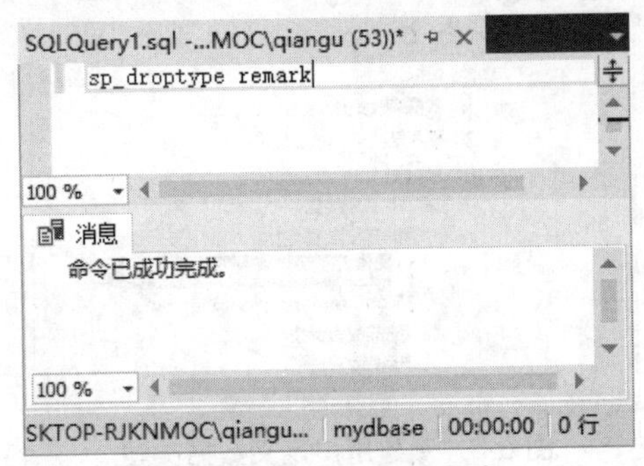

图 8-9 执行 T-SQL 语句

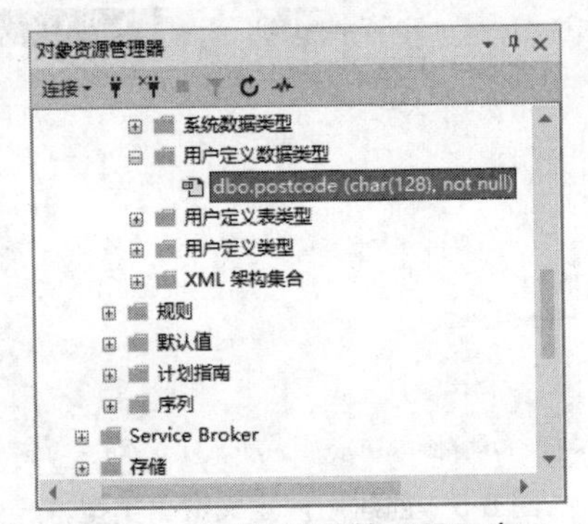

图 8-10 “对象资源管理器”窗口

注意：数据库中正在使用的用户定义数据类型不能被删除。

8.2 使用 SSMS 创建与管理数据表

使用 SQL Server Management Studio 创建与管理数据表的方式非常简单、直观，也便于学习和掌握，下面介绍使用 SSMS 创建与管理数据表的方法。

8.2.1 使用 SSMS 创建数据表

首先启动 SQL Server Management Studio，然后就可以创建数据表了，具体操作步骤如下。

步骤 1：启动 SQL Server Management Studio，在“对象资源管理器”中，展开“数据库”结点下面的 mydbase 数据库。右击“表”结点，在弹出的快捷菜单中选择“新建”→“表”菜单命令，如图 8-11 所示。

步骤 2：打开“表设计”窗口，在该窗口中创建表中各个字段的字段名和数据类型，这里定义一个名称为 students 的表，其结构如下：

```
students
(
   id          INT,
   name       VARCHAR(50),
   sex         CHAR(2),
   age          INT,
 );
```

根据 students 表结构，分别指定各个字段的名称和数据类型，如图 8-12 所示。

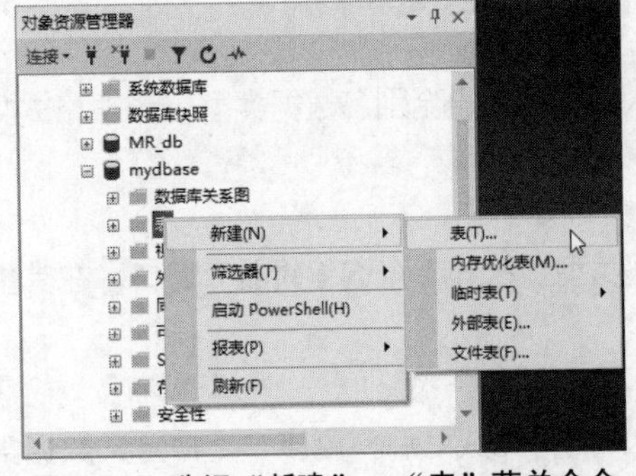

图 8-11 选择“新建”→“表”菜单命令

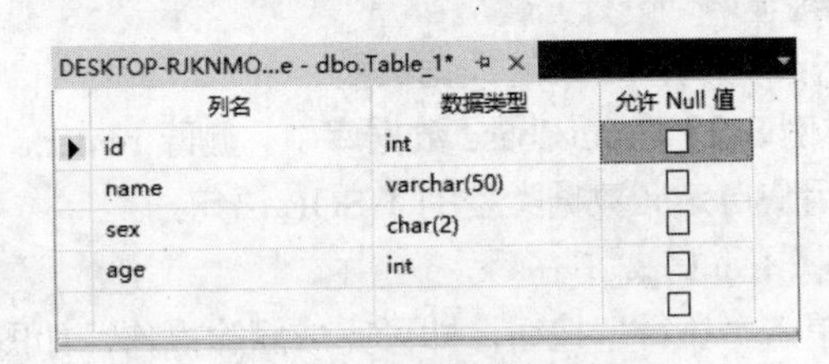

图 8-12 “表设计”窗口

步骤 3：表设计完成之后，单击“保存”或者“关闭”按钮，弹出“选择名称”对话框，在“输入表名称”文本框中输入表名称“students”，单击“确定”按钮，完成表的创建，如图 8-13 所示。

步骤 4：单击“对象资源管理器”窗口中的“刷新”按钮，即可看到新增加的表，如图 8-14 所示。

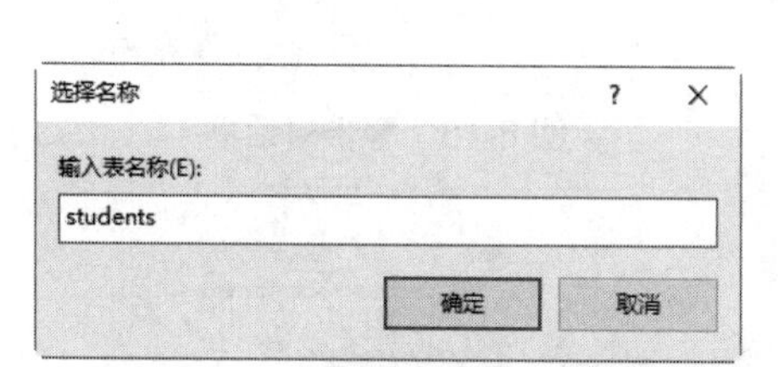

图 8-13 “选择名称”对话框

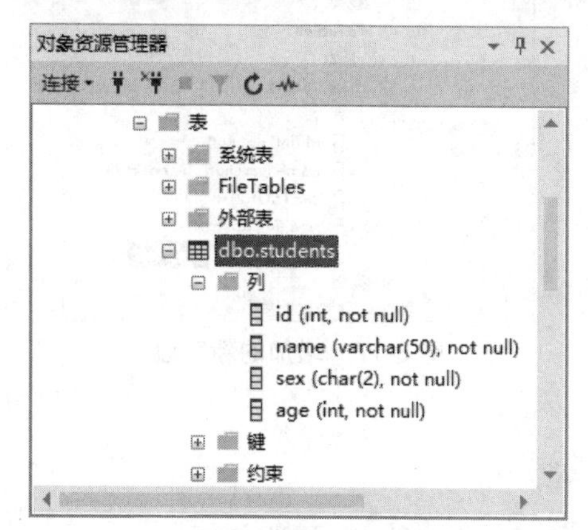

图 8-14 新增加的表

8.2.2 使用 SSMS 添加表字段

数据表创建完成后，如果不能满足需要，可以对其进行修改，例如，在 students 数据表中，增加一个新的字段，名称为 phone，数据类型为 varchar(24)，允许空值，具体操作步骤如下。

步骤 1：在 students 表上右击，在弹出的快捷菜单中选择“设计”菜单命令，如图 8-15 所示。

步骤 2：弹出表设计窗口，在其中添加新字段 phone，并设置字段数据类型为 varchar(24)，允许空值，如图 8-16 所示。

图 8-15 选择“设计”菜单命令

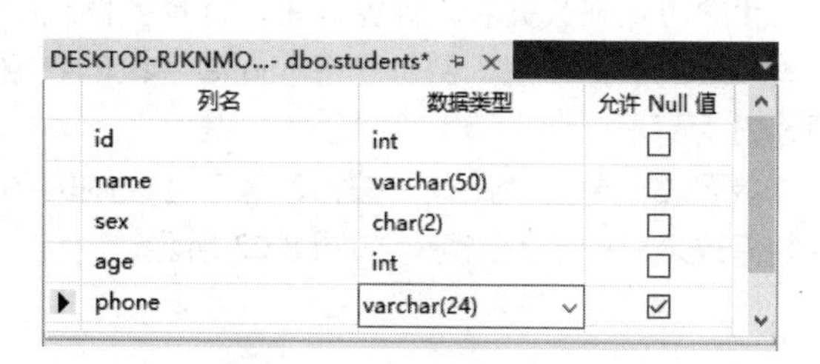

图 8-16 增加字段 phone

步骤 3：修改完成之后，单击“保存”按钮，保存结果，增加新字段成功，如图 8-17 所示。

注意： 如果在保存的过程中，无法保存增加的表字段，则弹出相应的警告对话框，如图 8-18 所示。解决这一问题的操作步骤如下。

步骤 1：选择“工具”→“选项”菜单命令，如图 8-19 所示。

步骤 2：打开“选项”对话框，选择“设计器”选项，在右侧面板中取消“阻止保存要求重新创建表的更改”复选框，单击“确定”按钮即可，如图 8-20 所示。

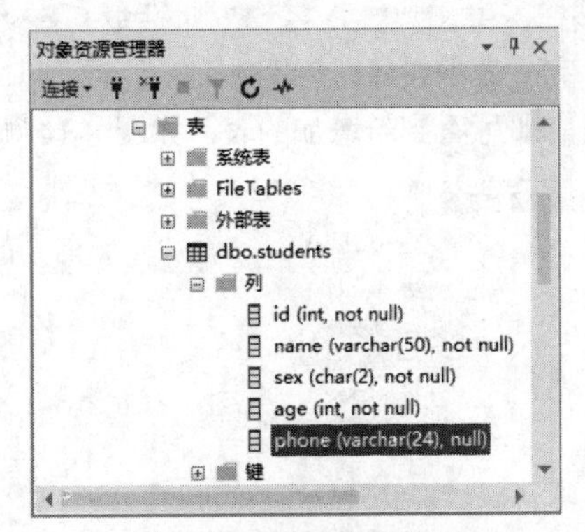

图 8-17 增加的新字段

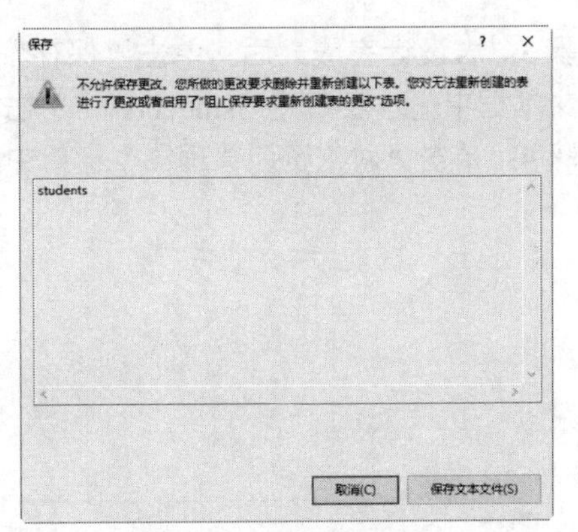

图 8-18 警告对话框

图 8-19 选择“选项”菜单命令

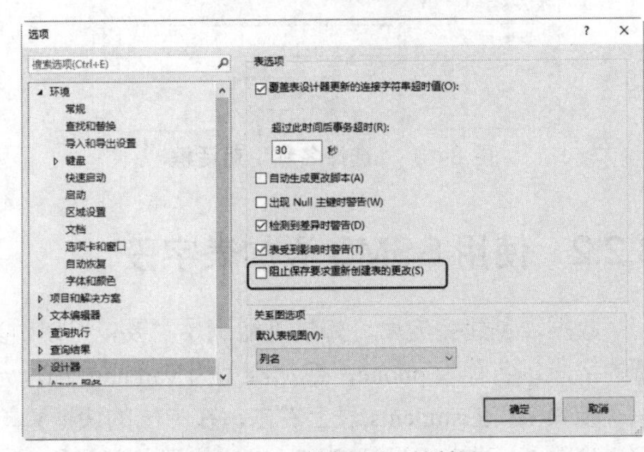

图 8-20 “选项”对话框

8.2.3 使用 SSMS 修改表字段

当数据表中字段不能满足需要时，可以对其进行修改，修改的内容包括改变字段的数据类型、是否允许空值等，修改表字段的具体操作步骤如下。

步骤 1：在数据表设计窗口中，选择要修改的字段名称，单击数据类型，在弹出的下拉列表框中可以更改字段的数据类型，例如，将 phone 字段的数据类型由 varchar(24)修改为 varchar(50)，不允许空值，如图 8-21 所示。

步骤 2：单击“保存”按钮，保存修改的内容，然后刷新数据库，即可在“对象资源管理器”窗格中看到修改之后的字段信息，如图 8-22 所示。

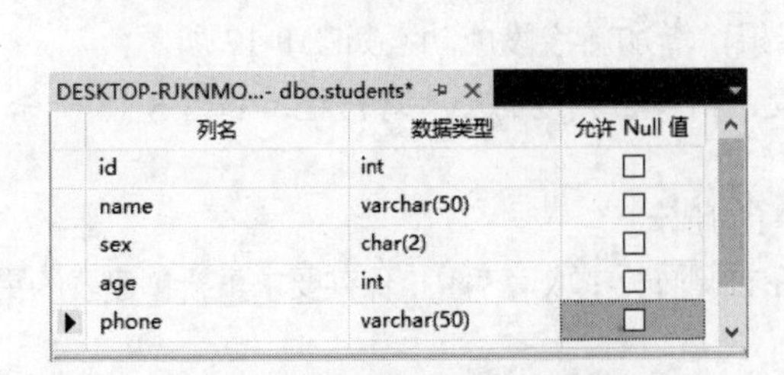

图 8-21 选择字段的数据类型

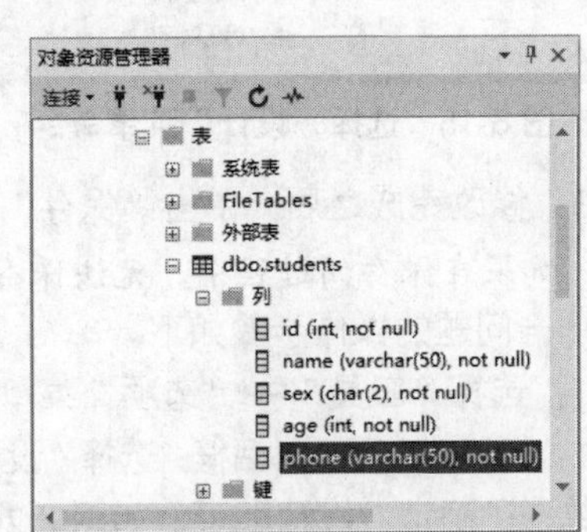

图 8-22 修改字段

8.2.4　使用 SSMS 删除表字段

在表的设计窗口中，每次可以删除表中的一个字段，操作过程比较简单，操作步骤如下。

步骤 1：打开表设计窗口之后，选中要删除的字段，右击鼠标，在弹出的快捷菜单中选择“删除列”菜单命令。例如，这里删除 students 表中的 phone 字段，如图 8-23 所示。

步骤 2：删除字段操作成功后，数据表的结构如图 8-24 所示。

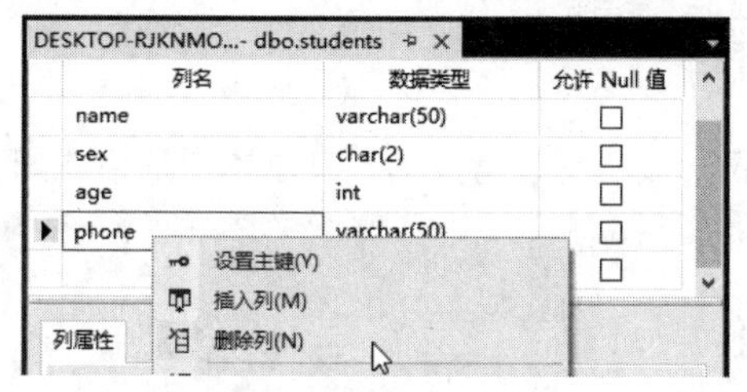

图 8-23　“删除列”菜单命令

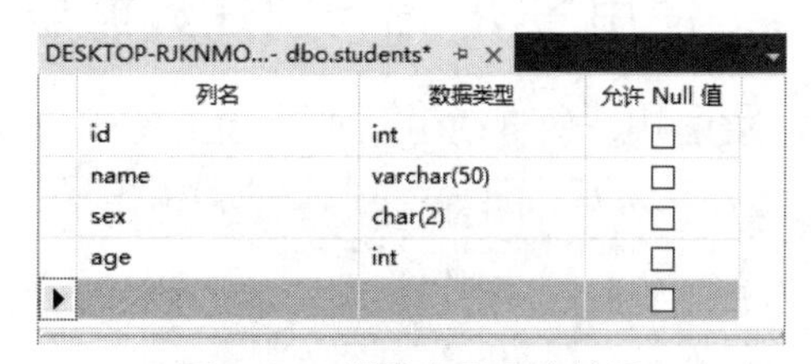

图 8-24　删除字段后的效果

8.2.5　使用 SSMS 删除数据表

当数据表不再使用时，可以将其删除，在“对象资源管理器”中，展开指定的数据库和表，选择需要删除的表，如图 8-25 所示。右击鼠标，在弹出的快捷菜单中选择“删除”菜单命令，弹出“删除对象”窗口，单击“确定”按钮，即可删除表，如图 8-26 所示。

注意：当有对象依赖于该表时，该表不能被删除，单击“显示依赖关系”按钮，可以查看依赖于该表和该表依赖的对象，如图 8-27 所示。

图 8-25　选择要删除的表

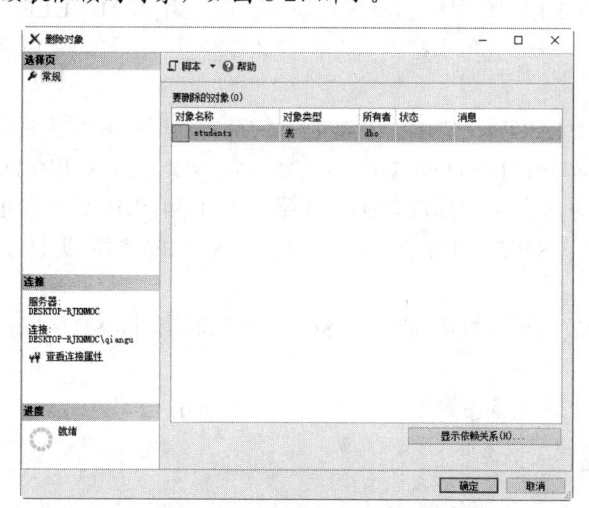

图 8-26　“删除对象”窗口

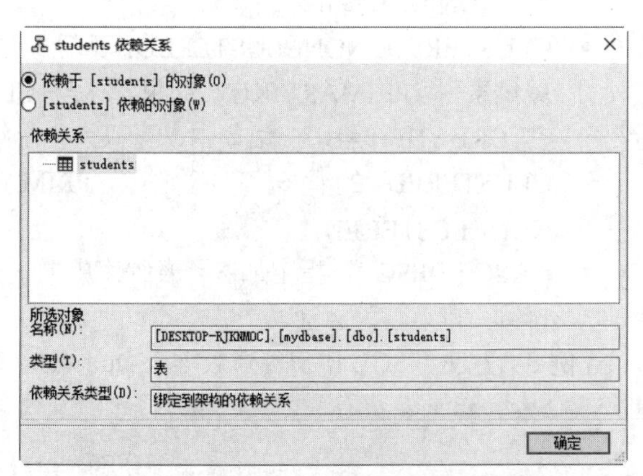

图 8-27　“students 依赖关系”对话框

8.3 使用 SQL 语句创建与管理数据表

使用 SQL Server Management Studio 创建与管理数据表的方式虽然简单直观，但是这种方式不能将工作的过程保存下来，每次操作都需要重复进行，操作量大时不易使用，因此，在很多情况下，还需要使用 SQL 语句来创建与管理数据表。

8.3.1 使用 SQL 语句创建数据表

在 SQL 中，使用 CREATE TABLE 语句可以创建数据表，该语句非常灵活，其基本语法格式如下：

```
CREATE TABLE  [database_name. [ schema_name ].] table_name
[column_name  <data_type>
[ NULL | NOT NULL ] | [ DEFAULT constant_expression ] | [ ROWGUIDCOL ]
{ PRIMARY KEY | UNIQUE } [CLUSTERED | NONCLUSTERED]
 [ ASC | DESC ]
] [ ,···n ]
```

其中，各参数说明如下。

- database_name：指定要在其中创建表的数据库名称，不指定数据库名称，则默认使用当前数据库。
- schema_name：指定新表所属架构的名称，若此项为空，则默认为新表的创建者所在的当前架构。
- table_name：指定创建的数据表的名称。
- column_name：指定数据表中的各个列的名称，列名称必须唯一。
- data_type：指定字段列的数据类型，可以是系统数据类型，也可以是用户定义数据类型。
- NULL | NOT NULL：表示确定列中是否允许使用空值。
- DEFAULT：用于指定列的默认值。
- ROWGUIDCOL：对于每个表，只能将其中的一个 uniqueidentifier 列指定为 ROWGUIDCOL 列。
- PRIMARY KEY：主键约束，通过唯一索引对给定的一列或多列强制实体完整性的约束。每个表只能创建一个 PRIMARY KEY 约束。PRIMARY KEY 约束中的所有列都必须定义为 NOT NULL。
- UNIQUE：唯一性约束，该约束通过唯一索引为一个或多个指定列提供实体完整性。一张表可以有多个 UNIQUE 约束。
- CLUSTERED | NONCLUSTERED：表示为 PRIMARY KEY 或 UNIQUE 约束创建聚集索引还是非聚集索引。PRIMARY KEY 约束默认为 CLUSTERED，UNIQUE 约束默认为 NONCLUSTERED。在 CREATE TABLE 语句中，可只为一个约束指定 CLUSTERED。如果在为 UNIQUE 约束指定 CLUSTERED 的同时又指定了 PRIMARY KEY 约束，则 PRIMARY KEY 将默认为 NONCLUSTERED。
- [ASC | DESC]：指定加入到表约束中的一列或多列的排序顺序，ASC 为升序排列，DESC 为降序排列，默认值为 ASC。

【例 8-3】使用 SQL 语句创建数据表 students。在“查询编辑器”窗口中输入以下 SQL 语句：

```
CREATE TABLE students
(
   id          INT   PRIMARY KEY,
   name       VARCHAR(50),
   sex         CHAR(2),
   age         INT
 );
```

单击“执行”按钮，即可完成创建数据表的操作，如图 8-28 所示。执行完成之后，刷新数据库列表，将会看到新创建的数据表，如图 8-29 所示。

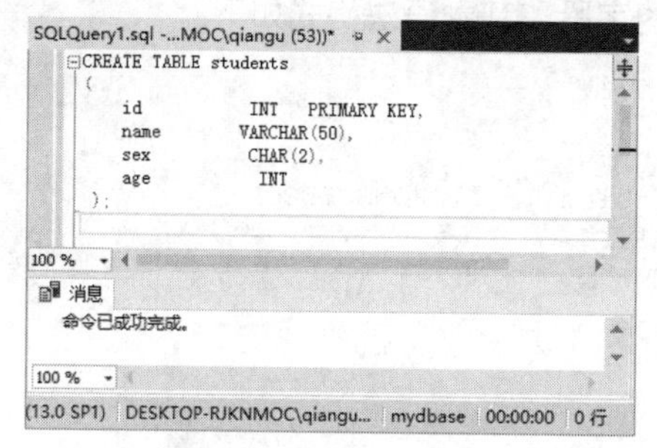

图 8-28 输入语句代码

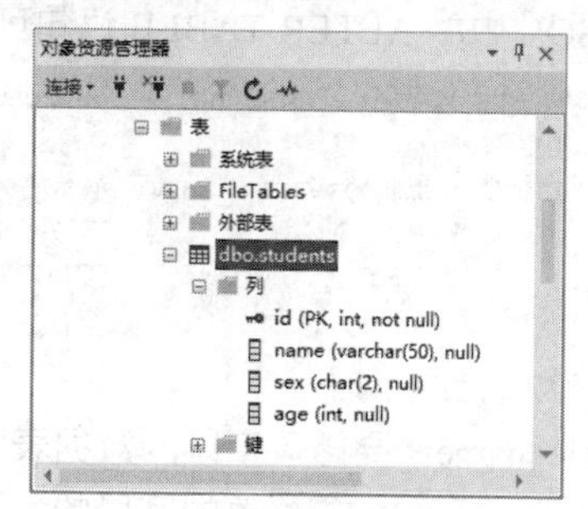

图 8-29 新创建的表

8.3.2 使用 SQL 语句添加表字段

使用 SQL 中的 ALTER TABLE 语句可以在数据表中添加字段，基本语法格式如下：

```
ALTER TABLE [ database_name. schema_name . ] table_name
{
    ADD  column_name type_name
    [ NULL | NOT NULL ] | [ DEFAULT constant_expression ] | [ ROWGUIDCOL ]
    { PRIMARY KEY | UNIQUE } [CLUSTERED | NONCLUSTERED]
}
```

其中，各参数含义如下。

- table_name：新增加字段的数据表名称。
- column_name：新增加的字段的名称。
- type_name：新增加字段的数据类型。

提示：其他参数的含义，用户可以参考使用 T-SQL 创建数据表的内容。

【例 8-4】在 students 表中添加名称为 phone 的新字段，字段数据类型为 varchar(24)，允许空值。在“查询编辑器”窗口中输入以下 SQL 语句：

```
ALTER TABLE students
ADD  phone  varchar(24)  NULL
```

单击“执行”按钮，即可完成数据表字段的添加操作，如图 8-30 所示。执行完成之后，重新打开 students 的表设计窗口，将会看到新添加的数据表字段，如图 8-31 所示。

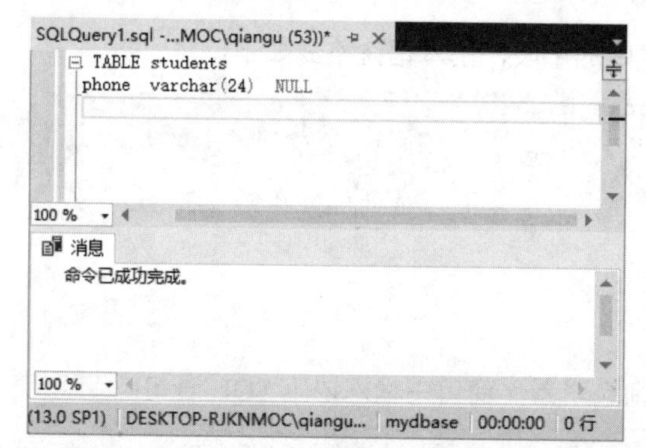

图 8-30 添加字段 phone

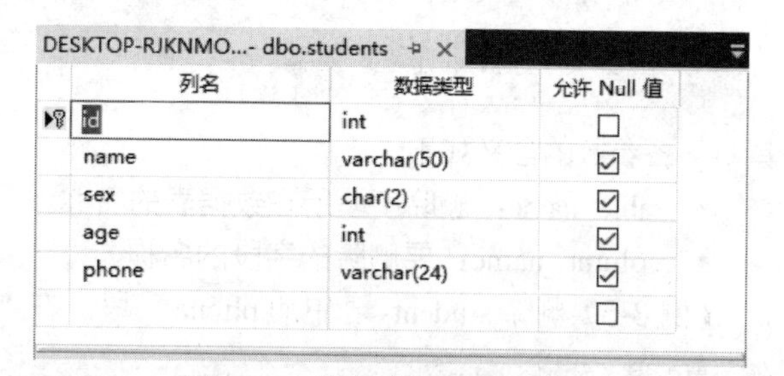

图 8-31 添加字段后的表结构

8.3.3 使用 SQL 语句修改表字段

使用 SQL 中的 ALTER TABLE 语句可以修改数据表中的字段，基本语法格式如下：

```
ALTER TABLE [ database_name. schema_name . ] table_name
{
    ALTER COLUMN column_name  new_type_name
     [ NULL | NOT NULL ] | [ DEFAULT constant_expression ] | [ ROWGUIDCOL ]
    { PRIMARY KEY | UNIQUE } [CLUSTERED | NONCLUSTERED]
}
```

其中，各参数的含义如下。

- table_name：要修改字段的数据表名称。
- column_name：要修改的字段的名称。
- new_type_name：要修改的字段的新数据类型。

其他参数的含义，用户可以参考前面的内容。

【例 8-5】在 students 表中修改名称为 phone 的字段，将数据类型改为 varchar(11)。在“查询编辑器”窗口中输入以下 SQL 语句：

```
ALTER TABLE students
ALTER COLUMN phone  varchar(11)
GO
```

单击“执行”按钮，即可完成数据表字段的修改操作，如图 8-32 所示。执行完成之后，重新打开 students 的表设计窗口，将会看到修改之后的数据表字段，如图 8-33 所示。

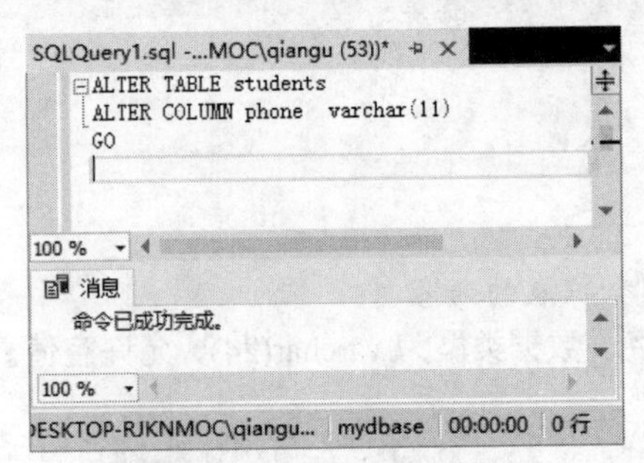

图 8-32　指定 T-SQl 语句

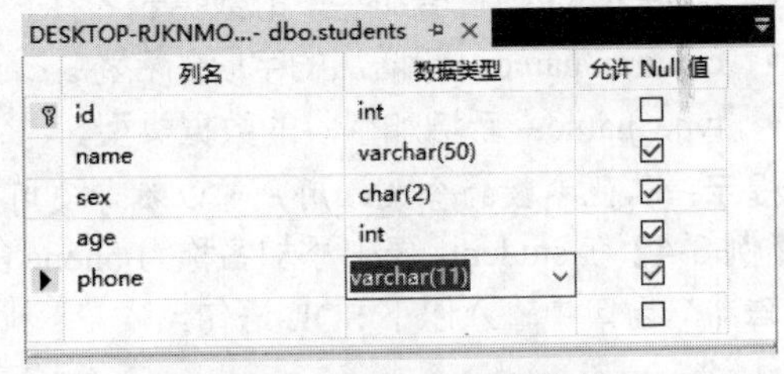

图 8-33　students 表结构

8.3.4 使用 SQL 语句删除表字段

使用 SQL 中的 ALTER TABLE 语句可以删除数据表中的字段，基本语法格式如下：

```
ALTER TABLE [ database_name. schema_name . ] table_name
{
    DROP COLUMN column_name
}
```

其中，各参数的含义如下。

- table_name：删除字段所在数据表的名称。
- column_name：要删除的字段的名称。

【例 8-6】删除 students 表中的 phone 字段。在“查询编辑器”窗口中输入以下 SQL 语句：

```
ALTER TABLE students
DROP  COLUMN phone
```

单击“执行”按钮，即可完成数据表字段的删除操作，如图 8-34 所示。执行完成之后，重新打开 students 的表设计窗口，将会看到删除字段后数据表结构，phone 字段已经不存在了，如图 8-35 所示。

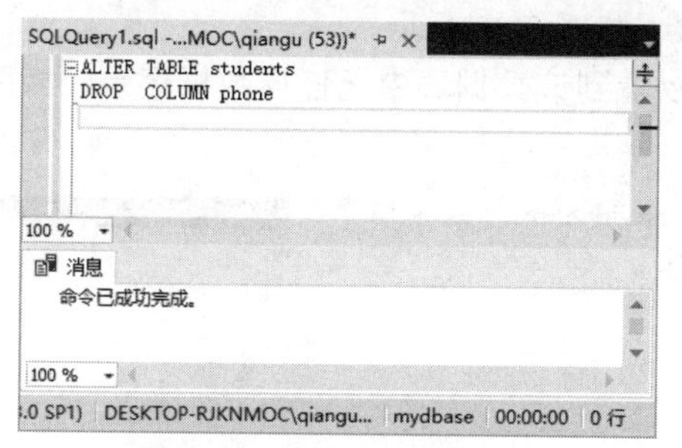

图 8-34 执行 T-SQL 语句

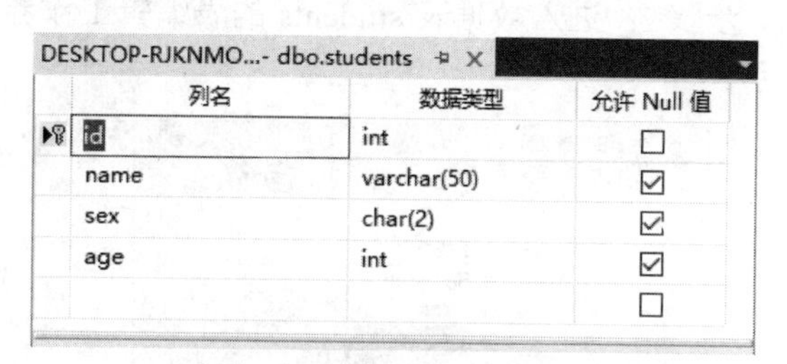

图 8-35 删除字段后的表效果

8.3.5 使用 SQL 语句删除数据表

SQL 中可以使用 DROP TABLE 语句删除指定的数据表，基本语法格式如下：

```
DROP TABLE table_name
```

其中，table_name 是待删除的表名称。

【例 8-7】 删除 mydbase 数据库中的 students 表。在“查询编辑器”窗口中输入以下 SQL 语句：

```
USE mydbase
GO
DROP TABLE students
```

单击“执行”按钮，即可完成删除数据表的操作，如图 8-36 所示。执行完成之后，刷新数据库列表，将会看到选择的数据表不存在了，如图 8-37 所示。

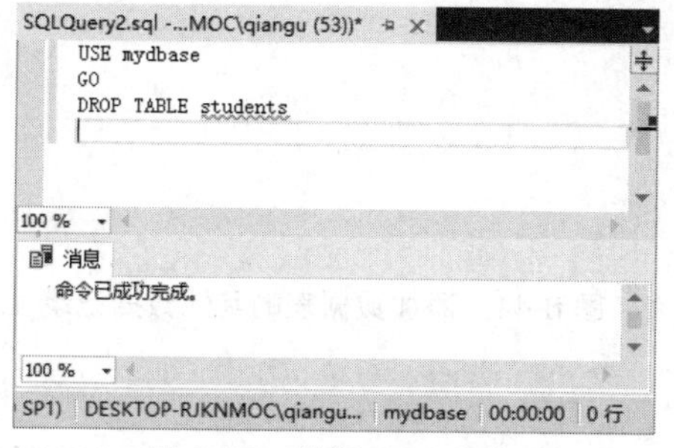

图 8-36 执行 SQL 语句

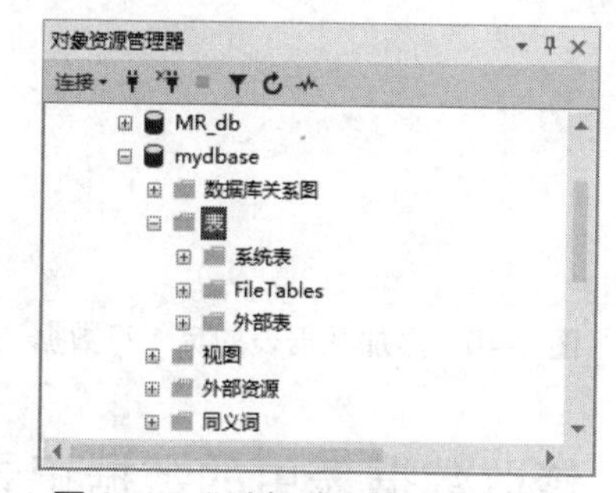

图 8-37 “对象资源管理器”窗口

8.4 使用 SSMS 管理数据表中的数据

SSMS 是 SQL Server 数据库的图形化操作工具，使用该工具可以以界面方式管理数据表中的数据，包括添加、修改与删除等操作。

8.4.1 向数据表中添加数据记录

数据表创建成功后，就可以在 SSMS 中添加数据记录了，下面以 mydbase 数据库中的 students 数据表为例，来介绍在 SSMS 中添加数据记录的方法，具体操作步骤如下。

步骤 1：在“对象资源管理器”中展开 mydbase 数据库，并选择表结点下的 students 数据表，然后右击鼠标，在弹出的快捷菜单中选择“编辑前 200 行”菜单命令，如图 8-38 所示。

步骤 2：进入数据表 students 的表编辑工作界面，可以看到该数据表中无任何数据记录，如图 8-39 所示。

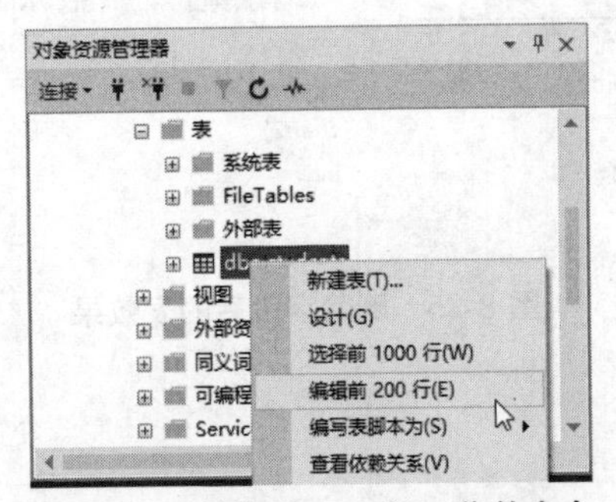

图 8-38 “编辑前 200 行”菜单命令

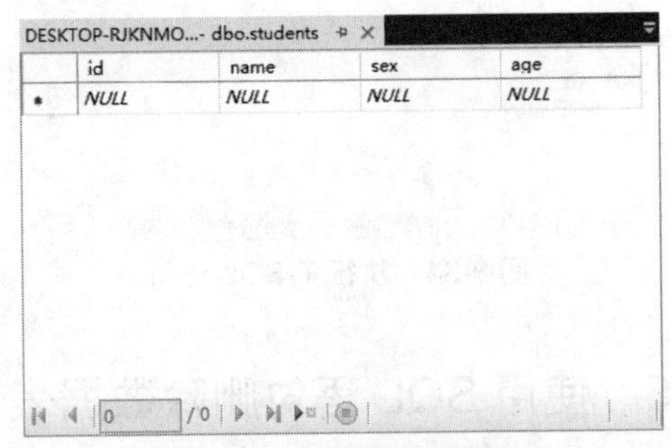

图 8-39 表编辑工作界面

步骤 3：添加数据记录，添加的方法就像在 Excel 表中输入一行信息，输入一行数据信息后的显示效果，如图 8-40 所示。

步骤 4：添加好一行数据记录后，无须进行数据的保存，只需将光标移动到下一行，则上一行数据会自动保存，这里再添加一些其他的数据记录，如图 8-41 所示。

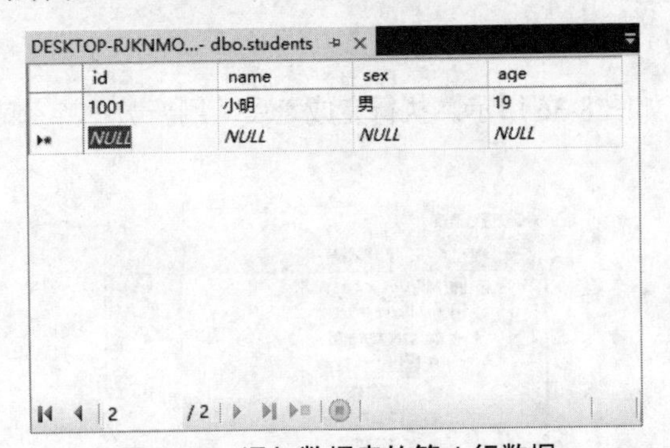

图 8-40 添加数据表的第 1 行数据

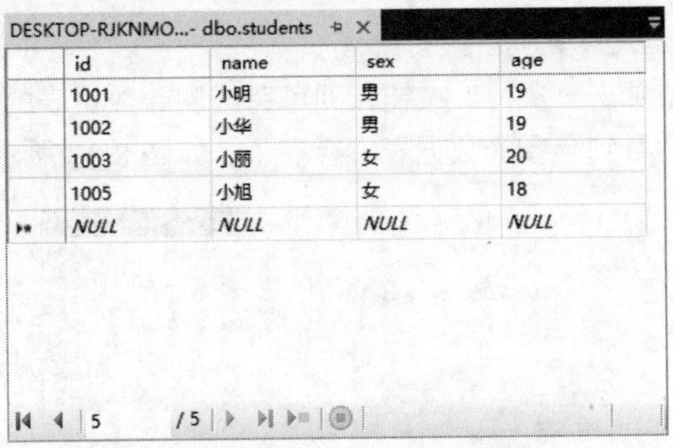

图 8-41 添加数据表的其他数据记录

8.4.2 修改数据表中的数据记录

数据添加完成后，如果某一数据不符合用户要求，可以对这些数据进行修改，具体的修改方法很简单，只需要打开数据表的表编辑工作界面，然后直接在相应的单元格中对数据进行修改即可。例如，修改 students 表中名称为“小旭”的 id 号为 1004，这时数据表的信息状态为“单元格已修改”，修改完成后，直接将光标移动到其他单元格中，就可以保存修改后的数据了，如图 8-42 所示。

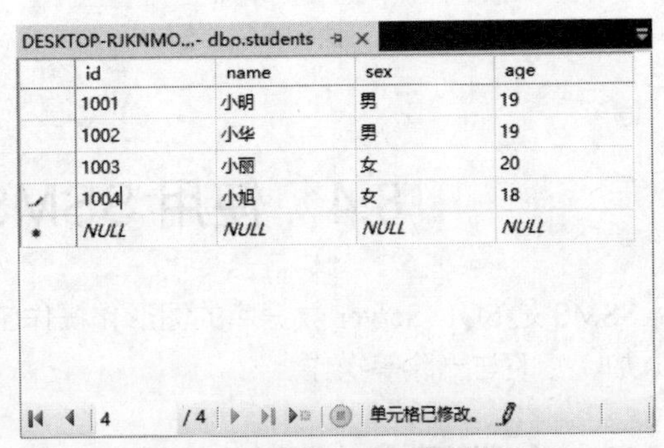

图 8-42 修改数据表中的数据记录

8.4.3 删除数据表中的数据记录

在 SSMS 中删除数据表中数据记录的操作步骤如下。

步骤 1：进入数据表的表编辑工作界面，这里进入 students 表的表编辑工作界面，选中需要删除的数据记录，这里选择第 1 行数据记录，然后右击鼠标，在弹出的快捷菜单中选择“删除”选项，如图 8-43 所示。

步骤 2：随即弹出一个警告信息提示框，提示用户是否删除这一行记录，如图 8-44 所示。

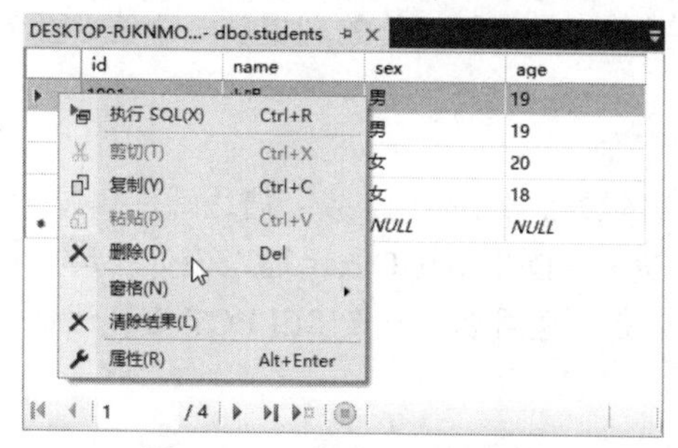

图 8-43 “删除”菜单命令

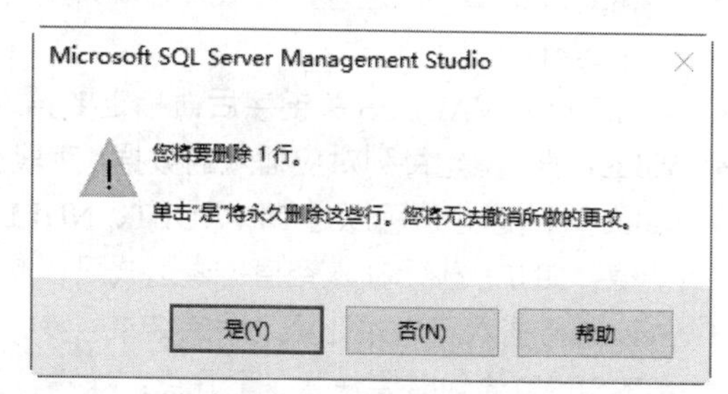

图 8-44 警告信息框

步骤 3：单击“是”按钮，即可将选中的数据记录永久地删除，如图 8-45 所示。

步骤 4：如果想要一次删除多行记录，可以在按住 Shift 或 Ctrl 键的同时选中多行记录，然后右击鼠标，在弹出的快捷菜单中选择“删除”菜单命令即可，如图 8-46 所示。

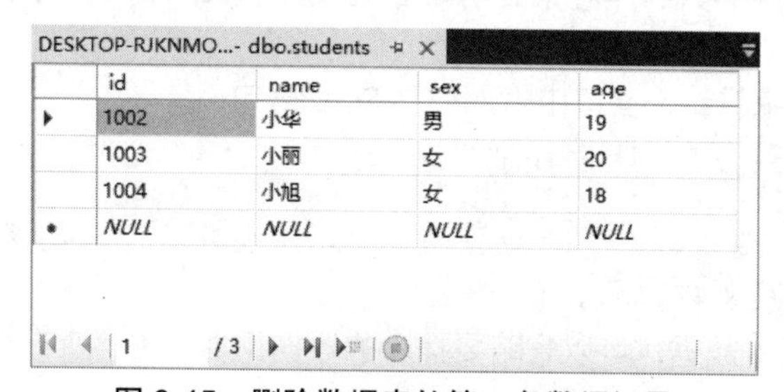

图 8-45 删除数据表的第 1 条数据记录

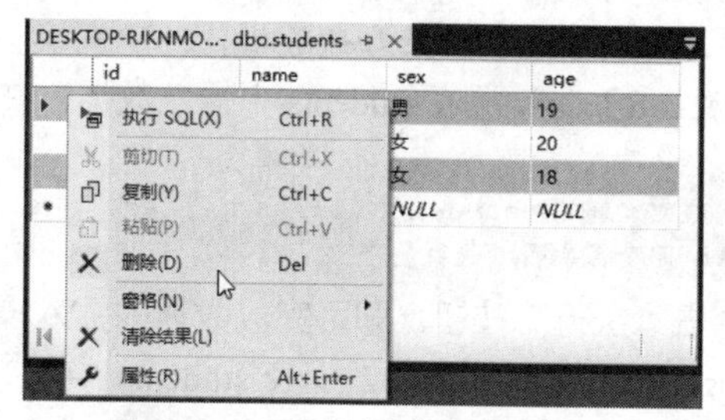

图 8-46 同时删除多条数据记录

8.5 使用 SQL 语句管理数据表中的数据

对于数据库来说，设计好数据表只是一个框架而已，只有添加完数据的数据表才可以称为一个完整的数据表，下面介绍使用 SQL 语句管理数据表中数据的方法。

8.5.1 使用 INSERT 语句插入数据

在使用数据库之前，数据库中必须要有数据，SQL Server 使用 INSERT 语句向数据表中插入新的数据记录。INSERT 语句的基本语法格式如下：

```
INSERT INTO table_name (column_name1, column_name2,...)
VALUES (value1, value2,...);
```

主要参数介绍如下。

- INSERT：插入数据表时使用的关键字，告诉 SQL Server 该语句的用途，该关键字后面的内容是

INSERT 语句的详细执行过程。

- INTO：可选的关键字，用在 INSERT 和执行插入操作的表之间。该参数是一个可选参数。使用 INTO 关键字可以增强语句的可读性。
- table_name：指定要插入数据的表名。
- column_name：可选参数，列名。用来指定记录中插入数据的字段，如果不指定字段列表，则后面的 column_name 中的每一个值都必须与表中对应位置处的值相匹配，即第一个值对应第一列，第二个值对应第二列。注意，插入时必须为所有既不允许空值又没有默认值的列提供一个值，直至最后一个这样的列。
- VALUES：VALUES 关键字后面指定要插入的数据列表值。
- value：值。指定每列对应插入的数据。字段列和数据值的数量必须相同，多个值之间使用逗号隔开。value 中的这些值可以是 DEFAULT、NULL 或者是表达式。DEFAULT 表示插入该列在定义时的默认值；NULL 表示插入空值；表达式可以是一个运算过程，也可以是一个 SELECT 查询语句，SQL Server 将插入表达式计算之后的结果。

使用 INSERT 语句时要注意以下几点：

- 不要向设置了标识属性的列中插入值。
- 若字段不允许为空，且未设置默认值，则必须给该字段设置数据值。
- VALUES 子句中给出的数据类型必须和列的数据类型相对应。

注意：为了保证数据的安全性和稳定性，只有数据库和数据库对象的创建者及被授予权限的用户才能对数据库进行添加、修改和删除操作。

【例 8-8】向数据表 students 中插入数据，在“查询编辑器”窗口中输入如下 SQL 语句：

```
USE mydbase
INSERT INTO students(id, name,sex, age)
VALUES (1005,'笑笑', '女',20);
```

单击“执行”按钮，即可完成数据的插入操作，如图 8-47 所示。

【例 8-9】如果想要向数据表 students 中所有字段插入数据，可以省略要插入的数据列名，在“查询编辑器”窗口中输入如下 SQL 语句：

```
USE mydbase
INSERT INTO students
VALUES (1006,'小刚', '男',20);
```

单击“执行”按钮，即可完成数据的插入操作，如图 8-48 所示。

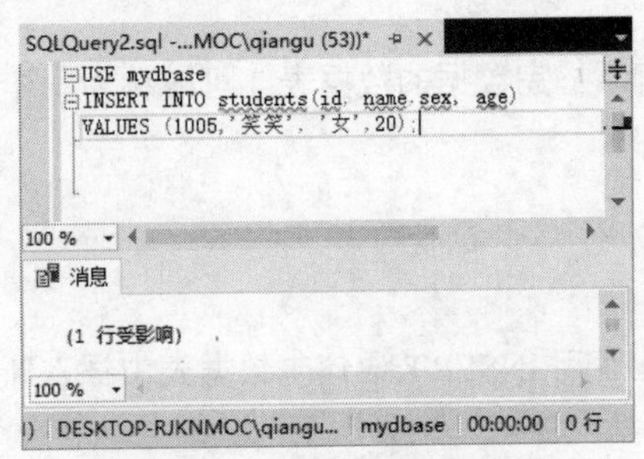

图 8-47 插入一条数据记录

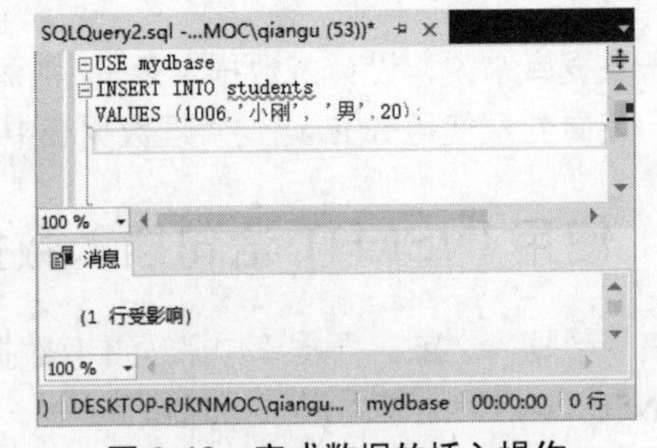

图 8-48 完成数据的插入操作

如果想要查看插入的数据记录，需要使用如下语句，具体格式如下：

```
Select *from table_name;
```

其中，table_name 为数据表的名称。

【例 8-10】查询数据表 students 中添加的数据，在“查询编辑器”窗口中输入以下 SQL 语句：

```
USE mydbase
Select *from students;
```

单击“执行”按钮，即可完成数据的查看操作，并在“结果”窗格中显示查看结果，如图 8-49 所示。

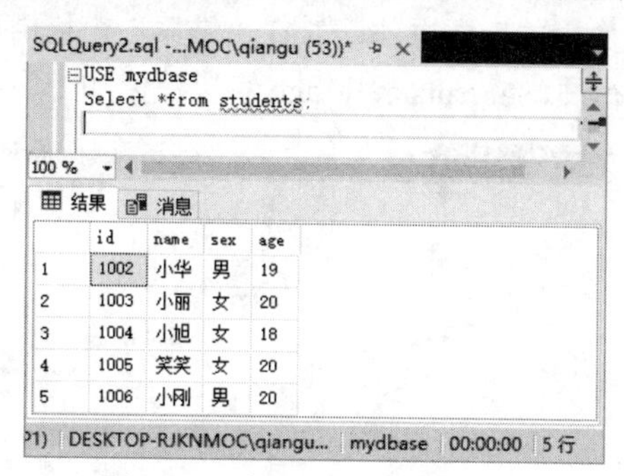

图 8-49 查询插入的数据记录

8.5.2 使用 UPDATE 语句修改数据

如果发现数据表中的数据不符合要求，用户是可以对其进行修改的，在 SQL Server 中，使用 UPDATE 语句可以修改数据。UPDATE 语句的基本语法格式如下：

```
UPDATE table_name
SET column_name1 = value1,column_name2=value2,…,column_nameN=valueN
WHERE search_condition
```

主要参数介绍如下。

- table_name：要修改的数据表名称。
- SET：指定要修改的字段名和字段值，可以是常量或者表达式。
- column_name1,column_name2,…,column_nameN：需要更新的字段的名称。
- value1,value2,…,valueN：相对应的指定字段的更新值，更新多个列时，每个“列=值”对之间用逗号隔开，最后一列之后不需要逗号。
- WHERE：指定待更新的记录需要满足的条件，具体的条件在 search_condition 中指定。如果不指定 WHERE 子句，则对表中所有的数据行进行更新。

【例 8-11】在 students 表中，将所有学生的年龄加上 1 岁，在“查询编辑器”窗口中输入以下 SQL 语句：

```
USE mydbase
UPDATE students
SET age=age+1;
```

单击“执行”按钮，即可完成数据的修改操作，如图 8-50 所示。

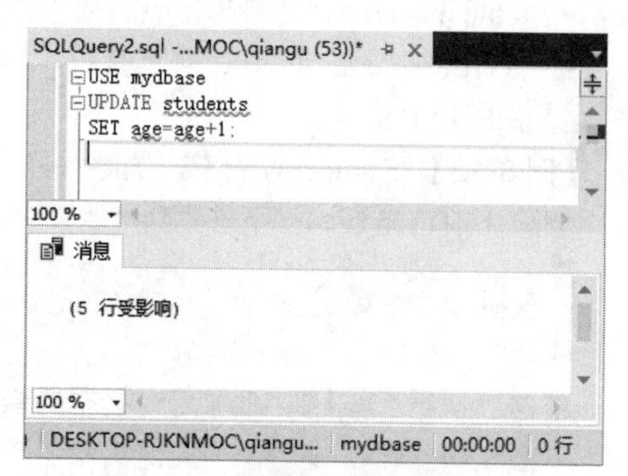

图 8-50 修改表中所有数据记录

【例 8-12】在 students 表中，将“小旭”的性别修改为“男”，在“查询编辑器”窗口中输入如下 T-SQL 语句：

```
USE mydbase
UPDATE students
SET sex='男'
WHERE name= '小旭';
```

单击“执行”按钮，即可完成数据的修改操作，如图 8-51 所示。

查询数据表 students 中修改后的数据，在“查询编辑器”窗口中输入如下 SQL 语句：

```
USE mydbase
SELECT * FROM students;
```

单击“执行”按钮，即可完成数据的查看操作，并在“结果”窗格中显示查看结果，如图 8-52 所示。由结果可以看到，UPDATE 语句执行后，students 表中 age 字段数值加 1 后显示，小旭的性别被修改为“男”。

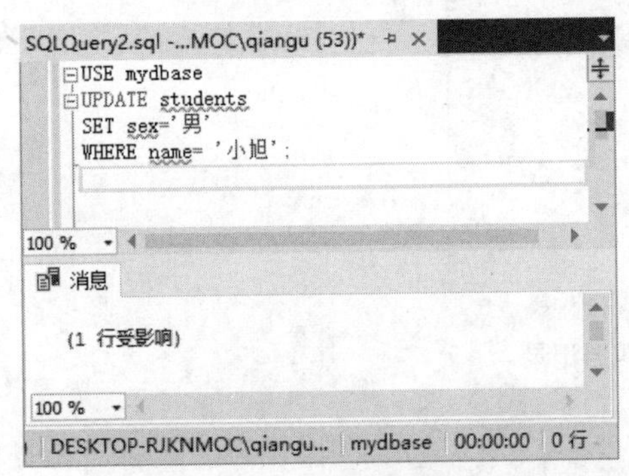

图 8-51　修改表中指定数据记录

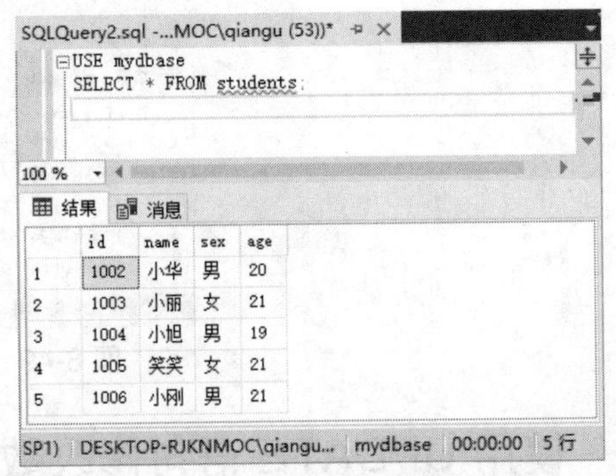

图 8-52　查询修改后的数据记录

8.5.3　使用 DELETE 语句删除数据

如果数据表中的数据无用了，用户可以将其删除，需要注意的是，删除数据操作不容易恢复，因此需要谨慎操作。在删除数据表中的数据之前，如果不能确定这些数据以后是否还会有用，最好对其进行备份处理。

删除数据表中的数据使用 DELETE 语句，DELETE 语句允许 WHERE 子句指定删除条件。具体的语法格式如下：

```
DELETE FROM table_name
WHERE <condition>;
```

主要参数介绍如下。

- table_name：指定要执行删除操作的表。
- WHERE <condition>：可选参数，指定删除条件。如果没有 WHERE 子句，DELETE 语句将删除表中的所有记录。

【例 8-13】在 students 表中，删除性别为“女”的记录。

删除之前首先查询一下性别为“女”的数据记录，在“查询编辑器”窗口中输入如下 T-SQL 语句：

```
USE mydbase
SELECT * FROM students
WHERE sex='女';
```

单击“执行”按钮，即可完成数据的查看操作，并在“结果”窗格中显示查看结果，如图 8-53 所示。

下面执行删除操作，在“查询编辑器”窗口中输入如下 T-SQL 语句：

```
USE mydbase
DELETE FROM students
WHERE sex='女';
```

单击“执行”按钮，即可完成数据的删除操作，并在“消息”窗格中显示“2 行受影响”的信息提示，如图 8-54 所示。

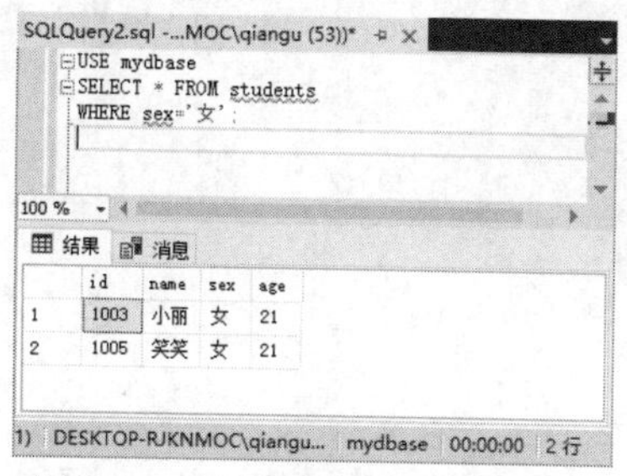

图 8-53 查询删除前的数据记录

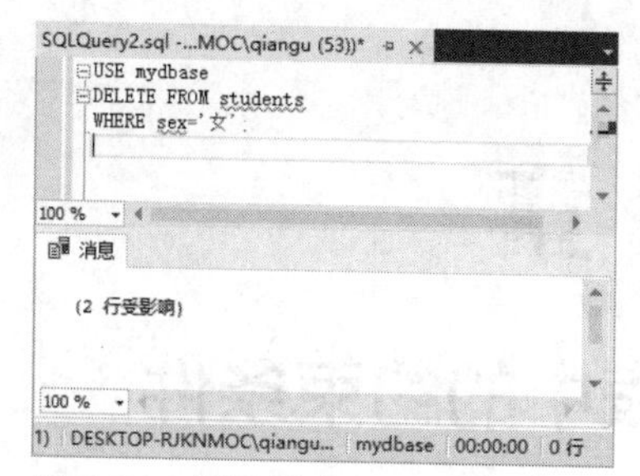

图 8-54 删除符合条件的数据记录

再次查询性别为“女”的数据记录，在“查询编辑器”窗口中输入如下 T-SQL 语句：

```
USE mydbase
SELECT * FROM students
WHERE sex='女';
```

单击“执行”按钮，即可完成数据的查看操作，并在“结果”窗格中显示查看结果，该结果表示为 0 行记录，说明数据已经被删除，如图 8-55 所示。

提示：如果想要删除表中的所有数据记录，该操作非常简单，只需要删掉 WHERE 子句就可以了。

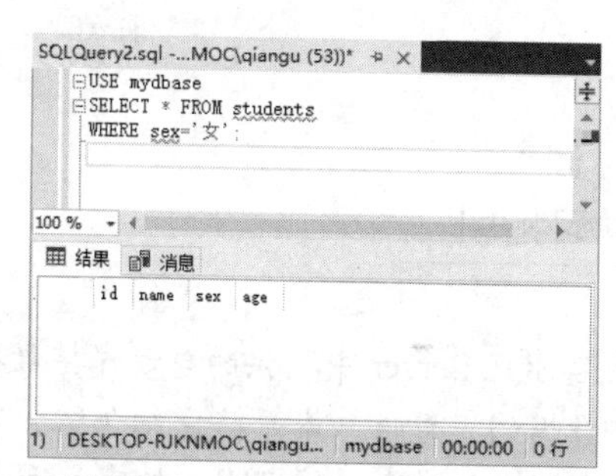

图 8-55 查询删除后的数据记录

8.6 就业面试技巧与解析

8.6.1 面试技巧与解析（一）

面试官：你为什么愿意到我们公司来工作？

对于这个问题，应聘者可以回答得详细一点儿，例如，

应聘者：“公司本身的高技术开发环境很吸引我”“你们公司一直都稳定发展，近几年来在市场上很有竞争力”“我认为贵公司能够给我提供一个与众不同的发展道路”等。

这都显示出你已经做了一些调查，也说明你对自己的未来有了较为具体的远景规划。

8.6.2 面试技巧与解析（二）

面试官：假如你到我们公司工作了，一天一个客户来找你解决问题，你努力想让他满意，可是始终不能令客户满意，他投诉你们部门工作效率低，这个时候你怎么做？

应聘者：首先，我会保持冷静。作为一名工作人员，在工作中遇到各种各样的问题是正常的，关键是如何认识它，积极应对，妥善处理。

其次，我会反思一下客户不满意的原因。一是看是否是自己在解决问题上的确有考虑不周到的地方，二是看是否是客户不太了解相关的服务规定而提出超出规定的要求，三是看是否是客户了解相关的规定，但是提出的要求不合理。

再次，根据原因采取相应的对策。如果是自己确有不周到的地方，按照服务规定做出合理的安排，并向客户做出解释；如果是客户不太了解政策规定而造成的误解，我会向他做出进一步的解释，消除他的误会；如果是客户提出的要求不符合政策规定，我会明确地向他指出。

第 9 章

设置表中的约束条件

学习指引

约束是 SQL Server 中提供的自动保持数据完整性的一种方法，通过对数据库中的数据设置某种约束条件来保证数据的完整性。本章将详细介绍管理表中约束条件的方法，主要内容包括管理主键约束、管理外键约束、管理默认约束、管理唯一约束、管理非空约束等。

重点导读

- 掌握创建与管理主键约束的方法。
- 掌握创建与管理外键约束的方法。
- 掌握创建与管理默认约束的方法。
- 掌握创建与管理检查约束的方法。
- 掌握创建与管理唯一约束的方法。
- 掌握创建与管理非空约束的方法。

9.1 认识表中的约束条件

在数据表中添加约束的主要原因是保证数据的完整性（正确性），设计表时，需要定义列的有效值并通过限制字段中数据、记录中数据和表之间的数据来保证数据的完整性。在 SQL Server 2016 中，常用的约束有以下 6 种。

1. 主键约束

主键约束可以在表中定义一个主键值，它可以唯一确定表中每一条记录，也是最重要的一种约束。另外，设置主键约束的列不能为空，主键约束的列可以由一列或多列来组成，由多列组成的主键被称为联合主键，有了主键约束，在数据表中就不用担心出现重复的行了。

2. 唯一性约束

唯一性约束（UNIQUE）确保在非主键列中不输入重复的值。用于指定一列或者多列的组合值具有唯一性，以防止在列中输入重复的值。用户可以对一张表定义多个 UNIQUE 约束，但只能定义一个 PRIMARY KEY 约束。UNIQUE 约束允许空值，但是当和参与 UNIQUE 约束的任何值一起使用时，每列只允许一个空值。

3. 检查约束

检查约束对输入列或者整个表中的值设置检查条件，以限制输入值，保证数据库数据的完整性，检查约束通过数据的逻辑表达式确定有效值，一张表中可以设置多个检查约束。

4. 默认约束

默认约束指定在插入操作中如果没有提供输入值时，系统自动指定插入值，即使该值是 NULL。当必须向表中加载一行数据但不知道某一列的值，或该值尚不存在时，此时可以使用默认约束。默认约束可以包括常量、函数、不带变元的内建函数或者空值。

5. 外键约束

外键约束用于强制参照完整性，提供单个字段或者多个字段的参照完整性。定义时，该约束参考同一张表或者另外一张表中主键约束字段或者唯一性约束字段，而且外键表中的字段数目和每个字段指定的数据类型都必须和 REFERENCES 表中的字段相匹配。

6. 非空约束

一张表中可以设置多个非空约束，它主要是用来规定某一列必须要输入值，有了非空约束，就可以避免表中出现空值了。

9.2 主键约束

主键约束用于强制表的实体完整性，用户可以通过定义 PRIMARY KEY 约束来添加主键约束。一张表中只能有一个 PRIMARY KEY 约束，并且 PRIMARY KEY 约束的列不能接受空值。由于 PRIMARY KEY 约束可保证数据的唯一性，因此经常对标识列定义主键约束。

9.2.1 在创建表时添加主键约束

在创建表时，很容易为数据表添加主键约束，但是主键约束在每张数据表中只有一个。添加主键约束的方法是在数据列的后面直接使用关键字 PRIMARY KEY 来添加主键约束，并不指明主键约束的名字，这时的主键约束名字由数据库系统自动生成，具体的语法格式如下：

```
CREATE TABLE table_name
(
   COLUMN_NAME1  DATATYPE  PRIMARY KEY,
   COLUMN_NAME2  DATATYPE,
   COLUMN_NAME3  DATATYPE
   ...
);
```

【例 9-1】在 mydbase 数据库中定义数据表 fruits，为 id 添加主键约束。在“查询编辑器”窗口中输入以下 SQL 语句：

```
CREATE TABLE fruits
(
   id       INT   PRIMARY KEY,
   name     VARCHAR(25),
   price     DECIMAL(4,2),
   origin     VARCHAR(25)
);
```

单击“执行”按钮，即可完成创建数据表并添加主键约束的操作，如图 9-1 所示。执行完成之后，选择新创建的数据表，然后打开该数据表的设计图，即可看到该数据表的结构，其中前面带钥匙标志的列被定义为主键约束，如图 9-2 所示。

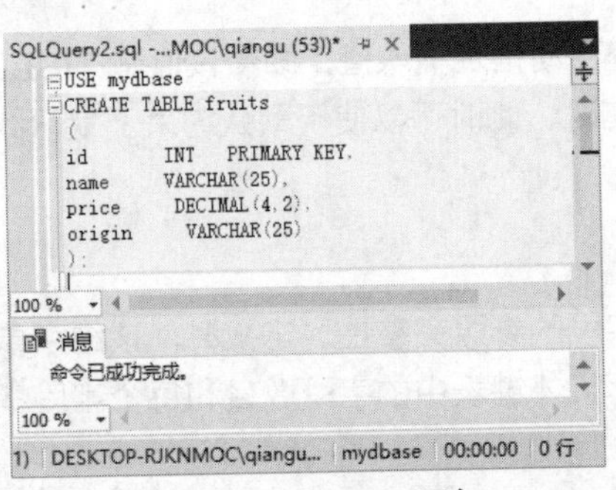

图 9-1　执行 SQL 语句

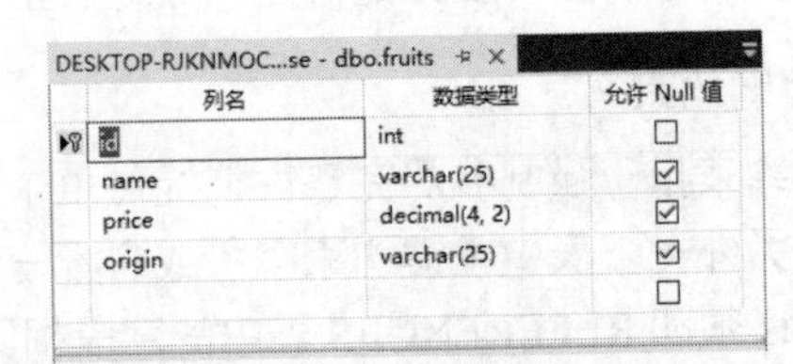

图 9-2　表设计界面

9.2.2　在现有表中添加主键约束

数据表创建完成后，如果需要为数据表添加主键约束，此时不需要重新创建数据表，可以使用 ALTER 语句在现有数据表中添加主键约束，语法格式如下：

```
ALTER TABLE table_name
ADD CONSTRAINT pk_name PRIMARY KEY (column_name1, column_name2,…)
```

主要参数介绍如下。

- CONSTRAINT：添加约束的关键字。
- pk_name：设置主键约束的名称。
- PRIMARY KEY：表示所添加约束的类型为主键约束。

【例 9-2】在 mydbase 数据库中定义数据表 fruits_02，创建完成之后，在该表中的 id 字段上添加主键约束。在“查询编辑器”窗口中输入以下 SQL 语句：

```
USE mydbase
CREATE TABLE fruits_02
(
   id       INT       NOT NULL,
   name     VARCHAR(25)  NOT NULL,
   price     DECIMAL(4,2)  NOT NULL,
   origin     VARCHAR(25)  NOT NULL
);
```

单击“执行”按钮，即可完成创建数据表操作，如图 9-3 所示。执行完成之后，选择新创建的数据表，然后打开该数据表的设计图，即可看到该数据表的结构，在其中未定义数据表的主键，如图 9-4 所示。

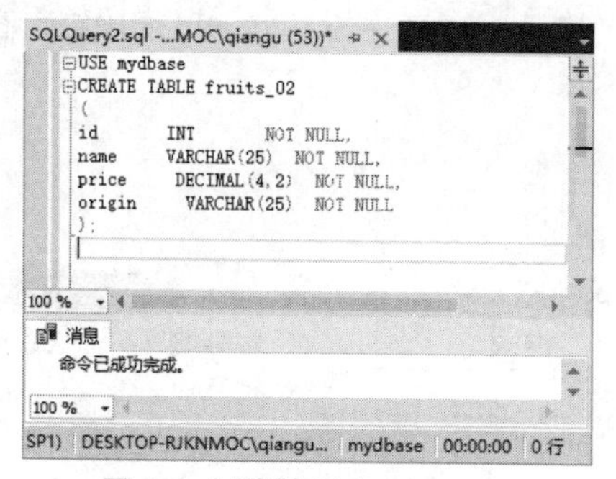

图 9-3 创建数据表 fruits_02

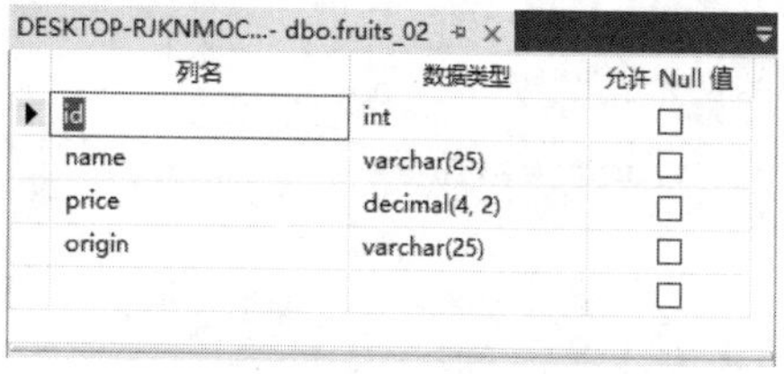

图 9-4　fruits_02 表设计界面

下面定义数据表的主键，在“查询编辑器”窗口中输入添加主键的 SQL 语句：

```
GO
ALTER TABLE fruits_02
ADD
CONSTRAINT 编号
PRIMARY KEY(id)
```

单击“执行”按钮，即可完成添加主键的操作，如图 9-5 所示。执行完成之后，选择添加主键的数据表，然后打开该数据表的设计图，即可看到该数据表的结构，其中前面带钥匙标志的列被定义为主键，如图 9-6 所示。

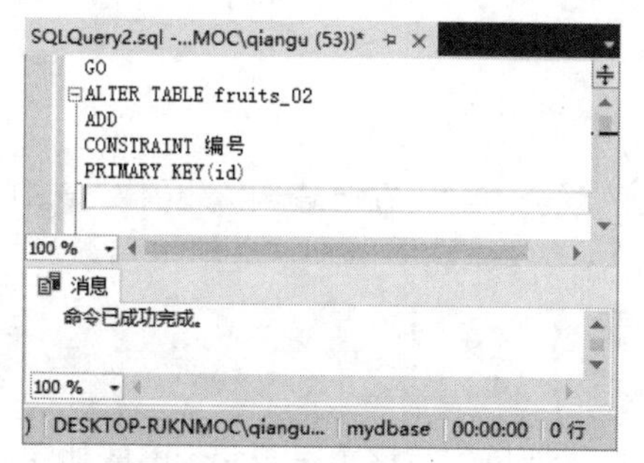

图 9-5　执行 T-SQL 语句

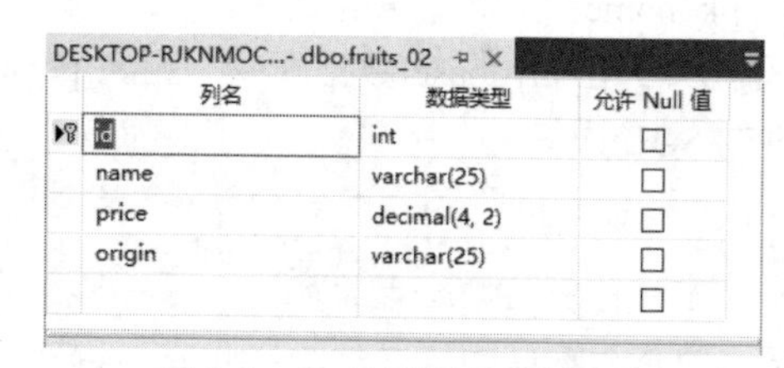

图 9-6　为 id 列添加主键约束

9.2.3　定义多字段联合主键约束

在数据表中，可以定义多个字段为联合主键约束，如果对多字段定义了 PRIMARY KEY 约束，则一列中的值可能会重复，但来自 PRIMARY KEY 约束定义中所有列的任何值组合必须唯一。

【例 9-3】 在 mydbase 数据库中，定义数据表 persons，假设表中没有主键 id，为了唯一确定一个人员信息，可以把 name、deptId 联合起来作为主键。在“查询编辑器”窗口中输入添加主键的 SQL 语句：

```
CREATE TABLE persons
(
    name   VARCHAR(25),
    deptId   INT,
    salary   FLOAT,
    CONSTRAINT 姓名部门约束
    PRIMARY KEY(name,deptId)
);
```

单击“执行”按钮，即可完成创建数据表的操作，如图 9-7 所示。执行完成之后，选择新创建的数据表，然后打开该数据表的设计图，即可看到该数据表的结构，其中，name 字段和 deptId 字段组合在一起成为 persons 的多字段联合主键，如图 9-8 所示。

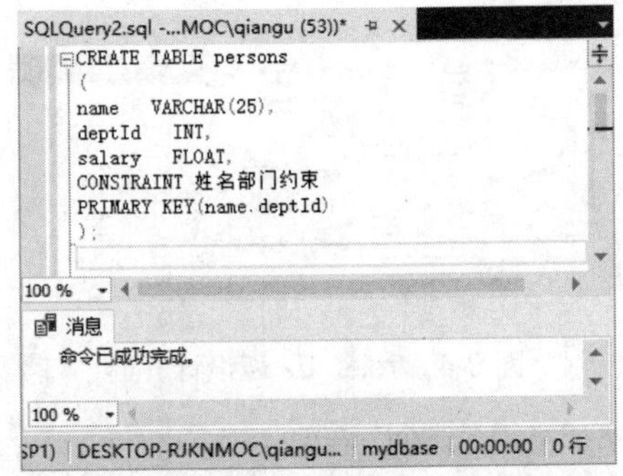

图 9-7 执行 SQL 语句

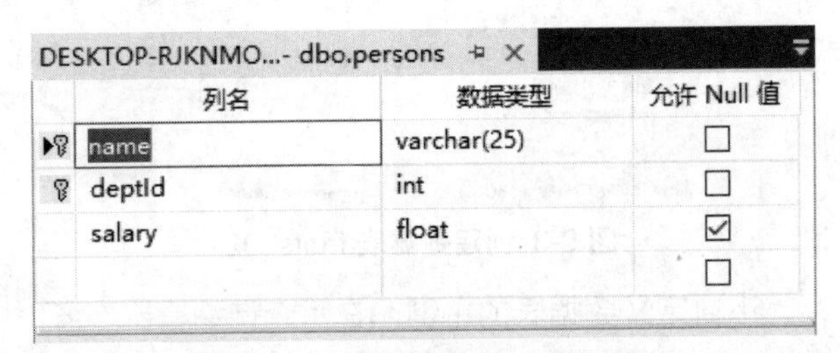

图 9-8 为表添加联合主键约束

9.2.4 删除主键约束

当表中不需要指定 PRIMARY KEY 约束时，可以通过 DROP 语句将其删除，具体语法格式如下。

```
ALTER TABLE table_name
DROP CONSTRAINT pk_name
```

主要参数介绍如下。

- table_name：要去除主键约束的表名。
- pk_name：主键约束的名字。

【例 9-4】在 mydbase 数据库中，删除 persons 表中定义的联合主键。在“查询编辑器”窗口中输入删除主键的 SQL 语句：

```
ALTER TABLE persons
DROP
CONSTRAINT 姓名部门约束
```

单击“执行”按钮，即可完成删除主键约束的操作，并在“消息”窗格中显示命令已成功完成的信息提示，如图 9-9 所示。

执行完成之后，选择删除主键操作的数据表，然后打开该数据表的设计图，即可看到该数据表的结构，其中，name 字段和 deptId 字段组合在一起的多字段联合主键消失，如图 9-10 所示。

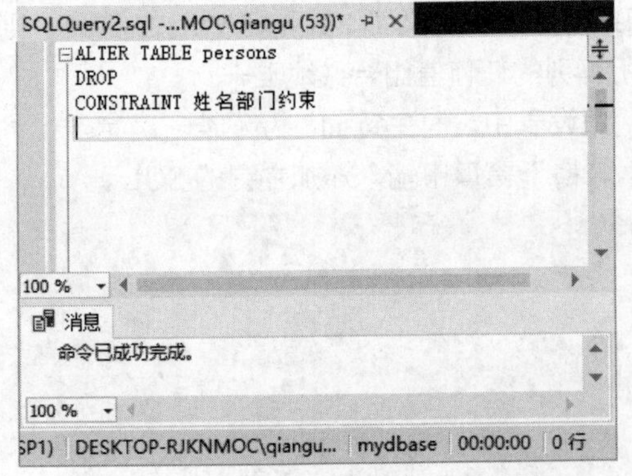

图 9-9 执行删除主键约束 SQL 语句

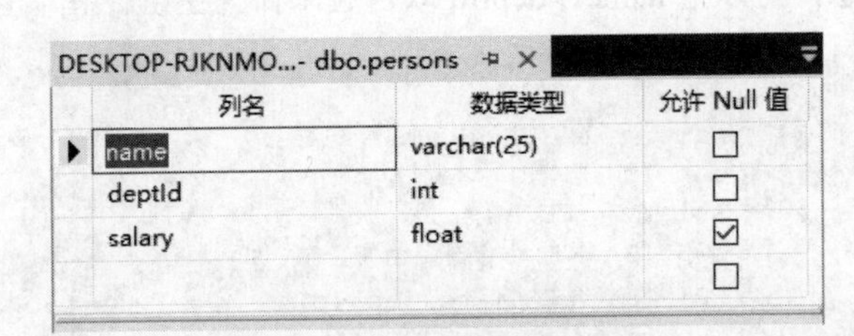

图 9-10 联合主键约束被删除

9.3 外键约束

通过定义 FOREIGN KEY 约束来创建外键，在外键引用中，当一张表的列被引用作为另一张表的主键值的列时，就在两表之间创建了链接，这个列就成为第二张表的外键。

9.3.1 在创建表时添加外键约束

外键约束的主要作用是保证数据引用的完整性，定义外键后，不允许删除在另一张表中具有关联的行。添加外键约束的语法格式如下：

```
CREATE TABLE table_name
(
   col_name1 datatype,
   col_name2 datatype,
   col_name3 datatype
   ...
   CONSTRAINT fk_name FOREIGN KEY(col_name1, col_name2,...) REFERENCES
   referenced_table_name(ref_col_name1, ref_col_name1,...)
);
```

主要参数介绍如下。

- fk_name：定义的外键约束的名称，一张表中不能有相同名称的外键。
- col_name：表示从表需要添加外键约束的字段列，可以由多个列组成。
- referenced_table_name：即被从表外键所依赖的表的名称。
- ref_col_name：被应用的表中的列名，也可以由多个列组成。

【例 9-5】在 test 数据库中，定义数据表 tb_emp3，并在 tb_emp3 表上添加外键约束。

首先创建一个部门表 tb_dept1，在“查询编辑器”窗口中输入以下 SQL 语句：

```
CREATE TABLE tb_dept1
(
   id       INT PRIMARY KEY,
   name     VARCHAR(22)  NOT NULL,
   location  VARCHAR(50)  NULL
);
```

单击“执行”按钮，即可完成创建数据表的操作，如图 9-11 所示。执行完成之后，选择创建的数据表，然后打开该数据表的设计图，即可看到该数据表的结构，如图 9-12 所示。

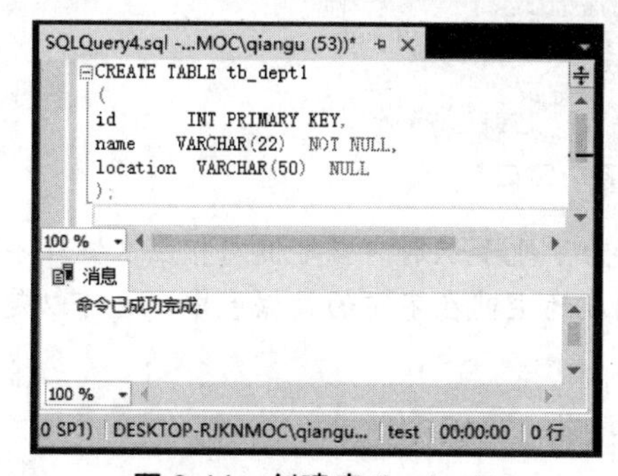

图 9-11 创建表 tb_dept1

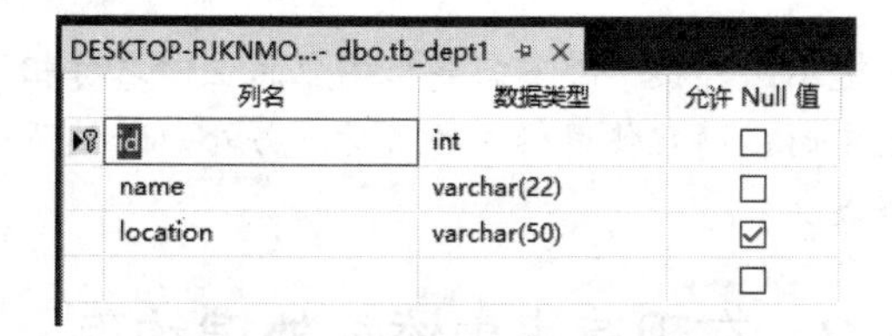

图 9-12 tb_dept1 表的设计图

下面定义数据表 tb_emp3，让它的键 deptId 作为外键关联到 tb_dept1 的主键 id，在“查询编辑器”窗口中输入以下 SQL 语句：

```
CREATE TABLE tb_emp3
(
    id       INT  PRIMARY KEY,
    name     VARCHAR(25),
    deptId   INT,
    salary   FLOAT,
    CONSTRAINT fk_员工部门编号 FOREIGN KEY(deptId) REFERENCES tb_dept1(id)
);
```

单击“执行”按钮，即可完成在创建数据表时添加外键约束的操作，如图 9-13 所示。选择创建的数据表 tb_emp3，然后打开该数据表的设计图，即可看到该数据表的结构，这样就在表 tb_emp3 上添加了名称为 fk_emp_dept1 的外键约束，外键名称为 deptId，其依赖于表 tb_dept1 的主键 id，如图 9-14 所示。

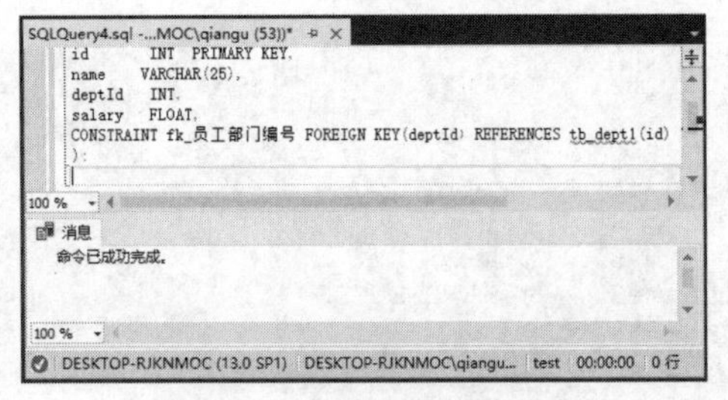

图 9-13　创建表的外键约束

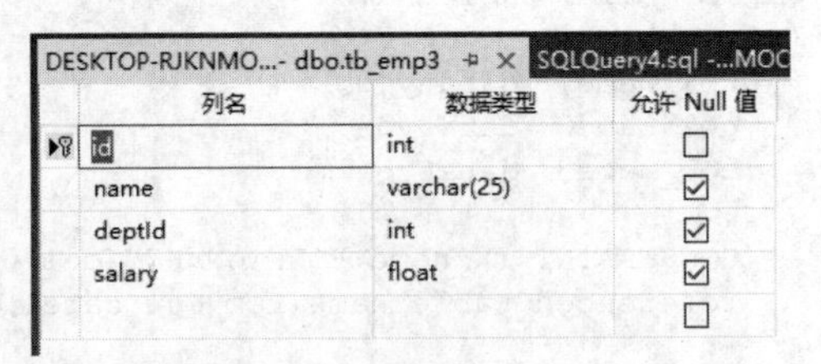

列名	数据类型	允许 Null 值
id	int	☐
name	varchar(25)	☑
deptId	int	☑
salary	float	☑
		☐

图 9-14　tb_emp3 表的设计图

最后，在添加完外键约束之后，查看添加的外键约束，方法是选择要查看的数据表结点，例如，这里选择 tb_dept1 表，右击该结点，在弹出的快捷菜单中选择“查看依赖关系”菜单命令，打开“对象依赖关系”窗口，将显示与外键约束相关的信息，如图 9-15 所示。

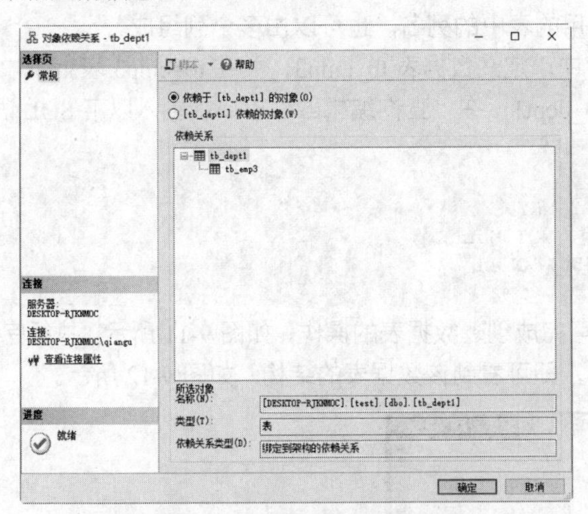

图 9-15　“对象依赖关系”窗口

提示：外键一般不需要与相应的主键名称相同，但是，为了便于识别，当外键与相应主键在不同的数据表中时，通常使用相同的名称。另外，外键不一定要与相应的主键在不同的数据表中，也可以是同一个数据表。

9.3.2　在现有表中添加外键约束

如果创建数据表时没有添加外键约束，可以使用 ALTER 语句将 FOREIGN KEY 约束添加到该表中，添加外键约束的语法格式如下：

```
ALTER TABLE table_name
ADD CONSTRAINT fk_name FOREIGN KEY(col_name1, col_name2,...) REFERENCES
referenced_table_name(ref_col_name1, ref_col_name1,...);
```

主要参数含义参照 9.3.1 节的介绍。

【例 9-6】在 test 数据库中，创建 tb_emp3 数据表时没有设置外键约束，如果想要添加外键约束，需要在“查询编辑器”窗口中输入如下 SQL 语句：

```
GO
ALTER TABLE tb_emp3
ADD
CONSTRAINT fk_员工部门编号
FOREIGN KEY(deptId) REFERENCES tb_dept1(id)
```

单击“执行”按钮，即可完成在创建数据表后添加外键约束的操作，如图 9-16 所示。在添加完外键约束之后，可以查看添加的外键约束，这里选择 tb_dept1 表，右击该结点，在弹出的快捷菜单中选择“查看依赖关系”菜单命令，打开“对象依赖关系”窗口，将显示与外键约束相关的信息，如图 9-17 所示。该语句执行之后的结果与创建数据表时添加外键约束的结果是一样的。

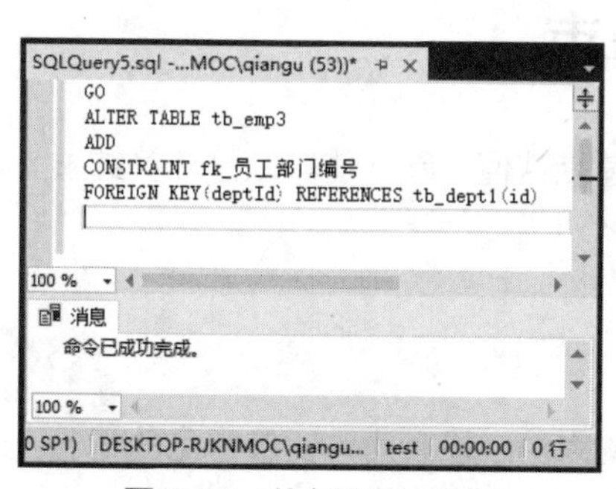

图 9-16 执行 SQL 语句

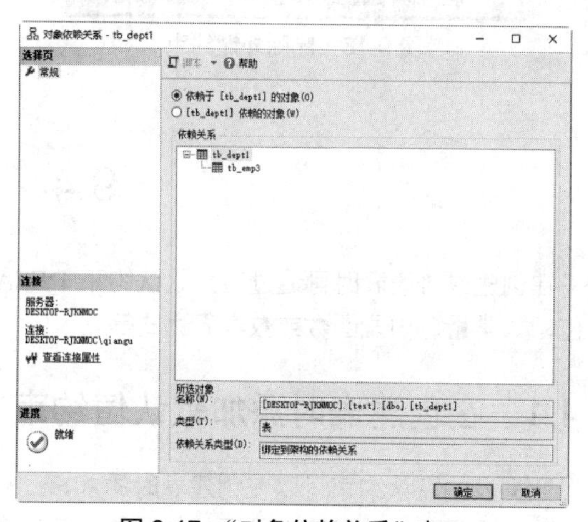

图 9-17 “对象依赖关系”窗口

9.3.3 删除外键约束

当数据表中不需要使用外键约束时，可以将其删除，删除外键约束的方法和删除主键约束的方法相同，删除时指定外键约束名称。具体的语法格式如下：

```
ALTER TABLE table_name
DROP CONSTRAINT fk_name
```

主要参数介绍如下。

- table_name：要去除外键约束的表名。
- fk_name：外键约束的名字。

【例 9-7】在 test 数据库中，删除 tb_emp3 表中添加的“fk_员工部门编号”外键约束，在“查询编辑器”窗口中输入如下 SQL 语句：

```
ALTER TABLE tb_emp3
DROP CONSTRAINT fk_员工部门编号;
```

单击“执行”按钮，即可完成删除外键约束的操作，如图 9-18 所示。再次打开该表与其他依赖关系的窗口，可以看到依赖关系消失，确认外键约束删除成功，如图 9-19 所示。

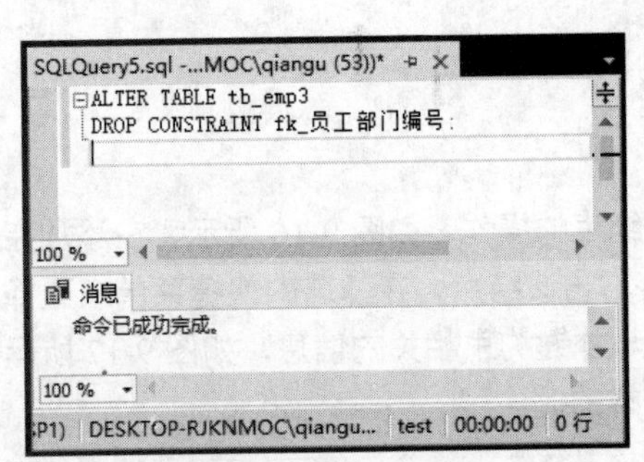

图 9-18　删除外键约束

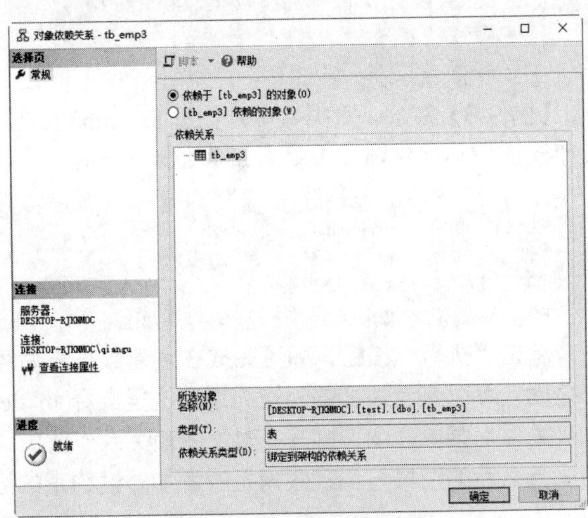

图 9-19　删除外键约束

9.4　默认约束

在创建或修改表时可通过定义默认约束 DEFAULT 来创建默认值。默认值可以是计算结果为常量的任何值，如常量、内置函数或数学表达式等。

9.4.1　在创建表时添加默认值约束

数据表的默认约束可以在创建表时添加，一般添加默认约束的字段有两种比较常见的情况，一种是该字段不能为空，一种是该字段添加的值总是某一个固定值。定义默认约束的语法格式如下：

```
CREATE TABLE table_name
(
   COLUMN_NAME1  DATATYPE DEFAULT constant_expression,
   COLUMN_NAME2  DATATYPE,
   COLUMN_NAME3  DATATYPE
   ...
);
```

主要参数介绍如下。

- DEFAULT：默认值约束的关键字，它通常放在字段的数据类型之后。
- constant_expression：常量表达式，该表达式可以直接是一个具体的值，也可以是通过表达式得到一个值，但是，这个值必须与该字段的数据类型相匹配。

提示：除了可以为表中的一个字段设置默认约束，还可以为表中的多个字段同时设置默认值约束，不过，每一个字段只能设置一个默认值约束。

【例 9-8】在创建水果信息表 fruit 时，为水果产地列添加一个默认值“海南”，在“查询编辑器”窗口中输入以下 SQL 语句：

```
CREATE TABLE fruit
(
```

```
    id        INT     PRIMARY KEY,
    name      VARCHAR(20),
    price      DECIMAL(6,2),
    origin      VARCHAR(20)  DEFAULT  '海南',
    remark     VARCHAR(200)
);
```

单击“执行”按钮，即可完成添加默认值约束的操作，如图 9-20 所示。打开水果信息表的设计界面，选择添加默认值的列，即可在“列属性”列表中查看添加的默认值约束信息，如图 9-21 所示。

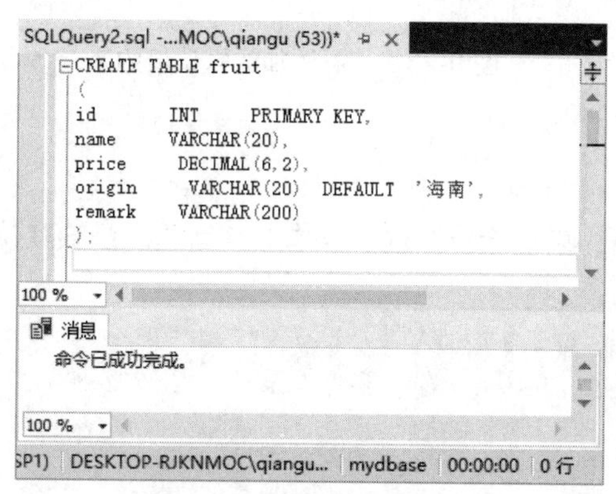

图 9-20　添加默认值约束

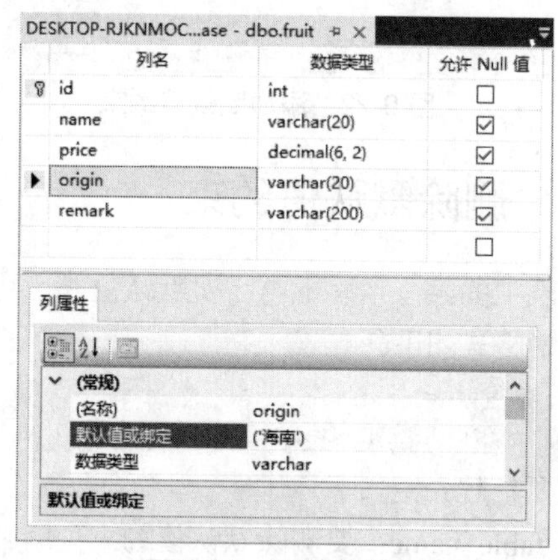

图 9-21　列属性界面

9.4.2　在现有表中添加默认值约束

在现有表中添加默认值约束可以通过 ALTER TABLE 语句来完成，具体的语法格式如下：

```
ALTER TABLE table_name
ADD CONSTRAINT default_name DEFAULT constant_expression FOR col_name;
```

主要参数介绍如下。

- table_name：要添加默认值约束列所在的表名。
- default_name：默认值约束的名字，该名字可以省略，省略后系统将会为该默认值约束自动生成一个名字，系统自动生成的默认值约束名字是 df_表名_列名_随机数这种格式的。
- DEFAULT：默认值约束的关键字，如果省略默认值约束的名字，那么 DEFAULT 关键字直接放到 ADD 后面，同时去掉 CONSTRAINT。
- constant_expression：常量表达式，该表达式可以直接是一个具体的值，也可以是通过表达式得到一个值，但是，这个值必须与该字段的数据类型相匹配。
- col_name：设置默认值约束的列名。

【例 9-9】水果信息表创建完成后，下面给水果的备注说明列添加默认值约束，将其默认值设置为“保质期为 2 天，请注意冷藏！”。

在“查询编辑器”窗口中输入如下 T-SQL 语句：

```
ALTER TABLE fruit
ADD CONSTRAINT df_fruit_remark DEFAULT '保质期为 2 天，请注意冷藏！' FOR remark;
```

单击“执行”按钮，即可完成默认值约束的添加操作，如图 9-22 所示。打开水果信息表的设计界面，选择添加默认值的列，即可在“列属性”列表中查看添加的默认值约束信息，如图 9-23 所示。

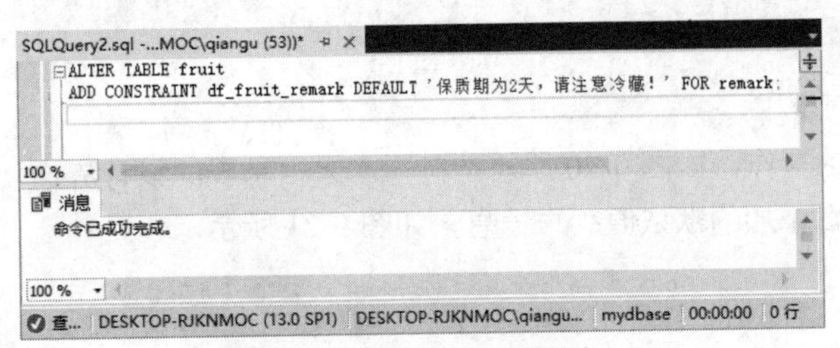

图 9-22　添加默认值约束

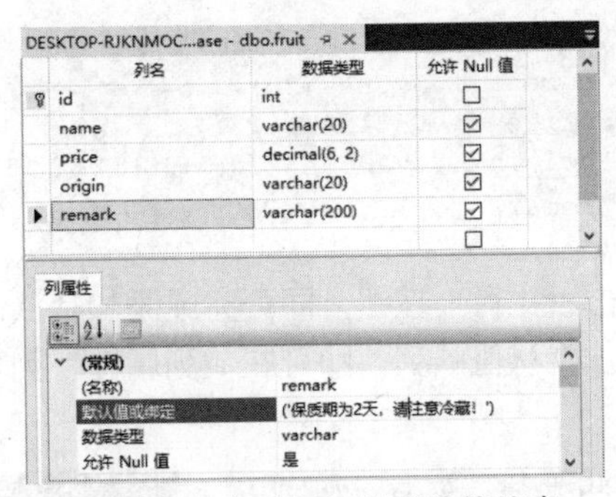

图 9-23　查看添加的默认值约束

9.4.3　删除默认值约束

当表中的某个字段不再需要默认值时，可以将默认值约束删除掉，这个操作非常简单。删除默认值约束的语法格式如下：

```
ALTER TABLE table_name
DROP CONSTRAINT default_name;
```

主要参数介绍如下。

- table_name：要删除默认值约束列所在的表名。
- default_name：默认值约束的名字。

【例 9-10】将水果信息表中添加的名称为 df_fruit_remark 的默认值约束删除。在“查询编辑器”窗口中输入如下 T-SQL 语句：

```
ALTER TABLE fruit
DROP CONSTRAINT df_fruit_remark;
```

单击“执行”按钮，即可完成默认值约束的删除操作，如图 9-24 所示。打开水果信息表的设计界面，选择删除默认值的列，即可在“列属性”列表中看到该列的默认值约束信息已经被删除，如图 9-25 所示。

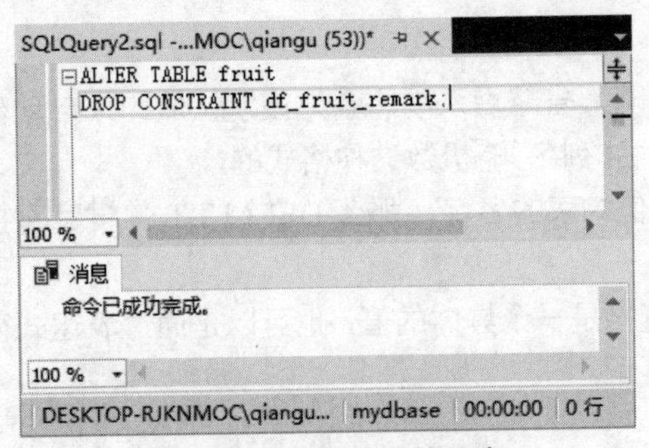

图 9-24　删除默认值约束

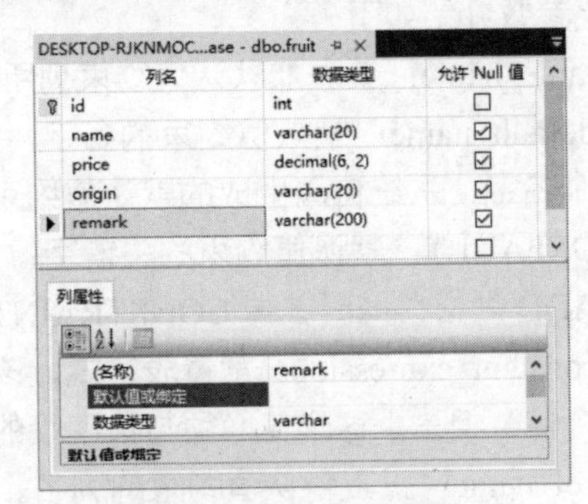

图 9-25　列属性界面

9.5　检查约束

检查约束 CHECK 可以强制域的完整性，CHECK 约束类似于 FOREIGN KEY 约束，可以控制放入列的值。例如，定义一个 age 年龄字段，可以通过添加 CHECK 约束条件，将 age 列中值的范围限制为从 0～100 的数据，这将防止输入的年龄值超出正常的年龄范围。

9.5.1 在创建表时添加检查约束

在一个数据表中，检查约束可以有多个，但是每一列只能设置一个检查约束。用户可以在创建表时添加检查约束，具体的语法格式如下：

```
CREATE TABLE table_name
(
    COLUMN_NAME1  DATATYPE CHECK(expression),
    COLUMN_NAME2  DATATYPE,
    COLUMN_NAME3  DATATYPE
    ...
);
```

主要参数介绍如下。

- CHECK：检查约束的关键字。
- expression：约束的表达式，可以是一个条件，也可以同时有多个条件。例如，设置该列的值大于 10，那么表达式可以写成 COLUMN_NAME1>10；如果设置该列的值为 10～20，就可以将表达式写成 COLUMN_NAME1>10 and COLUMN_NAME1<20。

【例 9-11】 在创建水果信息表时，给水果价格列添加检查约束，要求水果的价格大于 0 小于 20。在“查询编辑器”窗口中输入如下 T-SQL 语句：

```
CREATE TABLE fruit
(
    id        INT     PRIMARY KEY,
    name     VARCHAR(20),
    price     DECIMAL(6,2)  CHECK(price>0 and price<20),
    origin     VARCHAR(20),
    remark    VARCHAR(200),
);
```

单击“执行”按钮，即可完成添加检查约束的操作，如图 9-26 所示。打开水果信息表的设计界面，选择添加检查约束的列，右击鼠标，在弹出的快捷菜单中选择 CHECK 约束，即可打开“CHECK 约束”对话框，在其中查看添加的检查约束，如图 9-27 所示。

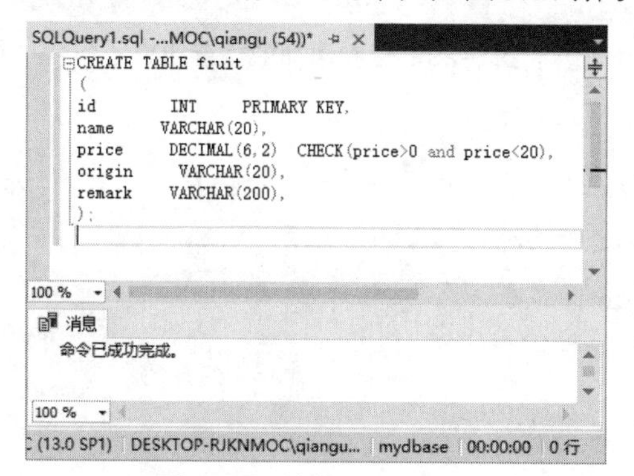

图 9-26 执行 SQL 语句

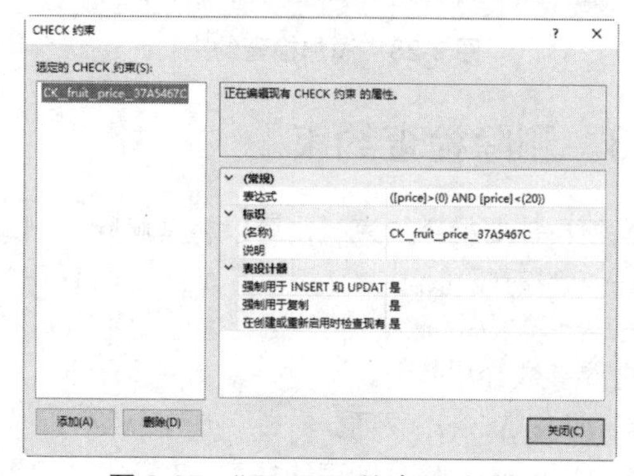

图 9-27 “CHECK 约束”对话框

注意： 检查约束可以帮助数据表检查数据确保数据的正确性，但是也不能给数据表中的每一列都设置检查约束，否则就会影响数据表中数据操作的效果。因此，在给表设置检查约束前，也要尽可能地确保设置检查约束是否真的有必要。

9.5.2 在现有表中添加检查约束

如果在创建表时没有直接添加检查约束，这时可以在现有表中添加检查约束。在现有表中添加检查约

束可以通过 ALTER TABLE 语句来完成，具体的语法格式如下：

```
ALTER TABLE table_name
ADD CONSTRAINT ck_name CHECK (expression);
```

主要参数介绍如下。

- table_name：要添加检查约束列所在的表名。
- CONSTRAINT ck_name：添加名为 ck_name 的约束。该语句可以省略，省略后系统会为添加的约束自动生成一个名字。
- CHECK (expression)：检查约束的定义，CHECK 是检查约束的关键字，expression 是检查约束的表达式。

【例 9-12】首先创建员工信息表 tb_emp，然后再给员工工资列添加检查约束，要求员工的工资大于 1800 小于 3000。在“查询编辑器”窗口中输入如下 SQL 语句：

```
ALTER TABLE tb_emp
ADD CHECK (salary > 1800 AND salary < 3000);
```

单击“执行”按钮，即可完成添加检查约束的操作，如图 9-28 所示。打开员工信息表的设计界面，选择添加检查约束的列，右击鼠标，在弹出的快捷菜单中选择 CHECK 约束，即可打开“CHECK 约束”对话框，在其中查看添加的检查约束，如图 9-29 所示。

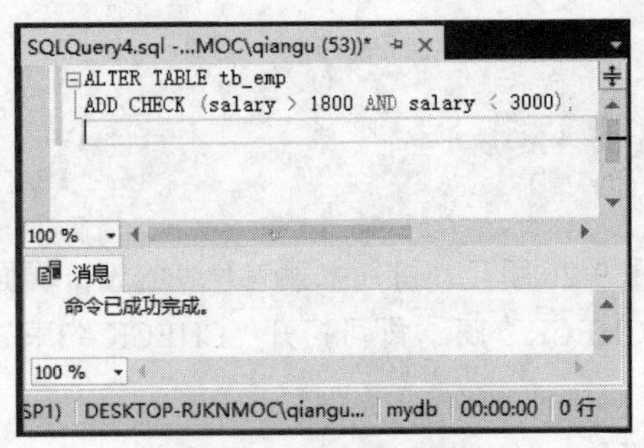

图 9-28 添加检查约束

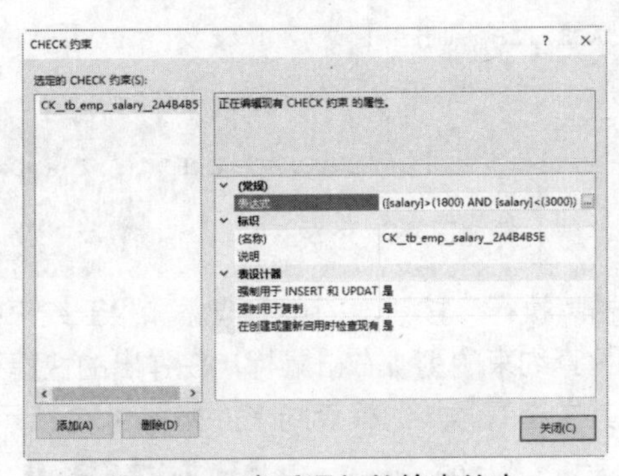

图 9-29 查看添加的检查约束

9.5.3 删除检查约束

当不再需要检查约束时，可以将其删除，删除检查约束的语法格式如下：

```
ALTER TABLE table_name
DROP CONSTRAINT ck_name;
```

主要参数介绍如下。

- table_name：表名。
- ck_name：检查约束的名字。

【例 9-13】删除员工信息表中添加的检查约束，检查约束的条件为员工的工资大于 1800 小于 3000，名字为 CK__tb_emp__salary__2A4B4B5E。在“查询编辑器”窗口中输入如下 T-SQL 语句：

```
ALTER TABLE tb_emp
DROP CONSTRAINT CK__tb_emp__salary__2A4B4B5E;
```

单击“执行”按钮，即可完成删除检查约束的操作，如图 9-30 所示。打开员工信息表的设计界面，选择删除检查约束的列，右击鼠标，在弹出的快捷菜单中选择“CHECK 约束”菜单命令，即可打开“CHECK 约束”对话框，在其中可以看到添加的检查约束已经被删除，如图 9-31 所示。

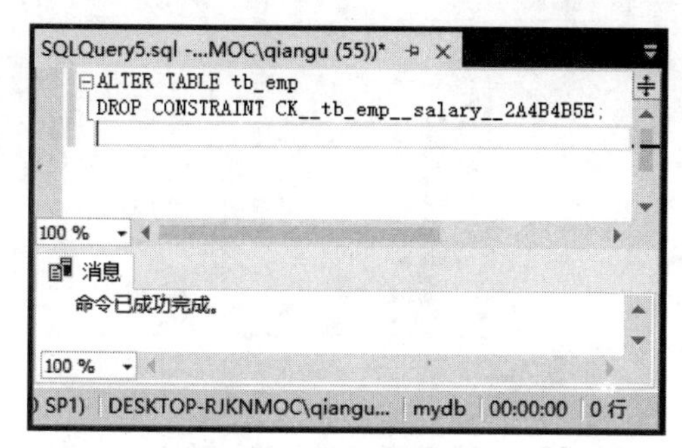

图 9-30　删除检查约束

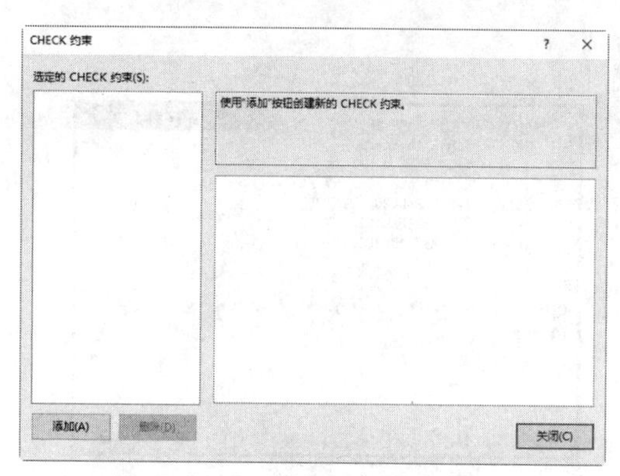

图 9-31　“CHECK 约束”对话框

9.6　唯一约束

唯一约束（UNIQUE）确保在非主键列中不输入重复的值。根据 UNIQUE 约束，表中的任何两行都不能有相同的列值。另外，主键也强制实施唯一性，但主键不允许 NULL 作为一个唯一值。

9.6.1　在创建表时添加唯一约束

在 SQL Server 中，除了使用 PRIMARY KEY 可以提供唯一约束之外，使用 UNIQUE 约束也可以指定数据的唯一性，主键约束在一张表中只能有一个，如果想要给多个列设置唯一性，就需要使用唯一约束了。

添加唯一约束比较简单，只需要在列的数据类型后面加上 UNIQUE 关键字就可以了，具体的语法格式如下：

```
CREATE TABLE table_name
(
   COLUMN_NAME1  DATATYPE UNIQUE,
   COLUMN_NAME2  DATATYPE,
   COLUMN_NAME3  DATATYPE
   ...
);
```

主要参数介绍如下。

- UNIQUE：唯一约束的关键字。

【例 9-14】定义数据表 tb_emp02，将员工名称列设置为唯一约束。在“查询编辑器”窗口中输入如下 SQL 语句：

```
CREATE TABLE tb_emp02
(
   id       INT     PRIMARY KEY,
   name    VARCHAR(20)  UNIQUE,
   tel      VARCHAR(20),
   remark   VARCHAR(200),
);
```

单击“执行”按钮，即可完成添加唯一约束的操作，如图 9-32 所示。打开数据表 tb_emp02 的设计界面，右击鼠标，在弹出的快捷菜单中选择“索引/键”菜单命令，即可打开“索引/键”对话框，在其中可以查看添加的唯一约束，如图 9-33 所示。

注意：UNIQUE 和 PRIMARY KEY 的区别：一张表中可以有多个字段声明为 UNIQUE，但只能有一个 PRIMARY KEY 声明；声明为 PRIMAY KEY 的列不允许有空值，但是声明为 UNIQUE 的字段允许空值（NULL）的存在。

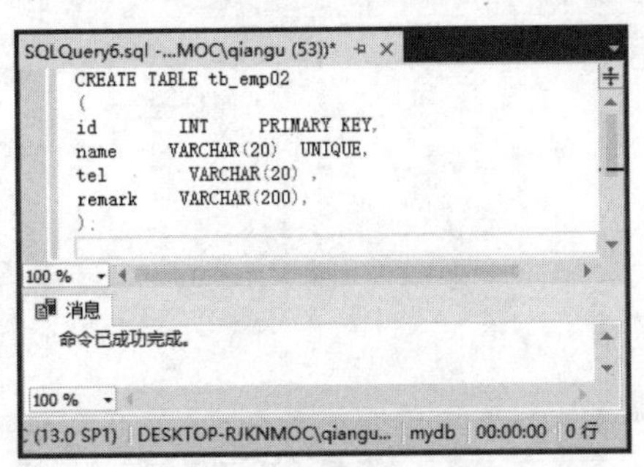

图 9-32 添加唯一约束

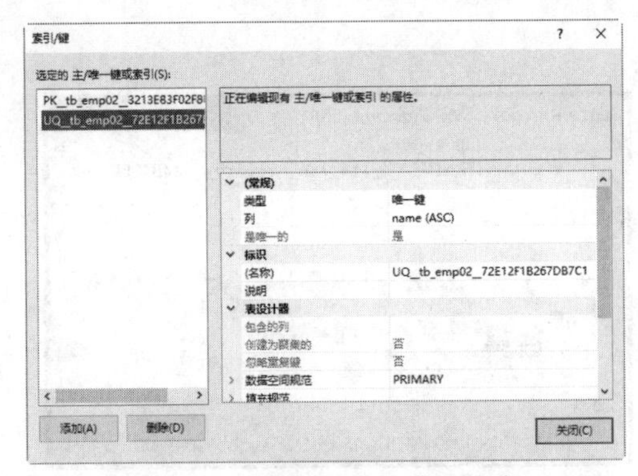

图 9-33 查看添加的唯一约束

9.6.2 在现有表中添加唯一约束

在现有表中添加唯一约束的方法只有一种，而且在添加唯一约束时，需要保证添加唯一约束的列中存放的值是没有重复的。在现有表中添加唯一约束的语法格式如下：

```
ALTER TABLE table_name
ADD CONSTRAINT uq_name UNIQUE(col_name);
```

主要参数介绍如下。

- table_name：要添加唯一约束列所在的表名。
- CONSTRAINT uq_name：添加名为 uq_name 的约束。该语句可以省略，省略后系统会为添加的约束自动生成一个名字。
- UNIQUE(col_name)：唯一约束的定义，UNIQUE 是唯一约束的关键字，col_name 是唯一约束的列名。如果想要同时为多个列设置唯一约束，就要省略掉唯一约束的名字，名字由系统自动生成。

【例 9-15】首先创建水果信息表 fruit，然后给水果信息表中的名称添加唯一约束。在“查询编辑器”窗口中输入如下 SQL 语句：

```
ALTER TABLE fruit
ADD CONSTRAINT uq_fruit_name UNIQUE(name);
```

单击“执行”按钮，即可完成添加唯一约束的操作，如图 9-34 所示。打开水果信息表的设计界面，右击鼠标，在弹出的快捷菜单中选择“索引/键”菜单命令，即可打开“索引/键”对话框，在其中可以查看添加的唯一约束，如图 9-35 所示。

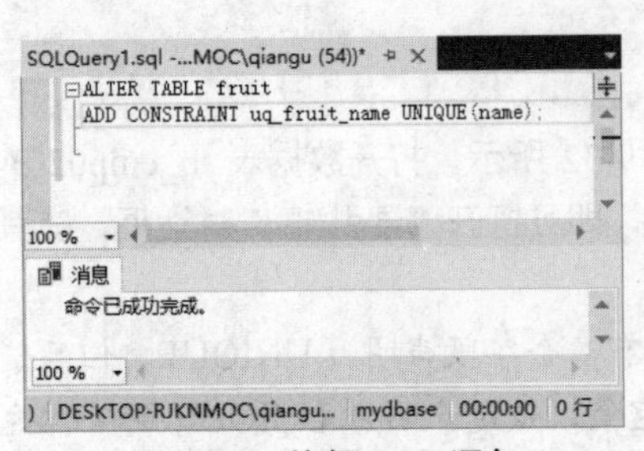

图 9-34 执行 SQL 语句

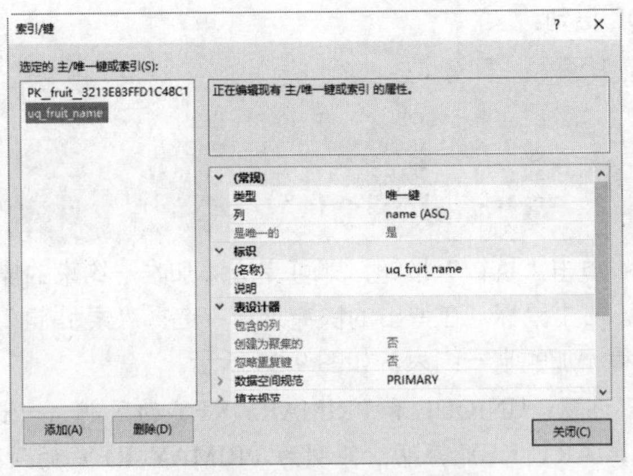

图 9-35 “索引/键”对话框

9.6.3 删除唯一约束

任何一个约束都是可以被删除的，删除唯一约束的方法很简单，具体的语法格式如下：

```
ALTER TABLE table_name
DROP CONSTRAINT uq_name;
```

主要参数介绍如下。

- table_name：表名。
- uq_name：唯一约束的名字。

【例 9-16】删除水果信息表中名称列的唯一约束。在“查询编辑器”窗口中输入如下 SQL 语句：

```
ALTER TABLE fruit
DROP CONSTRAINT uq_fruit_name;
```

单击“执行”按钮，即可完成删除唯一约束的操作，如图 9-36 所示。打开水果信息表的设计界面，右击鼠标，在弹出的快捷菜单中选择“索引/键”菜单命令，即可打开“索引/键”对话框，在其中可以看到名称 name 列的唯一约束被删除，如图 9-37 所示。

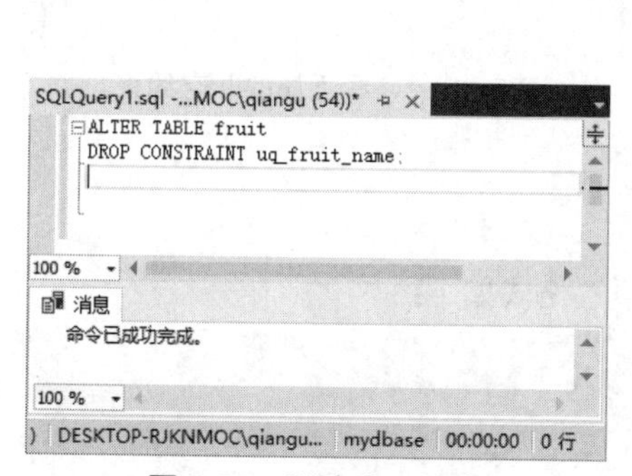

图 9-36 删除唯一约束

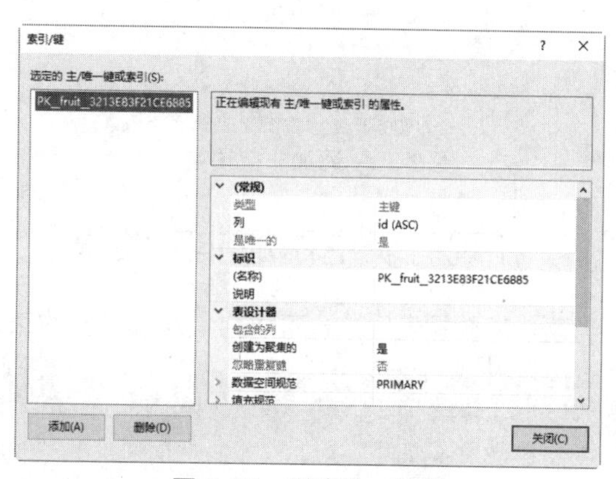

图 9-37 删除唯一约束

9.7 非空约束

列的非空性决定表中的行是否允许该列包含空值。空值（或 NULL）不同于零、空白或为零的字符串，NULL 的意思是没有输入，出现 NULL 通常表示值未知或未定义。定义为主键的列，系统强制为非空约束。

9.7.1 在创建表时添加非空约束

非空约束通常都是在创建数据表时就添加了，添加非空约束的操作很简单，只需要在列后添加 NOT NULL。对于设置了主键约束的列，就没有必要设置非空约束了，添加非空约束的语法格式如下：

```
CREATE TABLE table_name
(
   COLUMN_NAME1  DATATYPE NOT NULL,
   COLUMN_NAME2  DATATYPE NOT NULL,
   COLUMN_NAME3  DATATYPE
   ...
);
```

【例 9-17】定义人员信息表 persons，将名称和出生年月列设置为非空约束。在"查询编辑器"窗口中输入如下 SQL 语句：

```
CREATE TABLE persons
(
   id      INT  PRIMARY KEY,
   name   VARCHAR(25)  NOT NULL,
   birth    DATETIME    NOT NULL,
   info    VARCHAR(200),
);
```

单击"执行"按钮，即可完成添加非空约束的操作，如图 9-38 所示。打开人员信息表的设计界面，在其中可以看到 id、name 和 birth 列不允许为 NULL 值，如图 9-39 所示。

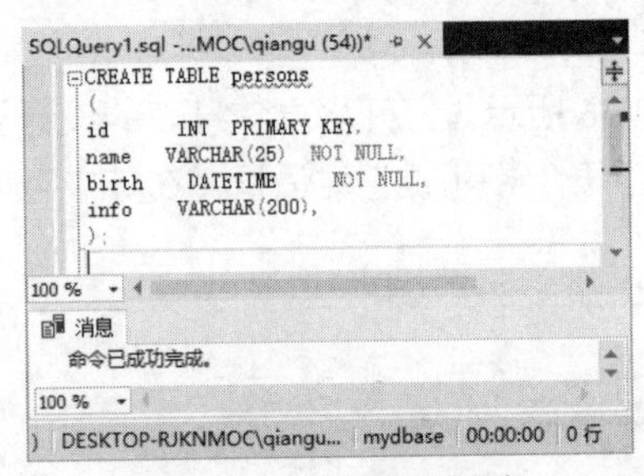

图 9-38　添加非空约束

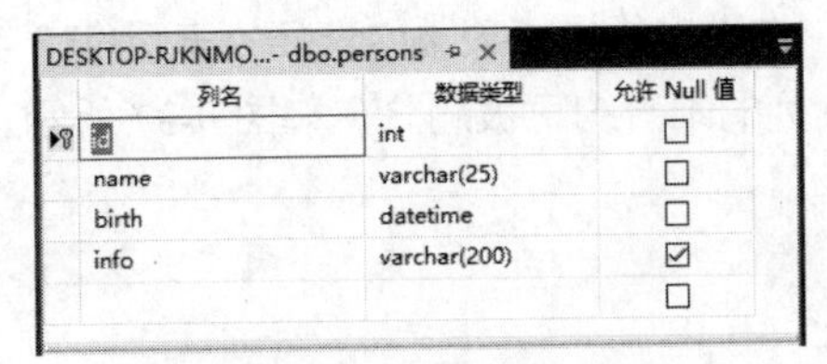

图 9-39　查看添加的非空约束

9.7.2　在现有表中添加非空约束

当创建好数据表后，也可以为其添加非空约束，具体的语法格式如下：

```
ALTER TABLE table_name
ALTER COLUMN col_name datatype NOT NULL;
```

主要参数介绍如下。

- table_name：表名。
- col_name：要为其添加非空约束的列名。
- datatype：列的数据类型，如果不修改数据类型，还要使用原来的数据类型。
- NOT NULL：非空约束的关键字。

【例 9-18】在现有学生信息表 students 中，为学生姓名添加非空约束。在"查询编辑器"窗口中输入如下 T-SQL 语句：

```
ALTER TABLE students
ALTER COLUMN name VARCHAR(50) NOT NULL;
```

单击"执行"按钮，即可完成添加非空约束的操作，如图 9-40 所示。打开学生信息表的设计界面，在其中可以看到 name 列不允许为 NULL 值，如图 9-41 所示。

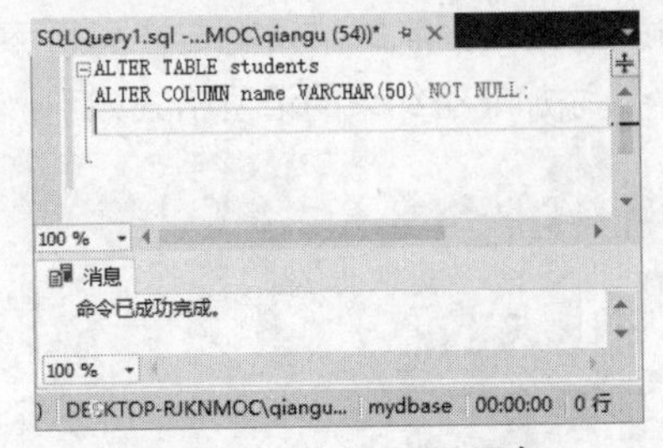

图 9-40　执行 SQL 语句

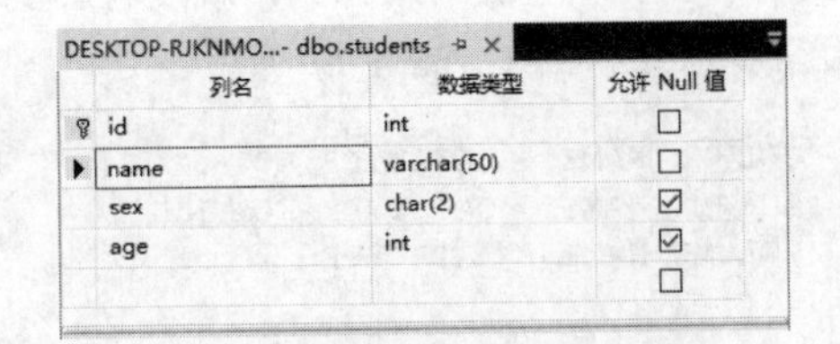

图 9-41　查看添加的非空约束

9.7.3 删除非空约束

非空约束的删除操作很简单，只需要将数据类型后的 NOT NULL 修改为 NULL 即可，具体的语法格式如下：

```
ALTER TABLE table_name
ALTER COLUMN col_name datatype NULL;
```

【例 9-19】在现有数据表 students 中，删除学生姓名列的非空约束。在“查询编辑器”窗口中输入如下 SQL 语句：

```
ALTER TABLE students
ALTER COLUMN name VARCHAR(50) NULL;
```

单击“执行”按钮，即可完成删除非空约束的操作，如图 9-42 所示。打开学生信息表的设计界面，在其中可以看到 name 列允许为 NULL 值，如图 9-43 所示。

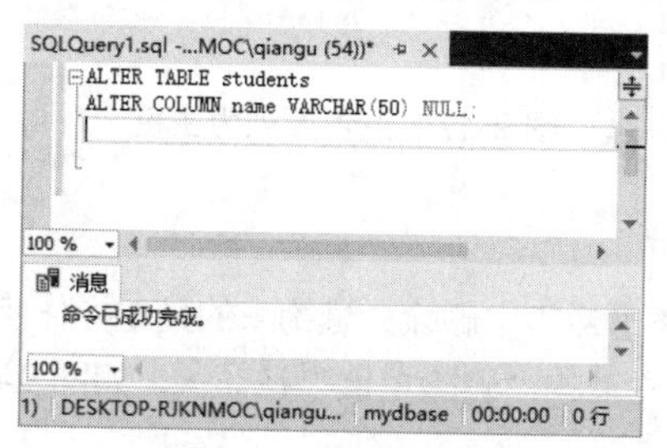

图 9-42 删除非空约束

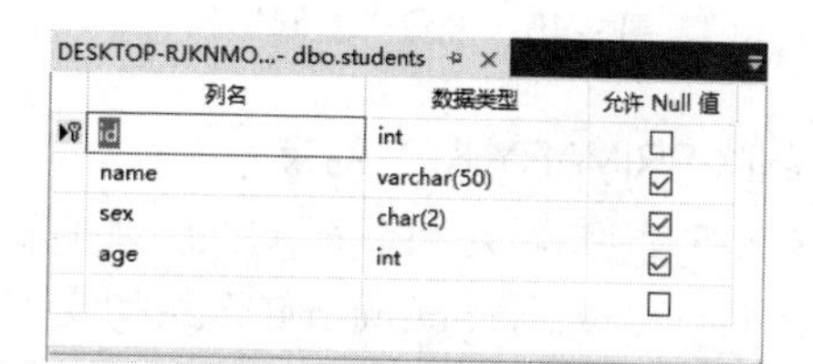

图 9-43 查看删除非空约束后的效果

9.8 在 SSMS 中管理约束条件

除了使用 SQL 语句设置表中的约束条件外，还可以在 SSMS 中管理表中的约束条件。本节就来介绍管理约束条件的方法。

9.8.1 管理主键约束

使用“对象资源管理器”可以以界面方式管理主键约束，这里以 member 表为例，介绍添加与删除 PRIMARY KEY 约束的过程。

1. 添加 PRIMARY KEY 约束

使用“对象资源管理器”添加 PRIMARY KEY 约束，对 test 数据库中的 member 表中的 id 字段建立 PRIMARY KEY，具体操作步骤如下。

步骤 1：在“对象资源管理器”窗口中选择 test 数据库中的 member 表，然后右击鼠标，在弹出的快捷菜单中选择“设计”菜单命令，如图 9-44 所示。

步骤 2：打开表设计窗口，在其中选择“id”字段对应的行，右击鼠标，在弹出的快捷菜单中选择“设置主键”菜单命令，如图 9-45 所示。

步骤 3：设置完成之后，id 所在行会有一个钥匙图标，表示这是主键列，如图 9-46 所示。

步骤 4：如果主键由多列组成，可以选中某一列的同时，按 Ctrl 键选择多行，然后右击在弹出的快捷菜单中选择“主键”菜单命令，即可将多列设为主键，如图 9-47 所示。

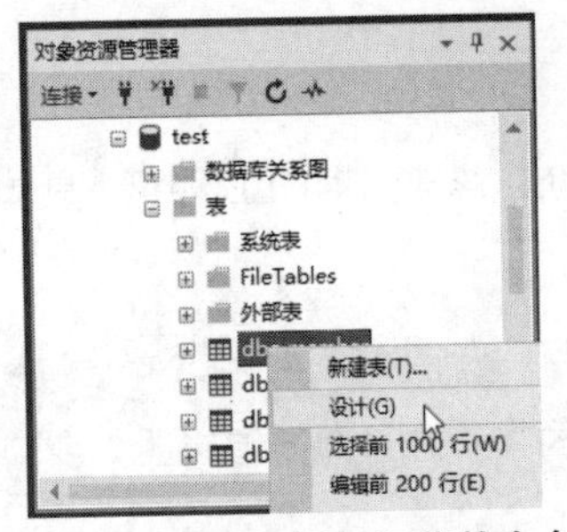

图 9-44　选择“设计”菜单命令

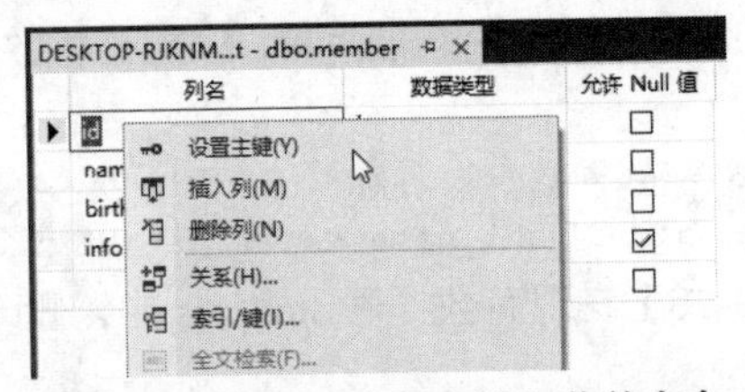

图 9-45　选择“设置主键”菜单命令

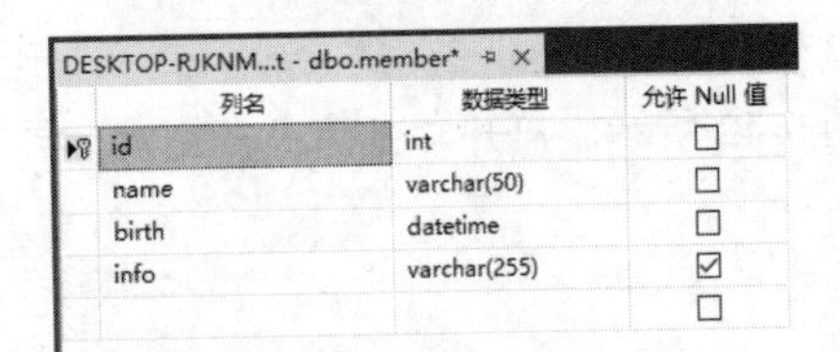

图 9-46　设置“主键”列

图 9-47　设置多列为主键

2. 删除 PRIMARY KEY 约束

当不再需要使用约束的时候，可以将其删除。在“对象资源管理器”中删除主键约束的具体操作步骤如下。

步骤 1：打开数据表 member 的表结构设计窗口，单击工具栏上的“删除主键”按钮，如图 9-48 所示。

步骤 2：表中的主键被删除，如图 9-49 所示。

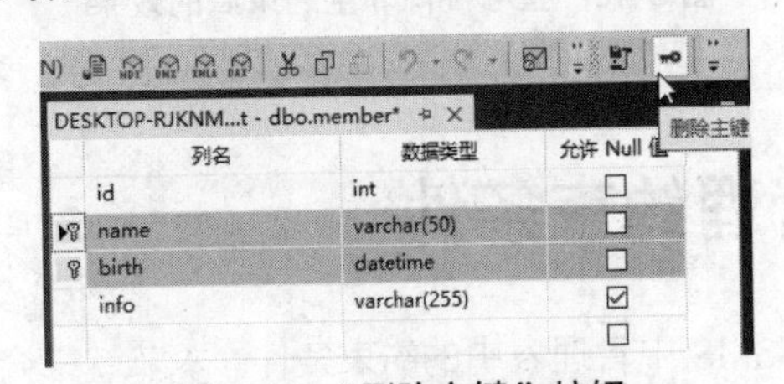

图 9-48　“删除主键”按钮

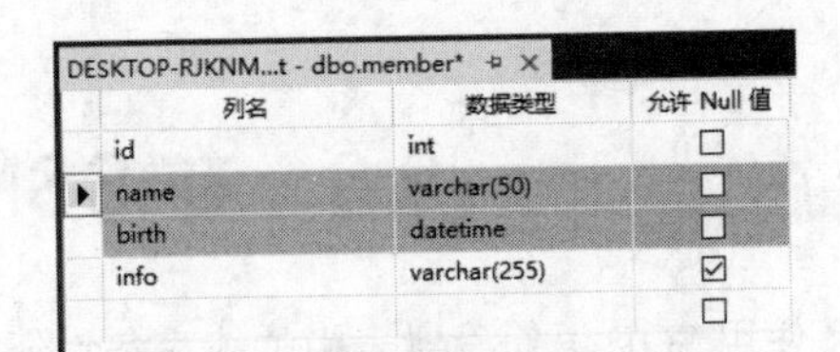

图 9-49　删除表中的多列主键

另外，通过“索引/键”对话框也可以删除主键约束，具体操作步骤如下。

步骤 1：打开数据表 member 的表结构设计窗口，单击工具栏中的“管理索引和键”按钮或者右击鼠标，在弹出的快捷菜单中选择“索引/键”菜单命令，打开“索引/键”对话框。如图 9-50 所示。

步骤 2：选择要删除的索引或键，单击“删除”按钮。用户在这里可以选择删除 member 表中的主键约束，如图 9-51 所示。

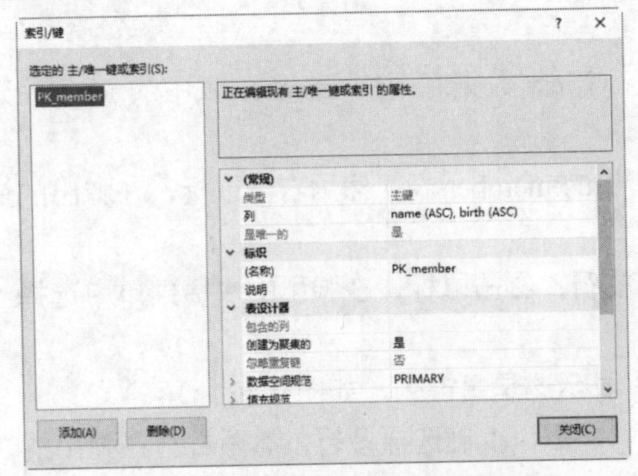

图 9-50　“索引/键”对话框

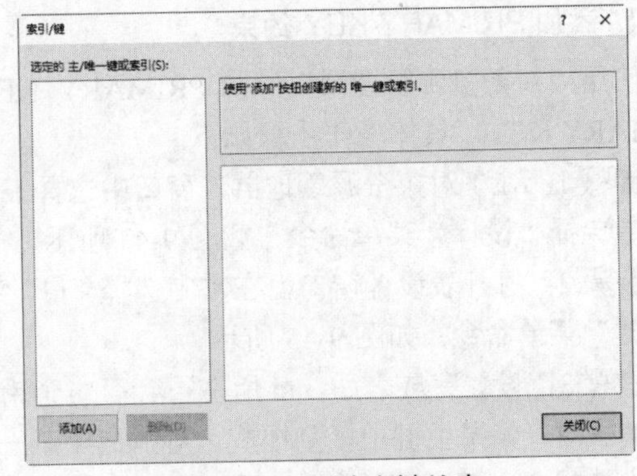

图 9-51　删除主键约束

步骤 3：删除完成之后，单击“关闭”按钮，删除主键约束操作成功。

9.8.2　管理外键约束

使用 SSMS 工具操作界面中，设置数据表的外键约束要比设置主键约束复杂一些，这里以添加和删除外键约束为例，介绍使用 SSMS 管理外键约束的方法。这里以水果信息表（见表 9-1）与水果供应商表（见表 9-2）为例，介绍添加与删除外键约束的过程。

表 9-1　水果信息表结构

字段名称	数据类型	备　注
id	INT	编号
name	VARCHAR(20)	名称
price	DECIMAL(6, 2)	价格
origin	VARCHAR(20)	产地
supplierid	INT	供应商编号
remark	VARCHAR(200)	备注说明

表 9-2　水果供应商表结构

字段名称	数据类型	备　注
id	INT	编号
name	VARCHAR(20)	名称
tel	VARCHAR(15)	电话
remark	VARCHAR(200)	备注说明

1．添加 FOREIGN KEY 约束

在“对象资源管理器”中，添加外键约束的操作步骤如下。

步骤 1：在“对象资源管理器”中，选择要添加水果信息表的数据库，这里选择 test 数据库，然后展开表结点并右击鼠标，在弹出的快捷菜单中选择“新建”→“表”选项，即可进入表设计界面，按照如表 9-1 所示的结构添加水果信息表，如图 9-52 所示。

步骤 2：参照步骤 1 的方法，添加水果供应商表，如图 9-53 所示。

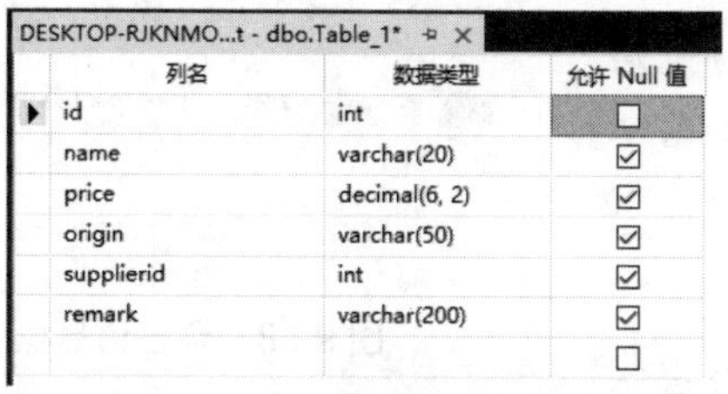

图 9-52　水果信息表设计界面

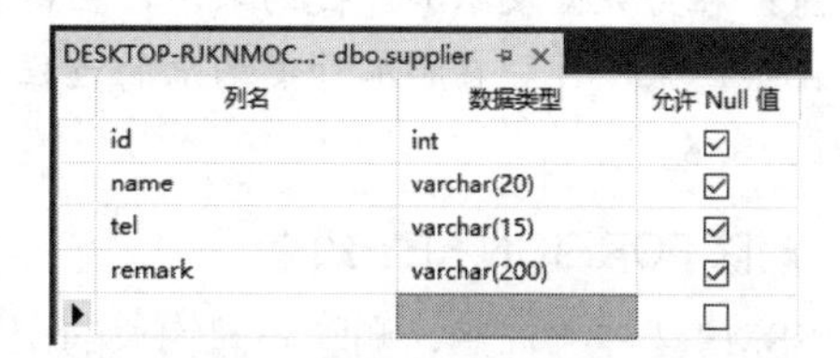

图 9-53　水果供应商表设计界面

步骤 3：选择水果信息表 fruit，在表设计界面中右击鼠标，在弹出的快捷菜单中选择“关系”选项，如图 9-54 所示。

步骤 4：打开“外键关系”对话框，在其中单击“添加”按钮，即可添加选定的关系，然后选择“表和规

范”选项，如图 9-55 所示。

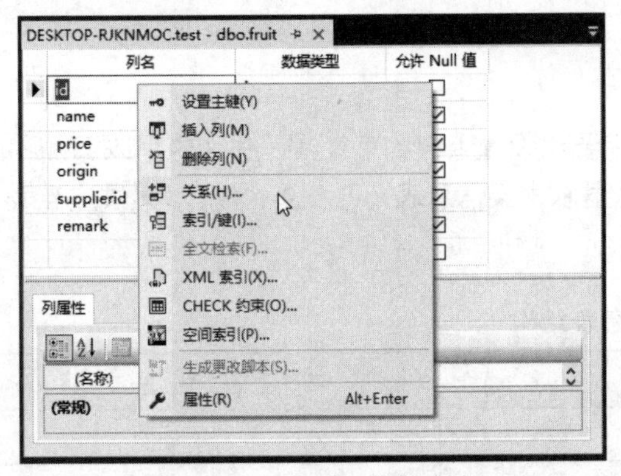

图 9-54 “关系”菜单命令

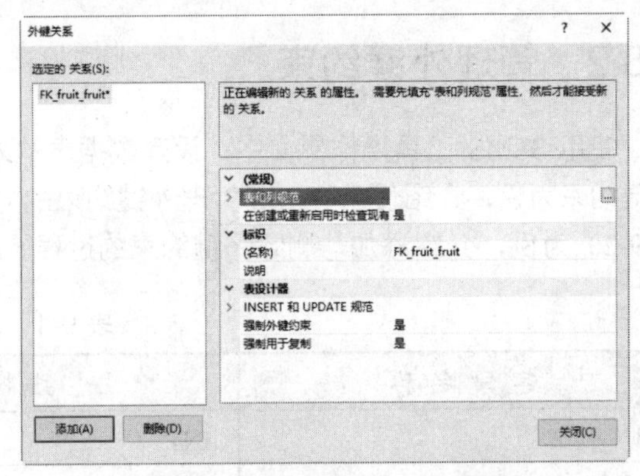

图 9-55 “外键关系”对话框

步骤 5：单击“表和规范”右侧的...按钮，打开“表和列”对话框，从中可以看到左侧是主键表，右侧是外键表，如图 9-56 所示。

步骤 6：这里要求给水果信息表添加外键约束，因此外键表是水果信息表，主键表是水果供应商表，根据要求，设置主键表与外键表，如图 9-57 所示。

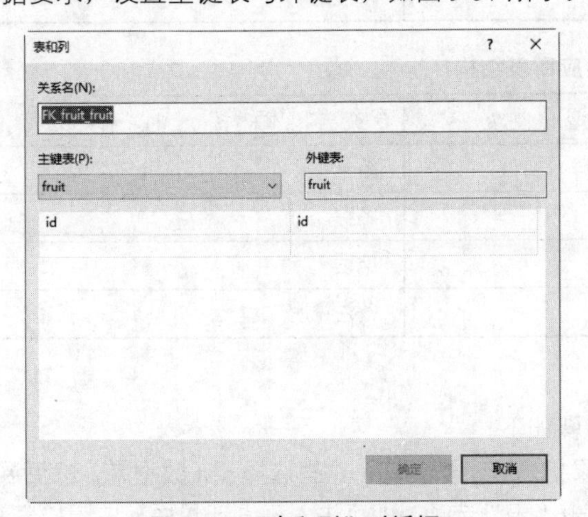

图 9-56 “表和列”对话框

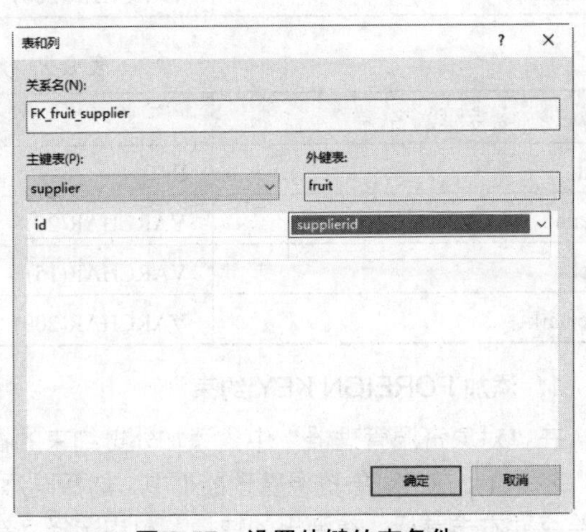

图 9-57 设置外键约束条件

步骤 7：设置完毕后，单击“确定”按钮，即可完成外键约束的添加操作。

注意：*在为数据表添加外键约束时，主键表与外键表必须添加相应的主键约束，否则在添加外键约束的过程中，会弹出警告信息框，如图 9-58 所示。*

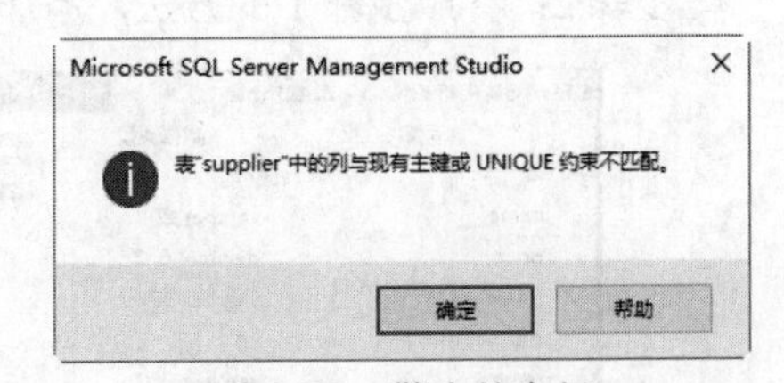

图 9-58 警告信息框

2. 删除 FOREIGN KEY 约束

在 SSMS 工作界面中，删除外键约束的操作很简单，具体操作步骤如下。

步骤 1：打开添加有外键约束的数据表，这里打开水果信息表的设计界面，如图 9-59 所示。

步骤 2：在水果信息表中右击鼠标，在弹出的快捷菜单中选择“关系”菜单命令，打开“外键关系”对话框，如图 9-60 所示。

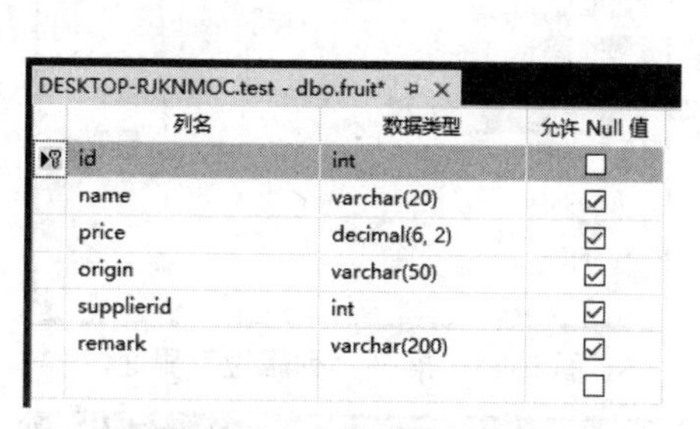

图 9-59　水果表设计界面

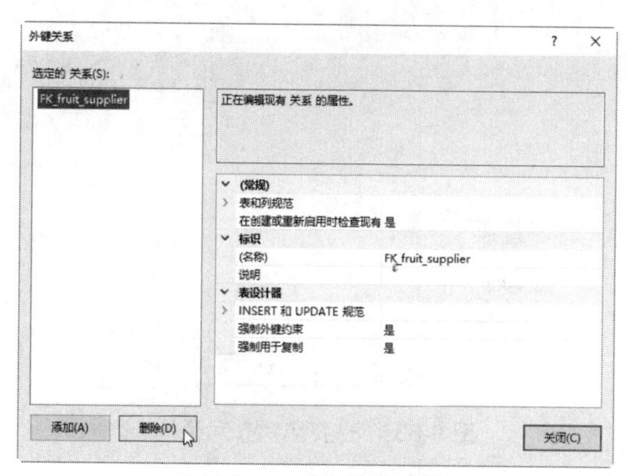

图 9-60　删除外键约束

步骤 3：在“选定的关系”列表中选择要删除的外键约束，单击“删除”按钮，即可将其外键约束删除。

9.8.3　管理默认值约束

在 SSMS 中添加和删除默认值约束非常简单，不过需要注意给列添加默认值约束时要使默认值与列的数据类型相匹配，如果是字符类型，需要添加相应的单引号。

下面以创建水果信息表并添加默认值约束为例，来介绍使用 SSMS 管理默认值约束的方法，具体操作步骤如下。

步骤 1：进入 SSMS 工作界面，在“对象资源管理器”窗格中，展开要创建数据表的数据库结点，右击该数据库下的表结点，在弹出的快捷菜单中选择“新建”→“表”选项，进入新建表设计界面，如图 9-61 所示。

步骤 2：录入水果信息表的列信息，如图 9-62 所示。

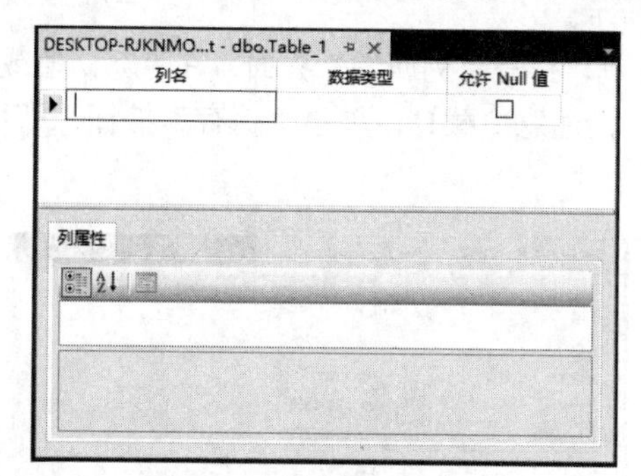

图 9-61　新建表设计界面

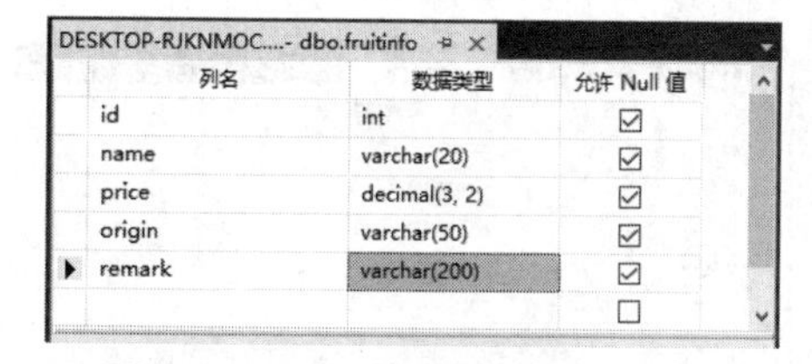

图 9-62　录入水果信息表字段内容

步骤 3：单击“保存”按钮，打开“选择名称”对话框，在其中输入表名为“fruitinfo”，单击“确定”按钮，即可保存创建的数据表，如图 9-63 所示。

步骤 4：选择需要添加默认值约束的列，这里选择 origin 列，展开“列属性”界面，如图 9-64 所示。

步骤 5：选择“默认值或绑定”选项，在右侧的文本框中输入默认值约束的值，这里输入“海南”，如图 9-65 所示。

步骤 6：单击“保存”按钮，即可完成添加数据表时添加默认值约束的操作，如图 9-66 所示。

提示：在“对象资源管理器”中，给表中的列设置默认值时，可以对字符串类型的数据省略单引号，如果省略了单引号，系统会在保存表信息时自动为其加上单引号。

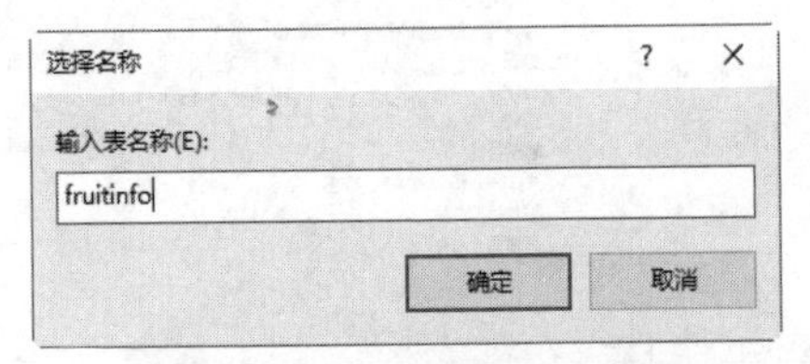

图 9-63 “选择名称”对话框

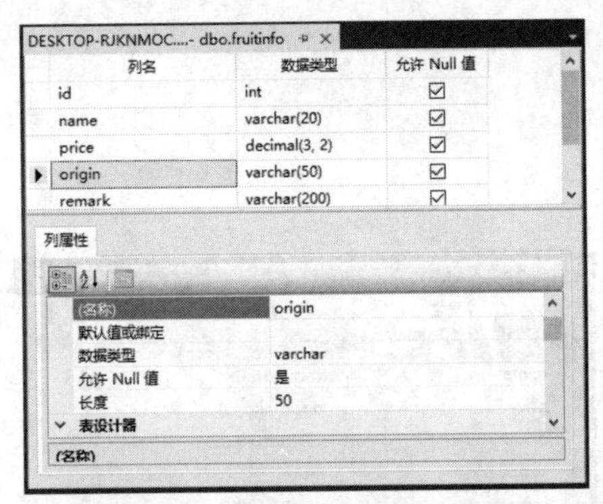

图 9-64 展开“列属性”界面

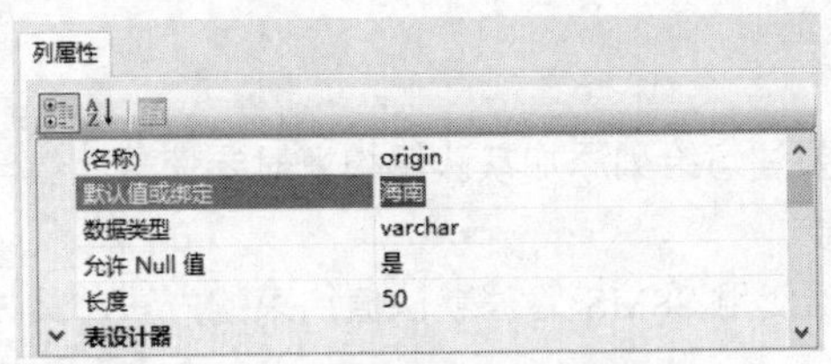

图 9-65 输入默认值约束的值

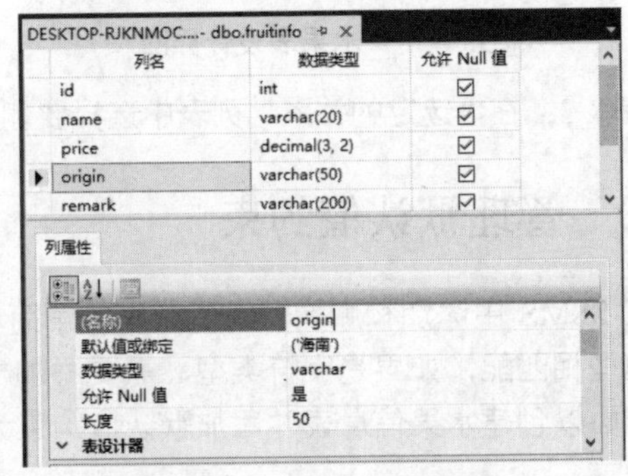

图 9-66 添加默认值约束

在创建好数据表后，也可以添加默认值约束，具体操作步骤如下。

步骤 1：选择需要添加默认值约束的表，这里选择水果信息表 fruitinfo，然后右击鼠标，在弹出的快捷菜单中选择“设计”选项，进入表的设计界面，如图 9-67 所示。

步骤 2：选择要添加默认值约束的列，这里选择 remark 列，打开“列属性”界面，在“默认值或绑定”选项后，输入默认值约束的值，这里输入“保质期为 1 天，请注意冷藏！”，单击“保存”按钮，即可完成在现有表中添加默认值约束的操作，如图 9-68 所示。

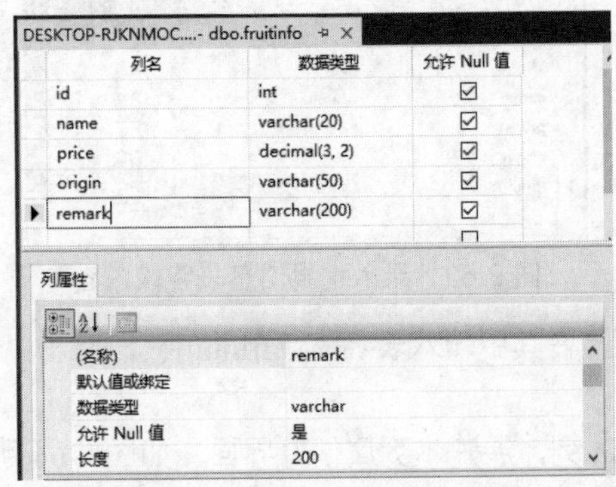

图 9-67 水果信息表设计界面

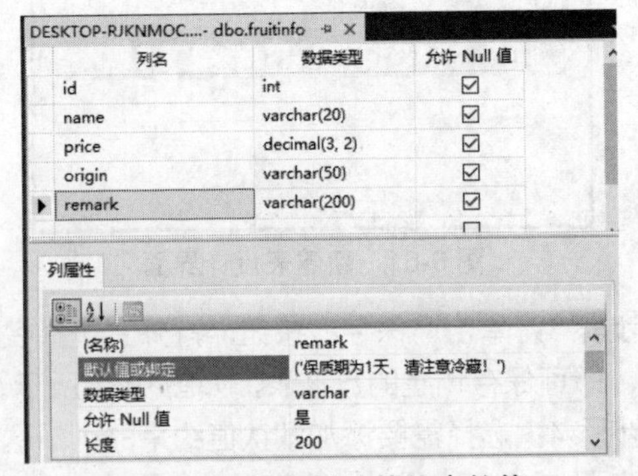

图 9-68 输入默认值约束的值

在 SSMS 工作界面中，删除默认值约束与添加默认值约束很像，只需要将默认值或绑定右侧的值清空即可。具体操作步骤如下。

步骤 1：选择需要删除默认值约束的工作表，这里选择水果信息表 fruitinfo，然后右击鼠标，在弹出的快捷菜单中选择“设计”选项，进入表的设计界面，选择需要删除默认值约束的列，这里选择 origin 列，打开“列属性”界面，如图 9-69 所示。

步骤 2：选择“默认值或绑定”列，然后删除其右侧的值，最后单击“确定”按钮，即可保存删除默认值约束后的数据表，如图 9-70 所示。

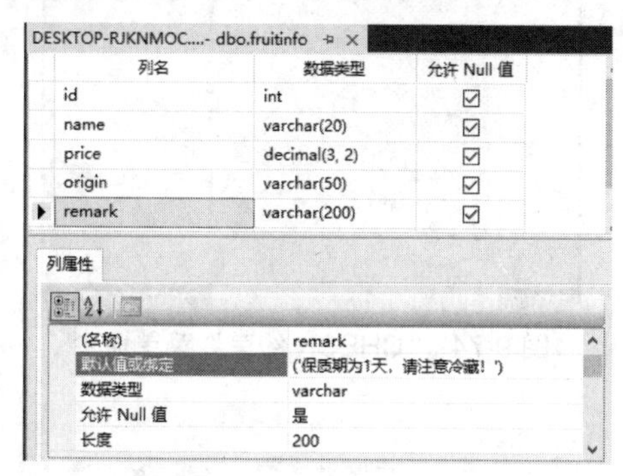

图 9-69 origin 列属性界面

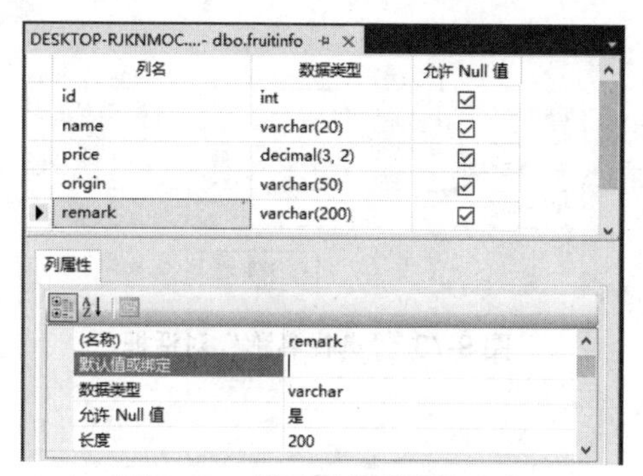

图 9-70 删除列的默认值约束

9.8.4 管理检查约束

在 SSMS 中添加和删除检查约束非常简单，下面以创建员工信息表并添加检查约束为例，介绍使用 SSMS 管理检查约束的方法，具体操作步骤如下。

步骤 1：进入 SSMS 工作界面，在“对象资源管理器”窗格中，展开要创建数据表的数据库结点，右击该数据库下的表结点，在弹出的快捷菜单中选择“新建”→“表”选项，进入新建表设计界面，如图 9-71 所示。

步骤 2：录入员工信息表的列信息，如图 9-72 所示。

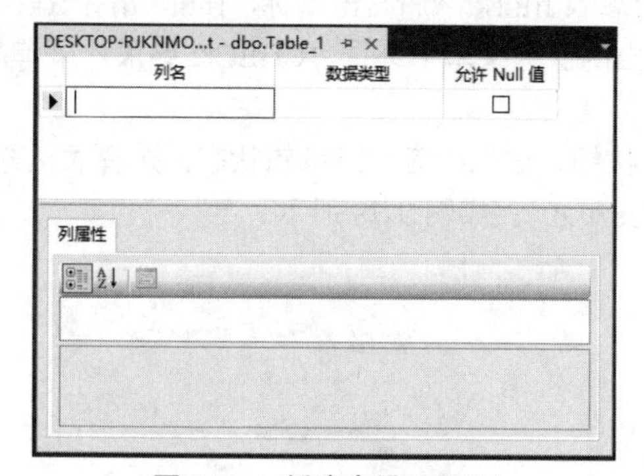

图 9-71 新建表设计界面

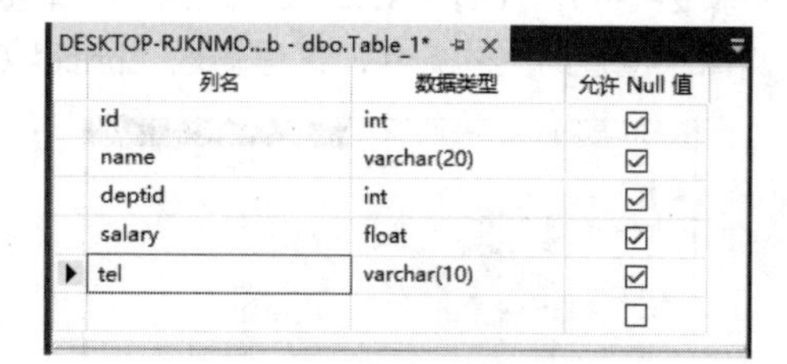

图 9-72 录入员工信息表

步骤 3：单击“保存”按钮，打开“选择名称”对话框，在其中输入表名为“tb_emp01”，单击“确定”按钮，即可保存创建的数据表，如图 9-73 所示。

步骤 4：选择需要添加检查约束的列，这里选择 salary 列，右击鼠标，在弹出的快捷菜单中选择“CHECK 约束”菜单命令，如图 9-74 所示。

步骤 5：打开“CHECK 约束”对话框，单击“添加”按钮，进入检查约束编辑状态，如图 9-75 所示。

步骤 6：选择表达式，然后右侧输入检查约束的条件，这里输入“salary > 1800 AND salary < 3000”，如图 9-76 所示。

步骤 7：单击“关闭”按钮，关闭“CHECK 约束”对话框，然后单击“保存”按钮，保存数据表，即可完成检查约束的添加。

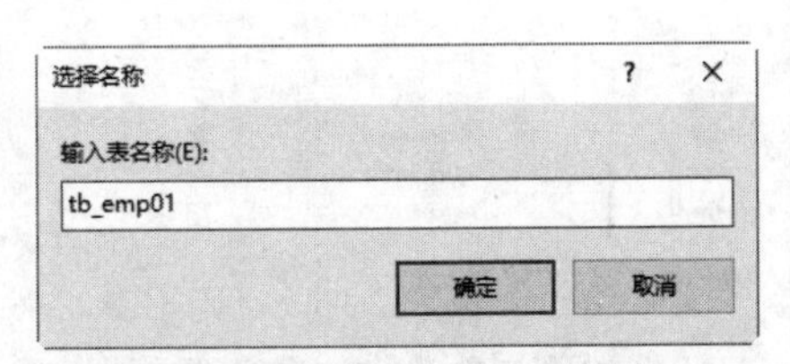

图 9-73 “选择名称”对话框

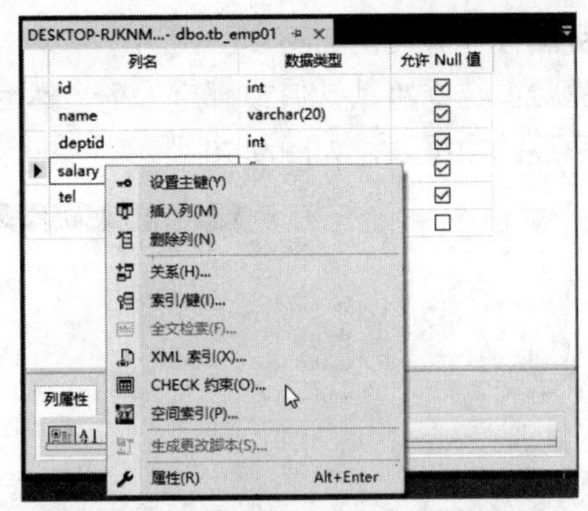

图 9-74 “CHECK 约束”菜单命令

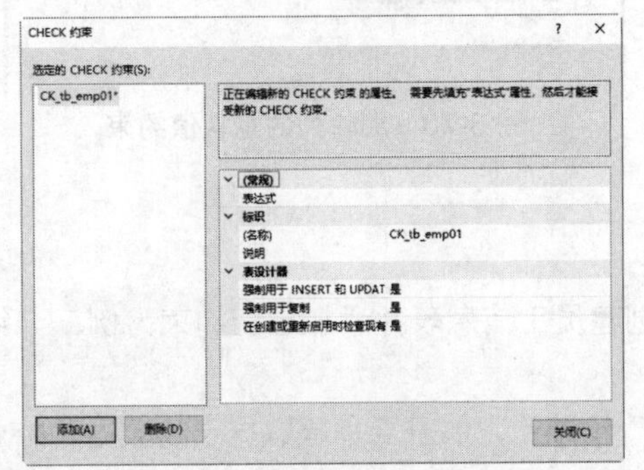

图 9-75 检查约束编辑状态

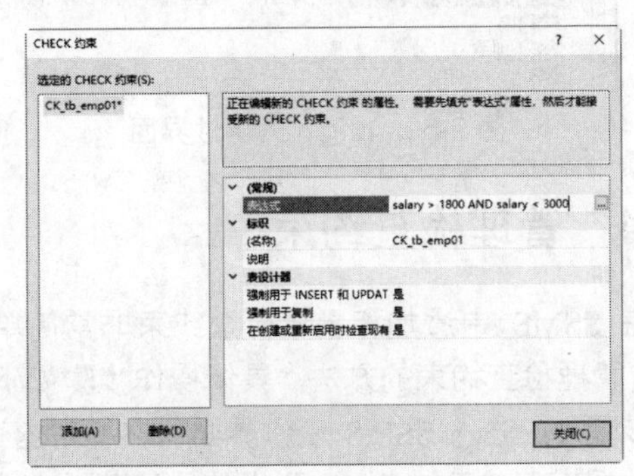

图 9-76 输入表达式

在创建好数据表后，也可以添加检查约束，具体操作步骤如下。

步骤 1：选择需要添加检查约束的表，这里选择水果信息表 fruit，然后右击鼠标，在弹出的快捷菜单中选择“设计”选项，进入表的设计界面，右击鼠标，在弹出的快捷菜单中选择“CHECK 约束”菜单命令，如图 9-77 所示。

步骤 2：打开“CHECK 约束”对话框，单击“添加”按钮，进入检查约束编辑状态，选择表达式，然后右侧输入检查约束的条件，这里输入“price> 0 AND price < 20”，如图 9-78 所示。

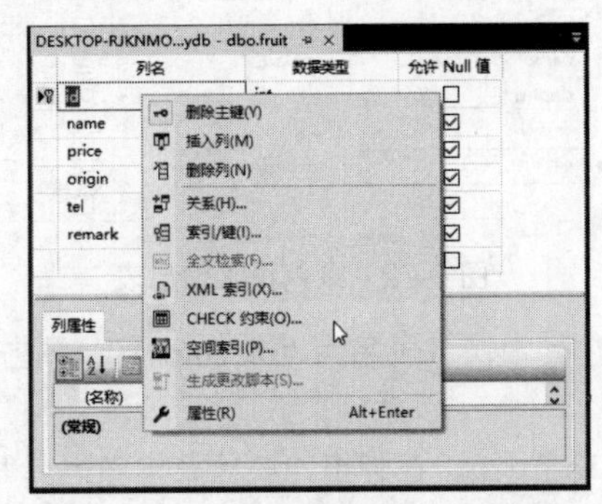

图 9-77 “CHECK 约束”菜单命令

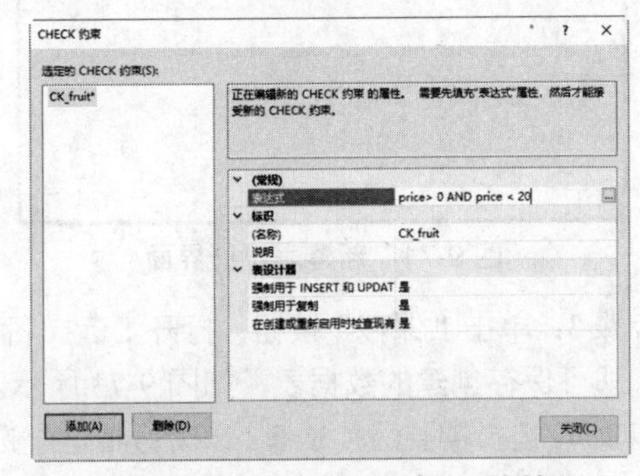

图 9-78 “CHECK 约束”对话框

步骤 3：单击“关闭”按钮，关闭“CHECK 约束”对话框，然后单击“保存”按钮，保存数据表，即可完成检查约束的添加。

在 SSMS 工作界面中，删除检查约束与添加检查约束很像，只需要在“CHECK 约束”对话框中选择要删除的检查约束，然后单击“删除”按钮，最后再单击“保存”按钮，即可删除数据表中添加的检查约束，如图 9-79 所示。

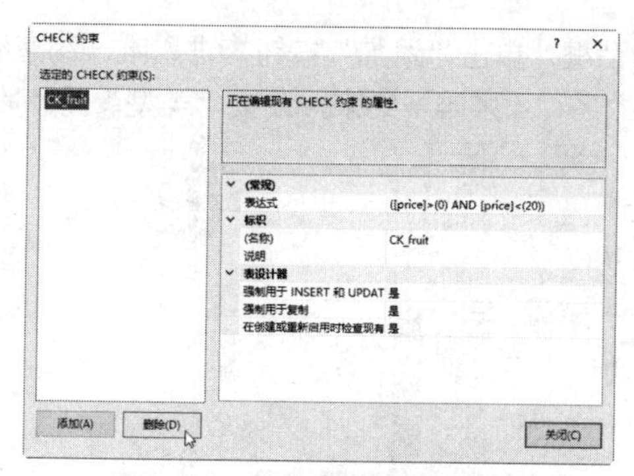

图 9-79　删除选择的检查约束

9.8.5　管理唯一约束

在 SSMS 中添加和删除唯一约束非常简单，下面以创建客户信息表并为名称列添加唯一约束为例，介绍使用 SSMS 管理唯一约束的方法，具体操作步骤如下。

步骤 1：进入 SSMS 工作界面，在“对象资源管理器”窗格中，展开要创建数据表的数据库结点，右击该数据库下的表结点，在弹出的快捷菜单中选择“新建”→“表”选项，进入新建表设计界面，如图 9-80 所示。

步骤 2：录入客户信息表的列信息，如图 9-81 所示。

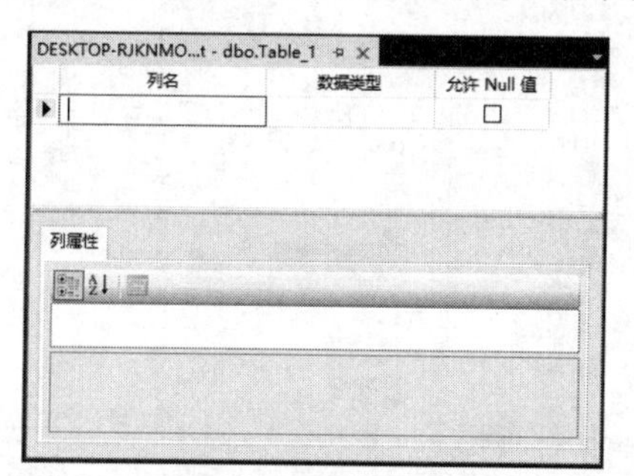

图 9-80　新建表设计界面

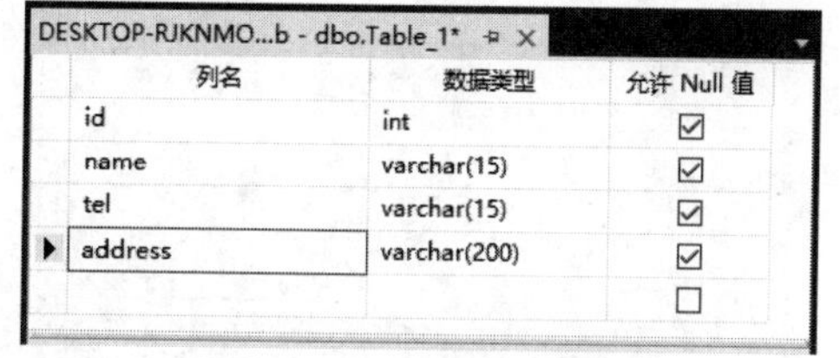

图 9-81　录入客户信息表

步骤 3：单击“保存”按钮，打开“选择名称”对话框，在其中输入表名为 customer，单击“确定”按钮，即可保存创建的数据表，如图 9-82 所示。

步骤 4：进入 customer 表设计界面，右击鼠标，在弹出的快捷菜单中选择“索引/键”菜单命令，如图 9-83 所示。

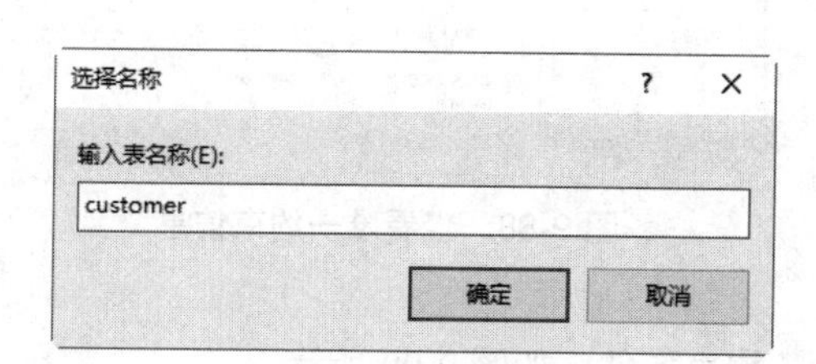

图 9-82　输入表的名称

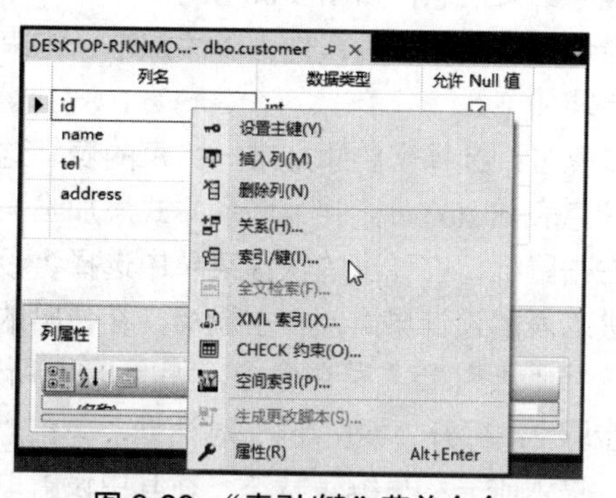

图 9-83　“索引/键”菜单命令

步骤 5：打开“索引/键”对话框，单击“添加”按钮，进入唯一约束编辑状态，如图 9-84 所示。

步骤 6：这里为客户信息表的名称添加唯一约束，设置“类型”为“唯一键”，如图 9-85 所示。

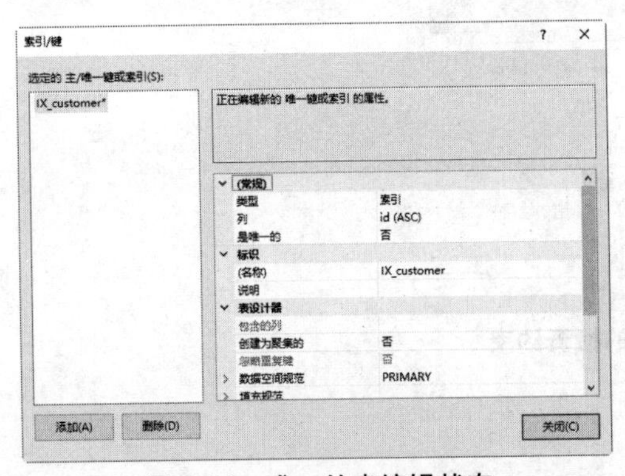

图 9-84　唯一约束编辑状态

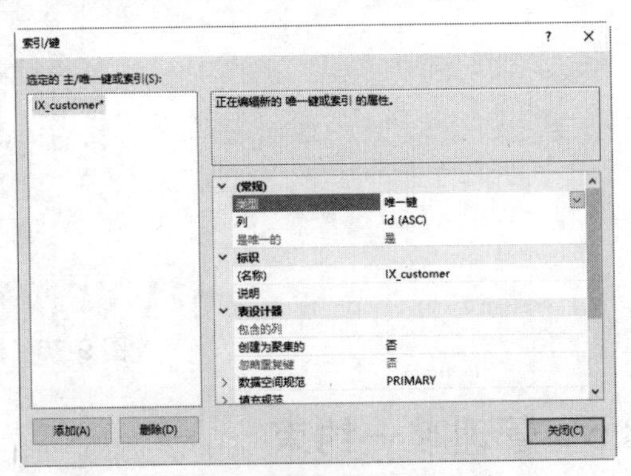

图 9-85　设置类型为唯一键

步骤 7：单击“列”右侧的...按钮，打开“索引列”对话框，在其中设置列名为“name”，排序方式为“升序”，如图 9-86 所示。

步骤 8：单击“确定”按钮，返回到“索引/键”对话框，在其中设置唯一约束的名称为“uq_customer_name”，如图 9-87 所示。

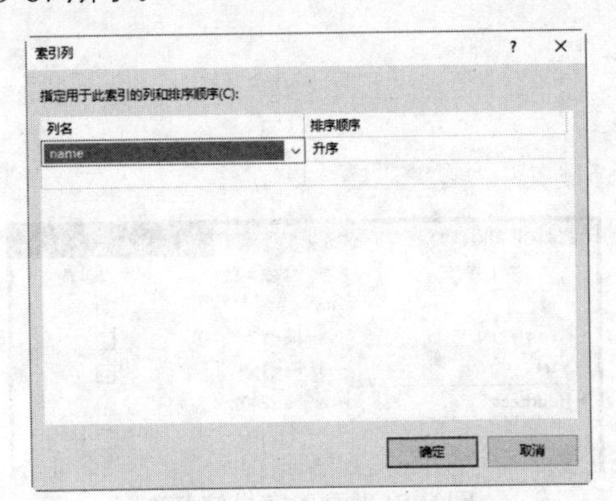

图 9-86　“索引列”对话框

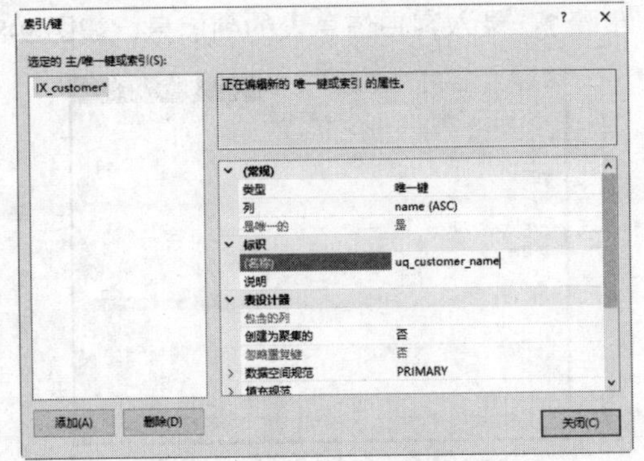

图 9-87　输入唯一约束的名称

步骤 9：单击“关闭”按钮，关闭“索引/键”对话框，然后单击“保存”按钮，即可完成唯一约束的添加操作，再次打开“索引/键”对话框，即可看到添加的唯一约束信息，如图 9-88 所示。

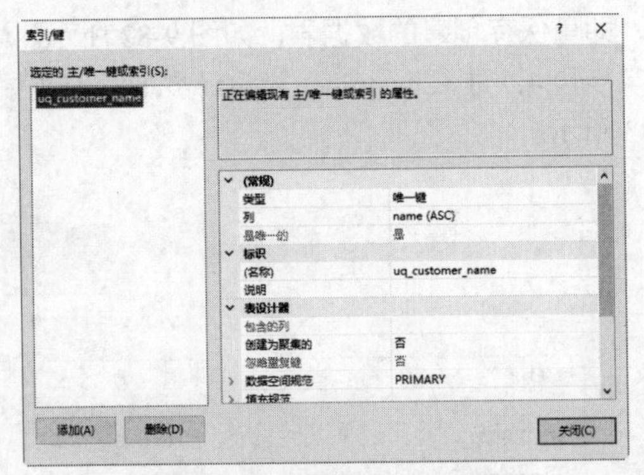

图 9-88　查看唯一约束信息

在创建好数据表后，也可以添加唯一约束，具体操作步骤如下。

步骤 1：选择需要添加唯一约束的表，这里选择客户信息表 customer，并为联系方式添加唯一约束，然后右击鼠标，在弹出的快捷菜单中选择“设计”选项，进入表的设计界面，右击鼠标，在弹出的快捷菜单中选择“索引/键”菜单命令，如图 9-89 所示。

步骤 2：打开“索引/键”对话框，单击“添加”按钮，进入唯一约束编辑状态，在其中设置联系方式的唯一约束条件，如图 9-90 所示。

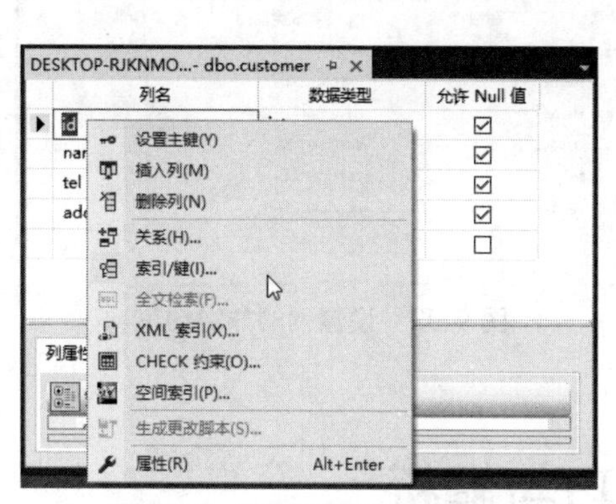

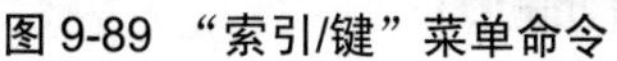
图 9-89 “索引/键”菜单命令

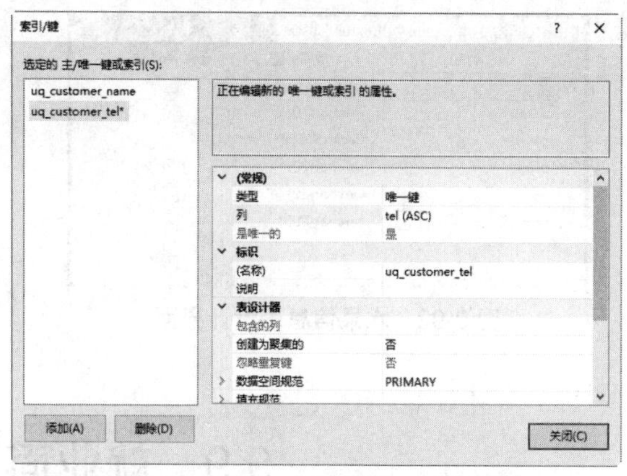

图 9-90 设置 tel 列的唯一约束条件

步骤 3：单击“关闭”按钮，关闭“索引/键”对话框，然后单击“保存”按钮，即可完成唯一约束的添加操作。

在 SSMS 工作界面中，删除唯一约束与添加唯一约束很像，只需要在“索引/键”对话框中选择要删除的唯一约束，然后单击“删除”按钮，最后再单击“保存”按钮，即可删除数据表中添加的唯一约束，如图 9-91 所示。

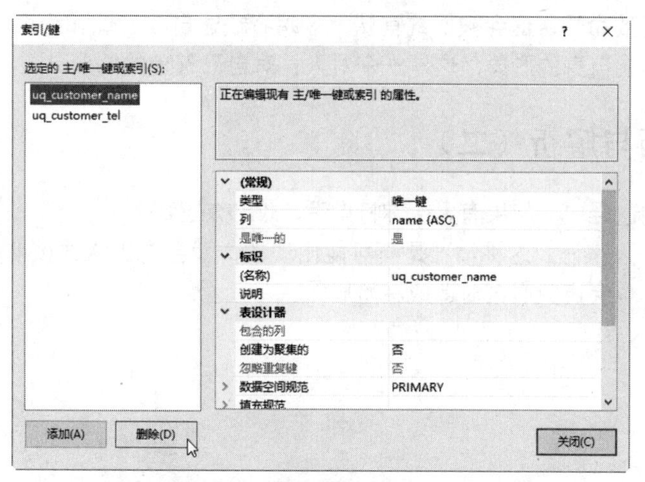

图 9-91 删除唯一约束

9.8.6 管理非空约束

在 SSMS 中管理非空约束非常容易，用户只需要在“允许 Null 值”列中选择相应的复选框，即可添加与删除非空约束。

下面以管理水果信息表中的非空约束为例，介绍使用 SSMS 管理非空约束的方法，具体操作步骤如下。

步骤 1：在“对象资源管理器”窗格中，选择需要添加或删除非空约束的数据表，这里选择水果信息表 fruit，右击鼠标，在弹出的快捷菜单中选择“设计”选项，进入水果信息表的设计界面，如图 9-92 所示。

步骤 2：在“允许 Null 值”列，取消 name 和 price 列的选中状态，即可为这两列添加非空约束，相反地，如果想要取消某列的非空约束，只需要选中该列的“允许 Null 值”复选框即可，如图 9-93 所示。

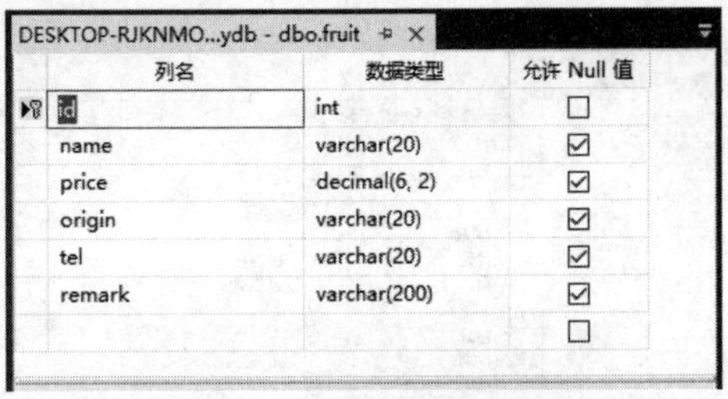

DESKTOP-RJKNMO...ydb - dbo.fruit

列名	数据类型	允许 Null 值
id	int	☐
name	varchar(20)	☑
price	decimal(6, 2)	☑
origin	varchar(20)	☑
tel	varchar(20)	☑
remark	varchar(200)	☑
		☐

图 9-92　水果信息表设计界面

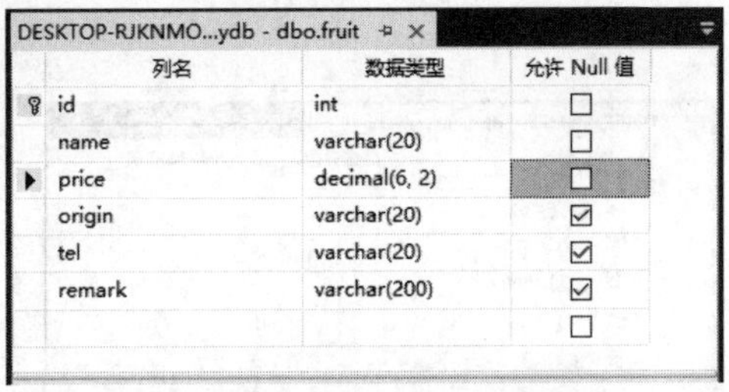

DESKTOP-RJKNMO...ydb - dbo.fruit

列名	数据类型	允许 Null 值
id	int	☐
name	varchar(20)	☐
price	decimal(6, 2)	☐
origin	varchar(20)	☑
tel	varchar(20)	☑
remark	varchar(200)	☑
		☐

图 9-93　设置列的非空约束

9.9　就业面试技巧与解析

9.9.1　面试技巧与解析（一）

面试官：你认为面试中最重要的是什么？

应聘者：我认为面试中最重要的就是守时。守时是职业道德的一个基本要求，提前 10～15 分钟到达面试地点，可熟悉一下环境，稳定一下心神。提前半小时以上会被面试官认为没有时间观念，而面试时迟到或是匆匆忙忙赶到更是致命的，这会被面试官认为应聘者缺乏自我管理和约束能力，即缺乏职业能力。不管什么理由，迟到会影响自身的形象，这是一个对人、对自己尊重的问题。

9.9.2　面试技巧与解析（二）

面试官：在面试的过程中，如果有人给你打电话，你该怎么办？

应聘者：对于我个人来说，这种情况是不可能出现的，我会在进入面试前，把手机关机或调成静音，这是对面试官的尊重，也会避免面试时造成尴尬局面。

第10章
SQL数据的查询操作

学习指引

数据库管理系统的一个最重要的功能就是提供数据查询，数据查询不是简单返回数据库中存储的数据，而是应该根据需要对数据进行筛选，以及数据将以什么样的格式显示。本章将详细介绍SQL数据的查询操作，主要内容包括简单查询、条件查询、聚合函数查询、嵌套查询等。

重点导读

- 掌握简单查询数据的方法。
- 掌握条件查询数据的方法。
- 掌握使用聚合函数查询数据的方法。
- 掌握嵌套查询数据的方法。
- 掌握内连接查询数据的方法。
- 掌握外连接查询数据的方法。

10.1 数据的简单查询

一般来讲，简单查询是指对一张表的查询操作，使用的关键字是SELECT。相信读者对该关键字并不陌生，但是要想真正使用好查询语句，并不是一件很容易的事情，本节就来介绍简单查询数据的方法。

10.1.1 查看数据表中的全部数据

SELECT查询记录最简单的形式是从一张表中检索所有记录，实现的方法是使用星号（*）通配符指定查找所有的列。语法格式如下：

```
SELECT * FROM 表名;
```

为演示数据表的查询操作，下面创建员工信息表（employee表），具体的表结构如表10-1所示。

表 10-1　employee 表结构

字段名	字段说明	数据类型	主键	外键	非空	唯一
e_no	员工编号	INT	是	否	是	是
e_name	员工姓名	VARCHAR(50)	否	否	是	否
e_gender	员工性别	CHAR(2)	否	否	否	否
dept_no	部门编号	INT	否	否	是	否
e_job	职位	VARCHAR(50)	否	否	是	否
e_salary	薪水	INT	否	否	是	否
hireDate	入职日期	DATE	否	否	是	否

在数据库 mydbase 中，创建员工信息表，具体 SQL 代码如下：

```
USE mydbase
CREATE TABLE employee
(
   e_no          INT   PRIMARY KEY,
   e_name        VARCHAR(50),
   e_gender       CHAR(2),
   dept_no        INT,
   e_job         VARCHAR(50),
   e_salary        INT,
);
```

在“查询编辑器”窗口中输入创建数据表的 SQL 语句，然后执行语句，即可完成数据表的创建，employee 表如图 10-1 所示。

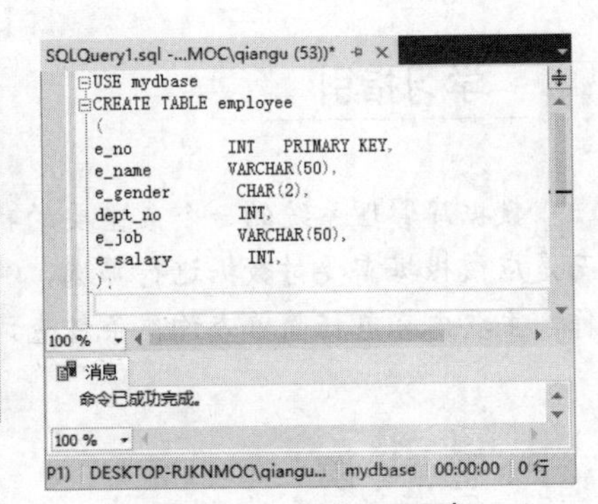

图 10-1　employee 表

创建好数据表后，下面输入如表 10-2 所示的数据。

表 10-2　employee 表中的记录

e_no	e_name	e_gender	dept_no	e_job	e_salary
101	李宇恒	男	2	文员	3000
102	王丽芬	女	3	销售员	2500
103	张妍	女	3	销售员	2500
104	郭玉燕	女	2	人事经理	3500
105	张建华	男	3	销售员	2500
106	赵玉田	男	3	销售经理	3500
107	罗子君	女	1	总经理	4000
108	王古林	男	2	技术员	3000
109	宋富贵	男	1	技术总监	4500
110	张轶可	女	3	销售员	2500
111	刘沂水	男	2	文员	3000
112	尚琳琳	女	3	文员	3000

向数据表 employee 中添加数据记录，具体的 SQL 语句如下：

```
INSERT INTO employee
VALUES (101,'李宇恒', '男',2, '文员',3000),
```

```
(102,'王丽芬', '女',3, '销售员',2500),
(103,'张妍', '女',3, '销售员',2500),
(104,'郭玉燕', '女',2, '人事经理',3500),
(105,'张建华', '男',3, '销售员',2500),
(106,'赵玉田', '男',3, '销售经理',3500),
(107,'罗子君', '女',1, '总经理',4000),
(108,'王古林', '男',2, '技术员',3000),
(109,'宋富贵', '男',1, '技术总监',4500),
(110,'张轶可', '女',3, '销售员',2500),
(111,'刘沂水', '男',2, '文员',3000),
(112,'尚琳琳', '男',3, '文员',3000);
```

在“查询编辑器”窗口中输入添加数据记录的 SQL 语句，然后执行语句，即可完成数据的添加，employee 表数据记录如图 10-2 所示。

【例 10-1】从 employee 表中查询所有字段数据记录，在“查询编辑器”窗口中输入以下 SQL 语句：

```
USE mydbase
SELECT * FROM employee;
```

单击“执行”按钮，即可完成数据的查询，并在“结果”窗格中显示查询结果，如图 10-3 所示。从结果中可以看到，使用星号（*）通配符时，将返回所有数据记录，数据记录按照定义表的顺序显示。

DESKTOP-RJKNM...- dbo.employee　SQLQuery1.sql -...MOC\qiangu (54))*

e_no	e_name	e_gender	dept_no	e_job	e_salary
101	李宇恒	男	2	文员	3000
102	王丽芬	女	3	销售员	2500
103	张妍	女	3	销售员	2500
104	郭玉燕	女	2	人事经理	3500
105	张建华	男	3	销售员	2500
106	赵玉田	男	3	销售经理	3500
107	罗子君	女	1	总经理	4000
108	王古林	男	2	技术员	3000
109	宋富贵	男	1	技术总监	4500
110	张轶可	女	3	销售员	2500
111	刘沂水	男	2	文员	3000
112	尚琳琳	男	3	文员	3000
NULL	NULL	NULL	NULL	NULL	NULL

图 10-2　employee 表数据记录

SQLQuery1.sql -...MOC\qiangu (54))*

```
USE mydbase
SELECT * FROM employee
```

100 %　结果　消息

	e_no	e_name	e_gender	dept_no	e_job	e_salary
1	101	李宇恒	男	2	文员	3000
2	102	王丽芬	女	3	销售员	2500
3	103	张妍	女	3	销售员	2500
4	104	郭玉燕	女	2	人事经理	3500
5	105	张建华	男	3	销售员	2500
6	106	赵玉田	男	3	销售经理	3500
7	107	罗子君	女	1	总经理	4000
8	108	王古林	男	2	技术员	3000
9	109	宋富贵	男	1	技术总监	4500
10	110	张轶可	女	3	销售员	2500
11	111	刘沂水	男	2	文员	3000
12	112	尚琳琳	男	3	文员	3000

DESKTOP-RJKNMOC (13.0 SP1)　DESKTOP-RJKNMOC\qiangu...　mydbase　00:00:00　12 行

图 10-3　查询表中所有数据记录

10.1.2　查看数据表中想要的数据

查询表中所有数据记录非常简单，但是如果每个人都要查询表中的所有数据，就会影响查询效率，尤其是在表中数据比较多的情况下，这时就可以使用 SELECT 语句，来获取指定字段的数据信息。语法格式如下：

```
SELECT 字段名1,字段名2,…,字段名n FROM 表名;
```

【例 10-2】从 employee 表中获取 e_name、e_job、e_salary 三列，在“查询编辑器”窗口中输入以下 SQL 代码：

```
USE mydbase
SELECT e_name, e_job,e_salary FROM employee;
```

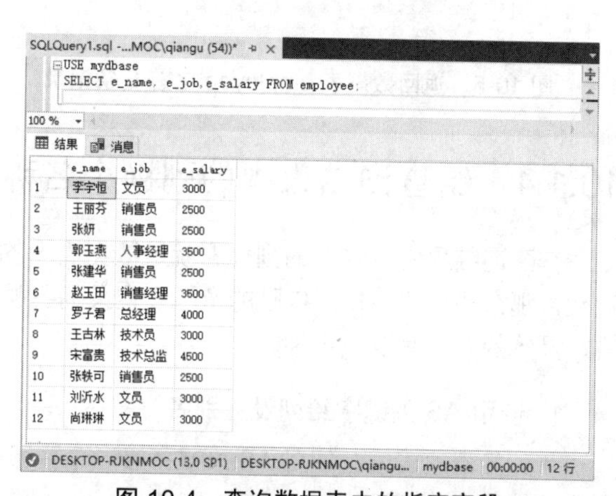

SQLQuery1.sql -...MOC\qiangu (54))*

```
USE mydbase
SELECT e_name, e_job,e_salary FROM employee;
```

100 %　结果　消息

	e_name	e_job	e_salary
1	李宇恒	文员	3000
2	王丽芬	销售员	2500
3	张妍	销售员	2500
4	郭玉燕	人事经理	3500
5	张建华	销售员	2500
6	赵玉田	销售经理	3500
7	罗子君	总经理	4000
8	王古林	技术员	3000
9	宋富贵	技术总监	4500
10	张轶可	销售员	2500
11	刘沂水	文员	3000
12	尚琳琳	文员	3000

DESKTOP-RJKNMOC (13.0 SP1)　DESKTOP-RJKNMOC\qiangu...　mydbase　00:00:00　12 行

图 10-4　查询数据表中的指定字段

单击“执行”按钮，即可完成指定数据的查询，并在“结果”窗格中显示查询结果，如图10-4所示。

注意：SQL Server中的SQL语句是不区分大小写的，因此SELECT和select的作用是相同的，但是，许多开发人员习惯将关键字使用大写，而数据列和表名使用小写，读者也应该养成一个良好的编程习惯，这样写出来的代码更容易阅读和维护。

10.1.3 使用TOP查询表中的前几行

使用TOP关键字可以限制显示结果的数量，帮助用户每次返回查询结果的前*n*行，其语法格式如下：

```
SELECT TOP [n | PERCENT] FROM table_name;
```

主要参数含义如下。

- n表示从查询结果集返回指定的n行。
- PERCENT表示从结果集中返回指定的百分比数目的行。

【例10-3】查询数据表employee中所有的记录，但只显示前5条，输入语句如下。

```
USE mydbase
SELECT TOP 5 * FROM employee;
```

单击“执行”按钮，即可完成指定数据的查询，并在“结果”窗格中显示查询结果，如图10-5所示。

【例10-4】从employee表中选取前50%的数据记录。

```
USE mydbase
SELECT TOP 50 PERCENT * FROM employee;
```

单击“执行”按钮，即可完成指定数据的查询，并在“结果”窗格中显示查询结果，数据表employee中一共有12条记录，返回总数的50%的记录，即表中前一半的数据记录，如图10-6所示。

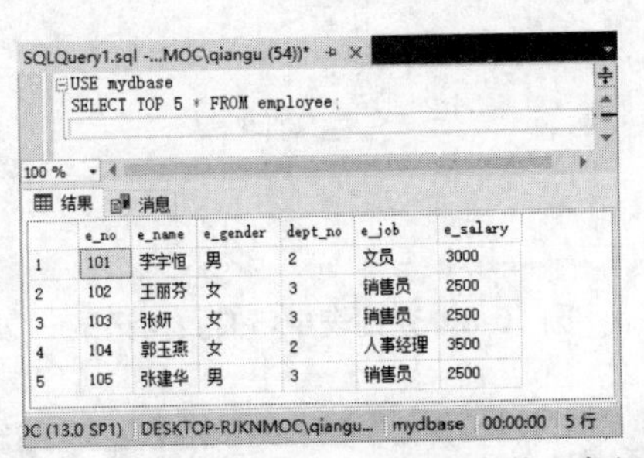

	e_no	e_name	e_gender	dept_no	e_job	e_salary
1	101	李宇恒	男	2	文员	3000
2	102	王丽芬	女	3	销售员	2500
3	103	张妍	女	3	销售员	2500
4	104	郭玉燕	女	2	人事经理	3500
5	105	张建华	男	3	销售员	2500

图10-5 返回数据表employee中前5条记录

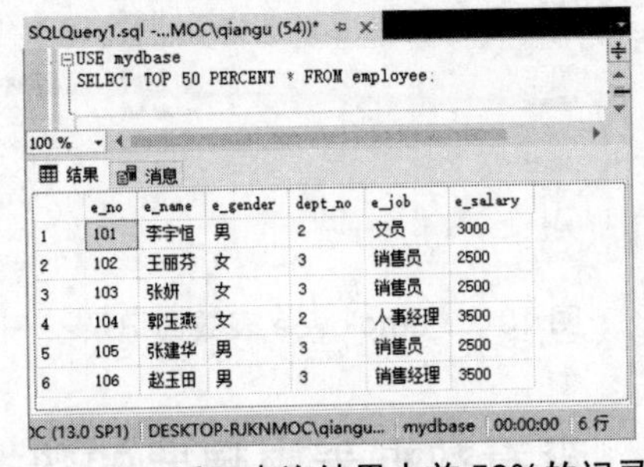

	e_no	e_name	e_gender	dept_no	e_job	e_salary
1	101	李宇恒	男	2	文员	3000
2	102	王丽芬	女	3	销售员	2500
3	103	张妍	女	3	销售员	2500
4	104	郭玉燕	女	2	人事经理	3500
5	105	张建华	男	3	销售员	2500
6	106	赵玉田	男	3	销售经理	3500

图10-6 返回查询结果中前50%的记录

10.1.4 给查询结果中的列换个名称

在查询结果中，看到的列标题就是数据表中的列名，如果不是表的设计者，有时真的很难理解字段的意义，那么如何才能按照自己的意愿去定义列名呢？在SQL Server中，可以使用给列定义列名的方法来完成。具体的方法有以下三种。

1. 使用AS关键字给列设置别名

在列名表达式后，使用AS关键字接一个字符串为表达式指定别名。AS关键字也可以省略，为字段取别名的基本语法格式为：

```
SELECT column_name1 AS '别名1', column_name2 AS '别名2', column_name2 AS '别名3'...
FROM table_name;
```

主要参数含义如下：

- “column_name1”为表中字段定义的名称。
- “别名”为字段别名名称，“别名”可以使用单引号，也可以不使用。

【例 10-5】查询 employee 表，为 e_name 取别名“员工姓名”，e_salary 取别名“基本工资”，SQL 语句如下：

```
SELECT e_name AS '员工姓名', e_salary AS '基本工资'
FROM employee;
```

单击“执行”按钮，即可完成使用 AS 关键字定义列名的操作，并在“结果”窗格中显示执行结果，如图 10-7 所示。

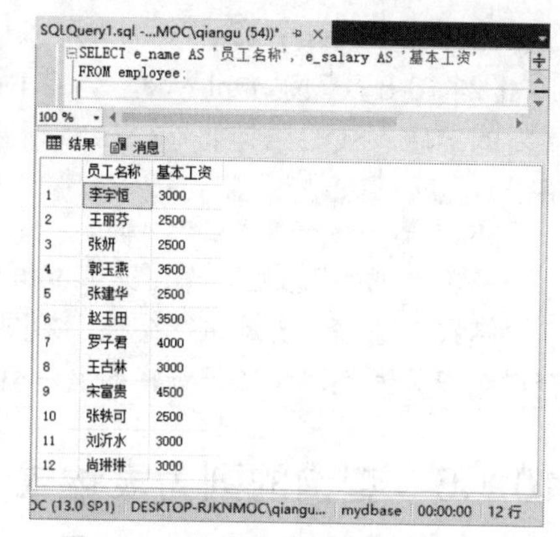

图 10-7　使用 AS 关键字定义列名

2. 使用等号“=”给列设置别名

在列的前面使用“=”为列表达式指定别名，别名可以用单引号括起来，也可以不使用单引号。语法格式如下：

```
SELECT '别名 1'=column_name1, '别名 2'=column_name2, '别名
3'=column_name3...
FROM table_name;
```

【例 10-6】查询 employee 表，为 e_name 取别名“员工姓名”，e_salary 取别名“基本工资”，SQL 语句如下：

```
SELECT '员工姓名'=e_name, '基本工资'=e_salary
FROM employee;
```

单击“执行”按钮，即可完成使用“=”定义列名的操作，并在“结果”窗格中显示执行结果，如图 10-8 所示。

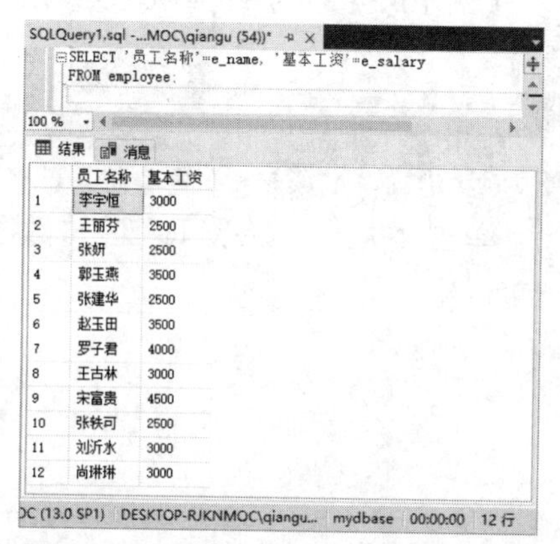

图 10-8　使用等号“=”给列设置别名

提示：由结果可以看出，与使用 AS 关键字给列定义别名运行结果相同。

3. 使用空格给列设置别名

使用空格给列设置别名的语法格式如下：

```
SELECT column_name1 '别名 1', column_name2 '别名
2',column_name3 '别名 3',...
FROM table_name;
```

【例 10-7】查询 employee 表，为 e_name 取别名“员工姓名”，e_salary 取别名“基本工资”，SQL 语句如下：

```
SELECT e_name '员工名称',e_salary '基本工资'
FROM employee;
```

单击“执行”按钮，即可完成使用空格定义列名的操作，并在“结果”窗格中显示执行结果，如图 10-9 所示。

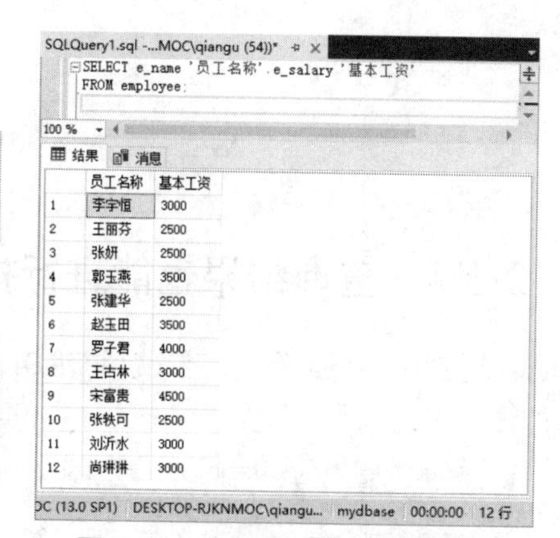

图 10-9　使用空格给列设置别名

提示：由结果可以看出，与使用 AS 关键字和等于号“=”给列定义别名运行结果相同。

10.1.5　在查询时去除重复的结果

在查询操作时，有时希望去除一些重复的数据，以便查看数据。这时，只需要在 SELECT 语句后面加

上 DISTINCT 关键字就可以了。

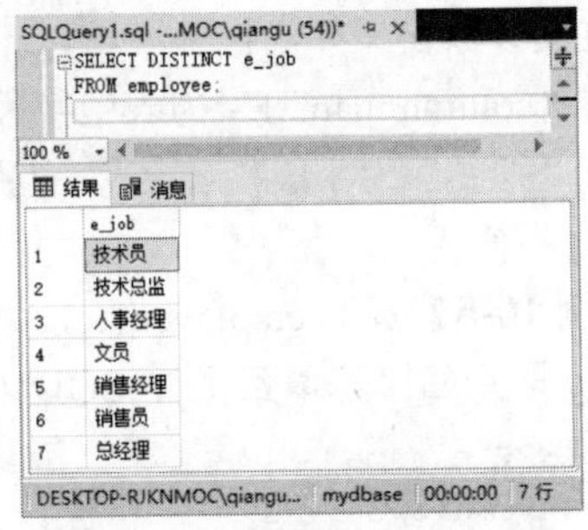

图 10-10　取消重复查询结果

【例 10-8】查询 employee 表，显示员工的工作职位，并去除重复的信息，SQL 语句如下：

```
SELECT DISTINCT e_job
FROM employee;
```

单击“执行”按钮，即可完成取消重复查询结果的操作，并在“结果”窗格中显示执行结果，如图 10-10 所示。可以看到，查询结果只返回了 7 条记录，而且没有重复的值。

10.1.6　查询的列为表达式

在 SELECT 查询结果中，可以根据需要使用算术运算符或者逻辑运算符，对查询的结果进行处理。

【例 10-9】查询 employee 表中所有员工的姓名与基本工资，并对基本工资加上 500 元后，再输出查询结果。

```
USE mydb
SELECT e_name, e_salary 原基本工资,e_salary+500 新基本工资
FROM employee;
```

单击“执行”按钮，即可完成数据的查询，并在“结果”窗格中显示查询结果，如图 10-11 所示。

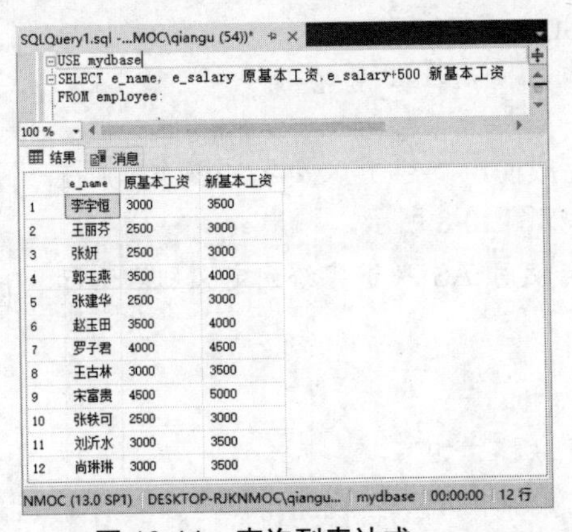

图 10-11　查询列表达式

10.1.7　查询结果也能进行排序

对查询结果进行排序要使用 ORDER BY 语句来完成，并且可以指定排序方式（降序或者升序），具体的语法格式如下：

```
SELECT column_name1, column_name2, column_name3…
FROM table_name
ORDER BY column_name1 DESC|ASC, column_name2 DESC|ASC…;
```

主要参数介绍如下。

- DESC：代表降序排序。
- ASC：代表升序排序。

【例 10-10】查询 employee 中所有员工的基本工资，并按照由高到低进行排序，输入语句如下。

```
USE mydbase
SELECT * FROM employee ORDER BY e_salary DESC;
```

单击“执行”按钮，即可完成数据的排序查询，并在“结果”窗格中显示查询结果，查询结果中返回了数据表的所有记录，这些记录根据 e_salary 字段的值进行了一个降序排列。如图 10-12 所示。

提示： ORDER BY 子句也可以对查询结果进行升序排列，升序排列是默认的排序方式，在使用 ORDER BY 子句升序排列时，可以使用 ASC 关键字，也可以省略该关键字，如图 10-13 所示。

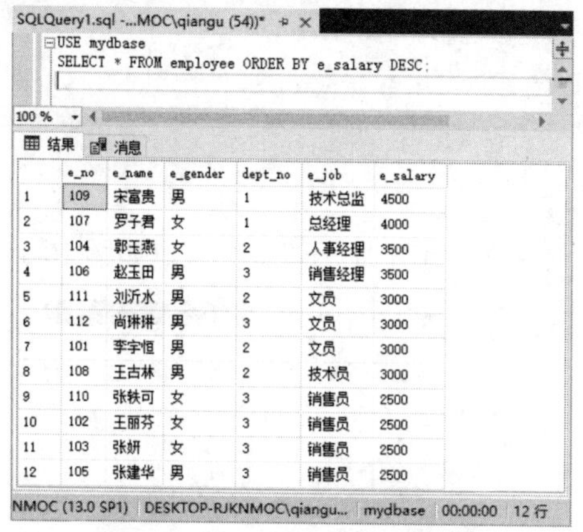

	e_no	e_name	e_gender	dept_no	e_job	e_salary
1	109	宋富贵	男	1	技术总监	4500
2	107	罗子君	女	1	总经理	4000
3	104	郭玉燕	女	2	人事经理	3500
4	106	赵玉田	男	3	销售经理	3500
5	111	刘沂水	男	2	文员	3000
6	112	尚琳琳	男	3	文员	3000
7	101	李宇恒	男	2	文员	3000
8	108	王吉林	男	2	技术员	3000
9	110	张轶可	女	3	销售员	2500
10	102	王丽芬	女	3	销售员	2500
11	103	张妍	女	3	销售员	2500
12	105	张建华	男	3	销售员	2500

图 10-12　对查询结果降序排列

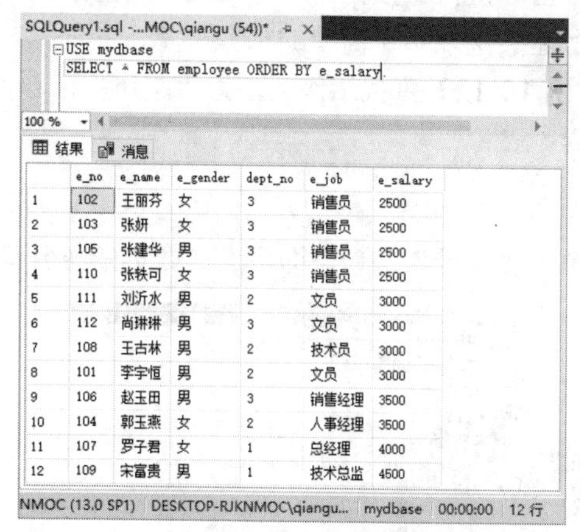

	e_no	e_name	e_gender	dept_no	e_job	e_salary
1	102	王丽芬	女	3	销售员	2500
2	103	张妍	女	3	销售员	2500
3	105	张建华	男	3	销售员	2500
4	110	张轶可	女	3	销售员	2500
5	111	刘沂水	男	2	文员	3000
6	112	尚琳琳	男	3	文员	3000
7	108	王吉林	男	2	技术员	3000
8	101	李宇恒	男	2	文员	3000
9	106	赵玉田	男	3	销售经理	3500
10	104	郭玉燕	女	2	人事经理	3500
11	107	罗子君	女	1	总经理	4000
12	109	宋富贵	男	1	技术总监	4500

图 10-13　对查询结果升序排列

10.2　数据的条件查询

在 SELECT 语句中，通过添加 WHERE 子句，可以对查询结果进行过滤，也就是使用 WHERE 子句进行条件查询，具体的语法格式如下：

```
SELECT column_name1, column_name2, column_name3,...
FROM table_name
WHERE conditions
```

本节将介绍如何在查询条件中使用这些判断条件。

10.2.1　使用关系表达式查询

WHERE 子句中，关系表达式由关系运算符和列组成，可用于列值的大小相等判断。主要的运算符如表 10-3 所示。

表 10-3　WHERE 子句关系运算符

操　作　符	说　　明
=	相等
<>	不相等
<	小于
<=	小于或等于
>	大于
>=	大于或等于

【例 10-11】查询基本工资为 2500 元的员工信息，SQL 语句如下：

```
USE mydbase
SELECT * FROM employee
WHERE e_salary =2500;
```

单击“执行”按钮，即可完成数据的条件查询，并在“结果”窗格中显示查询结果，如图 10-14 所示。

上述实例采用了简单的相等过滤，另外，相等判断还可以用来比较字符串。

【例 10-12】查找工作类型为“文员”的员工信息，SQL 语句如下：

```
USE mydbase
SELECT * FROM employee
WHERE e_job = '文员';
```

单击“执行”按钮，即可完成数据的条件查询，并在“结果”窗格中显示查询结果，如图 10-15 所示。

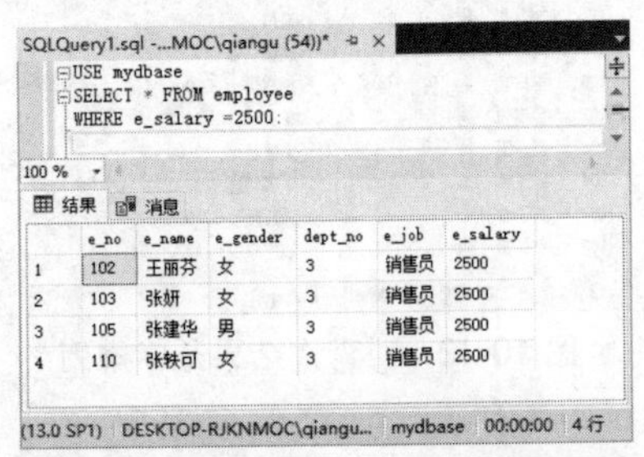

图 10-14　使用相等运算符对数值判断

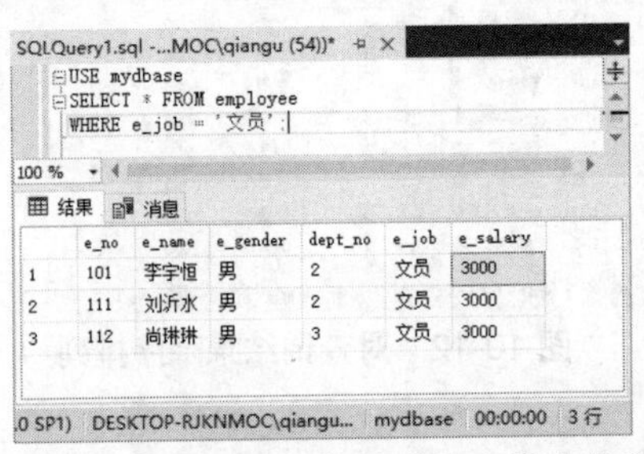

图 10-15　使用相等运算符进行字符串值判断

【例 10-13】查询基本工资小于 3500 元的员工信息，SQL 语句如下。

```
USE mydbase
SELECT * FROM employee
WHERE e_salary<3500;
```

单击“执行”按钮，即可完成数据的条件查询，并在“结果”窗格中显示查询结果，如图 10-16 所示。

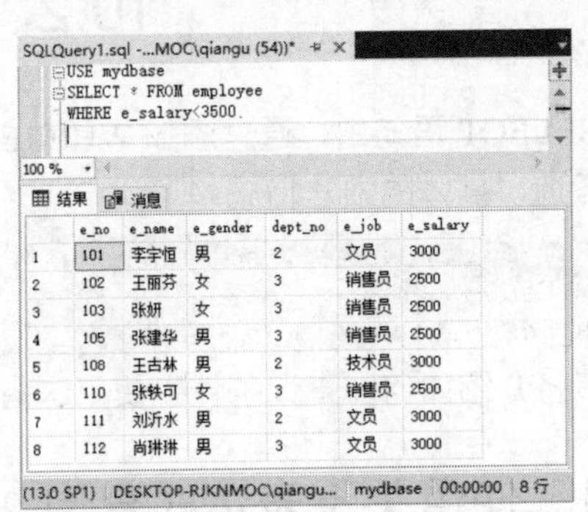

图 10-16　使用小于运算符进行查询

10.2.2　查询某个范围内的数据

使用 BETWEEN AND 语句可以查询某个范围内的数据记录，该运算符需要两个参数，即范围的开始值和结束值，如果记录的字段值满足指定的范围查询条件，则这些记录被返回。

【例 10-14】查询员工工资在 2500～3000 元的员工信息，SQL 语句如下：

```
USE mydbase
SELECT * FROM employee
WHERE e_salary BETWEEN 2500 AND 3000;
```

单击“执行”按钮，即可完成数据的条件查询，并在“结果”窗格中显示查询结果，如图 10-17 所示。

BETWEEN AND 运算符前可以加关键字 NOT，表示指定范围之外的值，如果字段值不满足指定范围内的值，则这些记录被返回。

【例 10-15】查询员工工资在 2500～3000 元之外的员工信息，SQL 语句如下：

```
USE mydbase
SELECT * FROM fruit
WHERE e_salary NOT BETWEEN 2500 AND 3000;
```

单击“执行”按钮，即可完成数据的条件查询，并在“结果”窗格中显示查询结果，如图 10-18 所示。

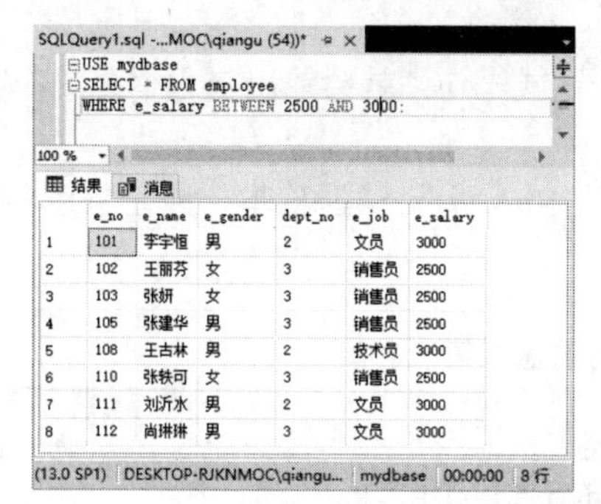

图 10-17 使用 BETWEEN AND 运算符查询

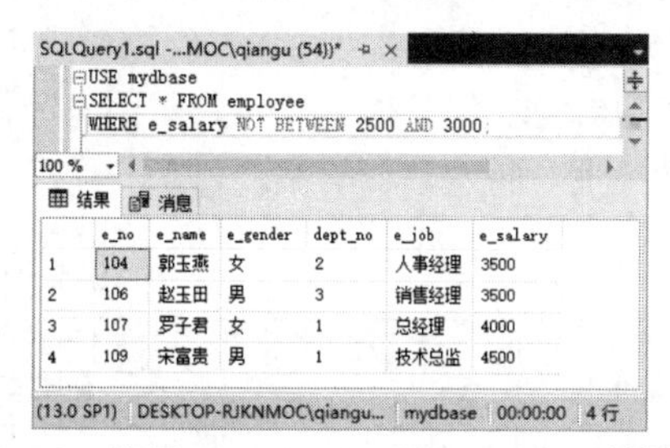

图 10-18 使用 NOT BETWEEN AND 运算符查询

10.2.3 查询指定范围内的数据

使用 IN 关键字可以查询满足指定条件范围内的记录，使用 IN 关键字时，将所有检索条件用括号括起来，检索条件用逗号分隔开，只要满足条件范围内的一个值即为匹配项。语法格式如下：

```
SELECT column_name1, column_name2, column_name3,...
FROM table_name
WHERE column_name IN(value1,value2,...
```

注意： *在 IN 关键字前面的是数据表中的列名，IN 后面括号中是具体的值，一定要注意 IN 后面的内容数据类型要一致。*

【例 10-16】 查询员工编号为 101 和 102 的数据记录，SQL 语句如下：

```
USE mydbase
SELECT * FROM employee
WHERE e_no IN (101,102);
```

单击“执行”按钮，即可完成数据的条件查询，并在“结果”窗格中显示查询结果，执行结果如图 10-19 所示。

相反地，可以使用关键字 NOT 来检索不在条件范围内的记录。

【例 10-17】 查询所有员工编号不等于 101 也不等于 102 的数据记录，SQL 语句如下：

```
USE mydbase
SELECT * FROM employee
WHERE e_no NOT IN (101,102);
```

单击“执行”按钮，即可完成数据的条件查询，并在“结果”窗格中显示查询结果，如图 10-20 所示。

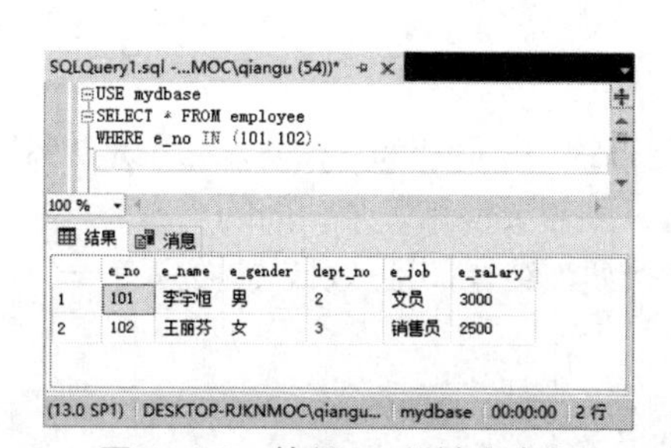

图 10-19 使用 IN 关键字查询

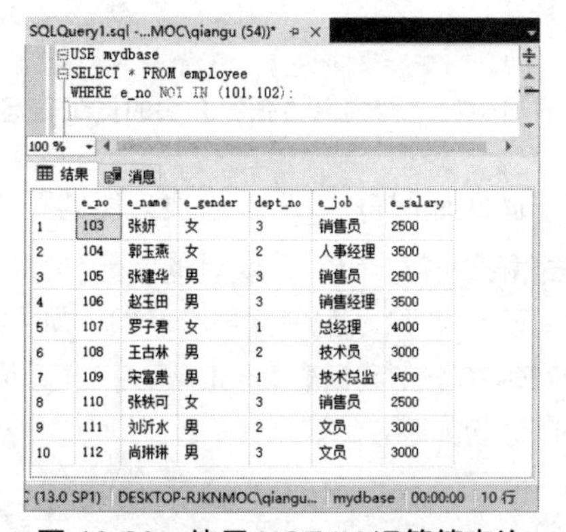

图 10-20 使用 NOT IN 运算符查询

10.2.4 模糊查询用 LIKE 关键字

所谓模糊查询，就好像在百度中搜索东西一样，输入一个词或一句话就会输出与之相关的内容，在数据库中，使用 LIKE 关键字可以进行模糊查询。

在学习 LIKE 关键字之前，用户需要先记住几个通配符，如表 10-4 所示，通配符是一种在 SQL 的 WHERE 条件子句中拥有特殊意思的字符。

表 10-4 LIKE 关键字中使用的通配符

通 配 符	说 明
%	包含零个或多个字符的任意字符串
_	任何单个字符
[ ]	指定范围（[a-f]）或集合（[abcdef]）中的任何单个字符
[^]	不属于指定范围（[a-f]）或集合（[abcdef]）的任何单个字符

1. 百分号通配符“%”，匹配任意长度的字符，甚至包括零字符

【例 10-18】查找以“张”开头的所有员工信息，SQL 语句如下：

```
USE mydbase
SELECT * FROM employee
WHERE e_name LIKE '张%';
```

单击“执行”按钮，即可完成数据的条件查询，并在“结果”窗格中显示查询结果，如图 10-21 所示。

在搜索匹配时，通配符“%”可以放在不同位置，见例 10-19。

【例 10-19】在 employee 表中，查询员工姓名中包含字符“建”的记录，SQL 语句如下。

```
USE mydbase
SELECT * FROM employe
WHERE e_name LIKE '%建%';
```

单击“执行”按钮，即可完成数据的条件查询，并在“结果”窗格中显示查询结果，如图 10-22 所示。

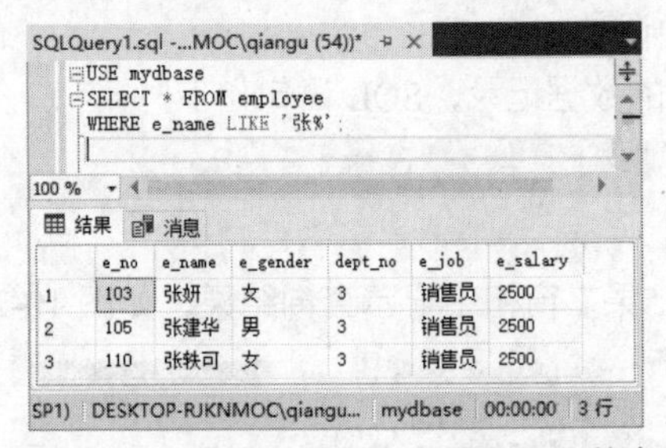

图 10-21 查询以“张”开头的员工信息

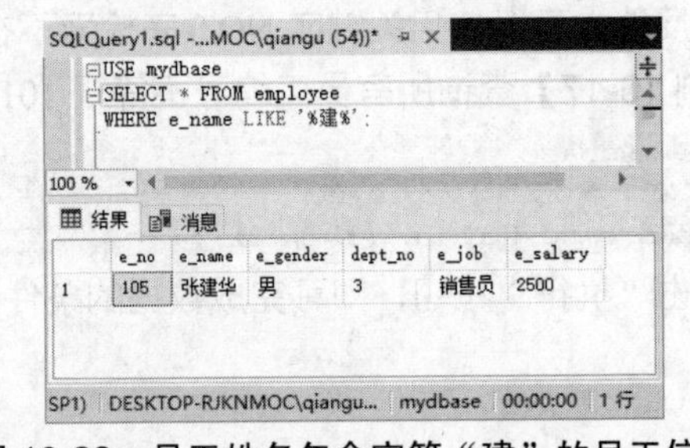

图 10-22 员工姓名包含字符“建”的员工信息

2. 下画线通配符“_”，一次只能匹配任意一个字符

下画线通配符“_”，一次只能匹配任意一个字符，该通配符的用法和“%”相同，区别是“%”匹配多个字符，而“_”只匹配任意单个字符，如果要匹配多个字符，则需要使用多个相同的“_”。

【例 10-20】在数据表 employee 中，查询员工姓名以字符“妍”结尾，且“妍”前面只有一个字符的记录，SQL 语句如下：

```
USE mydbase
SELECT * FROM employee
```

```
WHERE e_name LIKE '_妍';
```

单击“执行”按钮，即可完成数据的条件查询，并在“结果”窗格中显示查询结果，如图 10-23 所示。

3. 匹配指定范围中的任何单个字符

方括号“[]”指定一个字符集合，只要匹配其中任何一个字符，即为所查找的文本。

【例 10-21】在数据表 employee 表中，查找员工姓名以字符“张建”两个字符之一开头的记录，SQL 语句如下：

```
USE mydbase
SELECT * FROM employee
WHERE e_name LIKE '[张建]%';
```

单击“执行”按钮，即可完成数据的条件查询，并在“结果”窗格中显示查询结果，如图 10-24 所示。

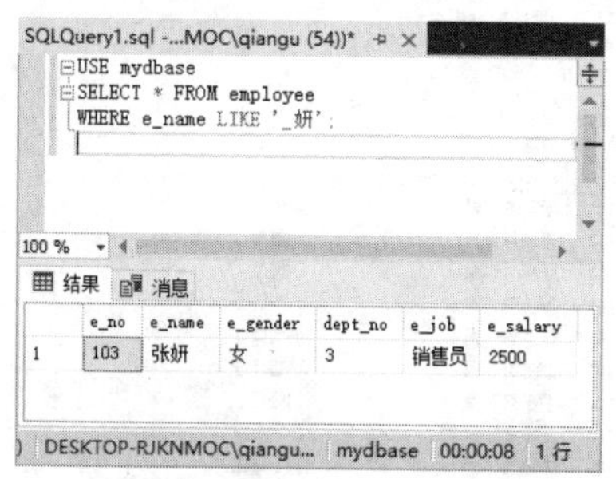

图 10-23 查询以字符“研”结尾的员工信息

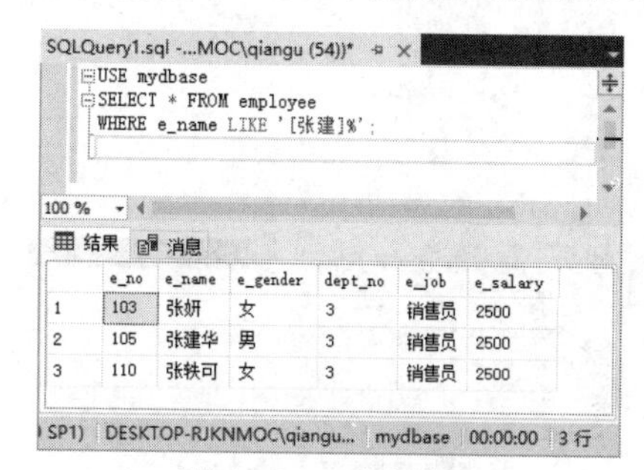

图 10-24 查询结果

4. 匹配不属于指定范围的任何单个字符

“[^字符集合]”匹配不在指定集合中的任何字符。

【例 10-22】在数据表 employee 表中，查找员工姓名不是以字符“张建”两个字符之一开头的记录，SQL 语句如下：

```
USE mydbase
SELECT * FROM employee
WHERE e_name LIKE '[^张建]%';
```

单击“执行”按钮，即可完成数据的条件查询，并在“结果”窗格中显示查询结果，如图 10-25 所示。

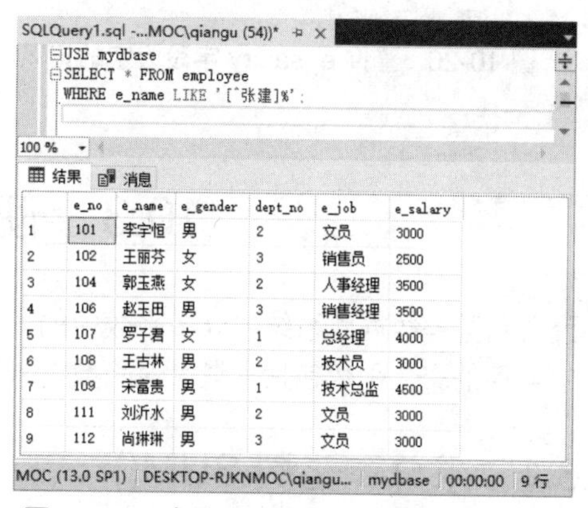

图 10-25 查询不以字符“张建”两个字符之一开头的员工信息

10.2.5 含有 NULL 值的列也能查看

创建数据表的时候，设计者可以指定某列中是否可以包含空值（NULL）。空值不同于 0，也不同于空字符串，空值一般表示数据未知、不适用或将在以后添加。在 SELECT 语句中使用 IS NULL 子句，可以查询某字段内容为空的记录。

为演示操作的需要，在数据表 employee 中插入两行员工工资为 NULL 的数据记录，SQL 语句如下：

```
INSERT INTO employee
VALUES (113,'李向阳', '男',2, '技术员',null),
(114,'章天泽', '男',2, '技术员',null);
```

【例 10-23】查询数据表 employee 中 e_salary 字段为空的数据记录，SQL 语句如下：

```
USE mydbase
```

```
SELECT * FROM employee
WHERE e_salary IS NULL;
```

单击“执行”按钮，即可完成数据的条件查询，并在“结果”窗格中显示查询结果，如图 10-26 所示。

与 IS NULL 相反的是 IS NOT NULL，该子句查找字段不为空的记录。

【例 10-24】查询数据表 employee 中 e_salary 字段不为空的数据记录，SQL 语句如下：

```
USE mydbase
SELECT * FROM employee
WHERE e_salary IS NOT NULL;
```

单击“执行”按钮，即可完成数据的条件查询，并在“结果”窗格中显示查询结果，如图 10-27 所示。可以看到，查询出来的记录 e_salary 字段都不为空值。

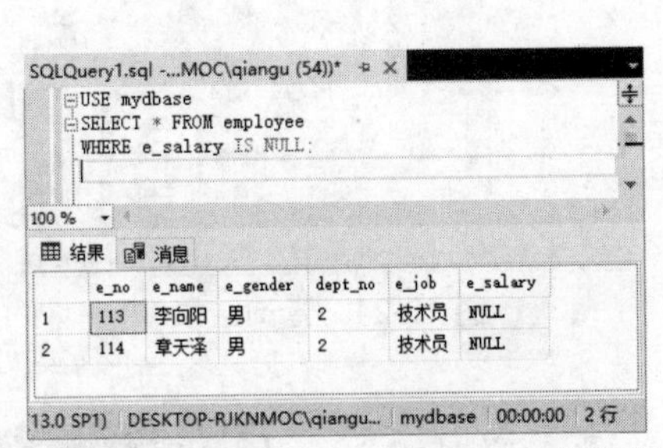

	e_no	e_name	e_gender	dept_no	e_job	e_salary
1	113	李向阳	男	2	技术员	NULL
2	114	章天泽	男	2	技术员	NULL

图 10-26　查询 e_salary 字段为空的记录

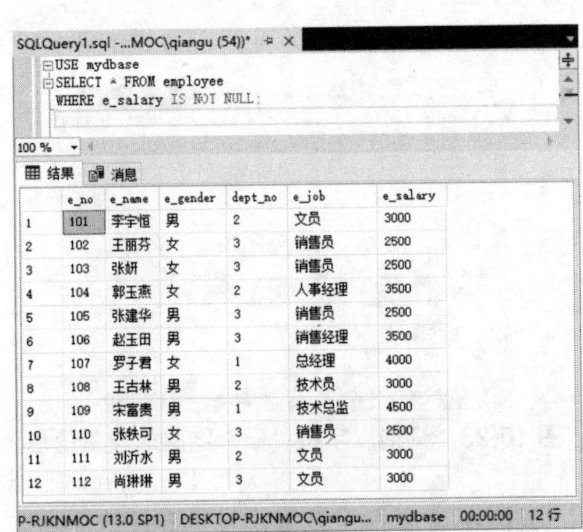

	e_no	e_name	e_gender	dept_no	e_job	e_salary
1	101	李宇恒	男	2	文员	3000
2	102	王丽芬	女	3	销售员	2500
3	103	张妍	女	3	销售员	2500
4	104	郭玉燕	女	2	人事经理	3500
5	105	张建华	男	3	销售员	2500
6	106	赵玉田	男	3	销售经理	3500
7	107	罗子君	女	1	总经理	4000
8	108	王古林	男	2	技术员	3000
9	109	宋富贵	男	1	技术总监	4500
10	110	张轶可	女	3	销售员	2500
11	111	刘沂水	男	2	文员	3000
12	112	尚琳琳	男	3	文员	3000

图 10-27　查询 e_salary 字段不为空的记录

10.3　使用聚合函数查询

聚合函数是数据库系统中众多函数中的一类，它的重要应用就是在查询语句中使用，在 SQL Server 数据库中常用的聚合函数包括求最大值函数、求最小值函数、求平均值函数等。

10.3.1　求总和函数 SUM()

SUM()是一个求总和的函数，返回指定列值的总和。

【例 10-25】在 employee 表中查询员工工资的总和，SQL 语句如下：

```
USE mydbase
SELECT SUM(e_salary) AS sum_salary
FROM employee;
```

单击“执行”按钮，即可完成数据的求和运算，如图 10-28 所示。

另外，SUM()可以与 GROUP BY 一起使用，来计算每个分组的总和。

【例 10-26】在 employee 表中，使用 SUM()函数统计不同部门的员工工资总和，SQL 语句如下：

```
USE mydbase
SELECT dept_no, SUM(e_salary) AS sum_salary
FROM employee
GROUP BY dept_no;
```

执行结果如图 10-28 所示。由查询结果可以看到，GROUP BY 按照产地员工部门进行分组，SUM()函数计算每个组中员工工资的总和。

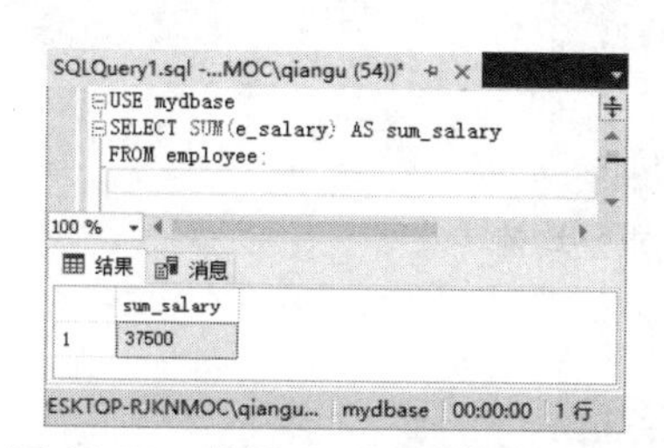

图 10-28　使用 SUM()函数求列总和

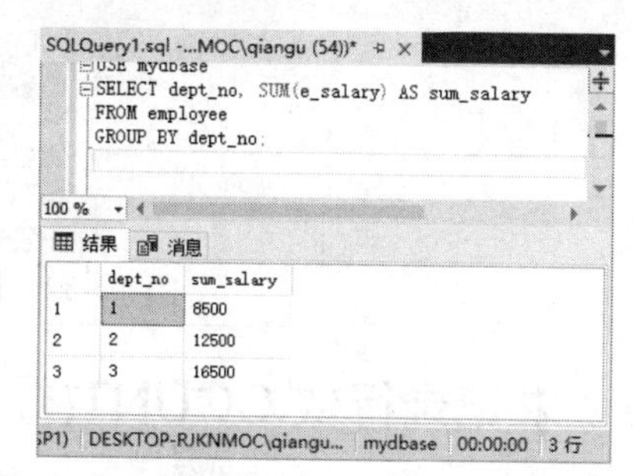

图 10-29　使用 SUM()函数对分组结果求和

注意：SUM()函数在计算时，忽略列值为 NULL 的行。

10.3.2　求最大值函数 MAX()

MAX()返回指定列中的最大值。

【例 10-27】在 employee 表中查找工资最高的数值信息，SQL 语句如下：

```
USE mydbase
SELECT MAX(e_salary) AS max_salary
FROM employee;
```

执行结果如图 10-30 所示。由结果可以看到，MAX()函数查询出了 e_salary 字段的最大值 4500。

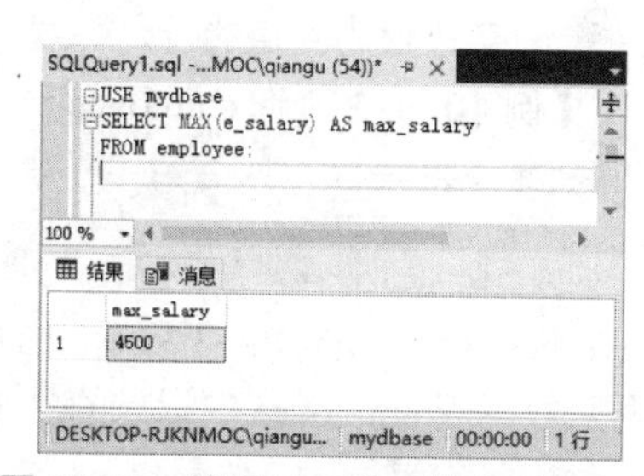

图 10-30　使用 MAX()函数求列最大值

10.3.3　求最小值函数 MIN()

MIN()返回查询列中的最小值。

【例 10-28】在 employee 表中查找员工工资的最小值，SQL 语句如下：

```
USE mydbase
SELECT MIN(e_salary) AS min_salary
FROM employee;
```

执行结果如图 10-31 所示。由结果可以看到，MIN()函数查询出了 e_salary 字段的最小值 2500。

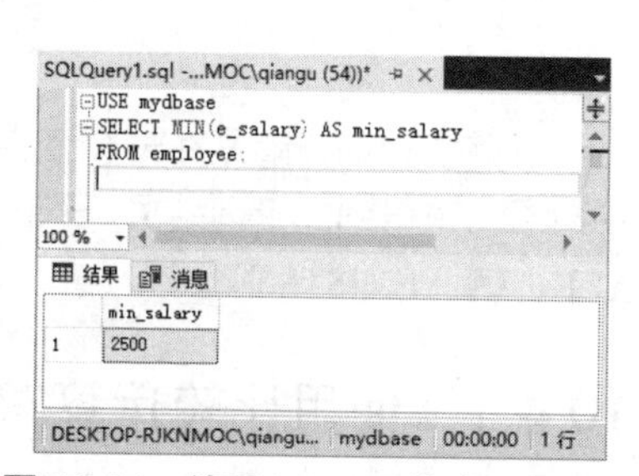

图 10-31　使用 MIN()函数求列最小值

10.3.4　求平均值函数 AVG()

AVG()函数通过计算返回的行数和每一行数据的和，求得指定列数据的平均值。

【例 10-29】在 employee 表中，查询员工工资的平均值，SQL 语句如下：

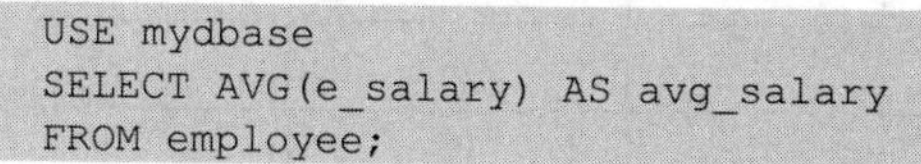

```
USE mydbase
SELECT AVG(e_salary) AS avg_salary
FROM employee;
```

执行结果如图 10-32 所示。该例中通过添加查询过滤条件，计算出员工的平均工资数。

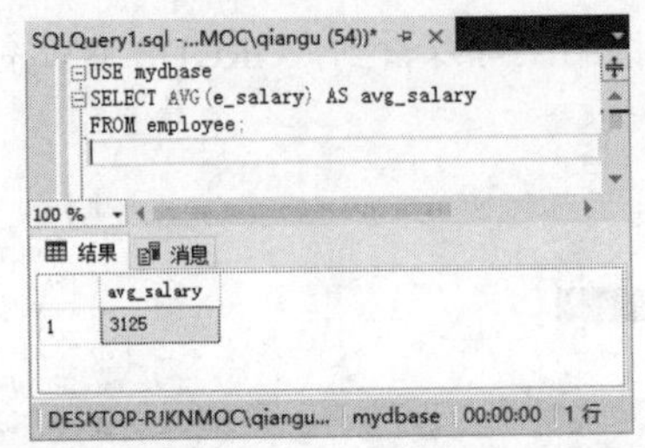

图 10-32　使用 AVG()函数对列求平均值

10.3.5　求记录行数 COUNT()

COUNT()函数统计数据表中包含的记录行的总数，或者根据查询结果返回列中包含的数据行数。其使用方法有以下两种。

- COUNT(*)：计算表中总的行数，不管某列有数值或者为空值。
- COUNT(字段名)：计算指定列下总的行数，计算时将忽略字段值为空值的行。

【例 10-30】查询 employee 表中总的行数，SQL 语句如下：

```
USE mydbase
SELECT COUNT(*) AS 员工总数
FROM employee;
```

执行结果如图 10-33 所示。由查询结果可以看到，COUNT(*)返回数据表 employee 中记录的总行数，不管其值是什么，返回的总数的名称为员工总数。

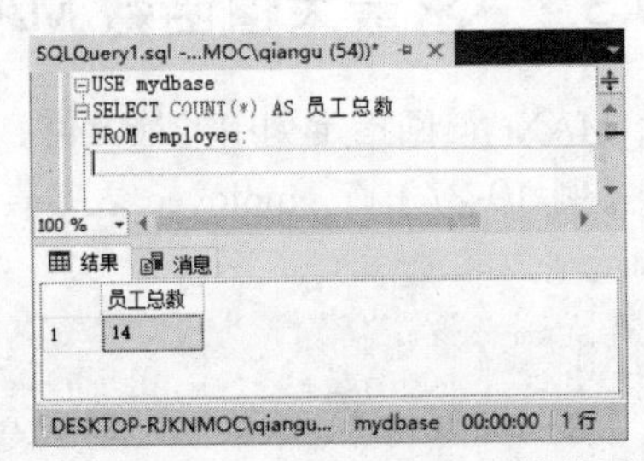

图 10-33　使用 COUNT()函数计算总记录数

10.4　数据的嵌套查询

所谓子查询，就是在一个查询语句中嵌套另一个查询，也就是说，在一个查询语句中可以使用另一个查询语句中得到的查询结果，子查询可以基于一张表或者多张表。子查询中常用的操作符有 ANY、SOME、ALL、IN、EXISTS 等。

10.4.1　使用比较运算符的子查询

子查询中可以使用的比较运算符有“<”“<=”“=”“>=”和“!=”等。为演示子查询操作，下面创建员工部门信息表（dept 表），具体的表结构如表 10-5 所示。

表 10-5　dept 表结构

字段名	字段说明	数据类型	主键	外键	非空	唯一
d_no	部门编号	INT	是	是	是	是
d_name	部门名称	VARCHAR(50)	否	否	是	否
d_location	部门地址	VARCHAR(100)	否	否	否	否

在数据库 mydbase 中，创建部门信息表，具体 SQL 代码如下：

```
USE mydbase
CREATE TABLE dept
(
d_no          INT  PRIMARY KEY,
d_name        VARCHAR(50),
d_location        VARCHAR(100),
);
```

在“查询编辑器”窗口中输入创建数据表的SQL语句，然后执行语句，即可完成数据表的创建，如图10-34所示。

创建好数据表后，下面分别向数据表dept中输入表10-6中的数据。

表10-6 dept表中的记录

d_no	d_name	d_location
1	行政部	行政楼101室
2	人事部	行政楼102室
3	销售部	行政楼103室
4	财务部	行政楼104室

向数据表中添加数据记录，具体的SQL语句如下：

```
USE mydbase
INSERT INTO dept
VALUES (1,'行政部','行政楼101室'),
(2,'人事部','行政楼102室'),
(3,'销售部','行政楼103室'),
(4,'财务部','行政楼104室');
```

在“查询编辑器”窗口中输入添加数据记录的SQL语句，然后执行语句，即可完成数据的添加，dept表记录如图10-35所示。

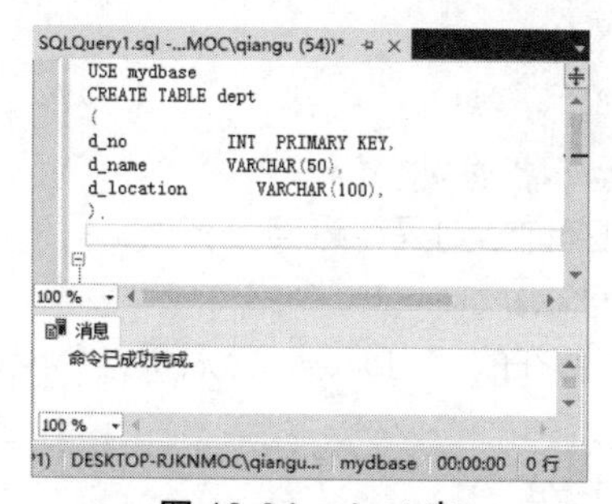

图10-34 dept表

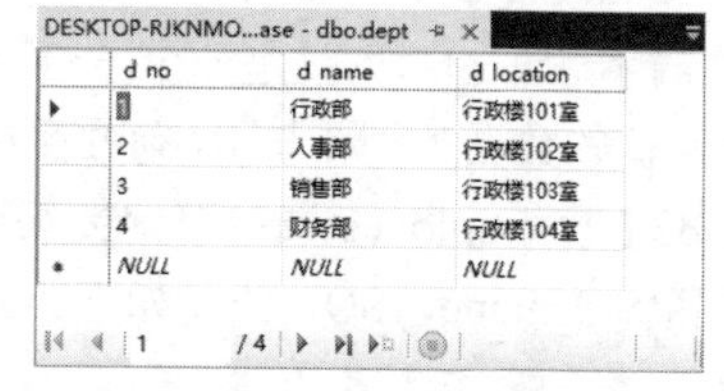

图10-35 dept表数据记录

【例10-31】在dept表中查询工作地点d_location等于“行政楼101室”的部门编号d_no，然后在员工信息表employee中查询所有该部门编号的员工信息，SQL语句如下：

```
USE mydbase
SELECT e_no, e_name FROM employee
WHERE dept_no=
(SELECT d_no FROM dept WHERE d_location = '行政楼101室');
```

单击“执行”按钮，即可完成数据的查询操作，并在“结果”窗格中显示查询结果，如图10-36所示。结果表明，在“行政楼101室”工作的员工有两位，分别为“罗子君”“宋富贵”。

【例10-32】在dept表中查询d_location等于“行政楼101室”的部门编号d_no，然后在employee表中查询所有非该部门的员工信息，SQL 语句如下：

```
USE mydbase
SELECT e_no, e_name FROM employee
WHERE dept_no<>
(SELECT d_no FROM dept WHERE d_location = '行政楼 101 室');
```

单击“执行”按钮，即可完成数据的查询操作，并在“结果”窗格中显示查询结果，如图 10-37 所示。该子查询执行过程与前面相同，在这里使用了不等于“<>”运算符，因此返回的结果和前面正好相反。

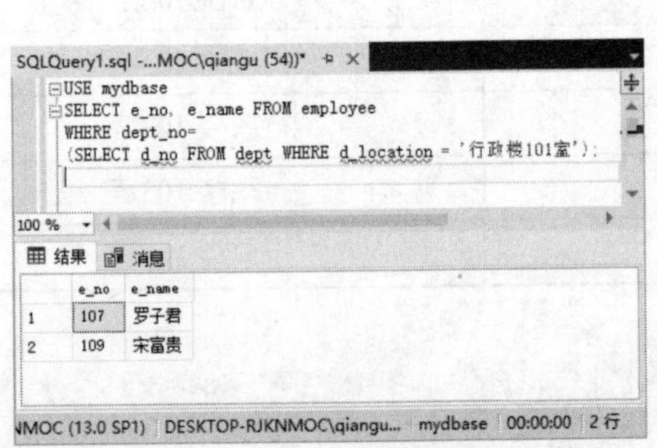

图 10-36　使用等于运算符进行比较子查询

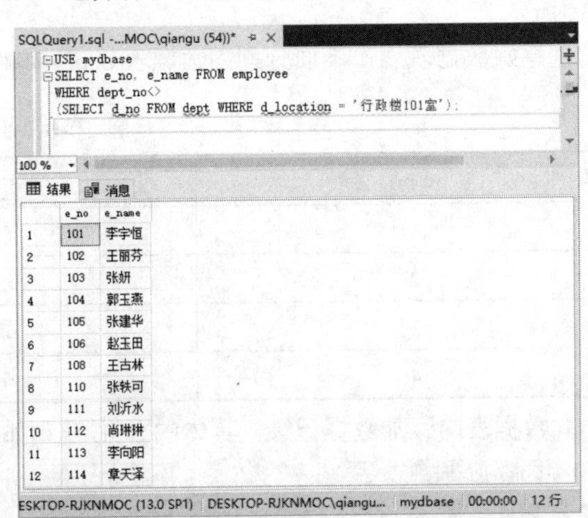

图 10-37　使用不等于运算符进行比较子查询

10.4.2　使用 IN 的子查询

IN 关键字主要用来判断某个列是否在某个范围内，在子查询中，通常用在查询结果的前面，用于判断查询结果中是否有符合条件的数据，具体的语法格式如下：

```
SELECT column_name1, column_name2, column_name3,…
FROM table_name1
WHERE column_name IN(SELECT column_name11 FROM table_name2 WHERE conditions);
```

其中，IN 关键字后面的查询就是一个子查询，并且在 IN 后面的查询语句只能返回一列值，另外，IN 后面查询语句返回值的数据类型要与 IN 前面列的数据类型相兼容才可以。

【例 10-33】在 employee 表中查询员工编号为“101”的员工所在的部门编号，然后根据部门编号 d_no 查询其部门名称 d_name，SQL 语句如下：

```
USE mydbase
SELECT d_name FROM dept
WHERE d_no IN
(SELECT dept_no FROM employee WHERE e_no = '101');
```

单击“执行”按钮，即可完成数据的查询操作，并在“结果”窗格中显示查询结果，如图 10-38 所示。

另外，上述查询过程可以分开执行这两条 SELECT 语句，对比其返回值。子查询语句可以写为如下形式，可以实现相同的效果：

```
SELECT d_name FROM dept WHERE d_no IN(2);
```

这个例子说明在处理 SELECT 语句的时候，SQL Server 实际上执行了两个操作过程，即先执行内层子查询，再执行外层查询，内层子查询的结果作为外部查询的比较条件。

SELECT 语句中可以使用 NOT IN 运算符，其作用与 IN 正好相反。

【例 10-34】与前一个例子语句类似，但是在 SELECT 语句中使用 NOT IN 运算符，SQL 语句如下：

```
USE mydbase
SELECT d_name FROM dept
WHERE d_no NOT IN
(SELECT dept_no FROM employee WHERE e_no = '101');
```

单击“执行”按钮，即可完成数据的查询操作，并在“结果”窗格中显示查询结果，如图 10-39 所示。

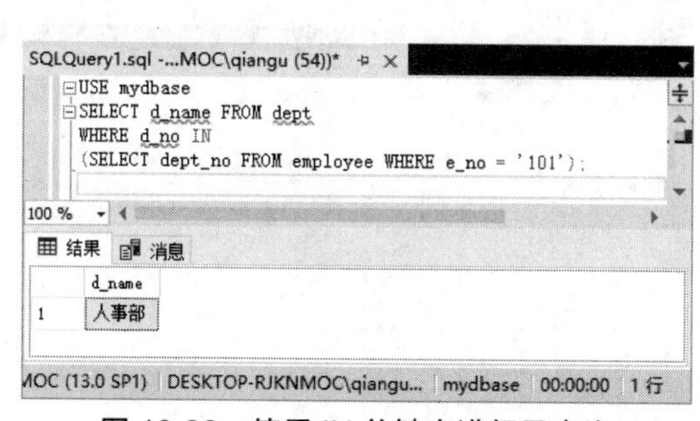

图 10-38　使用 IN 关键字进行子查询

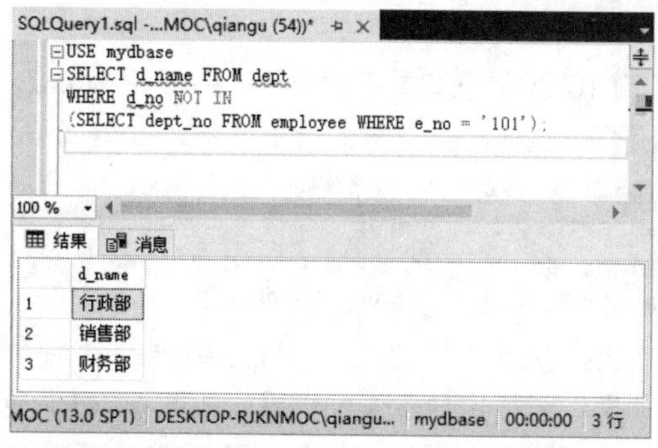

图 10-39　使用 NOT IN 运算符进行子查询

10.4.3　使用 ANY 的子查询

ANY 关键字也是在子查询中经常使用的，它可以用于比较某一列的值是否全部都大于 ANY 后面子查询中查询的最小值，或者小于 ANY 后面子查询中的最大值。使用 ANY 的语法如下：

```
SELECT column_name1, column_name2, column_name3,...
FROM table_name1
WHERE column_name operator ANY(SELECT column_name11 FROM table_name2 WHERE conditions);
```

这里，operator 就是用于列与 ANY 后面所有的查询结果进行比较的运算符，运算符包括“<”“<=”“=”“>=”和“!=”等。

【例 10-35】使用子查询来查询人事部员工工资大于销售部员工工资的员工信息，SQL 语句如下：

```
USE mydbase
SELECT * FROM employee
WHERE e_salary>ANY
(SELECT e_salary FROM employee
WHERE dept_no=(SELECT d_no FROM dept WHERE d_name='
销售部'))
AND dept_no=2;
```

单击“执行”按钮，即可完成数据的查询操作，并在“结果”窗格中显示查询结果，如图 10-40 所示。

从查询结果中可以看出，ANY 前面的运算符“>”代表了对 ANY 后面子查询的结果中任意值进行是否大于的判断，如果要判断小于可以使用“<”，判断不等于可以使用“！=”运算符。

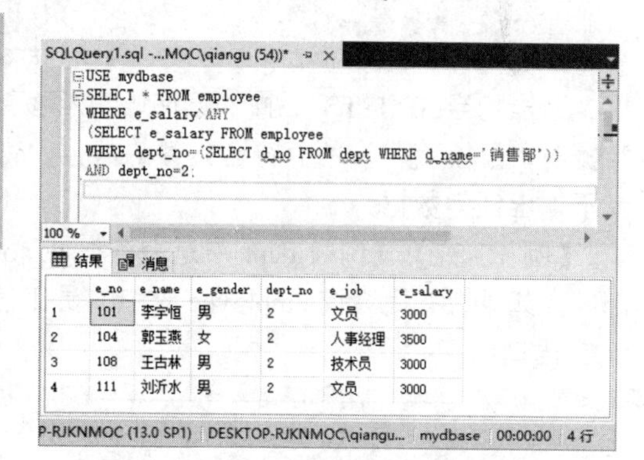

图 10-40　使用 ANY 关键字查询

10.4.4　使用 SOME 的子查询

SOME 关键字的用法与 ANY 关键字的用法相似，但是意义不同。SOME 通常用于比较满足查询结果中

的任意一个值，而ANY要满足所有值才可以。因此，在实际应用中，需要特别注意查询条件。SOME在子查询中应用的语句如下：

```
SELECT column_name1, column_name2, column_name3,···
FROM table_name1
WHERE column_name operator some(SELECT column_name11 FROM table_name2 WHERE conditions);
```

这里，operator就是用于列与SOME后面任意一个查询结果值进行比较的运算符，运算符包括“<”“<=”“=”“>=”和“!=”等。

【例10-36】查询员工信息表，并使用SOME关键字选出所有行政部与人事部的员工信息，语句如下：

```
USE mydbase
SELECT * FROM employee
WHERE dept_no=SOME(SELECT d_no FROM dept WHERE
d_name='行政部' OR d_name='人事部');
```

单击“执行”按钮，即可完成数据的查询操作，并在“结果”窗格中显示查询结果，如图10-41所示。

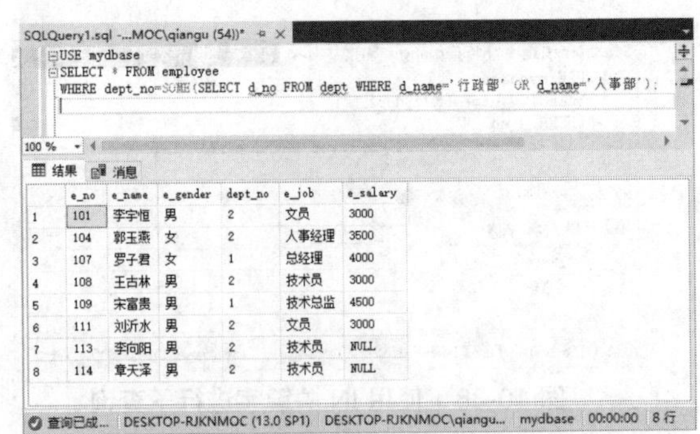

图10-41　使用SOME关键字查询

从结果中可以看出，所有行政部与人事部的员工信息都查询出来了，这个关键字与IN关键字可以完成相同的功能，也就是说，当在SOME运算符前面使用“=”时，就代表了IN关键字的用途。

10.4.5　使用EXISTS的子查询

EXISTS关键字代表“存在”，它应用于子查询中，只要子查询返回的结果为空，那么返回就是true，此时外层查询语句将进行查询；否则就是false，外层语句将不进行查询。通常情况下，EXISTS关键字用在WHERE子句中。

EXISTS在子查询中应用的语句如下：

```
SELECT column_name1, column_name2, column_name3,···
FROM table_name1
WHERE EXISTS(SELECT column_name11 FROM table_name2 WHERE conditions);
```

这里，当EXISTS后面的查询语句能够查询出数据时，那么就查询所有符合条件的数据，否则，就不输出任何数据。

【例10-37】查询表dept中是否存在d_no=1的部门，如果存在则查询employee表中的员工信息，SQL语句如下：

```
USE mydbase
SELECT * FROM employee
WHERE EXISTS
(SELECT d_name FROM dept WHERE d_no =1);
```

单击“执行”按钮，即可完成数据的查询操作，并在“结果”窗格中显示查询结果，如图10-42所示。

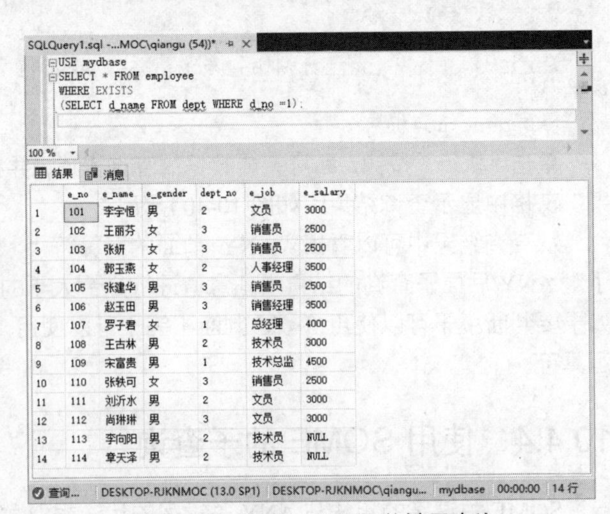

图10-42　使用EXISTS关键子查询

由结果可以看到，内层查询结果表明dept表中存在d_no=1的记录，因此EXISTS表达式返回TRUE；外层查询语句接收TRUE之后对表employee

进行查询，返回所有的记录。

EXISTS关键字可以和条件表达式一起使用。

【例10-38】查询表dept中是否存在d_no=1的部门，如果存在则查询employee表中e_salary大于3000元的记录，SQL语句如下：

```
USE mydbase
SELECT * FROM employee
WHERE e_salary>3000 AND EXISTS
(SELECT d_name FROM dept WHERE d_no =1);
```

单击“执行”按钮，即可完成数据的查询操作，并在“结果”窗格中显示查询结果，如图10-43所示。

由结果可以看到，内层查询结果表明dept表中存在d_no=1的记录，因此EXISTS表达式返回TRUE；外层查询语句接收TRUE之后根据查询条件e_salary>3000对employee表进行查询，返回结果为4条e_salary大于3000的记录。

NOT EXISTS与EXISTS使用方法相同，返回的结果相反。子查询如果至少返回一行，那么NOT EXISTS的结果为FALSE，此时外层查询语句将不进行查询；如果子查询没有返回任何行，那么NOT EXISTS返回的结果是TRUE，此时外层语句将进行查询。

【例10-39】查询表dept中是否存在d_no=1的部门，如果不存在则查询employee表中的记录，SQL语句如下：

```
USE mydbase
SELECT * FROM employee
WHERE NOT EXISTS
(SELECT d_name FROM dept WHERE d_no = 1);
```

单击“执行”按钮，即可完成数据的查询操作，并在“结果”窗格中显示查询结果，如图10-44所示。

该条语句的查询结果将为空值。因为查询语句SELECT d_name FROM dept WHERE d_no =1对dept表查询返回了一条记录，NOT EXISTS表达式返回FALSE，外层表达式接收FALSE，将不再查询employee表中的记录。

注意：EXISTS和NOT EXISTS的结果只取决于是否会返回行，而不取决于这些行的内容，所以这个子查询输入列表通常是无关紧要的。

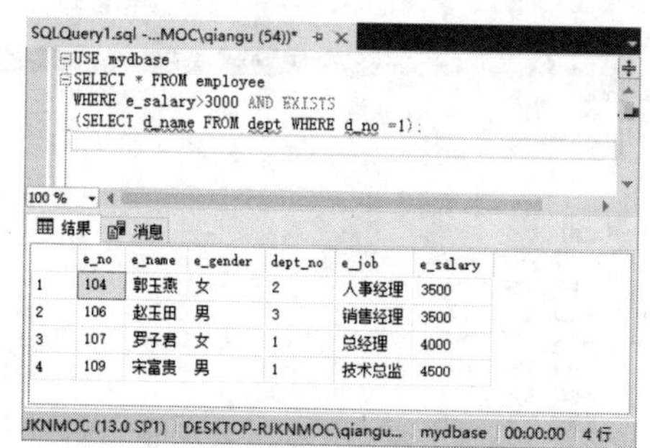

图10-43 使用EXISTS关键字的复合条件查询

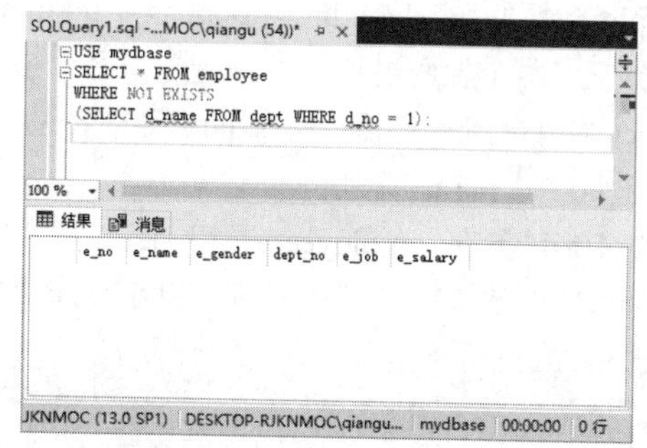

图10-44 使用NOT EXISTS关键字的复合条件查询

10.5 数据的内连接查询

连接是关系数据库模型的主要特点，连接查询是关系数据库中最主要的查询，主要包括内连接、外连接等。内连接查询操作列出与连接条件匹配的数据行，它使用比较运算符比较被连接列的列值。具体的语法格式如下：

```
SELECT column_name1, column_name2,...
FROM table1 INNER JOIN table2
ON conditions;
```

主要参数介绍如下。

- table1：数据表 1。通常在内连接中被称为左表。
- table2：数据表 2。通常在内连接中被称为右表。
- INNER JOIN：内连接的关键字。
- ON conditions：设置内连接中的条件。

10.5.1 内连接的简单查询

内连接可以理解为等值连接，它的查询结果全部都是符合条件的数据。

【例 10-40】使用内连接查询员工信息表和部门信息表，SQL 语句如下：

```
USE mydbase
SELECT * FROM employee INNER JOIN dept
ON employee.dept_no = dept.d_no;
```

单击“执行”按钮，即可完成数据的查询操作，并在“结果”窗格中显示查询结果，如图 10-45 所示。从结果可以看出，内连接查询的结果就是符合条件的全部数据。

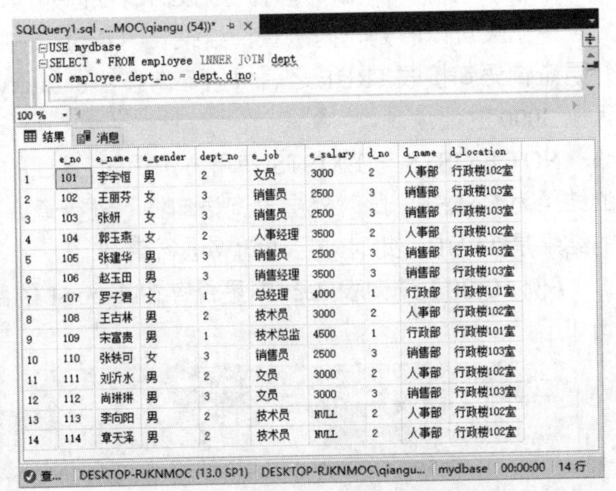

	e_no	e_name	e_gender	dept_no	e_job	e_salary	d_no	d_name	d_location
1	101	李宇恒	男	2	文员	3000	2	人事部	行政楼102室
2	102	王丽芬	女	3	销售员	2500	3	销售部	行政楼103室
3	103	张妍	女	3	销售员	2500	3	销售部	行政楼103室
4	104	郭玉燕	女	2	人事经理	3500	2	人事部	行政楼102室
5	105	张建华	男	3	销售员	2500	3	销售部	行政楼103室
6	106	赵玉田	男	3	销售经理	3500	3	销售部	行政楼103室
7	107	罗子君	女	1	总经理	4000	1	行政部	行政楼101室
8	108	王古林	男	2	技术员	3000	2	人事部	行政楼102室
9	109	宋富贵	男	1	技术总监	4500	1	行政部	行政楼101室
10	110	张轶可	女	3	销售员	2500	3	销售部	行政楼103室
11	111	刘沂水	男	2	文员	3000	2	人事部	行政楼102室
12	112	尚琳琳	男	3	文员	3000	3	销售部	行政楼103室
13	113	李向阳	男	2	技术员	NULL	2	人事部	行政楼102室
14	114	章天泽	男	2	技术员	NULL	2	人事部	行政楼102室

图 10-45 内连接的简单查询结果

10.5.2 相等内连接的查询

相等连接又叫等值连接，在连接条件中使用等于号（=）运算符比较被连接列的列值，其查询结果中列出被连接表中的所有列，包括其中的重复列。下面给出一个实例。

employee 表中的 dept_no 与 dept 表中的 d_no 具有相同的含义，两个表通过这个字段建立联系。接下来从 employee 表中查询 e_name、e_salary 字段，从 dept 表中查询 d_no、d_name。

【例 10-41】在 employee 表和 dept 表之间使用 INNER JOIN 语法进行内连接查询，SQL 语句如下：

```
USE mydbase
SELECT dept.d_no, d_name,e_name,e_salary
FROM employee INNER JOIN dept
ON employee.dept_no = dept.d_no;
```

单击“执行”按钮，即可完成数据的查询操作，并在“结果”窗格中显示查询结果，如图 10-46 所示。

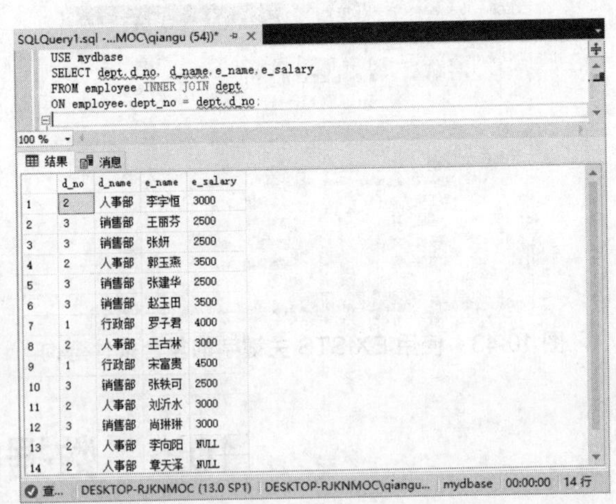

	d_no	d_name	e_name	e_salary
1	2	人事部	李宇恒	3000
2	3	销售部	王丽芬	2500
3	3	销售部	张妍	2500
4	2	人事部	郭玉燕	3500
5	3	销售部	张建华	2500
6	3	销售部	赵玉田	3500
7	1	行政部	罗子君	4000
8	2	人事部	王古林	3000
9	1	行政部	宋富贵	4500
10	3	销售部	张轶可	2500
11	2	人事部	刘沂水	3000
12	3	销售部	尚琳琳	3000
13	2	人事部	李向阳	NULL
14	2	人事部	章天泽	NULL

图 10-46 使用 INNER JOIN 进行相等内连接查询

这里的查询语句中，两个表之间的关系通过 INNER JOIN 指定，在使用这种语法的时候，连接的条件使用 ON 子句给出而不是 WHERE，ON 和 WHERE 后面指定的条件相同。

10.5.3 不等内连接的查询

不等内连接查询是指在连接条件中使用除等于运算符以外的其他比较运算符，比较被连接的列的列值。这些运算符包括“>”“>=”“<=”“<”“!>”“!<”和“<>”。

【例 10-42】在 employee 表和 dept 表之间使用 INNER JOIN 语法进行内连接查询，T-SQL 语句如下：

```
USE mydbase
SELECT dept.d_no, d_name,e_name,e_salary
FROM employee INNER JOIN dept
ON employee.dept_no<>dept.d_no;
```

单击“执行”按钮，即可完成数据的查询操作，并在“结果”窗格中显示查询结果，如图 10-47 所示。

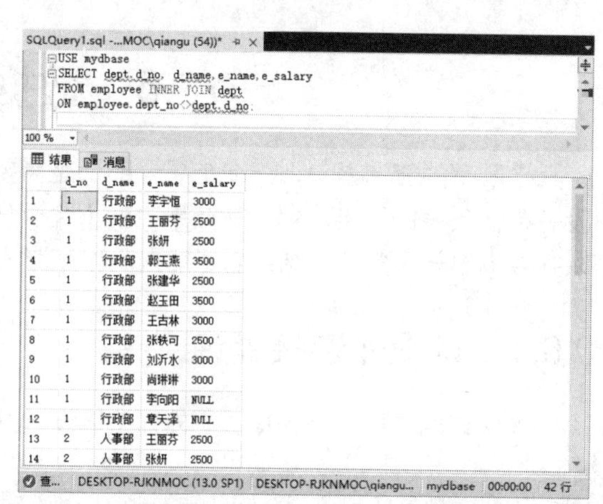

图 10-47 使用 INNER JOIN 进行不相等内连接查询

10.5.4 特殊的内连接查询

如果在一个连接查询中，涉及的两张表都是同一张表，这种查询称为自连接查询，也被称为特殊的内连接，它是指相互连接的表在物理上为同一张表，但可以在逻辑上分为两张表。

【例 10-43】查询部门编号 dept_no='2'的其他员工信息，SQL 语句如下：

```
USE mydbase
SELECT DISTINCT e1.e_no, e1.e_name, e1.e_salary
FROM employee AS e1, employee AS e2
WHERE e1.dept_no = e2.dept_no AND e2.dept_no=2;
```

单击“执行”按钮，即可完成数据的查询操作，并在“结果”窗格中显示查询结果，如图 10-48 所示。

此处查询的两张表是相同的表，为了防止产生二义性，对表使用了别名。employee 表第一次出现的别名为 e1，第二次出现的别名为 e2，使用 SELECT 语句返回列时明确指出返回以 e1 为前缀的列的全名，WHERE 连接两个表，并按照第二个表的 dept_no 对数据进行过滤，返回所需数据。

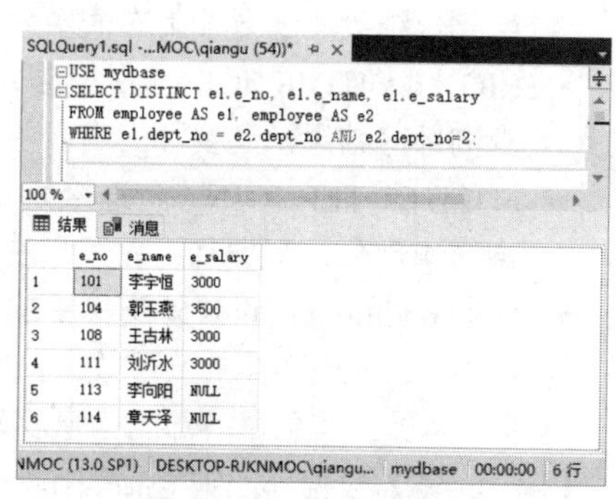

图 10-48 自连接查询

10.5.5 带条件的内连接查询

带选择条件的连接查询是在连接查询的过程中，通过添加过滤条件限制查询的结果，使查询的结果更加准确。

【例 10-44】在 employee 表和 dept 表中，使用 INNER JOIN 语法查询 employee 表中部门编号为 2 的员工编号、姓名与工作地点 d_location，SQL 语句如下：

```
USE mydbase
SELECT employee.e_no, employee.e_name,dept.d_location
FROM employee INNER JOIN dept
ON employee.dept_no= dept.d_no AND employee.dept_no=2;
```

单击“执行”按钮，即可完成数据的查询操作，并在“结果”窗格中显示查询结果，如图 10-49 所示。

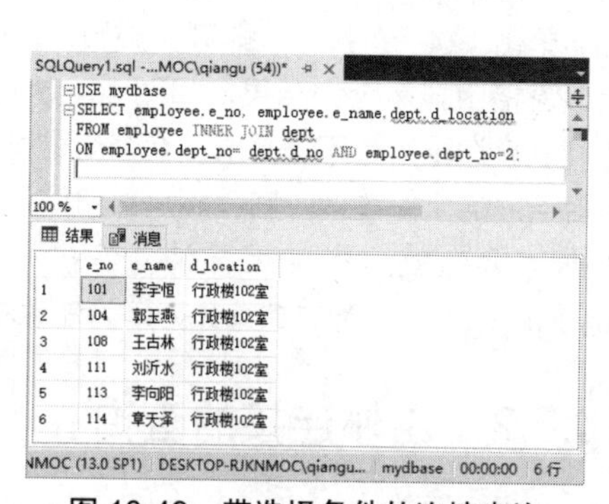

图 10-49 带选择条件的连接查询

结果显示，在连接查询时指定查询部门编号为 2 的员工编号、姓名与工作城市信息，添加了过滤条件之后返回的结果将会变少，因此返回结果只有 6 条记录。

10.6 数据的外连接查询

几乎所有的查询语句，查询结果全部都是需要符合条件才能查询出来。换句话说，如果执行查询语句后没有符合条件的结果，那么在结果中就不会有任何记录。而外连接查询则与之相反，通过外连接查询，可以在查询出符合条件的结果后还能显示出某张表中不符合条件的数据。

10.6.1 认识外连接查询

外连接查询包括左外连接、右外连接以及全外连接。具体的语法格式如下：

```
SELECT column_name1, column_name2,...
FROM table1 LEFT|RIGHT|FULL OUTER JOIN table2
ON conditions;
```

主要参数介绍如下。

- table1：数据表 1。通常在外连接中被称为左表。
- table2：数据表 2。通常在外连接中被称为右表。
- LEFT OUTER JOIN（左连接）：左外连接，使用左外连接时得到的查询结果中，除了符合条件的查询部分结果，还要加上左表中余下的数据。
- RIGHT OUTER JOIN（右连接）：右外连接，使用右外连接时得到的查询结果中，除了符合条件的查询部分结果，还要加上右表中余下的数据。
- FULL OUTER JOIN（全连接）：全外连接。使用全外连接时得到的查询结果中，除了符合条件的查询结果部分，还要加上左表和右表中余下的数据。
- ON conditions：设置外连接中的条件，与 WHERE 子句后面的写法一样。

为了显示三种外连接的演示效果，首先将两张数据表中，根据部门编号相等作为条件时的记录查询出来，这是因为员工信息表与部门信息表是根据部门编号字段关联的。

【例 10-45】根据部门编号相等作为条件，来查询两张表的数据记录，SQL 语句如下：

```
USE mydbase
SELECT * FROM employee,dept
WHERE employee.dept_no=dept.d_no;
```

单击“执行”按钮，即可完成数据的查询操作，并在“结果”窗格中显示查询结果，如图 10-50 所示。

从查询结果中可以看出，在查询结果左侧是员工信息表中符合条件的全部数据，在右侧是部门信息表中符合条件的全部数据。下面就分别使用三种外连接来根据 employee.dept_no=dept.d_no 这个条件查询数据，请注意观察查询结果的区别。

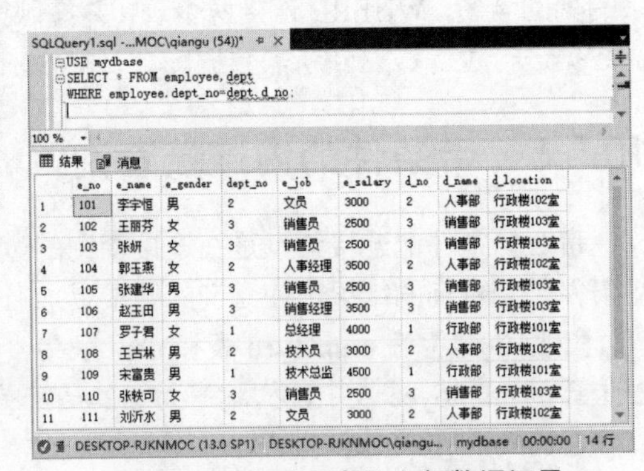

	e_no	e_name	e_gender	dept_no	e_job	e_salary	d_no	d_name	d_location
1	101	李宇恒	男	2	文员	3000	2	人事部	行政楼102室
2	102	王丽芬	女	3	销售员	2500	3	销售部	行政楼103室
3	103	张妍	女	3	销售员	2500	3	销售部	行政楼103室
4	104	郭玉燕	女	2	人事经理	3500	2	人事部	行政楼102室
5	105	张建华	男	3	销售员	2500	3	销售部	行政楼103室
6	106	赵玉田	男	3	销售经理	3500	3	销售部	行政楼103室
7	107	罗子君	女	1	总经理	4000	1	行政部	行政楼101室
8	108	王古林	男	2	技术员	3000	2	人事部	行政楼102室
9	109	宋富贵	男	1	技术总监	4500	1	行政部	行政楼101室
10	110	张轶可	女	3	销售员	2500	3	销售部	行政楼103室
11	111	刘沂水	男	2	文员	3000	2	人事部	行政楼102室

图 10-50 查看两表的全部数据记录

10.6.2 左外连接的查询

左连接的结果包括 LEFT OUTER JOIN 关键字左边连接表的所有行，而不仅是连接列所匹配的行。如果左表的某行在右表中没有匹配行，则在相关联的结果集行中右表的所有选择表字段均为空值。

【例 10-46】使用左外连接查询，将员工信息表作为左表，部门信息表作为右表，SQL 语句如下：

```
USE mydbase
SELECT * FROM employee LEFT OUTER JOIN dept
ON employee.dept_no=dept.d_no;
```

单击“执行”按钮，即可完成数据的查询操作，并在“结果”窗格中显示查询结果，如图 10-51 所示。

结果最后显示的一条记录，d_no 等于 5 的部门编号在部门信息表中没有记录，所以该条记录只取出了 employee 表中相应的值，而从 dept 表中取出的值为空值。

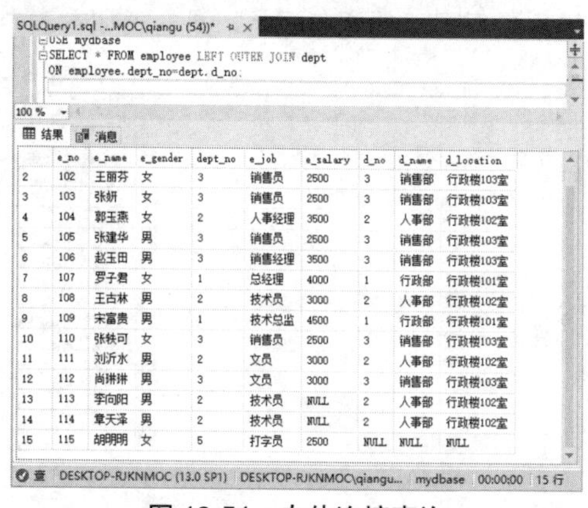

	e_no	e_name	e_gender	dept_no	e_job	e_salary	d_no	d_name	d_location
2	102	王丽芬	女	3	销售员	2500	3	销售部	行政楼103室
3	103	张妍	女	3	销售员	2500	3	销售部	行政楼103室
4	104	郭玉燕	女	2	人事经理	3500	2	人事部	行政楼102室
5	105	张建华	男	3	销售员	2500	3	销售部	行政楼103室
6	106	赵玉田	男	3	销售经理	3500	3	销售部	行政楼103室
7	107	罗子君	女	1	总经理	4000	1	行政部	行政楼101室
8	108	王古林	男	2	技术员	3000	2	人事部	行政楼102室
9	109	宋富贵	男	1	技术总监	4500	1	行政部	行政楼101室
10	110	张铁可	女	3	销售员	2500	3	销售部	行政楼103室
11	111	刘沂水	男	2	文员	3000	2	人事部	行政楼102室
12	112	尚琳琳	男	3	文员	3000	3	销售部	行政楼103室
13	113	李向阳	男	2	技术员	NULL	2	人事部	行政楼102室
14	114	章天泽	男	2	技术员	NULL	2	人事部	行政楼102室
15	115	胡明明	女	5	打字员	2500	NULL	NULL	NULL

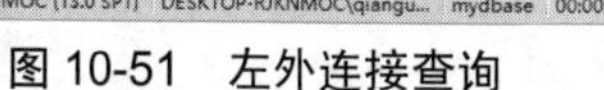

图 10-51 左外连接查询

10.6.3 右外连接的查询

右连接是左连接的反向连接。将返回 RIGHT OUTER JOIN 关键字右边的表中的所有行。如果右表的某行在左表中没有匹配行，左表将返回空值。

【例 10-47】使用右外连接查询，将员工信息表作为左表，部门信息表作为右表，SQL 语句如下：

```
USE mydbase
SELECT * FROM employee RIGHT OUTER JOIN dept
ON employee.dept_no=dept.d_no;
```

单击“执行”按钮，即可完成数据的查询操作，并在“结果”窗格中显示查询结果，如图 10-52 所示。

结果最后显示的一条记录，d_no 等于 4 的部门编号在员工信息表中没有记录，所以该条记录只取出了 dept 表中相应的值，而从 employee 表中取出的值为空值。

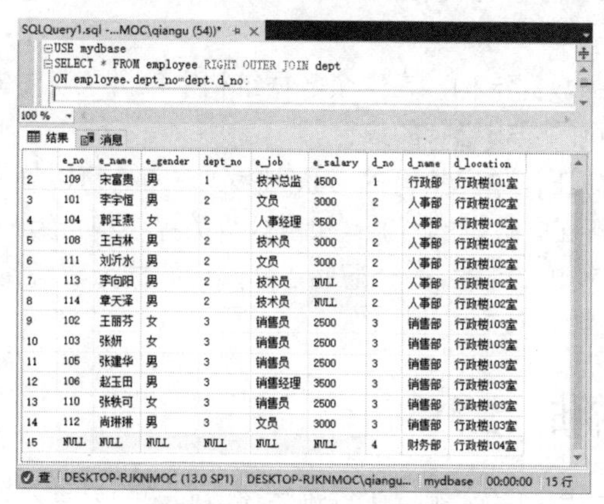

	e_no	e_name	e_gender	dept_no	e_job	e_salary	d_no	d_name	d_location
2	109	宋富贵	男	1	技术总监	4500	1	行政部	行政楼101室
3	101	李宇恒	男	2	文员	3000	2	人事部	行政楼102室
4	104	郭玉燕	女	2	人事经理	3500	2	人事部	行政楼102室
5	108	王古林	男	2	技术员	3000	2	人事部	行政楼102室
6	111	刘沂水	男	2	文员	3000	2	人事部	行政楼102室
7	113	李向阳	男	2	技术员	NULL	2	人事部	行政楼102室
8	114	章天泽	男	2	技术员	NULL	2	人事部	行政楼102室
9	102	王丽芬	女	3	销售员	2500	3	销售部	行政楼103室
10	103	张妍	女	3	销售员	2500	3	销售部	行政楼103室
11	105	张建华	男	3	销售员	2500	3	销售部	行政楼103室
12	106	赵玉田	男	3	销售经理	3500	3	销售部	行政楼103室
13	110	张铁可	女	3	销售员	2500	3	销售部	行政楼103室
14	112	尚琳琳	男	3	文员	3000	3	销售部	行政楼103室
15	NULL	NULL	NULL	NULL	NULL	NULL	4	财务部	行政楼104室

图 10-52 右外连接查询

10.6.4 全外连接的查询

全外连接又称为完全外连接，该连接查询方式返回两个连接中所有的记录数据。根据匹配条件，如果满足匹配条件时，则返回数据；如果不满足匹配条件时，同样返回数据，只不过在相应的列中填入空值，全外连接返回的结果集中包含两个完全表的所有数据。全外连接使用关键字 FULL OUTER JOIN。

【例 10-48】使用全外连接查询，将员工信息表作为左表，部门信息表作为右表，SQL 语句如下：

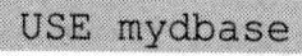

```
USE mydbase
```

```
SELECT * FROM employee FULL OUTER JOIN dept
ON employee.dept_no=dept.d_no;
```

单击“执行”按钮，即可完成数据的查询操作，并在“结果”窗格中显示查询结果，如图 10-53 所示。结果最后显示的两条记录，是左表和右表中全部的数据记录。

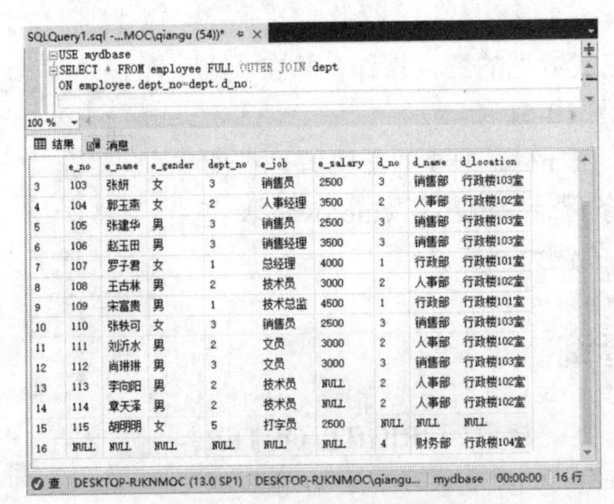

图 10-53 全外连接查询

10.7 就业面试技巧与解析

10.7.1 面试技巧与解析（一）

面试官：请简述什么是数据库索引及数据库事务？

应聘者：

索引：一个单独的、物理的数据结构，在这个数据结构中包含了表中的一列或多列的值以及相应的指向表中物理标识这些值的数据页的逻辑指针的集合。

数据库事务：作为单个逻辑工作单元执行的一系列操作。事务可以确保除非事务性单元内的所有操作都成功完成，否则不会永久更新面向数据的资源。事务内相关操作组合为一个要么全部成功要么全部失败，可以简化错误恢复并使应用程序更加可靠。一个逻辑工作单元要成为事务，必须满足所谓的 ACID（原子性、一致性、隔离性和持久性）属性。

10.7.2 面试技巧与解析（二）

面试官：请解释什么是数据库中的死锁？怎样预防该类问题的发生？

应聘者：死锁是指当不同用户分别锁定一个资源，之后双方又都等待对方释放所锁定的资源，产生锁定请求环，出现死锁。

预防死锁可以从如下 4 点入手：

（1）尽量避免并发地执行涉及修改数据的语句。

（2）要求每个事务一次就将所有要使用的数据全部加锁，否则就不予执行。

（3）预先规定一个锁定顺序，所有的事务都必须按这个顺序对数据进行锁定。

（4）每个事务的执行时间不应太长，对较长的事务可将其分为几个事务。

第 3 篇

核心应用篇

在本篇中，将通过案例示范学习 SQL Server 数据库的一些核心应用。例如，SQL Server 视图的使用、游标的应用、存储过程的应用、索引的应用、触发器的应用、SQL Server 事务与锁的应用等。学完本篇，读者将对 SQL Server 数据库的管理、操作以及使用 SQL Server 数据库进行综合性应用具有一定的综合应用能力。

第11章

视图的使用

学习指引

视图是一种常用的数据库对象，它将查询的结果以虚拟表的形式存储在数据库中，而并不在数据库中以存储数据集的形式存在。本章就来介绍视图的使用，主要内容包括视图概述、视图的分类与操作、通过视图操作数据等。

重点导读

- 了解视图的相关概述。
- 掌握使用 SQL 语句操作视图的方法。
- 掌握以界面方式操作视图的方法。
- 掌握通过视图操作数据的方法。

11.1 认识什么是视图

视图中的内容是由查询定义来的，并且视图和查询都是通过 SQL 语句来定义的，它的行为与表非常相似，但视图是一个虚拟表。在视图中用户可以使用 SELECT 语句查询数据，以及使用 INSERT、UPDATE 和 DELETE 语句修改记录。对于视图的操作最终将转换为对基本数据表的操作。视图不仅可以方便用户操作，而且可以保障数据库系统的安全。

在 SQL Server 中，视图可以分为三类，分别是：标准视图、索引视图和分区视图。

1. 标准视图

标准视图组合了一张或多张表中的数据，可以获得使用视图的大多数好处，包括将重点放在特定数据上及简化数据操作。

2. 索引视图

索引视图是被具体化了的视图，即它已经过计算并存储。可以为视图创建索引，即对视图创建一个唯一的聚集索引。索引视图可以显著提高某些类型查询的性能。索引视图尤其适于聚合许多行的查询，但它们不太适于经常更新的基本数据集。

3. 分区视图

分区视图在一台或多台服务器间水平连接一组成员表中的分区数据。这样，数据看上去如同来自于一张表。连接同一个 SQL Server 实例中的成员表的视图是一个本地分区视图。

11.2　使用 SQL 语句操作视图

视图的结构和内容是建立在对表的查询基础之上的，与表一样包括行与列，这些行列数据都来源于其所引用的表，并且是在引用视图过程中动态生成的。本节就来介绍使用 SQL 语句操作视图的操作。

11.2.1　使用 CREATE VIEW 语句创建视图

使用 CREATE VIEW 语句可以创建视图，具体的语法格式如下：

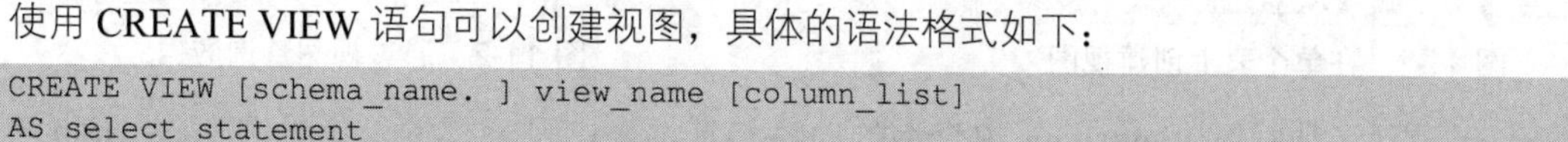

```
CREATE VIEW [schema_name. ] view_name [column_list]
AS select_statement
[ WITH CHECK OPTION ]
[ENCRYPTION];
```

主要参数介绍如下。

- schema_name：视图所属架构的名称。
- view_name：视图的名称。视图名称必须符合有关标识符的规则。可以选择是否指定视图所有者名称。
- column_list：视图中各个列使用的名称。
- AS：指定视图要执行的操作。
- select_statement：定义视图的 SELECT 语句。该语句可以使用多张表和其他视图。
- WITH CHECK OPTION：强制针对视图执行的所有数据修改语句，都必须符合在 select_statement 中设置的条件。通过视图修改行时，WITH CHECK OPTION 可确保提交修改后，仍可通过视图看到数据。
- ENCRYPTION：对创建视图的语句加密。该选项是可选的。

注意：视图定义中的 SELECT 子句不能包括下列内容。

（1）COMPUTE 或 COMPUTE BY 子句。

（2）ORDER BY 子句，除非在 SELECT 语句的选择列表中也有一个 TOP 子句。

（3）INTO 关键字。

（4）OPTION 子句。

（5）引用临时表或表变量。

提示：ORDER BY 子句仅用于确定视图定义中的 TOP 子句返回的行，ORDER BY 不保证在查询视图时得到有序结果，除非在查询本身中也指定了 ORDER BY。

【例 11-1】 在数据库 mydbase 中的 employee 数据表上创建一个名为 view_emp 的视图，用于查看员工的编号、姓名、当前职位，SQL 语句如下：

```
CREATE VIEW view_emp
```

```
AS SELECT e_no AS 员工编号,e_name AS 姓名, e_job AS 当前职位
FROM employee;
```

单击“执行”按钮，即可完成视图的创建，如图 11-1 所示。

下面使用创建的视图，来查询数据信息，SQL 语句如下：

```
USE mydbase;
SELECT * FROM view_emp;
```

单击“执行”按钮，即可完成通过视图查询数据信息的操作，如图 11-2 所示。

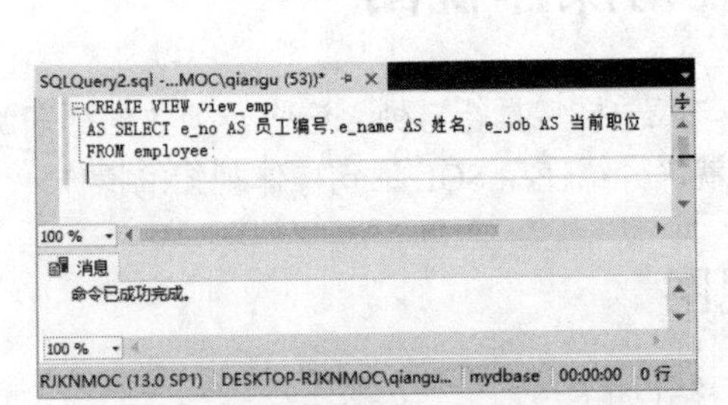

图 11-1　在单个表上创建视图

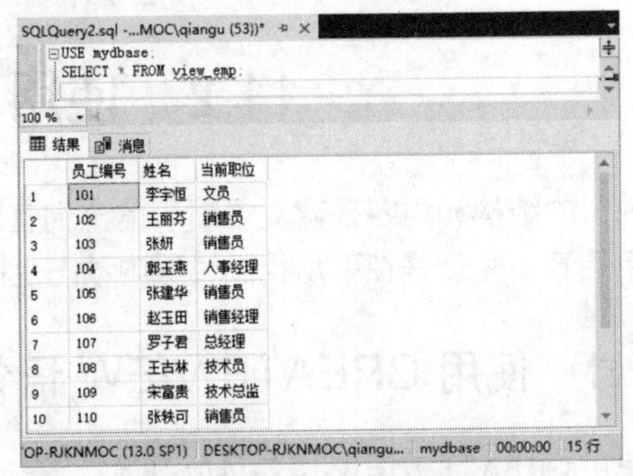

图 11-2　通过视图查询数据

由结果可以看到，从视图 view_emp 中查询的内容和基本表中是一样的，这里的 view_emp 中包含三列。

注意：如果用户创建完视图后立刻查询该视图，有时候会出现错误信息提示为该对象不存在，此时刷新一下视图列表即可解决问题。

【例 11-2】创建一个名为 view_info 的视图，用于查看员工的姓名、当前职位、部门名称以及员工工资，SQL 语句如下：

```
CREATE VIEW view_info
AS SELECT employee.e_name AS 姓名, employee.e_job AS 当前职位,
dept. d_name AS 部门名称, employee.e_salary AS 员工工资
FROM employee, dept
WHERE employee.dept_no =dept.d_no;
```

单击“执行”按钮，即可完成视图的创建，如图 11-3 所示。

下面使用创建的视图，来查询数据信息，SQL 语句如下：

```
USE mydbase;
SELECT * FROM view_info;
```

单击“执行”按钮，即可完成通过视图查询数据信息的操作，并在“结果”窗格中查询结果，如图 11-4 所示。

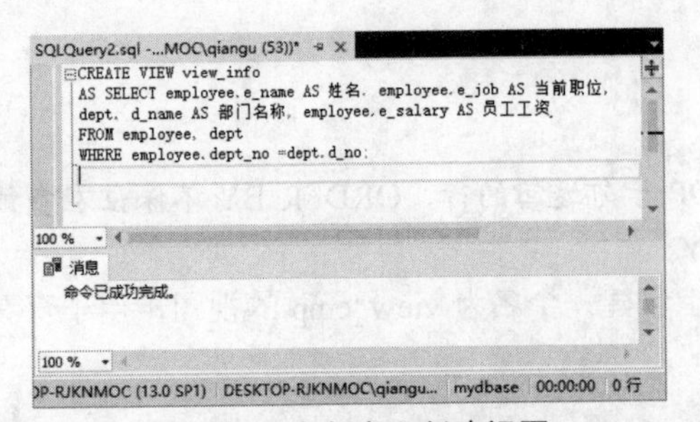

图 11-3　在多表上创建视图

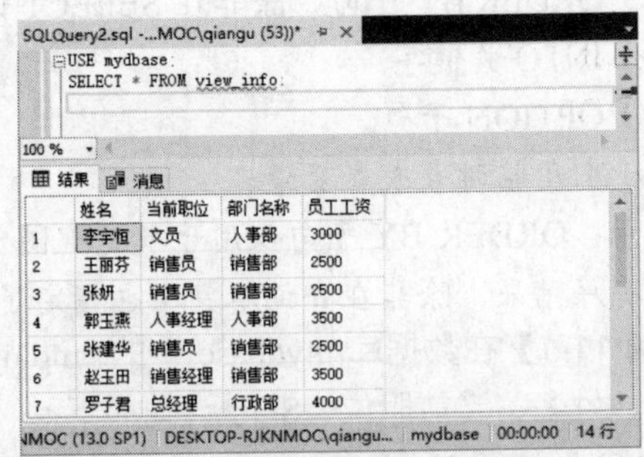

图 11-4　通过视图查询数据

从查询结果可以看出，通过创建视图来查询数据，可以很好地保护基本表中的数据。

11.2.2 使用 ALTER VIEW 语句修改视图

当视图创建完成后，如果觉得有些地方不能满足需要，这时就可以修改视图，而不必重新再创建视图了。修改视图的语法格式如下：

```
ALTER VIEW [schema_name. ] view_name [column_list]
AS select_statement
[ WITH CHECK OPTION ]
[ENCRYPTION];
```

从语法中可以看出，修改视图只是把创建视图的 CREATE 关键字换成了 ALTER，其他内容不变。

【例 11-3】修改名为 view_info 的视图，用于查看员工编号、姓名、当前职位、所在部门以及基本工资，SQL 语句如下：

```
ALTER VIEW view_info
AS SELECT employee.e_no AS 员工编号, employee.e_name AS 姓名, employee.e_job AS 当前职位,
dept. d_name AS 所在部门, employee.e_salary AS 员工工资
FROM employee, dept
WHERE employee.dept_no =dept.d_no;
```

单击“执行”按钮，即可完成视图的修改，如图 11-5 所示。

下面使用修改后的视图，来查询数据信息，SQL 语句如下：

```
USE mydbase;
SELECT * FROM view_info;
```

单击“执行”按钮，即可完成通过视图查询数据信息的操作，如图 11-6 所示。

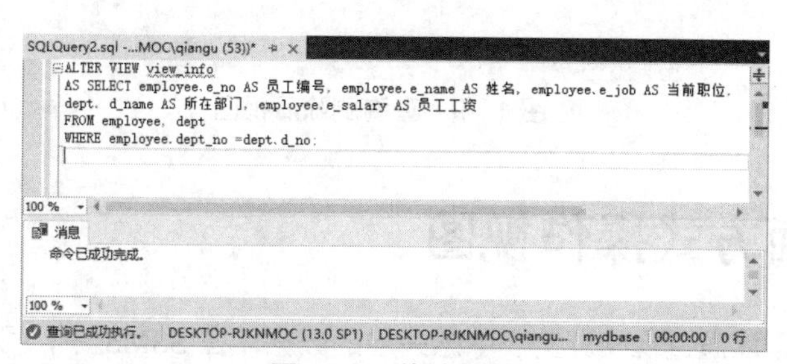

图 11-5 修改视图

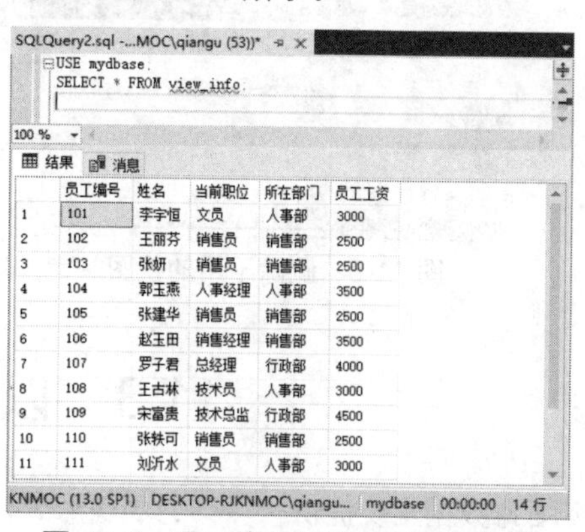

	员工编号	姓名	当前职位	所在部门	员工工资
1	101	李宇恒	文员	人事部	3000
2	102	王丽芬	销售员	销售部	2500
3	103	张妍	销售员	销售部	2500
4	104	郭玉燕	人事经理	人事部	3500
5	105	张建华	销售员	销售部	2500
6	106	赵玉田	销售经理	销售部	3500
7	107	罗子君	总经理	行政部	4000
8	108	王古林	技术员	人事部	3000
9	109	宋富贵	技术总监	行政部	4500
10	110	张轶可	销售员	销售部	2500
11	111	刘沂水	文员	人事部	3000

图 11-6 通过修改后的视图查询数据

另外，使用系统存储过程 sp_rename 可以为视图进行重命名操作。

【例 11-4】重命名视图 view_info，将 view_info 修改为 view_info_01。

```
sp_rename 'view_info', 'view_info_01';
```

单击“执行”按钮，即可完成视图的重命名操作，如图 11-7 所示。

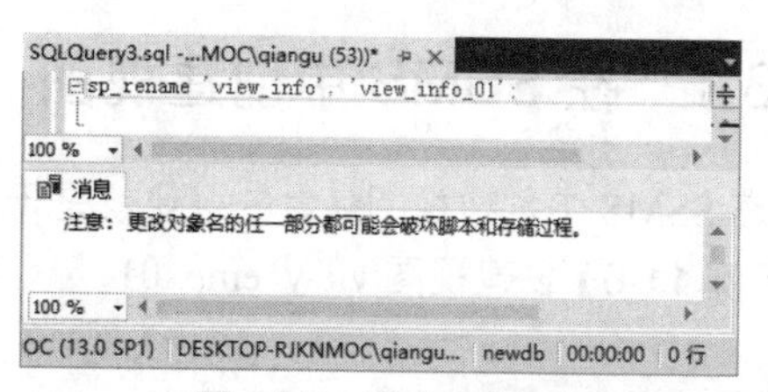

图 11-7 重命名视图

注意：从结果中可以看出，在对视图进行重命名后会给使用该视图的程序造成一定的影响。因此，在给视图重命名前，要先知道是否有一些其他数据库对象使用该视图名称，在确保不会对其他对象造成影响后，再对其进行重命名操作。

11.2.3 使用 DROP VIEW 语句删除视图

数据库中的任何对象都会占用数据库的存储空间，视图也不例外。当视图不再使用时，要及时删除。使用 DROP 语句可以删除视图，具体的语法规则如下：

```
DROP VIEW [schema_name.] view_name1, view_name2,…, view_nameN;
```

主要参数介绍如下。

- schema_name：指该视图所属架构的名称。
- view_name：指要删除的视图名称。

注意：schema_name 可以省略。

【例 11-5】删除系统中的 view_emp 视图，SQL 语句如下。

```
USE mydbase
DROP VIEW dbo.view_emp;
```

单击“执行”按钮，即可完成视图的删除操作，如图 11-8 所示。

删除完毕后，下面再查询一下该视图的信息，SQL 语句如下：

```
USE mydbase;
GO
EXEC sp_help 'mydbase.dbo.view_emp';
```

单击“执行”按钮，即可完成视图的查看操作，在“消息”窗格中显示错误提示，说明该视图已经被成功删除，如图 11-9 所示。

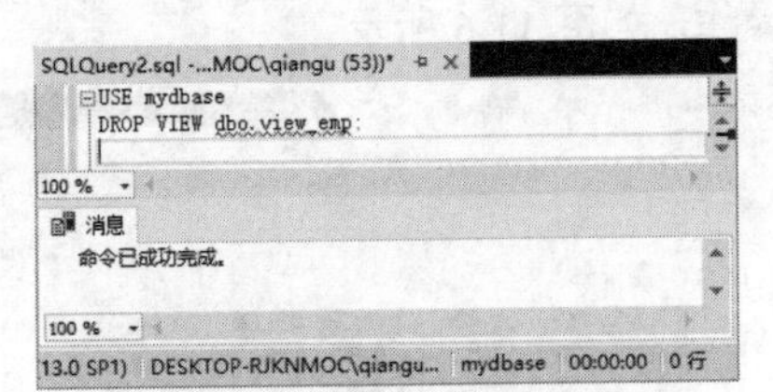

图 11-8 删除不用的视图

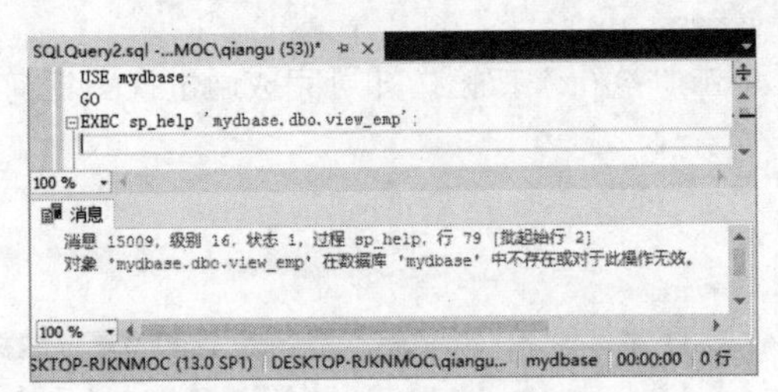

图 11-9 查询删除后视图

11.3 以界面方式操作视图

视图为数据呈现提供了多样的表现形式，用户可以通过视图浏览表中感兴趣的数据，在 SSMS 中，可以以界面方式操作视图，包括创建视图、删除视图、修改视图等。

11.3.1 在 SSMS 中创建视图

在 SSMS 中创建视图最大的好处就是无须记住 SQL 语句。下面介绍在 SSMS 中创建视图的方法。

【例 11-6】创建视图 view_emp_01，查询员工信息表中员工的编号、姓名、当前职位，具体的操作步骤如下。

步骤 1：启动 SSMS，打开数据库 mydbase 结点，再展开该数据库下的“表”结点，在“表”结点下选择“视图”结点，然后右击“视图”结点，在弹出的快捷菜单中选择“新建视图”菜单命令，如图 11-10 所示。

步骤 2：弹出“添加表”对话框。在“表”选项卡中列出了用来创建视图的基本表，选择 employee 表，单击“添加”按钮，然后单击“关闭”按钮，如图 11-11 所示。

图 11-10 选择“新建视图”菜单命令

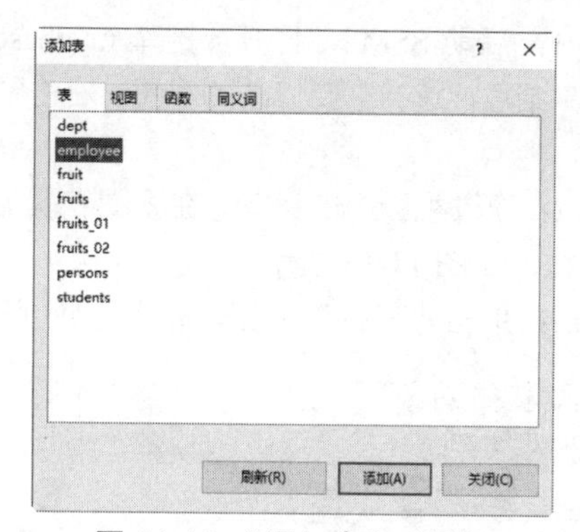

图 11-11 “添加表”对话框

提示：视图的创建也可以基于多张表，如果要选择多张数据表，可按住 Ctrl 键，然后分别选择列表中的数据表。

步骤 3：此时，即可打开“视图编辑器”窗口，窗口中包含三块区域，第一块区域是“关系图”窗格，在这里可以添加或者删除表。第二块区域是“条件”窗格，在这里可以对视图的显示格式进行修改。第三块区域是 SQL 窗格，在这里用户可以输入 SQL 执行语句。在“关系图”窗格区域中单击表中字段左边的复选框选择需要的字段，如图 11-12 所示。

提示：在 SQL 窗格区域中，可以进行以下具体操作。

（1）通过输入 SQL 语句创建新查询。

（2）根据在“关系图”窗格和“条件”窗格中进行的设置，对查询和视图设计器创建的 SQL 语句进行修改。

（3）输入语句可以利用所使用数据库的特有功能。

步骤 4：单击工具栏上的“保存”按钮，打开“选择名称”对话框，输入视图的名称后，单击“确定”按钮即可完成视图的创建，如图 11-13 所示。

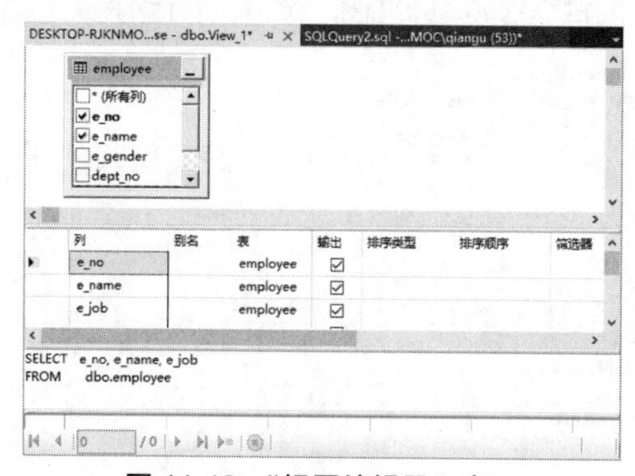

图 11-12 “视图编辑器”窗口

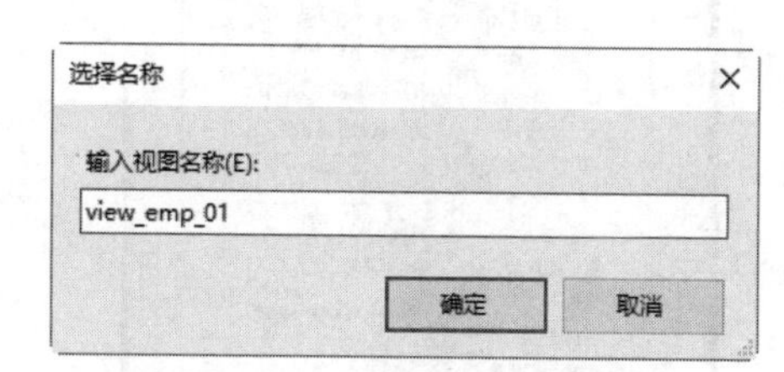

图 11-13 “选择名称”对话框

提示：用户也可以单击工具栏上的对应按钮选择打开或关闭这些窗格按钮，在使用时将光标放在相应的图标上，将会提示该图标命令的作用。

11.3.2 在 SSMS 中修改视图

修改视图的界面与创建视图的界面非常类似。

【例 11-7】修改视图 view_emp_01，只查询员工信息表中姓名、当前职位与基本工资信息，具体的操作步骤如下。

步骤 1：启动 SSMS，打开数据库 mydbase 结点，再展开该数据库下的“表”结点，在“表”结点下展开“视图”结点，选择需要修改的视图，右击鼠标，在弹出的快捷菜单中选择“设计”菜单命令，如图 11-14 所示。

步骤 2：修改视图中的语句，在视图编辑器窗口中，从数据表中取消 e_no 的选中状态，并选中 e_salary 前的复选框，如图 11-15 所示。

步骤 3：单击“保存”按钮，即可完成视图的修改操作。

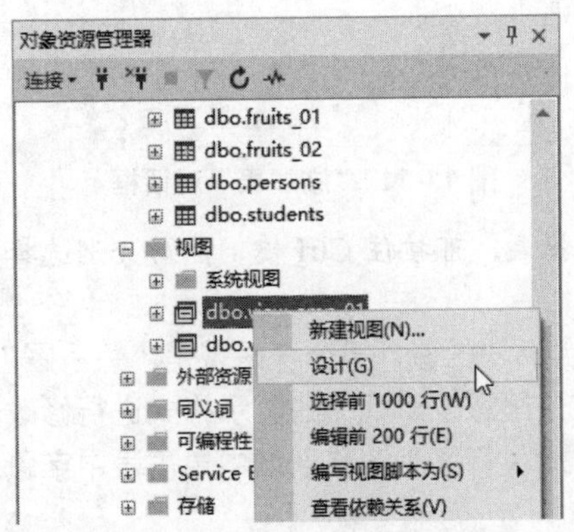

图 11-14 “设计”菜单命令

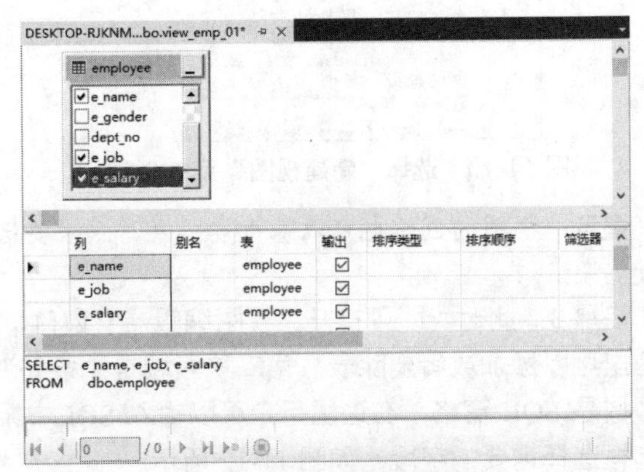

图 11-15 视图编辑器窗口

11.3.3 在 SSMS 中删除视图

在 SSMS 中删除视图的操作非常简单，具体的操作步骤如下。

步骤 1：启动 SSMS，打开数据库 mydbase 结点，再展开该数据库下的“表”结点，在“表”结点下展开“视图”结点，选择需要删除的视图，右击鼠标，在弹出的快捷菜单中选择“删除”菜单命令，如图 11-16 所示。

步骤 2：弹出“删除对象”窗口，单击“确定”按钮，即可完成视图的删除，如图 11-17 所示。

图 11-16 选择“删除”菜单命令

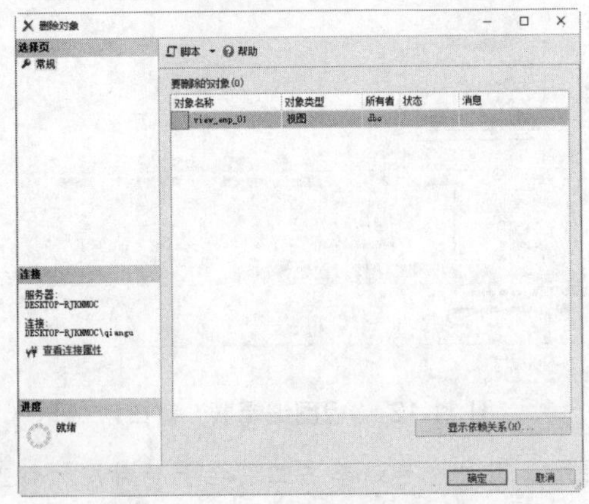

图 11-17 “删除对象”窗口

11.4 通过视图操作数据

通过视图操作数据是指通过视图来插入、更新、删除表中的数据，因为视图是一个虚拟表，其中没有数据。通过视图操作的时候都是转到基本表进行更新的，如果对视图增加或者删除记录，实际上是对其基本表增加或者删除记录。

11.4.1 通过视图插入数据

使用 INSERT 语句可以向单个基本表组成的视图中添加数据，而不能向两张或多张表组成的视图中添加数据。

【例 11-8】通过视图向基本表 employee 中插入一条新记录。

首先创建一个视图，SQL 语句如下：

```
CREATE VIEW view_emp(编号,姓名,当前职位,所在部门编号,基本工资)
AS
SELECT e_no,e_name,e_job,dept_no,e_salary
FROM employee
WHERE  e_no='101';
```

单击“执行”按钮，即可完成视图的创建，如图 11-18 所示。

查询插入数据之前的数据表，SQL 语句如下：

```
SELECT * FROM employee;  --查看插入记录之前基本表中的内容
```

单击“执行”按钮，即可完成数据的查询操作，如图 11-19 所示。

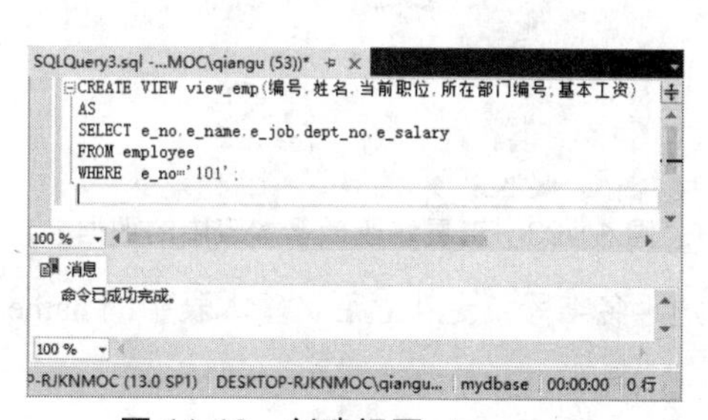

图 11-18 创建视图 view_emp

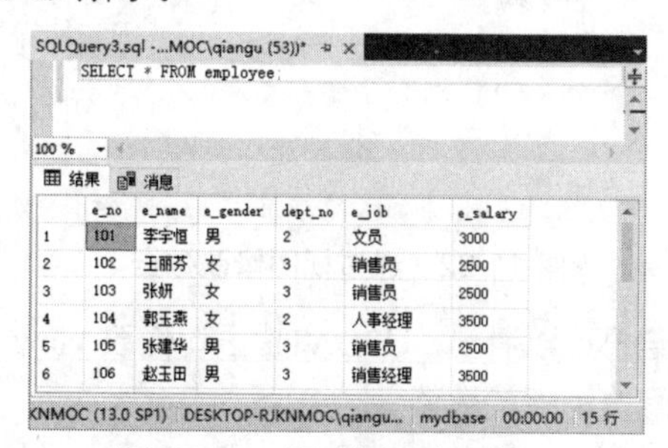

图 11-19 通过视图查询数据

使用创建的视图向数据表中插入一行数据，SQL 语句如下：

```
INSERT INTO view_emp --向基本表 employee 中插入一条新记录，
VALUES(116,'雷永','销售员',3,2500);
```

单击“执行”按钮，即可完成数据的插入操作，如图 11-20 所示。

查询插入数据后的基本表 employee，SQL 语句如下：

```
SELECT * FROM employee;  --查看插入记录之后基本表中的内容
```

单击“执行”按钮，即可完成数据的查询操作，并在“结果”窗格中显示查询的数据记录，可以看到最后一行是新插入的数据，如图 11-21 所示。

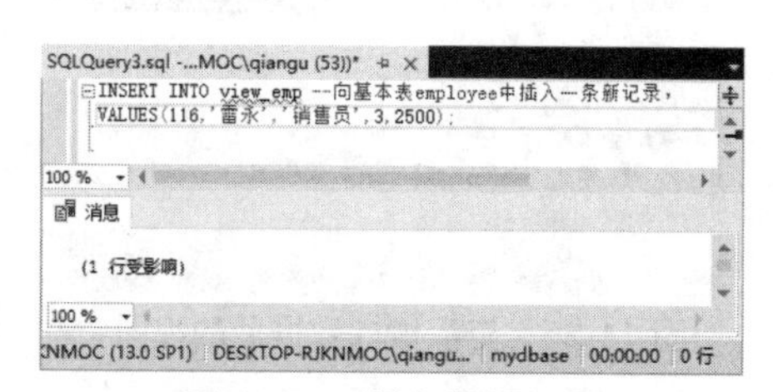

图 11-20 插入数据记录

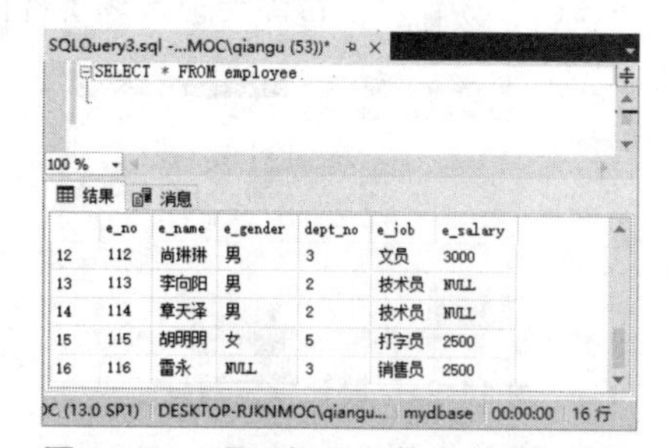

图 11-21 通过视图向基本表插入记录

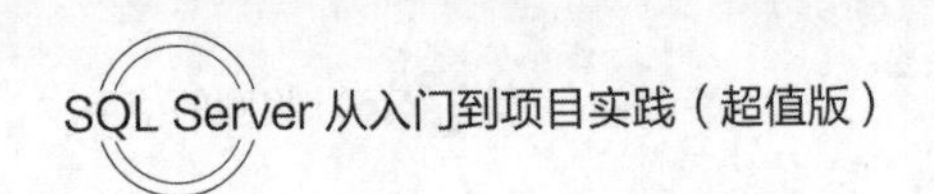

从结果中可以看到，通过在视图 view_emp 中执行一条 INSERT 操作，实际上向基本表中插入了一条记录。

11.4.2 通过视图修改数据

除了可以插入一条完整的记录外，通过视图也可以更新基本表中的记录的某些列值。

【例 11-9】通过视图 view_emp 将编号是 101 的员工姓名修改为“雷永建”，SQL 语句如下。

```
USE mydbase;
UPDATE view_emp
SET 姓名='雷永建'
WHERE 编号=101;
```

单击“执行”按钮，即可完成数据的修改操作，如图 11-22 所示。

查询修改数据后的基本表 employee，SQL 语句如下：

```
SELECT * FROM employee;   --查看修改记录之后基本表中的内容
```

单击“执行”按钮，即可完成数据的查询操作，并在“结果”窗格中显示查询的数据记录，可以看到学号为 101 的员工姓名被修改为“雷永建”，如图 11-23 所示。

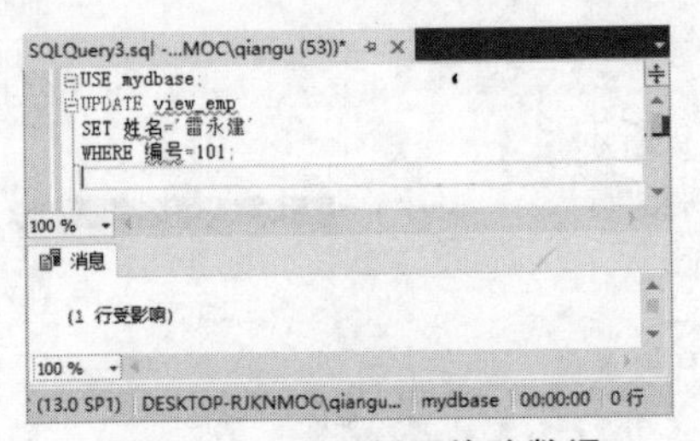

图 11-22　通过视图修改数据

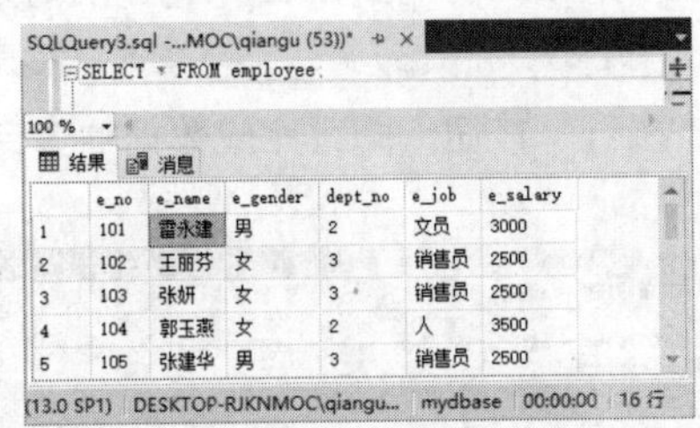

图 11-23　查看修改后基本表中的数据

从结果可以看出，UPDATE 语句修改 view_emp 视图中的姓名字段，更新之后，基本表中的 name 字段同时被修改为新的数值。

11.4.3 通过视图删除数据

当数据不再使用时，可以通过 DELETE 语句在视图中删除。

【例 11-10】通过视图 view_emp 删除基本表 employee 中的记录，SQL 语句如下：

```
DELETE FROM view_emp WHERE 姓名='雷永建';
```

单击“执行”按钮，即可完成数据的删除操作，并在“消息”窗格中显示“1 行受影响”，如图 11-24 所示。

查询删除数据后，视图中的数据，SQL 语句如下：

```
SELECT * FROM view_emp;
```

单击“执行”按钮，即可完成视图的查询操作，可以看到视图中的记录为空，如图 11-25 所示。

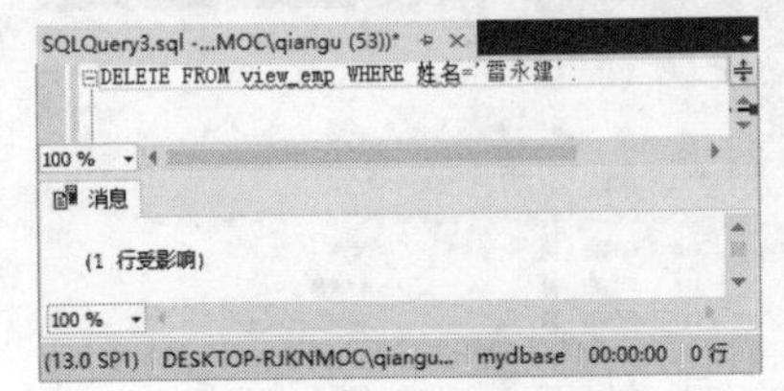

图 11-24　删除指定数据

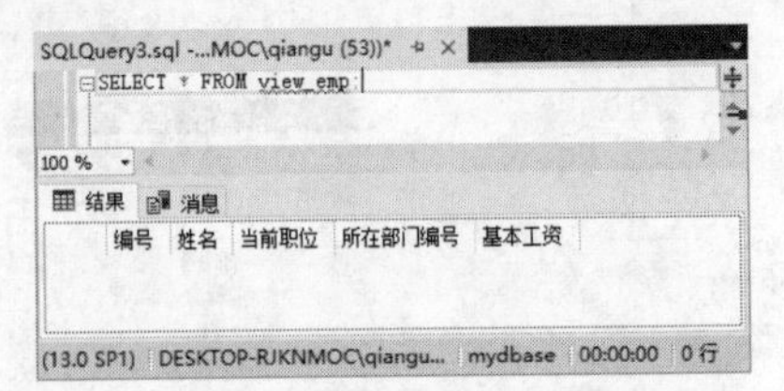

图 11-25　查看删除数据后的视图

查询删除数据后基本表 employee 中的数据，SQL 语句如下：

```
SELECT * FROM employee;
```

单击“执行”按钮，即可完成视图的查询操作，可以看到基本表中姓名为“雷永建”的数据记录已经被删除，如图 11-26 所示。

注意：*建立在多张表之上的视图，无法使用 DELETE 语句进行删除操作。*

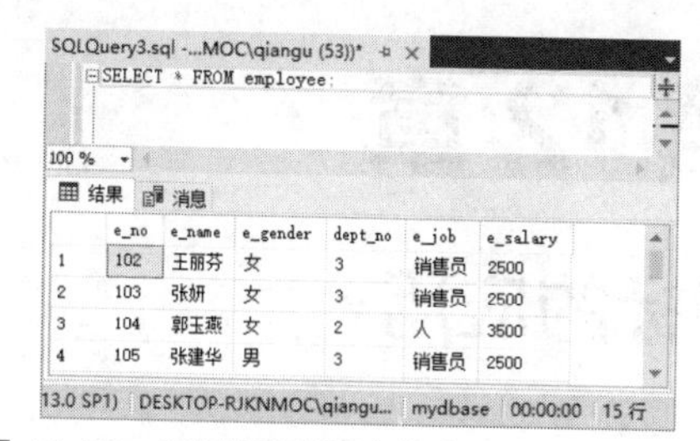

图 11-26 通过视图删除基本表中的一条记录

11.5 就业面试技巧与解析

11.5.1 面试技巧与解析（一）

面试官：视图和表的区别以及联系是什么？

应聘者：两者的区别如下。

（1）视图是已经编译好的 SQL 语句，是基于 SQL 语句的结果集的可视化的表，而表不是。

（2）视图没有实际的物理记录，而表有。

（3）表是内容，视图是窗口。

（4）表占用物理空间而视图不占用物理空间，视图只是逻辑概念的存在，表可以及时对它进行修改，但视图只能用创建的语句来修改。

（5）视图是查看数据表的一种方法，可以查询数据表中某些字段构成的数据，只是一些 SQL 语句的集合。从安全的角度来说，视图可以防止用户接触数据表，因而用户不知道表结构。

（6）表属于全局模式中的表，是实表；视图属于局部模式的表，是虚表。

（7）视图的建立和删除只影响视图本身，不影响对应的表。

两者的联系如下。

视图是在表之上建立的表，它的结构（即所定义的列）和内容（即所有记录）都来自表，它依据基本表存在而存在。一个视图可以对应一个基本表，也可以对应多张表。视图是表的抽象和在逻辑意义上建立的新关系。

11.5.2 面试技巧与解析（二）

面试官：什么时候视图不能做更新操作？

应聘者：当视图中包含如下内容时，视图的更新操作将不能被执行：

（1）视图中不包含基表中被定义为非空的列。

（2）在定义视图的 SELECT 语句后的字段列表中使用了数学表达式。

（3）在定义视图的 SELECT 语句后的字段列表中使用了集合函数。

（4）在定义视图的 SELECT 语句中使用了 DISTINCT，UNION，TOP，GROUP BY 或 HAVING 子句。

第 12 章
游标的应用

学习指引

用户在数据库中查询数据时，查询出的结果都是一组数据或者说是一个数据集合。如果数据量非常大，就需要使用游标来逐条读取查询结果集中的记录。本章就来介绍游标的基本操作，包括游标的概念、游标的分类、游标的基本操作等。

重点导读

- 了解游标的基本概念。
- 掌握游标的基本操作。
- 掌握使用系统存储过程管理游标的方法。

12.1 什么是游标

概括来讲，游标是一种临时的数据库对象，既可以用来存放在数据库表中的数据行副本，也可以指向存储在数据库中的数据行的指针，游标提供了在逐行的基础上操作表中数据的方法。

12.1.1 游标的概念

在数据库中，游标是一个十分重要的概念。游标提供了一种对从表中检索出的数据进行操作的灵活手段，就本质而言，游标实际上是一种能从包括多条数据记录的结果集中每次提取一条记录的机制。

游标总是与一条 SQL 选择语句相关联，因为游标由结果集（可以是零条、一条或由相关的选择语句检索出的多条记录）和结果集中指向特定记录的游标位置组成。当决定对结果集进行处理时，必须声明一个指向该结果集的游标。

如果曾经用 C 语言写过对文件进行处理的程序，那么游标就像用户打开文件所得到的文件句柄一样，只要文件打开成功，该文件句柄就可代表该文件。对于游标而言，其道理是相同的。可见游标能够实现按与传统程序读取平面文件类似的方式处理来自基础表的结果集，从而把表中数据以平面文件的形式呈现给程序。

另外，游标的一个常见用途就是保存查询结果，以便以后使用。游标的结果集是由SELECT语句产生的，如果处理过程需要重复使用一个记录集，那么创建一次游标而重复使用若干次，比重复查询数据库要快得多。

默认情况下，游标可以返回当前执行的行记录，只能返回一行记录。如果想要返回多行，需要不断地滚动游标，把需要的数据查询一遍。用户可以操作游标所在位置行的记录。例如，把返回记录作为另一个查询的条件等。

12.1.2　游标的优点

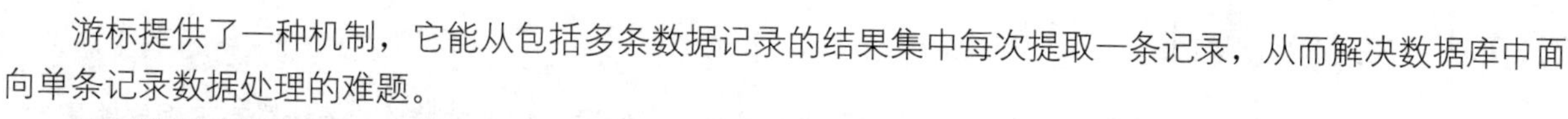

游标提供了一种机制，它能从包括多条数据记录的结果集中每次提取一条记录，从而解决数据库中面向单条记录数据处理的难题。

使用游标处理数据记录的优点有以下几点：

（1）允许应用程序对查询语句SELECT返回的行结果集中每一行进行相同或不同的操作，而不是一次对整个结果集进行同一种操作；

（2）提供对基于游标位置而对表中数据进行删除或更新的能力；

（3）游标能够把作为面向集合的数据库管理系统和面向行的程序设计两者联系起来，使两个数据处理方式能够进行沟通。

12.1.3　游标的类型

SQL Server提供了4种类型的游标，分别为静态游标、动态游标、只进游标和键集驱动的游标。这些游标的检测结果集变化的能力和内存占用的情况都有所不同，数据源没有办法通知当前提取行的更改，游标检测这些变化的能力也受事务隔离级别的影响。

1. 静态游标

SQL Server静态游标始终是只读的，其完整结果集在打开游标时建立在tempdb中。静态游标总是按照打开游标时的原样显示结果集。静态游标不反映在数据库中所做的任何影响结果集成员身份的更改，也不反映对组成结果集的行的列值所做的更改。

静态游标不会显示打开游标以后在数据库中新插入的行，即使这些行符合游标SELECT语句的搜索条件。如果组成结果集的行被其他用户更新，则新的数据值不会显示在静态游标中。静态游标会显示打开游标以后从数据库中删除的行。静态游标中不反映UPDATE、INSERT或者DELETE操作（除非关闭游标然后重新打开），甚至不反映使用打开游标的同一连接所做的修改。

2. 动态游标

动态游标与静态游标相对。当滚动游标时，动态游标反映结果集中所做的所有更改。结果集中的行数据值、顺序和成员在每次提取时都会改变。所有用户做的全部UPDATE、INSERT和DELETE语句均通过游标可见。如果使用API函数（如SQLSetPos）或Transact-SQL WHERE CURRENT OF子句通过游标进行更新，它们将立即可见。在游标外部所做的更新直到提交时才可见，除非将游标的事务隔离级别设为未提交读。

3. 只进游标

只进游标不支持滚动，它只支持游标从头到尾顺序提取。行只在从数据库中提取出来后才能检索。对所有由当前用户发出或由其他用户提交、并影响结果集中的行的 INSERT、UPDATE 和 DELETE 语句，其效果在这些行从游标中提取时是可见的。

由于游标无法向后滚动，则在提取行后对数据库中的行进行的大多数更改通过游标均不可见。当值用于确定所修改的结果集（例如更新聚集索引涵盖的列）中行的位置时，修改后的值通过游标可见。

4．键集驱动的游标

该游标中各行的成员身份和顺序是固定的，键集驱动的游标由一组唯一标识符（键）控制，这组键称为键集，键是根据以唯一方式标识结果集中各行的一组列生成的。键集是打开游标时来自符合 SELECT 语句要求的所有行中的一组键值，键集驱动的游标对应的键集是打开该游标时在 tempdb 中生成的。

12.1.4 游标的属性

游标的作用就是用于对查询数据库所返回的记录进行遍历，以便进行相应的操作。游标具有下面这些属性：

（1）游标是只读的，也就是不能更新它；

（2）游标是不能滚动的，也就是只能在一个方向上进行遍历，不能在记录之间随意进退，不能跳过某些记录；

（3）避免在已经打开游标的表上更新数据。

12.1.5 游标的实现

游标提供了一种从表中检索数据并进行操作的灵活手段，游标主要用在服务器上，处理由客户端发送给服务器端的 SQL 语句，或是批处理、存储过程、触发器中的数据处理请求。一个完成的游标由 5 部分组成，实现的过程应符合以下顺序。

（1）首先用 DECLARE 语句声明一个游标。

（2）其次使用 OPEN 语句打开上面所定义的游标。

（3）接下来使用 FETCH 语句读取游标中的数据。

（4）然后是使用 CLOSE 语句关闭游标。

（5）最后使用 DEALLOCATE 语句释放游标。

使用游标的优点在于它可以定位到结果集中的某一行，并可以对该行数据执行操作，为用户在处理数据的过程中提供了很大的方便。

12.2 游标的基本操作

介绍完游标的概念和分类等内容之后，下面将介绍如何操作游标，对于游标的操作主要有以下内容：声明游标、打开游标、读取游标中的数据、关闭游标和释放游标。下面依次介绍这些内容。

12.2.1 声明游标

在 SQL Server 中，声明游标可以使用 DECLARE CURSOR 语句，该语句有两种语法声明格式，分别为 ISO 标准语法和 SQL 扩展语法，一般常用的是 SQL 扩展语法，其语法格式如下：

```
DECLARE cursor_name CURSOR
```

```
    [ LOCAL | GLOBAL ]
    [ FORWARD_ONLY | SCROLL ]
    [ STATIC | KEYSET | DYNAMIC | FAST_FORWARD ]
    [ READ_ONLY | SCROLL_LOCKS | OPTIMISTIC ]
    [ TYPE_WARNING ]
    FOR select_statement
    [ FOR UPDATE [ OF column_name [ ,...n ] ] ]
```

主要参数介绍如下。

- DECLARE cursor_name：指定一个游标的名称，其游标名称必须符合标识符规则。
- LOCAL：定义游标的作用域仅限在其所在的批处理、存储过程或触发器中，当建立游标在存储过程执行结束后，游标会自动释放。
- GLOBAL：指定该游标的作用域对连接是全局的。在由连接执行的任何存储过程或批处理中，都可以引用该游标名称。该游标仅在脱接时隐形释放。
- FORWARD_ONLY：指定游标只能从第一行滚动到最后一行。FETCH NEXT 是唯一支持的提取选项。如果在指定 FORWARD_ONLY 时不指定 STATIC、KEYSET 和 DYNAMIC 关键字，则游标作为 DYNAMIC 游标进行操作。如果 FORWARD_ONLY 和 SCROLL 均未指定，则除非指定 STATIC、KEYSET 或 DYNAMIC 关键字，否则默认为 FORWARD_ONLY。STATIC、KEYSET 和 DYNAMIC 游标默认为 SCROLL。与 ODBC 和 ADO 这类数据库 API 不同，STATIC、KEYSET 和 DYNAMIC Transact-SQL 游标支持 FORWARD_ONLY。
- STATIC：定义一个游标，以创建将由该游标使用的数据的临时复本。对游标的所有请求都从 tempdb 中的这一临时表中得到应答；因此，在对该游标进行提取操作时返回的数据中不反映对基表所做的修改，并且该游标不允许修改。
- KEYSET：指定当游标打开时，游标中行的成员身份和顺序已经固定。对行进行唯一标识的键集内置在 tempdb 内一个称为 keyset 的表中。对基表中的非键值所做的更改（由游标所有者更改或由其他用户提交），可以在用户滚动游标时看到。其他用户执行的插入是不可见的（不能通过 Transact-SQL 服务器游标执行插入）。如果删除行，则在尝试提取行时返回值为-2 的 @@FETCH_STATUS。从游标以外更新键值类似于删除旧行然后再插入新行。具有新值的行是不可见的，并在尝试提取具有旧值的行时，将返回值为-2 的 @@FETCH_STATUS。如果通过指定 WHERE CURRENT OF 子句利用游标来完成更新，则新值是可见的。
- DYNAMIC：定义一个游标，以反映在滚动游标时对结果集内的各行所做的所有数据更改。行的数据值、顺序和成员身份在每次提取时都会更改。动态游标不支持 ABSOLUTE 提取选项。
- FAST_FORWARD：指定启用了性能优化的 FORWARD_ONLY、READ_ONLY 游标。如果指定了 SCROLL 或 FOR_UPDATE，则不能也指定 FAST_FORWARD。
- SCROLL_LOCKS：指定通过游标进行的定位更新或删除一定会成功。将行读入游标时 SQL Server 将锁定这些行，以确保随后可对它们进行修改。如果还指定了 FAST_FORWARD 或 STATIC，则不能指定 SCROLL_LOCKS。
- OPTIMISTIC：指定如果行自读入游标以来已得到更新，则通过游标进行的定位更新或定位删除不成功。当将行读入游标时，SQL Server 不锁定行。它改用 timestamp 列值的比较结果来确定行读入游标后是否发生了修改，如果表不含 timestamp 列，它改用校验和值进行确定。如果已修改该行，则尝试进行的定位更新或删除将失败。如果还指定了 FAST_FORWARD，则不能指定 OPTIMISTIC。
- TYPE_WARNING：指定将游标从所请求的类型隐式转换为另一种类型时，向客户端发送警告消息。
- select_statement：是定义游标结果集的标准 SELECT 语句。

【例 12-1】声明名称为 cursor_emp 的标准游标，SQL 语句如下：

```
USE mydbase;
DECLARE cursor_emp CURSOR FOR
SELECT * FROM employee
GO;
```

单击“执行”按钮，即可完成声明标准游标的操作，运行结果如图 12-1 所示。

【例 12-2】声明名称为 cursor_emp_01 的只读游标，SQL 语句如下：

```
USE mydbase;
DECLARE cursor_emp_01 CURSOR FOR
SELECT * FROM employee
FOR READ ONLY
GO
```

单击“执行”按钮，即可完成声明只读游标的操作，运行结果如图 12-2 所示。

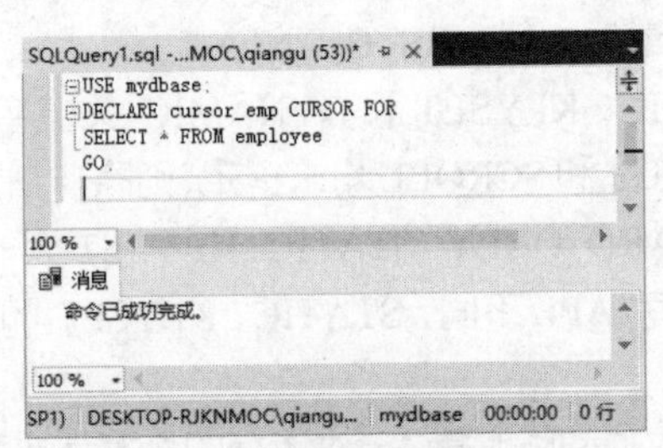

图 12-1　声明标准游标

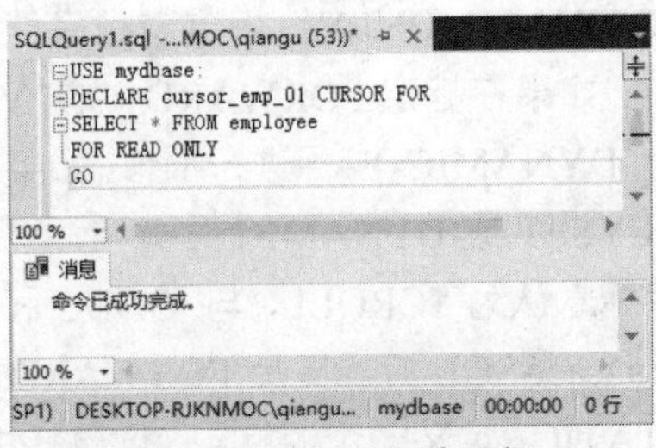

图 12-2　声明只读游标

【例 12-3】声明名称为 cursor_emp_02 的更新游标，SQL 语句如下：

```
USE mydbase;
DECLARE cursor_emp_02 CURSOR FOR
SELECT e_name,e_job,e_salary FROM employee
FOR UPDATE
GO
```

单击“执行”按钮，即可完成声明更新游标的操作，运行结果如图 12-3 所示。

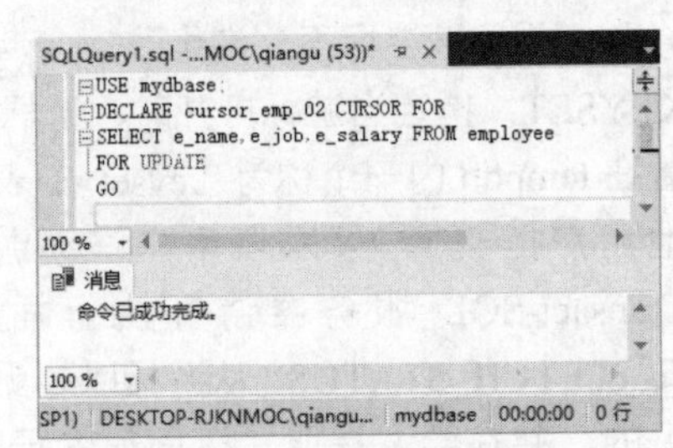

图 12-3　声明更新游标

12.2.2　打开游标

在使用游标之前，必须先打开游标，用户可以使用 OPEN 命令打开游标，具体的语法格式如下：

```
OPEN [GLOBAL] cursor_name | cursor_variable_name
```

主要参数介绍如下。

- GLOBAL：指定 cursor_name 是全局游标。
- cursor_name：已声明的游标的名称。如果全局游标和局部游标都使用 cursor_name 作为其名称，那么如果指定了 GLOBAL，则 cursor_name 指的是全局游标；否则 cursor_name 指的是局部游标。
- cursor_variable_name：游标变量的名称，该变量引用一个游标。

【例 12-4】打开上述实例中声明的名称为 cursor_emp 的游标，输入语句如下：

```
USE mydbase;
GO
OPEN  cursor_emp;
```

单击“执行”按钮，即可完成打开游标的操作，运行结果如图 12-4 所示。

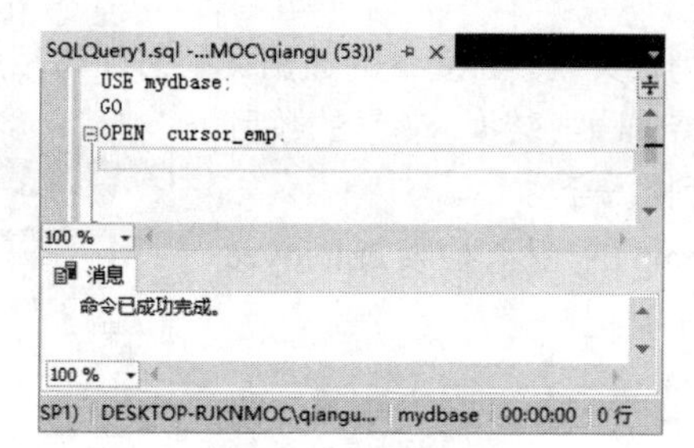

图 12-4 打开游标

12.2.3 读取游标

读取游标，就是读取游标中的数据，当打开游标之后，就可以读取游标中的数据了，使用 FETCH 命令可以读取游标中的某一行数据，语法格式如下：

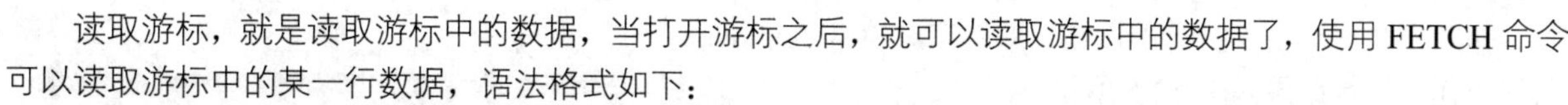

```
FETCH
        [ [ NEXT | PRIOR | FIRST | LAST
                | ABSOLUTE { n | @nvar }
                | RELATIVE { n | @nvar }
            ]
            FROM
        ]
{ { [ GLOBAL ] cursor_name } | @cursor_variable_name }
[ INTO @variable_name [ ,...n ] ]
```

主要参数介绍如下。

- NEXT：紧跟当前行返回结果行，并且当前行递增为返回行。如果 FETCH NEXT 为对游标的第一次提取操作，则返回结果集中的第一行。NEXT 为默认的游标提取选项。
- PRIOR：返回紧邻当前行前面的结果行，并且当前行递减为返回行。如果 FETCH PRIOR 为对游标的第一次提取操作，则没有行返回并且游标置于第一行之前。
- FIRST：返回游标中的第一行并将其作为当前行。
- LAST：返回游标中的最后一行并将其作为当前行。
- ABSOLUTE { n | @nvar}：如果 n 或@nvar 为正，则返回从游标头开始向后的第 n 行，并将返回行变成新的当前行。如果 n 或@nvar 为负，则返回从游标末尾开始向前的第 n 行，并将返回行变成新的当前行。如果 n 或@nvar 为 0，则不返回行。n 必须是整数常量，并且@nvar 的数据类型必须为 smallint、tinyint 或 int。
- RELATIVE { n | @nvar}：如果 n 或@nvar 为正，则返回从当前行开始向后的第 n 行，并将返回行变成新的当前行。如果 n 或@nvar 为负，则返回从当前行开始向前的第 n 行，并将返回行变成新的当前行。如果 n 或@nvar 为 0，则返回当前行。在对游标进行第一次提取时，如果在将 n 或@nvar 设置为负数或 0 的情况下指定 FETCH RELATIVE，则不返回行。n 必须是整数常量，@nvar 的数据类型必须为 smallint、tinyint 或 int。
- GLOBAL：指定 cursor_name 是全局游标。
- cursor_name：要从中进行提取的打开的游标的名称。如果全局游标和局部游标都使用 cursor_name 作为它们的名称，那么指定 GLOBAL 时，cursor_name 指的是全局游标；未指定 GLOBAL 时，cursor_name 指的是局部游标。
- @ cursor_variable_name：游标变量名，引用要从中进行提取操作的打开的游标。
- INTO @variable_name[,…n]：允许将提取操作的列数据放到局部变量中。列表中的各个变量从左到右与游标结果集中的相应列相关联。各变量的数据类型必须与相应的结果集列的数据类型匹配，或是结果集列数据类型所支持的隐式转换。变量的数目必须与游标选择列表中的列数一致。

【例 12-5】使用名称为 cursor_emp 的光标，检索 employee 表中的记录，SQL 语句如下：

```
USE mydbase;
GO
FETCH NEXT FROM cursor_emp
WHILE @@FETCH_STATUS = 0
BEGIN
   FETCH NEXT FROM cursor_emp
END
```

输入完成后单击“执行”按钮，即可完成检索 employee 表的操作，执行结果如图 12-5 所示。

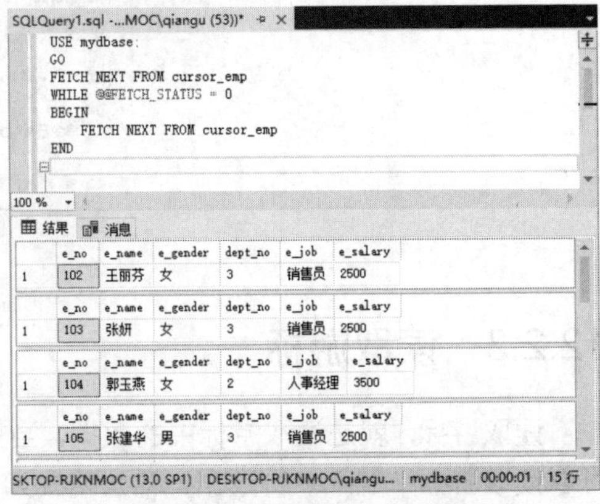

图 12-5　读取游标中的数据

12.2.4　关闭游标

当游标使用完毕后，可以使用 CLOSE 语句关闭游标，但是不释放游标占用的系统资源，语法格式如下：

```
CLOSE [GLOBAL ] cursor_name | cursor_variable_name
```

主要参数介绍如下。

- GLOBAL：指定 cursor_name 是全局游标。
- cursor_name：已声明的游标的名称。如果全局游标和局部游标都使用 cursor_name 作为其名称，那么如果指定了 GLOBAL，则 cursor_name 指的是全局游标；否则 cursor_name 指的是局部游标。
- cursor_variable_name：游标变量的名称，该变量引用一个游标。

【例 12-6】关闭名称为 cursor_emp 的游标，SQL 语句如下：

```
USE mydbase;
CLOSE  cursor_emp;
```

单击“执行”按钮，即可完成关闭游标的操作，执行结果如图 12-6 所示。

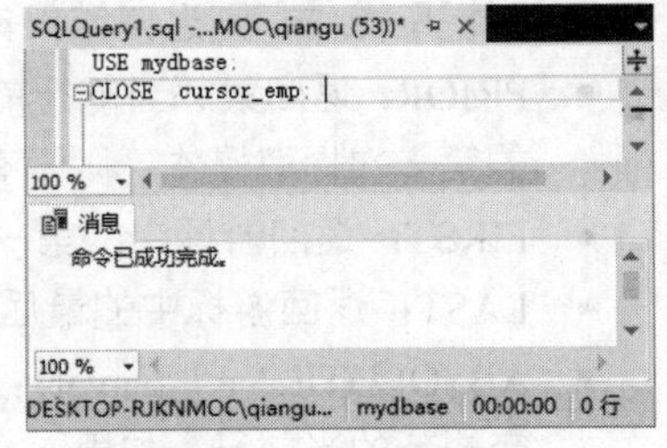

图 12-6　关闭游标

12.2.5　释放游标

当游标被关闭后，并没有在内存中释放所占用的系统资源。要想释放游标所占用的系统资源，可以使用 DEALLOCATE 命令释放游标，语法格式如下：

```
DEALLOCATE [GLOBAL] cursor_name | @cursor_variable_name
```

主要参数介绍如下。

- cursor_name：已声明游标的名称。当同时存在以 cursor_name 作为名称的全局游标和局部游标时，如果指定 GLOBAL，则 cursor_name 指全局游标；如果未指定 GLOBAL，则指局部游标。
- @cursor_variable_name：游标变量的名称。@cursor_variable_name 必须为 cursor 类型。
- DEALLOCATE @cursor_variable_name 语句只删除对游标变量名称的引用。直到批处理、存储过程或触发器结束时变量离开作用域，才释放变量。

【例 12-7】使用 DEALLOCATE 语句释放名称为 cursor_emp 的变量，输入语句如下：

```
USE mydbase;
GO
DEALLOCATE cursor_emp;
```

单击“执行”按钮，即可完成游标的释放操作，运行结果如图 12-7 所示。

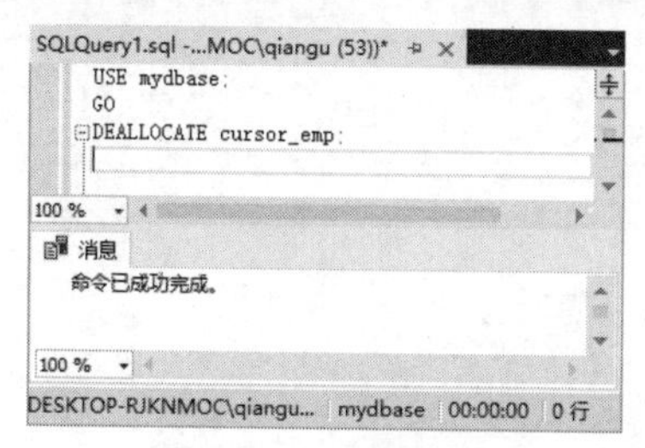

图 12-7　释放游标

12.3　使用系统过程查看游标

创建好游标后，通常可以使用系统存储过程查看服务器游标的属性、游标结果集中列的属性、被引用对象或基本表的属性等。

12.3.1　sp_cursor_list

sp_cursor_list 用于报告当前为连接打开的服务器游标的属性，其语法格式如下：

```
sp_cursor_list [ @cursor_return = ] cursor_variable_name OUTPUT , [ @cursor_scope = ] cursor_scope
```

主要参数介绍如下。

- [@cursor_return =]cursor_variable_name OUTPUT：已声明的游标变量的名称。cursor_variable_name 的数据类型为 cursor，无默认值。游标是只读的可滚动动态游标。
- [@cursor_scope =] cursor_scope：指定要报告的游标级别。cursor_scope 的数据类型为 int，无默认值，可取值如表 12-1 所示。

表 12-1　cursor_scope 可取的值

值	说　明
1	报告所有本地游标
2	报告所有全局游标
3	报告本地游标和全局游标

【例 12-8】声明一个游标 cur_emp，并使用 sp_cursor_list 报告该游标的属性，SQL 语句如下。

```
USE mydbase;
GO
--声明游标
DECLARE cur_emp CURSOR  FOR
SELECT e_name,e_salary FROM employee
WHERE e_salary>3000
--打开游标
OPEN cur_emp
--声明游标变量
DECLARE @Report CURSOR
--执行 sp_cursor_list 存储过程，将结果保存到@Report 游标变量中
```

```
EXEC sp_cursor_list @cursor_return = @Report OUTPUT,@cursor_scope = 2
--输出游标变量中的每一行.
FETCH NEXT from @Report
WHILE (@@FETCH_STATUS <> -1)
BEGIN
   FETCH NEXT from @Report
END

--关闭并释放游标变量
CLOSE @Report
DEALLOCATE @Report
GO

--关闭并释放原始游标
CLOSE cur_emp
DEALLOCATE cur_emp
GO
```

单击“执行”按钮，即可完成游标属性的查询操作，执行结果如图 12-8 所示。

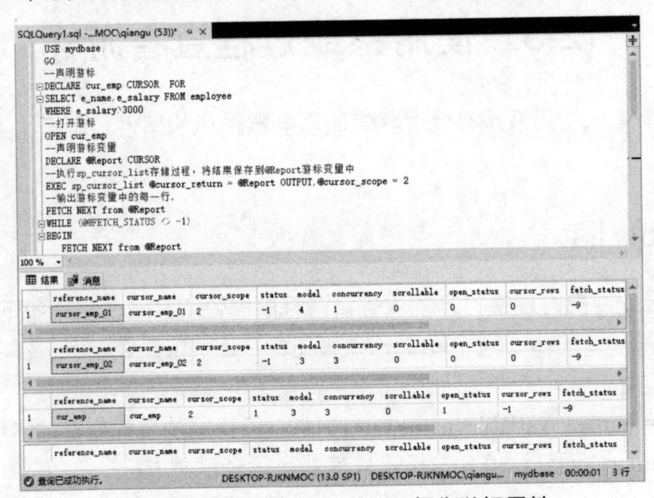

图 12-8　使用 sp_cursor_list 报告游标属性

12.3.2　sp_describe_cursor

sp_describe_cursor 用于报告服务器游标的属性，语法格式如下：

```
sp_describe_cursor [ @cursor_return = ] output_cursor_variable OUTPUT
     {
 [ , [ @cursor_source = ] N'local' , [ @cursor_identity = ] N'local_cursor_name' ]
   | [ , [ @cursor_source = ] N'global' , [ @cursor_identity = ] N'global_cursor_name' ]
   | [ , [ @cursor_source = ] N'variable' , [ @cursor_identity = ] N'input_cursor_variable' ]
     }
```

主要参数介绍如下。

- [@cursor_return =] output_cursor_variable OUTPUT：用于接收游标输出的声明游标变量的名称。output_cursor_variable 的数据类型为 cursor，无默认值。调用 sp_describe_cursor 时，该参数不得与任何游标关联。返回的游标是可滚动的动态只读游标。
- [@cursor_source =] { N'local'| N'global'| N'variable'}：确定是使用局部游标、全局游标还是游标变量的名称来指定要报告的游标。
- [@cursor_identity =] N'local_cursor_name']：由具有 LOCAL 关键字或默认设置为 LOCAL 的 DECLARE CURSOR 语句创建的游标名称。

- [@cursor_identity =] N'global_cursor_name']：由具有 GLOBAL 关键字或默认设置为 GLOBAL 的 DECLARE CURSOR 语句创建的游标名称。
- [@cursor_identity =] N'input_cursor_variable']：与所打开游标相关联的游标变量的名称。

【例 12-9】声明一个游标 cur_emp_01，并使用 sp_describe_cursor 报告该游标的属性，SQL 语句如下：

```
USE mydbase;
GO
--声明游标
DECLARE cur_emp_01 CURSOR  FOR
SELECT e_name,e_salary FROM employee
--打开游标
OPEN cur_emp_01
--声明游标变量
DECLARE @Report CURSOR

--执行 sp_describe_ cursor 存储过程，将结果保存到@Report 游标变量中
EXEC sp_describe_cursor @cursor_return = @Report OUTPUT,
@cursor_source=N'global',@cursor_identity = N'testcur'

--输出游标变量中的每一行
FETCH NEXT from @Report
WHILE (@@FETCH_STATUS <> -1)
BEGIN
   FETCH NEXT from @Report
END

--关闭并释放游标变量
CLOSE @Report
DEALLOCATE @Report
GO

--关闭并释放原始游标
CLOSE cur_emp_01
DEALLOCATE cur_emp_01
GO
```

单击“执行”按钮，即可完成服务器游标属性的查询操作，执行结果如图 12-9 所示。

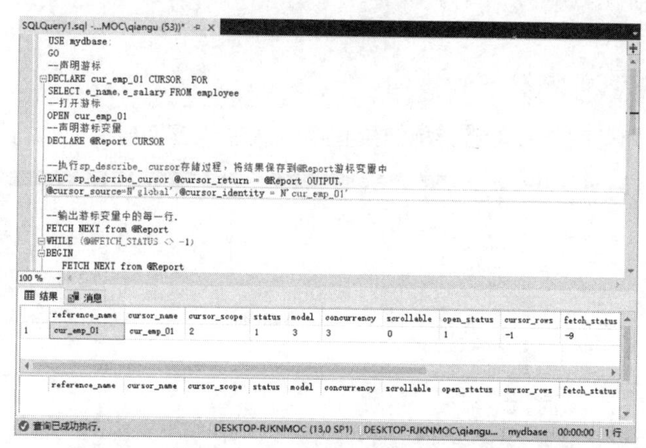

图 12-9 使用 sp_describe_cursor 报告游标属性

12.3.3 sp_describe_cursor_columns

sp_describe_cursor_columns 用于报告服务器游标结果集中的列属性，语法格式如下：

```
sp_describe_cursor_columns  [ @cursor_return = ] output_cursor_variable OUTPUT
    {
 [ , [ @cursor_source = ] N'local', [ @cursor_identity = ] N'local_cursor_name' ]
   | [ , [ @cursor_source = ] N'global', [ @cursor_identity = ] N'global_cursor_name' ]
   | [ , [ @cursor_source = ] N'variable', [ @cursor_identity = ] N'input_cursor_variable' ]
  }
```

该存储过程的各个参数与 sp_describe_cursor 存储过程中的参数相同，不再赘述。

【例 12-10】声明一个游标 cur_emp_02，并使用 sp_describe_cursor_columns 报告游标所使用的列，SQL 语句如下：

```
USE mydbase;
GO
--声明游标
DECLARE cur_emp_02 CURSOR  FOR
SELECT e_name,e_salary FROM employee
--打开游标
OPEN cur_emp_02
--声明游标变量
DECLARE @Report CURSOR

--执行 sp_describe_cursor_columns 存储过程，将结果保存到@Report 游标变量中
EXEC master.dbo.sp_describe_cursor_columns
   @cursor_return = @Report OUTPUT
   ,@cursor_source = N'global'
   ,@cursor_identity = N' cur_emp_02 ';

--输出游标变量中的每一行
FETCH NEXT from @Report
WHILE (@@FETCH_STATUS <> -1)
BEGIN
   FETCH NEXT from @Report
END
--关闭并释放游标变量
CLOSE @Report
DEALLOCATE @Report
GO

--关闭并释放原始游标
CLOSE cur_emp_02
DEALLOCATE cur_emp_02
GO
```

单击“执行”按钮，即可完成服务器游标结果集中列属性的查询操作，执行结果如图 12-10 所示。

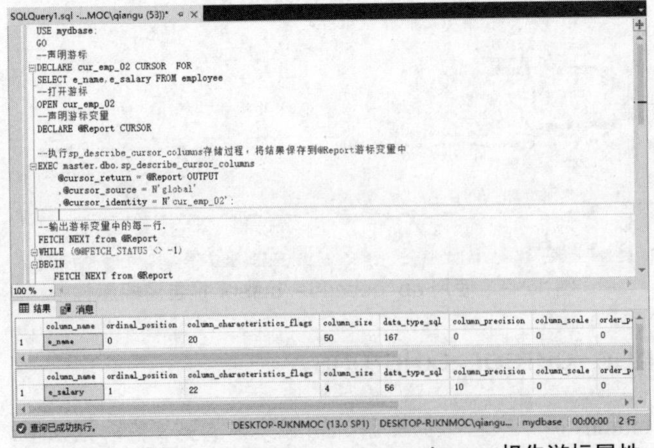

图 12-10　使用 sp_describe_cursor_columns 报告游标属性

12.3.4　sp_describe_cursor_tables

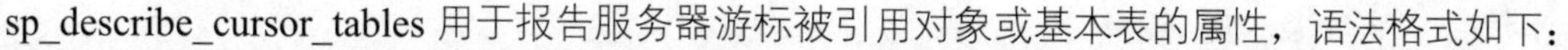

sp_describe_cursor_tables 用于报告服务器游标被引用对象或基本表的属性，语法格式如下：

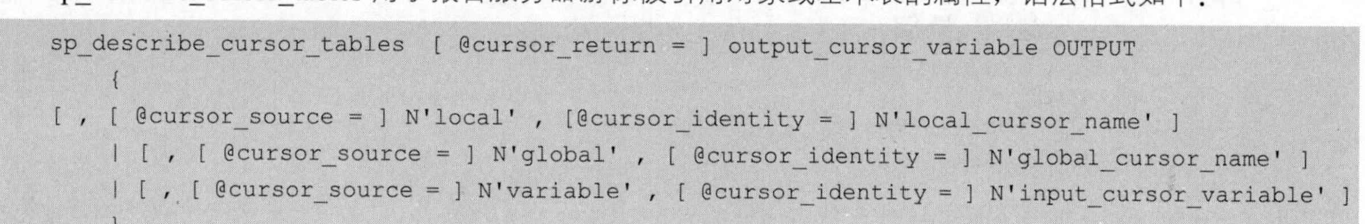

```
sp_describe_cursor_tables  [ @cursor_return = ] output_cursor_variable OUTPUT
     {
[ , [ @cursor_source = ] N'local' , [@cursor_identity = ] N'local_cursor_name' ]
     | [ , [ @cursor_source = ] N'global' , [ @cursor_identity = ] N'global_cursor_name' ]
     | [ , [ @cursor_source = ] N'variable' , [ @cursor_identity = ] N'input_cursor_variable' ]
     }
```

【例 12-11】声明一个游标 cur_emp_03，并使用 sp_describe_cursor_tables 报告游标所引用的表，输入语句如下：

```
USE mydbase;
GO
--声明游标
DECLARE cur_emp_03 CURSOR  FOR
SELECT e_name,e_salary FROM employee
--打开游标
OPEN cur_emp_03

--声明游标变量
DECLARE @Report CURSOR

--执行 sp_describe_cursor_tables 存储过程，将结果保存到@Report 游标变量中
EXEC sp_describe_cursor_tables
     @cursor_return = @Report OUTPUT,
     @cursor_source = N'global', @cursor_identity = N'cur_emp_03'

--输出游标变量中的每一行
FETCH NEXT from @Report
WHILE (@@FETCH_STATUS <> -1)
BEGIN
   FETCH NEXT from @Report
END

--关闭并释放游标变量
CLOSE @Report
DEALLOCATE @Report
GO

--关闭并释放原始游标
CLOSE cur_emp_03
DEALLOCATE cur_emp_03
GO
```

单击“执行”按钮，即可完成服务器游标被引用对象或基本表属性的查询操作，执行结果如图 12-11 所示。

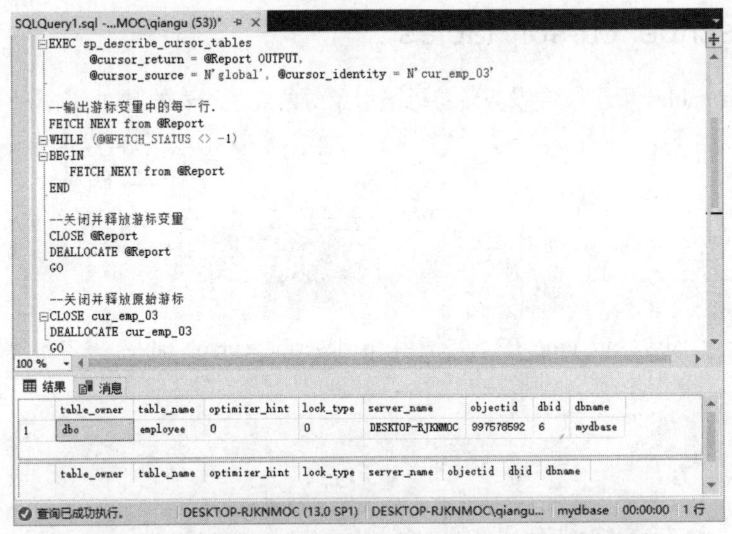

图 12-11 使用 sp_describe_cursor_tables 报告游标属性

12.4 就业面试技巧与解析

12.4.1 面试技巧与解析（一）

面试官：游标使用完后如何处理？

应聘者：在使用完游标之后，一定要将其关闭，关闭游标的作用是释放游标和数据库的连接，将其从内存中删除，删除后将释放系统资源。

12.4.2 面试技巧与解析（二）

面试官：请简述游标的使用条件以及游标处理数据的逻辑过程？

应聘者：对数据需要进行逐条处理时，游标显得十分重要。游标将数据表中提取出来的数据，以临时表的形式存放在内存中，在游标中有一个数据指针，初始状态下指向的是首记录，通过 fetch 语句可以移动该指针，从而对游标中的数据进行各种操作，最后将操作结果重新写回数据表中。

第 13 章

存储过程的应用

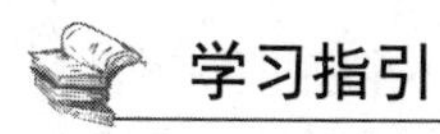

学习指引

存储过程（Stored Procedure）是在大型数据库系统中，一组为了完成特定功能的 SQL 语句集，存储过程是数据库中的一个重要对象，它代替了传统的逐条执行 SQL 语句的方式。本章就来介绍数据库的存储过程，主要内容包括创建、调用、查看、修改、删除存储过程等。

重点导读

- 了解什么是存储过程。
- 掌握创建存储过程的方法。
- 掌握调用存储过程的方法。
- 掌握查看存储过程的方法。
- 掌握修改存储过程的方法。
- 掌握删除存储过程的方法。

13.1　存储过程概述

存储过程可以重复调用，当存储过程执行一次后，可以将语句缓存，这样下次执行的时候直接使用缓存中的语句，就可以提高存储过程的性能。

13.1.1　什么是存储过程

存储过程是一组为了完成特定功能的 SQL 语句的集合，经编译后存储在数据库中，用户通过指定存储过程的名称并给出参数来执行。存储过程中可以包含逻辑控制语句和数据操作语句，它可以接受参数、输出参数、返回单个或多个结果集以及返回值。

由于存储过程在创建时即在数据库服务器上进行了编译并存储在数据库中，所以存储过程运行比单个的 SQL 语句块要快。同时由于在调用时只需要提供存储过程名和必要的参数信息，所以在一定程度上也可以减少网络流量、减轻网络负担。

13.1.2 存储过程的优点

相对于直接使用 SQL 语句，在应用程序中直接调用存储过程具有以下好处。

1．存储过程允许标准组件式编程

存储过程创建后可以在程序中被多次调用执行，而不必重新编写该存储过程的 SQL 语句。而且数据库专业人员可以随时对存储过程进行修改，但对应用程序源代码却毫无影响，从而极大地提高了程序的可移植性。

2．存储过程能够实现较快的执行速度

如果操作包含大量的 SQL 语句代码，分别被多次执行，那么存储过程要比批处理的执行速度快得多。因为存储过程是预编译的，在首次运行一个存储过程时，查询优化器对其进行分析、优化，并给出最终被存在系统表中的存储计划。而批处理的 SQL 语句每次运行都需要预编译和优化，所以速度就要慢一些。

3．存储过程减轻网络流量

对于同一个针对数据库对象的操作，如果这一操作所涉及的 SQL 语句被组织成一存储过程，那么当在客户机上调用该存储过程时，网络中传递的只是该调用语句，否则将会是多条 SQL 语句，从而减轻了网络流量，降低了网络负载。

4．存储过程可被作为一种安全机制来充分利用

系统管理员可以对执行的某一个存储过程进行权限限制，从而能够实现对某些数据访问的限制，避免非授权用户对数据的访问，保证数据的安全。

13.1.3 存储过程的缺点

任何一个事物都不是完美的，存储过程也不例外，除一些优点外，存储过程还具有如下缺点。

- 数据库移植不方便，存储过程依赖于数据库管理系统，SQL Server 存储过程中封装的操作代码不能直接移植到其他的数据库管理系统中。
- 不支持面向对象的设计，无法采用面向对象的方式将逻辑业务进行封装，甚至形成通用的可支持服务的业务逻辑框架。
- 代码可读性差、不易维护。
- 不支持集群。

13.2 存储过程的类型

在 SQL Server 中，存储过程主要分为自定义存储过程、扩展存储过程和系统存储过程，在存储过程中可以声明变量、执行条件判断语句等其他编程功能。

13.2.1 系统存储过程

系统存储过程是由 SQL Server 系统自身提供的存储过程，可以作为命令执行各种操作。例如，sp_rename 系统存储过程可以更改当前数据库中用户创建对象的名称；sp_helptext 存储过程可以显示规则、默认值或视图的文本信息等。

SQL Server 服务器中许多的管理工作都是通过执行系统存储过程来完成的，许多系统信息也可以通过执行系统存储过程来获得。系统存储过程位于数据库服务器中，并且以 sp_开头。系统存储过程定义在系统定义和用户定义的数据库中，在调用时不必在存储过程前加数据库限定名。

系统存储过程创建并存放于系统数据库 master 中，一些系统存储过程只能由系统管理员使用，而有些系统存储过程通过授权可以被其他用户所使用。

13.2.2 自定义存储过程

自定义存储过程即用户为了实现某一特定业务需求，在用户数据库中编写的 SQL 语句集合。用户存储过程可以接受输入参数，向客户端返回结果和信息，返回输出参数等。

创建自定义存储过程时，存储过程名前面加上“##”表示创建了一个全局的临时存储过程；存储过程名前面加上“#”时，表示创建局部临时存储过程。局部临时存储过程只能在创建它的会话中使用，会话结束时将被删除。这两种存储过程都存储在系统数据库 tempdb 之中。

用户定义存储过程可以分为两类：Transact-SQL 和 CLR。

- Transact-SQL 存储过程是指保存的 Transact-SQL 语句集合，可以接受和返回用户提供的参数。存储过程也可能从数据库向客户端应用程序返回数据。
- CLR 存储过程是指引用 Microsoft .NET Framework 公共语言方法的存储过程，可以接受和返回用户提供的参数，它们在.NET Framework 程序集中是作为类的公共静态方法实现的。

13.2.3 扩展存储过程

扩展存储过程是以在 SQL Server 环境外执行的动态链接（DLL 文件）来实现的，可以加载到 SQL Server 实例运行的地址空间中执行，扩展存储过程可以用 SQL Server 扩展存储过程 API 编程，扩展存储过程以前缀“xp_”来标识，对于用户来说，扩展存储过程和普通存储过程一样，可以用相同的方法来执行。

13.3 创建存储过程

存储过程是在数据库服务器端执行的一组 SQL 语句集合，经编译后存放在数据库服务器中，本节就来介绍如何创建存储过程。

13.3.1 在 SSMS 中创建存储过程

在 SSMS 中可以使用向导创建存储过程，具体操作步骤如下。

步骤 1：启动 SSMS 并连接到 SQL Server 数据库之中，打开 SSMS 窗口，选择“数据库”→mydbase→“可编程性”结点。在“可编程性”结点下，右击“存储过程”结点，在弹出的快捷菜单中选择“新建”→

“存储过程”菜单命令，如图 13-1 所示。

步骤 2：打开创建存储过程的代码模板，这里显示了 CREATE PROCEDURE 语句模板，可以修改要创建的存储过程的名称，然后在存储过程中的 BEGIN END 代码块中添加需要的 SQL 语句，最后单击“执行”按钮即可创建一个存储过程，如图 13-2 所示。

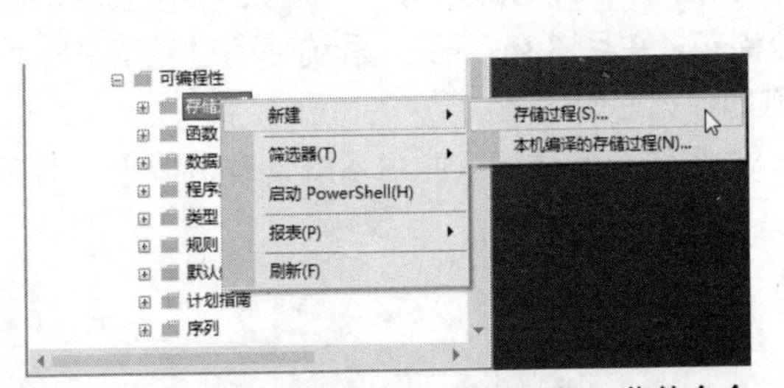

图 13-1 选择“新建”→“存储过程”菜单命令

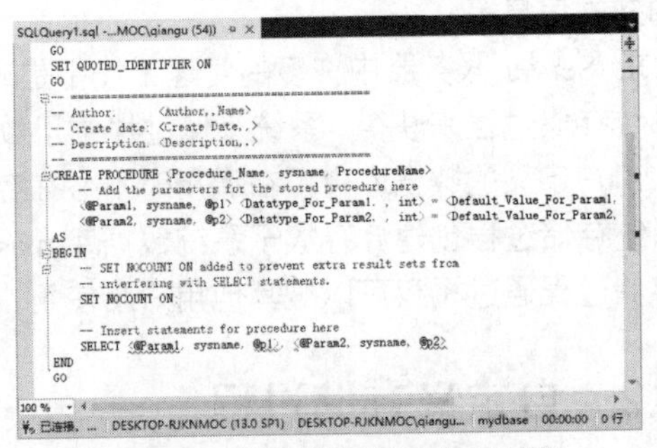

图 13-2 使用模板创建存储过程

【例 13-1】创建一个名称为 Proc_emp 的存储过程，要求该存储过程实现的功能为：在 employee 表中查询男员工的姓名、当前职位与基本工资，具体操作步骤如下。

步骤 1：在创建存储过程的窗口中选择“查询”→“指定模板参数的值”菜单命令，如图 13-3 所示。

步骤 2：弹出“指定模板参数的值”对话框，将 Procedure_Name 参数对应的名称修改为“Proc_emp”，单击“确定”按钮，即可关闭此对话框，如图 13-4 所示。

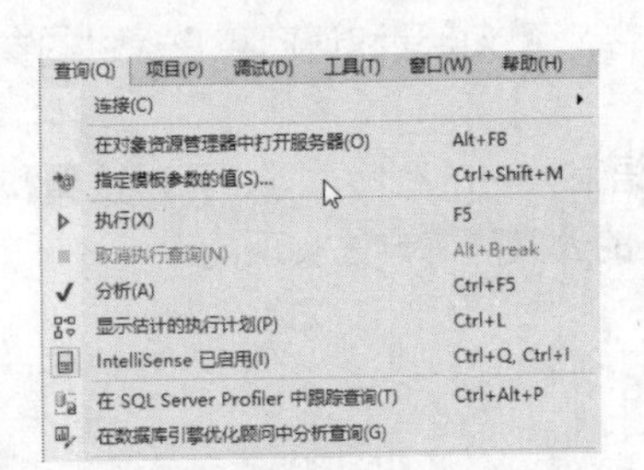

图 13-3 “指定模板参数的值”菜单命令

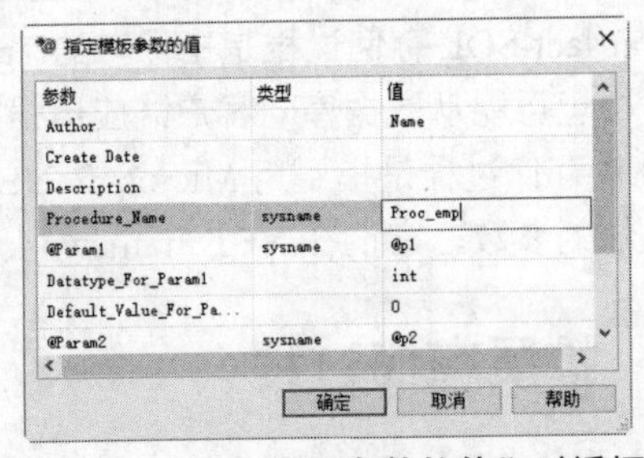

图 13-4 “指定模板参数的值”对话框

步骤 3：在创建存储过程的窗口中，将对应的 SELECT 语句修改为以下语句，如图 13-5 所示。

```
SELECT e_name,e_job,e_salary
FROM employee
WHERE e_gender='男';
```

步骤 4：单击“执行”按钮，即可完成存储过程的创建操作，执行结果如图 13-6 所示。

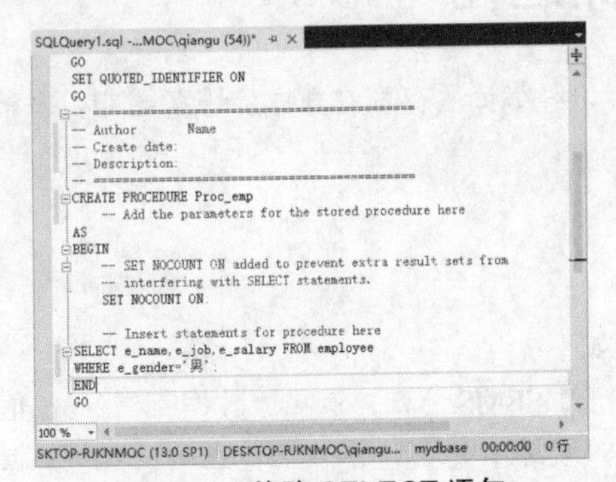

图 13-5 修改 SELECT 语句

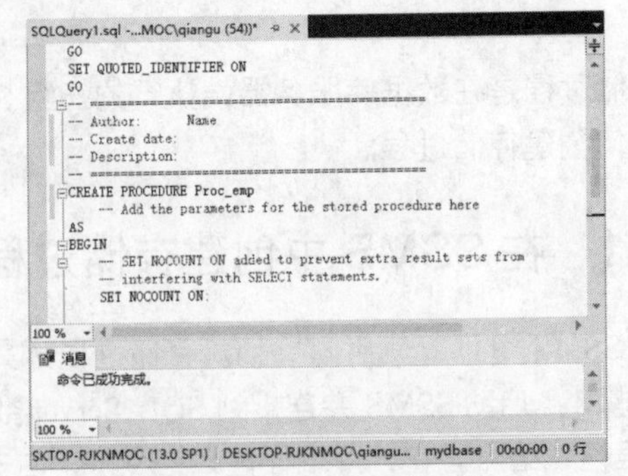

图 13-6 创建存储过程

13.3.2 创建存储过程的语法格式

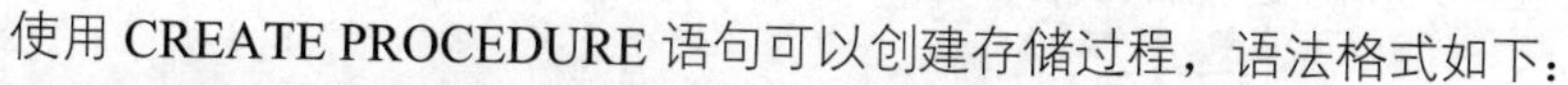

使用 CREATE PROCEDURE 语句可以创建存储过程，语法格式如下：

```
CREATE PROCEDURE [schema_name.] procedure_name [ ; number ]
{ @parameter data_type }
[ VARYING ] [ = default ] [ OUT | OUTPUT ] [READONLY]
[ WITH  <ENCRYPTION ]|[ RECOMPILE ]|[ EXECUTE AS Clause ]> ]
[ FOR REPLICATION ]
AS  <sql_statement>
```

主要参数介绍如下。

- procedure_name：新存储过程的名称，并且在架构中必须唯一。可在 procedure_name 前面使用一个#字符号（#procedure_name）来创建局部临时过程，使用两个#字符号 （##procedure_name）来创建全局临时过程。对于 CLR 存储过程，不能指定临时名称。
- number：是可选整数，用于对同名的过程分组。使用一个 DROP PROCEDURE 语句可将这些分组过程一起删除。例如，称为 orders 的应用程序可能使用名为 orderproc;1、orderproc;2 等的过程。DROP PROCEDURE orderproc 语句将删除整个组。如果名称中包含分隔标识符，则数字不应包含在标识符中；只应在 procedure_name 前后使用适当的分隔符。
- @ parameter：存储过程中的参数。在 CREATE PROCEDURE 语句中可以声明一个或多个参数。除非定义了参数的默认值或者将参数设置为等于另一个参数，否则用户必须在调用过程时为每个声明的参数提供值。存储过程最多可以有 2100 个参数。如果过程包含表值参数，并且该参数在调用中缺失，则传入空表默认值。通过将 at 符号（@）用作第一个字符来指定参数名称。每个过程的参数仅用于该过程本身；其他过程中可以使用相同的参数名称。默认情况下，参数只能代替常量表达式，而不能用于代替表名、列名或其他数据库对象的名称。如果指定了 FOR REPLICATION，则无法声明参数。
- date_type：指定参数的数据类型，所有数据类型都可以用作 Transact-SQL 存储过程的参数。可以使用用户定义表类型来声明表值参数作为 Transact-SQL 存储过程的参数。只能将表值参数指定为输入参数，这些参数必须带有 READONLY 关键字。cursor 数据类型只能用于 OUTPUT 参数。如果指定了 cursor 数据类型，则还必须指定 VARYING 和 OUTPUT 关键字。可以为 cursor 数据类型指定多个输出参数。对于 CLR 存储过程，不能指定 char、varchar、text、ntext、image、cursor、用户定义表类型和 table 作为参数。
- default：存储过程中参数的默认值。如果定义了 default 值，则无须指定此参数的值即可执行过程。默认值必须是常量或 NULL。如果过程使用带 LIKE 关键字的参数，则可包含下列通配符：%、_、[] 和[^]。
- OUTPUT：指示参数是输出参数。此选项的值可以返回给调用 EXECUTE 的语句。使用 OUTPUT 参数将值返回给过程的调用方。除非是 CLR 过程，否则 text、ntext 和 image 参数不能用作 OUTPUT 参数。使用 OUTPUT 关键字的输出参数可以为游标占位符，CLR 过程除外。不能将用户定义表类型指定为存储过程的 OUTPUT 参数。
- READONLY：指示不能在过程的主体中更新或修改参数。如果参数类型为用户定义的表类型，则必须指定 READONLY。
- RECOMPILE：表明 SQL Server 2016 不会保存该存储过程的执行计划，该存储过程每执行一次都要重新编译。在使用非典型值或临时值而不希望覆盖保存在内存中的执行计划时，就可以使用 RECOMPILE 选项。

- ENCRYPTION：表示 SQL Server 2016 加密后的 syscomments 表，该表的 text 字段是包含 CREATE PROCEDURE 语句的存储过程文本。使用 ENCRYPTION 关键字无法通过查看 syscomments 表来查看存储过程的内容。
- FOR REPLICATION：用于指定不能在订阅服务器上执行为复制创建的存储过程。使用此选项创建的存储过程可用作存储过程筛选，且只能在复制过程中执行。本选项不能和 WITH RECOMPILE 选项一起使用。
- AS：用于指定该存储过程要进行的操作。
- sql_statement：是存储过程中要包含的任意数目和类型的 Transact-SQL 语句。但有一些限制。

13.3.3 创建不带参数的存储过程

最简单的一种自定义存储过程就是不带参数的存储过程，下面介绍如何创建一个不带参数的存储过程。

【例 13-2】创建查看 mydbase 数据库中 employee 表的存储过程，SQL 语句如下：

```
USE mydbase;
GO
CREATE PROCEDURE Proc_emp_01
AS
SELECT * FROM employee;
GO
```

单击“执行”按钮，即可完成存储过程的创建操作，执行结果如图 13-7 所示。

另外，存储过程可以是很多语句的复杂组合，其本身也可以调用其他函数，来组成更加复杂的操作。

【例 13-3】创建一个获取 employee 表记录条数的存储过程，名称为 Count_Proc，SQL 语句如下：

```
USE mydbase;
GO
CREATE PROCEDURE Count_Proc
AS
SELECT COUNT(*) AS 总数 FROM employee;
GO
```

输入完成之后，单击“执行”按钮，即可完成存储过程的创建操作，执行结果如图 13-8 所示。

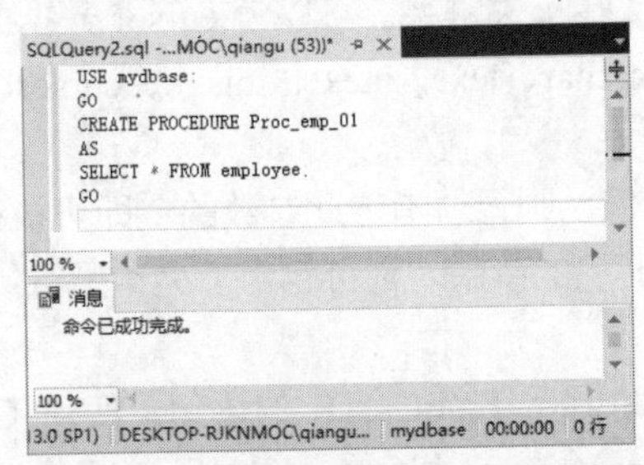

图 13-7 创建不带参数的存储过程

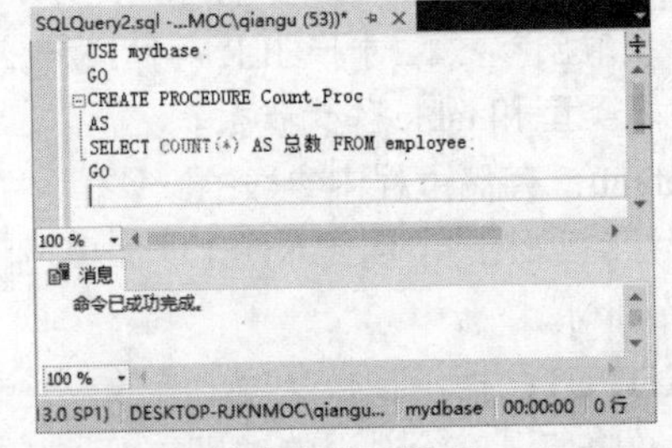

图 13-8 创建存储过程 Count_Proc

13.3.4 创建带输入参数的存储过程

在设计数据库应用系统时，可能会需要根据用户的输入信息产生对应的查询结果，这时就需要把用户的输入信息作为参数传递给存储过程，即开发者需要创建带输入参数的存储过程。

【例 13-4】创建存储过程 Proc_emp_02，根据输入的员工编号，查询员工的相关信息，如姓名、所在职位与基本工资，SQL 语句如下：

```
USE mydbase;
GO
CREATE PROCEDURE Proc_emp_02 @sID INT
AS
SELECT * FROM employee WHERE e_no=@sID;
GO
```

输入完成之后，单击“执行”按钮，即可完成存储过程的创建操作，该段代码创建一个名为 Proc_emp_02 的存储过程，使用一个整数类型的参数@sID 来执行存储过程，如图 13-9 所示。

【例 13-5】创建带默认参数的存储过程 Proc_emp_03，输入语句如下：

```
USE mydbase;
GO
CREATE PROCEDURE Proc_emp_03 @sID INT=101
AS
SELECT * FROM employee WHERE e_no=@sID;
GO
```

输入完成之后，单击“执行”按钮，即可完成带默认输入参数存储过程的创建操作，该段代码创建的存储过程在调用时即使不指定参数值也可以返回一个默认的结果集，如图 13-10 所示。

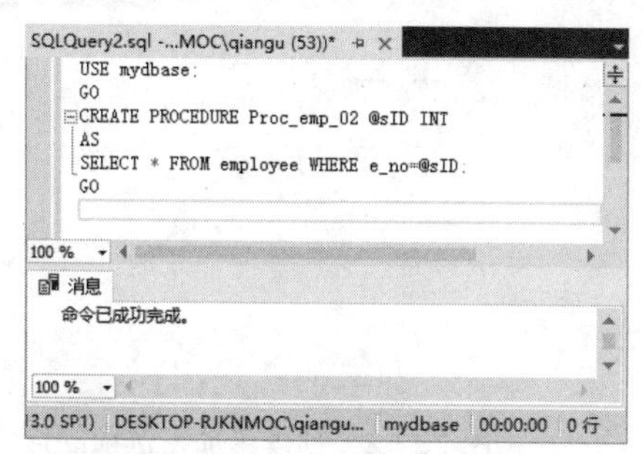

图 13-9 创建存储过程 Proc_emp_02

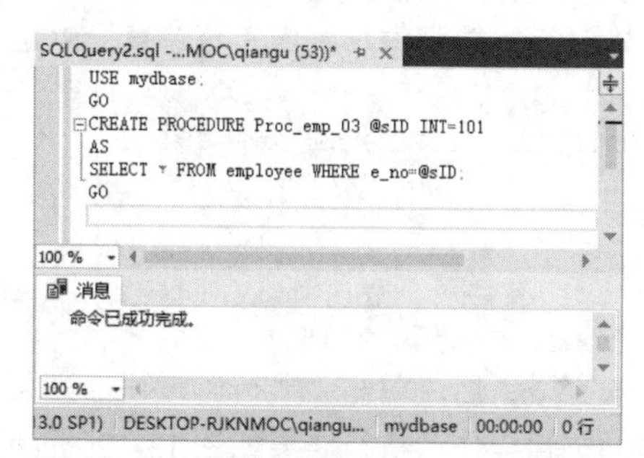

图 13-10 创建存储过程 Proc_emp_03

13.3.5 创建带输出参数的存储过程

存储过程中的默认参数类型是输入参数，如果要为存储过程指定输出参数，还要在参数类型后面加上 OUTPUT 关键字。

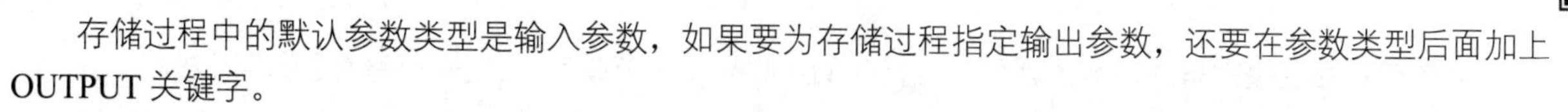

【例 13-6】定义存储过程 Proc_emp_04，根据用户输入的部门编号，返回该部门中员工的个数，SQL 语句如下：

```
USE mydbase;
GO
CREATE PROCEDURE Proc_emp_04
@sID INT=1,
@employeecount INT OUTPUT
AS
SELECT @employeecount=COUNT(employee.dept_no)  FROM employee WHERE dept_no=@sID;
GO
```

输入完成之后，单击“执行”按钮，即可完成带输出参数存储过程的创建操作。该段代码将创建一个名称为 Proc_emp_04 的存储过程，该存储过程中有两个参数，@sID 为输出参数，指定要查询的员工部门编号的 id，默认值为 1；@employeecount 为输出参数，用来返回该部门中员工的个数，如图 13-11 所示。

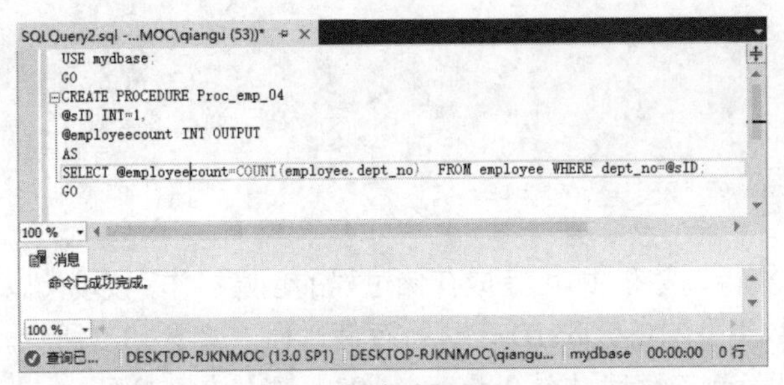

图 13-11　定义存储过程 Proc_emp_04

13.3.6　创建带加密选项的存储过程

所谓加密选项并不是对存储过程中查询出来的内容加密，而是将创建存储过程本身的语句加密，通过对创建存储过程的语句加密，可以在一定程度上保护存储过程中用到的表信息，同时也能提高数据的安全性。带加密选项的存储过程使用的是 with encryption。

【例 13-7】定义带加密选项的存储过程 Proc_emp_05，查询员工的姓名、当前职位与基本工资信息，SQL 语句如下：

```
USE mydbase;
CREATE PROCEDURE Proc_emp_05
WITH ENCRYPTION
AS
BEGIN
SELECT e_name,e_job,e_salary  FROM employee;
EMD
```

输入完成之后，单击“执行”按钮，即可完成带加密选项存储过程的创建操作，执行结果如图 13-12 所示。

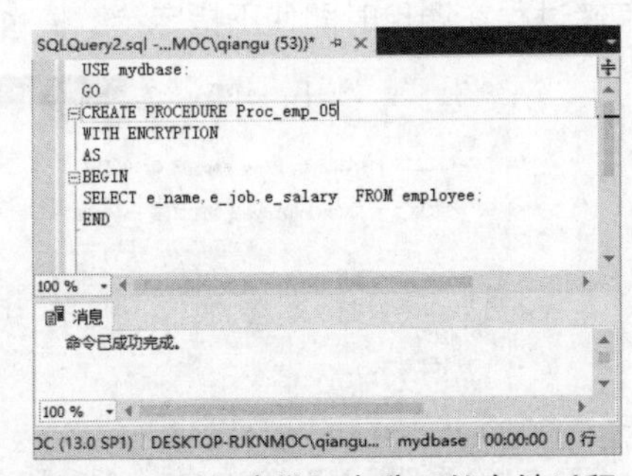

图 13-12　创建带加密选项的存储过程

13.4　执行存储过程

当存储过程创建完毕后，下面就可以执行存储过程了，本节就来介绍执行存储过程的方法。

13.4.1　执行存储过程的语法格式

在 SQL Server 2016 中执行存储过程时，需要使用 EXECUTE 语句，如果存储过程是批处理中的第一条语句，那么不使用 EXECUTE 关键字也可以执行该存储过程，EXECUTE 语法格式如下：

```
[ { EXEC | EXECUTE } ]
    {
      [ @return_status = ]
      { module_name [ ;number ] | @module_name_var }
       [ [ @parameter = ] { value | @variable [ OUTPUT ]  | [ DEFAULT ]   } ]
       [ ,...n ]
      [ WITH RECOMPILE ]
    }
```

主要参数介绍如下。

- @return_status：可选的整型变量，存储模块的返回状态。这个变量在用于 EXECUTE 语句前，必须在批处理、存储过程或函数中声明过。在用于调用标量值用户定义函数时，@return_status 变量可以为任意标量数据类型。

- module_name：是要调用的存储过程的完全限定或者不完全限定名称。用户可以执行在另一数据库中创建的模块，只要运行模块的用户拥有此模块或具有在该数据库中执行该模块的适当权限。
- number：可选整数，用于对同名的过程分组。该参数不能用于扩展存储过程。
- @module_name_var：是局部定义的变量名，代表模块名称。
- @parameter：存储过程中使用的参数，与在模块中定义的相同。参数名称前必须加上符号@。在与 @parameter_name=value 格式一起使用时，参数名和常量不必按它们在模块中定义的顺序提供。但是，如果对任何参数使用了 @parameter_name=value 格式，则对所有后续参数都必须使用此格式。默认情况下，参数可为空值。
- value：传递给模块或传递命令的参数值。如果参数名称没有指定，参数值必须以在模块中定义的顺序提供。
- @variable：是用来存储参数或返回参数的变量。
- OUTPUT：指定模块或命令字符串返回一个参数。该模块或命令字符串中的匹配参数也必须使用关键字 OUTPUT 创建。使用游标变量作为参数时使用该关键字。
- DEFAULT：根据模块的定义，提供参数的默认值。当模块需要的参数值没有定义默认值并且缺少参数或指定了 DEFAULT 关键字时，会出现错误。
- WITH RECOMPILE：执行模块后，强制编译、使用和放弃新计划。如果该模块存在现有查询计划，则该计划将保留在缓存中。如果所提供的参数为非典型参数或者数据有很大的改变，使用该选项。该选项不能用于扩展存储过程。建议尽量少使用该选项，因为它消耗较多的系统资源。

13.4.2 执行不带参数的存储过程

存储过程创建完成后，可以通过 EXECUTE 语句来执行创建的存储过程，该命令可以简写为 EXEC。

【例 13-8】执行不带参数的存储过程 Proc_emp_01，来查看员工信息，SQL 语句如下：

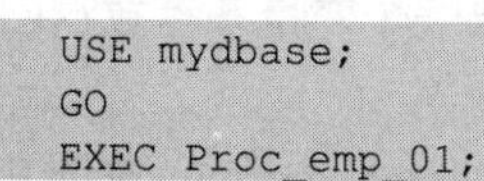

```
USE mydbase;
GO
EXEC Proc_emp_01;
```

单击“执行”按钮，即可完成执行不带参数存储过程的操作，这里是查询员工信息表，执行结果如图 13-13 所示。

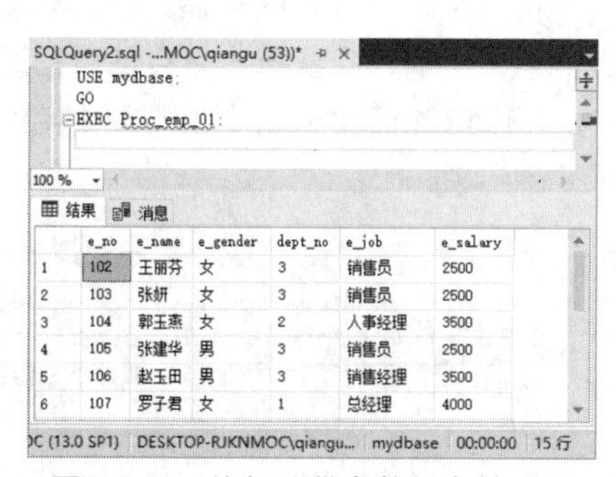

图 13-13 执行不带参数的存储过程

提示：EXECUTE 语句的执行是不需要任何权限的，但是操作 EXECUTE 字符串内引用的对象是需要相应的权限的，例如，如果要使用 DELETE 语句执行删除操作，则调用 EXECUTE 语句执行存储过程的用户必须具有 DELETE 权限。

13.4.3 执行带输入参数的存储过程

执行带输入参数的存储过程时，SQL Server 提供了如下两种传递参数的方式。

（1）直接给出参数的值，当有多个参数时，给出的参数的顺序与创建存储过程的语句中的参数的顺序一致，即参数传递的顺序就是定义的顺序。

（2）使用“参数名=参数值”的形式给出参数值，这种传递参数的方式的好处是，参数可以按任意的顺序给出。

【例 13-9】执行带输入参数的存储过程 Proc_emp_02，根据输入的员工编号，查询员工信息，这里员工编号可以自行定义，如这里定义的员工编号为 102，SQL 语句如下：

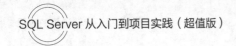

```
USE mydbase;
GO
EXECUTE Proc_emp_02 102;
```

单击“执行”按钮，即可完成执行带输入参数存储过程的操作，执行结果如图 13-14 所示。

【例 13-10】执行带输入参数的存储过程 Proc_emp_03，根据输入的员工编号，查询员工信息，这里员工编号可以自行定义，如这里定义的员工编号为 103，SQL 语句如下：

```
USE mydbase;
GO
EXECUTE Proc_emp_02 @sID=103;
```

单击“执行”按钮，即可完成执行带输入参数存储过程的操作，执行结果如图 13-15 所示。

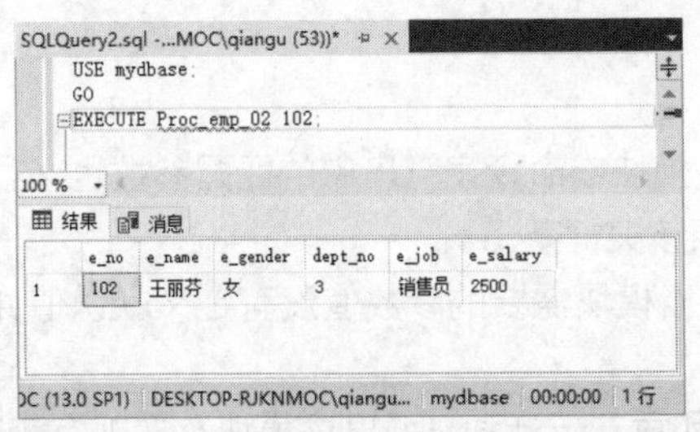

图 13-14　执行带输入参数的存储过程

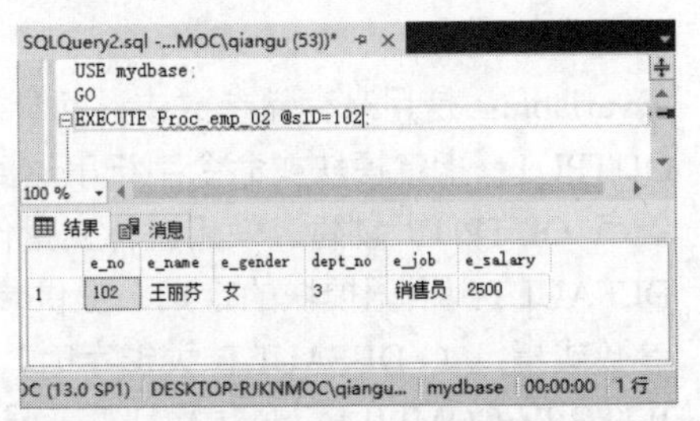

图 13-15　执行带输入参数的存储过程

提示：执行带有输入参数的存储过程时需要指定参数，如果没有指定参数，系统会提示错误，如果希望不给出参数时存储过程也能正常运行，或者希望为用户提供一个默认的返回结果，可以通过设置参数的默认值来实现。

13.4.4　执行带输出参数的存储过程

执行带输出参数的存储过程，既然有一个返回值，为了接收这一返回值，需要一个变量来存放返回参数的值，同时，在执行这个存储过程时，该变量必须加上 OUTPUT 关键字来声明。

【例 13-11】执行带输出参数的存储过程 Proc_emp_04，并将返回结果保存到@employeecount 变量中。

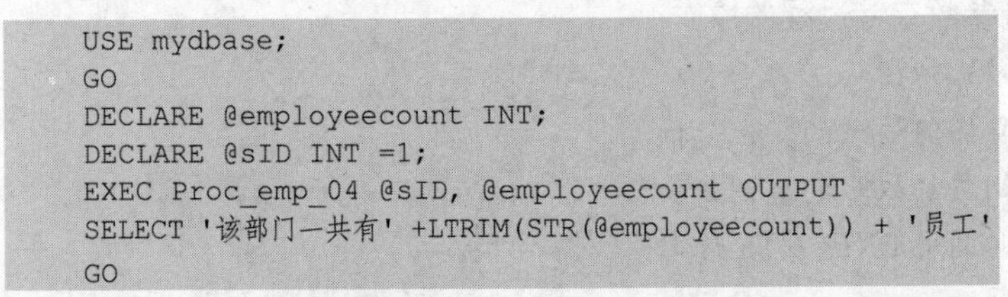

```
USE mydbase;
GO
DECLARE @employeecount INT;
DECLARE @sID INT =1;
EXEC Proc_emp_04 @sID, @employeecount OUTPUT
SELECT '该部门一共有' +LTRIM(STR(@employeecount)) + '员工'
GO
```

单击“执行”按钮，即可完成执行带输出参数存储过程的操作，执行结果如图 13-16 所示。

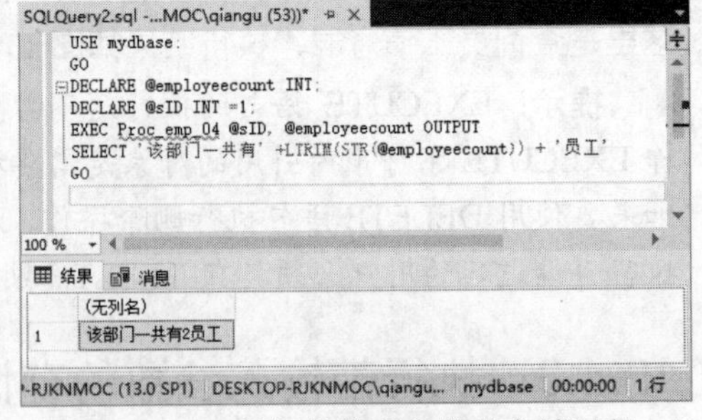

图 13-16　执行带输出参数的存储过程

13.4.5　在 SSMS 中执行存储过程

除了使用 SQL 语句执行存储过程之外，还可以在 SSMS 中以界面方式执行存储过程，具体步骤如下。

步骤 1：右击要执行的存储过程，这里选择名称为 Proc_emp_04 的存储过程。在弹出快捷菜单中选择“执行存储过程”菜单命令，如图 13-17 所示。

步骤2：打开“执行过程”窗口，在“值”列中输入参数值：@sID=2，如图13-18所示。

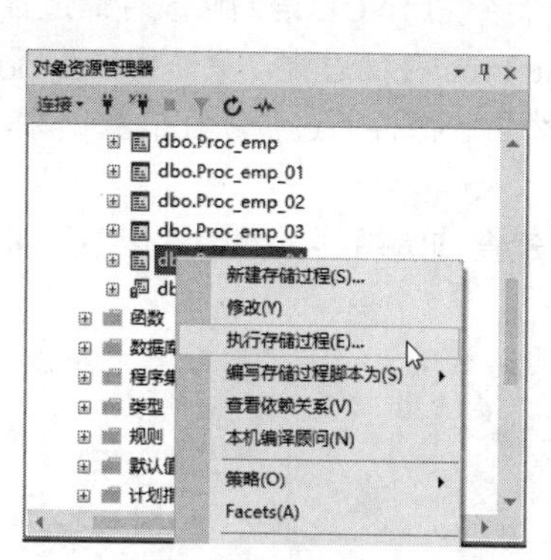

图 13-17 选择“执行存储过程”菜单命令

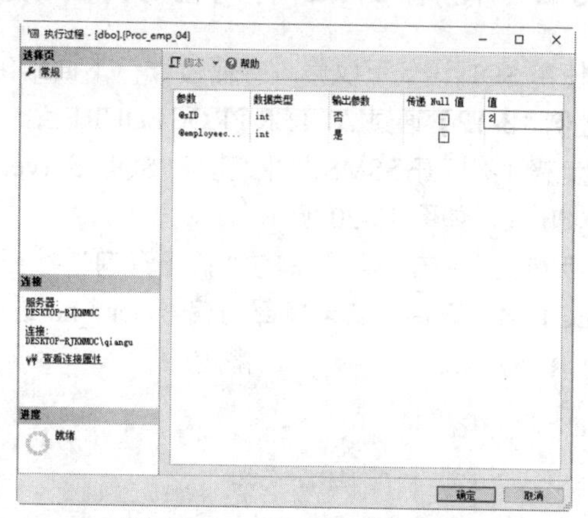

图 13-18 “执行过程”窗口

步骤3：单击“确定”按钮执行带输入参数的存储过程，执行结果如图13-19所示。

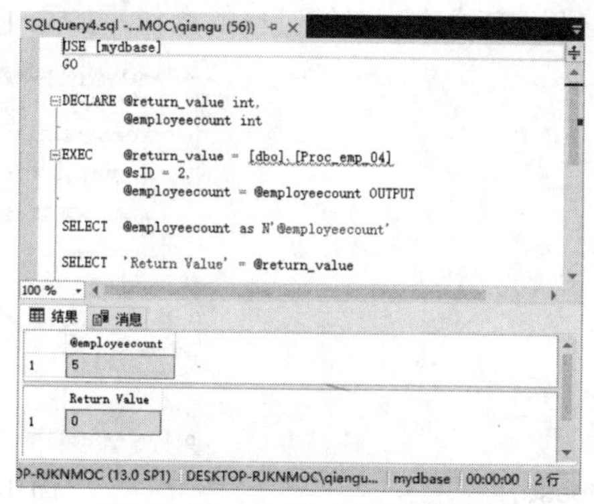

图 13-19 存储过程执行结果

13.5 修改存储过程

修改存储过程可以改变存储过程当中的参数或者语句，可以通过SQL语句中的ALTER PROCEDURE语句来实现，还可以在SSMS中以界面方式修改存储过程。

13.5.1 修改存储过程的语法格式

使用ALTER PROCEDURE语句可以修改存储过程，在修改存储过程时，SQL Server会覆盖以前定义的存储过程，语法格式如下：

```
ALTER PROCEDURE [schema_name.] procedure_name [ ; number ]
{ @parameter data_type }
[ VARYING ] [ = default ] [ OUT | OUTPUT ] [READONLY]
[ WITH  <ENCRYPTION ]|[ RECOMPILE ]|[ EXECUTE AS Clause ]> ]
[ FOR REPLICATION ]
AS  <sql_statement>
```

提示：除了ALTER关键字之外，这里其他的参数与CREATE PROCEDURE中的参数作用相同。

13.5.2　使用 SQL 语句修改存储过程

使用 SQL 语句可以修改存储过程，下面给出一个实例，来介绍使用 SQL 语句修改存储过程的方法。

【例 13-12】通过 ALTER PROCEDURE 语句修改名为 Count_Proc 存储过程，具体操作步骤如下。

步骤 1：打开 SSMS，并连接到 SQL Server 中的数据库，然后选择存储过程所在的数据库，如这里选择 mydbase，如图 13-20 所示。

步骤 2：单击工具栏中的“新建查询”按钮 新建查询(N)，新建查询编辑器，并输入以下 SQL 语句，将 SELECT 语句查询的结果按部门编号 dept_no 进行分组。

```
USE mydbase
GO
SET ANSI_NULLS ON
GO
SET QUOTED_IDENTIFIER ON
GO
ALTER PROCEDURE [dbo].[Count_Proc]
AS
SELECT dept_no,COUNT(*) AS 总数 FROM employee GROUP BY dept_no;
```

步骤 3：单击“执行”按钮，即可完成修改存储过程的操作，如图 13-21 所示。

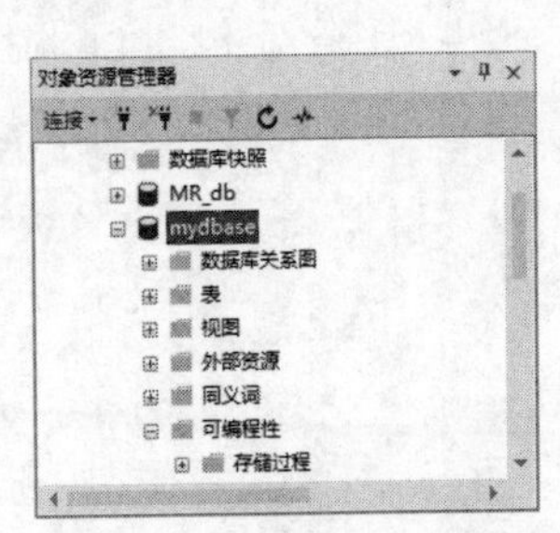

图 13-20　选择 mydbase

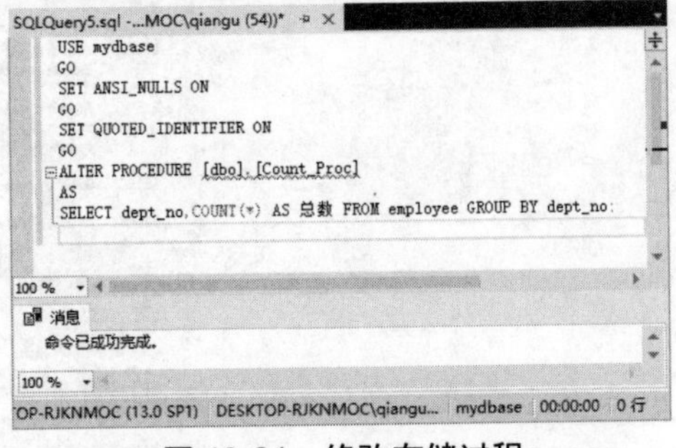

图 13-21　修改存储过程

步骤 4：下面执行修改后的 Count_Proc 存储过程，SQL 语句如下：

```
USE mydbase;
GO
EXEC Count_Proc;
```

单击“执行”按钮，即可完成存储过程的执行操作，执行结果如图 13-22 所示。

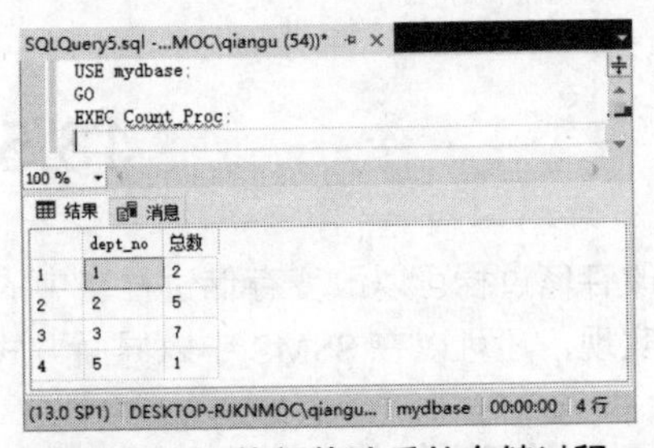

	dept_no	总数
1	1	2
2	2	5
3	3	7
4	5	1

图 13-22　执行修改后的存储过程

13.5.3　在 SSMS 中修改存储过程

在 SSMS 中可以以界面方式修改存储过程，具体的操作步骤如下。

步骤 1：登录 SQL Server 服务器之后，在 SSMS 中打开“对象资源管理器”窗口，选择“数据库”结点下创建存储过程的数据库，选择“可编程性”→“存储过程”结点，右击要修改的存储过程，在弹出的快捷菜单中选择“修改”菜单命令，如图 13-23 所示。

步骤 2：打开存储过程的修改窗口，用户即可修改存储过程，然后单击“保存”按钮即可，如图 13-24 所示。

注意：ALTER PROCEDURE 语句只能修改一个单一的存储过程，如果过程调用了其他存储过程，嵌套的存储过程不受影响。

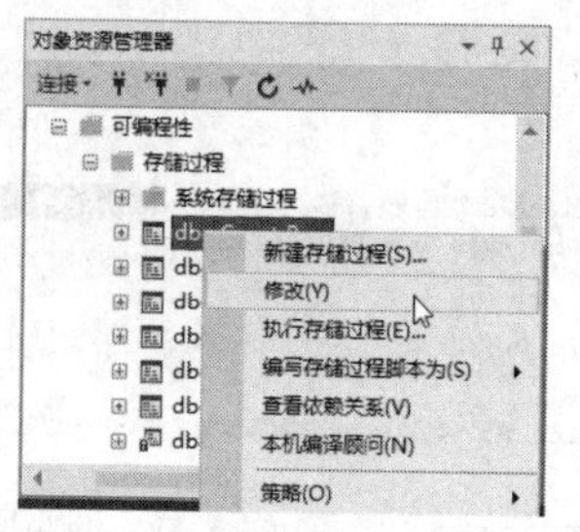

图 13-23 选择“修改”菜单命令

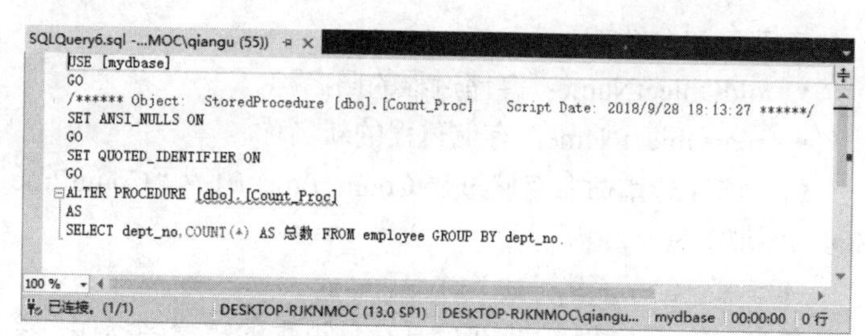

图 13-24 修改存储过程窗口

13.6 重命名存储过程

重命名存储过程可以修改存储过程的名称，这样可以将不符合命名规则的存储过程的名称根据统一的命名规则进行更改。

13.6.1 在 SSMS 中重命名存储过程

重命名存储过程可以在 SSMS 中以界面方式来轻松地完成，具体操作步骤如下。

步骤 1：选择需要重命名的存储过程，右击鼠标，并在弹出的快捷菜单中选择“重命名”菜单命令，如图 13-25 所示。

步骤 2：在显示的文本框中输入要修改的新的存储过程的名称，这里输入“dbo.Count_Proc_01”，按 Enter 键确认即可，如图 13-26 所示。

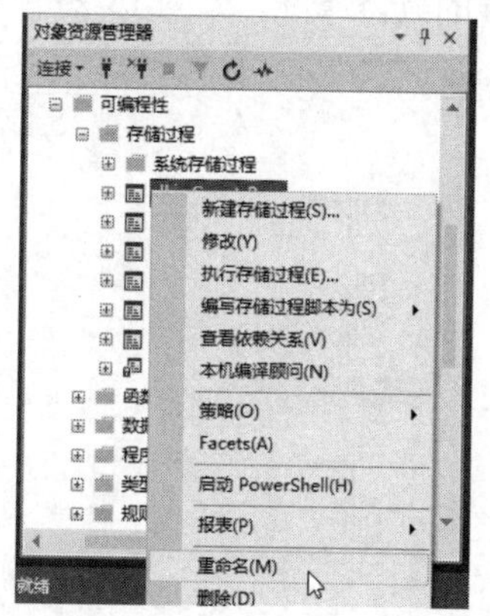

图 13-25 选择“重命名”菜单命令

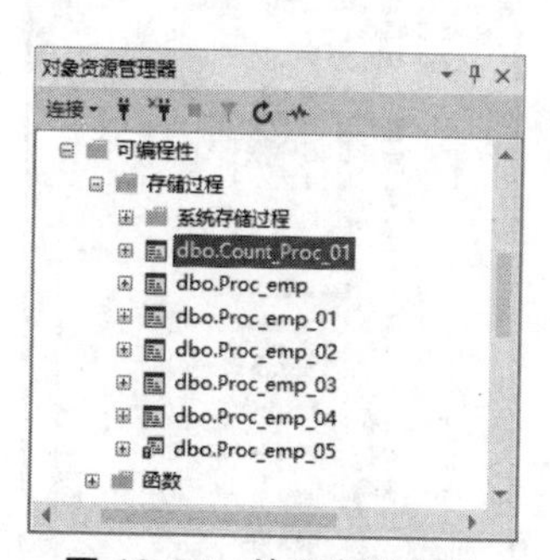

图 13-26 输入新的名称

注意：输入新名称之后，在对象资源管理器中的空白地方单击鼠标，或者直接按回车键确认，即可完成修改操作。也可以在选择一个存储过程之后，间隔一小段时间，再次单击该存储过程；或者选择存储过程之后，直接按 F2 键。这几种方法都可以完成存储过程名称的修改。

13.6.2 使用 sp_name 系统存储过程重命名

使用系统存储过程 sp_rename 也可以重命名存储过程，语法格式如下：

```
sp_rename oldObjectName,newObjectName
```

主要参数介绍如下。

- oldObjectName：存储过程的旧名称。
- newObjectName：存储过程的新名称。

【例 13-13】重命名存储过程 Count_Proc_01 为“CountProc”，SQL 语句如下：

```
sp_rename Count_Proc_01,CountProc
```

单击“执行”按钮，即可完成存储过程的重命名操作，执行结果如图 13-27 所示。

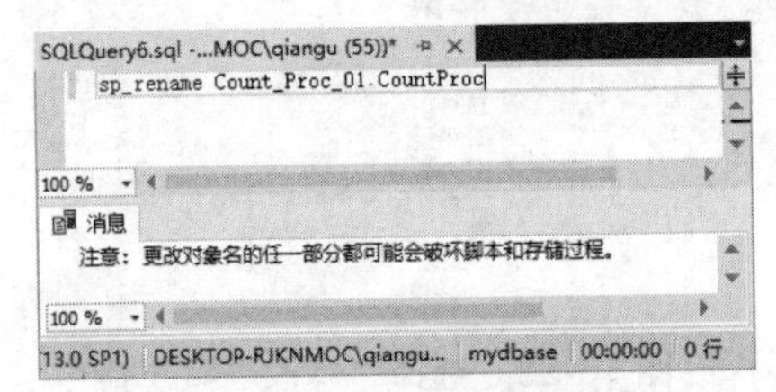

图 13-27 重命名存储过程

13.7 查看存储过程

创建完存储过程之后，需要查看修改后的存储过程的内容，查询存储过程有两种方法，一种是使用 SSMS 对象资源管理器查看，另一种是使用 T-SQL 语句查看。

13.7.1 使用 SSMS 查看存储过程信息

在 SSMS 中可以以界面方式查看存储过程信息，具体的操作步骤如下。

步骤 1：登录 SQL Server 服务器之后，在 SSMS 中打开“对象资源管理器”窗口，选择“数据库”结点下创建存储过程的数据库，选择“可编程性”→“存储过程”结点，右击要修改的存储过程，在弹出的快捷菜单中选择“属性”菜单命令，如图 13-28 所示。

步骤 2：弹出“存储过程属性”窗口，用户即可查看存储过程的具体属性，如图 13-29 所示。

图 13-28 选择“属性”菜单命令

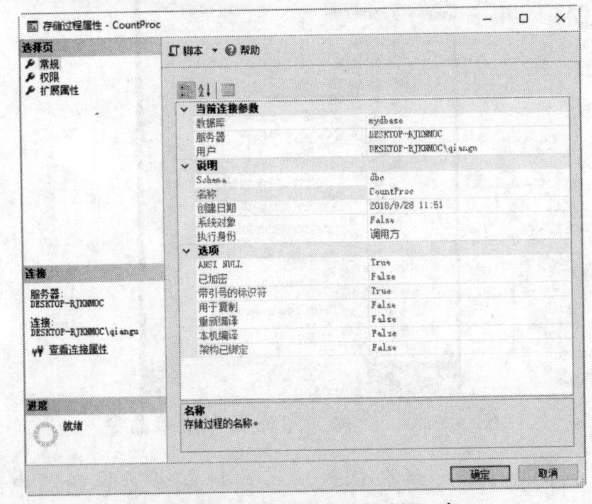

图 13-29 “存储过程属性”窗口

13.7.2 使用系统存储过程查看信息

许多系统存储过程、系统函数和目录视图都提供有关存储过程的信息，可以使用这些系统存储过程来查看存储过程的定义，即用于创建存储过程的 T-SQL 语句。可以通过下面三种系统存储过程和目录视图查看存储过程。

1. 使用 sys.sql_modules 查看存储过程的定义

sys.sql_modules 为系统视图，通过该视图可以查看数据库中的存储过程。

【例 13-14】查看存储过程 CountProc 相关信息，SQL 语句如下：

```
select * from sys.sql_modules
```

单击“执行”按钮，即可完成查看 sys.sql_modules 系统视图的操作，执行结果如图 13-30 所示。

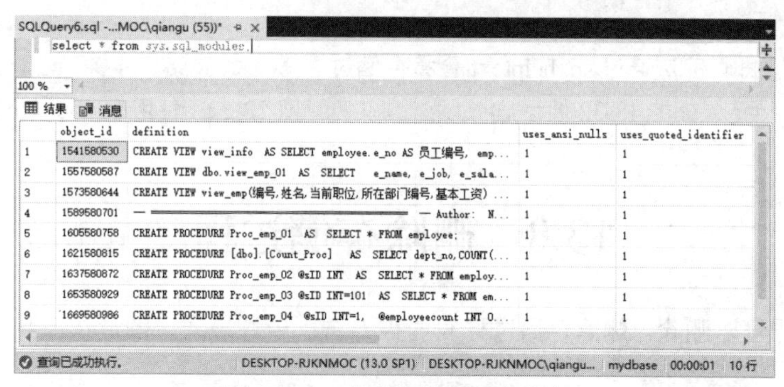

图 13-30 查看存储过程的信息

2. 使用 OBJECT_DEFINITION 查看存储过程的定义

返回指定对象定义的 T-SQL 源文本，语法格式如下：

```
SELECT OBJECT_DEFINITION(OBJECT_ID);
```

主要参数 OBJECT_ID 为要使用的对象的 ID，object_id 的数据类型为 int，并假定表示当前数据库上下文中的对象。

【例 13-15】使用 OBJECT_DEFINITION 查看存储过程的定义，SQL 语句如下：

```
USE mydbase;
GO
SELECT OBJECT_DEFINITION(OBJECT_ID('CountProc'));
```

单击“执行”按钮，即可完成使用 OBJECT_DEFINITION 查看存储过程定义的操作，执行结果如图 13-31 所示。

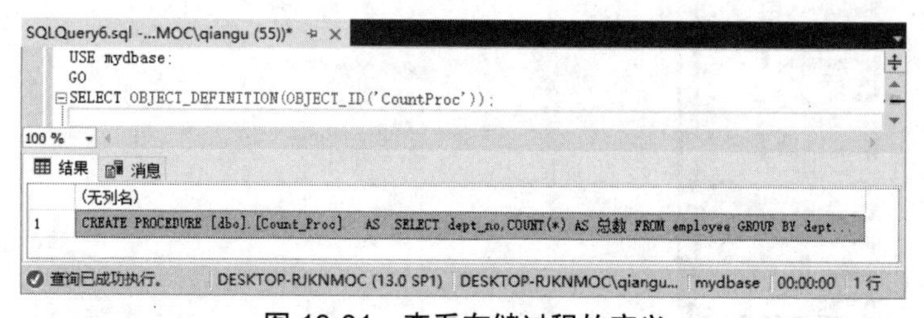

图 13-31 查看存储过程的定义

3. 使用 sp_helptext 查看存储过程的定义

显示用户定义规则的定义、默认值、未加密的 T-SQL 存储过程、用户定义 T-SQL 函数、触发器、计算列、CHECK 约束、视图或系统对象，语法格式如下：

```
sp_helptext[@objname=]'name'[,[@columnname=]computed_column_name]
```

主要参数介绍如下。

- [@objname=]'name'：架构范围内的用户定义对象的限定名称和非限定名称。
- [@columnname=]computed_column_name]：要显示定义信息的计算列的名称，必须将包含列的表指定为 name。column_name 的数据类型为 sysname，无默认值。

【例 13-16】通过 sp_helptext 系统存储过程查看名为 CountProc 的相关定义信息，SQL 语句如下：

```
USE mydbase;
GO
EXEC sp_helptext CountProc
```

单击“执行”按钮，即可完成通过 sp_helptext 查看存储过程的相关定义信息，执行结果如图 13-32 所示。

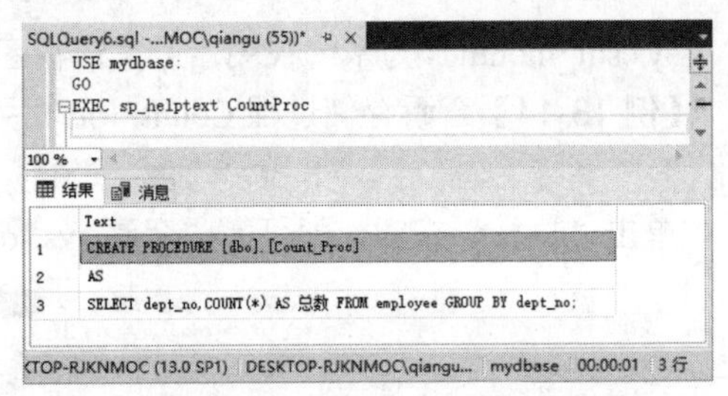

图 13-32　使用 sp_helptext 查看存储过程的定义

13.8　删除存储过程

不需要的存储过程可以删除，删除存储过程有两种方法，一种是通过图形化工具删除，另一种是使用 T-SQL 语句删除。

13.8.1　在 SSMS 中删除存储过程

删除存储过程可以在对象资源管理器中轻松地完成。具体操作步骤如下。

步骤 1：选择需要删除的存储过程，右击鼠标，在弹出的快捷菜单中选择“删除”菜单命令，如图 13-33 所示。

步骤 2：打开“删除对象”窗口，单击“确定”按钮，完成存储过程的删除，如图 13-34 所示。

图 13-33　选择“删除”命令

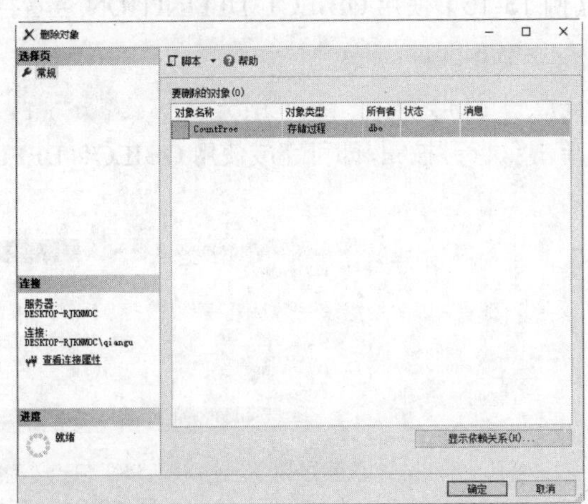

图 13-34　“删除对象”窗口

提示：该方法一次只能删除一个存储过程。

13.8.2　使用 SQL 语句删除存储过程

使用 DROP PROCEDURE 语句可以删除存储过程，该语句可以从当前数据库中删除一个或多个存储过程，语法格式如下：

```
DROP { PROC | PROCEDURE } { [ schema_name. ] procedure } [ ,...n ]
```

- schema_name：存储过程所属架构的名称。不能指定服务器名称或数据库名称。
- procedure：要删除的存储过程或存储过程组的名称。

【例 13-17】 删除存储过程 CountProc，SQL 语句如下：

```
USE mydbase;
GO
DROP PROCEDURE dbo.CountProc
```

输入完成之后，单击“执行”命令，即可删除名称为 CountProc 的存储过程，如图 13-35 所示。删除之后，可以刷新“存储过程”结点，即可查看删除结果，可以看到名称为 CountProc 的存储过程不存在了，如图 13-36 所示。

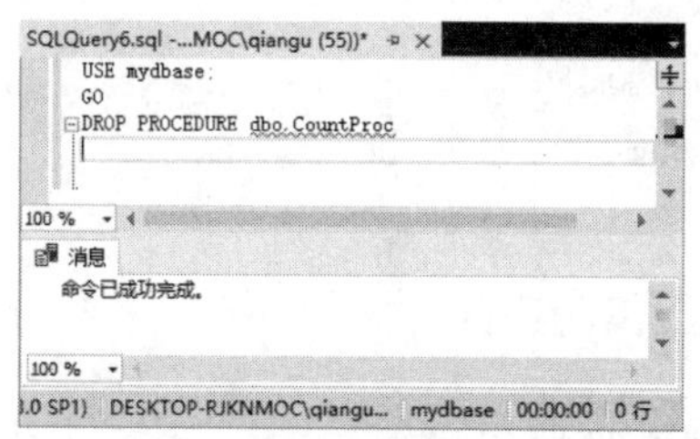

图 13-35 删除存储过程 CountProc

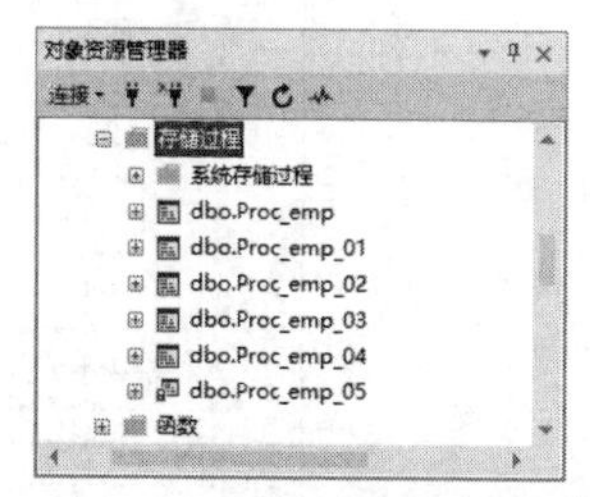

图 13-36 “对象资源管理器”窗口

13.9 扩展存储过程

扩展存储过程使用户能够在编程语言（如 C、C++）中创建自己的外部程序。扩展存储过程的显示方式和执行方式与常规存储过程一样，可以将参数传递给扩展存储过程，且扩展存储过程也可以返回结果和状态。

扩展存储过程是 SQL Server 实例可以动态加载和运行的 DLL，使用 SQL Server 扩展存储过程 API 编写的，可直接在 SQL Server 实例的地址空间中运行。SQL Server 中常规扩展存储过程如表 13-1 所示。

表 13-1 常规扩展过程

名 称	说 明
xp_enumgroups	提供 Windows 本地组列表或在指定 Windows 域中定义的全局组列表
xp_findnextmsg	接受输入的邮件 ID 并返回输出的邮件 ID，需要与 xp_processmail 配合使用
xp_grantlogin	授予 Windows 组或用户对 SQL Server 2016 的访问权限
xp_logevent	将用户定义消息记入 SQL Server 2016 日志文件和 Windows 事件查看器
xp_loginconfig	报告 SQL Server 2016 实例在 Windows 上运行时的登录安全配置
xp_logininfo	报告账户、账户类型、账户的特权级别、账户的映射登录名和账户访问 SQL Server 2016 的权限路径
xp_msver	返回有关 SQL Server 2016 的版本信息
xp_revokelogin	撤销 Windows 组或用户对 SQL Server 2016 的访问权限
xp_sprintf	设置一系列字符和值的格式并将其存储到字符串输出参数值。每个格式参数都用相应的参数替换
xp_sqlmaint	用包含 SQLMaint 开关的字符串调用 SQLMaint 实用工具，在一个或多个数据库上执行一系列维护操作
xp_sscanf	将数据从字符串读入每个格式参数所指定的参数位置
xp_availablemedia	查看系统上可用的磁盘驱动器的空间信息
xp_dirtree	查看某个目录下子目录的结构

【例 13-18】执行 xp_msver 扩展存储过程，查看系统版本信息，在查询编辑窗口中输入语句如下。

```
USE mydbase;
GO
EXEC xp_msver
```

单击“执行”按钮，即可完成使用扩展过程查看系统版本信息的操作，这里返回的信息包含数据库的产品信息、产品编号、运行平台、操作系统的版本号以及处理器类型信息等，执行结果如图 13-37 所示。

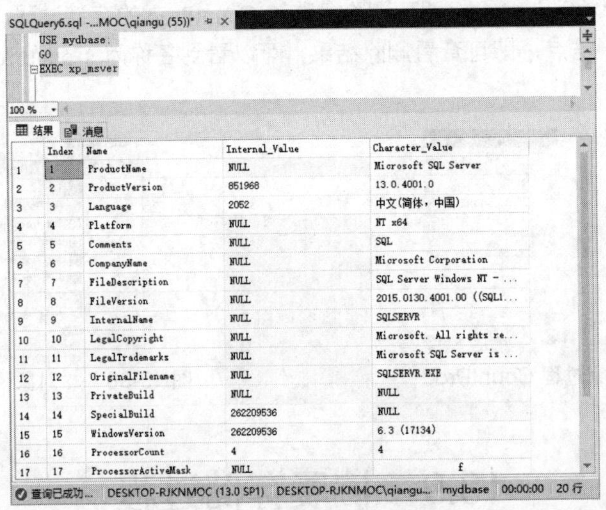

图 13-37　查询数据库系统信息

13.10　就业面试技巧与解析

面试官： 删除存储过程需要注意什么问题？

应聘者： 存储过程之间可以相互调用，如果删除被调用的存储过程，那么重新编译时调用者会出现错误，所以在进行删除操作时，最好要分清各个存储过程之间的关系。

第14章

索引的应用

学习指引

索引是数据库中帮助数据库操作人员快速查找数据的数据，表中的数据越多，查询数据所花费的时间越多。如果表中查询的列有一个索引，数据库能快速到达一个位置去搜寻数据，而不必查看所有数据。本章就来介绍索引的使用，主要内容包括认识索引、创建索引、修改索引、删除索引，索引的分析与维护等。

重点导读

- 了解索引的含义和特点。
- 熟悉索引的分类。
- 掌握创建索引的方法。
- 掌握管理和维护索引的方法。

14.1 认识索引

索引是一个单独的、存储在磁盘上的数据库结构，它们包含着对数据表里所有记录的引用指针。索引用于快速找出在某个或多个列中有某一特定值的行，对相关列使用索引是降低查询操作时间的最佳途径。索引包含由表或视图中的一列或多列生成的键。

14.1.1 索引概述

索引设计不合理或者缺少索引都会对数据库和应用程序的性能造成影响。高效的索引对于获得良好的性能非常重要。设计索引时，应该考虑以下准则：

（1）索引并非越多越好，一张表中如果有大量的索引，不仅占用大量的磁盘空间，而且会影响INSERT、DELETE、UPDATE等语句的性能。因为当表中数据更改的同时，索引也会进行调整和更新。

（2）避免对经常更新的表进行过多的索引，并且索引中的列应尽可能少。而对经常用于查询的字段应该创建索引，但要避免添加不必要的字段。

（3）数据量小的表最好不要使用索引，由于数据较少，查询花费的时间可能比遍历索引的时间还要短，索引可能不会产生优化效果。

（4）在条件表达式中经常用到的、不同值较多的列上建立索引，在不同值少的列上不要建立索引。例如，在学生表的“性别”字段上只有“男”与“女”两个不同值，因此就无须建立索引。如果建立索引，不但不会提高查询效率，反而会严重降低更新速度。

（5）当唯一性是某种数据本身的特征时，指定唯一索引。使用唯一索引能够确保定义的列的数据完整性，提高查询速度。

（6）在频繁进行排序或分组（即进行 GROUP BY 或 ORDER BY 操作）的列上建立索引，如果待排序的列有多个，可以在这些列上建立组合索引。

14.1.2 索引的优缺点

在数据库中合理地使用索引可以提高查询数据的速度，下面介绍索引的优缺点。

索引的优点主要有以下 4 条：

（1）通过创建唯一索引，可以保证数据库表中每一行数据的唯一性。

（2）可以大大加快数据的查询速度，这也是创建索引的最主要的原因。

（3）实现数据的参照完整性，可以加速表和表之间的连接。

（4）在使用分组和排序子句进行数据查询时，也可以显著减少查询中分组和排序的时间。

索引的缺点主要有以下 3 条：

（1）创建索引和维护索引要耗费时间，并且随着数据量的增加所耗费的时间也会增加。

（2）索引需要占磁盘空间，除了数据表占数据空间之外，每一个索引还要占一定的物理空间，如果有大量的索引，索引文件可能比数据文件更快达到最大文件尺寸。

（3）当对表中的数据进行增加、删除和修改的时候，索引也要动态地维护，这样就降低了数据的维护速度。

14.1.3 索引的分类

不同的数据库中提供了不同的索引类型，SQL Server 中的索引主要有聚集索引、非聚集索引、唯一索引、索引视图、全文索引等。按照存储结构的不同，可以将索引分为聚集索引和非聚集索引两大类。

1. 聚集索引

聚集索引基于数据行的键值，在表内排序和存储这些数据行。每个表只能有一个聚集索引，因为数据行本身只能按一个顺序存储。

创建聚集索引时应该考虑以下 4 个因素：

（1）每个表只能有一个聚集索引。

（2）表中的物理顺序和索引中行的物理顺序是相同的，创建任何非聚集索引之前要首先创建聚集索引，这是因为非聚集索引改变了表中行的物理顺序。

（3）关键值的唯一性使用 UNIQUE 关键字或者由内部的唯一标识符明确维护。

（4）在索引的创建过程中，SQL Server 临时使用当前数据库的磁盘空间，所以要保证有足够的空间创建聚集索引。

2. 非聚集索引

非聚集索引具有完全独立于数据行的结构，使用非聚集索引不用将物理数据页中的数据按列排序。非聚集索引包含索引键值和指向表数据存储位置的行定位器。

可以对表或索引视图创建多个非聚集索引。通常，设计非聚集索引是为了改善经常使用的、没有建立聚集索引的查询的性能。

查询优化器在搜索数据值时，先搜索非聚集索引以找到数据值在表中的位置，然后直接从该位置检索数据。这使得非聚集索引成为完全匹配查询的最佳选择，因为索引中包含所搜索的数据值在表中的精确位置的项。

具有以下特点的查询可以考虑使用非聚集索引：

（1）使用 JOIN 或 GROUP BY 子句。应为连接和分组操作中所涉及的列创建多个非聚集索引，为任何外键列创建一个聚集索引。

（2）包含大量唯一值的字段。

（3）不返回大型结果集的查询。创建筛选索引以覆盖从大型表中返回定义完善的行子集的查询。

（4）经常包含在查询的搜索条件（如返回完全匹配的 WHERE 子句）中的列。

3. 其他索引

除了聚集索引和非聚集索引之外，SQL Server 中还提供了其他的索引类型，如表 14-1 所示。

表 14-1 其他索引类型

索引名称	说明
唯一索引	确保索引键不包含重复的值，因此，表或视图中的每一行在某种程度上是唯一的。聚集索引和非聚集索引都可以是唯一索引。这种唯一性与前面讲过的主键约束是相关联的，在某种程度上，主键约束等于唯一性的聚集索引
包含列索引	一种非聚集索引，它扩展后不仅包含键列，还包含非键列
索引视图	在视图上添加索引后能提高视图的查询效率。视图的索引将具体化视图，并将结果集永久存储在唯一的聚集索引中，而且其存储方法与带聚集索引的表的存储方法相同。创建聚集索引后，可以为视图添加非聚集索引
全文索引	一种特殊类型的基于标记的功能性索引，由 Microsoft SQL Server 全文引擎生成和维护。用于帮助在字符串数据中搜索复杂的词。这种索引的结构与数据库引擎使用的聚集索引或非聚集索引的 B 树结构是不同的
空间索引	一种针对 geometry 数据类型的列上建立的索引，这样可以更高效地对列中的空间对象执行某些操作。空间索引可以减少需要应用开销相对较大的空间操作的对象数
筛选索引	一种经过优化的非聚集索引，尤其适用于涵盖从定义完善的数据子集中选择数据的查询。筛选索引使用筛选谓词对表中的部分行进行索引。与全表索引相比，设计良好的筛选索引可以提高查询性能、减少索引维护开销并可降低索引存储开销
XML 索引	是与 XML 数据关联的索引形式，是 XML 二进制大对象（BLOB）的已拆分持久表示形式，XML 索引又可以分为主索引和辅助索引

14.2 创建索引

使用索引的前提是创建索引，不过在创建索引之前，一定要清楚自己创建的索引是聚集索引，还是非聚集索引，下面介绍创建不同索引的方法与步骤。

14.2.1 创建索引的语法格式

使用 CREATE INDEX 语句可以创建索引，在创建索引的语法中包括创建聚集索引和非聚集索引两种方式，用户可以根据实际需要进行选择，语法格式如下：

```
CREATE [UNIQUE] [CLUSTERED | NONCLUSTERED]
INDEX index_name ON {table | view}(column[ASC | DESC][,…n])
[ INCLUDE ( column_name [ ,…n ] ) ]
[with
(
  PAD_INDEX = { ON | OFF }
  | FILLFACTOR = fillfactor
  | SORT_IN_TEMPDB = { ON | OFF }
  | IGNORE_DUP_KEY = { ON | OFF }
  | STATISTICS_NORECOMPUTE = { ON | OFF }
  | DROP_EXISTING = { ON | OFF }
  | ONLINE = { ON | OFF }
  | ALLOW_ROW_LOCKS = { ON | OFF }
  | ALLOW_PAGE_LOCKS = { ON | OFF }
  | MAXDOP = max_degree_of_parallelism
) […n]
```

主要参数介绍如下。

- UNIQUE：表示在表或视图上创建唯一索引。唯一索引不允许两行具有相同的索引键值。视图的聚集索引必须唯一。
- CLUSTERED：表示创建聚集索引。在创建任何非聚集索引之前创建聚集索引。创建聚集索引时会重新生成表中现有的非聚集索引。如果没有指定 CLUSTERED，则创建非聚集索引。
- NONCLUSTERED：表示创建一个非聚集索引，非聚集索引数据行的物理排序独立于索引排序。每个表都最多可包含 999 个非聚集索引。NONCLUSTERED 是 CREATE INDEX 语句的默认值。
- index_name：指定索引的名称。索引名称在表或视图中必须唯一，但在数据库中不必唯一。
- ON {table| view}：指定索引所属的表或视图。
- column：指定索引基于的一列或多列。指定两个或多个列名，可为指定列的组合值创建组合索引。{table| view}后的括号中，按排序优先级列出组合索引中要包括的列。一个组合索引键中最多可组合 16 列。组合索引键中的所有列必须在同一张表或视图中。
- [ASC | DESC]：指定特定索引列的升序或降序排序方向。默认值为 ASC。
- INCLUDE (column_name [,…n])：指定要添加到非聚集索引的叶级别的非键列。
- PAD_INDEX：表示指定索引填充。默认值为 OFF。ON 值表示 fillfactor 指定的可用空间百分比应用于索引的中间级页。
- FILLFACTOR = fillfactor：指定一个百分比，表示在索引创建或重新生成过程中数据库引擎应使每个索引页的页级别达到的填充程度。fillfactor 必须为介于 1～100 的整数值，默认值为 0。
- SORT_IN_TEMPDB：指定是否在 tempdb 中存储临时排序结果。默认值为 OFF。ON 值表示在 tempdb 中存储用于生成索引的中间排序结果。OFF 表示中间排序结果与索引存储在同一数据库中。
- IGNORE_DUP_KEY：指定对唯一聚集索引或唯一非聚集索引执行多行插入操作时，出现重复键值的错误响应。默认值为 OFF。ON 表示发出一条警告信息，但只有违反了唯一索引的行才会失败。OFF 表示发出错误消息，并回滚整个 INSERT 事务。
- STATISTICS_NORECOMPUTE：指定是否重新计算分发统计信息。默认值为 OFF。ON 表示不会自动重新计算过时的统计信息。OFF 表示启用统计信息自动更新功能。

- DROP_EXISTING：指定应删除并重新生成已命名的先前存在的聚集或非聚集索引。默认值为 OFF。ON 表示删除并重新生成现有索引。指定的索引名称必须与当前的现有索引相同；但可以修改索引定义。例如，可以指定不同的列、排序顺序、分区方案或索引选项。OFF 表示如果指定的索引名已存在，则会显示一条错误。
- ONLINE = { ON | OFF }：指定在索引操作期间，基础表和关联的索引是否可用于查询和数据修改操作。默认值为 OFF。
- ALLOW_ROW_LOCKS：指定是否允许行锁。默认值为 ON。ON 表示在访问索引时允许行锁。数据库引擎确定何时使用行锁。OFF 表示未使用行锁。
- ALLOW_PAGE_LOCKS：指定是否允许页锁。默认值为 ON。ON 表示在访问索引时允许页锁。数据库引擎确定何时使用页锁。OFF 表示未使用页锁。
- MAXDOP：指定在索引操作期间，覆盖“最大并行度”配置选项。使用 MAXDOP 可以限制在执行并行计划的过程中使用的处理器数量，最大数量为 64 个。

14.2.2 使用 SQL 创建聚集索引

为了演示创建索引的方法，下面创建一个作者信息数据表 authorsinfo，SQL 语句如下：

```
USE mydbase
CREATE TABLE authorsinfo(
   id      int   IDENTITY(1,1)  NOT NULL,
   name    varchar(20)  NOT NULL,
   gender   tinyint  NOT NULL,
   age      int   NOT NULL,
   phone    varchar(15)  NULL,
   remark   varchar(100) NULL
);
```

单击“执行”按钮，即可完成数据表的创建，执行结果如图 14-1 所示。

数据表创建完成后，下面使用 SQL 语句创建聚集索引，使用 CREATE UNIQUE CLUSTERED INDEX 语句可以创建唯一性聚集索引。

【例 14-1】在 authorsinfo 表中的 phone 列上，创建一个名称为 Idx_phone 的唯一聚集索引，降序排列，填充因子为 30%，输入语句如下：

```
CREATE UNIQUE CLUSTERED INDEX Idx_phone
ON authorsinfo(phone DESC)
WITH
FILLFACTOR=30;
```

单击“执行”按钮，即可完成聚集索引的创建，执行结果如图 14-2 所示。

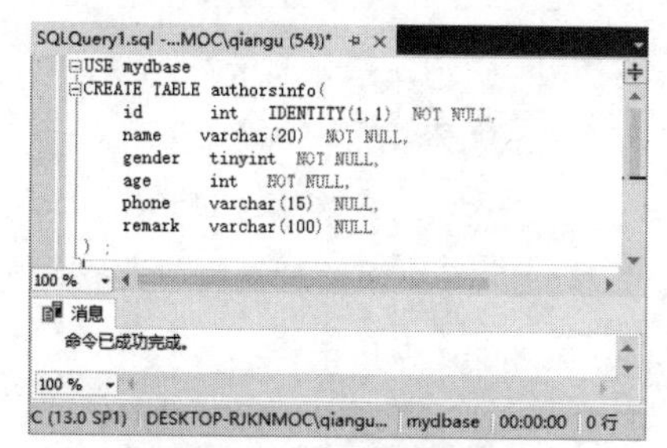

图 14-1 创建数据表

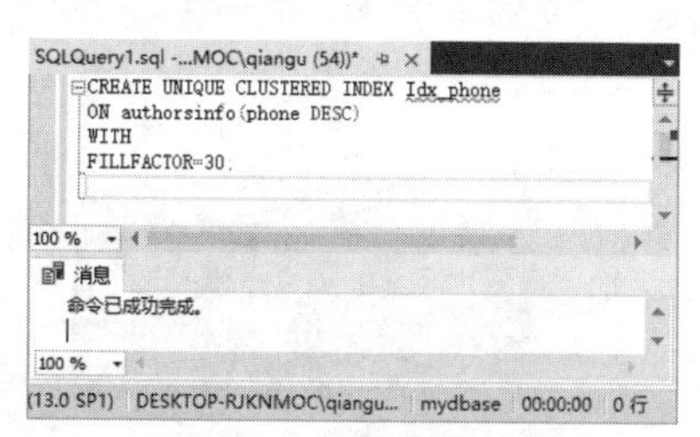

图 14-2 创建聚集索引

14.2.3 使用 SQL 创建非聚集索引

非聚集索引在一张数据表中可以存在多个，并且在创建非聚集索引时，可以不将其列设置成唯一索引，创建非聚集索引的 SQL 语句如下：CREATE UNIQUE NONCLUSTERED INDEX。

【例 14-2】在 authorsinfo 表中的 name 列上，创建一个名称为 Idx_name 的唯一非聚集索引，升序排列，填充因子为 10%，SQL 语句如下：

```
CREATE UNIQUE NONCLUSTERED INDEX Idx_name
ON authorsinfo(name)
WITH
FILLFACTOR=10;
```

单击“执行”按钮，即可完成非聚集索引的创建，执行结果如图 14-3 所示。

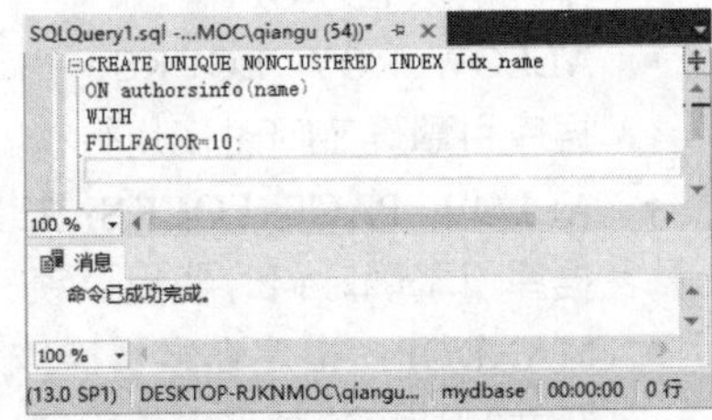

图 14-3 创建非聚集索引

14.2.4 使用 SQL 创建复合索引

所谓复合索引就是指在一张表中创建索引时，索引列可以由多列组成，有时也被称为组合索引。

【例 14-3】在 authorsinfo 表中的 name 和 gender 列上，创建一个名称为 Idx_nameAndgender 的唯一非聚集组合索引，升序排列，填充因子为 20%，SQL 语句如下：

```
CREATE UNIQUE NONCLUSTERED INDEX Idx_nameAndgender
ON authorsinfo(name,gender)
WITH
FILLFACTOR=20;
```

单击“执行”按钮，即可完成非聚集组合索引的创建，执行结果如图 14-4 所示。

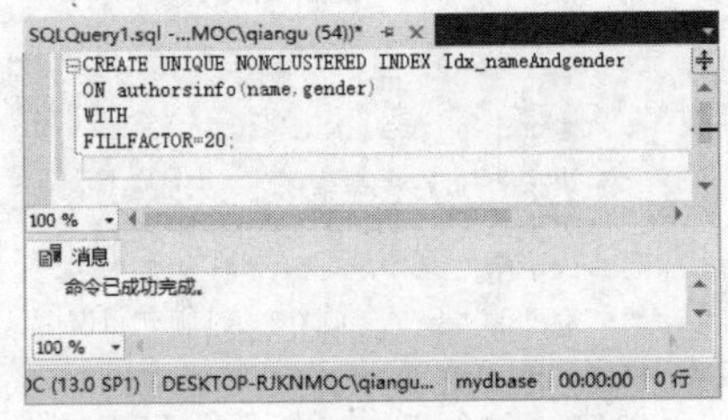

图 14-4 创建非聚集组合索引

14.2.5 在 SSMS 中创建索引

创建索引的语法中有些关键字是比较难记的，这时就可以在 SSMS 中以界面方式来创建索引了，具体操作步骤如下。

步骤 1：启动 SSMS 并连接到数据库中，在“对象资源管理器”窗口中，打开“数据库”结点下面要创建索引的数据表结点，例如这里选择 fruits 表，打开该结点下面的子结点，右击“索引”结点，在弹出的快捷菜单中选择“新建索引”→“非聚集索引”菜单命令，如图 14-5 所示。

步骤 2：打开“新建索引”窗口，在“常规”选项卡中，可以配置索引的名称和是否是唯一索引等，如图 14-6 所示。

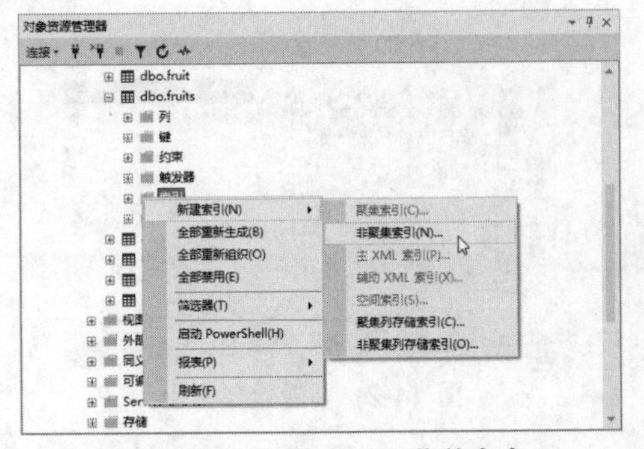

图 14-5 “新建索引”菜单命令

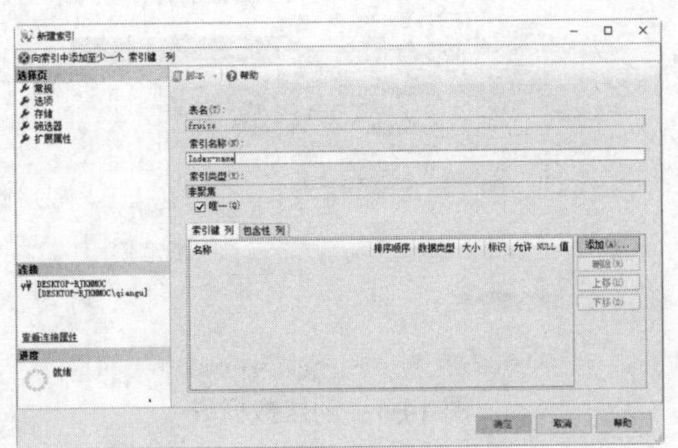

图 14-6 “新建索引”窗口

步骤 3：单击“添加”按钮，打开选择添加索引的列窗口，从中选择要添加索引的表中的列，这里选择在数据类型为 varchar 的 name 列上添加索引，如图 14-7 所示。

步骤 4：选择完之后，单击“确定”按钮，返回“新建索引”窗口，如图 14-8 所示。

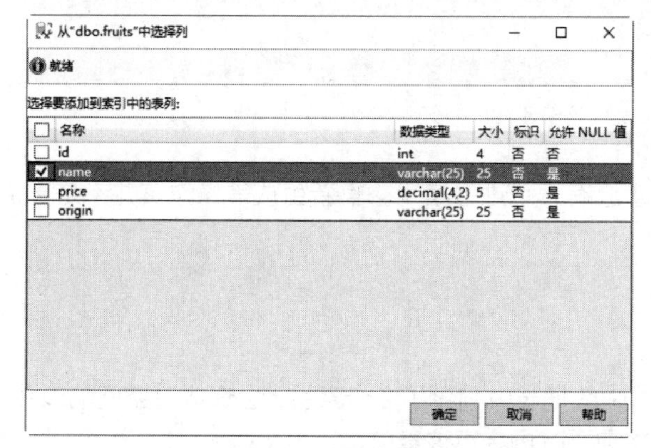

图 14-7 选择索引列

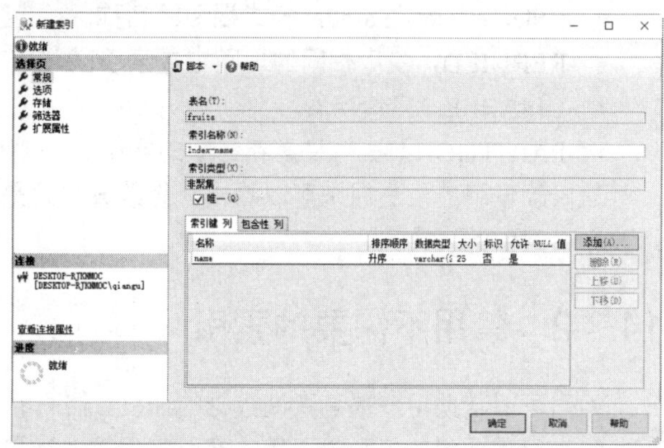

图 14-8 “新建索引”窗口

步骤 5：单击该窗口中的“确定”按钮，返回“对象资源管理器”窗口之后，可以在索引结点下面看到名称为 Index_name 的新索引，说明该索引创建成功，如图 14-9 所示。

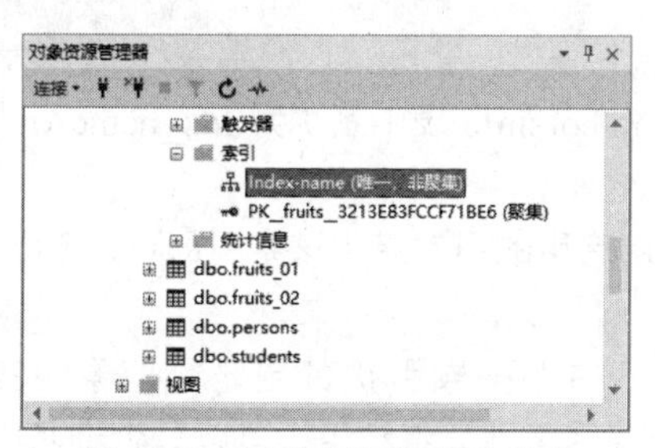

图 14-9 创建非聚集索引成功

14.3 修改索引

索引创建完成后，如果不能满足需要，可以对其进行修改，但是并不能修改索引中的全部内容。用户可以使用 SQL 语句或在 SSMS 中以两种方式来修改。

14.3.1 修改索引的语法格式

修改索引的语法格式与创建索引的语法格式有很大的差异，修改索引的语法格式如下：

```
ALTER INDEX index_name
ON {
[database_name].table_or_view_name
}
{[REBUILD]
    [with(<rebuild_index_option>[,…n ] ) ]
[DISABLE]
[REORGANIZE]
  [PARTITION=partition_number]
}
```

主要参数介绍如下。

- index_name：要修改索引的名称。
- database_name：索引所在数据库的名称。
- table_or_view_name：表或视图的名称。
- REBUILD：使用相同的规则生成索引。
- DISABLE：将禁用索引。
- PARTITION：执行将重新组织的索引。

从修改索引的语法规则可以看出，修改索引只是对原有索引进行禁用、重新生成等操作，并不是直接修改原有索引的表或列。

14.3.2 禁用不需要的索引

索引可以帮助用户提高查询数据的速度，但有时一张数据表中创建了多个索引，会造成对空间的浪费，因此，有时需要将一些暂时不用的索引禁用掉，当再次需要时再启用该索引。

【例 14-4】禁用 authorsinfo 表中名称为 Idx_nameAndgender 的唯一非聚集组合索引，SQL 语句如下：

```
USE mydbase;
ALTER INDEX Idx_nameAndgender
ON authorsinfo
DISABLE;
```

单击“执行”按钮，即可禁用 authorsinfo 表中名称为 Idx_nameAndgender 的索引，执行结果如图 14-10 所示。

当用户希望使用该索引时，使用启用的语句启用该索引即可，启用的方法是将语句中的 DISABLE 修改为 ENABLE 即可。

那么如何才能知道一个数据表中哪些索引被禁用，哪些索引被启用呢？这时可以通过系统视图 sys.indexes 来查询，为了让读者能够明了地查看结果，可以只查询其中的索引名称列（name）和索引是否禁用列（is_disabled），SQL 语句如下：

```
USE mydbase;
SELECT name, is_disabled FROM sys.indexes;
```

单击“执行”按钮，即可完成索引是否禁用的查询操作，执行结果如图 14-11 所示，可以看到有些索引列的值为 1，有些索引列的值为 0，1 代表该索引被禁用，0 代表该索引被启用。

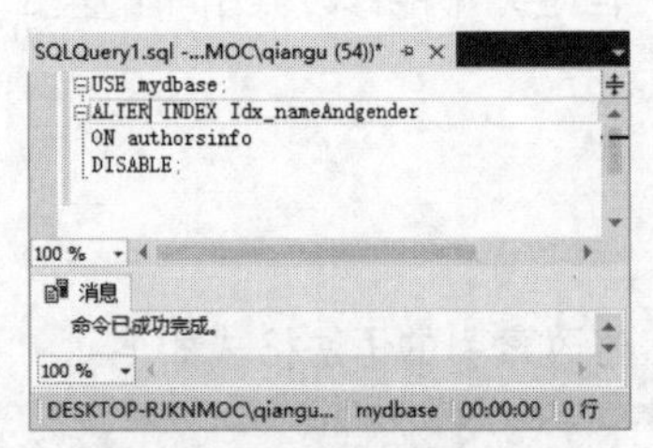

图 14-10 禁用不要的索引

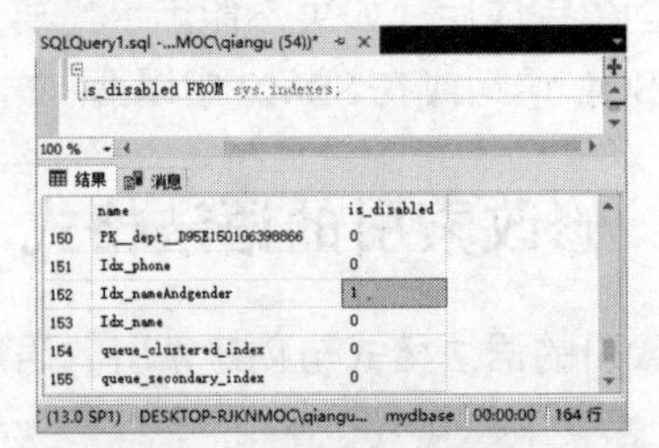

图 14-11 查看索引是否被禁用

14.3.3 重新生成新的索引

重新生成新的索引实际上就是将原来的索引删除掉，再创建一个新的索引。重新生成新索引的好处是可以减少获取所请求数据所需的页读取数，以便提高磁盘性能。重新生成新索引使用的是修改索引语法中的 REBUILD 关键字来实现的。

【例 14-5】在 authorsinfo 表中重新生成名称为 Idx_nameAndgender 的索引。SQL 语句如下：

```
USE mydbase;
ALTER INDEX Idx_nameAndgender
ON authorsinfo
REBUILD;
```

单击“执行”按钮，即可完成重新生成索引的操作，执行结果如图 14-12 所示。

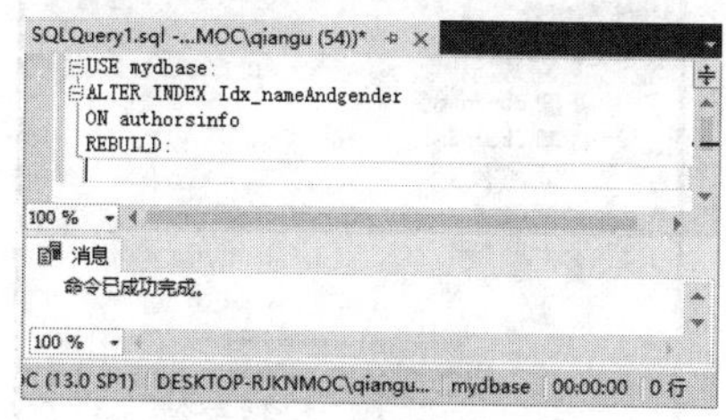

图 14-12　重新生成索引

14.3.4　重命名索引的名称

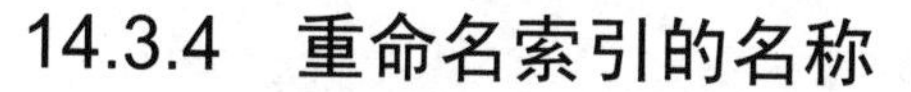

使用系统存储过程 sp_rename 可以修改索引的名称，其语法格式如下：

```
sp_rename 'object_name','new_name', 'object_type'
```

主要参数介绍如下。

- object_name：用户对象或数据类型的当前限定或非限定名称。此对象可以是表、索引、列、别名数据类型或用户定义类型。
- new_name：指定对象的新名称。
- object_type：指定修改的对象类型。

【例 14-6】将 authorsinfo 表中的索引名称 idx_nameAndgender 更改为 fuhe_index，输入语句如下：

```
USE mydbase;
GO
exec sp_rename 'authorsinfo.idx_nameAndgender', 'fuhe_index','index' ;
```

单击“执行”按钮，即可完成索引重命名操作，执行结果如图 14-13 所示。刷新索引结点下的索引列表，即可看到修改名称后的效果，如图 14-14 所示。

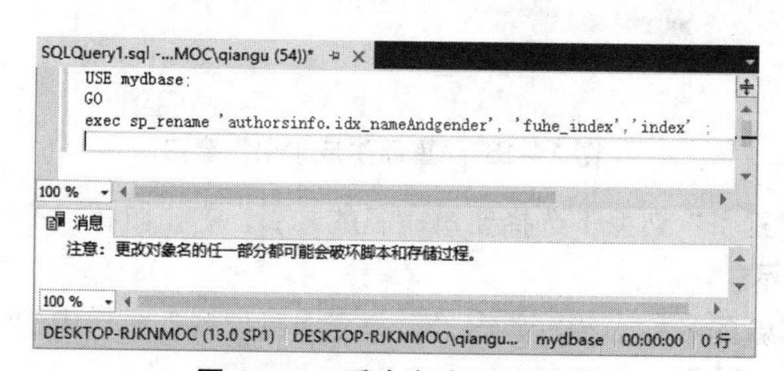

图 14-13　重命名索引的名称

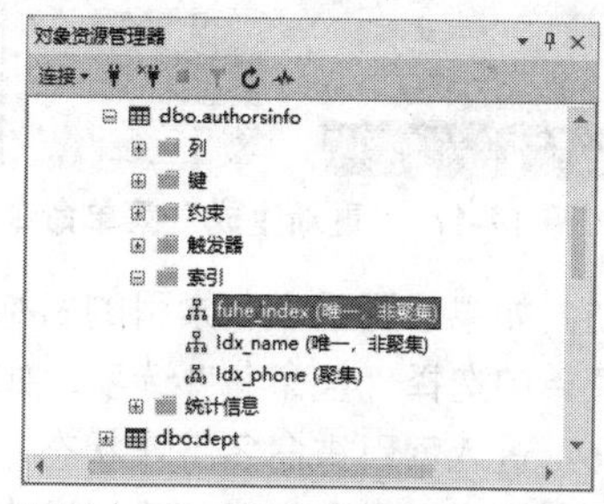

图 14-14　查看重命名后的索引

14.3.5　在 SSMS 中修改索引

在 SSMS 中可以以界面方式修改索引，包括禁用索引、重新生成索引以及重命名索引。具体操作步骤如下。

步骤 1：启动 SSMS 并连接到数据库中，在“对象资源管理器”窗口中，打开“数据库”结点下面要创建索引的数据表结点，例如，这里选择 fruits 表，打开该结点下面的子结点，选择需要禁用的索引，右击鼠标，在弹出的快捷菜单中选择“禁用”菜单命令，如图 14-15 所示。

步骤 2：弹出“禁用索引”窗口，在其中可以查看要禁用的索引列表，单击“确定”按钮，即可完成禁用索引的操作，如图 14-16 所示。

步骤 3：如果想要重新生成索引，可以在“索引”结点下选择禁用的索引，右击鼠标，在弹出的快捷菜单中选择“重新生成”选项，如图 14-17 所示。

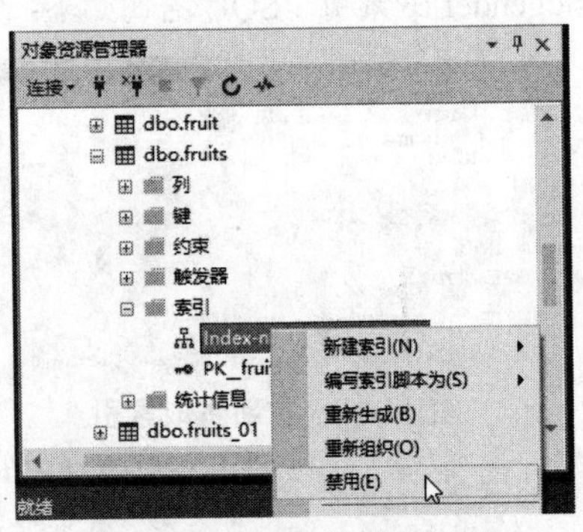

图 14-15 “禁用”菜单命令

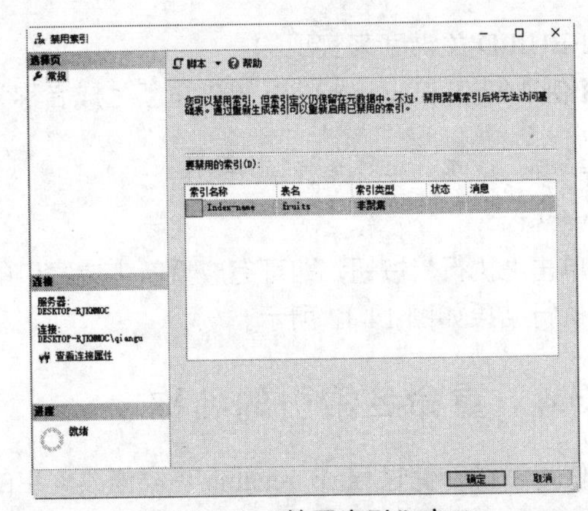

图 14-16 “禁用索引”窗口

步骤 4：弹出“重新生成索引”窗口，在其中可以查看要重新生成的索引列表，单击“确定”按钮，即可完成重新生成索引的操作，如图 14-18 所示。

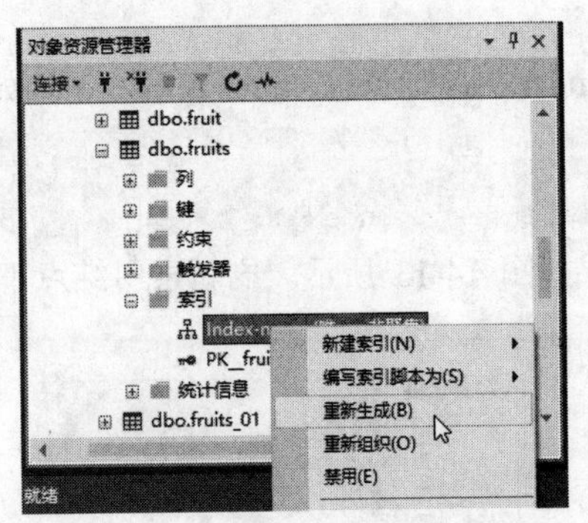

图 14-17 “重新生成”菜单命令

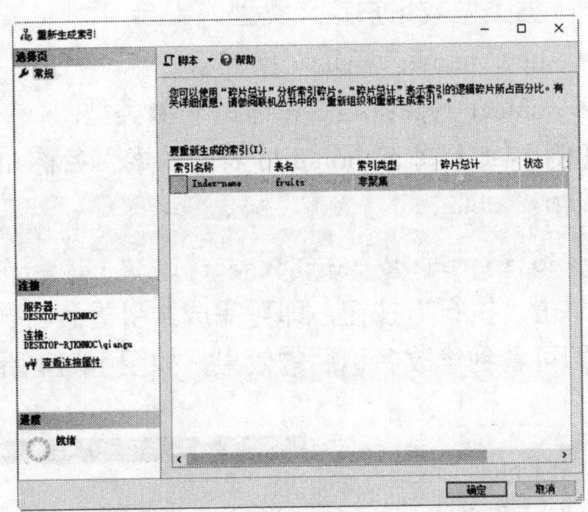

图 14-18 “重新生成索引”窗口

步骤 5：如果想要重命名索引的名称，可以在“索引”结点下选择要重命名的索引，右击鼠标，在弹出的快捷菜单中选择“重命名”选项，如图 14-19 所示。

步骤 6：进入索引重命名工作状态，在其中输入新的名称，然后单击“对象资源管理器”窗口中的任意位置，即可完成重命名索引名称的操作，如图 14-20 所示。

图 14-19 “重命名”菜单命令

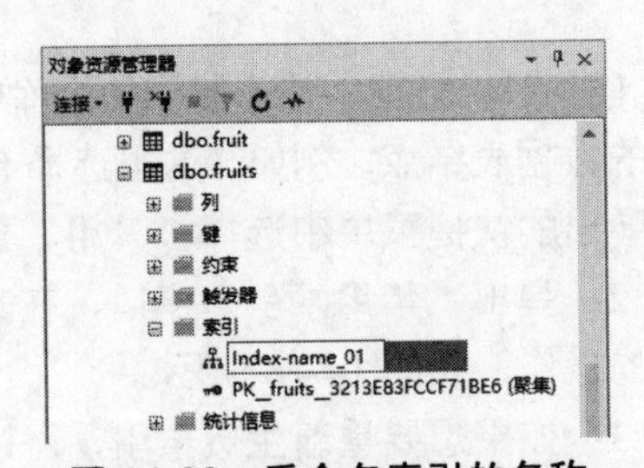

图 14-20 重命名索引的名称

14.4　查询索引

索引创建成功后，用户还可以查询数据表中创建的索引信息，下面介绍查询索引信息的方法。

14.4.1　使用系统存储过程查询索引

使用系统存储过程 sp_helpindex 可以查看数据表或视图中的索引信息，语法格式如下：

```
sp_helpindex [ @objname = ] 'name'
```

其中，[@objname =]'name'：用户定义的表或视图的限定或非限定名称。仅当指定限定的表或视图名称时，才需要使用引号。如果提供了完全限定的名称，包括数据库名称，则该数据库名称必须是当前数据库的名称。

【例 14-7】使用存储过程查看 mydbase 数据库中 authorsinfo 表中定义的索引信息，输入语句如下：

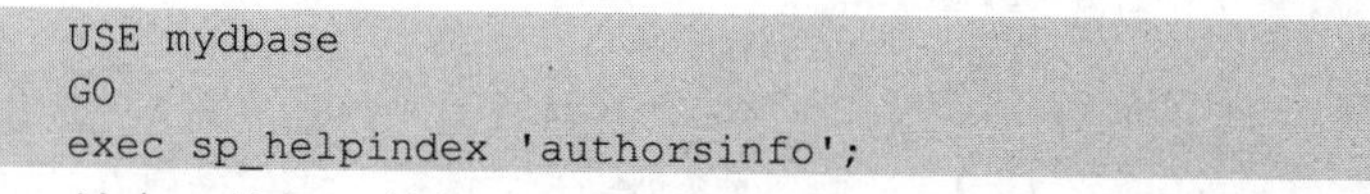

```
USE mydbase
GO
exec sp_helpindex 'authorsinfo';
```

单击“执行”按钮，即可完成索引信息的查询操作，执行结果如图 14-21 所示。

图 14-21　查看索引信息

由执行结果可以看到，这里显示了 authorsinfo 表中的索引信息，相关参数介绍如下。

- index_name：指定索引名称，这里创建了三个不同名称的索引。
- index_description：包含索引的描述信息，例如，唯一性索引、聚集索引等。
- index_keys：包含索引所在的表中的列。

14.4.2　在 SSMS 中查看索引

除使用系统存储过程查询索引信息外，用户还可以在 SSMS 中查询索引信息，具体的方法为：在“对象资源管理器”窗口中，打开指定数据库结点，这里选择 mydbase，然后选择该数据库中的数据表 fruits，并展开该表中的索引结点，选中表中的索引项，这里选择 Index-name_01 索引，右击鼠标，在弹出的快捷菜单中选择“属性”命令，或双击要查看信息的索引，如图 14-22 所示。

打开“索引属性”窗口，在该窗口中可以查看索引的相关信息，还可以修改索引的名称、索引类型等信息，如图 14-23 所示。

图 14-22　“属性”菜单命令

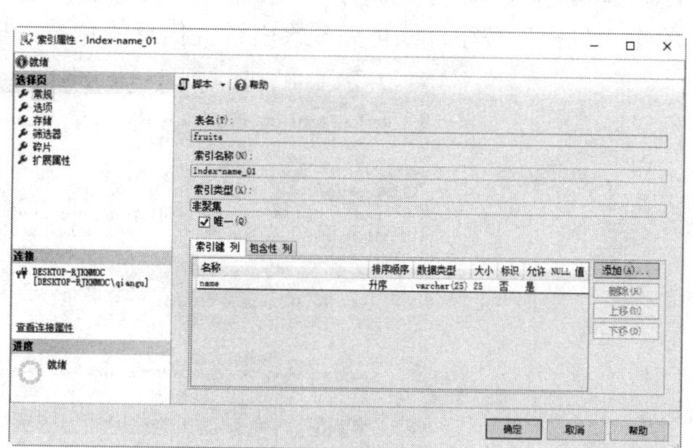

图 14-23　“索引属性”窗口

14.4.3 查看索引的统计信息

索引信息还包括统计信息，这些信息可以用来分析索引性能，更好地维护索引。索引统计信息是查询优化器用来分析和评估查询、制定最优查询方式的基础数据，用户可以在 SSMS 中查看索引统计信息，也可以使用 DBCC SHOW_STATISTICS 命令来查看指定索引的信息。

1. 在 SSMS 中查看索引统计信息

打开 SQL Server 管理平台，在对象资源管理器中，展开 fruits 表中的“统计信息”结点，选择要查看统计信息的索引（例如 Index-name_01），右击鼠标，在弹出的快捷菜单中选择“属性”菜单命令，如图 14-24 所示。打开“统计信息属性”窗口，选择“选择页”中的“详细信息”选项，可以在右侧的窗格中看到当前索引的统计信息，如图 14-25 所示。

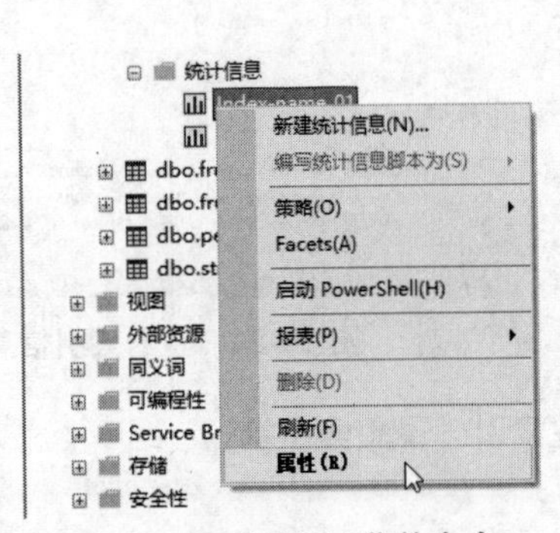

图 14-24 “属性”菜单命令

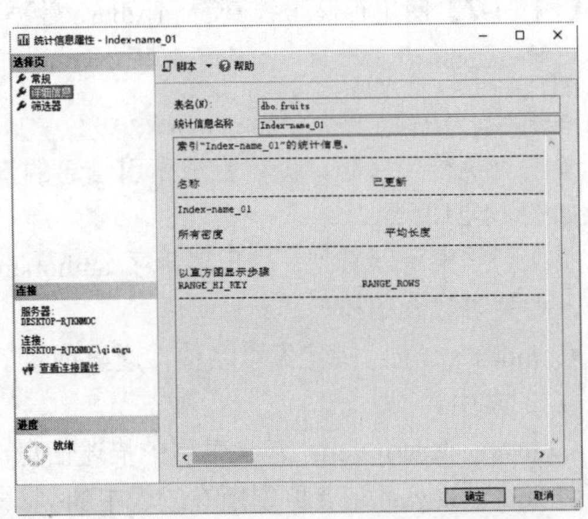

图 14-25 Index-name_01 的索引统计信息

2. 使用 DBCC SHOW_STATISTICS 命令查看

用户还可以使用 DBCC SHOW_STATISTICS 命令来返回指定表或视图中特定对象的统计信息，这些对象可以是索引、列等。

【例 14-8】使用 DBCC SHOW_STATISTICS 命令来查看 authorsinfo 表中 Idx_phone 索引的统计信息，输入语句如下：

```
USE mydbase;
DBCC SHOW_STATISTICS ('mydbase.dbo.authorsinfo', Idx_phone);
```

单击“执行”按钮，即可完成索引统计信息的查看，执行结果如图 14-26 所示。

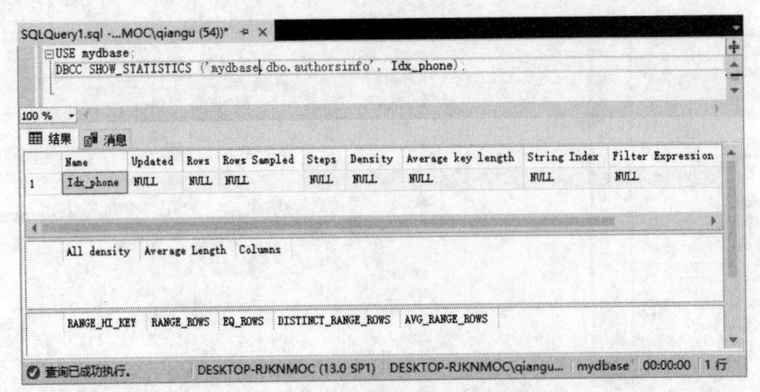

图 14-26 查看索引统计信息

返回的统计信息包含三个部分：统计标题信息、统计密度信息和统计直方图信息。统计标题信息主要包括表中的行数、统计抽样行数、索引列的平均长度等。统计密度信息主要包括索引列前缀集选择性、平均长度等信息。统计直方图信息即为显示直方图时的信息。

14.5 删除索引

在数据库中使用索引，既可以给数据库的管理带来好处，也会造成数据库存储中的浪费。因此，当表中的索引不再需要时，就需要及时将这些索引删除。

14.5.1 删除索引的语法

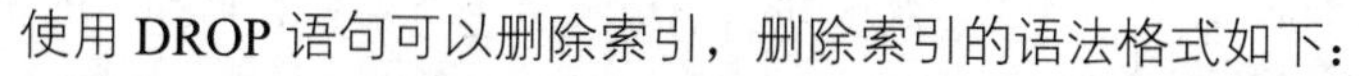

使用 DROP 语句可以删除索引，删除索引的语法格式如下：

```
DROP INDEX
{
  index_name ON
{
[database_name.[schema_name]. [schema_name]
table_or_view_name
}
[,...n]
| [owner_name.] table_or_view_name.index_name
[,...n]
}
```

主要参数介绍如下。

- index_name 项：索引的名称。
- database_name 项：数据库的名称。
- schema_name 项：该表或视图所属架构的名称。
- table_or_view_name 项：与该索引关联的表或视图的名称。

14.5.2 一次删除一个索引

从删除索引的语法格式可以看出，在删除索引时可以一次删除一个索引，也可以同时删除多个索引，下面介绍一次删除一个索引的方法。

【例 14-9】删除数据表 authorsinfo 中的 Idx_name 索引，输入语句如下：

```
USE mydbase
DROP INDEX Idx_name ON dbo.authorsinfo;
```

单击“执行”按钮，即可完成索引的删除操作，执行结果如图 14-27 所示。

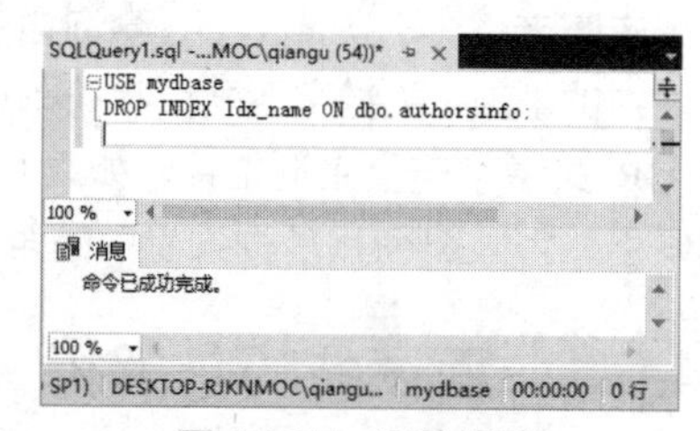

图 14-27 删除索引

14.5.3 一次删除多个索引

当需要删除多个索引时，只需要把多个索引名依次写在 DROP INDEX 后面即可。

【例 14-10】一次删除数据表 authorsinfo 中的 fuhe_index 和 Idx_phone 索引，输入语句如下：

```
    USE mydbase
    DROP INDEX
    fuhe_index ON dbo.authorsinfo,Idx_phone ON dbo.
authorsinfo;
```

单击“执行”按钮，即可完成一次删除多个索引的删除操作，执行结果如图 14-28 所示。

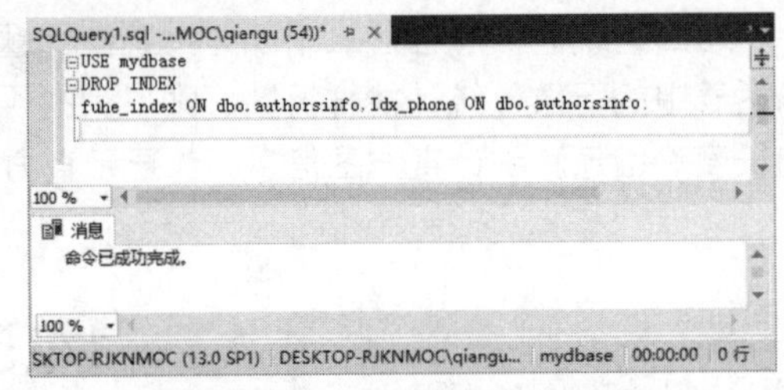

图 14-28　一次删除多个索引

14.5.4　在 SSMS 中删除索引

在 SSMS 中可以以界面方式修改索引，包括禁用索引、重新生成索引以及重命名索引。具体操作步骤如下。

步骤 1：启动 SSMS 并连接到数据库中，在“对象资源管理器”窗口中，打开“数据库”结点下面要创建索引的数据表结点，例如，这里选择 fruits 表，打开该结点下面的子结点，选择需要删除的索引，右击鼠标，在弹出的快捷菜单中选择“删除”菜单命令，如图 14-29 所示。

步骤 2：弹出“删除对象”对话框，在其中显示了需要删除的所有对象，单击“确定”按钮，即可完成索引的删除操作，如图 14-30 所示。

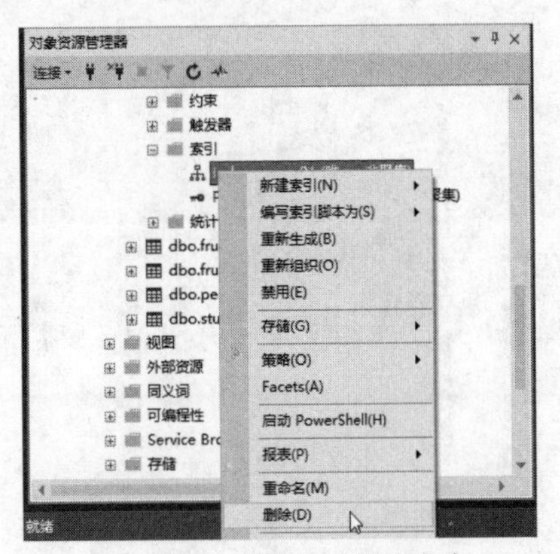

图 14-29　“删除”菜单命令

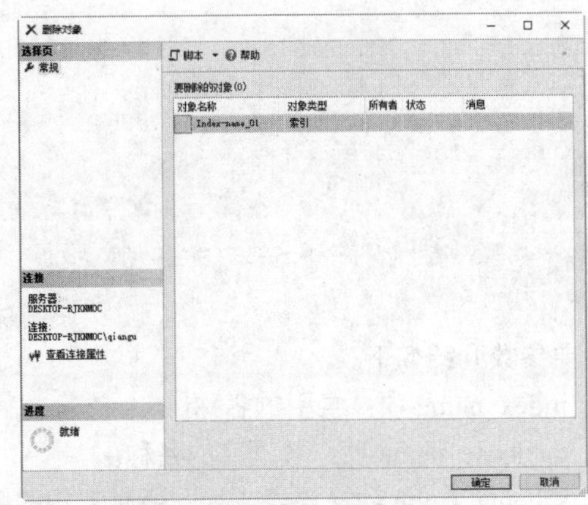

图 14-30　“删除对象”窗口

14.6　就业面试技巧与解析

14.6.1　面试技巧与解析（一）

面试官：为什么查询语句中的索引没有起作用？

应聘者：在一些情况下，查询语句中使用了带有索引的字段。但索引并没有起作用。例如，在 WHERE 条件中的 LIKE 关键字匹配的字符串以“%”开头，这种情况下索引不会起作用。又如，WHERE 条件中使用 OR 关键字连接查询条件，如果有一个字段没有使用索引，那么其他的索引也不会起作用。如果使用多列索引，但没有使用多列索引中的第一个字段，那么多列索引也不会起作用。

14.6.1　面试技巧与解析（二）

面试官：是不是索引建立的越多越好？

应聘者：合理的索引可以提高查询的速度，但不是索引越多越好。在执行插入语句的时候，Oracle 要为新插入的记录建立索引。所以过多的索引会导致插入操作变慢。原则上是只有查询用的字段才建立索引。

第15章

触发器的应用

学习指引

为了更好地管理数据文件，SQL Server提出了触发器的概念，触发器是确保数据完整性的一种方法。本章就来介绍触发器的应用，主要内容包括触发器的分类、创建触发器、修改触发器、触发器的应用、删除触发器等。

重点导读

- 了解什么是触发器。
- 掌握创建触发器的方法。
- 掌握修改触发器的方法。
- 掌握管理触发器的方法。
- 掌握删除触发器的方法。

15.1 认识触发器

触发器与存储过程不同，它不需要使用EXEC语句调用，就可以被执行。但是，在触发器中所写的语句与存储过程类似，可以说触发器是一种特殊的存储过程。触发器可以在对表进行UPDATE、INSERT和DELETE这些操作时，自动地被调用。

15.1.1 触发器的概念

触发器是一种特殊类型的存储过程。与前面介绍过的存储过程不同，触发器主要是通过事件进行触发而被执行的，而存储过程可以通过存储过程名称被直接调用。触发器是一个功能强大的工具，它使每个站点可以在有数据修改时自动强制执行其业务规则。触发器可以用于SQL Server约束、默认值和规则的完整性检查。

当往某一个表格中插入、修改或者删除记录时，SQL Server 就会自动执行触发器所定义的 SQL 语句，从而确保对数据的处理必须符合由这些 SQL 语句所定义的规则。在触发器中可以查询其他表格或者包括复杂的 SQL 语句。触发器和引起触发器执行的 SQL 语句被当作一次事务处理，如果这次事务未获得成功，SQL Server 会自动返回该事务执行前的状态。和 CHECK 约束相比较，触发器可以强制实现更加复杂的数据完整性，而且可以参考其他表的字段。

15.1.2 触发器的作用

触发器是一个在修改指定表值的数据时执行的存储过程，不同的是执行存储过程要使用 EXEC 语句来调用，而触发器的执行不需要使用 EXEC 语句来调用，通过创建触发器可以保证不同表中的逻辑相关数据的引用完整性或一致性。

它的主要作用如下：

（1） 触发器是自动的。当对表中的数据做了任何修改（比如手工输入或者应用程序采取的操作）之后立即被激活。

（2） 触发器可以通过数据库中的相关表进行层叠更改。

（3） 触发器可以强制限制。这些限制比用 CHECK 约束所定义的更复杂。与 CHECK 约束不同的是，触发器可以引用其他表中的列。

15.1.3 触发器的分类

在 SQL Server 数据库中，触发器主要分为三类，即登录触发器、DML 触发器和 DDL 触发器，下面介绍这三类触发器的主要作用。

1. 登录触发器

登录触发器是作用在 LOGIN 事件的触发器，是一种 AFTER 类型触发器，表示在登录后触发。使用登录触发器可以控制用户会话的创建过程以及限制用户名和会话的次数。

2. DML 触发器

DML 触发器包括对表或视图 DML 操作激发的触发器。DML 操作包括 INSERT、UPDATE、DELETE 语句。DML 触发器包括两种类型的触发器，一种是 AFTER 类型，一种是 INSTEAD OF 类型。AFTER 类型表示对表或视图操作完成后激发触发器，INSTEAD OF 类型表示当表或视图执行 DML 操作时，替代这些操作执行其他一些操作。

3. DDL 触发器

DDL 触发器是当服务器或者数据库中发生数据定义语言事件时被激活调用，使用 DDL 触发器可以防止对数据库架构进行的某些更改或记录数据库架构中的更改或事件。DDL 操作包括 CREATE、ALTER 或 DROP 等，该触发器一般用于管理和记录数据库对象的结构变化。

15.2 创建触发器

创建触发器是开始使用触发器的第一步，只有创建了触发器，才可以完成后续的操作，用户可以使用

SQL 语句来创建触发器，也可以在 SSMS 中以图形界面来创建触发器。

15.2.1 创建 DML 触发器

DML 触发器是指当数据库服务器中发生数据库操作语言事件时要执行的操作，DML 事件包括对表或视图发出的 UPDATE、INSERT 或者 DELETE 语句。下面介绍如何创建各种类型的 DML 触发器。

1. INSERT 触发器

触发器是一种特殊类型的存储过程，因此创建触发器的语法格式与创建存储过程的语法格式相似，基本的语法格式如下：

```
CREATE TRIGGER schema_name.trigger_name
ON { table | view }
[ WITH <dml_trigger_option> [ ,...n ] ]
{ FOR | AFTER | INSTEAD OF }
{ [ INSERT ] [ , ] [ UPDATE ] [ , ] [ DELETE ] }
[ WITH APPEND ]
[ NOT FOR REPLICATION ]
AS { sql_statement  [ ; ] [ ,...n ] | EXTERNAL NAME <method specifier [ ; ] > }
<dml_trigger_option> ::=
    [ ENCRYPTION ]
    [ EXECUTE AS Clause ]
<method_specifier> ::=
    assembly_name.class_name.method_name
```

主要参数介绍如下。

- trigger_name：用于指定触发器的名称，其名称在当前数据库中必须是唯一的。
- table | view：用于指定在其上执行触发器的表或视图，有时称为触发器表或触发器视图。
- AFTER：用于指定触发器只有在触发 SQL 语句中指定的所有操作都已成功执行后才激发。所有的引用级联操作和约束检查也必须成功完成后，才能执行此触发器。如果仅指定 FOR 关键字，则 AFTER 是默认设置。注意该类型触发器仅能在表上创建，而不能在视图上定义。
- INSTEAD OF：用于规定执行的是触发器而不是执行触发 SQL 语句，从而用触发器替代触发语句的操作。在表或视图上，每个 INSERT、UPDATE 或 DELETE 语句最多可以定义一个 INSTEAD OF 触发器。然而，可以在每个具有 INSTEAD OF 触发器的视图上定义视图。INSTEAD OF 触发器不能在 WITH CHECK OPTION 的可更新视图上定义。如果向指定的 WITH CHECK OPTION 选项的可更新视图添加 INSTEAD OF 触发器，系统将产生一个错误。用户必须用 ALTER VIEW 删除该选项后才能定义 INSTEAD OF 触发器。
- {[DELETE][,][INSERT][,][UPDATE]}：用于指定在表或视图上执行哪些数据修改语句时,将激活触发器的关键字。必须至少指定一个选项。在触发器定义中允许使用以任何的顺序组合这些关键字。如果指定的选项多于一个，需要用逗号分隔。
- [WITH APPEND]：指定应该再添加一个现有类型的触发器。
- AS：触发器要执行的操作。
- sql_statement：触发器的条件和操作。触发器条件指定其他准则，以确定 DELETE、INSERT 或 UPDATE 语句是否导致执行触发器操作。

当用户向表中插入新的记录行时，被标记为 FOR INSERT 的触发器的代码就会执行，如前所述，同时 SQL Server 会创建一个新行的副本，将副本插入到一个特殊表中。该表只在触发器的作用域内存在。下面来创建当用户执行 INSERT 操作时触发的触发器。

【例 15-1】在 students 表上创建一个名称为 Insert_Student 的触发器，在用户向 students 表中插入数据时触发，输入语句如下：

```
CREATE TRIGGER Insert_Student
ON students
AFTER INSERT
AS
BEGIN
  IF OBJECT_ID(N'stu_Sum',N'U') IS NULL             --判断 stu_Sum 表是否存在
    CREATE TABLE stu_Sum(number INT DEFAULT 0);  --创建存储学生人数的 stu_Sum 表
  DECLARE @stuNumber INT;
  SELECT @stuNumber = COUNT(*) FROM students;
  IF NOT EXISTS (SELECT * FROM stu_Sum)             --判断表中是否有记录
    INSERT INTO stu_Sum VALUES(0);
  UPDATE stu_Sum SET number = @stuNumber;           --把更新后总的学生人数插入到 stu_Sum 表中
END
GO
```

单击“执行”按钮，即可完成触发器的创建，执行结果如图 15-1 所示。

触发器创建完成之后，接着向 students 表中插入记录，触发触发器的执行，SQL 语句如下：

```
SELECT COUNT(*) students表中总人数 FROM  students;
INSERT INTO students (id,name,sex,age) VALUES(1001,'白雪', '女', 20);
SELECT COUNT(*) students表中总人数 FROM  students;
SELECT number AS stu_Sum表中总人数 FROM stu_Sum;
```

单击“执行”按钮，即可完成激活触发器的执行操作，执行结果如图 15-2 所示。

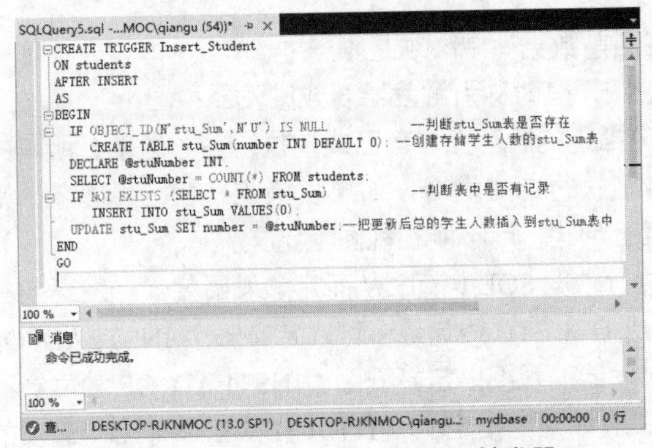

图 15-1　创建 Insert_Student 触发器

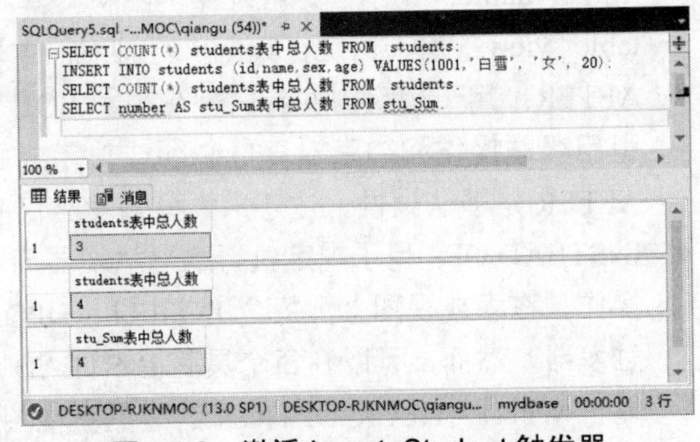

图 15-2　激活 Insert_Student 触发器

提示：由触发器的触发过程可以看到，查询语句中的第 2 行执行了一条 INSERT 语句，向 students 表中插入一条记录，结果显示插入前后 students 表中总的记录数；第 4 行语句查看触发器执行之后 stu_Sum 表中的结果，可以看到，这里成功地将 students 表中总的学生人数计算之后插入到 stu_Sum 表，实现了表的级联操作。

在某些情况下，根据数据库设计需要，可能会禁止用户对某些表的操作，可以在表上指定拒绝执行插入操作。例如前面创建的 stu_Sum 表，其中插入的数据是根据 students 表计算得到的，用户不能随便插入数据。

【例 15-2】创建触发器，当用户向 stu_Sum 表中插入数据时，禁止操作，SQL 语句如下：

```
CREATE TRIGGER Insert_forbidden
ON stu_Sum
AFTER INSERT
AS
BEGIN
  RAISERROR('不允许直接向该表插入记录，操作被禁止',1,1)
```

```
ROLLBACK TRANSACTION
END
```

单击“执行”按钮，即可完成触发器的创建，执行结果如图 15-3 所示。

验证触发器的作用，输入向 stu_Sum 表中插入数据的语句，从而激活创建的触发器，SQL 语句如下：

```
INSERT INTO stu_Sum VALUES(5);
```

单击“执行”按钮，即可完成激活创建的触发器的操作，执行结果如图 15-4 所示。

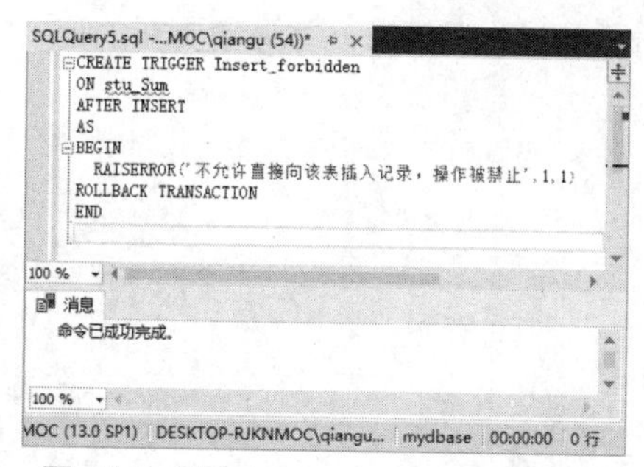

图 15-3 创建 Insert_forbidden 触发器

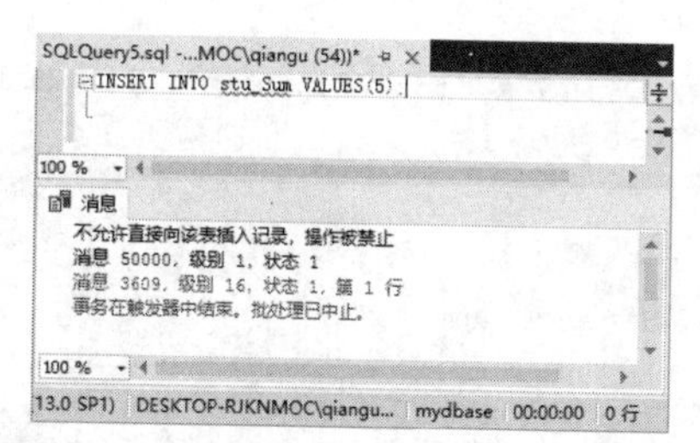

图 15-4 激活 Insert_forbidden 触发器

2. DELETE 触发器

用户执行 DELETE 操作时，就会激活 DELETE 触发器，从而控制用户能够从数据库中删除的数据记录。触发 DELETE 触发器之后，用户删除的记录行会被添加到 DELETED 表中，原来表中的相应记录被删除，所以可以在 DELETED 表中查看删除的记录。

【例 15-3】 创建 DELETE 触发器，用户对 students 表执行删除操作后触发，并返回删除的记录信息，SQL 语句如下：

```
CREATE TRIGGER Delete_Student
ON students
AFTER DELETE
AS
BEGIN
  SELECT id AS 已删除学生编号,name,sex,age
FROM DELETED
END
GO
```

单击“执行”按钮，即可完成触发器的创建，如图 15-5 所示。与创建 INSERT 触发器过程相同，这里 AFTER 后面指定 DELETE 关键字，表明这是一个用户执行 DELETE 删除操作触发的触发器。

创建完成，执行一条 DELETE 语句触发该触发器，SQL 语句如下：

```
DELETE FROM students WHERE id=1001;
```

单击“执行”按钮，即可执行 DELETE 语句并触发该触发器，如图 15-6 所示。

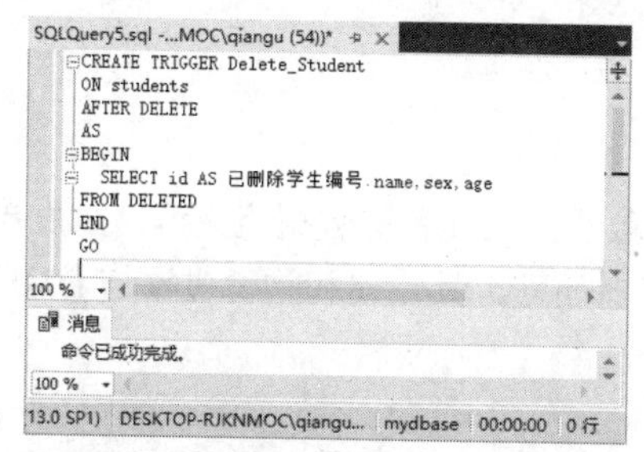

图 15-5 创建 Delete_Student 触发器

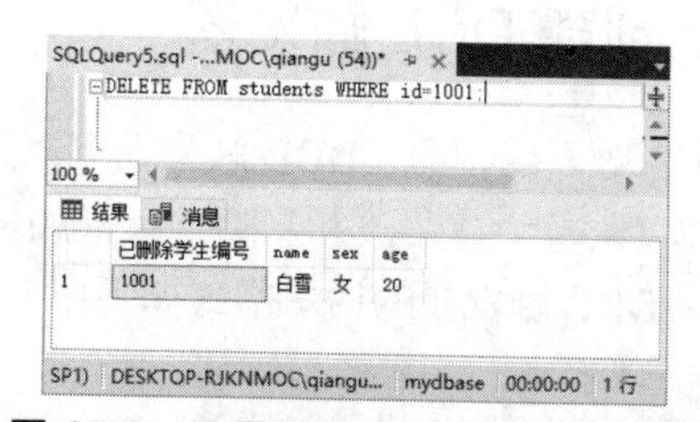

图 15-6 调用 Delete_Student 触发器

提示：这里返回的结果记录是从 DELETED 表中查询得到的。

3. UPDATE 触发器

UPDATE 触发器是当用户在指定表上执行 UPDATE 语句时被调用的。这种类型的触发器用来约束用户对现有数据的修改。UPDATE 触发器可以执行两种操作：更新前的记录存储到 DELETED 表；更新后的记录存储到 INSERTED 表。

【例 15-4】创建 UPDATE 触发器，用户对 students 表执行更新操作后触发，并返回更新的记录信息，SQL 语句如下：

```
CREATE TRIGGER Update_Student
ON students
AFTER UPDATE
AS
BEGIN
DECLARE @stuCount INT;
SELECT @stuCount = COUNT(*) FROM students;
UPDATE  stu_Sum SET number = @stuCount;
SELECT id AS 更新前学生编号 ,name AS 更新前学生姓名 FROM DELETED
SELECT id AS 更新后学生编号 ,name AS 更新后学生姓名  FROM INSERTED
END
GO
```

单击“执行”按钮，即可完成触发器的创建操作，执行结果如图 15-7 所示。

创建完成，执行一条 UPDATE 语句触发该触发器，输入语句如下：

```
UPDATE students SET name='张华' WHERE id=1002;
```

单击“执行”按钮，即可完成修改数据记录的操作，并激活创建的触发器，执行结果如图 15-8 所示。

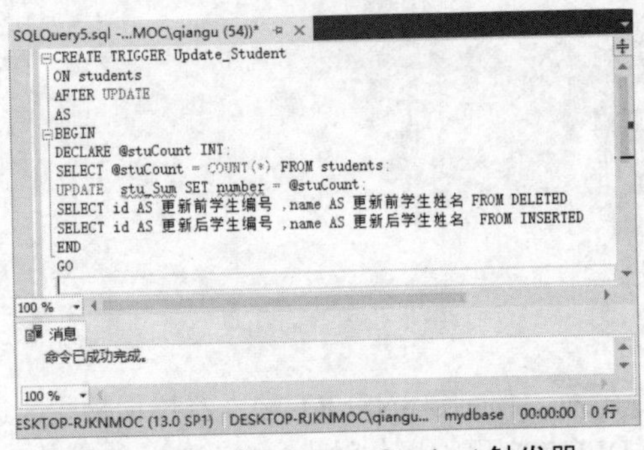

图 15-7 创建 Update_Student 触发器

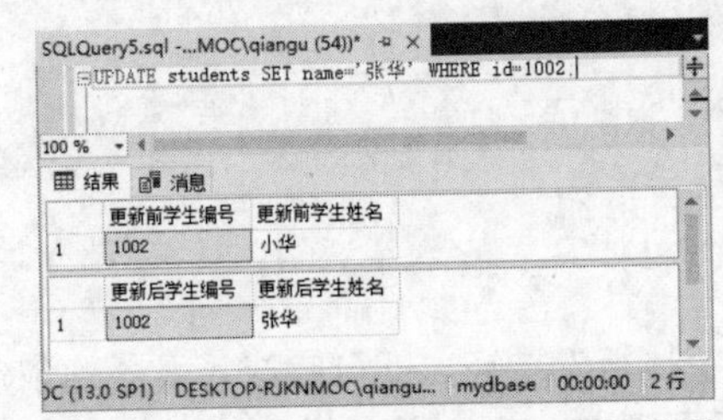

图 15-8 调用 Update_Student 触发器

提示：由执行过程可以看到，UPDATE 语句触发触发器之后，可以看到 DELETED 和 INSERTED 两个表中保存的数据分别为执行更新前后的数据。该触发器同时也更新了保存所有学生人数的 stu_Sum 表，该表中 number 字段的值也同时被更新。

15.2.2 创建 DDL 触发器

与 DML 触发器相同，DDL 触发器可以通过用户的操作而激活。由其名称数据定义语言触发器是当用户只需数据库对象创建修改和删除的时候触发。对于 DDL 触发器而言，其创建和管理过程与 DML 触发器类似。创建 DDL 触发器的语法格式如下：

```
CREATE TRIGGER trigger_name
ON { ALL SERVER | DATABASE }
```

```
[ WITH <ddl_trigger_option> [ ,...n ] ]
{ FOR | AFTER } { event_type | event_group } [ ,...n ]
AS { sql_statement  [ ; ] [ ,...n ] | EXTERNAL NAME < method specifier >  [ ; ] }
<ddl_trigger_option> ::=
    [ ENCRYPTION ]
    [ EXECUTE AS Clause ]
```

主要参数介绍如下。

- DATABASE：表示将 DDL 触发器的作用域应用于当前数据库。
- ALL SERVER：表示将 DDL 或登录触发器的作用域应用于当前服务器。
- event_type：指定激发 DDL 触发器的 SQL 事件的名称。

下面以创建数据库或服务器作用域的 DDL 触发器为例来介绍创建 DDL 触发器的方法，在创建数据库或服务器作用域的 DDL 触发器时，需要指定 ALL SERVER 参数。

【例 15-5】创建数据库作用域的 DDL 触发器，拒绝用户对数据库中表的删除和修改操作，SQL 语句如下：

```
USE mydbase;
GO
CREATE TRIGGER DenyDelete_mydbase
ON DATABASE
FOR DROP_TABLE,ALTER_TABLE
AS
BEGIN
PRINT '用户没有权限执行删除操作！'
ROLLBACK TRANSACTION
END
GO
```

单击“执行”按钮，即可完成触发器的创建操作，执行结果如图 15-9 所示。其中，ON 关键字后面的 mydbase 指定触发器作用域；DROP_TABLE,ALTER_TABLE 指定 DDL 触发器的触发事件，即删除和修改表；最后定义 BEGIN END 语句块，输出提示信息。

创建完成，执行一条 DROP 语句触发该触发器，SQL 语句如下：

```
DROP TABLE mydbase;
```

单击“执行”按钮，开始执行 DROP 语句，并激活创建的触发器，执行结果如图 15-10 所示。

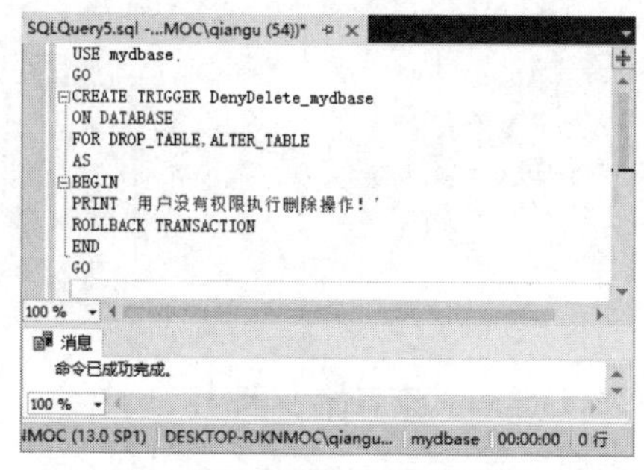

图 15-9　创建 DDL 触发器

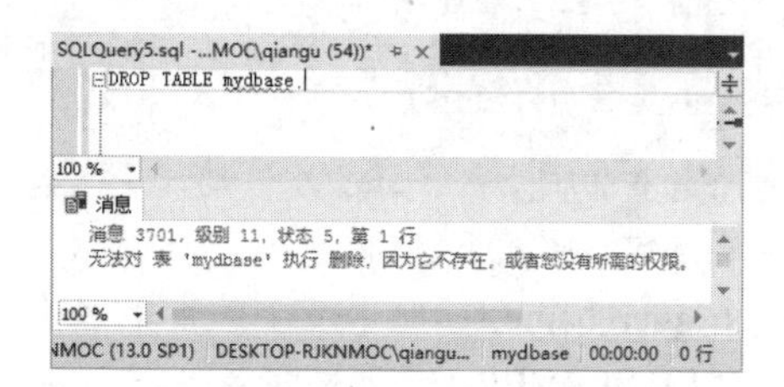

图 15-10　激活数据库级别的 DDL 触发器

【例 15-6】创建服务器作用域的 DDL 触发器，拒绝用户创建或修改数据库操作，输入语句如下：

```
CREATE TRIGGER DenyCreate_AllServer
ON ALL SERVER
FOR CREATE_DATABASE,ALTER_DATABASE
AS
BEGIN
PRINT '用户没有权限创建或修改服务器上的数据库！'
```

```
    ROLLBACK TRANSACTION
    END
    GO
```

单击“执行”按钮，即可完成触发器的创建操作，执行结果如图 15-11 所示。

创建成功之后，依次打开服务器的“服务器对象”下的“触发器”结点，可以看到创建的服务器作用域的触发器 DenyCreate_AllServer，如图 15-12 所示。

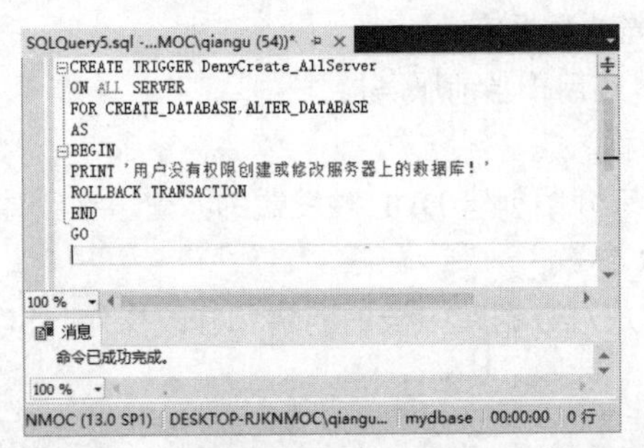

图 15-11　创建服务器作用域的 DDL 触发器

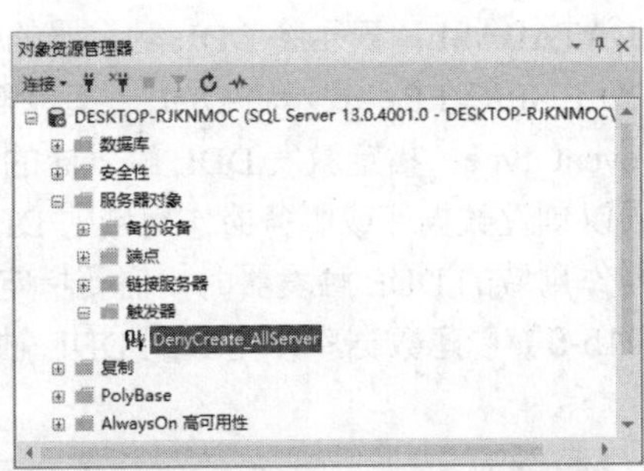

图 15-12　服务器“触发器”结点

上述代码成功创建了整个服务器作为作用域的触发器，当用户创建或修改数据库时触发触发器，禁止用户的操作，并显示提示信息。SQL 语句如下：

```
CREATE DATABASE mydbase;
```

单击“执行”按钮，即可完成测试触发器的执行过程，执行结果如图 15-13 所示，即可看到触发器已经被激活。

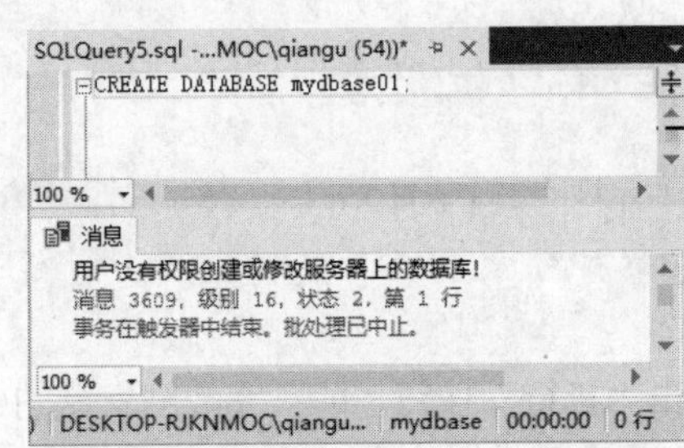

图 15-13　激活服务器域的 DDL 触发器

15.2.3　创建登录触发器

登录触发器是在遇到 LOGON 事件时触发，LOGON 事件是在建立用户会话时引发的。创建登录触发器的语法格式如下：

```
CREATE [ OR ALTER ] TRIGGER trigger_name
ON ALL SERVER
[ WITH <logon_trigger_option> [ ,…n ] ]
{ FOR| AFTER } LOGON
AS { sql_statement  [ ; ] [ ,…n ] | EXTERNAL NAME < method specifier >  [ ; ] }
<logon_trigger_option> ::=
    [ ENCRYPTION ]
    [ EXECUTE AS Clause ]
```

主要参数介绍如下。

- trigger_name：用于指定触发器的名称，其名称在当前数据库中必须是唯一的。
- ALL SERVER：表示将登录触发器的作用域应用于当前服务器。
- FOR|AFTER：AFTER 指定仅在触发 SQL 语句中指定的所有操作成功执行时触发触发器。所有引用级联操作和约束检查在此触发器触发之前也必须成功。当 FOR 是指定的唯一关键字时，AFTER 是默认值。视图无法定义 AFTER 触发器。
- sql_statement：是触发条件和动作。触发条件指定附加条件，以确定尝试的 DML、DDL 或登录事件是否导致执行触发器操作。
- <method_specifier>：对于 CLR 触发器，指定要与触发器绑定的程序集的方法。该方法不得引用任何参数并返回 void。class_name 必须是有效的 SQL Server 标识符，并且必须作为具有程序集可见性的程序集中的类存在。

【例 15-7】创建一个登录触发器，该触发器仅允许白名单主机名连接 SQL Server 服务器，输入语句如下：

```
CREATE TRIGGER MyHostsOnly
ON ALL SERVER
FOR LOGON
AS
BEGIN
    IF
    (
        HOST_NAME() NOT IN ('ProdBox','QaBox','DevBox')
    )
    BEGIN
        RAISERROR('You are not allowed to login from this hostname.', 16, 1);
        ROLLBACK;
    END
END
```

单击“执行”按钮，即可完成登录触发器的创建，执行结果如图 15-14 所示。

设置登录触发器后，当用户再次尝试使用 SSMS 登录时，会出现类似下面的错误，如图 15-15 所示，因为用户要连接的主机名并不在当前的白名单上。

图 15-14 创建登录触发器

图 15-15 警告信息框

15.3 修改触发器

当触发器不满足需求时，可以修改触发器的定义和属性，在 SQL Server 中可以通过两种方式进行修改：先删除原来的触发器，再重新创建与之名称相同的触发器；直接修改现有触发器的定义，修改触发器定义可以使用 ALTER TRIGGER 语句。

15.3.1 修改 DML 触发器

修改 DML 触发器的基本语法格式如下：

```
ALTER  TRIGGER  schema_name.trigger_name
ON { table | view }
[ WITH <dml_trigger_option> [ ,...n ] ]
```

```
{ FOR | AFTER | INSTEAD OF }
{ [ INSERT ] [ , ] [ UPDATE ] [ , ] [ DELETE ] }
 [ NOT FOR REPLICATION ]
AS { sql_statement  [ ; ] [ ,…n ] | EXTERNAL NAME <method specifier [ ; ] > }
<dml_trigger_option> ::=
    [ ENCRYPTION ]
    [ EXECUTE AS Clause ]
<method_specifier> ::=
    assembly_name.class_name.method_name
```

除了关键字由CREATE换成ALTER之外，修改DML触发器的语句和创建DML触发器的语法格式完全相同。各个参数的作用这里不再赘述，读者可以参考创建触发器小节。

【例15-8】修改Insert_Student触发器，将INSERT触发器修改为DELETE触发器，输入语句如下：

```
ALTER TRIGGER Insert_Student
ON students
AFTER DELETE
AS
BEGIN
  IF OBJECT_ID(N'stu_Sum',N'U') IS NULL                --判断stu_Sum表是否存在
     CREATE TABLE stu_Sum(number INT DEFAULT 0);       --创建存储学生人数的stu_Sum表
  DECLARE @stuNumber INT;
  SELECT @stuNumber = COUNT(*) FROM students;
  IF NOT EXISTS (SELECT * FROM stu_Sum)
     INSERT INTO stu_Sum VALUES(0);
  UPDATE stu_Sum SET number = @stuNumber;--把更新后总的学生人数插入到stu_Sum表中
END
```

单击“执行”按钮，即可完成对触发器的修改操作，这里也可以根据需要修改触发器中的操作语句内容，如图15-16所示。

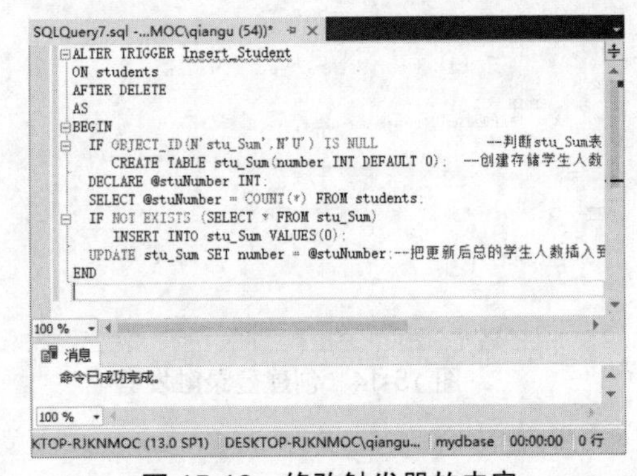

图15-16　修改触发器的内容

15.3.2　修改DDL触发器

修改DDL触发器的语法格式如下：

```
ALTER TRIGGER trigger_name
ON { ALL SERVER | DATABASE }
[ WITH <ddl_trigger_option> [ ,…n ] ]
{ FOR | AFTER } { event_type | event_group } [ ,…n ]
AS { sql_statement  [ ; ] [ ,…n ] | EXTERNAL NAME
< method specifier >  [ ; ] }
<ddl_trigger_option> ::=
    [ ENCRYPTION ]
    [ EXECUTE AS Clause ]
<method_specifier> ::=
    assembly_name.class_name.method_name
```

除了关键字由CREATE换成ALTER之外，修改DDL触发器的语句和创建DDL触发器的语法格式完全相同。

【例15-9】修改服务器作用域的DDL触发器，拒绝用户对数据库进行修改操作，输入语句如下：

```
ALTER TRIGGER DenyCreate_AllServer
ON ALL SERVER
FOR DROP_DATABASE
AS
BEGIN
PRINT '用户没有权限删除服务器上的数据库！'
```

```
    ROLLBACK TRANSACTION
    END
    GO
```

单击“执行”按钮，即可完成 DDL 触发器的修改操作，执行结果如图 15-17 所示。

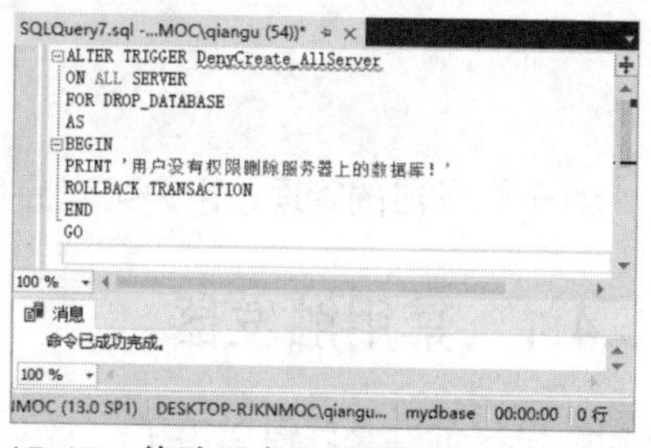

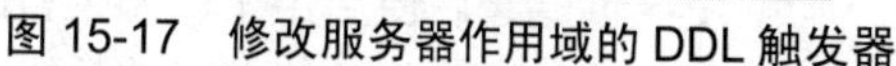
图 15-17 修改服务器作用域的 DDL 触发器

15.3.3 修改登录触发器

修改登录触发器的语法格式如下：

```
ALTER TRIGGER trigger_name
ON ALL SERVER
[ WITH <logon_trigger_option> [ ,...n ] ]
{ FOR| AFTER } LOGON
AS { sql_statement  [ ; ] [ ,...n ] | EXTERNAL NAME < method specifier >  [ ; ] }
<logon_trigger_option> ::=
    [ ENCRYPTION ]
    [ EXECUTE AS Clause ]
```

除了关键字由 CREATE 换成 ALTER 之外，修改登录触发器的语句和创建登录触发器的语法格式完全相同。

【例 15-10】修改登录触发器 MyHostsOnly，添加允许登录 SQL Server 服务器的白名单主机名为“'UserBox'”，输入语句如下：

```
ALTER TRIGGER MyHostsOnly
ON ALL SERVER
FOR LOGON
AS
BEGIN
    IF
    (
        HOST_NAME() NOT IN ('ProdBox','QaBox','DevBox','UserBox')
    )
    BEGIN
        RAISERROR('You are not allowed to login from this hostname.', 16, 1);
        ROLLBACK;
    END
END
```

单击“执行”按钮，即可完成登录触发器的修改操作，执行结果如图 15-18 所示。

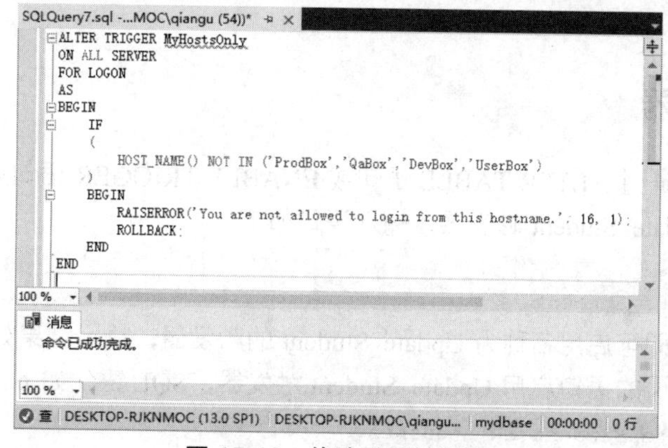

图 15-18 修改登录触发器

15.4 管理触发器

对于触发器的管理，用户可以启用与禁用触发器、修改触发器的名称，还可以查看触发器的相关信息。

15.4.1 禁用触发器

触发器创建之后便启用了，如果暂时不需要使用某个触发器，可以将其禁用。触发器被禁用后并没有删除，它仍然作为对象存储在当前数据库中。但是当用户执行触发操作（INSERT、DELETE、UPDATE）时，触发器不会被调用。禁用触发器可以使用 ALTER TABLE 语句或者 DISABLE TRIGGER 语句。

【例 15-11】禁用 Update_Student 触发器，输入语句如下：

```
ALTER TABLE students
DISABLE TRIGGER Update_Student
```

单击“执行”按钮，禁止使用名称为 Update_Student 的触发器，执行结果如图 15-19 所示。

也可以使用下面的语句禁用 Update_Student 触发器。

```
DISABLE TRIGGER Update_Student ON students
```

输入完毕后，单击“执行”按钮，禁止使用名称为 Update_Student 的触发器，执行结果如图 15-20 所示。

可以看到，这两种方法的思路是相同的，指定要禁用的触发器的名称和触发器所在的表。读者在禁用时选择其中一种即可。

【例 15-12】禁止使用数据库作用域的触发器 DenyDelete_mydbase，输入语句如下：

```
DISABLE TRIGGER DenyDelete_ mydbase ON DATABASE;
```

单击“执行”按钮，即可禁用数据库作用域的 DenyDelete_mydbase 触发器，执行结果如图 15-21 所示。其中，ON 关键字后面指定触发器的作用域。

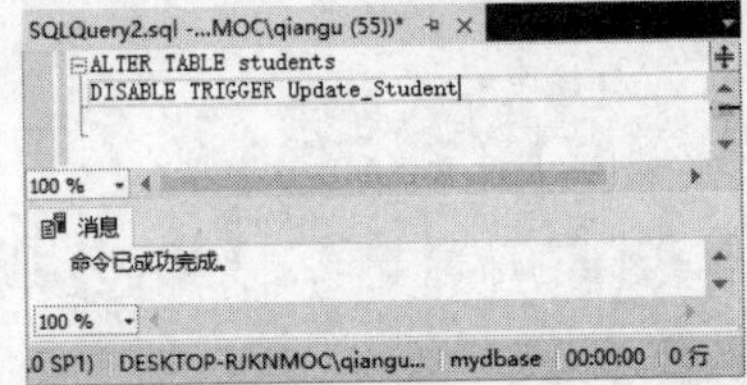

图 15-19 禁用 Update_Student 触发器

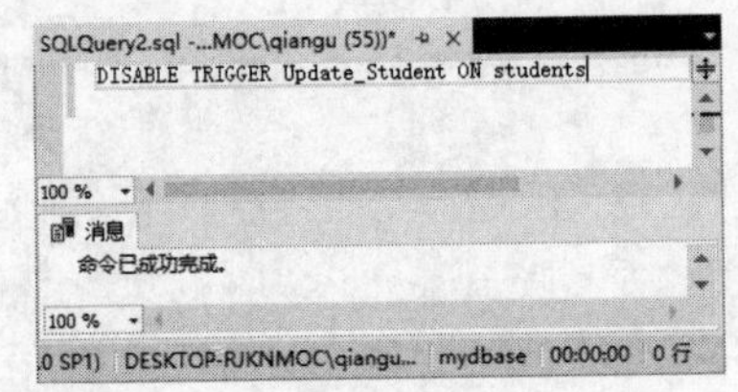

图 15-20 禁用触发器 Update_Student

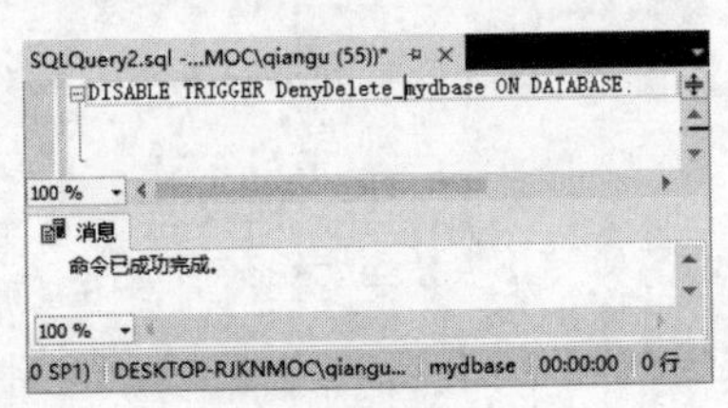

图 15-21 禁用 DenyDelete_mydbase 触发器

15.4.2 启用触发器

被禁用的触发器可以通过 ALTER TABLE 语句或 ENABLE TRIGGER 语句重新启用。

【例 15-13】启用 Update_Student 触发器，输入语句如下：

```
ALTER TABLE students
ENABLE TRIGGER Update_Student
```

单击“执行”按钮，即可启用名称为 Update_Student 的触发器，执行结果如图 15-22 所示。

另外，也可以使用下面的语句启用 Update_Student 触发器，SQL 语句如下：

```
ENABLE TRIGGER Update_Student ON students
```

单击“执行”按钮，即可启用名称为 Update_Student 的触发器，执行结果如图 15-23 所示。

【例 15-14】启用数据库作用域的触发器 DenyDelete_mydbase，输入语句如下：

```
ENABLE TRIGGER DenyDelete_mydbase ON DATABASE;
```

单击“执行”按钮，即可启用名称为 DenyDelete_mydbase 的触发器，执行结果如图 15-24 所示。

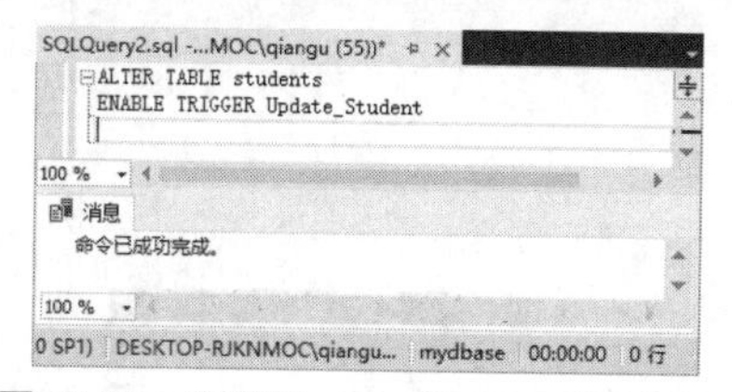

图 15-22 启用 Update_Student 的触发器

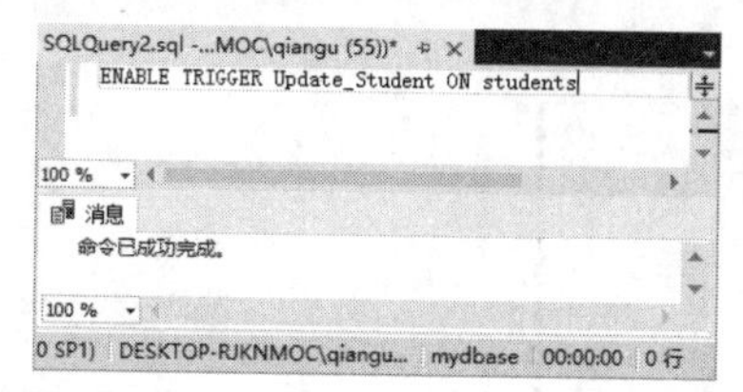

图 15-23 启用触发器 Update_Student

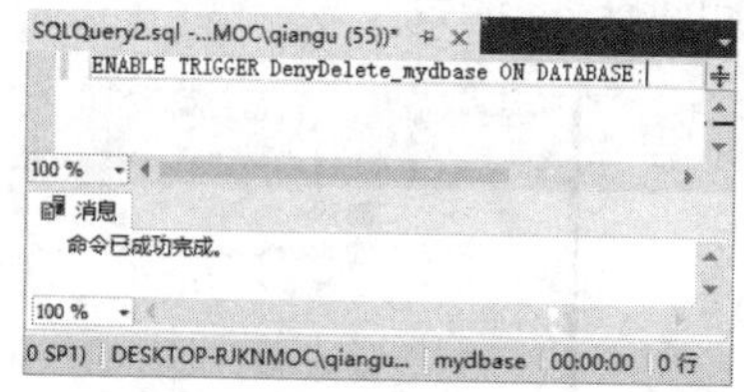

图 15-24 启用 DenyDelete_mydbase 触发器

15.4.3 修改触发器的名称

用户可以使用 sp_rename 系统存储过程来修改触发器的名称。使用 sp_rename 系统存储过程重命名触发器与重命名存储过程相同。

【例 15-15】重命名触发器 Delete_Student 为 Delete_Stu，输入语句如下：

```
sp_rename 'Delete_Student', 'Delete_Stu';
```

单击“执行”按钮，即可完成触发器的重命名操作，执行结果如图 15-25 所示。

注意：使用 sp_rename 系统存储过程重命名触发器，不会更改 sys.sql_modules 类别视图的 definition 列中相应对象名的名称，所以建议用户不要使用该系统存储过程重命名触发器，而是删除该触发器，然后使用新名称重新创建该触发器。

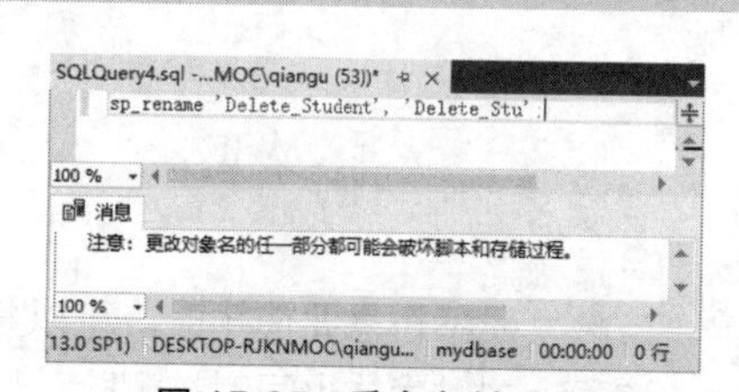

图 15-25 重命名触发器

15.4.4 使用 sp_helptext 查看触发器

因为触发器是一种特殊的存储过程，所以也可以使用查看存储过程的方法来查看触发器的内容，例如使用 so_helptext、sp_help 以及 sp_depends 等系统存储过程来查看触发器的信息。

【例 15-16】使用 sp_helptext 查看 Insert_student 触发器的信息，输入语句如下：

```
sp_helptext Insert_student;
```

单击“执行”按钮，即可完成查看触发器信息的操作，执行结果如图 15-26 所示。

由结果可以看到，使用系统存储过程 sp_helptext 查看的触发器的定义信息，与用户输入的代码是相同的。

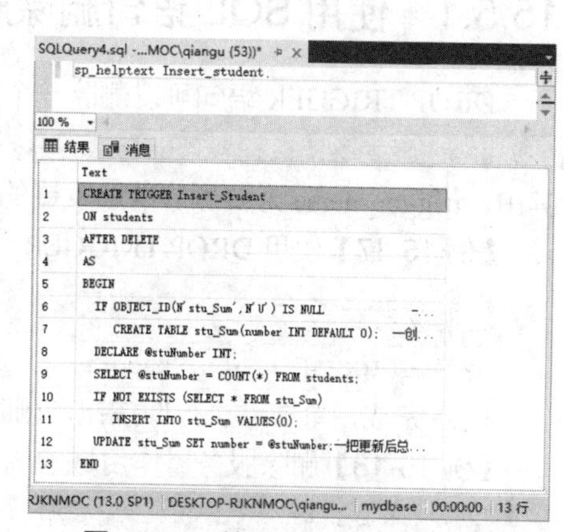

图 15-26 使用 sp_helptext 查看触发器定义信息

15.4.5 在 SSMS 中查看触发器信息

在 SSMS 中可以以界面方式查看触发器信息，具体操作步骤如下。

步骤 1：使用 SSMS 登录到 SQL Server 服务器，在“对象资源管理器”窗口中打开需要查看的触发器所在的数据表结点。在触发器列表中选择要查看的触发器，右击鼠标，在弹出的快捷菜单中选择“修改”菜单命令，或者双击该触发器，如图 15-27 所示。

步骤 2：在查询编辑窗口中将显示创建该触发器的代码内容，同时也可以对触发器的代码进行修改，如图 15-28 所示。

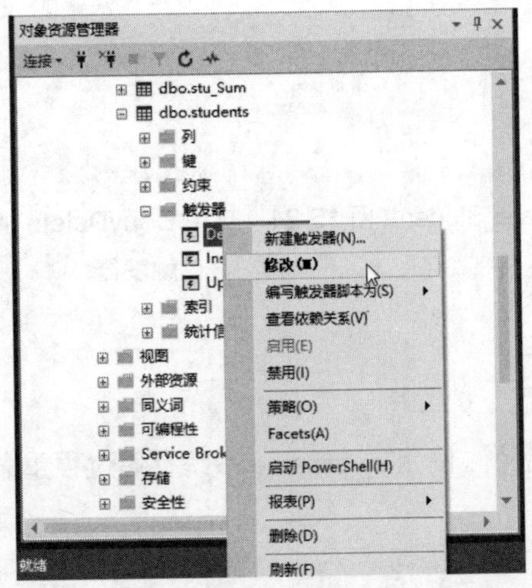

图 15-27 选择“修改”菜单命令

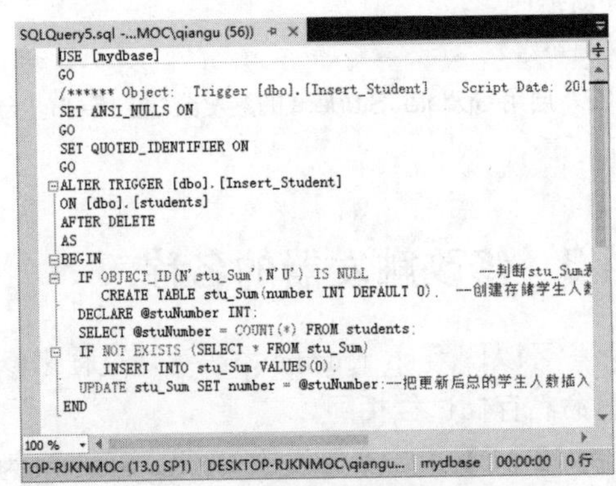

图 15-28 查看触发器内容

15.5 删除触发器

当触发器不再需要使用时，可以将其删除，删除触发器不会影响其操作的数据表，而当某个表被删除时，该表上的触发器也同时被删除。删除触发器有两种方式：一种是在 SSMS 中删除；一种是使用 DROP TRIGGER 语句删除。

15.5.1 使用 SQL 语句删除触发器

DROP TRIGGER 语句可以删除一个或多个触发器，其语法格式如下：

```
DROP TRIGGER trigger_name [ ,…n ]
```

其中，trigger_name 为要删除的触发器的名称。

【例 15-17】使用 DROP TRIGGER 语句删除 Insert_Student 触发器，输入语句如下：

```
USE mydbase;
GO
DROP TRIGGER Insert_Student;
```

输入完成，单击“执行”按钮，删除该触发器，执行结果如图 15-29 所示。

【例 15-18】删除服务器作用域的触发器 DenyCreate_AllServer，输入语句如下：

```
DROP TRIGGER DenyCreate_AllServer ON ALL Server;
```

单击“执行”按钮，即可完成触发器的删除操作，执行结果如图 15-30 所示。

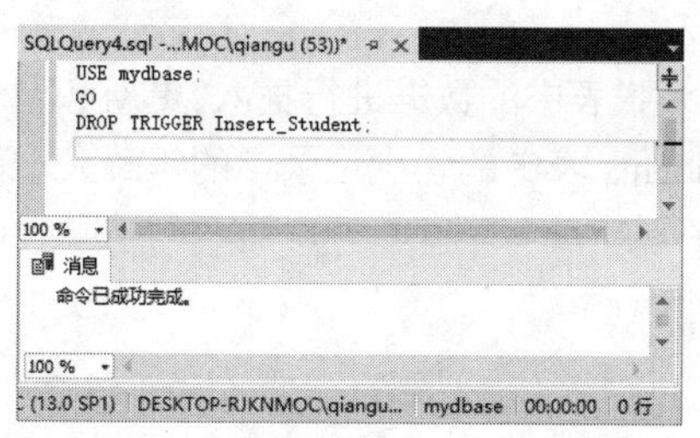

图 15-29 删除触发器 Insert_Student

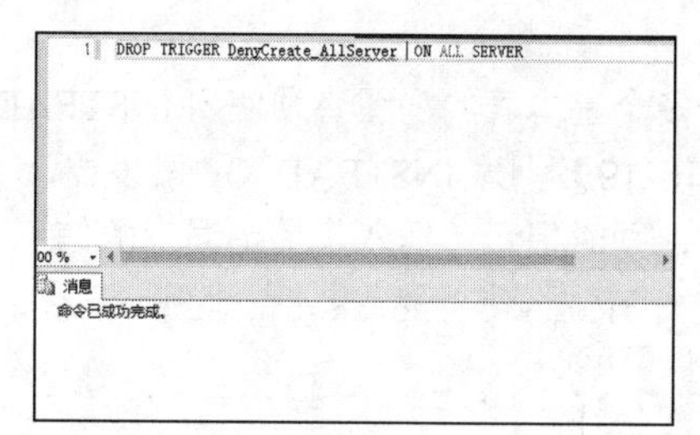

图 15-30 删除触发器 DenyCreate_AllServer

15.5.2 使用 SSMS 手动删除触发器

与前面介绍的删除数据库、数据表以及存储过程类似，在 SSMS 中选择要删除的触发器，选择弹出菜单中的“删除”命令或者按 Delete 键进行删除，如图 15-31 所示，在弹出的“删除对象”窗口中单击“确定”按钮，即可完成触发器的删除操作，如图 15-32 所示。

图 15-31 “删除”菜单命令

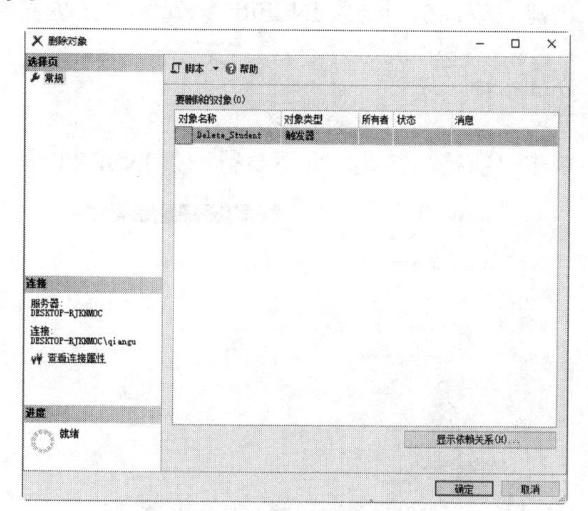

图 15-32 “删除对象”窗口

15.6 认识其他触发器

除前面介绍的常用触发器外，本节再来介绍一些其他类型的触发器，如替代触发器、嵌套触发器与递归触发器等。

15.6.1 替代触发器

替代（INSTEAD OF）触发器与前面介绍的 AFTER 触发器不同，SQL Server 服务器在执行触发 AFTER 触发器的 SQL 代码后，先建立临时的 INSERTED 和 DELETED 表，然后执行 SQL 代码中对数据的操作，最后才激活触发器中的代码。

对于替代（INSTEAD OF）触发器，SQL Server 服务器在执行触发 INSTEAD OF 触发器的代码时，先建立临时的 INSERTED 和 DELETED 表，然后直接触发 INSTEAD OF 触发器，而拒绝执行用户输入的 DML

操作语句。

基于多个基本表的视图必须使用 INSTEAD OF 触发器来对多张表中的数据进行插入、更新和删除操作。

【例 15-19】创建 INSTEAD OF 触发器，当用户插入到 students 表中的学生记录中的年龄大于 30 时，拒绝插入，同时提示“插入年龄错误”的信息，输入语句如下：

```
CREATE TRIGGER InsteadOfInsert_Student
ON students
INSTEAD OF INSERT
AS
BEGIN
DECLARE @stuAge INT;
SELECT @stuAge=(SELECT age FROM inserted)
If @stuAge>30
    SELECT '插入年龄错误' AS 失败原因
END
GO
```

输入完成，单击“执行”按钮，即可完成创建触发器的操作，执行结果如图 15-33 所示。

创建完成，执行一条 INSERT 语句触发该触发器，输入语句如下：

```
INSERT INTO students (id,name,sex,age)
VALUES(1001,'小鸿', '男',40);
SELECT * FROM students;
```

单击“执行”按钮，即可执行一条 INSERT 语句并触发该触发器，执行结果如图 15-34 所示。

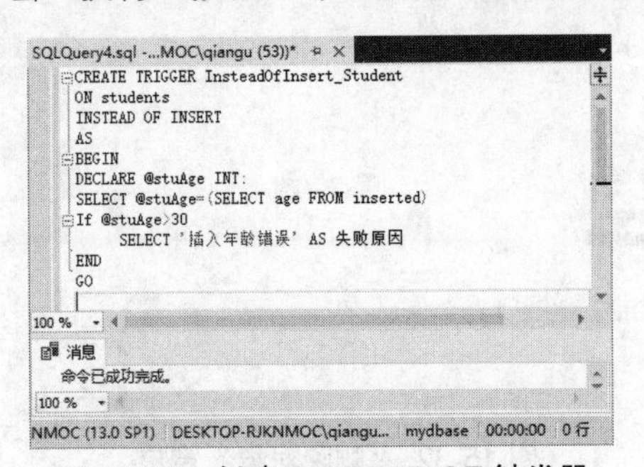

图 15-33　创建 INSTEAD OF 触发器

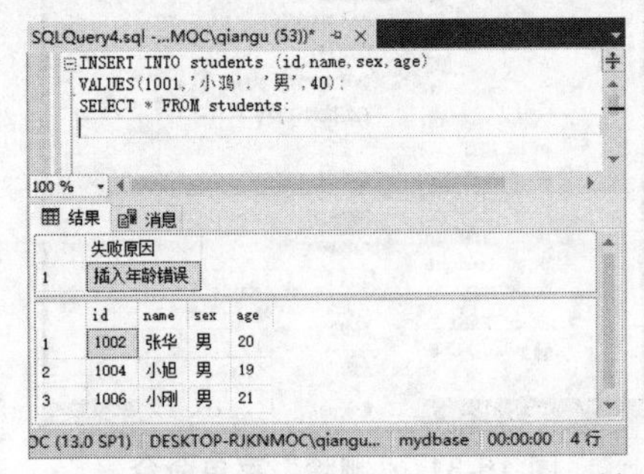

图 15-34　调用 InsteadOfInsert_Student 触发器

由返回结果可以看到，插入的记录的 age 字段值大于 30，将无法插入到基本表，基本表中的记录没有新增记录。

15.6.2　嵌套触发器

如果一个触发器在执行操作时调用了另外一个触发器，而这个触发器又接着调用了下一个触发器，那么就形成了嵌套触发器。嵌套触发器在安装时就被启用，但是可以使用系统存储过程 sp_configure 禁用和重新启用嵌套触发器。

使用如下语句可以禁用嵌套：

```
EXEC sp_configure 'nested triggers',0
```

如要再次启用嵌套可以使用如下语句：

```
EXEC sp_configure 'nested triggers',1
```

如果不想对触发器进行嵌套，还可以通过“允许触发器激发其他触发器”的服务器配置选项来控制。但不管此设置是什么，都可以嵌套 INSTEAD OF 触发器。

设置触发器嵌套选项更改的具体操作步骤如下。

步骤 1：在“对象资源管理器”窗口中，右击服务器名，并在弹出的快捷菜单中选择“属性”菜单命令，如图 15-35 所示。

图 15-35　选择“属性”菜单命令

步骤 2：打开“服务器属性”窗口，选择“高级”选项。设置“高级”选项卡“杂项”里“允许触发器激活其他触发器”为 True 或 False，分别代表激活或不被激活，设置完成后，单击“确定”按钮，如图 15-36 所示。

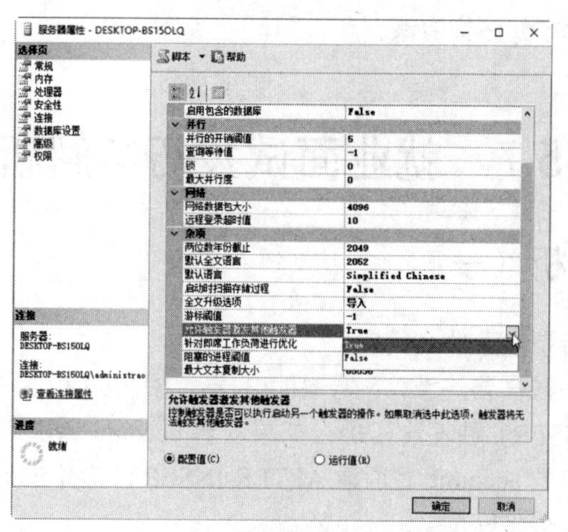

图 15-36　设置触发器嵌套是否激活

15.6.3　递归触发器

触发器的递归是指一个触发器从其内部再一次激活该触发器，例如，UPDATE 操作激活的触发器内部还有一条对数据表的更新语句，那么这个更新语句就有可能再次激活这个触发器本身，当然，这种递归的触发器内部还会有判断语句，只有在一定情况下才会执行那个 T-SQL 语句。否则就成了无限调用的死循环了。

SQL Server 中的递归触发器包括两种：直接递归和间接递归。

- 直接递归：触发器被触发并执行一个操作，而该操作又使同一个触发器再次被触发。
- 间接递归：触发器被触发并执行一个操作，而该操作又使另一张表中的某个触发器被触发，第二个触发器使原始表得到更新，从而再次触发第一个触发器。

默认情况下，递归触发器选项是禁用的，但可以通过管理平台来设置启用递归触发器，操作步骤如下。

步骤 1：选择需要修改的数据库右击。在弹出的快捷菜单中选择“属性”菜单命令，如图 15-37 所示。

步骤 2：打开“数据库属性”窗口，选择“选项”选项，在选项卡的“杂项”选项组中，在“递归触发器已启用”后的下拉列表框中选择 True，单击“确定”按钮，完成修改，如图 15-38 所示。

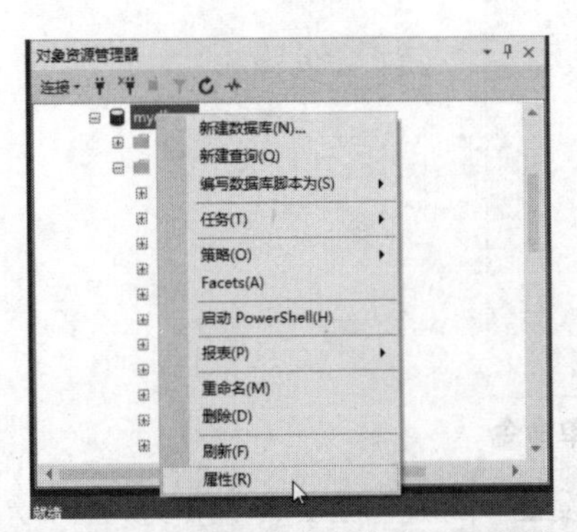

图 15-37　设置触发器嵌套是否激活

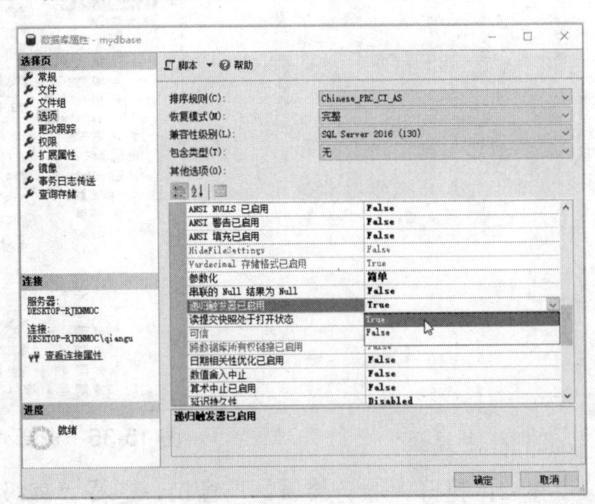

图 15-38　设置递归触发器已启用

提示：递归触发器最多只能递归 16 层，如果递归中的第 16 个触发器激活了第 17 个触发器，则结果与发布 ROLLBACK 命令一样，所有数据将回滚。

15.7　就业面试技巧与解析

15.7.1　面试技巧与解析（一）

面试官：创建触发器时需特别注意什么问题？

应聘者：在使用触发器的时候需要注意，对于相同的表，相同的事件只能创建一个触发器，比如对表 account 创建了一个 BEFORE INSERT 触发器，那么如果对表 account 再次创建一个 BEFORE INSERT 触发器，将会报错。此时，只可以在表 account 上创建 AFTER INSERT 或者 BEFORE UPDATE 类型的触发器。灵活地运用触发器将为操作省去很多麻烦。

15.7.2　面试技巧与解析（二）

面试官：为什么要及时删除不用的触发器？

应聘者：定义触发器之后，每次执行触发事件，都会激活触发器并执行触发器中的语句。如果需求发生变化，而触发器没有进行相应的改变或者删除，则触发器仍然会执行旧的语句，从而会影响新的数据的完整性。因此，要将不再使用的触发器及时删除。

第16章

事务与锁的应用

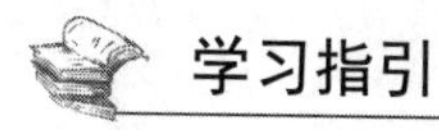

学习指引

SQL Server 中提供了多种数据完整性的保证机制，如触发器、事务和锁等，本章就来介绍 SQL Server 的事务管理与锁机制，主要内容包括事务的类型和应用、锁的作用与类型、锁的应用等。

重点导读

- 了解什么是事务与事务属性。
- 掌握管理事务的常用语句。
- 掌握设置保存点的方法。
- 了解什么是锁与锁的分类。
- 掌握等待锁和死锁的发生过程。

16.1 事务管理

事务是 SQL Server 中的基本工作单元，它是用户定义的一个数据库操作序列，事务管理的主要功能是为了保证一批相关数据库中数据的操作能全部被完成，从而保证数据的完整性。

16.1.1 事务的概念

事务用于保证数据的一致性，它由一组相关的 DML（数据操作语言）语句组成，该组 DML 语句要么全部成功，要么全部失败。

在 SQL Server 中，事务要有非常明确的开始和结束点，SQL Server 中的每一条数据操作语句，例如 SELECT、INSERT、UPDATE 和 DELETE 都是隐式事务的一部分。即使只有一条语句，系统也会把这条语句当作一个事务，要么执行所有语句，要么什么都不执行。

事务开始之后，事务中所有的操作都会写到事务日志中，写到日志中的事务一般有两种：一种是针对数据的操作，例如插入、修改和删除，这些操作的对象是大量的数据；另一种是针对任务的操作，例如创建索引。

当取消这些事务操作时，系统自动执行这种操作的反操作，保证系统的一致性。系统自动生成一个检查点机制，这个检查点周期地检查事务日志。如果在事务日志中，事务全部完成，那么检查点事务日志中的事务提交到数据库中，并且在事务日志中做一个检查点提交标识；如果在事务日志中，事务没有完成，那么检查点不会将事务日志中的事务提交到数据库中，并且在事务日志中做一个检查点未提交的标识。事务的恢复及检查点保证了系统的完整和可恢复。

例如，网上转账就是一个用事务来处理的典型案例，它主要分为三步：第一步在源账号中减少转账金额，例如减少 10 万；第二步在目标账号中增加转账金额，增加 10 万；第三步在事务日志中记录该事务，这样可以保证数据的一致性。

在上面的三步操作中，如果有一步失败，整个事务都会回滚，所有的操作都将撤销，目标账号和源账号上的金额都不会发生变化。

16.1.2 事务的类型

SQL Server 中事务主要可以分为自动提交事务、隐式事务、显式事务和分布式事务 4 种类型，介绍如下。

（1）自动提交事务：每条单独语句都是一个事务。

（2）隐式事务：前一个事务完成时新事务隐式启动，每个事务仍以 COMMIT 或 ROLLBACK 语句显式结束。

（3）显式事务：每个事务均以 BEGIN TRNSACTION 语句显式开始，以 COMMIT 或 ROLLBACK 语句显式结束。

（4）分布式事务：跨越多个服务器的事务。

16.1.3 事务的属性

事务是作为单个逻辑工作单元执行的一系列操作。一个逻辑工作单元必须有 4 个属性，称为原子性（Atomic）、一致性（Consistent）、隔离性（Isolated）和持久性（Durable），简称 ACID 属性，只有这样才能构成一个事务。

（1）原子性：事务必须是原子工作单元；对于其数据修改，要么全都执行，要么全都不执行。

（2）一致性：事务在完成时，必须使所有的数据都保持一致状态。在相关数据库中，所有规则都必须应用于事务的修改，以保持所有数据的完整性。事务结束时，所有的内部数据结构都必须是正确的。

（3）隔离性：由并发事务所做的修改必须与任何其他并发事务所做的修改隔离。事务识别数据时数据所处的状态，要么是另一并发事务修改它之前的状态，要么是第二个事务修改它之后的状态，事务不会识别中间状态的数据，这称为可串行性。因为它能够重新装载起始数据，并且重播一系列事务，以使数据结束时的状态与原始事务执行的状态相同。

（4）持久性：事务完成之后，它对于系统的影响是永久性的。该修改即使出现系统故障也将一直保持。

16.1.4 建立事务应遵循的原则

在建立事务时，应该遵循以下的原则，具体介绍如下。

（1）事务中不能包含以下语句：ALTER DATABASE、DROP DATABASE、ALTER FULLTEXT CATALOG、DROP FULLTEXT CATALOG、ALTER FULLTEXT INDEX、DROP FULLTEXT INDEX、

BACKUP、RECONFIGURE、CREATE DATABASE、RESTORE、CREATE FULLTEXT CATALOG、UPDATE STATISTICS、CREATE FULLTEXT INDEX。

（2）当调用远程服务器上的存储过程时，不能使用 ROLLBACK TRANSACTION 语句，不可执行回滚操作。

（3）SQL Server 不允许在事务内使用存储过程建立临时表。

16.1.5　事务管理的常用语句

SQL Server 中常用的事务管理语句包含如下几条。

- BEGIN TRANSACTION：建立一个事务。
- COMMIT TRANSACTION：提交事务。
- ROLLBACK TRANSACTION：事务失败时执行回滚操作。
- SAVE TRANSACTION：保存事务。

注意：BEGIN TRANSACTION 和 COMMIT TRANSACTION 同时使用，用来标识事务的开始和结束。

16.1.6　事务的隔离级别

事务具有隔离性，不同事务中所使用的时间必须要和其他事务进行隔离，在同一时间可以有很多个事务正在处理数据，但是每个数据在同一时刻只能有一个事务进行操作。如果将数据锁定，使用数据的事务就必须要排队等待，可以防止多个事务互相影响。但是如果有几个事务因为锁定了自己的数据，同时又在等待其他事务释放数据，则会造成死锁。

为了提高数据的并发使用效率，可以为事务在读取数据时设置隔离状态，SQL Server 2016 中事务的隔离状态由低到高可以分为 5 个级别。

（1）READ UNCOMMITTED 级别：该级别不隔离数据，即使事务正在使用数据，其他事务也能同时修改或删除该数据。在 READ UNCOMMITTED 级别运行的事务，不会发出共享锁来防止其他事务修改当前事务读取的数据。

（2）READ COMMITTED 级别：指定语句不能读取已由其他事务修改但尚未提交的数据。这样可以避免脏读。其他事务可以在当前事务的各个语句之间更改数据，从而产生不可重复读取和幻象数据。在 READ COMMITTED 事务中读取的数据随时都可能被修改，但已经修改过的数据事务会一直被锁定，直到事务结束为止。该选项是 SQL Server 的默认设置。

（3）REPEATABLE READ 级别：指定语句不能读取已由其他事务修改但尚未提交的行，并且指定，其他任何事务都不能在当前事务完成之前修改由当前事务读取的数据。该事务中的每个语句所读取的全部数据都设置了共享锁，并且该共享锁一直保持到事务完成为止。这样可以防止其他事务修改当前事务读取的任何行。

（4）SNAPSHOT 级别：指定事务中任何语句读取的数据都将是在事务开始时便存在的数据事务上一致的版本。事务只能识别在其开始之前提交的数据修改。在当前事务中执行的语句将看不到在当前事务开始以后由其他事务所做的数据修改。其效果就好像事务中的语句获得了已提交数据的快照，因为该数据在事务开始时就存在。

除非正在恢复数据库，否则 SNAPSHOT 事务不会在读取数据时请求锁。读取数据的 SNAPSHOT 事务不会阻止其他事务写入数据。写入数据的事务也不会阻止 SNAPSHOT 事务读取数据。

（5）SERIALIZABLE 级别：将事务所要用到的时间全部锁定，不允许其他事务添加、修改和删除数据，使用该等级的事务并发性最低，要读取同一数据的事务必须排队等待。

可以使用 SET 语句更改事务的隔离级别，其语法格式如下：

```
SET TRANSACTION ISOLATION LEVEL
{
    READ UNCOMMITTED
    | READ COMMITTED
    | REPEATABLE READ
    | SNAPSHOT
    | SERIALIZABLE
}[ ; ]
```

16.1.7 事务的应用案例

限定 students 表中最多只能插入 6 条学生记录，如果表中插入人数大于 6 人，则插入失败，操作过程如下。

首先，为了对比执行前后的结果，先查看 students 表中当前的记录，查询语句如下：

```
USE mydbase
GO
SELECT * FROM students;
```

单击“执行”按钮，即可完成数据表的查询操作，查询结果如图 16-1 所示。

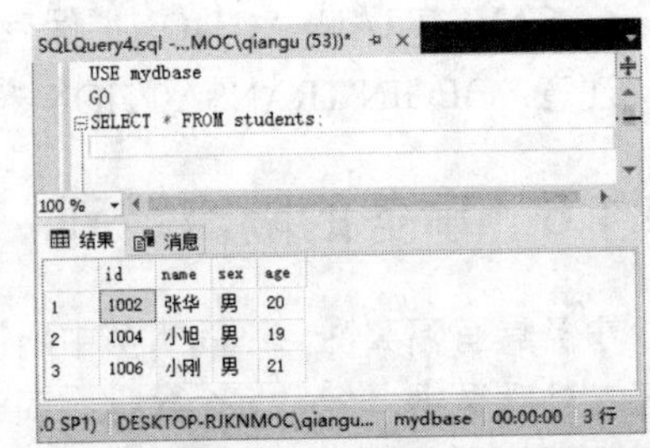

图 16-1　执行事务之前 stu_info 表中记录

可以看到当前表中有三条记录，接下来输入下面的语句，从而插入数据记录。

```
USE mydbase;
GO
BEGIN TRANSACTION
INSERT INTO students VALUES(1007,'路飞','男',19);
INSERT INTO students VALUES(1008,'张露','女',18);
INSERT INTO students VALUES(1009,'魏波','男',19);
INSERT INTO students VALUES(1010,'李婷','女',18);
DECLARE @studentCount INT
SELECT @studentCount=(SELECT COUNT(*) FROM students)
IF @studentCount>6
   BEGIN
      ROLLBACK TRANSACTION
      PRINT '插入人数太多，插入失败！'
   END
ELSE
   BEGIN
      COMMIT TRANSACTION
      PRINT '插入成功！'
   END
```

该段代码中使用 BEGIN TRANSACTION 定义事务的开始，向 students 表中插入 4 条记录，插入完成之后，判断 students 表中总的记录数，如果学生人数大于 6，则插入失败，并使用 ROLLBACK TRANSACTION 撤销所有的操作；如果学生人数小于等于 6，则提交事务，将所有新的学生记录插入到 students 表中。

输入完成后单击“执行”按钮，运行结果如图 16-2 所示。

可以看到因为 students 表中原来已经有 3 条记录，插入 4 条记录之后，总的学生人数为 7 人，大于这里定义的人数上限 6，所以插入操作失败，事务回滚了所有的操作。

执行完事务之后，再次查询 students 表中内容，验证事务执行结果，运行结果如图 16-3 所示。

```
USE mydbase;
GO
BEGIN TRANSACTION
INSERT INTO students VALUES(1007,'路飞','男',19);
INSERT INTO students VALUES(1008,'张露','女',18);
INSERT INTO students VALUES(1009,'魏波','男',19);
INSERT INTO students VALUES(1010,'李婷','女',18);
DECLARE @studentCount INT
SELECT @studentCount=(SELECT COUNT(*) FROM students)
IF @studentCount>6
    BEGIN
        ROLLBACK TRANSACTION
        PRINT '插入人数太多，插入失败！'
    END
ELSE
    BEGIN
```

```
(1 行受影响)

(1 行受影响)

(1 行受影响)
插入人数太多，插入失败！
```

图 16-2　使用事务

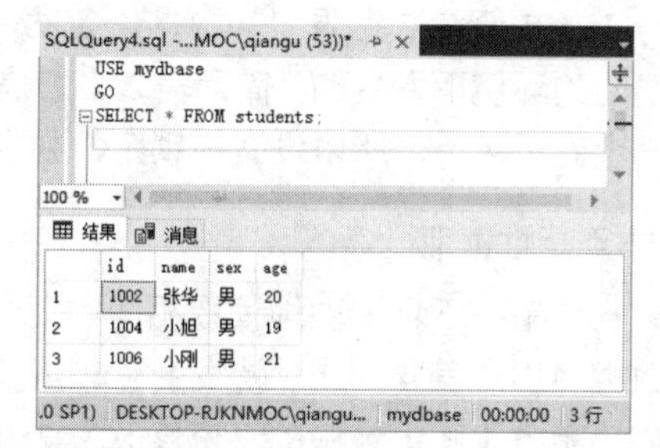

图 16-3　执行事务之后 students 表中记录

可以看到执行事务前后表中内容没有变化，这是因为事务撤销了对表的插入操作，可以修改插入的记录数小于 4 条，这样就能成功地插入数据。读者可以亲自操作一下，深刻体会事务的运行过程。

16.2　锁的应用

数据库是一个多用户使用的共享资源，当多个用户并发地存取数据时，在数据库中就会产生多个事务同时存取同一数据的情况，若对并发操作不加控制就可能会读取和存储不正确的数据，破坏数据库的一致性，为解决这一问题，SQL Server 数据库提出了锁机制。

16.2.1　锁的概念

SQL Server 的锁机制主要是执行对多个活动事务的并发控制，它可以控制多个用户对同一数据进行的操作。使用锁机制，可以解决数据库的并发问题，从而保证数据库的完整性和一致性。

从事务的分离性可以看出，当前事务不能影响其他的事务，所以当多个会话访问相同的资源时，数据库会利用锁确保它们像队列一样依次进行。SQL Server 处理数据时用到锁是自动获取的，但是 SQL Server 也允许用户手动锁定数据。对于一般的用户，通过系统的自动锁管理机制基本可以满足使用要求，但如果对数据安全、数据库完整性和一致性有特殊要求，则需要亲自控制数据库的锁和解锁，这就需要了解 SQL Server 的锁机制，掌握锁的使用方法。

如果不使用锁机制，对数据的并发操作会带来下面一些问题：脏读、幻读、非重复性读取、丢失更新。

1. 脏读

当一个事务读取的记录是另一个事务的一部分时，如果第一个事务正常完成，就没有什么问题，如果此时另一个事务未完成，就产生了脏读。例如，员工表中编号为 1001 的员工工资为 1740，如果事务 1 将工资修改为 1900，但还没有提交确认；此时事务 2 读取员工的工资为 1900；事务 1 中的操作因为某种原因执行了 ROLLBACK 回滚，取消了对员工工资的修改，但事务 2 已经把编号为 1001 的员工的数据读走了。此时就发生了脏读。如果此时用了行级锁，第一个事务修改记录时封锁改行，那么第二个事务只能等待，这样就避免了脏数据的产生，从而保证了数据的完整性。

2. 幻读

当某一数据行执行 INSERT 或 DELETE 操作，而该数据行恰好属于某个事务正在读取的范围时，就会发生幻读现象。例如，现在要对员工涨工资，将所有工资低于 1700 的工资都涨到新的 1900，事务 1 使用 UPDATE 语句进行更新操作，事务 2 同时读取这一批数据，但是在其中插入了几条工资小于 1900 的记录，此时事务 1 如果查看数据表中的数据，会发现自己 UPDATE 之后还有工资小于 1900 的记录！幻读事件是在某个凑巧的环境下发生的，简而言之，它是在运行 UPDATE 语句的同时有人执行了 INSERT 操作。因为插入了一个新记录行，所以没有被锁定，并且能正常运行。

3. 非重复性读取

如果一个事务不止一次地读取相同的记录，但在两次读取中间有另一个事务刚好修改了数据，则两次读取的数据将出现差异，此时就发生了非重复性读取。例如，事务 1 和事务 2 都读取一条工资为 2310 的数据行，如果事务 1 将记录中的工资修改为 2500 并提交，而事务 2 使用的员工的工资仍为 2310。

4. 丢失更新

一个事务更新了数据库之后，另一个事务再次对数据库更新，此时系统只能保留最后一个数据的修改。

例如，对一个员工表进行修改，事务 1 将员工表中编号为 1001 的员工工资修改为 1900，而之后事务 2 又把该员工的工资更改为 3000，那么最后员工的工资为 3000，导致事务 1 的修改丢失。

使用锁将可以实现并发控制，能够保证多个用户同时操作同一数据库中的数据而不发生上述数据不一致的现象。

16.2.2 锁的模式

SQL Server 中提供了多种锁模式，在这些类型的锁中，有些类型的锁之间可以兼容，有些类型的锁之间是不可以兼容的。锁模式决定了并发事务访问资源的方式，即确定锁的用途。

（1）更新锁：一般用于可更新的资源，可以防止多个会话在读取、锁定，以及可能进行的资源更新时出现死锁的情况，当一个事务查询数据以便进行修改时，可以对数据项施加更新锁，如果事务修改资源，则更新锁会转换成排他锁，否则会转换成共享锁。一次只有一个事务可以获得资源上的更新锁，它允许其他事务对资源的共享访问，但阻止排他式的访问。

（2）排他锁：用于数据修改操作，例如 INSERT、UPDATE 或 DELETE。确保不会同时对同一资源进行多重更新。

（3）共享锁：用于读取数据操作，允许多个事务读取相同的数据，但不允许其他事务修改当前数据，如 SELECT 语句。当多个事务读取一个资源时，资源上存在共享锁，任何其他事务都不能修改数据，除非将事务隔离级别设置为可重复读或者更高的级别，或者在事务生存周期内用锁定提示对共享锁进行保留，那么一旦数据完成读取，资源上的共享锁立即得以释放。

（4）架构锁：执行表的数据定义操作时使用架构修改锁，在架构修改锁起作用的期间，会防止对表的并发访问，这意味着在释放架构修改锁之前，该锁之外的所有操作都将被阻止。

16.2.3 锁的类型

锁有共享锁、排他锁、共享排他锁等多种类型，而且每种类型又有“行级锁”（一次锁住一条记录），“页级锁”（一次锁住一页，即数据库中存储记录的最小可分配单元），“表级锁”（锁住整个表）。

（1）共享锁（S 锁）：可通过 lock table in share mode 命令添加该 S 锁。在该锁定模式下，不允许任何用户更新表。但是允许其他用户发出 select…from for update 命令对表添加 RS 锁。

（2）排他锁（X 锁）：可通过 lock table in exclusive mode 命令添加 X 锁。在该锁定模式下，其他用户不能对表进行任何的 DML 和 DDL 操作，该表上只能进行查询。

（3）行级共享锁（RS 锁）：通常是通过 select…from for update 语句添加的，同时该方法也是我们用来手工锁定某些记录的主要方法。例如，在查询某些记录的过程中，不希望其他用户对查询的记录进行更新操作，则可以使用这样的语句。当数据使用完毕以后，直接发出 rollback 命令将锁定解除。当表上添加了 RS 锁定以后，不允许其他事务对相同的表添加排他锁，但是允许其他的事务通过 DML 语句或 lock 命令锁定相同表里的其他数据行。

（4）行级排他锁（RX 锁）：当进行 DML 操作时会自动在被更新的表上添加 RX 锁，或者也可以通过执行 lock 命令显式地在表上添加 RX 锁。在该锁定模式下，允许其他的事务通过 DML 语句修改相同表里的其他数据行，或通过 lock 命令对相同表添加 RX 锁定，但是不允许其他事务对相同的表添加排他锁（X 锁）。

（5）共享行级排他锁（SRX 锁）：通过 lock table in share row exclusive mode 命令添加 SRX 锁。该锁定模式比行级排他锁和共享锁的级别都要高，这时不能对相同的表进行 DML 操作，也不能添加共享锁。

上述几种锁类型中，RS 锁是限制最少的锁，X 锁是限制最多的锁。另外，行级锁属于排他锁，也被称为事务锁。当修改表的记录时，需要对将要修改的记录添加行级锁，防止两个事务同时修改相同的记录，事务结束后，该锁也会释放。表级锁的主要作用是防止在修改表的数据时，表的结构发生变化。

16.2.4　锁等待和死锁

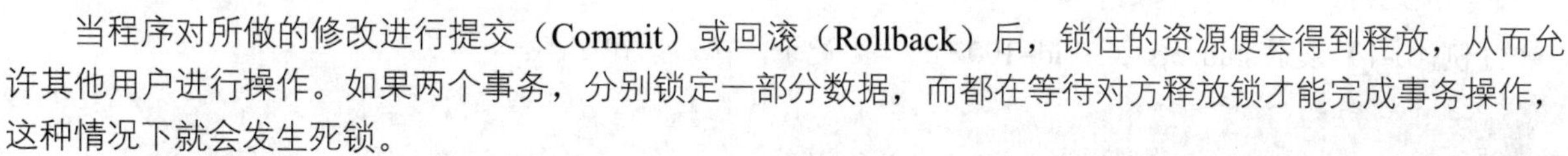

当程序对所做的修改进行提交（Commit）或回滚（Rollback）后，锁住的资源便会得到释放，从而允许其他用户进行操作。如果两个事务，分别锁定一部分数据，而都在等待对方释放锁才能完成事务操作，这种情况下就会发生死锁。

1. 死锁的原因

在多用户环境下，死锁的发生是由于两个事务都锁定了不同的资源的同时又都在申请对方锁定的资源，即一组进程中的各个进程均占有不会释放的资源，但因互相申请其他进程占用的不会释放的资源而处于一种永久等待的状态。形成死锁有 4 个必要条件：

（1）请求与保持条件——获取资源的进程可以同时申请新的资源。

（2）非剥夺条件——已经分配的资源不能从该进程中剥夺。

（3）循环等待条件——多个进程构成环路，并且其中每个进程都在等待相邻进程正占用的资源。

（4）互斥条件——资源只能被一个进程使用。

2. 可能会造成死锁的资源

每个用户会话可能有一个或多个代表它运行的任务，其中每个任务可能获取或等待获取各种资源。以下类型的资源可能会造成阻塞，并最终导致死锁。

（1）锁资源。等待获取资源（如对象、页、行、元数据和应用程序）的锁可能导致死锁。例如，事务 T1 在行 r1 上有共享锁（S 锁）并等待获取行 r2 的排他锁（X 锁）。事务 T2 在行 r2 上有共享锁（S 锁）并等待获取行 r1 的排他锁（X 锁）。这将导致一个锁循环，其中，T1 和 T2 都等待对方释放已锁定的资源。

（2）工作线程。排队等待可用工作线程的任务可能导致死锁。如果排队等待的任务拥有阻塞所有工作线程的资源，则将导致死锁。例如，会话 S1 启动事务并获取行 r1 的共享锁（S 锁）后，进入睡眠状态。在所有可用工作线程上运行的活动会话正尝试获取行 r1 的排他锁（X 锁）。因为会话 S1 无法获取工作线程，所以无法提交事务并释放行 r1 的锁。这将导致死锁。

（3）内存资源。当并发请求等待获得内存，而当前的可用内存无法满足其需要时，可能发生死锁。例如，两个并发查询（Q1 和 Q2）作为用户定义函数执行，分别获取 10MB 和 20MB 的内存。如果每个查询需要 30MB 而可用总内存为 20MB，则 Q1 和 Q2 必须等待对方释放内存，这将导致死锁。

（4）并行查询执行的相关资源。通常与交换端口关联的处理协调器、发生器或使用者线程至少包含一个不属于并行查询的进程时，可能会相互阻塞，从而导致死锁。此外，当并行查询启动执行时，SQL Server 将根据当前的工作负荷确定并行度或工作线程数。如果系统工作负荷发生意外更改，例如，当新查询开始在服务器中运行或系统用完工作线程时，则可能发生死锁。

3. 减少死锁的策略

复杂的系统中不可能百分之百地避免死锁，从实际出发为了减少死锁，可以采用以下策略：

（1）在所有事务中以相同的次序使用资源。

（2）使事务尽可能简短并且在一个批处理中。

（3）为死锁超时参数设置一个合理范围，如 3～30 分钟；如果超时，则自动放弃本次操作，避免进程挂起。

（4）避免在事务内和用户进行交互，减少资源的锁定时间。

16.2.5 锁的应用案例

锁的应用情况比较多，本节将对锁可能出现的几种情况进行具体的分析，使读者更加深刻地理解锁的使用。

1. 锁定行

【例 16-1】锁定 students 表中 id=1002 的学生记录，输入语句如下：

```
USE mydbase;
GO
SET TRANSACTION ISOLATION LEVEL READ UNCOMMITTED
SELECT * FROM students ROWLOCK WHERE id=1002;
```

输入完成后单击“执行”按钮，即可给表中某行添加锁，执行结果如图 16-4 所示。

2. 锁定数据表

【例 16-2】锁定 students 表中记录，输入语句如下：

```
USE mydbase;
GO
SELECT sex FROM students TABLELOCKX  WHERE sex='男';
```

输入完成后单击“执行”按钮，即可完成对数据表添加锁的操作，结果如图 16-5 所示。不过，对表加锁后，其他用户将不能对该表进行访问。

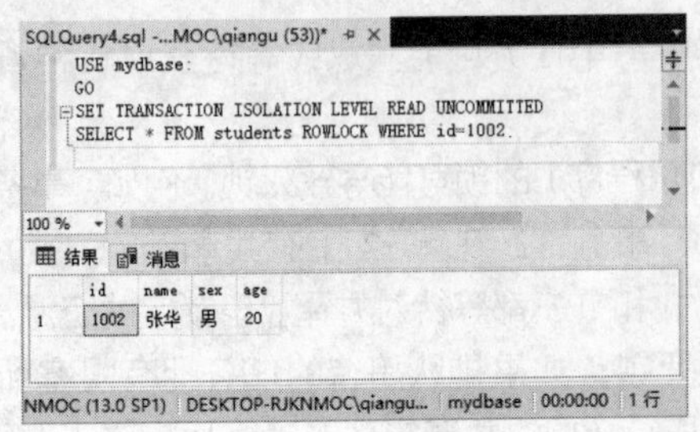

图 16-4 行锁

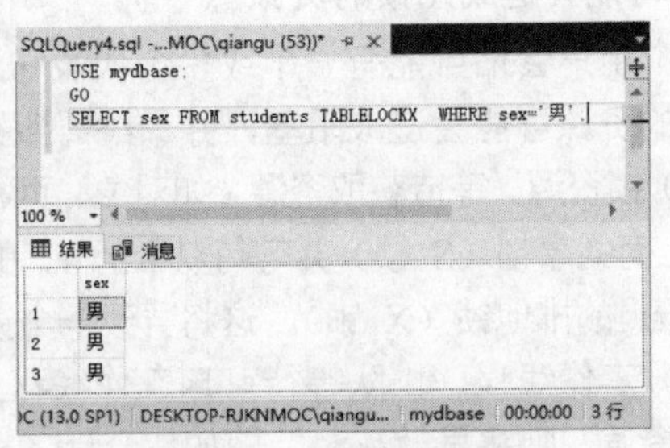

图 16-5 对数据表加锁

3. 排他锁

【例 16-3】创建名称为 transaction1 和 transaction2 的事务，在 transaction1 事务上面添加排他锁，事务 1 执行 10s 之后才能执行 transaction2 事务，输入语句如下。

```
USE mydbase;
GO
BEGIN TRAN transaction1
UPDATE students SET age=20 WHERE name='张华' ;
WAITFOR DELAY '00:00:10';
COMMIT TRAN

BEGIN TRAN transaction2
SELECT * FROM students WHERE name='张华';
COMMIT TRAN
```

输入完成后单击“执行”按钮，执行结果如图 16-6 所示。transaction2 事务中的 SELECT 语句必须等待 transaction1 执行完毕 10s 之后才能执行。

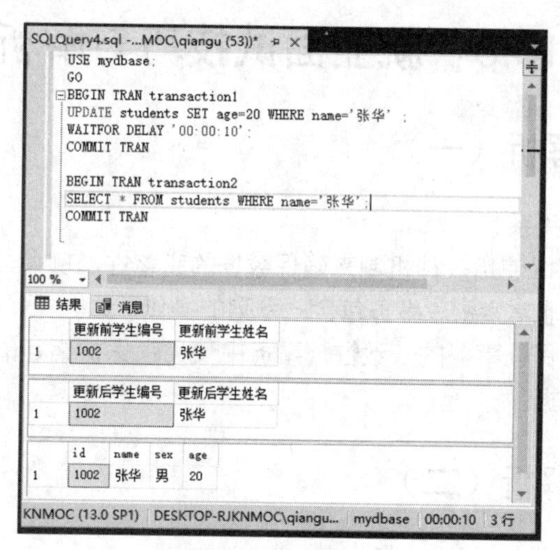

图 16-6　排他锁

4. 共享锁

【例 16-4】创建名称为 transaction1 和 transaction2 的事务，在 transaction1 事务上面添加共享锁，允许两个事务同时执行查询操作，如果第二个事务要执行更新操作，必须等待 10s，输入语句如下：

```
USE mydbase;
GO
BEGIN TRAN transaction1
SELECT sex,age FROM students WITH(HOLDLOCK) WHERE name='张华';
WAITFOR DELAY '00:00:10';
COMMIT TRAN

BEGIN TRAN transaction2
SELECT * FROM students WHERE name='张华';
COMMIT TRAN
```

输入完成后单击“执行”按钮，执行结果如图 16-7 所示。

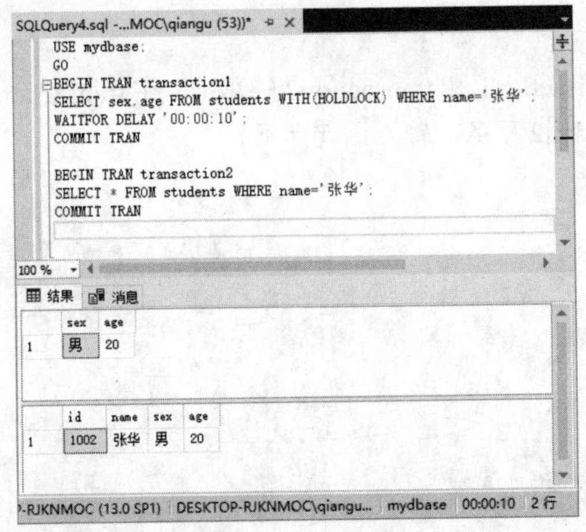

图 16-7　共享锁

16.3　就业面试技巧与解析

16.3.1　面试技巧与解析（一）

面试官：事务和锁有什么关系？

应聘者：SQL Server 中可以使用多种机制来确保数据的完整性，例如，约束、触发器以及本章介绍的事务和锁等。事务和锁的关系非常紧密。事务包含一系列的操作，这些操作要么全部成功，要么全部失败，通过事务机制管理多个事务，保证事务的一致性，事务中使用锁保护指定的资源，防止其他用户修改另外一个还没有完成的事务中的数据。

16.3.2　面试技巧与解析（二）

面试官：事务和锁在应用上有什么区别？

应聘者：事务将一段语句作为一个单元来处理，这些操作要么全部成功，要么全部失败。事务包含 4 个特性：原子性、一致性、隔离性和持久性。事务的方式分为显式事务和隐式事务。以“COMMIT”或“ROLLBACK”语句结束。锁是另一个和事务紧密联系的概念，对于多用户系统，使用锁来保护指定的资源。在事务中使用锁，可防止其他用户修改另外一个事务中还没有完成的事务中的数据。SQL Server 中有多种类型的锁，允许事务锁定不同的资源。

第 4 篇

高级应用篇

在本篇中，将综合前面所学的各种基础知识以及高级应用技巧来实际开发应用程序。通过本篇的学习，读者将学习 SQL Server 数据库安全管理、SQL Server 数据的备份与还原等。学好本篇内容可以进一步提高运用 SQL Server 数据库进行编程和维护数据安全的能力。

第 17 章

数据库安全管理

学习指引

确保数据库中数据的安全性是每一个从事数据库管理工作人员的理想。但是，无论什么样的数据库设计都不能是绝对安全的，只是说尽量地提高数据库的安全性。本章就来介绍数据库的安全管理，主要内容包括用户账户的安全管理，以及数据库中角色的安全管理等。

重点导读

- 了解数据库安全策略概述。
- 掌握设置验证模式的方法。
- 掌握管理登录账户的方法。
- 掌握在 SSMS 中管理登录账户的方法。
- 掌握 SQL Server 角色与权限管理的方法。

17.1 数据库安全策略概述

安全性是评估一个数据库的重要指标，SQL Server 的安全性就是用来保护服务器和存储在服务器中的数据，SQL Server 2016 中的安全性可以决定哪些用户可以登录到服务器，登录到服务器的用户可以对哪些数据库对象执行操作或管理任务等。

17.1.1 SQL Server 的安全机制

SQL Server 2016 整个安全体系结构从顺序上可以分为认证和授权两个部分，其安全机制可以分为 5 个层级。

（1）客户机安全机制。

（2）网络传输的安全机制。

（3）实例级别安全机制。

（4）数据库级别安全机制。

（5）对象级别安全机制。

这些层级由高到低，所有的层级之间相互联系，用户只有通过了高一层级的安全验证，才能继续访问数据库中低一层级的内容。

1．客户机安全机制

数据库管理系统需要运行在某一特定的操作系统平台下，客户机操作系统的安全性直接影响到 SQL Server 的安全性。在用户使用客户计算机通过网络访问 SQL Server 服务器时，用户首先要获得客户计算机操作系统的使用权限。保证操作系统的安全性是操作系统管理员或网络管理员的任务。由于 SQL Server 采用了集成 Windows NT 网络安全性机制，所以提高了操作系统的安全性，但与此同时也加大了管理数据库系统安全的难度。

2．网络传输的安全机制

SQL Server 对关键数据进行了加密，即使攻击者通过了防火墙和服务器上的操作系统到达了数据库，还要对数据进行破解。SQL Server 有两种对数据加密的方式：数据加密和备份加密。

（1）数据加密：数据加密执行所有的数据库级别的加密操作，消除了应用程序开发人员创建定制的代码来加密和解密数据的过程。数据在写到磁盘时进行加密，从磁盘读的时候解密。使用 SQL Server 来管理加密和解密，可以保护数据库中的业务数据而不必对现有应用程序做任何更改。

（2）备份加密：对备份进行加密可以防止数据泄漏和被篡改。

3．实例级别安全机制

SQL Server 采用了标准 SQL Server 登录和集成 Windows 登录两种登录方式。无论使用哪种登录方式，用户在登录时必须提供登录密码和账号，管理和设计合理的登录方式是 SQL Server 数据库管理员的重要任务，也是 SQL Server 安全体系中重要的组成部分。SQL Server 服务器中预先设定了许多固定服务器的角色，用来为具有服务器管理员资格的用户分配使用权利，固定服务器角色的成员可以用于服务器级的管理权限。

4．数据库级别安全机制

在建立用户的登录账号信息时，SQL Server 提示用户选择默认的数据库，并分配给用户权限，以后每次用户登录服务器后，都会自动转到默认数据库上。对任何用户来说，如果在设置登录账号时没有指定默认数据库，则用户的权限将限制在 master 数据库以内。

SQL Server 允许用户在数据库上建立新的角色，然后为该角色授予多个权限，最后再通过角色将权限赋予 SQL Server 的用户，使其他用户获取具体数据库的操作权限。

5．对象级别安全机制

对象安全性检查时，数据库管理系统的最后一个安全等级即对象级别安全机制。创建数据库对象时，SQL Server 将自动把该数据库对象的用户权限赋予该对象的所有者，对象的拥有者可以实现该对象的安全控制。数据库对象访问权限定义了用户对数据库中数据对象的引用、数据操作语句的许可权限，这通过定义对象和语句的许可权限来实现。

SQL Server 安全模式下的层次对于用户权限的划分并不是孤立的，相邻的层次之间通过账号建立关联，用户访问的时候需要经过三个阶段的处理。

- 第一阶段：对用户登录到 SQL Server 的实例进行身份鉴别，被确认合法才能登录到 SQL Server 实例。
- 第二阶段：用户在每个要访问的数据库里必须有一个账号，SQL Server 实例将登录映射到数据库用户账号上，在这个数据库的账号上定义数据库的管理和数据对象访问的安全策略。

- 第三阶段：检查用户是否具有访问数据库对象、执行操作的权限，经过语句许可权限的验证，才能够实现对数据的操作。

17.1.2　与数据库安全相关的对象

在SQL Server中，与数据库安全相关的对象主要有用户、角色、权限等，只有了解了这些对象的作用，才能灵活地设置和使用这些对象，从而提高数据库的安全性。

1. 数据库用户

数据库用户就是指能够使用数据库的用户，在SQL Server中，可以为不同的数据库设置不同的用户，从而提高数据库访问的安全性。

在SQL Server数据库中有两个比较特殊的用户，一个是DBO用户，它是数据库的创建者，每个数据库只有一个数据库所有者，DBO有数据库中的所有特权，可以提供给其他用户访问权限；另一个是guest用户，该用户最大的特点就是可以被禁用。

2. 用户权限

通过给用户设置权限，每个数据库用户都会有不同的访问权限，例如，让用户只能查询数据库中的信息而不能更新数据库的信息。在SQL Server数据库中，用户权限主要分为系统权限与对象权限两类。系统权限是指在数据库中执行某些操作的权限，或针对某一类对象进行操作的权限；对象权限主要是针对数据库对象执行某些操作的权限，如对表的增删（删除数据）查改等。

3. 角色

角色相当于Windows操作系统中的用户组，可以集中管理数据库或服务器的权限。假如直接给每一个用户赋予权限，这将是一个巨大又麻烦的工作，同时也不方便DBA进行管理，于是就引用了角色这个概念。使用角色具有以下优点。

（1）权限管理更方便。将角色赋予多个用户，实现不同用户相同的授权。如果要修改这些用户的权限，只需修改角色即可。

（2）角色的权限可以激活和关闭。这使得DBA可以方便地选择是否赋予用户某个角色。

（3）提高性能。使用角色减少了数据字典中授权记录的数量，通过关闭角色使得在语句执行过程中减少了权限的确认。

用户和角色是不同的，用户是数据库的使用者，角色是权限的授予对象，给用户授予角色，相当于给用户授予一组权限。数据库中的角色可以授予多个用户，一个用户也可以被授予多个角色。用户、角色与权限的关系示意图如图17-1所示。

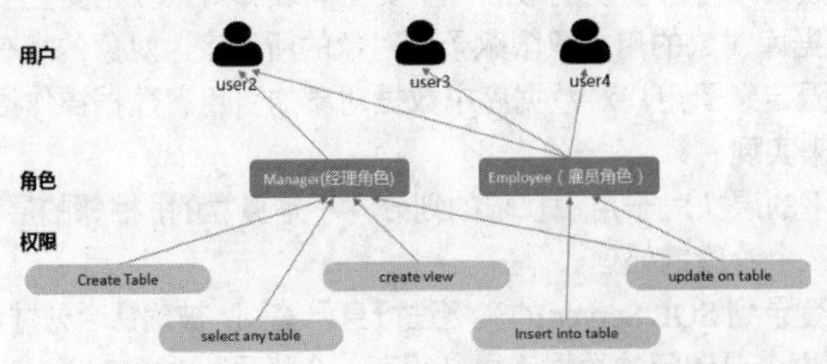

图17-1　用户、角色与权限的关系示意图

角色是数据库中管理员定义的权限集合，可以方便地对不同的用户授予权限。例如，创建一个具有插入权限的角色，那么被赋予这个角色的用户，都具备了插入的权限。SQL Server 2016 中包含 4 类不同的角色，分别是：固定服务器角色、固定数据库角色、用户自定义数据库角色和应用程序角色。

4. 数据库对象

数据库对象包含表、索引、视图、触发器、规则和存储过程，创建数据库对象的用户是数据库对象的所有者，数据库对象可以授予其他用户使用其拥有对象的权利。

5. 系统管理员

系统管理员是负责管理 SQL Server 全面性能和综合应用的管理员，简称 sa。系统管理员的工作包括安装 SQL Server 2016、配置服务器、管理和监视磁盘空间、内存和连接的使用、创建设备和数据库、确认用户和授权许可、从 SQL Server 数据库导入导出数据、备份和恢复数据库、实现和维护复制调度任务、监视和调配 SQL Server 性能、诊断系统问题等。

6. 许可系统

使用许可可以增强 SQL Server 数据库的安全性，SQL Server 许可系统指定哪些用户被授予使用哪些数据库对象的操作，指定许可的能力由每个用户的状态（系统管理员、数据库所有者或者数据库对象所有者）决定。

17.2 安全验证模式

SQL Server 提供了两种验证模式：Windows 身份验证模式和混合模式。对验证模式的设置是 SQL Server 实施安全性的第一步，用户只有登录到服务器之后才能对 SQL Server 数据库系统进行管理。

17.2.1 Windows 身份验证模式

一般情况下，SQL Server 数据库系统都运行在 Windows 服务器上，作为一个网络操作系统，Windows 本身就提供账号的管理和验证功能。Windows 验证模式利用了操作系统用户安全性和账号管理机制，允许 SQL Server 使用 Windows 的用户名和口令。在这种模式下，SQL Server 把登录验证的任务交给了 Windows 操作系统，用户只要通过 Windows 的验证，就可以连接到 SQL Server 服务器。

使用 Windows 身份验证模式可以获得最佳工作效率，在这种模式下，域用户不需要独立的 SQL Server 账户和密码就可以访问数据库。如果用户更新了自己的域密码，也不必更改 SQL Server 2016 的密码，但是该模式下用户要遵从 Windows 安全模式的规则。默认情况下，SQL Server 2016 使用 Windows 身份验证模式，即本地账号来登录。

17.2.2 混合模式

使用混合模式登录时，可以同时使用 Windows 身份验证和 SQL Server 身份验证。如果用户使用 TCP/IP Sockets 进行登录验证，则使用 SQL Server 身份验证；如果用户使用命名管道，则使用 Windows 身份验证。

在 SQL Server 2016 身份验证模式中，运行用户使用安全性连接到 SQL Server 2016。在该认证模式下，用户连接到 SQL Server 2016 时必须提供登录账号和密码，这些信息保存在数据库中的 syslogins 系统表中，与 Windows 的登录账号无关。如果登录的账号是在服务器中注册的，则身份验证失败。

17.2.3 设置验证模式

登录数据库服务器时，可以选择任意一种方式登录到 SQL Server。不过，用户还可以根据不同用户的实际情况来进行选择。在 SQL Server 2016 的安装过程中，需要执行服务器的身份验证登录模式，登录到 SQL Server 2016 之后，就可以设置服务器身份验证。

具体操作步骤如下。

步骤 1：打开 SSMS，在“对象资源管理器”窗口中右击服务器名称，在弹出的快捷菜单中选择“属性”菜单命令，如图 17-2 所示。

步骤 2：打开“服务器属性”窗口，选择左侧的“安全性”选项卡，系统提供了设置身份验证的模式：“Windows 身份验证模式”和“SQL Server 和 Windows 身份验证模式”，选择其中的一种模式，单击“确定”按钮，重新启动 SQL Server 服务（MSSQLSERVER），完成身份验证模式的设置，如图 17-3 所示。

图 17-2 选择“属性”菜单命令

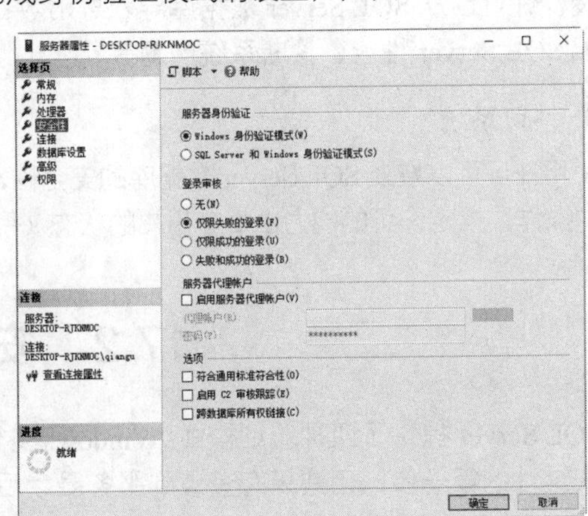

图 17-3 “服务器属性”窗口

17.3 登录账户的管理

管理登录名包括创建登录名、设置密码查看登录策略、查看登录名信息、修改和删除登录名。通过使用不同的登录名可以配置不同的访问级别。

17.3.1 创建登录账户

使用 T-SQL 语句可以创建登录账户，需要注意的是账号不能重名，创建登录账户的 T-SQL 语句的语法格式如下：

```
CREATE LOGIN loginName { WITH <option_list1> | FROM <sources> }

<option_list1> ::=
   PASSWORD = { 'password' | hashed_password HASHED } [ MUST_CHANGE ]
   [ , <option_list2> [ ,··· ] ]

<option_list2> ::=
   SID = sid
   | DEFAULT_DATABASE = database
```

```
    | DEFAULT_LANGUAGE = language
    | CHECK_EXPIRATION = { ON | OFF}
    | CHECK_POLICY = { ON | OFF}
    | CREDENTIAL = credential_name

<sources> ::=
    WINDOWS [ WITH <windows_options> [ ,... ] ]
    | CERTIFICATE certname
    | ASYMMETRIC KEY asym_key_name

<windows_options> ::=
    DEFAULT_DATABASE = database
    | DEFAULT_LANGUAGE = language
```

主要参数介绍如下。

- loginName：指定创建的登录名。有4种类型的登录名：SQL Server 登录名、Windows 登录名、证书映射登录名和非对称密钥映射登录名。如果从 Windows 域账户映射 loginName，则 loginName 必须用方括号（[ ]）括起来。
- PASSWORD = 'password'：仅适用于 SQL Server 登录名。指定正在创建的登录名的密码。应使用强密码。
- PASSWORD = hashed_password：仅适用于 HASHED 关键字。指定要创建的登录名的密码的哈希值。
- HASHED：仅适用于 SQL Server 登录名。指定在 PASSWORD 参数后输入的密码已经过哈希运算。如果未选择此选项，则在将作为密码输入的字符串存储到数据库之前，对其进行哈希运算。
- MUST_CHANGE：仅适用于 SQL Server 登录名。如果包括此选项，则 SQL Server 将在首次使用新登录名时提示用户输入新密码。
- CREDENTIAL = credential_name：将映射到新 SQL Server 登录名的凭据的名称。该凭据必须已存在于服务器中。当前此选项只将凭据链接到登录名。在未来的 SQL Server 版本中可能会扩展此选项的功能。
- SID = sid：仅适用于 SQL Server 登录名。指定新 SQL Server 登录名的 GUID。如果未选择此选项，则 SQL Server 自动指派 GUID。
- DEFAULT_DATABASE = database：指定将指派给登录名的默认数据库。如果未包括此选项，则默认数据库将设置为 master。
- DEFAULT_LANGUAGE = language：指定将指派给登录名的默认语言。如果未包括此选项，则默认语言将设置为服务器的当前默认语言。即使将来服务器的默认语言发生更改，登录名的默认语言也仍保持不变。
- CHECK_EXPIRATION = { ON | OFF }：仅适用于 SQL Server 登录名。指定是否对此登录账户强制实施密码过期策略。默认值为 OFF。
- CHECK_POLICY = { ON | OFF }：仅适用于 SQL Server 登录名。指定应对此登录名强制实施运行 SQL Server 的计算机的 Windows 密码策略。默认值为 ON。
- WINDOWS：指定将登录名映射到 Windows 登录名。
- CERTIFICATE certname：指定将与此登录名关联的证书名称。此证书必须已存在于 master 数据库中。
- ASYMMETRIC KEY asym_key_name：指定将与此登录名关联的非对称密钥的名称。此密钥必须已存在于 master 数据库中。

使用 T-SQL 语句，可以添加 Windows 登录账户与 SQL Server 登录名账户。

【例 17-1】添加 Windows 登录账户，T-SQL 语句如下：

```
CREATE LOGIN [KEVIN\DataBaseAdmin] FROM WINDOWS
```

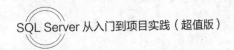

```
WITH DEFAULT_DATABASE=test;
```

【例 17-2】添加 SQL Server 登录名账户，T-SQL 语句如下：

```
CREATE LOGIN DBAdmin
WITH PASSWORD= 'dbpwd', DEFAULT_DATABASE=test
```

输入完成，单击“执行”按钮，执行完成之后会创建一个名称为 DBAdmin 的 SQL Server 账户，密码为 dbpwd，默认数据库为 test。

17.3.2 修改登录账户

登录账户创建完成之后，可以根据需要修改登录账户的名称、密码、密码策略、默认数据库以及禁用或启用该登录账户等。

修改登录账户信息使用 ALTER LOGIN 语句，其语法格式如下：

```
ALTER LOGIN login_name
    {
    <status_option>
    | WITH <set_option> [ ,… ]
    | <cryptographic_credential_option>
    }

<status_option> ::=
        ENABLE | DISABLE

<set_option> ::=
    PASSWORD = 'password' | hashed_password HASHED
    [
      OLD_PASSWORD = 'oldpassword' | MUST_CHANGE | UNLOCK
    ]
     | DEFAULT_DATABASE = database
     | DEFAULT_LANGUAGE = language
    | NAME =login_name
     | CHECK_POLICY = { ON | OFF }
     | CHECK_EXPIRATION = { ON | OFF }
     | CREDENTIAL = credential_name
     | NO CREDENTIAL

<cryptographic_credentials_option> ::=
        ADD CREDENTIAL credential_name
         | DROP CREDENTIAL credential_name
```

主要参数介绍如下。

- login_name：指定正在更改的 SQL Server 登录的名称。
- ENABLE | DISABLE：启用或禁用此登录。

可以看到，其他各个参数与 CREATE LOGIN 语句中的作用相同，这里就不再赘述。

【例 17-3】使用 ALTER LOGIN 语句将登录名 DBAdmin 修改为 NewAdmin，输入语句如下：

```
ALTER LOGIN DBAdmin WITH NAME=NewAdmin
GO
```

输入完成，单击“执行”按钮即可完成登录账户的修改。

17.3.3 删除登录账户

用户管理的另一项重要内容就是删除不再使用的登录账户，及时删除不再使用的账户，可以保证数据库的安全。

用户也可以使用 DROP LOGIN 语句删除登录账户。DROP LOGIN 语句的语法格式如下。

```
DROP LOGIN login_name
```

主要参数介绍如下：

- login_name 是登录账户的登录名。

【例 17-4】使用 DROP LOGIN 语句删除名称为 DataBaseAdmin2 的登录账户，输入语句如下：

```
DROP LOGIN DataBaseAdmin2
```

输入完成，单击“执行”按钮，完成删除操作。删除之后，刷新“登录名”结点，可以看到该结点下面少了两个登录账户。

17.4 在 SSMS 中管理登录账户

除了使用 T-SQL 语句管理登录账户外，用户还可以在 SSMS 中创建用户账户，本节就来介绍在 SSMS 中管理登录账户的方法。

17.4.1 创建 Windows 登录账户

Windows 身份验证模式是默认的验证方式，可以直接使用 Windows 的账户登录。SQL Server 2016 中的 Windows 登录账户可以映射到单个用户、管理员创建的 Windows 组以及 Windows 内部组（例如 Administrators）。

通常情况下，创建的登录应该映射到单个用户或自己创建的 Windows 组。创建 Windows 登录账户的第一步是创建操作系统的用户账户。具体操作步骤如下。

步骤 1：单击“开始”按钮，在弹出的快捷菜单中选择“控制面板”菜单命令，打开“控制面板”窗口，选择“管理工具”选项，如图 17-4 所示。

步骤 2：打开“管理工具”窗口，双击“计算机管理”选项，如图 17-5 所示。

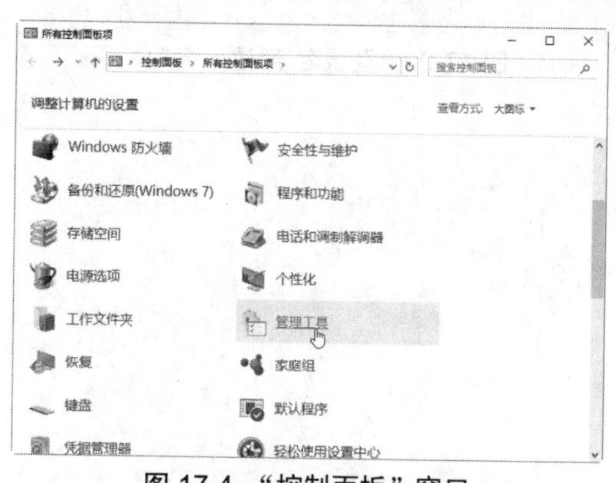

图 17-4 “控制面板”窗口

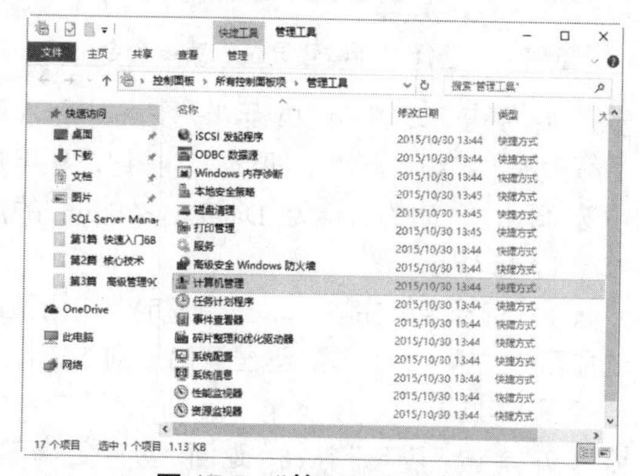

图 17-5 “管理工具”窗口

步骤 3：打开“计算机管理”窗口，选择“系统工具”→“本地用户和组”选项，选择“用户”结点，右击并在弹出的快捷菜单中选择“新用户”菜单命令，如图 17-6 所示。

步骤 4：弹出“新用户”对话框，输入用户名为 DataBaseAdmin，描述为“数据库管理员”，设置登录密码之后，选择“密码永不过期”复选框，单击“创建”按钮，完成新用户的创建，如图 17-7 所示。

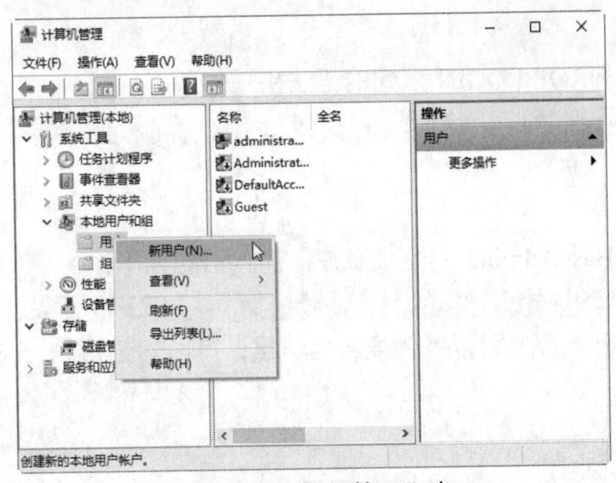

图 17-6 “计算机管理”窗口

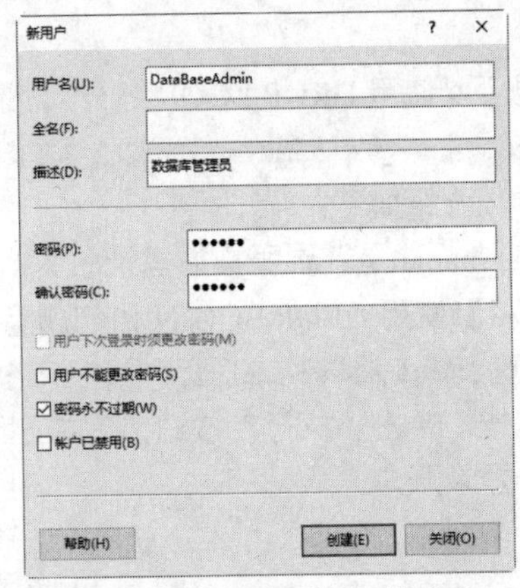

图 17-7 “新用户”对话框

步骤 5：新用户创建完成之后，下面就可以创建映射到这些账户的 Windows 登录。登录到 SQL Server 2016 之后，在“对象资源管理器”窗口中依次打开服务器下面的“安全性”→“登录名”结点，右击“登录名”结点，在弹出的快捷菜单中选择“新建登录名”菜单命令，如图 17-8 所示。

步骤 6：打开“登录名-新建”窗口，单击“搜索”按钮，如图 17-9 所示。

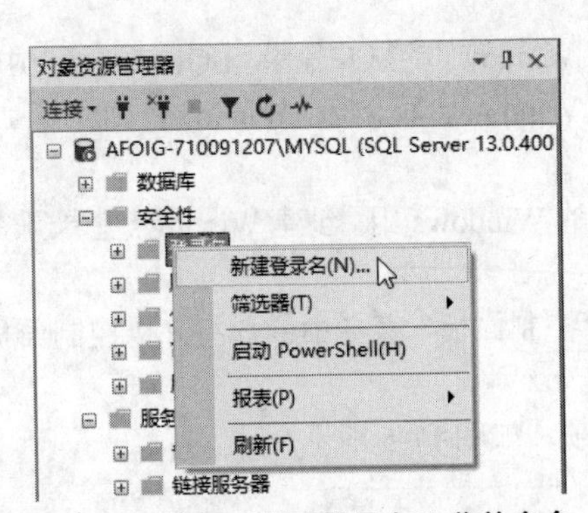

图 17-8 选择“新建登录名”菜单命令

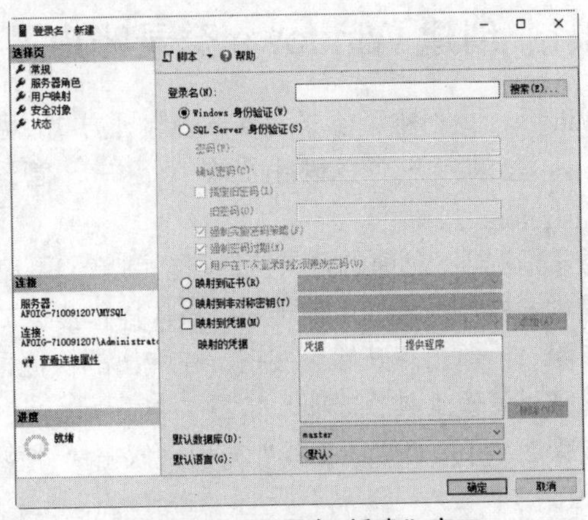

图 17-9 “登录名-新建”窗口

步骤 7：弹出“选择用户或组”对话框，依次单击对话框中的“高级”和“立即查找”按钮，从用户列表中选择刚才创建的名称为 DataBaseAdmin 的用户，如图 17-10 所示。

步骤 8：选择用户完毕，单击“确定”按钮，返回“选择用户或组”对话框，这里列出了刚才选择的用户，如图 17-11 所示。

步骤 9：单击“确定”按钮，返回“登录名-新建”窗口，在该窗口中选择“Windows 身份验证”单选按钮，同时在下面的“默认数据库”下拉列表框中选择 master 数据库，如图 17-12 所示。

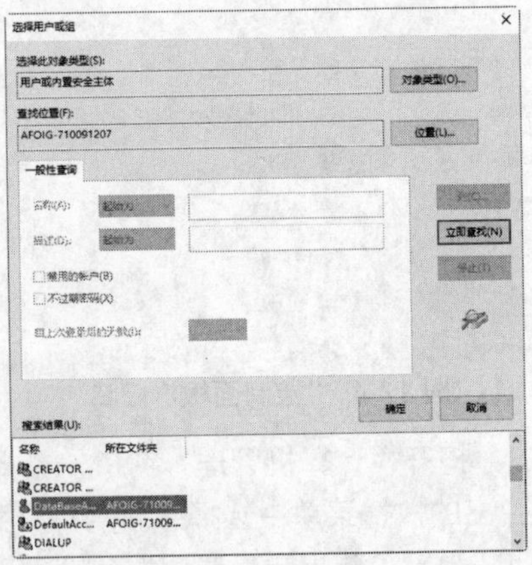

图 17-10 “选择用户或组”对话框 1

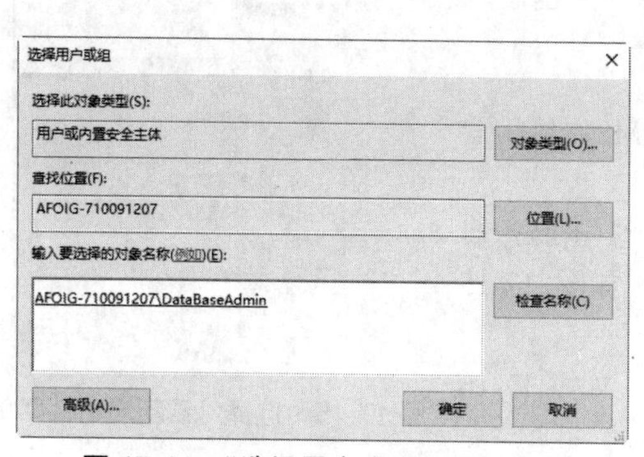

图 17-11 “选择用户或组”对话框 2

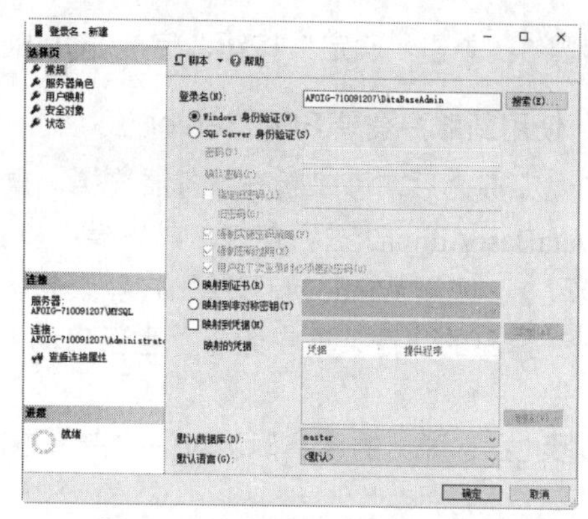

图 17-12 新建 Windows 登录

单击“确定”按钮，完成 Windows 身份验证账户的创建。为了验证创建结果，创建完成之后，重新启动计算机，使用新创建的操作系统用户 DataBaseAdmin 登录本地计算机，就可以使用 Windows 身份验证方式连接服务器了。

17.4.2 创建 SQL Server 登录账户

Windows 登录账户使用非常方便，只要能获得 Windows 操作系统的登录权限，就可以与 SQL Server 建立连接，如果正在为其创建登录的用户无法建立连接，则必须为其创建 SQL Server 登录账户。

1. 创建 SQL Server 登录账户

具体操作步骤如下。

步骤 1：打开 SSMS，在“对象资源管理器”中依次打开服务器下面的“安全性”→“登录名”结点。右击“登录名”结点，在弹出的快捷菜单中选择“新建登录名”菜单命令，打开“登录名-新建”窗口，选择“SQL Server 身份验证”单选按钮，然后输入用户名和密码，取消“强制实施密码策略”复选项，并选择新账户的默认数据库，如图 17-13 所示。

步骤 2：选择左侧的“用户映射”选项卡，启用默认数据库 test，系统会自动创建与登录名同名的数据库用户，并进行映射，这里可以选择该登录账户的数据库角色，为登录账户设置权限，默认选择 public 表示拥有最小权限，如图 17-14 所示。

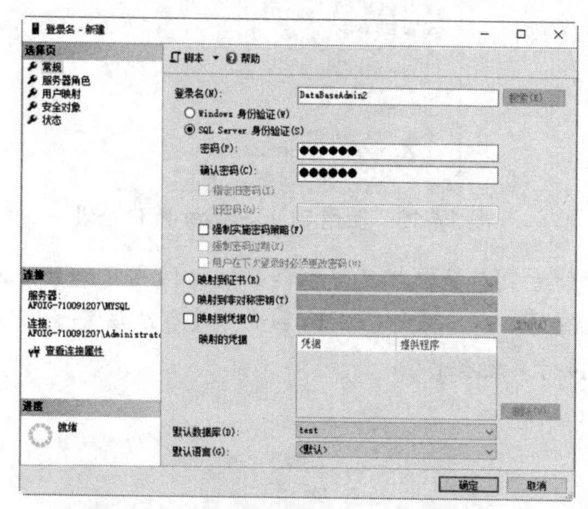

图 17-13 创建 SQL Server 登录账户

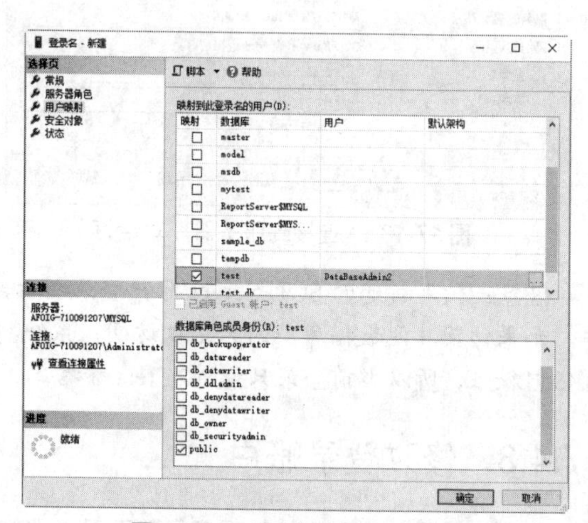

图 17-14 “用户映射”选项卡

步骤 3：单击“确定”按钮，完成 SQL Server 登录账户的创建。

2. 使用新账户登录 SQL Server

创建完成之后，可以断开服务器连接，重新打开 SSMS，使用登录名 DataBaseAdmin2 进行连接，具体操作步骤如下。

步骤 1：使用 Windows 登录账户登录到服务器之后，右击服务器结点，在弹出的快捷菜单中选择“重新启动”菜单命令，如图 17-15 所示。

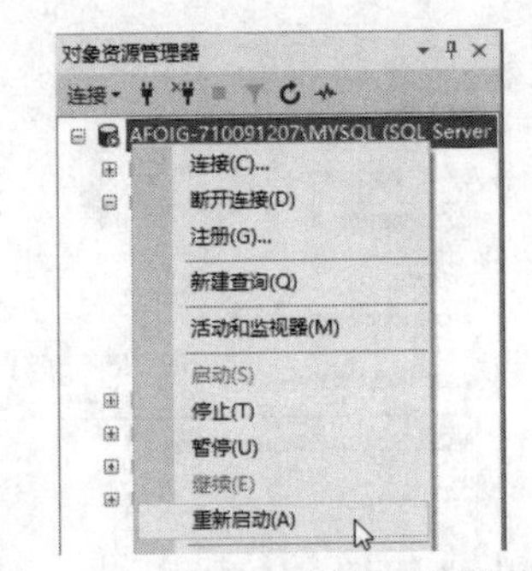

图 17-15　选择“重新启动”菜单命令

步骤 2：在弹出的重启确认对话框中单击“是”按钮，如图 17-16 所示。

步骤 3：系统开始自动重启，并显示重启的进度条，如图 17-17 所示。

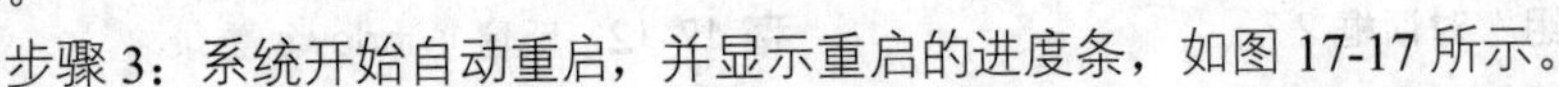

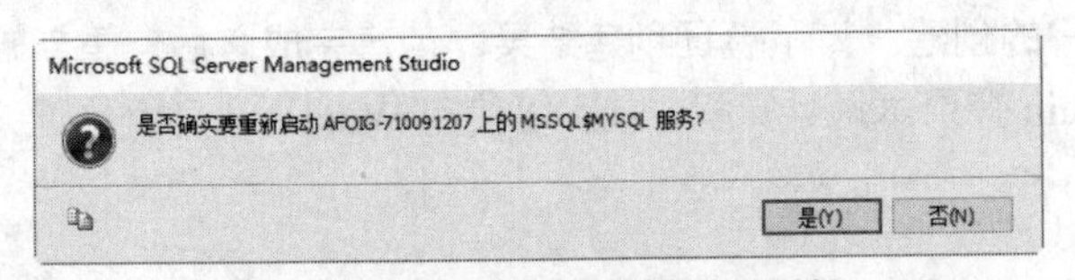

图 17-16　重启服务器提示对话框

图 17-17　重启进度对话框

注意：上述重启步骤并不是必需的。如果在安装 SQL Server 2016 时指定登录模式为“混合模式”，则不需要重新启动服务器，直接使用新创建的 SQL Server 账户登录即可；否则需要修改服务器的登录方式，然后重新启动服务器。

步骤 4：单击“对象资源管理器”左上角的“连接”按钮，在下拉列表框中选择“数据库引擎”命令，弹出“连接到服务器”对话框，从“身份验证”下拉列表框中选择“SQL Server 身份验证”选项，在“登录名”文本框中输入用户名“DataBaseAdmin2”，“密码”文本框中输入对应的密码，如图 17-18 所示。

步骤 5：单击“连接”按钮，登录服务器，登录成功之后可以查看相应的数据库对象，如图 17-19 所示。

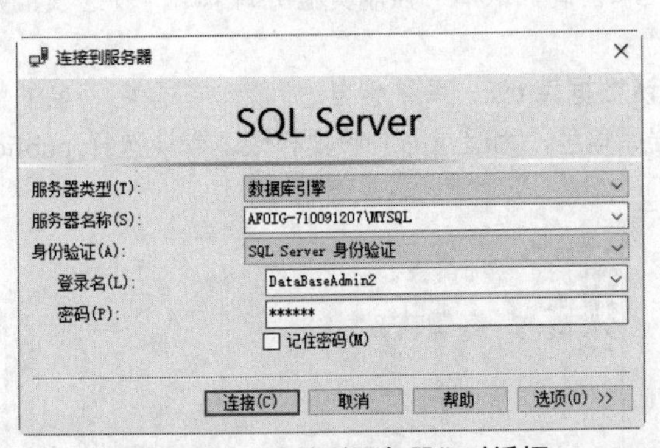

图 17-18　“连接到服务器”对话框

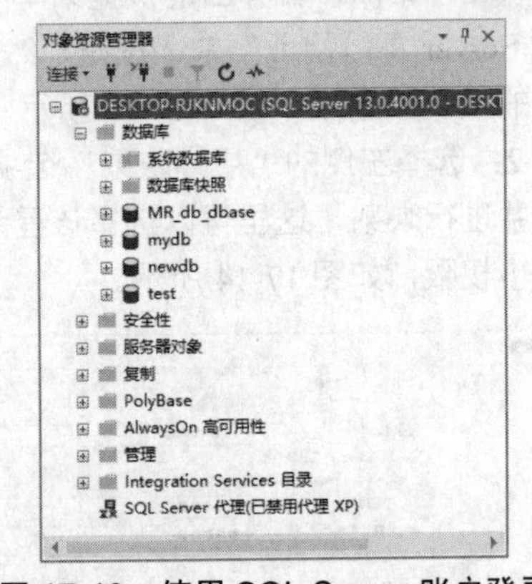

图 17-19　使用 SQL Server 账户登录

注意：使用新建的 SQL Server 账户登录之后，虽然能看到其他数据库，但是只能访问指定的 test 数据库，如果访问其他数据库，因为无权访问，系统将提示错误信息。另外，因为系统并没有给该登录账户配置任何权限，所以当前登录只能进入 test 数据库，不能执行其他操作。

17.4.3　修改登录账户

用户可以通过图形化的管理工具修改登录账户。具体操作步骤如下。

步骤 1：打开“对象资源管理器”窗口，依次打开“服务器”结点下的“安全性”→“登录名”结点，该结点下列出了当前服务器中所有登录账户。

步骤 2：选择要修改的用户，例如这里刚修改过的 DataBaseAdmin2，右击该用户结点，在弹出的快捷菜单中选择“重命名”菜单命令，在显示的虚文本框中输入新的名称即可，如图 17-20 所示。

步骤 3：如果要修改账户的其他属性信息，如默认数据库、权限等，可以在弹出的快捷菜单中选择“属性”菜单命令，而后在弹出的“登录属性”窗口中进行修改，如图 17-21 所示。

图 17-20 选择“重命名”菜单命令

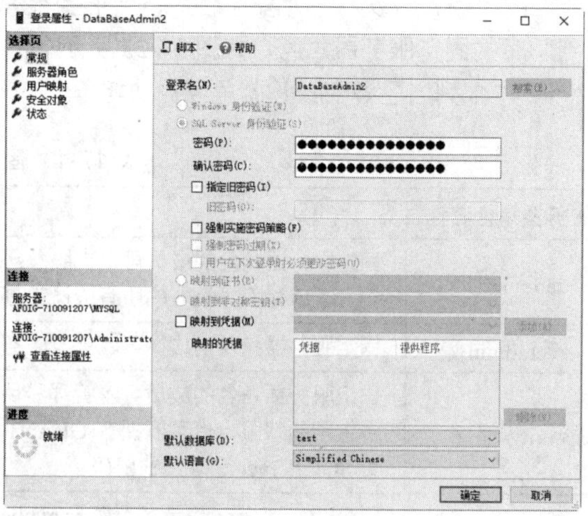

图 17-21 “登录属性”窗口

17.4.4 删除登录账户

用户可以在“对象资源管理器”中删除登录账户，具体操作步骤如下。

步骤 1：打开“对象资源管理器”窗口，依次打开“服务器”结点下的“安全性”→“登录名”结点，该结点下列出了当前服务器中所有登录账户。

步骤 2：选择要修改的用户，例如这里选择 DataBaseAdmin2，右击该用户结点，在弹出的快捷菜单中选择“删除”菜单命令，弹出“删除对象”窗口，如图 17-22 所示。

步骤 3：单击“确定”按钮，完成登录账户的删除操作。

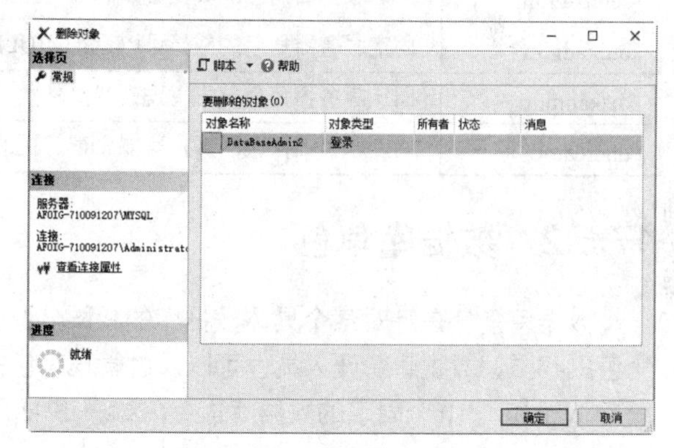

图 17-22 “删除对象”窗口

17.5 SQL Server 的角色管理

使用登录账户可以连接到服务器，但是如果不为登录账户分配权限，则依然无法对数据库中的数据进行访问和管理。角色相当于 Windows 操作系统中的用户组，可以集中管理数据库或服务器的权限。按照角色的作用范围，可以将其分为 4 类：固定服务器角色、数据库角色、自定义数据库角色和应用程序角色。本节将为读者详细介绍这些内容。

17.5.1 固定服务器角色

服务器角色中添加 SQL Server 登录名、Windows 账户和 Windows 组。固定服务器角色的每个成员都可以向其所属角色添加其他登录名。

SQL Server 2016 中提供了 9 个固定服务器角色，在“对象资源管理器”窗口中，依次打开“安全性”→“服务器角色”结点，即可看到所有的固定服务器角色，如图 17-23 所示。

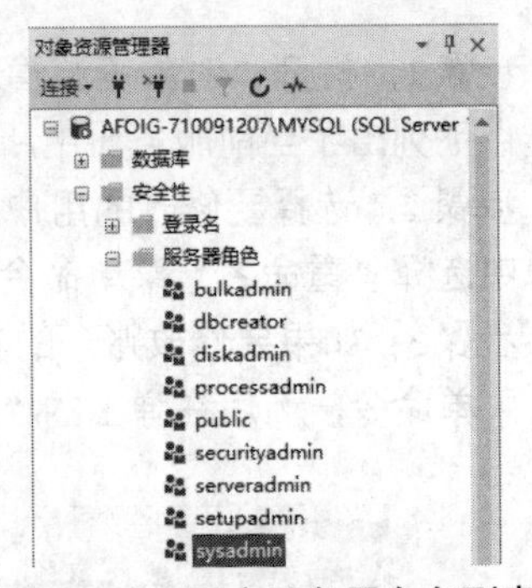

图 17-23 固定服务器角色列表

表 17-1 列出了各个服务器角色的功能。

表 17-1 固定服务器角色功能

服务器角色名称	说　明
sysadmin	固定服务器角色的成员可以在服务器上执行任何活动。默认情况下，Windows BUILTIN\Administrators 组（本地管理员组）的所有成员都是 sysadmin 固定服务器角色的成员
serveradmin	固定服务器角色的成员可以更改服务器范围的配置选项和关闭服务器
securityadmin	固定服务器角色的成员可以管理登录名及其属性。它们可以拥有 GRANT、DENY 和 REVOKE 服务器级别的权限，也可以拥有 GRANT、DENY 和 REVOKE 数据库级别的权限。此外，它们还可以重置 SQL Server 登录名的密码
public	每个 SQL Server 登录名都属于 public 服务器角色。如果未向某个服务器主体授予或拒绝对某个安全对象的特定权限，该用户将继承授予该对象的 public 角色的权限
processadmin	固定服务器角色的成员可以终止在 SQL Server 实例中运行的进程
setupadmin	固定服务器角色的成员可以添加和删除连接服务器
bulkadmin	固定服务器角色的成员可以运行 BULK INSERT 语句
diskadmin	固定服务器角色用于管理磁盘文件
dbcreator	固定服务器角色的成员可以创建、更改、删除和还原任何数据库

17.5.2 数据库角色

数据库角色是针对某个具体数据库的权限分配，数据库用户可以作为数据库角色的成员，继承数据库角色的权限，数据库管理人员也可以通过管理角色的权限来管理数据库用户的权限。SQL Server 2016 中系统默认添加了 10 个固定的数据库角色，如表 17-2 所示。

表 17-2 固定数据库角色

数据库级别的角色名称	说　明
db_owner	固定数据库角色的成员可以执行数据库的所有配置和维护活动，还可以删除数据库
db_securityadmin	固定数据库角色的成员可以修改角色成员身份和管理权限。向此角色中添加主体可能会导致意外的权限升级
db_accessadmin	固定数据库角色的成员可以为 Windows 登录名、Windows 组和 SQL Server 登录名添加或删除数据库访问权限
db_backupoperator	固定数据库角色的成员可以备份数据库

续表

数据库级别的角色名称	说　明
db_ddladmin	固定数据库角色的成员可以在数据库中运行任何数据定义语言（DDL）命令
db_datawriter	固定数据库角色的成员可以在所有用户表中添加、删除或更改数据
db_datareader	固定数据库角色的成员可以从所有用户表中读取所有数据
db_denydatawriter	固定数据库角色的成员不能添加、修改或删除数据库内用户表中的任何数据
db_denydatareader	固定数据库角色的成员不能读取数据库内用户表中的任何数据
public	每个数据库用户都属于 public 数据库角色。如果未向某个用户授予或拒绝对安全对象的特定权限时，该用户将继承授予该对象的 public 角色的权限

17.5.3 自定义数据库角色

在实际的数据库管理过程中，某些用户可能只能对数据库进行插入、更新和删除的操作，但是固定数据库角色中不能提供这样一个角色，因此，需要创建一个自定义的数据库角色。下面将介绍自定义数据库角色的创建过程，具体操作步骤如下。

步骤 1：打开 SSMS，在“对象资源管理器”窗口中，依次打开“数据库”→test_db→“安全性”→“角色”结点，使用鼠标右击“角色”结点下的“数据库角色”结点，在弹出的快捷菜单中选择“新建数据库角色”菜单命令，如图 17-24 所示。

步骤 2：打开“数据库角色-新建”窗口。设置角色名称为 Monitor，所有者选择 dbo，单击“添加”按钮，如图 17-25 所示。

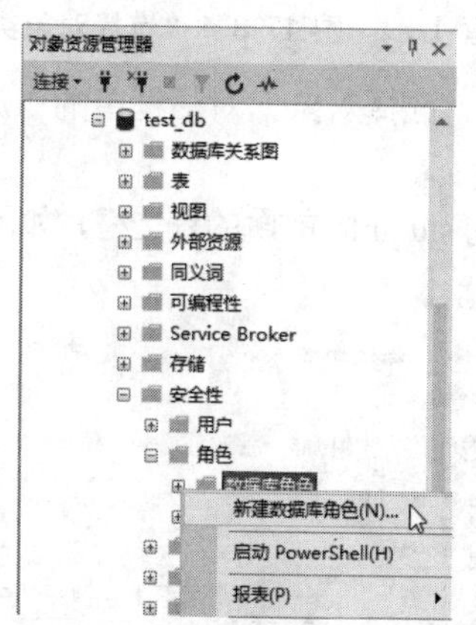

图 17-24 选择“新建数据库角色”菜单命令

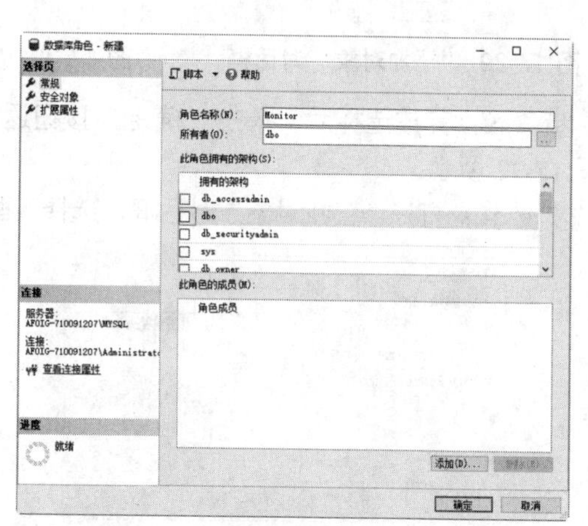

图 17-25 “数据库角色-新建”窗口 1

步骤 3：打开“选择数据库用户或角色”对话框，单击“浏览”按钮，找到并添加对象 public，单击“确定”按钮，如图 17-26 所示。

步骤 4：添加用户完成，返回“数据库角色-新建”窗口，如图 17-27 所示。

步骤 5：选择“数据库角色-新建”窗口左侧的“安全对象”选项卡，在“安全对象”选项卡中单击“搜索”按钮，如图 17-28 所示。

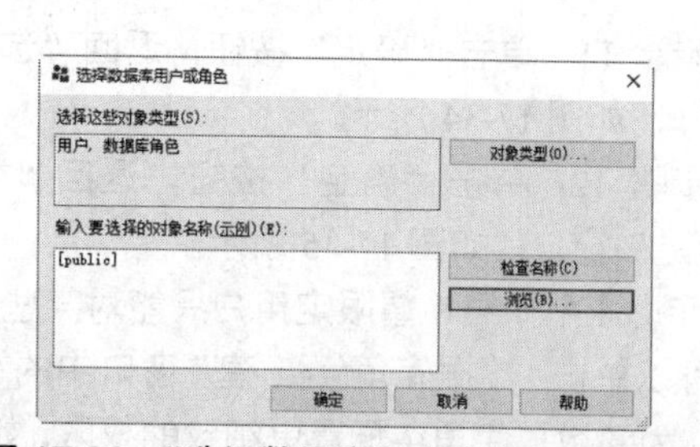

图 17-26 “选择数据库用户或角色”对话框

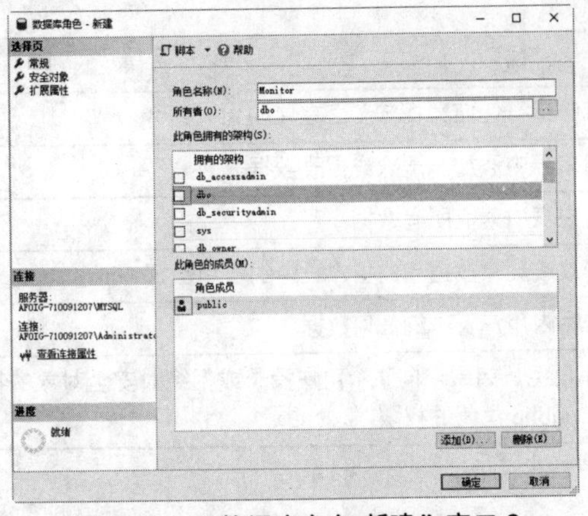

图 17-27 “数据库角色-新建”窗口 2

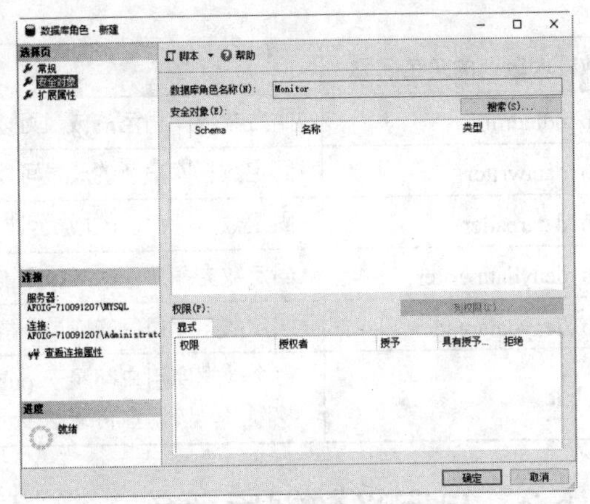

图 17-28 “安全对象”选项卡

步骤 6：打开“添加对象”对话框，选择“特定对象”单选按钮，如图 17-29 所示。

步骤 7：单击“确定”按钮，打开“选择对象”对话框，单击“对象类型”按钮，如图 17-30 所示。

步骤 8：打开“选择对象类型”对话框，选择“表”复选框，如图 17-31 所示。

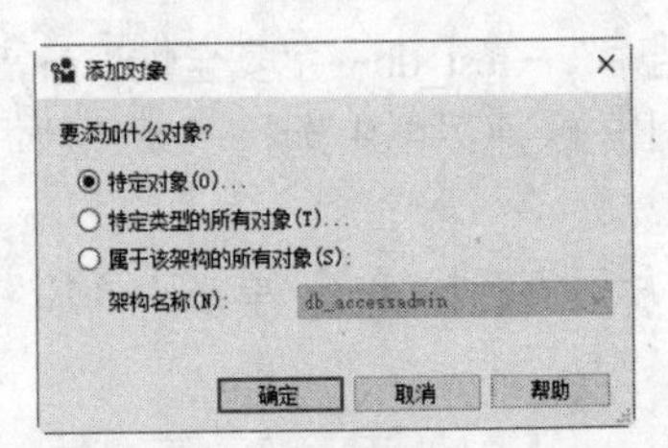

图 17-29 “添加对象”对话框

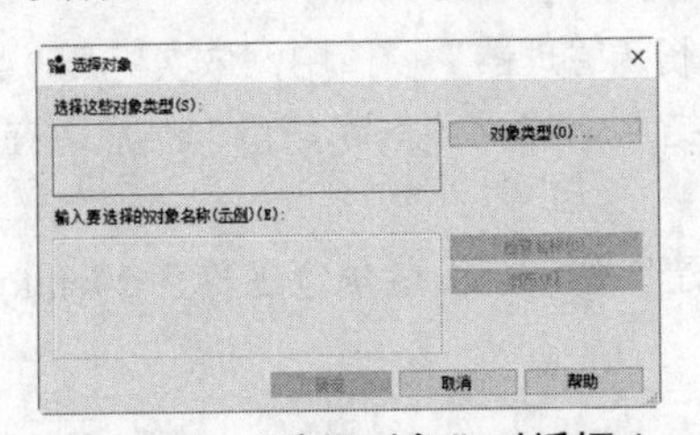

图 17-30 “选择对象”对话框 1

图 17-31 “选择对象类型”对话框

步骤 9：完成选择后，单击“确定”按钮返回，然后再单击“选择对象”对话框中的“浏览”按钮，如图 17-32 所示。

步骤 10：打开“查找对象”对话框，选择匹配的对象列表中的 stu_info 前面的复选框，如图 17-33 所示。

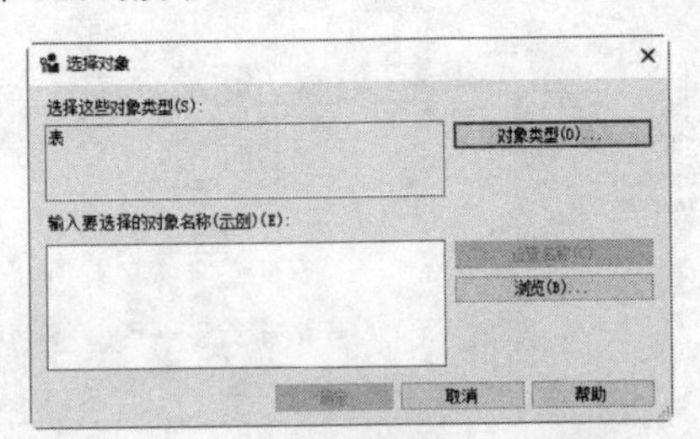

图 17-32 “选择对象”对话框 2

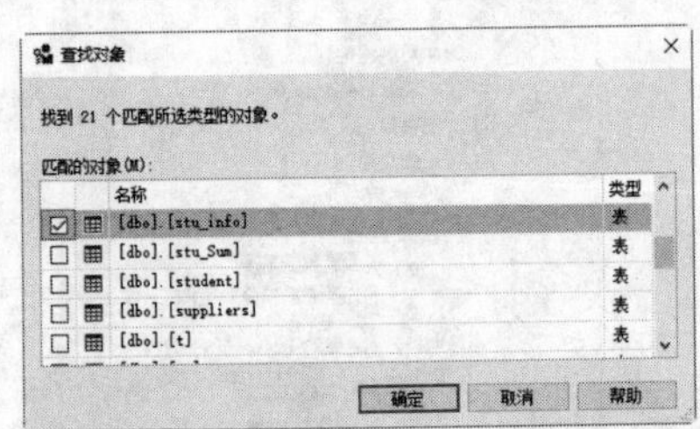

图 17-33 选择 stu_info 数据表

步骤 11：单击“确定”按钮，返回“选择对象”对话框，如图 17-34 所示。

步骤 12：单击“确定”按钮，返回“数据库角色-新建”窗口，如图 17-35 所示。

步骤 13：如果希望限定用户只能对某些列进行操作，可以单击“数据库角色-新建”窗口中的“列权限”按钮，为该数据库角色配置更细致的权限，如图 17-36 所示。

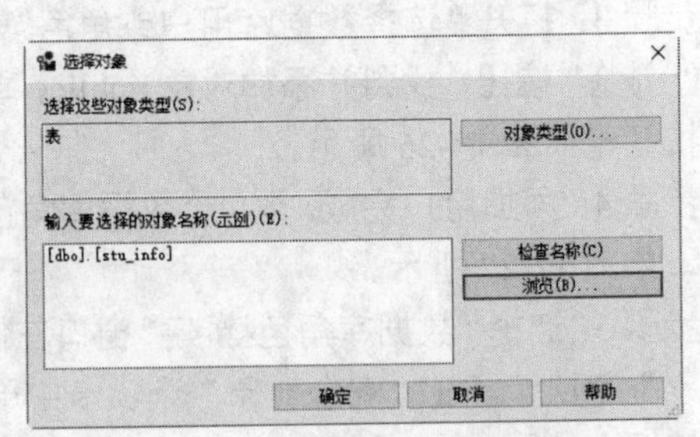

图 17-34 “选择对象”对话框 3

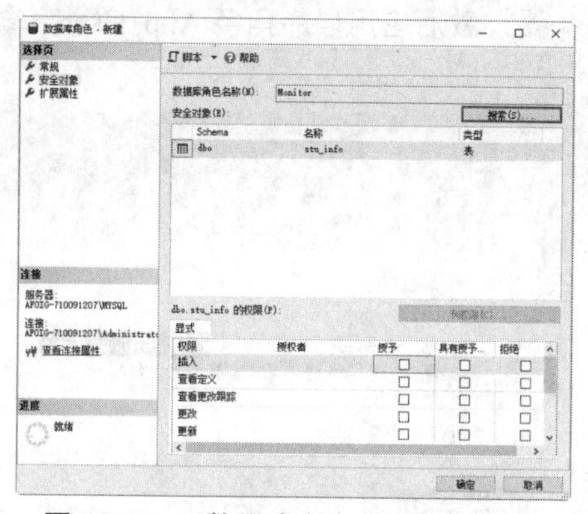

图 17-35 “数据库角色-新建”窗口 3

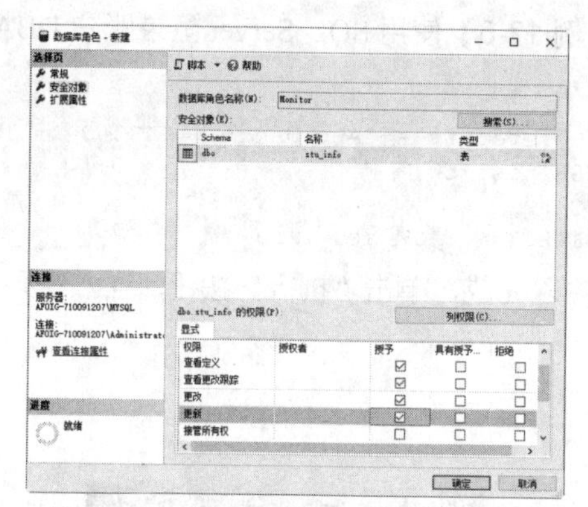

图 17-36 “数据库角色-新建”窗口 4

步骤 14：权限分配完毕，单击“确定”按钮，完成角色的创建。

使用 SQL Server 账户 NewAdmin 连接到服务器之后，执行下面两条查询语句。

```
SELECT s_name, s_age, s_sex,s_score FROM stu_info;
SELECT s_id, s_name, s_age, s_sex,s_score FROM stu_info;
```

第一条语句可以正确执行，而第二条语句在执行过程中出错，这是因为数据库角色 NewAdmin 没有对 stu_info 表中 s_id 列的操作权限。而第一条语句中的查询列都是权限范围内的列，所以可以正常执行。

17.5.4 应用程序角色

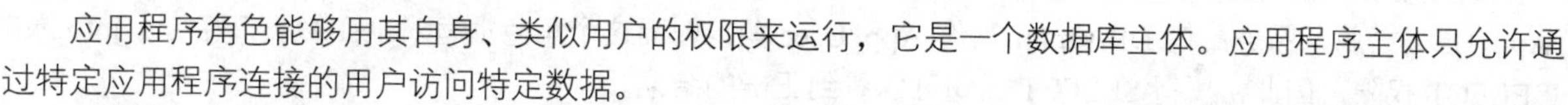

应用程序角色能够用其自身、类似用户的权限来运行，它是一个数据库主体。应用程序主体只允许通过特定应用程序连接的用户访问特定数据。

与服务器角色和数据库角色不同，SQL Server 2016 中应用程序角色在默认情况下不包含任何成员，并且应用程序角色必须激活之后才能发挥作用。当激活某个应用程序角色之后，连接将失去用户权限，转而获得应用程序权限。

添加应用程序角色可以使用 CREATE APPLICATION ROLE 语句，其语法格式如下。

```
CREATE APPLICATION ROLE application_role_name
WITH PASSWORD = 'password' [ , DEFAULT_SCHEMA = schema_name ]
```

主要参数介绍如下。

- application_role_name：指定应用程序角色的名称。该名称一定不能被用于引用数据库中的任何主体。
- PASSWORD = 'password'：指定数据库用户将用于激活应用程序角色的密码。应始终使用强密码。
- DEFAULT_SCHEMA = schema_name：指定服务器在解析该角色的对象名时将搜索的第一个架构。如果未定义 DEFAULT_SCHEMA，则应用程序角色将使用 DBO 作为其默认架构。schema_name 可以是数据库中不存在的架构。

【例 17-5】使用 Windows 身份验证登录 SQL Server 2016，创建名称为 App_User 的应用程序角色，输入语句如下：

```
CREATE APPLICATION ROLE App_User
WITH PASSWORD = '123pwd'
```

输入完成，单击“执行”按钮，结果如图 17-37 所示。

前面向读者提到过，默认情况下应用程序角色是没有被激活的，所以使用之前必须将其激活，系统存储过程 sp_setapprole 可以完成应用程序角色的激活过程。

【例 17-6】使用 SQL Server 登录账户 DBAdmin 登录服务器，激活应用程序角色 App_User，输入语句如下：

```
sp_setapprole 'App_User', @PASSWORD='123pwd'
USE test_db;
GO
SELECT * FROM stu_info
```

输入完成，单击“执行”按钮，插入结果如图 17-38 所示。

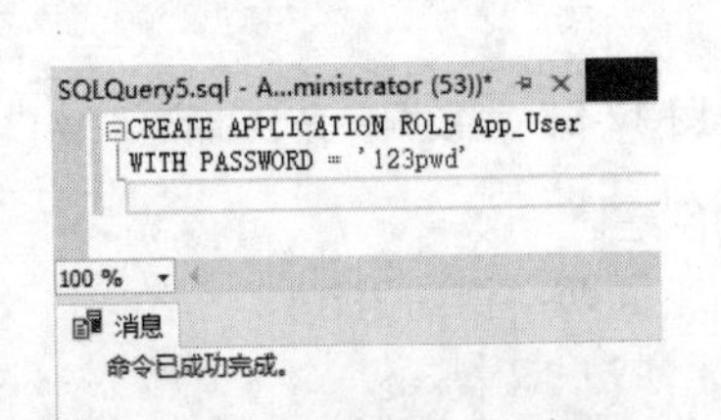

图 17-37　创建应用程序角色

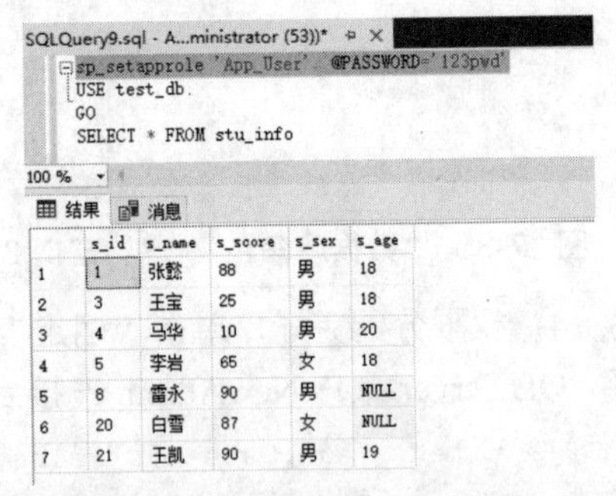

图 17-38　激活应用程序角色

使用 DataBaseAdmin2 登录服务器之后，如果直接执行 SELECT 语句，将会出错，系统提示如下错误：

```
消息 229，级别 14，状态 5，第 1 行
拒绝了对对象'stu_info' (数据库'test'，架构'dbo')的 SELECT 权限
```

这是因为 DataBaseAdmin2 在创建时，没有指定对数据库的 SELECT 权限。而当激活应用程序角色 App_User 之后，服务器将 DBAdmin 当作 App_User 角色，而这个角色拥有对 test 数据库中 stu_info 表的 SELECT 权限，因此，执行 SELECT 语句可以看到正确的结果。

17.5.5　将登录指派到角色

登录名类似公司里面进入公司需要的员工编号，而角色则类似一个人在公司中的职位，公司会根据每个人的特点和能力，将不同的人安排到所需的岗位上，例如会计、车间工人、经理、文员等，这些不同的职位角色有不同的权限。本节将介绍如何为登录账户指派不同的角色。具体操作步骤如下。

步骤 1：打开 SSMS 窗口，在“对象资源管理器”窗口中，依次展开服务器结点下的“安全性”→“登录名”结点。右击名称为 DataBaseAdmin2 的登录账户，在弹出的快捷菜单中选择“属性”菜单命令，如图 17-39 所示。

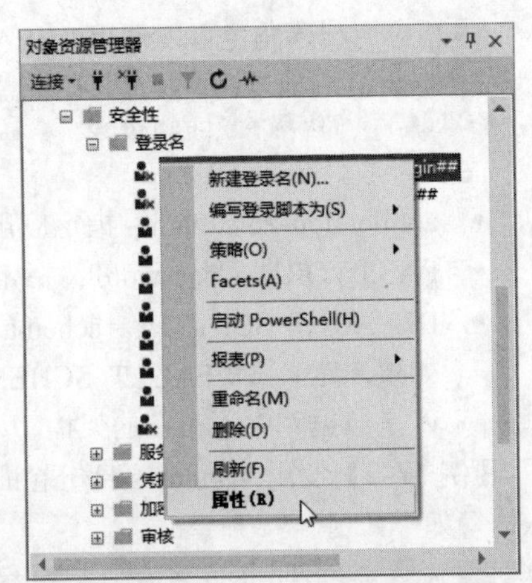

图 17-39　选择“属性”菜单命令

步骤 2：打开“登录属性-DataBaseAdmin2”窗口，选择窗口左侧列表中的“服务器角色”选项，在“服务器角色”列表中，通过选择列表中的复选框来授予 DataBaseAdmin2 用户不同的服务器角色，例如 sysadmin，如图 17-40 所示。

步骤 3：如果要执行数据库角色，可以打开“用户映射”选项卡，在“数据库角色成员身份”列表中，通过启用复选框来授予 DataBaseAdmin2 不同的数据库角色，如图 17-41 所示。

步骤 4：单击“确定”按钮，返回 SSMS 主界面。

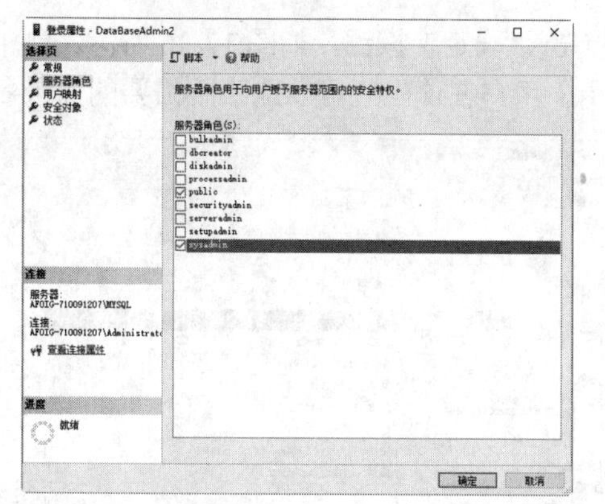

图 17-40 “登录属性-DataBaseAdmin2”窗口

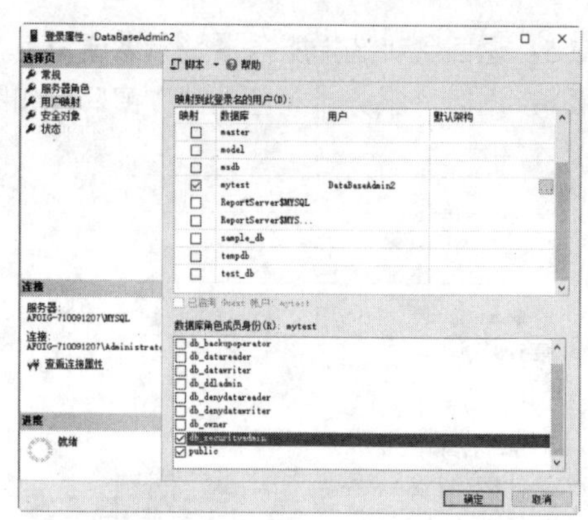

图 17-41 “用户映射”选项卡

17.5.6 将角色指派到多个登录账户

前面介绍的方法可以为某一个登录账户指派角色，如果要批量为多个登录账户指定角色，使用前面的方法将非常烦琐，此时可以将角色同时指派给多个登录账户，具体操作步骤如下。

步骤 1：打开 SSMS 窗口，在“对象资源管理器”窗口中，依次展开服务器结点下的“安全性”→“服务器角色”结点。右击系统角色 sysadmin，在弹出的快捷菜单中选择“属性”菜单命令，如图 17-42 所示。

步骤 2：打开“服务器角色属性”窗口，单击“添加”按钮，如图 17-43 所示。

图 17-42 选择“属性”菜单命令

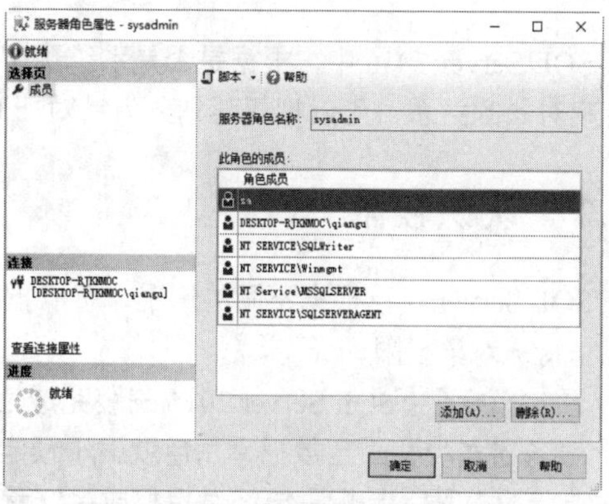

图 17-43 “服务器角色属性”窗口

步骤 3：打开“选择服务器登录名或角色”对话框，选择要添加的登录账户，可以单击“浏览”按钮，如图 17-44 所示。

步骤 4：打开“查找对象”对话框，选择登录名前的复选框，然后单击“确定”按钮，如图 17-45 所示。

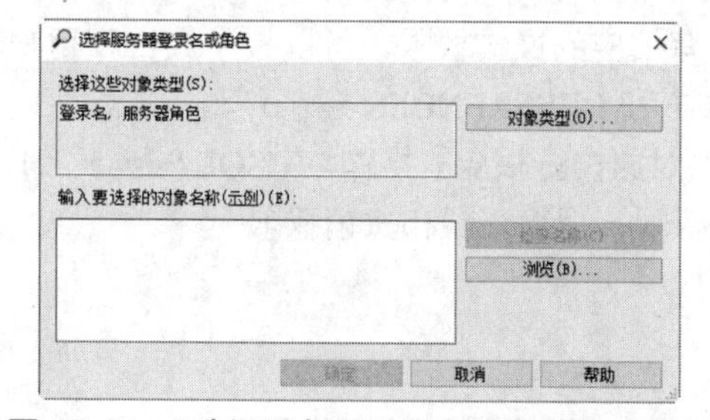

图 17-44 “选择服务器登录名或角色”对话框

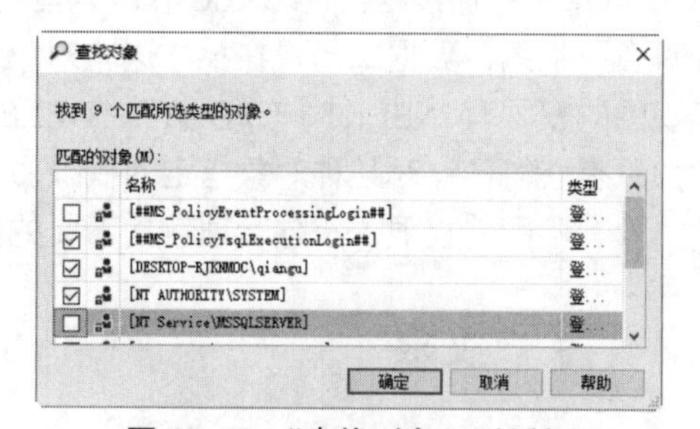

图 17-45 “查找对象”对话框

步骤 5：返回到“选择服务器登录名或角色”对话框，单击“确定”按钮，如图 17-46 所示。

步骤 6：返回“服务器角色属性”窗口，如图 17-47 所示。用户在这里还可以删除不需要的登录名。

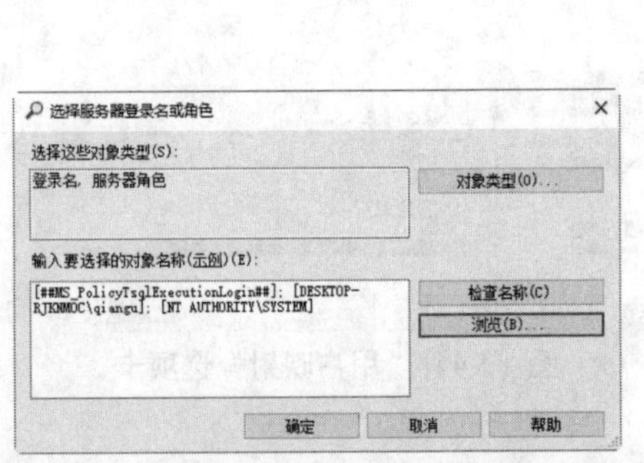

图 17-46 “选择服务器登录名或角色”对话框

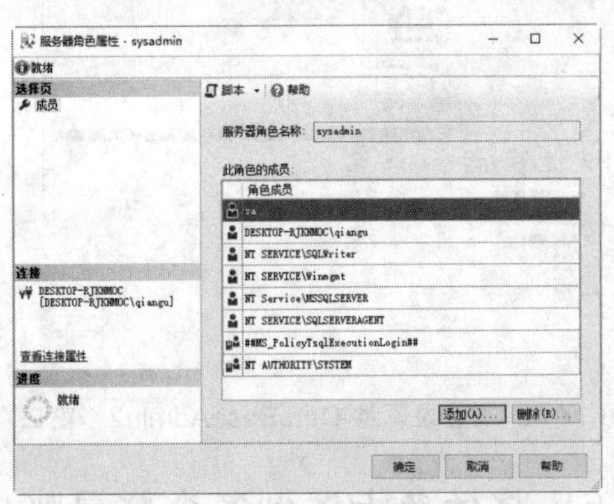

图 17-47 “服务器角色属性”窗口

步骤 7：完成服务器角色指派的配置后，单击“确定”按钮，此时已经成功地将三个登录账户指派为 sysadmin 角色。

17.6 SQL Server 的权限管理

在 SQL Server 2016 中，根据是否是系统预定义，可以把权限划分为预定义权限和自定义权限；按照权限与特定对象的关系，可以把权限划分为针对所有对象的权限和针对特殊对象的权限。

17.6.1 认识权限

在 SQL Server 中，根据不同的情况，可以把权限更为细致地分类，包括预定义权限和自定义权限、所有对象和特殊对象权限。

- 预定义权限：SQL Server 2016 安装完成之后即可以拥有预定义权限，不必通过授予即可取得。固定服务器角色和固定数据库角色就属于预定义权限。
- 自定义权限：是指需要经过授权或者继承才可以得到的权限，大多数安全主体都需要经过授权才能获得指定对象的使用权限。
- 所有对象权限：可以针对 SQL Server 2016 中所有的数据库对象，CONTROL 权限可用于所有对象。
- 特殊对象权限：是指某些只能在指定对象上执行的权限，例如，SELECT 可用于表或者视图，但是不可用于存储过程；而 EXEC 权限只能用于存储过程，而不能用于表或者视图。

针对表和视图，数据库用户在操作这些对象之前必须拥有相应的操作权限，可以授予数据库用户的针对表和视图的权限有 INSERT、UPDATE、DELETE、SELECT 和 REFERENCES 5 种。

用户只有获得了针对某种对象指定的权限后，才能对该类对象执行相应的操作，在 SQL Server 2016 中，不同的对象有不同的权限，权限管理包括下面的内容：授予权限、拒绝权限和撤销权限。

17.6.2 授予权限

为了允许用户执行某些操作，需要授予相应的权限，使用 GRANT 语句进行授权活动，授予权限命令的基本语法格式如下：

```
GRANT { ALL [ PRIVILEGES ] }
      | permission [ ( column [ ,...n ] ) ] [ ,...n ]
      [ ON [ class :: ] securable ] TO principal [ ,...n ]
      [ WITH GRANT OPTION ] [ AS principal ]
```

使用 ALL 参数相当于授予以下权限：

- 如果安全对象为数据库，则 ALL 表示 BACKUP DATABASE、BACKUP LOG、CREATE DATABASE、CREATE DEFAULT、CREATE FUNCTION、CREATE PROCEDURE、CREATE RULE、CREATE TABLE 和 CREATE VIEW。
- 如果安全对象为标量函数，则 ALL 表示 EXECUTE 和 REFERENCES。
- 如果安全对象为表值函数，则 ALL 表示 DELETE、INSERT、REFERENCES、SELECT 和 UPDATE。
- 如果安全对象是存储过程，则 ALL 表示 EXECUTE。
- 如果安全对象为表，则 ALL 表示 DELETE、INSERT、REFERENCES、SELECT 和 UPDATE。
- 如果安全对象为视图，则 ALL 表示 DELETE、INSERT、REFERENCES、SELECT 和 UPDATE。

其他参数的含义解释如下。

- PRIVILEGES：包含此参数是为了符合 ISO 标准。
- permission：权限的名称，例如 SELECT、UPDATE、EXEC 等。
- column：指定表中将授予其权限的列的名称。需要使用括号()。
- class：指定将授予其权限的安全对象的类。需要使用范围限定符::。
- securable：指定将授予其权限的安全对象。
- TO principal：主体的名称。可为其授予安全对象权限的主体，随安全对象而异。相关有效的组合，请参阅下面列出的子主题。
- GRANT OPTION：指示被授权者在获得指定权限的同时还可以将指定权限授予其他主体。
- AS principal：指定一个主体，执行该查询的主体从该主体获得授予该权限的权利。

【例 17-7】向 Monitor 角色授予对 test 数据库中 stu_info 表的 SELECT、INSERT、UPDATE 和 DELETE 权限，输入语句如下：

```
USE test;
GRANT SELECT,INSERT, UPDATE, DELETE
ON stu_info
TO Monitor
GO
```

17.6.3 拒绝权限

拒绝权限可以在授予用户指定的操作权限之后，根据需要暂时停止用户对指定数据库对象的访问或操作，拒绝对象权限的基本语法格式如下：

```
DENY { ALL [ PRIVILEGES ] }
     | permission [ ( column [ ,...n ] ) ] [ ,...n ]
     [ ON [ class :: ] securable ] TO principal [ ,...n ]
     [ CASCADE] [ AS principal ]
```

可以看到 DENY 语句与 GRANT 语句中的参数完全相同，这里就不再赘述。

【例 17-8】拒绝 guest 用户对 test_db 数据库中 stu_info 表的 INSERT 和 DELETE 权限，输入语句如下：

```
USE test_db;
GO
DENY INSERT, DELETE
```

```
ON stu_info
TO guest
GO
```

17.6.4 撤销权限

撤销权限可以删除某个用户已经授予的权限。撤销权限使用 REVOKE 语句，其基本语法格式如下：

```
REVOKE [ GRANT OPTION FOR ]
      {
        [ ALL [ PRIVILEGES ] ]
        |permission [ ( column [ ,...n ] ) ] [ ,...n ]
      }
      [ ON [ class :: ] securable ]
      { TO | FROM } principal [ ,...n ]
      [ CASCADE] [ AS principal ]
```

CASCADE 表示当前正在撤销的权限也将从其他被该主体授权的主体中撤销。使用 CASCADE 参数时，还必须同时指定 GRANT OPTION FOR 参数。REVOKE 语句与 GRANT 语句中的其他参数作用相同。

【例 17-9】撤销 Monitor 角色对 test_db 数据库中 stu_info 表的 DELETE 权限，输入语句如下：

```
USE test_db;
GO
REVOKE DELETE
ON OBJECT::stu_info
FROM Monitor CASCADE
```

17.7 就业面试技巧与解析

17.7.1 面试技巧与解析（一）

面试官：角色如何继承？

应聘者：一个角色可以继承其他角色的权限集合。例如，角色 MYROLE 语句具备了对表 fruits 的增加删除权限。此时创建一个新的角色 MYROLE01，该角色继承角色 MYROLE 的权限，实现的语句如下：

```
GRANT MYROLE TO MYROLE01;
```

17.7.2 面试技巧与解析（二）

面试官：为什么索引没有被使用？

应聘者：索引没有被使用的原因有很多，常见的原因如下：

（1）统计信息不准确。

（2）索引的选择度不高，使用索引比使用全表扫描效率更差。

（3）对索引列进行了函数、算术运算或其他表达式等操作，或出现隐式类型转换，导致无法使用索引。

第 18 章

数据库的备份与还原

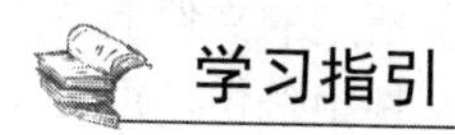

学习指引

保证数据安全最重要的一个措施就是定期对数据进行备份。如果数据库中的数据丢失或者出现错误，可以使用备份的数据进行还原。本章就来介绍数据的备份与还原，主要内容包括数据的备份、数据的还原、建立自动备份的维护计划、为数据加密等。

重点导读

- 了解备份和还原的基本概念。
- 熟悉备份的种类和区别。
- 掌握使用 SQL 备份数据库的方法。
- 掌握在 SSMS 中还原数据库的方法。
- 掌握用 SQL 还原数据库的方法。
- 掌握建立自动备份的维护计划的方法。

18.1 认识数据库的备份与还原

数据库的备份是对数据库结构和数据对象的复制，以便在数据库遭到破坏时能够及时修复数据库，数据备份是数据库管理员非常重要的工作。数据库备份后，一旦系统发生崩溃或者执行了错误的数据库操作，就可以从备份文件中还原数据库，数据库还原是指将数据库备份加载到系统中的过程。

18.1.1 数据库的备份类型

SQL Server 2016 中有 4 种不同的备份类型，分别是完整数据库备份、差异备份、文件和文件组备份和事务日志备份。

1. 完整数据库备份

完整数据库备份将备份整个数据库，包括所有的对象、系统表、数据以及部分事务日志，开始备份时

SQL Server 将复制数据库中的一切。完整备份可以还原数据库在备份操作完成时的完整数据库状态。

由于是对整个数据库的备份，因此这种备份类型速度较慢，并且将占用大量磁盘空间。在对数据库进行备份时，所有未完成的或发生在备份过程中的事务都将被忽略。这种备份方法可以快速备份小数据库。

2. 差异备份

差异备份基于所包含数据的前一次最新完整备份。差异备份仅捕获自该次完整备份后发生更改的数据。因为只备份改变的内容，所以这种类型的备份速度比较快，可以频繁地执行，差异备份中也备份了部分事务日志。

3. 文件和文件组备份

文件和文件组的备份方法可以对数据库中的部分文件和文件组进行备份。当一个数据库很大时，数据库的完整备份会花很多时间，这时可以采用文件和文件组备份。在使用文件和文件组备份时，还必须备份事务日志，所以不能在启用“在检查点截断日志”选项的情况下使用这种备份技术。

文件组是一种将数据库存放在多个文件上的方法，并运行控制数据库对象存储到那些指定的文件上，这样数据库就不会受到只存储在单个硬盘上的限制，而是可以分散到许多硬盘上。利用文件组备份，每次可以备份这些文件当中的一个或多个文件，而不是备份整个数据库。

4. 事务日志备份

创建第一个日志备份之前，必须先创建完整备份，事务日志备份所有数据库修改的记录，用来在还原操作期间提交完成的事务以及回滚未完成的事务，事务日志备份记录备份操作开始时的事务日志状态。事务日志备份比完整数据库备份节省时间和空间，利用事务日志进行恢复时，可以指定恢复到某一个时间，而完整备份和差异备份做不到这一点。

18.1.2 数据库的还原模式

数据库的还原模式可以保证在数据库发生故障的时候还原相关的数据库，SQL Server 2016 中包括三种还原模式，分别是简单还原模式、完整还原模式和大容量日志还原模式。不同还原模式在备份、还原方式和性能方面存在差异，而且不同的还原模式对避免数据损失的程度也不同。

1. 简单还原模式

简单还原模式是可以将数据库还原到上一次的备份，这种模式的备份策略由完整备份和差异备份组成。简单还原模式能够提高磁盘的可用空间，但是该模式无法将数据库还原到故障点或特定的时间点。对于小型数据库或者数据更改程序不高的数据库，通常使用简单还原模式。

2. 完整还原模式

完整还原模式可以将数据库还原到故障点或时间点。在这种模式下，所有操作被写入日志，例如大容量的操作和大容量的数据加载，数据库和日志都将被备份，因为日志记录了全部事务，所以可以将数据库还原到特定时间点。这种模式下可以使用的备份策略包括完整备份、差异备份及事务日志备份。

3. 大容量日志还原模式

与完整还原模式类似，大容量日志还原模式使用数据库和日志备份来还原数据库。使用这种模式可以在大容量操作和大批量数据装载时提供最佳性能和最少的日志使用空间。在这种模式下，日志只记录多个操作的最终结果，而并非存储操作的过程细节，所以日志更小，大批量操作的速度也更快。

如果事务日志没有受到破坏，除了故障期间发生的事务以外，SQL Server 能够还原全部数据，但是该模式不能还原数据库到特定的时间点。使用这种还原模式可以采用的备份策略有完整备份、差异备份以及事务日志备份。

18.1.3 配置还原模式

用户可以根据实际需求选择适合的数据库还原模式，在 SSMS 中可以以界面方式配置数据库的还原模式，具体操作步骤如下。

步骤 1：使用登录账户连接到 SQL Server 2016，打开 SSMS 图形化管理工具，在“对象资源管理器”窗口中，打开服务器结点，依次选择“数据库”→test 结点，右击 test 数据库，从弹出的快捷菜单中选择“属性”菜单命令，如图 18-1 所示。

步骤 2：打开“数据库属性-test”窗口，选择“选项”选项，打开右侧的选项卡，在“恢复模式”下拉列表框中选择其中的一种还原模式即可，如图 18-2 所示。

图 18-1 选择“属性”菜单命令

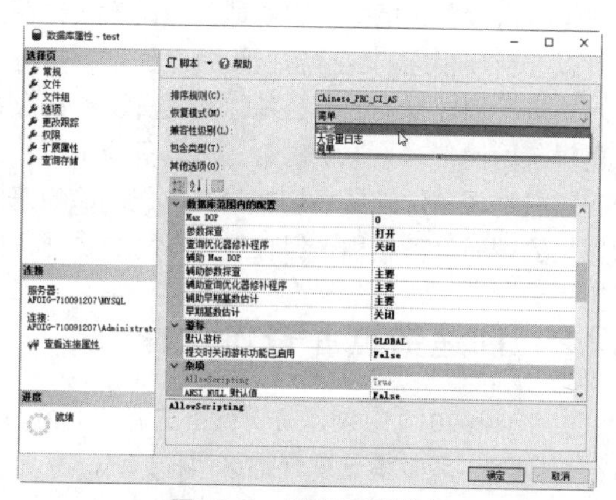

图 18-2 选择还原模式

步骤 3：选择完成后单击“确定”按钮，完成恢复模式的配置。

提示： SQL Server 2016 提供了几个系统数据库，分别是 master、model、msdb 和 tempdb，如果读者查看这些数据库的还原模式，会发现 master、msdb 和 tempdb 使用的是简单还原模式，而 model 数据库使用完整还原模式。因为 model 是所有新建立数据库的模板数据库，所以用户数据库默认也是使用完整还原模式。

18.2 数据库的备份设备

数据库的备份设备是用来存储数据库、事务日志或文件和文件组备份的存储介质，备份数据库之前，必须首先指定或创建备份设备。

18.2.1 数据库的备份设备

数据库的备份设备可以是磁盘、磁带或逻辑备份设备。

1. 磁盘备份设备

磁盘备份设备是存储在硬盘或者其他磁盘媒体上的文件，与常规操作系统文件一样，可以在服务器的本地磁盘或者共享网络资源的原始磁盘上定义磁盘设备备份。如果在备份操作将备份数据追加到媒体集时磁盘文件已满，则备份操作会失败。备份文件的最大大小由磁盘设备上的可用磁盘空间决定，因此，备份磁盘设备的大小取决于备份数据的大小。

2. 磁带备份设备

磁带备份设备的用法与磁盘设备相同，磁带设备必须物理连接到 SQL Server 实例运行的计算机上。在使用磁带机时，备份操作可能会写满一个磁带，并继续在另一个磁带上进行。每个磁带包含一个媒体标头。使用的第一个媒体称为“起始磁带”，每个后续磁带称为“延续磁带”，其媒体序列号比前一磁带的媒体序列号大 1。

将数据备份到磁带设备上，需要使用磁带备份设备或者微软操作系统平台支持的磁带驱动器，低于特殊的磁带驱动器，需要使用驱动器制作商推荐的磁带。

3. 逻辑备份设备

逻辑备份设备是指向特定物理备份设备（磁盘文件或磁带机）的可选用户定义名称。通过逻辑备份设备，可以在引用相应的物理备份设备时使用间接寻址。逻辑备份设备可以更简单、有效地描述备份设备的特征。相对于物理设备的路径名称，逻辑设备备份名称较短。

逻辑备份设备对于标识磁带备份设备非常有用，通过编写脚本使用特定逻辑备份设备，这样可以直接切换到新的物理备份设备。切换时，首先删除原来的逻辑备份设备，然后定义新的逻辑备份设备，新设备使用原来的逻辑设备名称，但映射到不同的物理备份设备。

18.2.2 创建数据库备份设备

SQL Server 2016 中创建备份设备的方法有两种，一种是在 SSMS 管理工具中创建，一种是使用系统存储过程来创建。下面将分别介绍这两种方法。

1. 在 SSMS 管理工具中创建

具体创建步骤如下。

步骤 1：使用 Windows 或者 SQL Server 身份验证连接到服务器，打开 SSMS 窗口。在“对象资源管理器”窗口中，依次打开服务器结点下面的“服务器对象”→“备份设备”结点，右击“备份设备”结点，从弹出的快捷菜单中选择“新建备份设备”菜单命令，如图 18-3 所示。

步骤 2：打开“备份设备”窗口，设置备份设备的名称，这里输入“test 数据库备份”，然后设置目标文件的位置或者保持默认值，目标硬盘驱动器上必须有足够的可用空间。设置完成后单击“确定”按钮，完成创建备份设备操作，如图 18-4 所示。

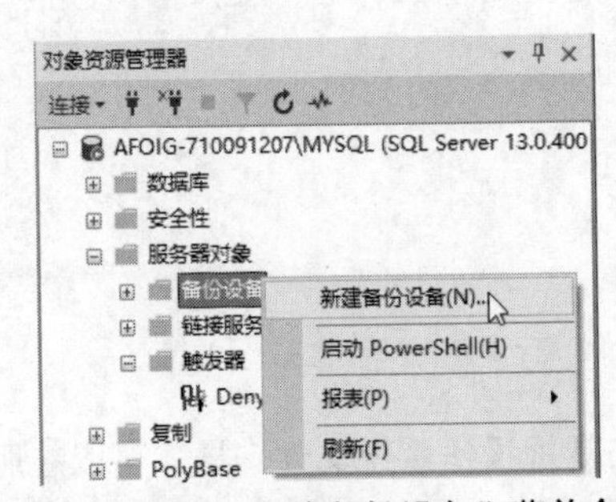

图 18-3　选择“新建备份设备”菜单命令

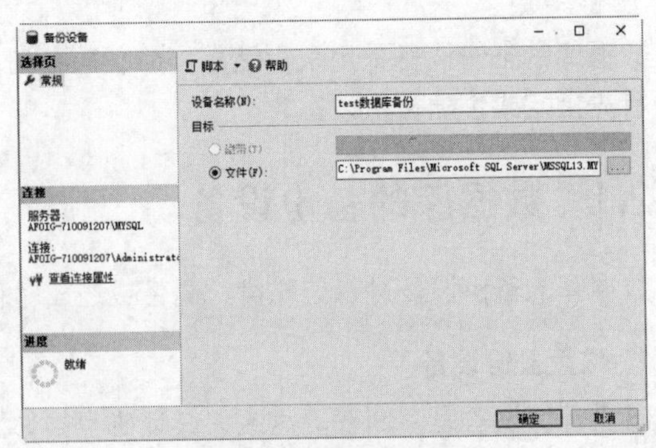

图 18-4　新建备份设备

2. 使用系统存储过程来创建

使用系统存储过程 sp_addumpdevice 可以添加备份设备，这个存储过程可以添加磁盘或磁带设备。sp_addumpdevice 语句的基本语法格式如下：

```
sp_addumpdevice [ @devtype = ] 'device_type'
, [ @logicalname = ] 'logical_name'
, [ @physicalname = ] 'physical_name'
[ , { [ @cntrltype = ] controller_type |
[ @devstatus = ] 'device_status' }
]
```

主要参数介绍如下。

- [@devtype =] 'device_type'：备份设备的类型。
- [@logicalname =] 'logical_name'：在 BACKUP 和 RESTORE 语句中使用的备份设备的逻辑名称。logical_name 的数据类型为 sysname，无默认值，且不能为 NULL。
- [@physicalname =] 'physical_name'：备份设备的物理名称。物理名称必须遵从操作系统文件名规则或网络设备的通用命名约定，并且必须包含完整路径。
- [@cntrltype =] 'controller_type'：已过时。如果指定该选项，则忽略此参数。支持它完全是为了向后兼容。使用新的 sp_addumpdevice 应省略此参数。
- [@devstatus =] 'device_status'：已过时。如果指定该选项，则忽略此参数。支持它完全是为了向后兼容。使用新的 sp_addumpdevice 应省略此参数。

【例 18-1】添加一个名为 mydiskdump 的磁盘备份设备，其物理名称为 d:\dump\testdump.bak，输入语句如下：

```
USE master;
GO
EXEC sp_addumpdevice 'disk', 'mydiskdump', ' d:\dump\
testdump.bak ';
```

单击“执行”按钮，即可完成磁盘备份设备的添加操作，执行结果如图 18-5 所示。

提示：*使用 sp_addumpdevice 创建备份设备后，并不会立即在物理磁盘上创建备份设备文件，之后在该备份设备上执行备份时才会创建备份设备文件。*

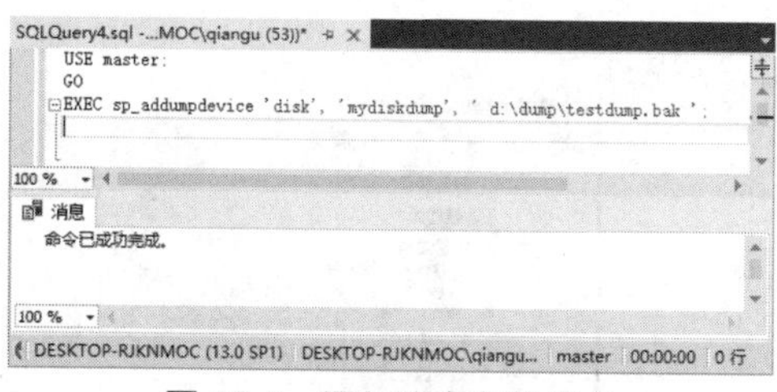

图 18-5　添加磁盘备份设备

18.2.3　查看数据库备份设备

使用系统存储过程 sp_helpdevice 可以查看当前服务器上所有备份设备的状态信息。

【例 18-2】查看数据库备份设备，输入语句如下：

```
sp_helpdevice;
```

单击“执行”按钮，即可查看数据库的备份设备，执行结果如图 18-6 所示。

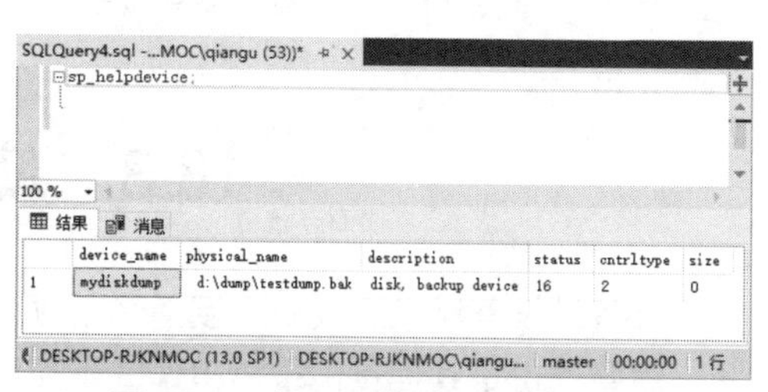

图 18-6　查看服务器上的设备信息

18.2.4　删除数据库备份设备

当不再需要使用备份设备时，可以将其删除，删除备份设备后，备份中的数据都将丢失。删除备份设备使用系统存储过程 sp_dropdevice，该存储过程同时能删除操作系统文件。其语法格式如下：

```
sp_dropdevice [ @logicalname = ] 'device'
[ , [ @delfile = ] 'delfile' ]
```

主要参数介绍如下：

- [@logicalname =] 'device'：在 master.dbo.sysdevices.name 中列出的数据库设备或备份设备的逻辑名称。device 的数据类型为 sysname，无默认值。
- [@delfile =] 'delfile'：指定物理备份设备文件是否应删除。如果指定为 DELFILE，则删除物理备份设备磁盘文件。

【例 18-3】删除备份设备 mydiskdump，输入语句如下：

```
EXEC sp_dropdevice mydiskdump
```

单击“执行”按钮，即可完成数据库备份设备的删除操作，执行结果如图 18-7 所示。

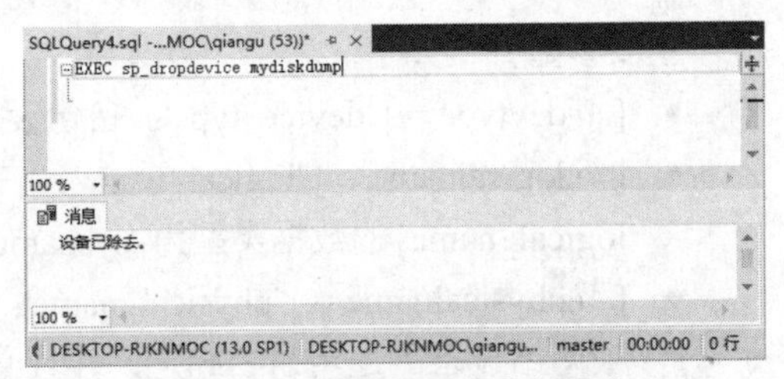

图 18-7　删除数据库备份设备

如果服务器创建了备份文件，要同时删除物理文件可以输入如下语句：

```
EXEC sp_dropdevice mydiskdump, delfile
```

当然，在对象资源管理中，也可以执行备份设备的删除操作，在服务器对象下的“备份设备”结点下选择需要删除的备份设备，右击鼠标，在弹出的快捷菜单中选择“删除”菜单命令，如图 18-8 所示，弹出“删除对象”窗口，然后单击“确定”按钮，即可完成备份设备的删除操作，如图 18-9 所示。

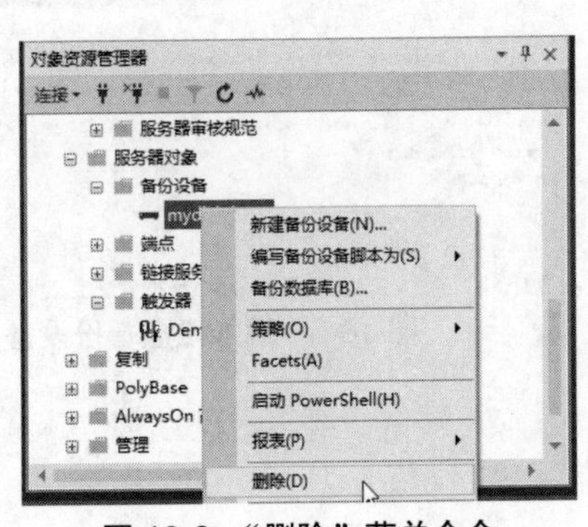

图 18-8　“删除”菜单命令

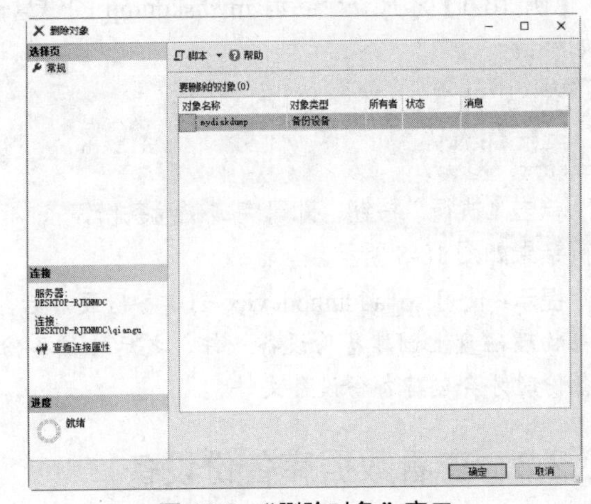

图 18-9　“删除对象”窗口

18.3　使用 SQL 备份数据库

当备份设备添加完成后，接下来就可以备份数据库了，由于其他所有备份类型都依赖于完整备份，因此，完整备份是其他备份策略中都要求完成的第一种备份类型，所以要先执行完整备份，之后才可以执行差异备份和事务日志备份。

18.3.1　完整备份与差异备份

完整备份将对整个数据库中的表、视图、触发器和存储过程等数据库对象进行备份，同时还对能够恢复数据的事务日志进行备份，完整备份的操作过程比较简单。基本语法格式如下：

```
BACKUP DATABASE { database_name | @database_name_var }
TO <backup_device> [ ,…n ]
 [ WITH
{
COPY_ONLY
| NAME = { backup_set_name | @backup_set_name_var }
| { NOINIT | INIT }
| DESCRIPTION = { 'text' | @text_variable }
| NAME = { backup_set_name | @backup_set_name_var }
| PASSWORD = { password | @password_variable }
| { EXPIREDATE = { 'date' | @date_var }
| RETAINDAYS = { days | @days_var } } [ ,…n ]
}
]
[;]
```

主要参数介绍如下。

- DATABASE：指定一个完整数据库备份。
- { database_name | @database_name_var }：备份事务日志、部分数据库或完整的数据库时所用的源数据库。如果作为变量（@database_name_var）提供，则可以将该名称指定为字符串常量（@database_name_var = database name）或指定为字符串数据类型（ntext 或 text 数据类型除外）的变量。
- <backup_device>：指定用于备份操作的逻辑备份设备或物理备份设备。
- COPY_ONLY：指定备份为仅复制备份，该备份不影响正常的备份顺序。仅复制备份是独立于定期计划的常规备份而创建的。仅复制备份不会影响数据库的总体备份和还原过程。
- { NOINIT | INIT }：控制备份操作是追加到还是覆盖备份媒体中的现有备份集。默认为追加到媒体中最新的备份集（NOINIT）。
- NOINIT：表示备份集将追加到指定的媒体集上，以保留现有的备份集。如果为媒体集定义了媒体密码，则必须提供密码。NOINIT 是默认设置。
- INIT：指定应覆盖所有备份集，但是保留媒体标头。如果指定了 INIT，将覆盖该设备上所有现有的备份集（如果条件允许）。
- NAME = { backup_set_name | @backup_set_name_var }：指定备份集的名称。
- DESCRIPTION = { 'text' | @text_variable }：指定说明备份集的自由格式文本。
- NAME = { backup_set_name | @backup_set_var }：指定备份集的名称。如果未指定 NAME，它将为空。
- PASSWORD = { password | @password_variable }：为备份集设置密码。PASSWORD 是一个字符串。
- { EXPIREDATE ='date' || @date_var }：指定允许覆盖该备份的备份集的日期。
- RETAINDAYS = { days | @days_var }：指定必须经过多少天才可以覆盖该备份媒体集。

1. 创建完整数据库备份

【例 18-4】创建 test 数据库的完整备份，备份设备为创建好的“test 数据库备份”本地备份设备，输入语句如下：

```
BACKUP DATABASE test
TO test 数据库备份
WITH INIT,
NAME='test 数据库完整备份',
DESCRIPTION='该文件为 test 数据库的完整备份'
```

输入完成，单击“执行”按钮，备份过程如图 18-10 所示。

注意： *差异数据库备份比完整数据库备份数据量更小、速度更快，这缩短了备份的时间，但同时会增加备份的复杂程度。*

2. 创建差异数据库备份

差异数据库备份也使用 BACKUP 菜单命令，与完整备份菜单命令语法格式基本相同，只是在使用菜单命令时在 WITH 选项中指定 DIFFERENTIAL 参数。

【例 18-5】对 test 做一次差异数据库备份，输入语句如下：

```
BACKUP DATABASE test
TO test 数据库备份
WITH DIFFERENTIAL,NOINIT,
NAME='test 数据库差异备份',
DESCRIPTION='该文件为 test 数据库的差异备份'
```

输入完成，单击“执行”按钮，备份过程如图 18-11 所示。

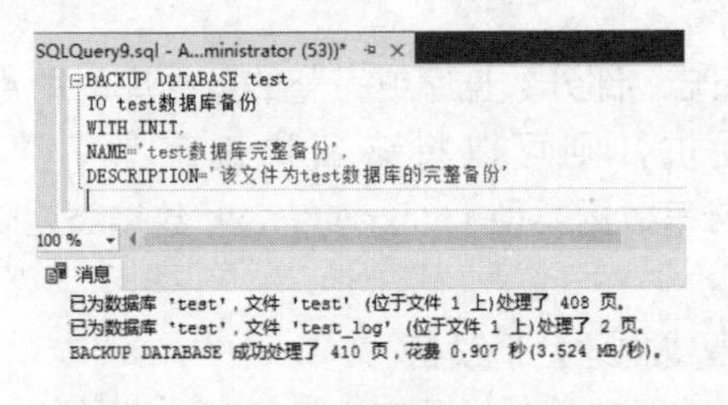

图 18-10　创建完整数据库备份

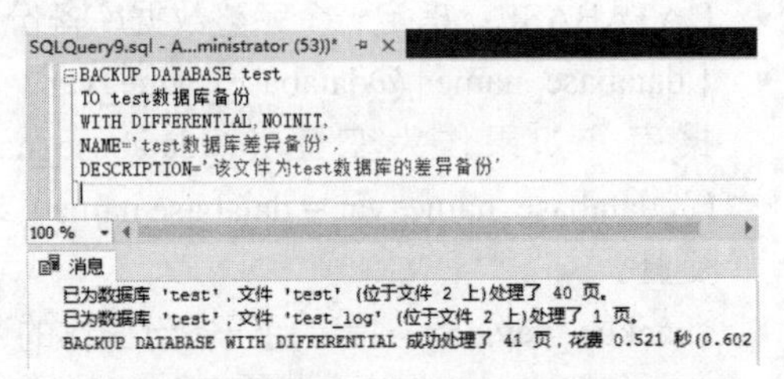

图 18-11　创建 test 数据库差异备份

提示： *在创建差异备份时使用了 NOINIT 选项，该选项表示备份数据追加到现有备份集，避免覆盖已经存在的完整备份。*

18.3.2　文件和文件组备份

对于大型数据库，每次执行完整备份需要消耗大量时间，SQL Server 2016 提供的文件和文件组的备份就是为了解决大型数据库的备份问题。

创建文件和文件组备份之前，必须要先创建文件组，下面在 test_db 数据库中添加一个新的数据库文件，并将该文件添加至新的文件组，操作步骤如下。

步骤 1：使用 Windows 或者 SQL Server 身份验证登录到服务器，在“对象资源管理”窗口中的服务器结点下，依次打开“数据库”→test_db 结点，右击 test_db 数据库，从弹出的快捷菜单中选择“属性”菜单命令，打开“数据库属性”窗口。

步骤 2：在“数据库属性”窗口中，选择左侧的“文件组”选项，在右侧选项卡中，单击“添加”按钮，在“名称”文本框中输入 SecondFileGroup，如图 18-12 所示。

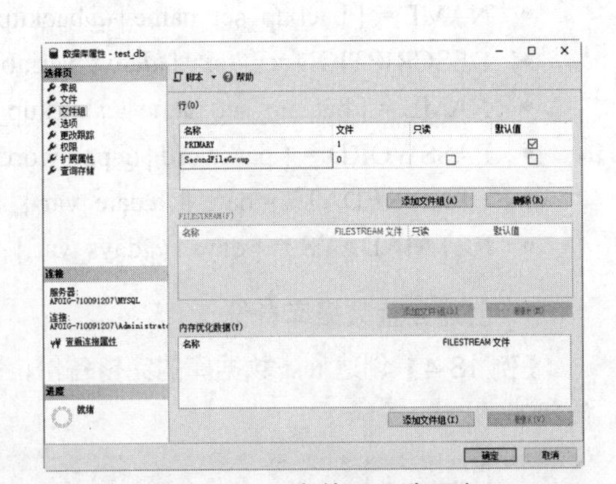

图 18-12　“文件组”选项卡

步骤 3：选择“文件”选项，在右侧选项卡中，单击“添加”按钮，然后设置逻辑名称为 testDataDump、文件类型为行数据、文件组为 SecondFileGroup、初始大小为 3MB、路径为默认、文件名为 testDataDump.mdf，结果如图 18-13 所示。

步骤 4：单击“确定”按钮，在 SecondFileGroup 文件组上创建了这个新文件。

步骤 5：右击 test_db 数据库中的 stu_info 表，从弹出的快捷菜单中选择“设计”菜单命令，打开表设计器，然后选择“视图”→“属性窗口”菜单命令。

步骤 6：打开“属性”窗口，展开“常规数据库空间规范”结点，并将“文件组或分区方案”设置为 SecondFileGroup，如图 18-14 所示。

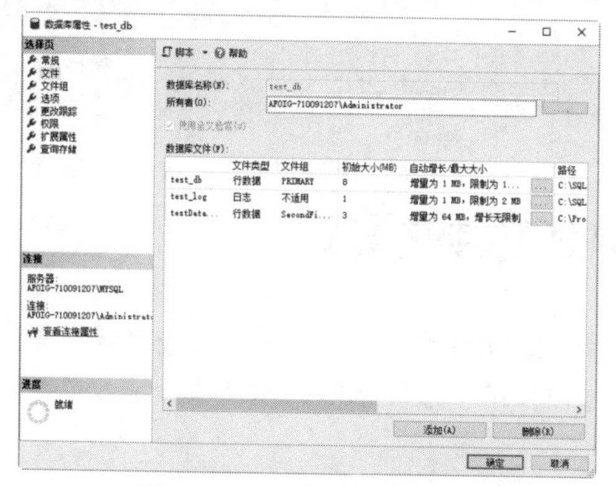

图 18-13 “文件”选项卡

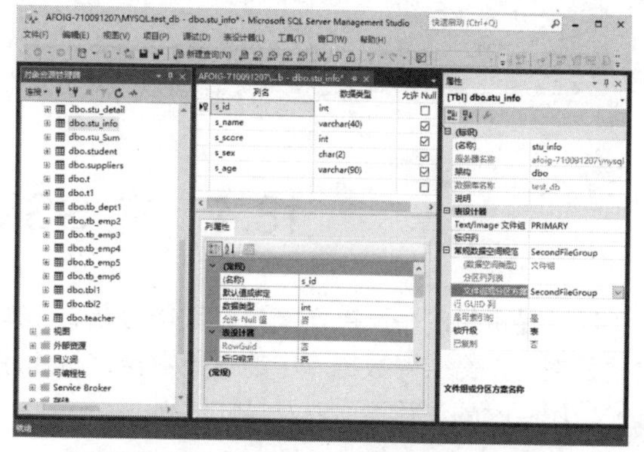

图 18-14 设置文件组或分区方案名称

步骤 7：单击“全部保存”按钮，完成当前表的修改，并关闭“表设计器”窗口和“属性”窗口。

创建文件组完成，下面是用 BACKUP 语句对文件组进行备份，BACKUP 语句备份文件组的语法格式如下：

```
BACKUP DATABASE database_name
<file_or_filegroup> [ ,...n ]
TO <backup_device> [ ,...n ]
WITH options
```

主要参数介绍如下。

- file_or_filegroup：指定要备份的文件或文件组，如果是文件，则写作“FILE=逻辑文件名”；如果是文件组，则写作“FILEGROUP=逻辑文件组名”。
- WITH options：指定备份选项，与前面介绍的参数作用相同。

【例 18-6】将 test 数据库中添加的文件组 SecondFileGroup，备份到本地备份设备“test 数据库备份”，输入语句下：

```
BACKUP DATABASE test
FILEGROUP='SecondFileGroup'
TO test 数据库备份
WITH NAME='test 文件组备份', DESCRIPTION='test 数据库的文件组备份'
```

18.3.3 事务日志备份

使用事务日志备份，除了运行还原备份事务外，还可以将数据库恢复到故障点或特定时间点，并且事务日志备份比完整备份占用更少的资源，可以频繁地执行事务日志备份，减少数据丢失的风险。创建事务日志备份使用 BACKUP LOG 语句，其基本语法格式如下：

```
BACKUP LOG { database_name | @database_name_var }
TO <backup_device> [ ,...n ]
[ WITH
NAME = { backup_set_name | @backup_set_name_var }
| DESCRIPTION = { 'text' | @text_variable }
]
{ { NORECOVERY | STANDBY = undo_file_name }} [ ,...n ] ]
```

LOG 指定仅备份事务日志，该日志是从上一次成功执行的日志备份到当前日志的末尾，必须创建完整备份，才能创建第一个日志备份，其他各参数与前面介绍的各个备份语句中的参数的作用相同。

【例 18-7】对 test 数据库执行事务日志备份，要求追加到现有的备份设备“test 数据库备份”上，输入语句如下：

```
BACKUP LOG test
TO test 数据库备份
WITH NOINIT,NAME='test 数据库事务日志备份',
DESCRIPTION='test 数据库事务日志备份'
```

18.4 在 SSMS 中还原数据库

还原是备份的相反操作，当完成备份之后，如果发生硬件或软件的损坏、意外事故或者操作失误导致数据丢失时，需要对数据库中的重要数据进行还原，还原过程和备份过程相似，本节将介绍数据库还原的方式、还原时的注意事项以及具体过程。

18.4.1 还原数据库的方式

前面介绍了 4 种备份数据库的方式，在还原时也可以使用 4 种方式，分别是完整备份还原、差异备份还原、事务日志备份还原，以及文件和文件组备份还原。

1. 完整备份还原

完整备份是差异备份和事务日志备份的基础，同样在还原时，第一步要先做完整备份还原，完整备份还原将还原完整备份文件。

2. 差异备份还原

完整备份还原之后，可以执行差异备份还原。例如，在周末晚上执行一次完整数据库备份，以后每隔一天创建一个差异备份集，如果在周三数据库发生了故障，则首先用最近一个周末的完整备份做一个完整备份还原，然后还原周二做的差异备份。如果在差异备份之后还有事务日志备份，那么还应该还原事务日志备份。

3. 事务日志备份还原

事务日志备份相对比较频繁，因此事务日志备份的还原步骤比较多。例如，周末对数据库进行完整备份，每天晚上 8 点对数据库进行差异备份，每隔 3 个小时做一次事务日志备份。如果周三早上 9 点钟数据库发生故障，那么还原数据库的步骤如下：首先恢复周末的完整备份，然后恢复周二下午做的差异备份，最后依次还原差异备份到损坏为止的每一个事务日志备份，即周二晚上 11 点、周三早上 2 点、周三早上 5 点和周三早上 8 点所做的事务日志备份。

4. 文件和文件组备份还原

该还原方式并不常用，只有当数据库中文件或文件组发生损坏时，才使用这种还原方式。

18.4.2 还原数据库前要注意的事项

还原数据库备份之前，需要检查备份设备或文件，确认要还原的备份文件或设备是否存在，并检查备份文件或备份设备里的备份集是否正确无误。

验证备份集中内容的有效性可以使用 RESTORE VERIFYONLY 语句，该语句不仅可以验证备份集是否完整、整个备份是否可读，还可以对数据库执行额外的检查，从而及时地发现错误。RESTORE VERIFYONLY 语句的基本语法格式如下：

```
RESTORE VERIFYONLY
FROM <backup_device> [ ,…n ]
[ WITH
{
 MOVE 'logical_file_name_in_backup' TO 'operating_system_file_name'  [ ,…n ]
| FILE = { backup_set_file_number | @backup_set_file_number }
| PASSWORD = { password | @password_variable }
| MEDIANAME = { media_name | @media_name_variable }
| MEDIAPASSWORD = { mediapassword | @mediapassword_variable }
| { CHECKSUM | NO_CHECKSUM }
| { STOP_ON_ERROR | CONTINUE_AFTER_ERROR }
| STATS [ = percentage ]
} [ ,…n ]
]
[;]
<backup_device> ::=
{
{ logical_backup_device_name | @logical_backup_device_name_var }
| { DISK | TAPE } = { 'physical_backup_device_name'
| @physical_backup_device_name_var }
}
```

主要参数介绍如下。

- MOVE 'logical_file_name_in_backup' TO 'operating_system_file_name' [⋯n]：对于由 logical_file_name_in_backup 指定的数据或日志文件，应当通过将其还原到 operating_system_file_name 所指定的位置来对其进行移动。默认情况下，logical_file_name_in_backup 文件将还原到它的原始位置。
- FILE ={ backup_set_file_number | @backup_set_file_number }：标识要还原的备份集。例如，backup_set_file_number 为 1，指示备份媒体中的第一个备份集；backup_set_file_number 为 2，指示第二个备份集。可以通过使用 RESTORE HEADERONLY 语句来获取备份集的 backup_set_file_number。未指定时，默认值是 1。
- MEDIANAME = { media_name | @media_name_variable}：指定媒体名称。
- MEDIAPASSWORD = { mediapassword | @mediapassword_variable }：提供媒体集的密码。媒体集密码是一个字符串。
- { CHECKSUM | NO_CHECKSUM }：默认行为是在存在校验和时验证校验和，不存在校验和时不进行验证并继续执行操作。
- CHECKSUM：指定必须验证备份校验和，在备份缺少备份校验和的情况下，该选项将导致还原操作失败，并会发出一条消息表明校验和不存在。
- NO_CHECKSUM：显式禁用还原操作的校验和验证功能。
- STOP_ON_ERROR：指定还原操作在遇到第一个错误时停止。这是 RESTORE 的默认行为，但对于 VERIFYONLY 例外，后者的默认值是 CONTINUE_AFTER_ERROR。
- CONTINUE_AFTER_ERROR：指定遇到错误后继续执行还原操作。
- STATS [= percentage]：每当另一个百分比完成时显示一条消息，并用于测量进度。如果省略 percentage，则 SQL Server 每完成 10%（近似）就显示一条消息。
- {logical_backup_device_name | @logical_backup_device_name_var }：是由 sp_addumpdevice 创建的

备份设备（数据库将从该备份设备还原）的逻辑名称。

- {DISK | TAPE}={'physical_backup_device_name' | @physical_backup_device_name_var}：允许从命名磁盘或磁带设备还原备份。

【例 18-8】检查名称为“test 数据库备份”的设备是否有误，输入语句如下：

```
RESTORE VERIFYONLY FROM test 数据库备份
```

单击“执行”按钮，运行结果如图 18-15 所示。

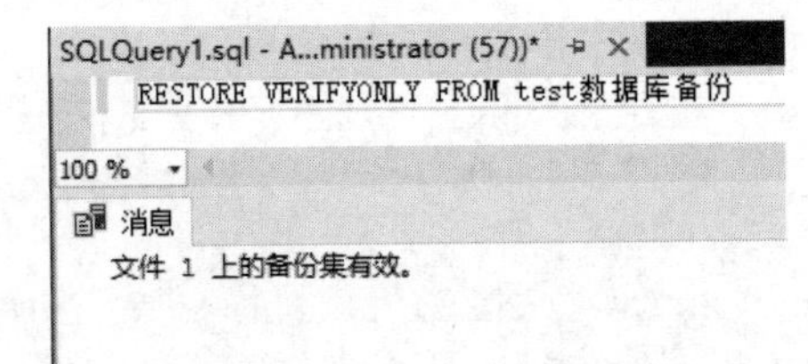

图 18-15　备份设备检查

默认情况下，RESTORE VERIFYONLY 检查第一个备份集，如果一个备份设备中可以包含多个备份集，例如，要检查“test 数据库备份”设备中的第二个备份集是否正确，可以指定 FILE 值为 2，语句如下：

```
RESTORE VERIFYONLY
FROM test 数据库备份 WITH FILE=2
```

在还原之前还要查看当前数据库是否还有其他人正在使用，如果还有其他人在使用，将无法还原数据库。

18.4.3　还原数据库备份文件

还原数据库备份是指根据保存的数据库备份，将数据库还原到某个时间点的状态。在 SQL Server 管理平台中，还原数据库的具体操作步骤如下。

步骤 1：使用 Windows 或 SQL Server 身份验证连接到服务器，在“对象资源管理器”窗口中，选择要还原的数据库右击，依次从弹出的快捷菜单中选择“任务”→“还原”→“数据库”菜单命令，如图 18-16 所示。

步骤 2：打开“还原数据库”窗口，包含“常规”选项卡、“文件”选项卡和“选项”选项卡。在“常规”选项卡中可以设置“源”和“目标”等信息，如图 18-17 所示。

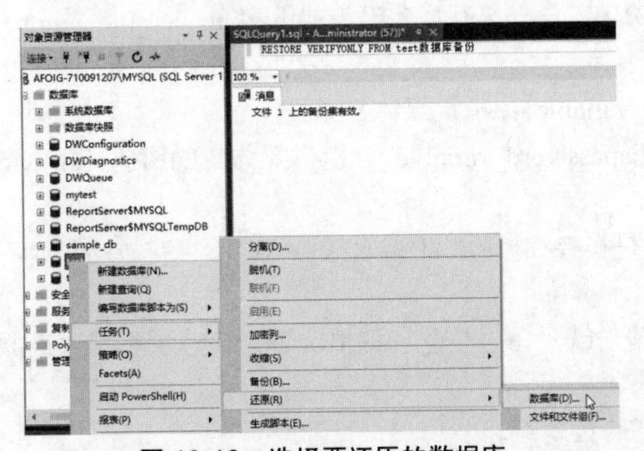

图 18-16　选择要还原的数据库

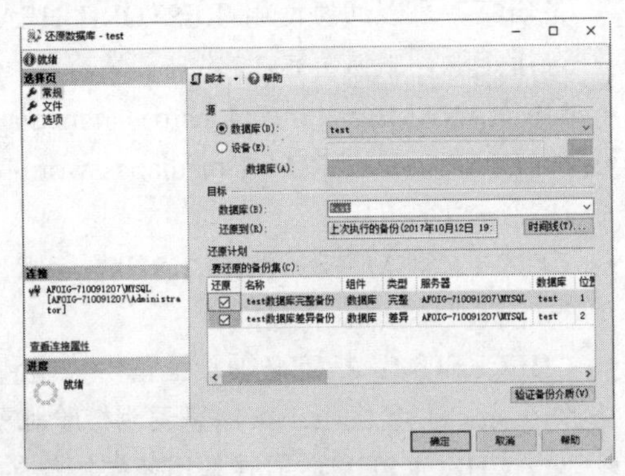

图 18-17　“还原数据库”窗口

“常规”选项卡可以对如下几个选项进行设置。

- “目标数据库”：选择要还原的数据库。
- “目标时间点”：用于当备份文件或设备中的备份集很多时，指定还原数据库的时间，有事务日志备份支持的话，可以还原到某个时间的数据库状态。默认情况下，该选项的值为最近状态。
- “源”区域：指定用于还原的备份集的源和位置。

- “要还原的备份集”列表框：列出了所有可用的备份集。

步骤 3：选择“选项”选项卡，用户可以设置具体的还原选项，结尾日志备份和服务器连接等信息，如图 18-18 所示。

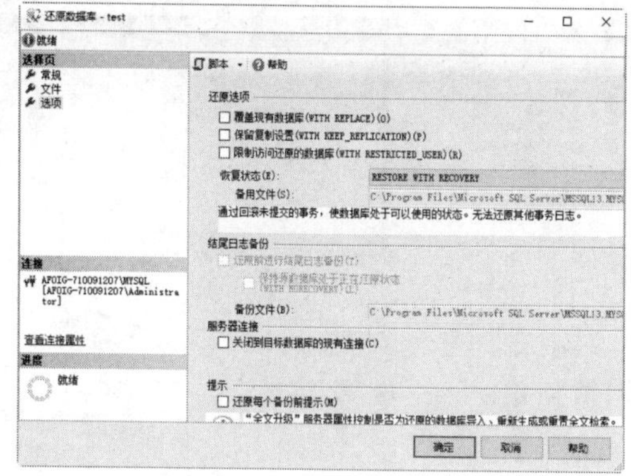

图 18-18 “选项”选项卡

“选项”选项卡中可以设置如下选项。

- “覆盖现有数据库”选项：会覆盖当前所有数据库以及相关文件，包括已存在的同名的其他数据库或文件。
- “保留复制设置”选项：会将已发布的数据库还原到创建该数据库的服务器之外的服务器时，保留复制设置。只有选择“回滚未提交的事务，使数据库处于可以使用的状态。无法还原其他事务日志”单选按钮之后，该选项才可以使用。
- “还原每个备份前提示”选项：在还原每个备份设备前都会要求用户进行确认。
- “限制访问还原的数据库”选项：使还原的数据库仅供 db_owner、dbcreator 或 sysadmin 的成员使用。
- “将数据库文件还原为”列表框：可以更改数据库还原的目标文件路径和名称。

“恢复状态”区域有三个选项。

- “回滚未提交的事务，使数据库处于可以使用的状态。无法还原其他事务日志”选项：可以让数据库在还原后进入可正常使用的状态，并自动恢复尚未完成的事务，如果本次还原是还原的最后一步，可以选择该选项。
- “不对数据库执行任何操作，不回滚未提交的事务。可以还原其他事务日志”选项：可以在还原后不恢复未完成的事务操作，但可以继续还原事务日志备份或差异备份，让数据库恢复到最接近目前的状态。
- “使数据库处于只读模式。撤销未提交的事务，但将撤销操作保存在备用文件中，以便可使恢复效果逆转”选项：可以在还原后恢复未完成事务的操作，并使数据库处于只读状态，如果要继续还原事务日志备份，还必须知道一个还原文件来存放被恢复的事务内容。

步骤 4：完成上述参数设置之后，单击“确定”按钮进行还原操作。

18.4.4 还原文件和文件组备份

文件还原的目标是还原一个或多个损坏的文件，而不是还原整个数据库。在 SQL Server 管理平台中还原文件和文件组的具体操作步骤如下。

步骤 1：在“对象资源管理器”窗口中，选择要还原的数据库右击，依次从弹出的快捷菜单中选择“任务”→“还原”→“文件和文件组”菜单命令，如图 18-19 所示。

步骤 2：打开“还原文件和文件组”窗口，设置还原的目标和源，如图 18-20 所示。

在“还原文件和文件组”窗口中，可以对如下选项进行设置。

- “目标数据库”下拉列表框：可以选择要还原的数据库。
- “还原的源”区域：用来选择要还原的备份文件或备份设备，用法与还原数据库完整备份相同，不再赘述。
- “选择用于还原的备份集”列表框：可以选择要还原的备份集。该区域列出的备份集中不仅包含文件和文件组的备份，还包括完整备份、差异备份和事务日志备份，这里不仅可以恢复文件和文件组备份，还可以恢复完整备份、差异备份和事务备份。

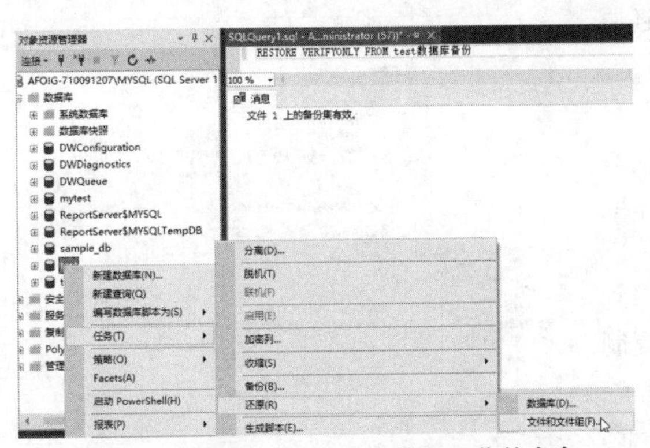

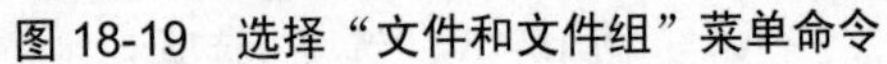
图 18-19　选择“文件和文件组”菜单命令

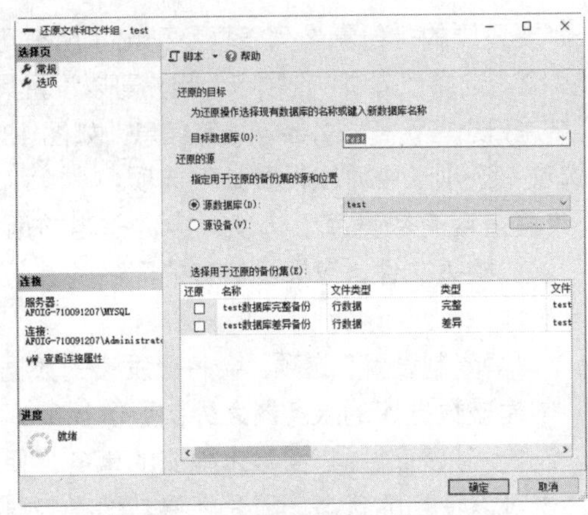

图 18-20　“还原文件和文件组”窗口

步骤 3：“选项”选项卡中的内容与前面介绍的相同，读者可以参考进行设置，设置完毕，单击“确定”按钮，执行还原操作。

18.5　使用 SQL 还原数据库

除了在 SSMS 中还原数据库外，用户还可以使用 SQL 语句对数据库进行还原操作，RESTORE DATABASE 语句可以执行完整备份还原、差异备份还原、文件和文件组备份还原，如果要还原事务日志备份，则使用 RESTORE LOG 语句。

18.5.1　完整备份还原

数据库完整备份还原的目的是还原整个数据库。整个数据库在还原期间处于脱机状态。执行完整备份还原的 RESTORE 语句基本语法格式如下：

```
RESTORE DATABASE { database_name | @database_name_var }
 [ FROM <backup_device> [ ,···n ] ]
 [ WITH
{
[ {CHECKSUM | NO_CHECKSUM} ]
| [ {CONTINUE_AFTER_ERROR | STOP_ON_ERROR}]
| [RECOVERY|NORECOVERY|STANDBY=
{standby_file_name | @standby_file_name_var }  ]
| FILE = { backup_set_file_number | @backup_set_file_number }
| PASSWORD = { password | @password_variable }
| MEDIANAME = { media_name | @media_name_variable }
| MEDIAPASSWORD = { mediapassword | @mediapassword_variable }
| { CHECKSUM | NO_CHECKSUM }
| { STOP_ON_ERROR | CONTINUE_AFTER_ERROR }
| MOVE 'logical_file_name_in_backup' TO 'operating_system_file_name'
        [ ,···n ]
| REPLACE
| RESTART
 | RESTRICTED_USER
| ENABLE_BROKER
 | ERROR_BROKER_CONVERSATIONS
 | NEW_BROKER
```

```
| STOPAT = {'datetime' | @datetime_var }
| STOPATMARK = {'mark_name' | 'lsn:lsn_number' } [ AFTER 'datetime' ]
 | STOPBEFOREMARK = {'mark_name' | 'lsn:lsn_number' } [ AFTER 'datetime' ]
 }
]
[;]

<backup_device>::=
{
   { logical_backup_device_name |
          @logical_backup_device_name_var }
 | { DISK | TAPE } = { 'physical_backup_device_name' |
          @physical_backup_device_name_var }
}
```

主要参数介绍如下。

- RECOVERY：指示还原操作回滚任何未提交的事务。在恢复进程后即可随时使用数据库。如果既没有指定 NORECOVERY 和 RECOVERY，也没有指定 STANDBY，则默认为 RECOVERY。
- NORECOVERY：指示还原操作不回滚任何未提交的事务。
- STANDBY = standby_file_name：指定一个允许撤销恢复效果的备用文件。standby_file_name 指定了一个备用文件，其位置存储在数据库的日志中。如果某个现有文件使用了指定的名称，该文件将被覆盖，否则数据库引擎会创建该文件。
- MOVE：将逻辑名指定的数据文件或日志文件还原到所指定的位置。
- REPLACE：指定即使存在另一个具有相同名称的数据库，SQL Server 也应该创建指定的数据库及其相关文件。在这种情况下将删除现有的数据库。如果不指定 REPLACE 选项，则会执行安全检查。这样可以防止意外覆盖其他数据库。REPLACE 还会覆盖在恢复数据库之前备份尾日志的要求。
- RESTART：指定 SQL Server 应重新启动被中断的还原操作。RESTART 从中断点重新启动还原操作。
- RESTRICTED_USER：限制只有 db_owner、dbcreator 或 sysadmin 角色的成员才能访问新近还原的数据库。
- ENABLE_BROKER：指定在还原结束时启用 Service Broker 消息传递，以便可以立即发送消息。默认情况下，还原期间禁用 Service Broker 消息传递。数据库保留现有的 Service Broker 标识符。
- ERROR_BROKER_CONVERSATIONS：结束所有会话，并产生一个错误指出数据库已附加或还原。这样，应用程序即可为现有会话执行定期清理。在此操作完成之前，Service Broker 消息传递始终处于禁用状态，此操作完成后即处于启用状态。数据库保留现有的 Service Broker 标识符。
- NEW_BROKER：指定为数据库分配新的 Service Broker 标识符。
- STOPAT ={'datetime' | @datetime_var}：指定将数据库还原到它在 datetime 或 @datetime_var 参数指定的日期和时间时的状态。
- STOPATMARK ={'mark_name' | 'lsn:lsn_number' } [AFTER 'datetime']：指定恢复至指定的恢复点。恢复中包括指定的事务，但是，仅当该事务最初于实际生成事务时已获得提交，才可进行本次提交。
- STOPBEFOREMARK = { 'mark_name' | 'lsn:lsn_number' } [AFTER 'datetime']：指定恢复至指定的恢复点为止。在恢复中不包括指定的事务，且在使用 WITH RECOVERY 时将回滚。

【例 18-9】使用备份设备还原数据库，输入语句如下：

```
USE master;
GO
RESTORE DATABASE test FROM test数据库备份
WITH REPLACE
```

该段代码指定 REPLACE 参数，表示对 test 数据库执行恢复操作时将覆盖当前数据库。

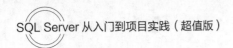

【例 18-10】使用备份文件还原数据库，输入语句如下：

```
USE master
GO
RESTORE DATABASE test
FROM DISK='C:\Program Files\Microsoft SQL Server\MSSQL10.MSSQLSERVER\MSSQL\Backup\test 数据库备份.bak'
WITH REPLACE
```

18.5.2 差异备份还原

差异备份还原与完整备份还原的语法基本一样，只是在还原差异备份时，必须先还原完整备份，再还原差异备份。完整备份和差异备份可能在同一个备份设备中，也可能不在同一个备份设备中。如果在同一个备份设备中应使用 file 参数指定备份集。无论备份集是否在同一个备份设备中，除了最后一个还原操作，其他所有还原操作都必须加上 NORECOVERY 或 STANDBY 参数。

【例 18-11】执行差异备份还原，输入语句如下：

```
USE master;
GO
RESTORE DATABASE test FROM test 数据库备份
WITH FILE = 1, NORECOVERY, REPLACE
GO
RESTORE DATABASE test FROM test 数据库备份
WITH FILE = 2
GO
```

前面对 test 数据库备份时，在备份设备中差异备份是“test 数据库备份”设备中的第二个备份集，因此需要指定 FILE 参数。

18.5.3 事务日志备份还原

与差异备份还原类似，事务日志备份还原时只要知道它在备份设备中的位置即可。还原事务日志备份之前，必须先还原在其之前的完整备份，除了最后一个还原操作，其他所有操作都必须加上 NORECOVERY 或 STANDBY 参数。

【例 18-12】事务日志备份还原，输入语句如下：

```
USE master
GO
RESTORE DATABASE test FROM test 数据库备份
WITH FILE = 1, NORECOVERY, REPLACE
GO
RESTORE DATABASE test FROM test 数据库备份
WITH FILE = 4
GO
```

因为事务日志恢复中包含日志，所以也可以使用 RESTORE LOG 语句还原事务日志备份，上面的代码可以修改如下。

```
USE master
GO
RESTORE DATABASE test FROM test 数据库备份
WITH FILE = 1, NORECOVERY, REPLACE
GO
RESTORE LOG test FROM test 数据库备份
WITH FILE = 4
GO
```

18.5.4 文件和文件组备份还原

RESTORE DATABASE 语句中加上 FILE 或者 FILEGROUP 参数之后可以还原文件和文件组备份，在还原文件和文件组之后，还可以还原其他备份来获得最近的数据库状态。

【例 18-13】使用名称为“test 数据库备份”的备份设备来还原文件和文件组，同时使用第 7 个备份集来还原事务日志备份，输入语句如下：

```
USE master
GO
RESTORE DATABASE test
FILEGROUP = 'PRIMARY'
FROM test 数据库备份
WITH REPLACE,NORECOVERY
GO
RESTORE LOG test
FROM test 数据库备份
WITH FILE = 7
GO
```

18.5.5 将数据库还原到某个时间点

SQL Server 2016 在创建日志时，同时为日志标上日志号和时间，这样就可以根据时间将数据库恢复到某个特定的时间点。在执行恢复之前，读者可以先向 stu_info 表中插入两条新的记录，然后对 test 数据库进行事务日志备份，具体操作步骤如下。

步骤 1：单击工具栏上的“新建查询”按钮，在新查询窗口中执行下面的 INSERT 语句。

```
USE test;
GO
INSERT INTO stu_info VALUES(22,'张一',80,'男',17);
INSERT INTO stu_info VALUES(23,'张二',80,'男',17);
```

单击“执行”按钮，将向 test 数据库中的 stu_info 表中插入两条新的学生记录，执行结果如图 18-21 所示。

步骤 2：为了执行按时间点恢复，首先要创建一个事务日志备份，使用 BACKUP LOG 语句，输入如下语句。

```
BACKUP LOG test
TO test 数据库备份
```

步骤 3：打开 stu_info 表内容，删除刚才插入的两条记录。

步骤 4：重新登录到 SQL Server 服务器，打开 SSMS，在“对象资源管理器”窗口中，右击 test 数据库，依次从弹出的快捷菜单中选择“任务”→“还原”→“数据库”菜单命令，打开“还原数据库”窗口，单击“时间线”按钮，如图 18-22 所示。

步骤 5：打开“备份时间线：test”窗口，选中“特定日期和时间”单选按钮，输入具体时间，这里设置为刚才执行 INSERT 语句之前的一小段时间，如图 18-23 所示。

步骤 6：单击“确定”按钮，返回“还原数据库”窗口，然后选择备份设备“test 数据库备份”。并选中相关完整和事务日志备份，还原数据库。还原成功之后将弹出还原成功提示对话框，单击“确定”按钮即可，如图 18-24 所示。

为了验证还原之后数据库的状态，读者可以对 stu_info 表执行查询操作，看刚才删除的两条记录是否还原了。

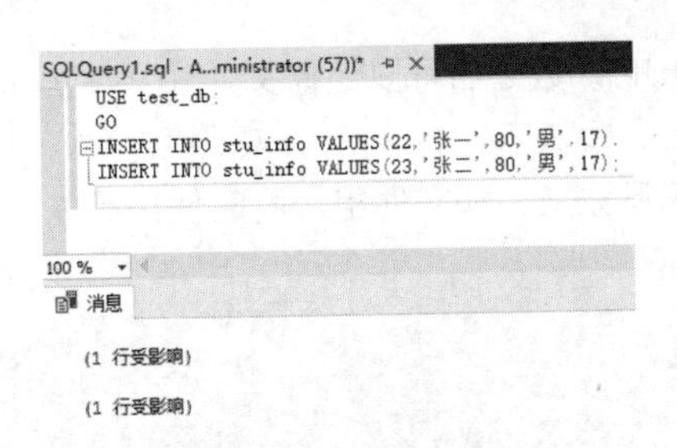

图 18-21　插入两条测试记录

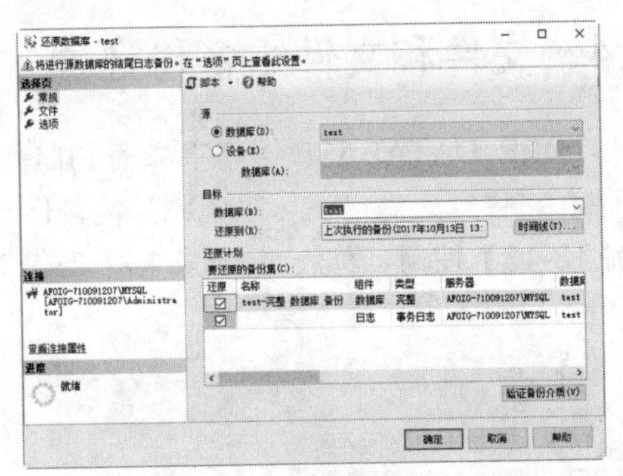

图 18-22　“还原数据库”窗口

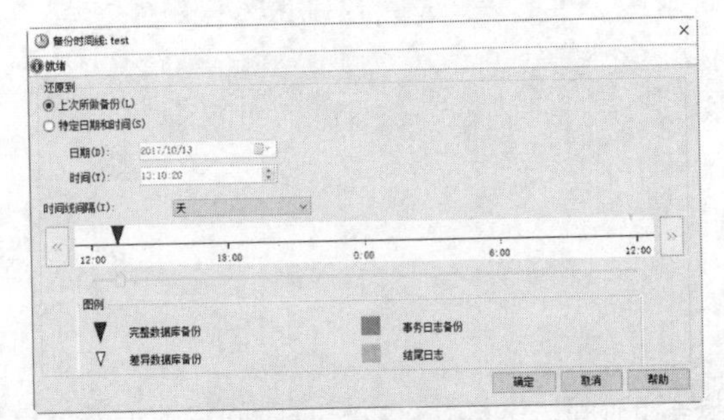

图 18-23　设置时间点

图 18-24　还原成功对话框

18.5.6　将文件还原到新位置上

RESTORE DATABASE 语句可以利用备份文件创建一个在不同位置的新的数据库。

【例 18-14】使用名称为“test 数据库备份”的备份设备的第一个完整备份集合，来创建一个名称为 newtest 的数据库，输入语句如下：

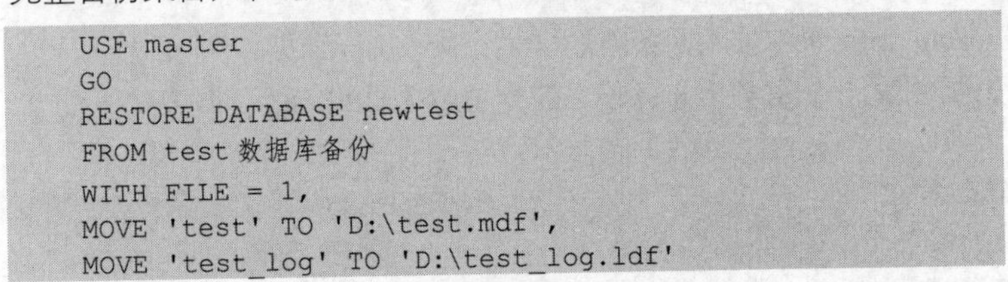

```
USE master
GO
RESTORE DATABASE newtest
FROM test 数据库备份
WITH FILE = 1,
MOVE 'test' TO 'D:\test.mdf',
MOVE 'test_log' TO 'D:\test_log.ldf'
```

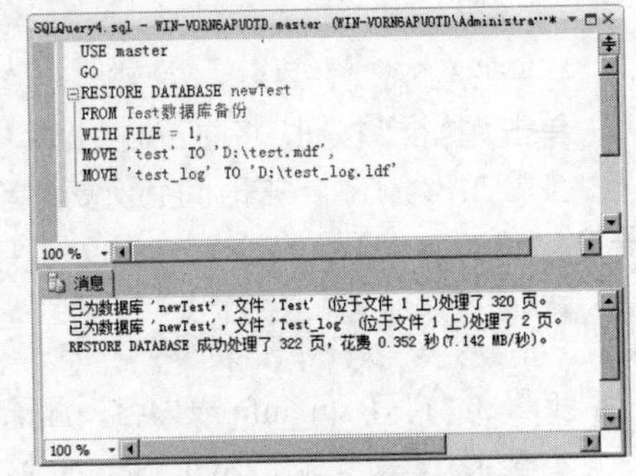

图 18-25　还原文件到新位置上

单击“执行”按钮，执行结果如图 18-25 所示。

打开系统磁盘 D：盘，可以在该盘根目录下看到数据库文件 test.mdf 和日志文件 test_log.ldf。

18.6　数据库安全的其他保护策略

除了给数据库进行备份与还原外，在使用数据库时，还可以设置其他的安全保护策略，从而保护数据库的安全，如建立自动备份维护计划、为数据库加密、动态屏蔽数据库等。

18.6.1　建立自动备份的维护计划

数据库备份非常重要，并且有些数据的备份非常频繁，例如事务日志，如果每次都要把备份的流程执行一遍，那将花费大量的时间，非常烦琐和没有效率。SQL Server 2016 可以建立自动的备份维护计划，减少数据库管理员的工作负担，具体操作步骤如下。

步骤 1：在“对象资源管理器”窗口中选择“SQL Server 代理（已禁用代理 xp）”结点，右击并在弹出的快捷菜单中选择“启动”菜单命令，如图 18-26 所示。

步骤 2：弹出警告对话框，单击“是”按钮，如图 18-27 所示。

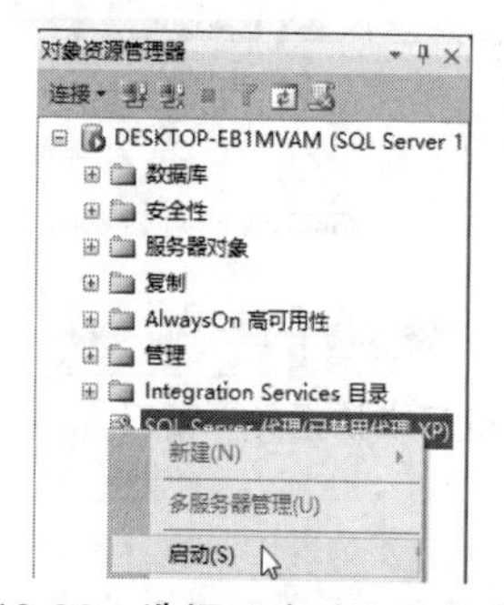

图 18-26 选择“启动”菜单命令

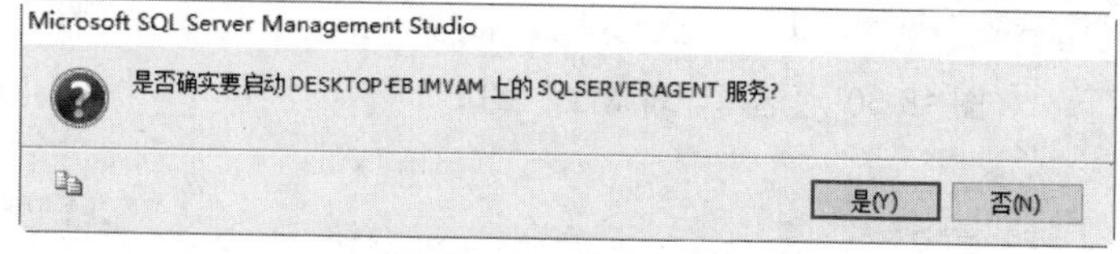

图 18-27 警告对话框

步骤 3：在“对象资源管理器”窗口中，依次打开服务器结点下的“管理”→“维护计划”结点。右击“维护计划”结点，在弹出的快捷菜单中选择“维护计划向导”菜单命令，如图 18-28 所示。

步骤 4：打开“维护计划向导”窗口，单击“下一步”按钮，如图 18-29 所示。

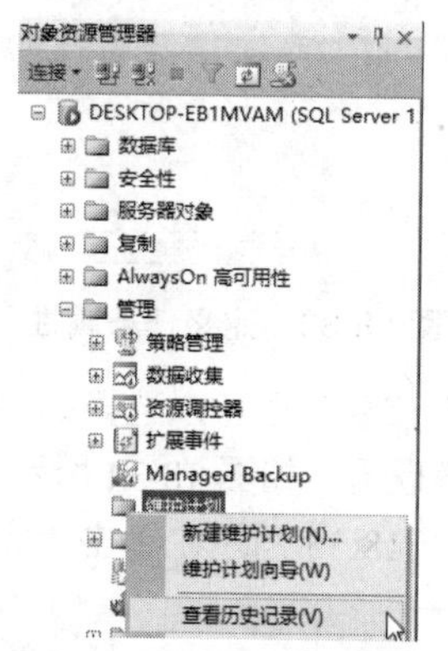

图 18-28 选择“维护计划向导”菜单命令

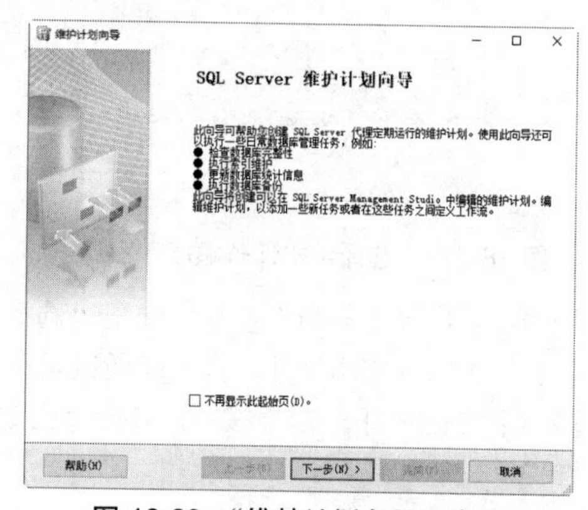

图 18-29 “维护计划向导”窗口

步骤 5：打开“选择计划属性”窗口，在“名称”文本框里可以输入维护计划的名称，在“说明”文本框里可以输入维护计划的说明文字，如图 18-30 所示。

步骤 6：单击“下一步”按钮，进入“选择维护任务”窗口，用户可以选择多种维护任务，例如，检查数据库完整性、收缩数据库、重新组织索引或重新生成索引、执行 SQL Server 代理作业、备份数据库等，这里选择“备份数据库（完整）”复选框。如果要添加其他维护任务，选中前面相应的复选框即可，如图 18-31 所示。

步骤 7：单击“下一步”按钮，打开“选择维护任务顺序”窗口，如果有多个任务，这里可以通过单击“上移”和“下移”两个按钮来设置维护任务的顺序，如图 18-32 所示。

步骤 8：单击“下一步”按钮，打开定义任务属性的窗口，在“数据库”下拉列表框里可以选择要备份的数据库名，在“备份组件”区域里可以选择备份数据库还是数据库文件，还可以选择备份介质为磁盘或磁带等，如图 18-33 所示。

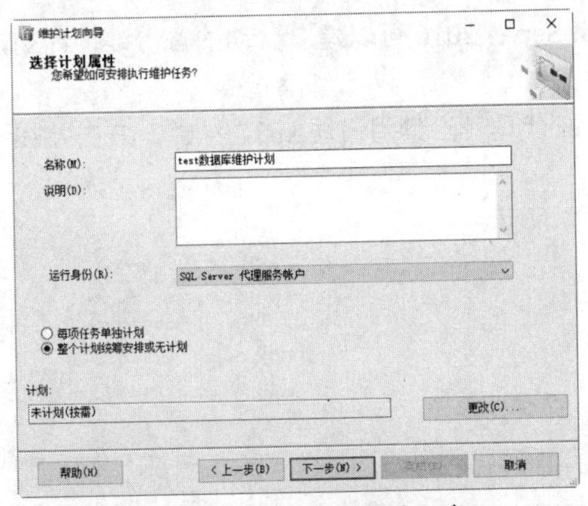

图 18-30 “选择计划属性”窗口

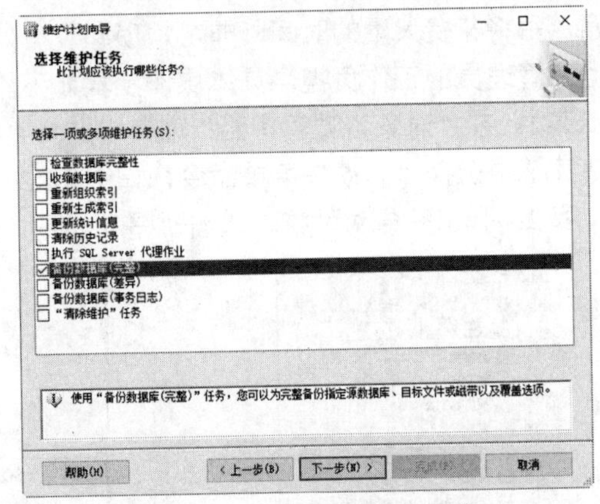

图 18-31 “选择维护任务”窗口

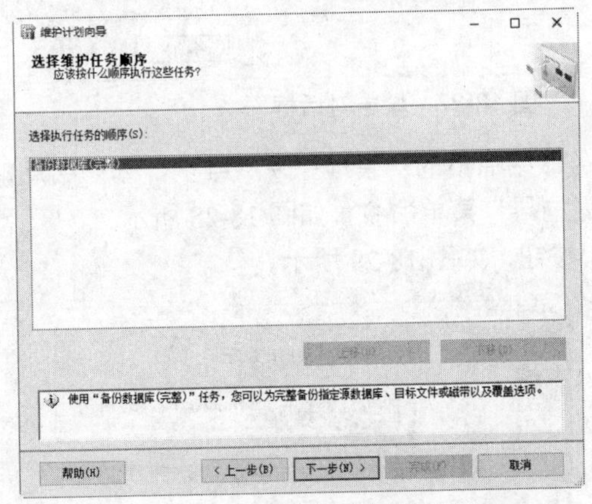

图 18-32 “选择维护任务顺序”窗口

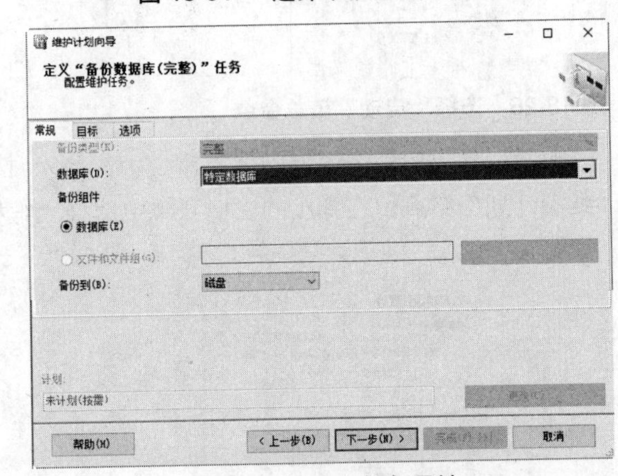

图 18-33 定义任务属性

步骤 9：单击“下一步”按钮，弹出“选择报告选项”窗口，在该窗口里可以选择如何管理维护计划报告，可以将其写入文本文件，也可以通过电子邮件发送给数据库管理员，如图 18-34 所示。

步骤 10：单击“下一步”按钮，弹出“完成该向导”窗口，如图 18-35 所示，单击“完成”按钮，完成创建维护计划的配置。

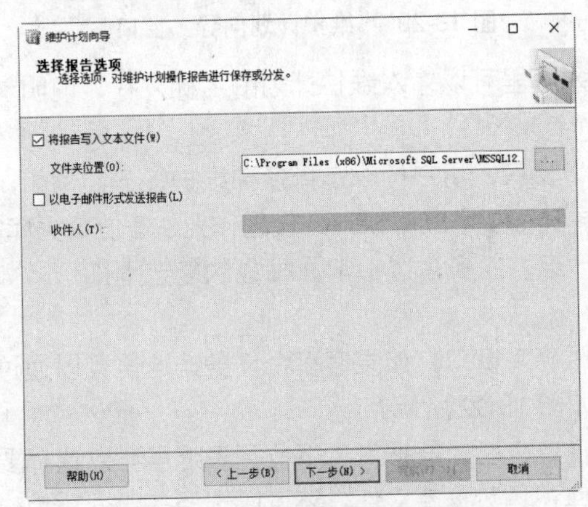

图 18-34 “选择报告选项”窗口

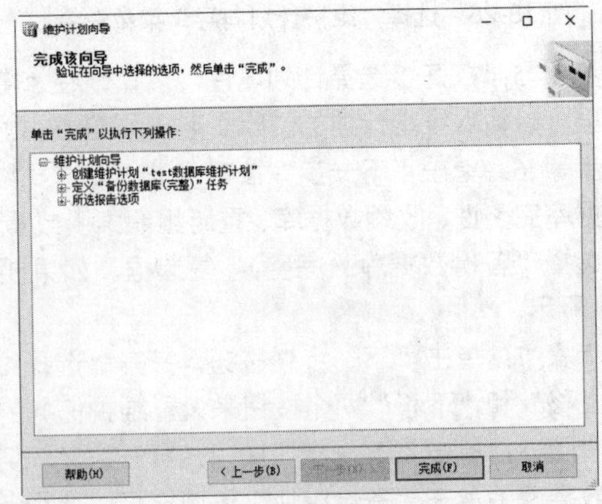

图 18-35 “完成该向导”窗口

步骤 11： SQL Server 2016 将执行创建维护计划任务，如图 18-36 所示，所有步骤执行完毕之后，单击“关闭”按钮，完成维护计划任务的创建。

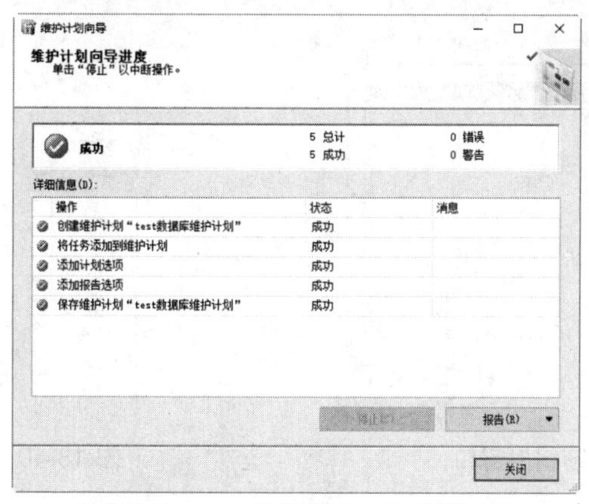

图 18-36　执行维护计划操作

18.6.2　通过安全功能为数据加密

SQL Server 2016 通过新的全程加密（Always Encrypted）特性可以让加密工作变得更简单，这项特性提供的加密方式，可以确保在数据库中不会看到敏感列中的未加密值，并且无须对应用进行重写。

下面将以加密数据表 authors 中的数据为例进行讲解，具体操作步骤如下。

步骤 1：在对象资源管理器中，展开需要加密的数据库，选择“安全性”选项，在其中展开“Always Encrypted 密钥”选项，可以看到“列主密钥”和“列加密密钥”，如图 18-37 所示。

步骤 2：右击“列主密钥”选项，在弹出的快捷菜单中选择“新建列主密钥”菜单命令，如图 18-38 所示。

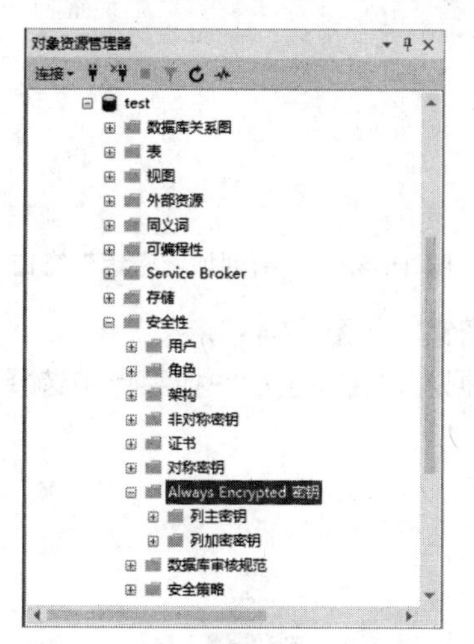

图 18-37　“Always Encrypted 密钥”选项

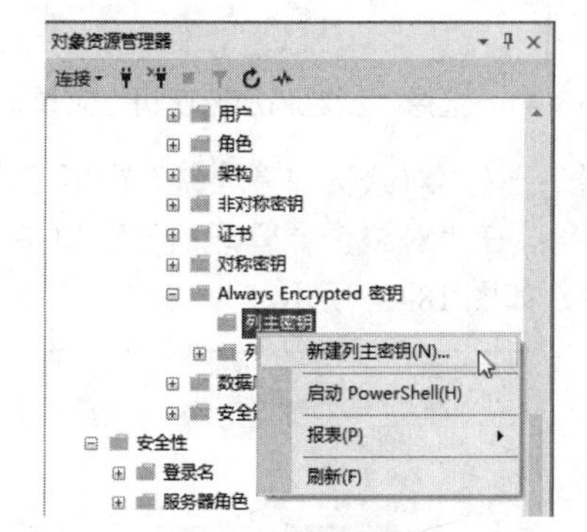

图 18-38　选择“新建列主密钥”菜单命令

步骤 3：打开“新列主密钥”窗口，在“名称”文本框中输入主密钥的名次，然后在“密钥存储”中指定密钥存储提供器，单击“生成证书”按钮，即可生成自签名的证书，如图 18-39 所示。

步骤 4：单击“确定”按钮，即可在“对象资源管理器”中查看新增的列主密钥，如图 18-40 所示。

步骤 5：在对象资源管理器中右击“列加密密钥”选项，并在弹出的快捷菜单中选择“新建列加密密钥”菜单命令，如图 18-41 所示。

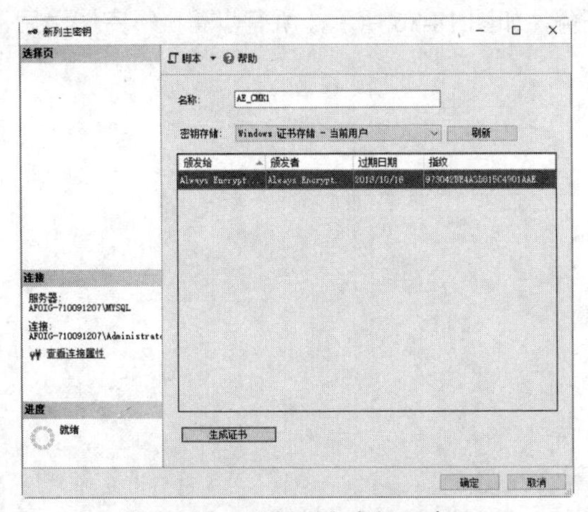

图 18-39　“新列主密钥”窗口

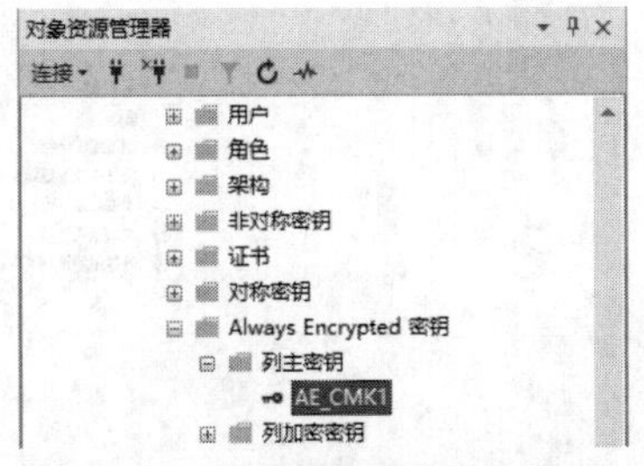

图 18-40　查看新增的列主密钥

步骤 6：打开“新列加密密钥”窗口，在“名称”中输入加密密钥的名称，选择列主密钥为 AE_CMK1 选项，单击“确定”按钮，如图 18-42 所示。

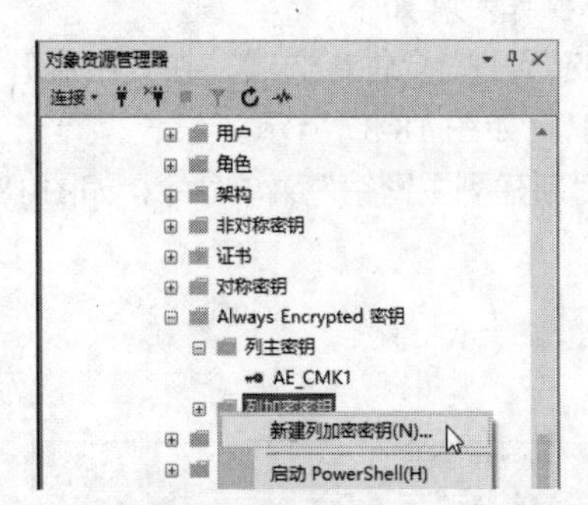

图 18-41　选择“新建列加密密钥”菜单命令

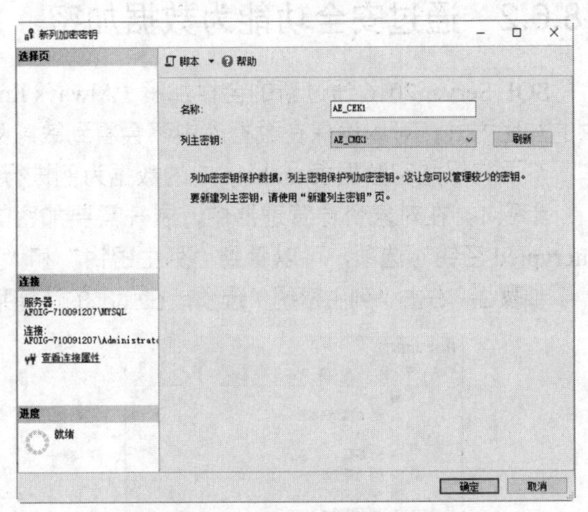

图 18-42　“新列加密密钥”窗口

步骤 7：在“对象资源管理器”窗口中查看新建的列加密密钥，如图 18-43 所示。

步骤 8：在“对象资源管理器”窗口中右击需要加密的数据表，在弹出的快捷菜单中选择“加密列”菜单命令，如图 18-44 所示。

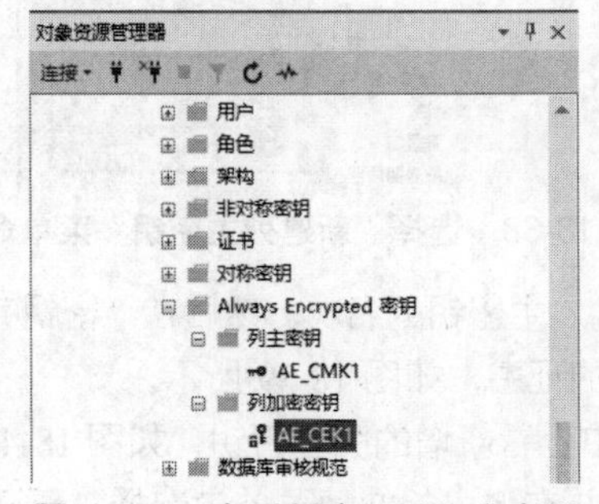

图 18-43　查看新建的列加密密钥

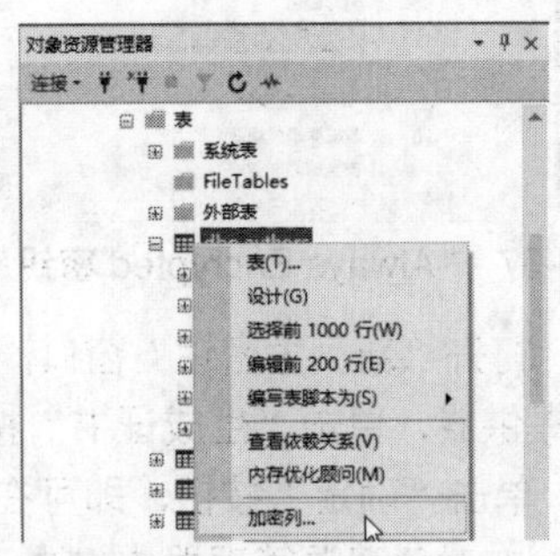

图 18-44　“加密列”命令

步骤 9：打开“简介”窗口，单击“下一步”按钮，如图 18-45 所示。

步骤 10：打开“列表框”窗口，选择需要加密的列，然后选择加密类型和加密密钥，如图 18-46 所示。

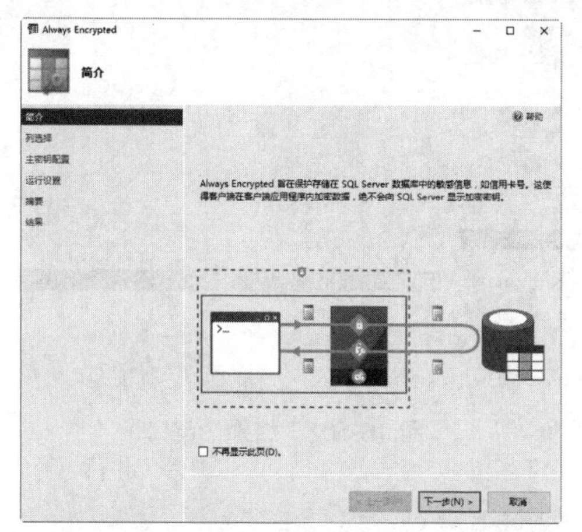

图 18-45 选择“列加密密钥”菜单命令

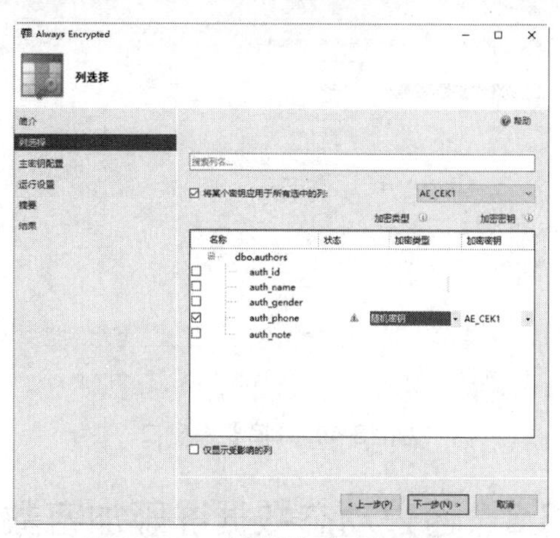

图 18-46 “新列加密密钥”窗口

提示：在“列表框”窗口中，加密类型有两种：“确定型加密”与“随机加密”。确定型加密能够确保对某个值加密后的结果始终是相同的，这就允许使用者对该数据列进行等值比较、连接及分组操作。确定型加密的缺点在于，它“允许未授权的用户通过对加密列的模式进行分析，从而猜测加密值的相关信息”。在取值范围较小的情况下，这一点会体现得尤为明显。为了提高安全性，应当使用随机型加密。它能够保证某个给定值在任意两次加密后的结果总是不同的，从而杜绝了猜出原值的可能性。

步骤 11：单击“下一步”按钮，打开“主密钥配置”窗口，如图 18-47 所示。

步骤 12：单击“下一步”按钮，打开“运行设置”窗口，选择“现在继续完成”单选按钮，如图 18-48 所示。

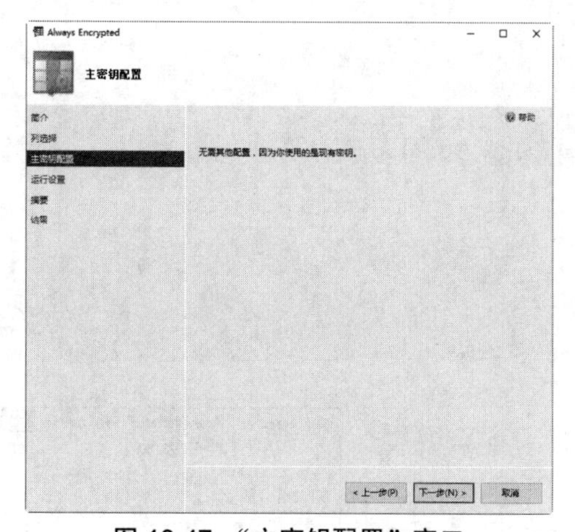

图 18-47 “主密钥配置”窗口

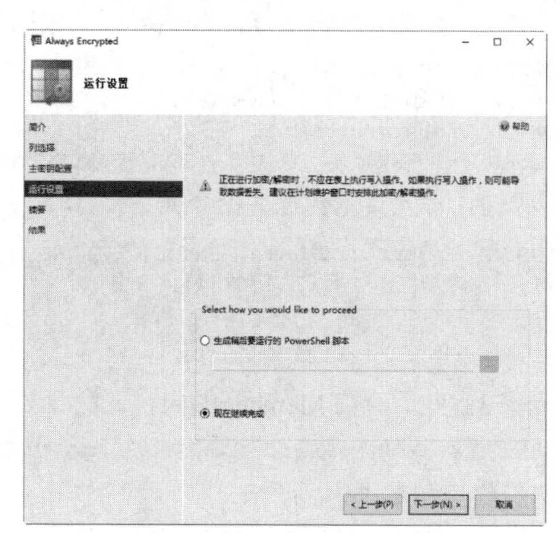

图 18-48 “运行设置”窗口

步骤 13：单击“下一步”按钮，打开“摘要”窗口，如图 18-49 所示。

步骤 14：确认加密信息后，单击“完成”按钮，打开“结果”窗口，加密完成后，显示“已通过”信息，最后单击“关闭”按钮，如图 18-50 所示。

注意：不支持加密的数据类型包括：xml、rowversion、image、ntext、text、sql_variant、hierarchyid、geography、geometry 以及用户自定义类型。

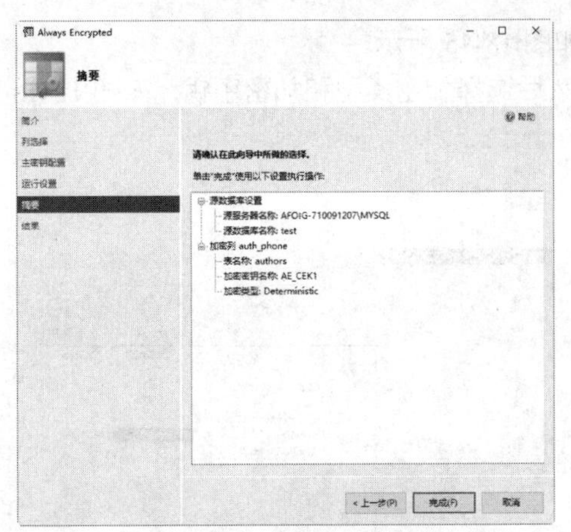

图 18-49 “摘要”窗口

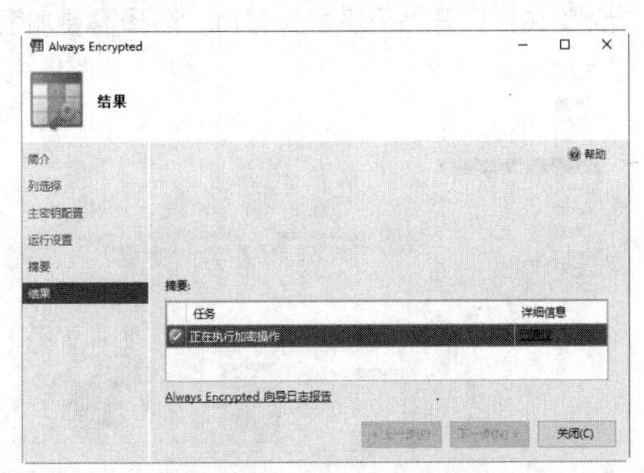

图 18-50 “结果”窗口

18.6.3 通过动态数据屏蔽加密数据

动态数据屏蔽是 SQL Server 2016 引入的一项新的特性，通过数据屏蔽，非授权用户无法看到敏感数据。动态数据屏蔽会在查询结果集里隐藏指定列的敏感数据，而数据库中的实际数据并没有任何变化。动态数据屏蔽很容易应用到现有的应用系统中，因为屏蔽规则是应用在查询结果上，很多应用程序能够在不修改现有查询语句的情况下屏蔽敏感数据。

屏蔽规则可以在表的某列上定义，以保护该列的数据，有 4 种屏蔽类型：Default、Email、Custom String 和 Random。

注意：在一个列上创建屏蔽不会阻止该列的更新操作。

下面通过一个案例来学习动态数据屏蔽的功能的使用方法。

步骤 1：创建一个保护动态数据屏蔽的数据表，命令如下。

```
CREATE TABLE Member(
Id int IDENTITY PRIMARY KEY,
Name varchar(50) NULL,
Phone varchar(12) MASKED WITH (FUNCTION = 'default()') NULL);
```

步骤 2：插入演示数据，命令如下。

```
INSERT Member (Id,Name, Phone) VALUES
(1, '张小明', '18012345678'),
(2,'孙正华', '13012345678'),
(3,'刘天佑', '18812345678');
```

步骤 3：此时查询 Member 的内容，命令如下。

```
SELECT * FROM Member;
```

运行结果如图 18-51 所示。

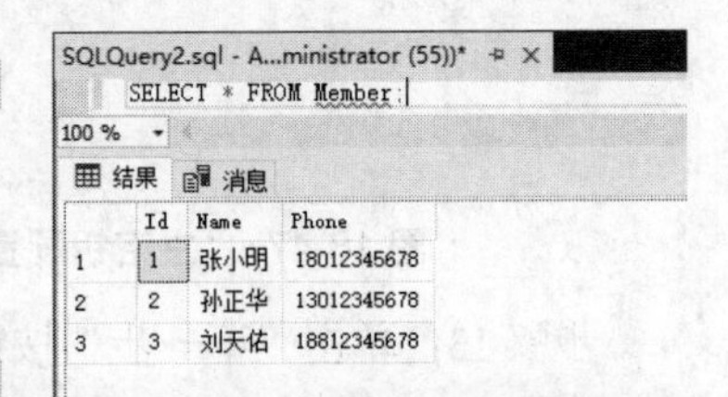

	Id	Name	Phone
1	1	张小明	18012345678
2	2	孙正华	13012345678
3	3	刘天佑	18812345678

图 18-51 查询 Member 的内容

步骤 4：创建一个用户 MyUser，并授予 SELECT 权限，该用户 MyUser 执行查询，就能看到数据屏蔽的情况，命令如下。

```
CREATE USER MyUser WITHOUT LOGIN;
GRANT SELECT ON Member TO MyUser;
```

步骤 5：以用户 MyUser 的身份查看数据表 Member 的内容，命令如下。

```
EXECUTE AS USER = ' MyUser ';
SELECT * FROM Member;
```

```
REVERT;
```

运行结果如图 18-52 所示。

步骤 6：用户可以在已存在的列上添加数据屏蔽功能。这里在 Name 列上添加数据屏蔽功能，命令如下。

```
ALTER TABLE Member
ALTER COLUMN Name ADD MASKED WITH (FUNCTION = 'partial(2,"XXX",0)');
```

步骤 7：再次以用户 MyUser 的身份查看数据表 Member 的内容，命令如下。

```
EXECUTE AS USER = ' MyUser ';
SELECT * FROM Member;
REVERT;
```

运行结果如图 18-53 所示。

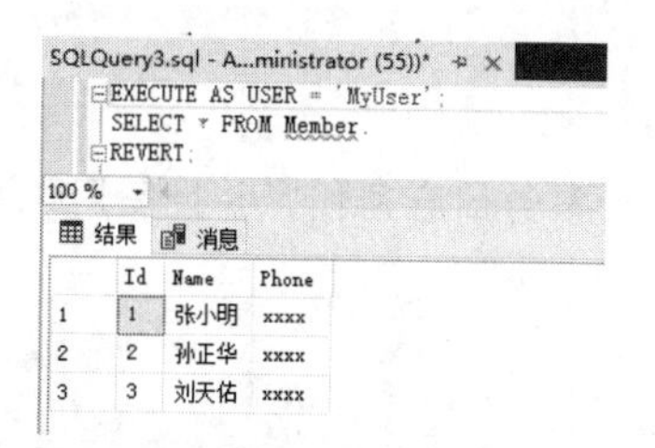

图 18-52 查询数据避免情况

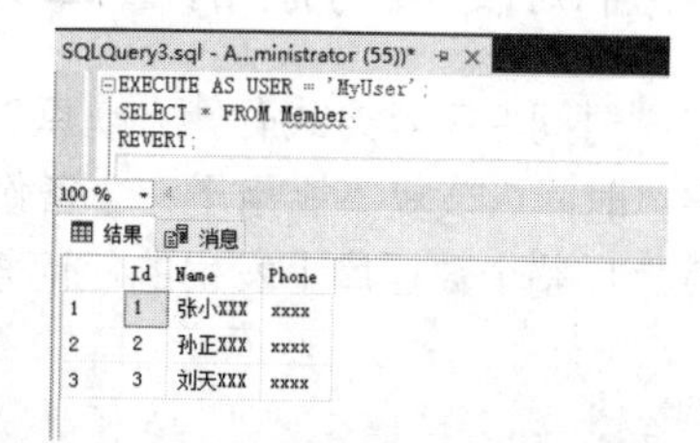

图 18-53 添加新数据屏蔽功能

步骤 8：用户可以修改数据屏蔽功能。这里在 Name 列上修改数据屏蔽功能，命令如下。

```
ALTER TABLE Member
ALTER COLUMN Name varchar(50) MASKED WITH (FUNCTION = 'partial(1,"XXXXXXX",0)');
```

步骤 9：再次以用户 MyUser 的身份查看数据表 Member 的内容，命令如下。

```
EXECUTE AS USER = ' MyUser ';
SELECT * FROM Member;
REVERT;
```

运行结果如图 18-54 所示。

步骤 10：用户也可以删除动态数据屏蔽功能，例如，这里删除 Name 列上的动态数据屏蔽功能，命令如下。

```
ALTER TABLE Member
ALTER COLUMN Name DROP MASKED;
```

步骤 11：再次以用户 MyUser 的身份查看数据表 Member 的内容，命令如下。

```
EXECUTE AS USER = ' MyUser ';
SELECT * FROM Member;
REVERT;
```

运行结果如图 18-55 所示。

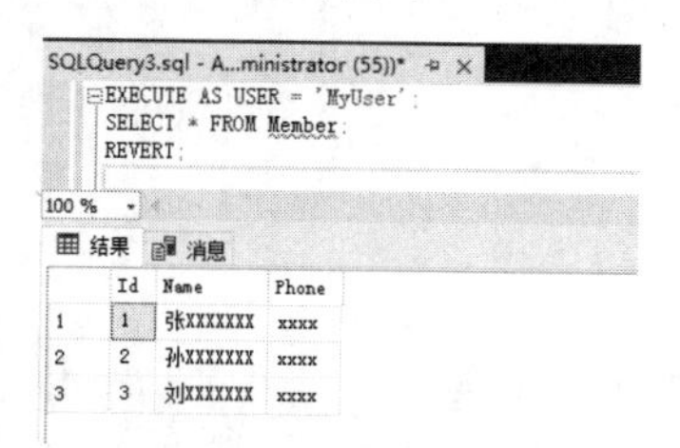

图 18-54 修改数据屏蔽功能

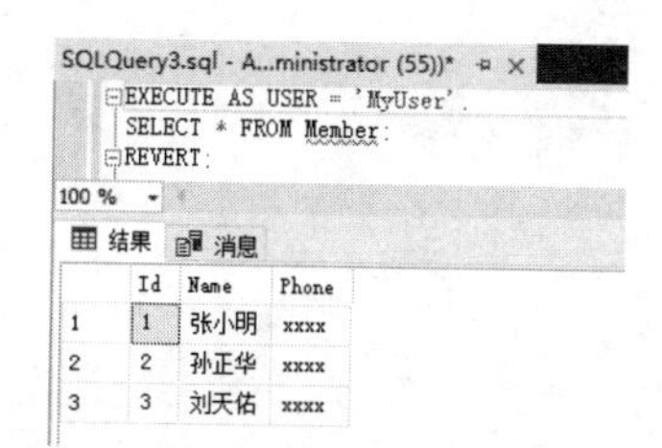

图 18-55 删除数据屏蔽功能

18.7 就业面试技巧与解析

18.7.1 面试技巧与解析（一）

面试官：日志备份如何不覆盖现有备份集？

应聘者：使用 BACKUP 语句执行差异备份时，要使用 WITH NOINIT 选项，这样将追加到现有的备份集，避免覆盖已存在的完整备份。

18.7.2 面试技巧与解析（二）

面试官：时间点恢复方式有什么缺点？

应聘者：时间点恢复不能用于完全备份与差异备份，只可用于事务日志备份，并且使用时间点恢复时，指定时间点之后整个数据库上发生的任何修改都会丢失。

第 5 篇

项目实践篇

在本篇中，将综合前面所学的各种知识技能以及高级开发技巧来实际开发外卖订餐管理系统和企业工资管理系统。通过本篇的学习，读者将对 SQL Server 数据库在项目开发中的实际应用拥有切身的体会，为日后进行项目数据库开发积累下项目管理及实践开发经验。

第19章

项目实践入门阶段——外卖订餐管理系统

学习指引

SQL Server数据库的应用非常广泛，尤其是在互联网行业也被广泛地应用，本章就以一个外卖订餐管理系统为例，来介绍SQL Server在互联网行业开发中的应用技能。

重点导读

- 了解网上餐厅系统的功能。
- 熟悉网上餐厅系统功能的分析方法。
- 熟悉网上餐厅系统的数据流程。
- 掌握创建网上餐厅系统数据库的方法。
- 掌握网上餐厅系统的代码实现过程。

19.1 外卖订餐管理系统分析

该案例介绍一个基于PHP+SQL Server的网上餐厅系统。该系统功能主要包括用户登录及验证、菜品管理、删除菜品、订单管理、修改订单状态等。

整个项目以登录界面为起始，在用户输入用户名和密码后，系统通过查询数据库验证该用户是否存在，如图19-1所示。

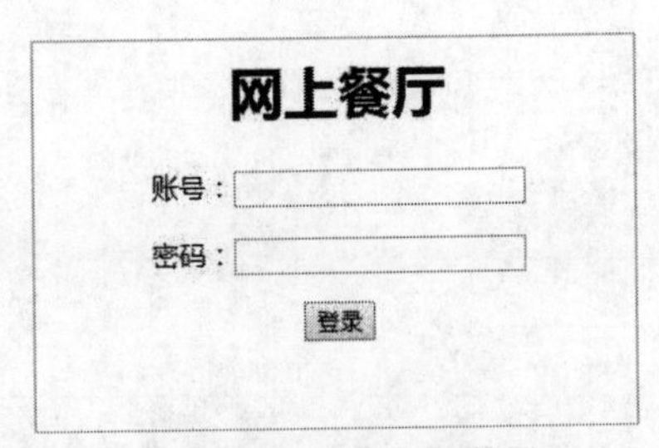

图19-1 系统登录界面

验证成功则进入系统主菜单，用户可以选择在网上餐厅进行相应的功能操作，如图19-2所示。

整个系统的功能结构如图19-3所示。

整个项目包含以下6个功能。

（1）用户登录及验证：在登录界面用户输入用户名和密码后，系统通过查询数据库验证是否存在该用户，如果验证成功显示菜品管理界面，否则提示“无效的用户名和密码”，并返回登录界面。

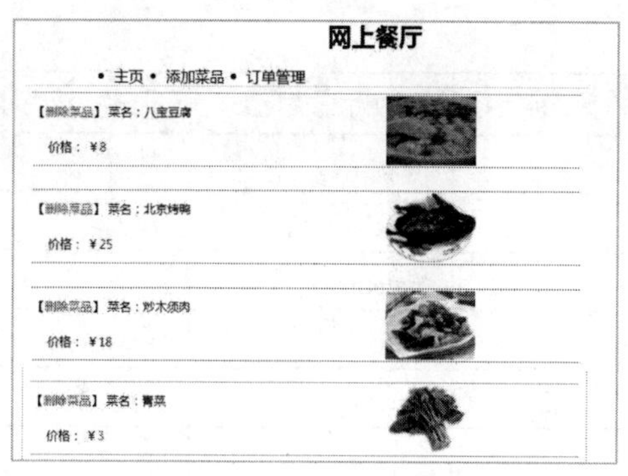

图 19-2　网上餐厅界面

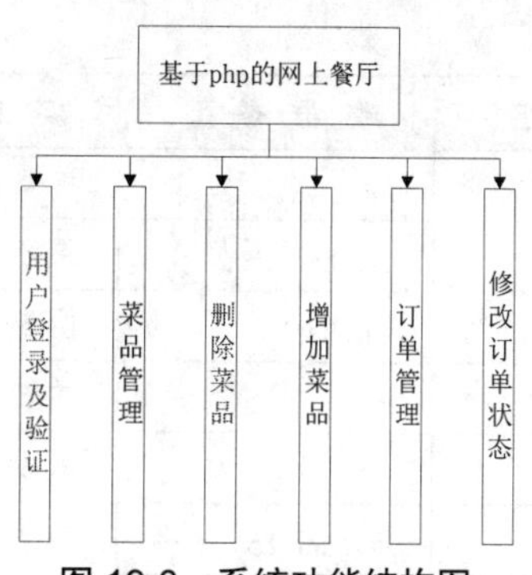

图 19-3　系统功能结构图

（2）菜品管理：用户登录系统后，进入菜品管理界面，用户可以查看所有菜品，系统会查询数据库显示菜品记录。

（3）删除菜品：在菜品管理界面，用户选择“删除菜品”后，系统会从数据库中删除此条菜品记录，并提示删除成功，返回到菜品管理界面。

（4）增加菜品：用户登录系统后，可以选择“增加菜品”，进入增加菜品界面，用户可以输入菜品的基本信息，上传菜品图片，之后系统会向数据库新增一条菜品记录。

（5）订单管理：用户登录系统后，可以选择“订单管理”，进入订单管理界面，用户可以查看所有订单，系统会查询数据库显示订单记录。

（6）修改订单状态：在订单管理界面，用户选择“修改状态”后，进入订单状态修改界面，用户选择订单状态，进行提交，系统会更新数据库中该条记录的订单状态。

19.2　数据库设计

外卖订餐管理系统中的所有信息都存放在 SQL Server 2016 数据库中。该系统总共设计了三张数据表：管理员表 admin、菜品表 caidan、订单表 form，具体的表结构如表 19-1～表 19-3 所示。

表 19-1　管理员表 admin

字 段 名	数 据 类 型	字 段 说 明	字 段 名	数 据 类 型	字 段 说 明
Id	int	管理员编码，主键	pwd	varchar	密码
Name	varchar	用户名			

表 19-2　菜品表 caidan

字 段 名	数 据 类 型	字 段 说 明	字 段 名	数 据 类 型	字 段 说 明
cid	int	菜品编码，自增	cspic	varchar	图片
cname	varchar	菜品名	cpicpath	varchar	图片路径
cprice	int	价格			

表 19-3　订单表 form

字 段 名	数 据 类 型	字 段 说 明	字 段 名	数 据 类 型	字 段 说 明
oid	int	订单编码，自增	uname	varchar	用户昵称

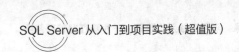

续表

字 段 名	数 据 类 型	字 段 说 明	字 段 名	数 据 类 型	字 段 说 明
canlei	int	种类	address	text	地址
cname	varchar	菜名	ip	varchar(15)	IP 地址
price	varchar	价钱	btime	datetime	下单时间
num	int	数量	addons	text	备注
rice	int	米饭	state	tinyint	订单状态
call	varchar(15)	电话			

另外，整个系统的数据流程如图 19-4 所示。

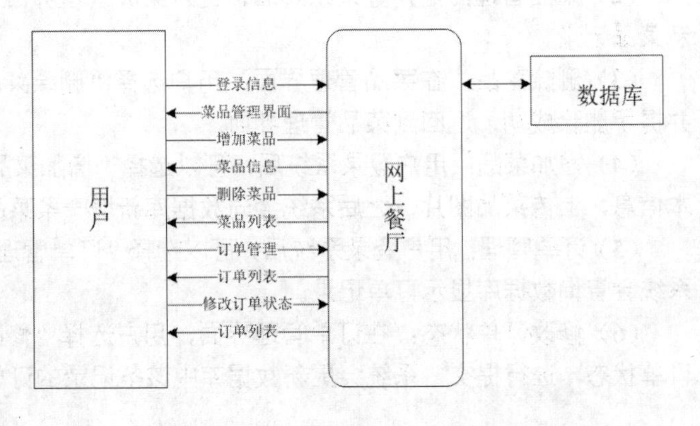

图 19-4　外卖订餐管理系统的数据流程

根据系统功能和数据库设计原则，设计数据库 onlinerest。SQL 语法如下：

```
CREATE DATABASE onlinerest;
```

执行结果如图 19-5 所示，即可完成数据库的创建。

根据系统功能和数据库设计原则，下面创建数据表。

创建管理员表 admin，SQL 语句如下：

```
CREATE TABLE admin (
  id     int  PRIMARY KEY,
  name   VARCHAR(25),
  pwd    VARCHAR(25)
);
```

执行结果如图 19-6 所示，即可完成数据表的创建。

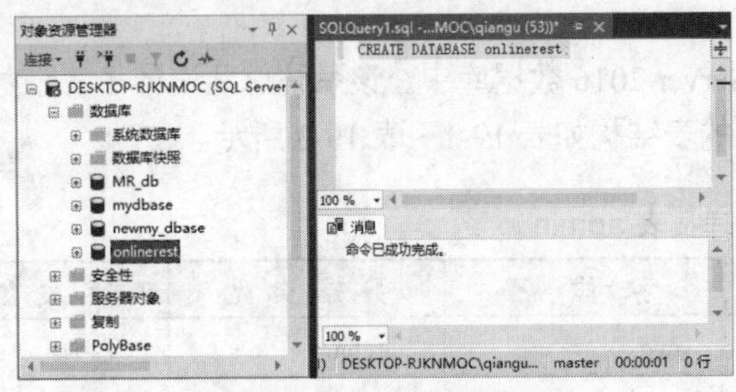

图 19-5　完成数据库的创建

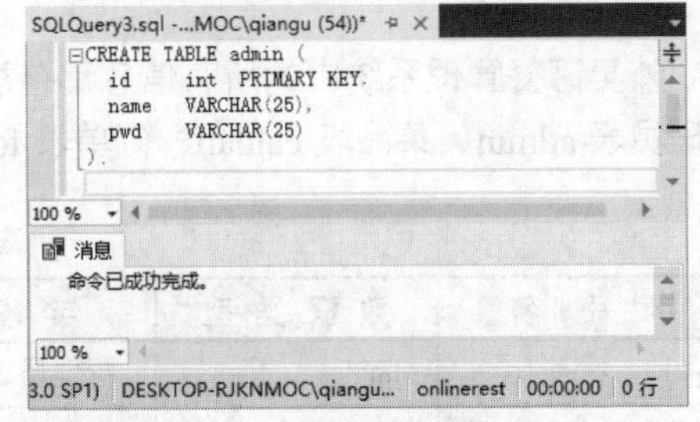

图 19-6　创建数据表

插入演示数据，SQL 语句如下：

```
INSERT INTO admin (id, name, pwd) VALUES
    (1, 'sa', '123456');
```

执行结果如图 19-7 所示，即可完成数据的插入操作。

创建菜品表 caidan，SQL 语句如下：

```
CREATE TABLE  caidan (
  cid  int  PRIMARY KEY,
  cname varchar(100),
  cprice  int,
  cspic  varchar(255),
  cpicpath  varchar(255)
);
```

执行结果如图 19-8 所示，即可完成数据表的创建。

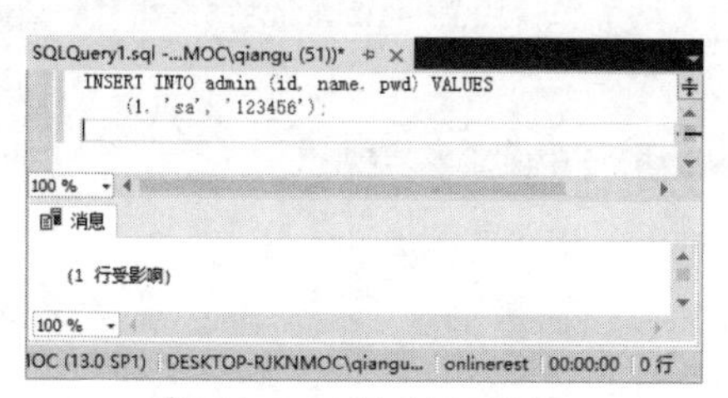

图 19-7　插入演示数据

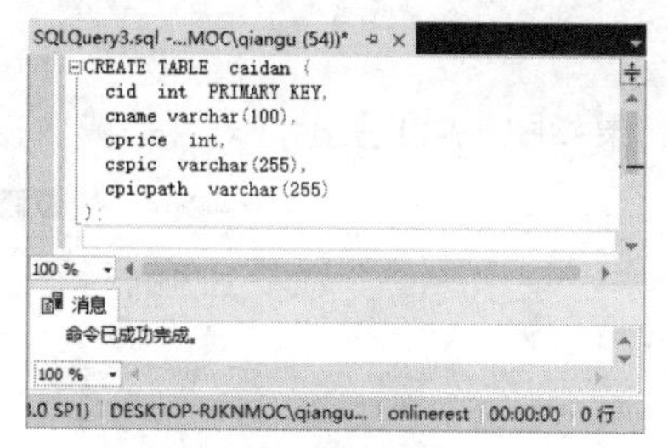

图 19-8　创建数据表 caidan

插入演示数据，SQL 语句如下：

```
INSERT INTO caidan (cid, cname, cprice, cspic, cpicpath) VALUES
    (1, '豆腐', 7, '', '925b21fd3f5deaa6f692f3644705fe15.png'),
    (2, '烤鸭', 24, '', '1f81c86f91f0797bf2cad894032a5029.png'),
    (3, '木须肉', 20, '', 'ad95cc0520cb6e98718cb1e8ec6b3e54.png'),
    (4, '紫菜蛋花汤', 6, '', 'a9e94a02b2eec556c5b853b6311bcff0.png');
```

执行结果如图 19-9 所示，即可完成数据的插入操作。

创建订单表 form，SQL 语句如下：

```
CREATE TABLE form (
  oid  int  PRIMARY KEY,
  uname  varchar(30),
  canlei   int,
  cname  varchar(20),
  price   int,
  num  int,
  rice  int ,
  call  varchar(15),
  address  text,
  ip   varchar(15),
  btime  datetime,
  addons   text,
  state   tinyint
) ;
```

执行结果如图 19-10 所示，即可完成数据表的创建。

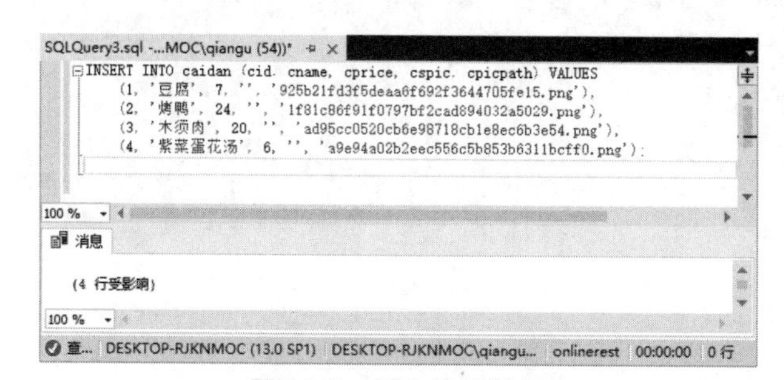

图 19-9　插入演示数据

图 19-10　创建数据表 form

插入演示数据，SQL 语句如下：

```
    INSERT INTO form (oid, uname, canlei, cname, price, num, rice, call, address, ip, btime, addons, 
state) VALUES
```

```
(1, '哈哈', 3, '烤鸭', 24, 1, 1, '67781234', '西门', '128.1.1.1', '2017-10-18 23:07:39', '多点', 0),
(2, '222', 3, '紫菜蛋花汤', 1, 1, 0, '67975555', '东路', '128.1.2.4', '2017-10-18 23:23:45', '无语', 0),
(3, '吃饭那', 1, '豆腐', 7, 1, 1, '46333333', '5楼', '128.0.0.1', '2017-10-18 23:55:47', '微辣', 0);
```

执行结果如图 19-11 所示，即可完成数据的插入操作。

```
SQLQuery3.sql -...MOC\qiangu (54))*
INSERT INTO form (oid, uname, canlei, cname, price, num, rice, call, address, ip, btime, addons, state) VALUES
    (1, '哈哈', 3, '烤鸭', 24, 1, 1, '67781234', '西门', '128.1.1.1', '2017-10-18 23:07:39', '多点', 0),
    (2, '222', 3, '紫菜蛋花汤', 1, 1, 0, '67975555', '东路', '128.1.2.4', '2017-10-18 23:23:45', '无语', 0),
    (3, '吃饭那', 1, '豆腐', 7, 1, 1, '46333333', '5楼', '128.0.0.1', '2017-10-18 23:55:47', '微辣', 0);
100 %
消息
(3 行受影响)
100 %
查询已成功执行。  DESKTOP-RJKNMOC (13.0 SP1)  DESKTOP-RJKNMOC\qiangu...  onlinerest  00:00:00  0 行
```

图 19-11　插入演示数据

19.3　功能分析及实现

外卖订餐管理系统的主要页面包括用户登录及验证页面、菜品管理页面、删除菜品页面、订单管理页面等，本节就来介绍这些页面的实现过程。

19.3.1　设计用户登录界面

index.php 文件是该案例的 Web 访问入口，是用户的登录界面。具体代码如下：

```
<html>
<head>
<title>登录
</title>
</head>

<body>
<h1 align="center">网上餐厅</h1>
<table width="100%" style="text-align:center">
<tr>
<form action="login.php" method="post">
<td width="60%" class="sub1">
<p class="sub">账号：<input type="text" name="userid" align="center" class="txttop"></p>
<p class="sub">密码：<input type="password" name="pssw" align="center" class="txtbot"></p>
<button name="button" class="button" type="submit">登录</button>
</form>
</td>
</tr>
</table>
</body>
</html>
```

19.3.2　设计数据库连接页面

conn.php 文件为数据库连接页面，代码如下：

```
<?php
// 创建数据库连接
$server ="localhost";  //服务器 IP 地址,如果是本地，可以写成 localhost
 $name ="sa";  //用户名
```

```
$pwd ="123456"; //密码
 $database ="onlinerest";  //数据库名称
//进行数据库连接
$conn =mssql_connect($server,$name,$pwd) or die ("无法连接到数据库");
mssql_select_db($database,$conn);
?>
```

19.3.3 设计用户登录验证页面

log.php 文件是对用户登录进行验证。代码如下：

```
<html>
<head>
<title></title>
<link rel="stylesheet" type="text/css" href="css/main.css">
<head>
<title>
</title>
<link rel="stylesheet" type="text/css" href="css/main.css">
</head>
<body><h1 align="center">网上餐厅</h1></body>
<p align="center">
<?php
//连接数据库
require_once("conn.php");
//账号
$userid=$_POST['userid'];
//密码
$pssw=$_POST['pssw'];
//查询数据库
$query ="SELECT * FROM admin WHERE name='$userid ";
$result =mssql_query($query);
$row=mssql_fetch_array($result)
//验证用户
if($userid==$row['name'] && $pssw==$row['pwd']&&$userid!=null&&$pssw!=null)
    {
        session_start();
        $_SESSION["login"] =$userid;
        header("Location: menu.php");
    }
else{
        echo "无效的账号或密码!";
        header('refresh:1; url= index.php');
    }
//}
?>
</p>
</body>
</html>
```

19.3.4 设计外卖订餐主页

menu.php 文件为系统的主界面，用于菜品的管理。具体代码如下：

```
<?php
//打开 session
session_start();
include("conn.php");
?>
```

```
<html>
<head>
<meta http-equiv="Content-Type" content="text/html; charset=utf-8" />
<link type="text/css" rel="stylesheet" href="css/main.css" media="screen" />
<title>网上餐厅</title>
</head>
<h1 align="center">网上餐厅</h1>
<div style="margin-left:30%;margin-top:20px;">
<ul style="float:left;margin-left:30px;font-size:20px;">
<li ><a href="#">主页</a></li>
</ul>
<ul style="float:left;margin-left:30px;font-size:20px;">
<li ><a href="add.php">添加菜品</a></li>
</ul>
<ul style="float:left;margin-left:30px;font-size:20px;">
<li ><a href="search.php">订单管理</a></li>
</ul>
</div>
</div>
<div id="contain">
<div id="contain-left">
<?php
$query ="SELECT * FROM caidan ";
$result =mssql_query($query);
while($row= mssql_query($result))
 {
?>

<table class="intable" width="543" border="0">
  <tr>
    <td class="td1" >
     <?php
      if(true)
      {
        echo '【<a href="del.php?id='.$row[0].'" onclick=return(confirm("你确定要删除此条菜品吗?
"))><font color=#FF00FF>删除菜品</font></a>】';
      }
    ?>
    菜名：<?=$row[1]?></td>
    <td class="showimg" width="173" rowspan="2"><img src='upload/<?=$row[4]?>' width="120"
height="90" border="0" /><span><img src="upload/<?=$row[4]?>" alt="big" /></span></td>
   </tr>
   <tr>
     <td class="td2">价格: ￥<font color="#FF0000" ><?=$row[2]?></font></td>
   </tr>
 </table>
 <TD bgColor=#ffffff><br>
 </TD>
 <?php
   }
 mssql_free_result($result);
 ?>

 </div>
 </div>
 <body>
 </body>
 </html>
```

19.3.5 设计添加菜品页面

add.php 该文件为添加菜品页面。具体代码如下：

```
<?php

   session_start();
   //设置中国时区
  date_default_timezone_set("PRC");
  $cname = $_POST["cname"];
  $cprice = $_POST["cprice"];
  if (is_uploaded_file($_FILES['upfile']['tmp_name']))
  {
 $upfile=$_FILES["upfile"];
 }
 $type = $upfile["type"];
 $size = $upfile["size"];
 $tmp_name = $upfile["tmp_name"];
 switch ($type) {
     case 'image/jpg' :$tp='.jpg';
        break;
     case 'image/jpeg' :$tp='.jpeg';
        break;
     case 'image/gif' :$tp='.gif';
        break;
     case 'image/png' :$tp='.png';
        break;
 }

 $path=md5(date("Ymdhms").$name).$tp;
 $res = move_uploaded_file($tmp_name,'upload/'.$path);
 include("conn.php");
 if($res){
 $sql = "INSERT INTO caidan (cid ,cname, cprice ,cspic ,cpicpath ) VALUES (NULL , $cname, $cprice, $path)";
 $result = mssql_query($sql);
 echo "<script >location.href='menu.php'</script>";
 }

 ?>
 <!DOCTYPE html>
 <html>
 <head>
 <meta http-equiv="Content-Type" content="text/html; charset=utf-8" />
 <link type="text/css" rel="stylesheet" href="css/main.css" media="screen" />
 <title>网上餐厅</title>
 </head>
 <h1 align="center">网上餐厅</h1>
 <div style="margin-left:35%;margin-top:20px;">
 <ul style="float:left;margin-left:30px;font-size:20px;">
 <li ><a href="menu.php">主页</a></li>
 </ul>
 <ul style="float:left;margin-left:30px;font-size:20px;">
 <li ><a href="add.php">添加菜品</a></li>
 </ul>
 <ul style="float:left;margin-left:30px;font-size:20px;">
 <li ><a href="search.php">订单管理</a></li>
 </ul>
 </div>
 <div style="margin-top:100px;margin-left:35%;">
 <div>
 <form action="add.php" method="post" enctype="multipart/form-data" name="add">
 菜名: <input name="cname" type="text" size="40"/><br /><br />
 价格: <input name="cprice" type="text" size="10"/>元<br/><br />
 缩略图上传: <input name="upfile" type="file" /><br /><br />
 <input type="submit" value="添加菜品" style="margin-left:10%;font-size:16px"/>
```

```
</form>
</div>
</div>
<body>
</body>
</html>
```

19.3.6 设计删除菜单页面

del.php 文件为删除菜单页面。代码如下：

```
<?php

      session_start();
      include("conn.php");
      $cid=$_GET['id'];
      $sql = "DELETE FROM caidan WHERE cid = '$cid'";
      $result = mssql_query($con,$sql);
      $rows = mssql_affected_rows($con);
      if($rows >=1){
          alert("删除成功");
      }else{
          alert("删除失败");
      }
      // 跳转到主页
      href("menu.php");
      function alert($title){
          echo "<script type='text/javascript'>alert('$title');</script>";
      }
      function href($url){
          echo "<script type='text/javascript'>window.location.href='$url'</script>";
      }
?>
<!DOCTYPE html>
<html>
<head>
<meta http-equiv="Content-Type" content="text/html; charset=utf-8" />
<link type="text/css" rel="stylesheet" href="include/main.css" media="screen" />
<title>网上餐厅</title>
</head>
<h1 align="center">网上餐厅</h1>
<div id="contain">
  <div align="center">

  </div>
<body>
</body>
</html>
```

19.3.7 设计删除订单页面

editDo.php 文件为删除订单页面。具体代码如下：

```
<?php
//打开 session
session_start();
include("conn.php");
$state=$_POST['state'];
?>
<html>
<head>
```

```
<meta http-equiv="Content-Type" content="text/html; charset=utf-8" />
<style type="text/css">
table.gridtable {
    font-family: verdana,arial,sans-serif;
    font-size:11px;
    color:#333333;
    border-width: 1px;
    border-color: #666666;
    border-collapse: collapse;
}
table.gridtable th {
    border-width: 1px;
    padding: 8px;
    border-style: solid;
    border-color: #666666;
    background-color: #dedede;
}
table.gridtable td {
    border-width: 1px;
    padding: 8px;
    border-style: solid;
    border-color: #666666;
    background-color: #ffffff;
}
</style>
<link type="text/css" rel="stylesheet" href="css/main.css" media="screen" />
<title>网上餐厅</title>
</head>
<h1 align="center">网上餐厅</h1>
<div style="margin-left:30%;margin-top:20px;">
<ul style="float:left;margin-left:30px;font-size:20px;">
<li ><a href="menu.php">主页</a></li>
</ul>
<ul style="float:left;margin-left:30px;font-size:20px;">
<li ><a href="add.php">添加菜品</a></li>
</ul>
<ul style="float:left;margin-left:30px;font-size:20px;">
<li ><a href="search.php">订单查询</a></li>
</ul>
</div>
<div id="contain">
  <div id="contain-left">
  <?php
  if(''==$state or null==$state)
  {
          echo "请选择订单状态!";
          header('refresh:1; url= edit.php');
  }else
  {
          $oid=$_GET['id'];
          $sql = "UPDATE form SET state='$state' WHERE oid = '$oid'";
          $result = mssql_query($con,$sql);
          echo "订单状态修改成功。";
          header('refresh:1; url= search.php');
  }
  ?>

  </div>

</div>
<body>
</body>
</html>
```

19.3.8 设计修改订单页面

edit.php 文件为修改订单页面。具体代码如下：

```
<?
//打开 session
session_start();
include("conn.php");
$id=$_GET['id'];
?>
<html>
<head>
<meta http-equiv="Content-Type" content="text/html; charset=utf-8" />
<style type="text/css">
table.gridtable {
    font-family: verdana,arial,sans-serif;
    font-size:11px;
    color:#333333;
    border-width: 1px;
    border-color: #666666;
    border-collapse: collapse;
}
table.gridtable th {
    border-width: 1px;
    padding: 8px;
    border-style: solid;
    border-color: #666666;
    background-color: #dedede;
}
table.gridtable td {
    border-width: 1px;
    padding: 8px;
    border-style: solid;
    border-color: #666666;
    background-color: #ffffff;
}
</style>
<link type="text/css" rel="stylesheet" href="css/main.css" media="screen" />
<title>网上餐厅</title>
</head>
<h1 align="center">网上餐厅</h1>
<div style="margin-left:30%;margin-top:20px;">
<ul style="float:left;margin-left:30px;font-size:20px;">
<li ><a href="menu.php">主页</a></li>
</ul>
<ul style="float:left;margin-left:30px;font-size:20px;">
<li ><a href="add.php">添加菜品</a></li>
</ul>
<ul style="float:left;margin-left:30px;font-size:20px;">
<li ><a href="search.php">订单管理</a></li>
</ul>
</div>
<div id="contain">
  <div id="contain-left">
<form name="input" method="post" action="editDo.php?id=<?=$id?>">
  <p>修改状态：<br/>
    <input name="state" type="radio" value="0" />
    已经提交！<br/>
    <input name="state" type="radio" value="1" />
    已经接纳！<br/>
    <input name="state" type="radio" value="2" />
    正在派送！<br/>
```

```
    <input name="state" type="radio" value="3" />
    已经签收！<br/>
    <input name="state" type="radio" value="4" />
  意外，不能供应！</p>
    </p>
    <button name="button" class="button" type="submit">提交</button>
</form>
  </div>
</div>
<body>
</body>
</html>
```

19.3.9 设计订单搜索页面

search.php 页面为订单搜索页面。代码如下：

```
<?php
//打开 session
session_start();
include("conn.php");
?>
<html>
<head>
<meta http-equiv="Content-Type" content="text/html; charset=utf-8" />
<style type="text/css">
table.gridtable {
    font-family: verdana,arial,sans-serif;
    font-size:11px;
    color:#333333;
    border-width: 1px;
    border-color: #666666;
    border-collapse: collapse;
}
table.gridtable th {
    border-width: 1px;
    padding: 8px;
    border-style: solid;
    border-color: #666666;
    background-color: #dedede;
}
table.gridtable td {
    border-width: 1px;
    padding: 8px;
    border-style: solid;
    border-color: #666666;
    background-color: #ffffff;
}
</style>
<link type="text/css" rel="stylesheet" href="css/main.css" media="screen" />
<title>网上餐厅</title>
</head>
<h1 align="center">网上餐厅</h1>
<div style="margin-left:30%;margin-top:20px;">
<ul style="float:left;margin-left:30px;font-size:20px;">
<li ><a href="menu.php">主页</a></li>
</ul>
<ul style="float:left;margin-left:30px;font-size:20px;">
<li ><a href="add.php">添加菜品</a></li>
</ul>
<ul style="float:left;margin-left:30px;font-size:20px;">
<li ><a href="search.php">订单管理</a></li>
</ul>
```

```
    </div>
    <div id="contain">
      <div id="contain-left">
        <?php
        $result=mssql_query($con,"SELECT * FROM form ORDER BY oid DESC " );
         while($row=mssql_fetch_row($result))
        {
          $x = $row[0];
        ?>

        <table width="640" border="1" cellspacing="0" cellpadding="3" class="gridtable">
      <tr>
        <td width="116">
        编号:<?=$row[0]?></td>
        <td width="82">昵称:<?=$row[1]?></td>

        <td width="135">送餐种类:    <?
            switch ($row[2]) {
        case '0' :$tp='午餐A';echo $tp;
            break;
        case '1' :$tp='午餐B';echo $tp;
            break;
        case '2' :$tp='晚餐A';echo $tp;
            break;
        case '3' :$tp='晚餐B';echo $tp;
            break;
}
        ?></td>
        <td width="160">下单时间:<?=$row[10]?></td>
      </tr>
      <tr>
        <td colspan="2">菜名:<?=$row[3]?></td>
        <td>价格:<?=$row[4]?>元</td>
        <td>数量:<?=$row[5]?></td>
      </tr>
      <tr>
        <td colspan="2">附加米饭:  <?
            switch ($row[6]) {
        case '0' :$tp='0份';echo $tp;
            break;
        case '1' :$tp='1份';echo $tp;
            break;
        case '2' :$tp='2份';echo $tp;
            break;
        case '3' :$tp='3份';echo $tp;
            break;
}
        ?></td>
          <td >总价:<?
          $all = $row[4]*$row[5]+$row[6];
          echo '<font color=red>&yen;</font>'.$all;
          ?></td>
        <td >联系电话:<?=$row[7]?></td>
      </tr>
      <tr>
        <td colspan="4" bgcolor="#EEEEEE">附加说明:<?=$row[11]?></td>
      </tr>
      <tr>
        <td colspan="4" bgcolor="#EEEEEE">地址:<?=$row[8]?></td>
      </tr>
```

```
  <tr>
    <td colspan="3" bgcolor="#EEEEEE">下单 ip:<?=$row[9]?></td>
    <td bgcolor="#EEEEEE">下单状态: <?
       switch ($row[12]) {
    case '0' :$tp='已经下单';echo $tp;
       break;
    case '1' :$tp='已经接纳';echo $tp;
       break;
    case '2' :$tp='正在派送';echo $tp;
       break;
    case '3' :$tp='<font color=red>已经签收</font>';echo $tp;
       break;
    case '4' :$tp='意外, 不能供应! ';echo $tp;
       break;
}

    echo "<a href=edit.php?id=".$x."><font color=red>修改状态</font></a>";
    ?>
<a name="<?=$row[0]?>" ></a>
</td>
  </tr>
</table>
<hr  />
   <?PHP
   }
   mssql_free_result($result);
   ?>
  </div>

</div>
<body>
</body>
</html>
```

另外，upload 文件夹用来存放上传的菜品图片。css 文件夹是整个系统通用的样式设置。

19.4　系统运行及测试

用户登录及验证：在数据库中，默认初始化了一个账号为 sa，密码为 123456 的账户，如图 19-12 所示。

菜品管理界面：用户登录成功后，进入菜品管理界面，显示菜品列表，如图 19-13 所示。

图 19-12　用户登录及验证界面

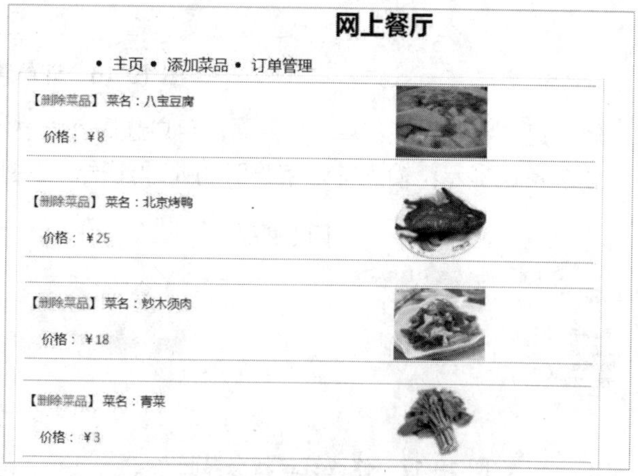

图 19-13　菜品管理界面

增加菜品功能：用户登录系统后，可以选择“增加菜品”，进入增加菜品界面，如图 19-14 所示。

删除菜品功能：在菜品管理界面，用户选择“删除菜品”后，系统会从数据库删除此条菜品记录，并提示删除成功，如图 19-15 所示。

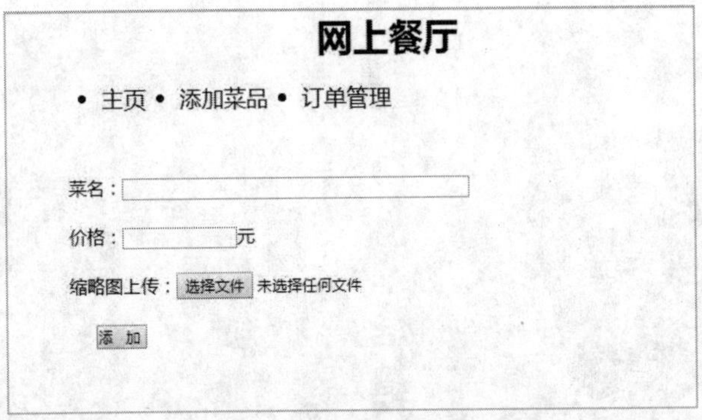

图 19-14　增加菜品功能界面

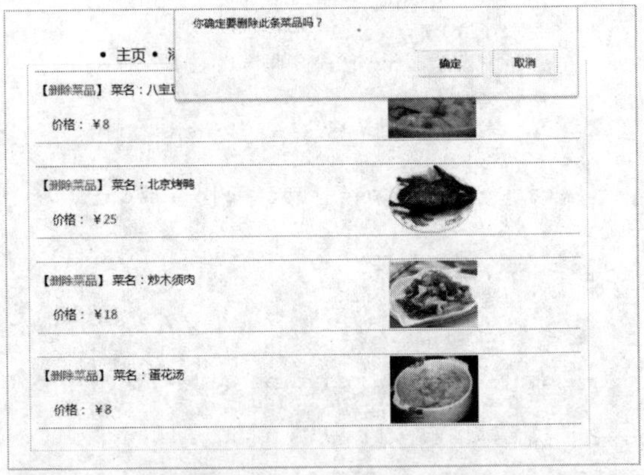

图 19-15　删除菜品功能界面

订单管理功能：用户登录系统后，可以选择“订单管理”，进入订单管理界面，如图 19-16 所示。

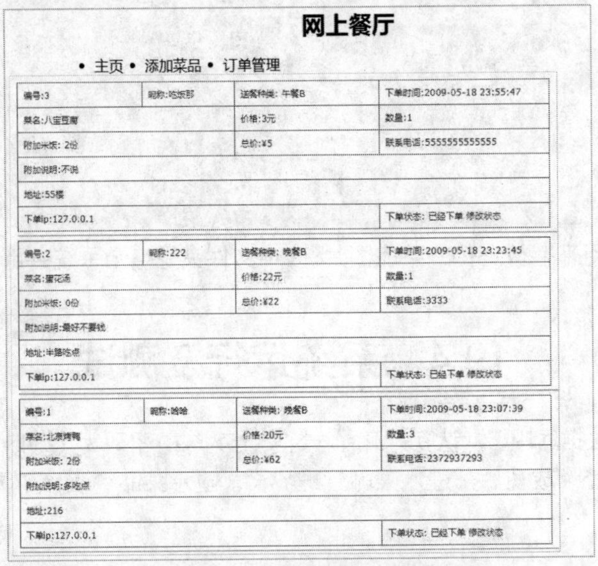

图 19-16　订单管理功能界面

修改订单状态：在订单管理界面，用户选择“修改状态”后，进入订单状态修改界面，如图 19-17 所示。

登录错误提示：输入非法字符时的处理流程，如图 19-18 所示。

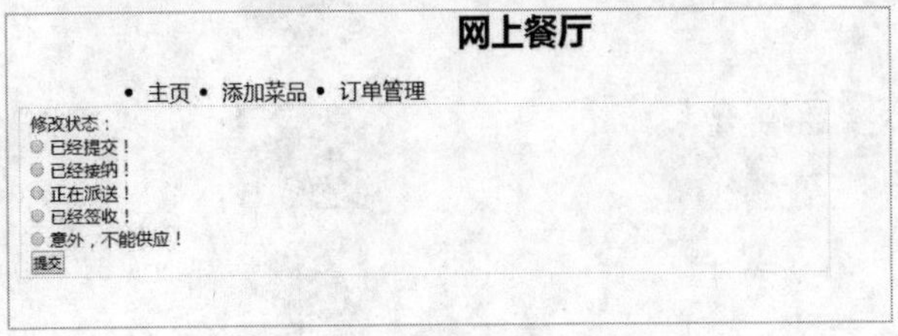

图 19-17　修改订单状态界面

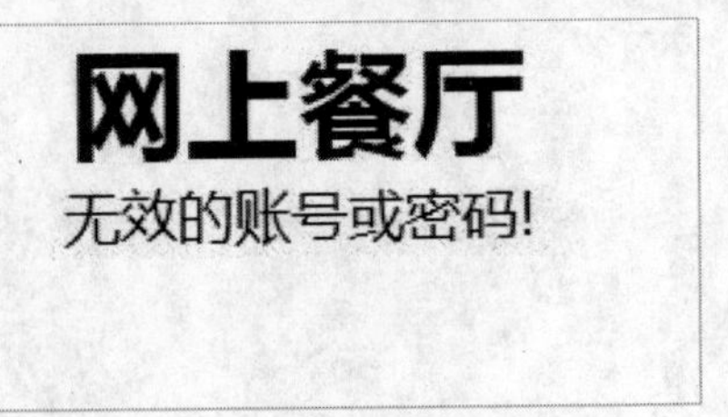

图 19-18　登录错误提示界面

第 20 章

项目实践高级阶段——企业工资管理系统

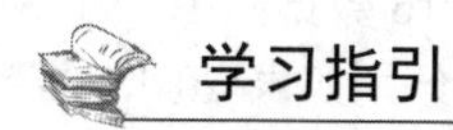

学习指引

在企业中，企业工资管理是一个非常重要的问题，传统的信息管理记录和保存都非常困难，而且容易出错，查询也非常不方便。因此，在当今信息时代，企业工资管理系统就应运而生了。本章通过编写一个简单的企业工资管理系统来学习 SQL Server 在系统开发中的应用。

重点导读

- 掌握企业工资管理系统的功能分析方法。
- 掌握企业工资管理系统的数据库设计方法。
- 掌握企业工资管理系统的功能实现方法。
- 掌握企业工资管理系统的运行和测试方法。

20.1 企业工资管理系统分析

该案例介绍一个简单企业职工工资管理系统，同时为了方便管理和存储数据，使用了 SQL Server 2016 数据库。

整个系统可分为管理员和员工两种角色。在功能上，可分为系统管理、工资管理和人员管理。其中，系统管理主要是管理人员的管理，不同级别的管理人员的权限不同；工资管理是管理员工的工资；人员管理主要是对员工人员和工资的管理。整个系统的功能结构图如图 20-1 所示。

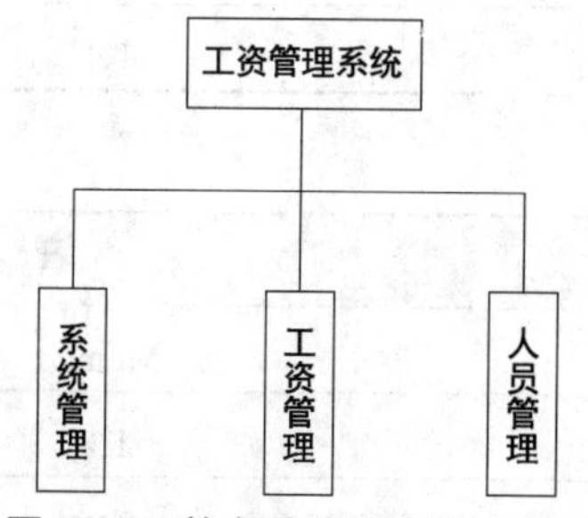

图 20-1 整个系统的功能结构图

登录界面里面需要使用已经分配好的账号密码进行登录，不同的账号具有不同的权限。根据不同的账号权限，对程序的操作分配了对应的权限限制，超级管理员能使用程序所有的功能，包括更改其他管理员的账号和密码等。

登录之后，会出现程序的主对话框，主对话框的主要功能是按照部门或者姓名查看员工工资的详细信息。

在使用超级管理员账户登录之后，可以使用用户管理，用户管理可以查看并修改用户和员工的账号、密码和用户类型。

人员管理可以查看、修改或删除员工的具体信息，包括姓名、性别、年龄、部门和职位等。人员查询实现了按部门或按姓名查看员工的信息。工资管理包括按月份查看、录入或修改员工的工资。

20.2 数据库设计

由于该程序属于信息管理程序，因此，数据在该程序中占据了很重要的位置，为了方便数据的存储和操作，在程序中使用了数据库。企业工资管理系统中的所有信息都存放在 SQL Server 2016 数据库中。

该程序用到的数据比较单一，因此总共设计了三张数据表：管理员、员工和工资，分别如表 20-1～表 20-3 所示。

表 20-1 管理员表 Admin

列　名	数据类型
Name	char
Password	char
type	int

表 20-2 员工表 People

列　名	数据类型
ID	int
Name	char
Sex	char
Age	int
Depart	char
Address	char
Tel	char

表 20-3 工资表 Wage

列　名	数据类型
Month	char
ID	int
BasicWage	int

续表

列　名	数据类型
TC	int
Bonus	int
Allowance	int
CallbackPay	int
Tax	double
Attendance	char
DeductWage	int
OughtWage	double
RealWage	double

20.3　功能分析及实现

该案例的代码按照 C++语言的头文件“.h”和实现文件“.cpp”的方式进行组织。下面按不同的功能分别介绍。

20.3.1　设计系统登录模块

系统登录模块包含两个文件：LoginDlg.h 和 LoginDlg.cpp，分别定义和实现了登录相关的功能。

LoginDlg.h 的代码如下：

```
//LoginDlg.h
#if !defined(AFX_LOGINDLG_H__62C2AD5E_B7CB_49ED_82EA_92FB0297F213__INCLUDED_)
#define AFX_LOGINDLG_H__62C2AD5E_B7CB_49ED_82EA_92FB0297F213__INCLUDED_

#if _MSC_VER > 1000
#pragma once
#endif // _MSC_VER > 1000
// LoginDlg.h : header file
//

/////////////////////////////////////////////////////////////////////////////
// CLoginDlg dialog

class CLoginDlg : public CDialog
{
   // Construction
public:
   CLoginDlg(CWnd* pParent = NULL);   // standard constructor

// Dialog Data
   //{{AFX_DATA(CLoginDlg)
   enum { IDD = IDD_DIALOG_LOGIN };
   CString   mName;
   CString   mPassword;
   CString   mIP = "127.0.0.1";
   //}}AFX_DATA
```

```
    // 认证并连接数据库
    int Authenticate(CString ip, CString name, CString password);
    // 记录登录次数
    int   mSumLogin;

    // Overrides
        // ClassWizard generated virtual function overrides
        //{{AFX_VIRTUAL(CLoginDlg)
protected:
    virtual void DoDataExchange(CDataExchange* pDX);    // DDX/DDV support
    //}}AFX_VIRTUAL

// Implementation
protected:

    // Generated message map functions
    //{{AFX_MSG(CLoginDlg)
    virtual void OnOK();
    //}}AFX_MSG
    DECLARE_MESSAGE_MAP()
};

//{{AFX_INSERT_LOCATION}}
// Microsoft Visual C++ will insert additional declarations immediately before the previous line.

#endif
```

LoginDlg.cpp 的代码如下：

```
// LoginDlg.cpp : implementation file
#include "stdafx.h"
#include "Staff.h"
#include "LoginDlg.h"
#include "ADORecordset.h"

#ifdef _DEBUG
#define new DEBUG_NEW
#undef THIS_FILE
static char THIS_FILE[] = __FILE__;
#endif
// CLoginDlg dialog
CLoginDlg::CLoginDlg(CWnd* pParent /*=NULL*/)
    : CDialog(CLoginDlg::IDD, pParent)
{
    //{{AFX_DATA_INIT(CLoginDlg)
    mName = _T("admin");
    mPassword = _T("");
    //}}AFX_DATA_INIT
    mSumLogin = 0;
}
void CLoginDlg::DoDataExchange(CDataExchange* pDX)
{
    CDialog::DoDataExchange(pDX);
    //{{AFX_DATA_MAP(CLoginDlg)
    DDX_Text(pDX, IDC_EDIT1, mName);
    DDX_Text(pDX, IDC_EDIT2, mPassword);
    //DDX_Text(pDX, IDC_EDIT3, mIP);
    //}}AFX_DATA_MAP
}


BEGIN_MESSAGE_MAP(CLoginDlg, CDialog)
    //{{AFX_MSG_MAP(CLoginDlg)
    //}}AFX_MSG_MAP
END_MESSAGE_MAP()
// CLoginDlg message handlers
```

```
    int CLoginDlg::Authenticate(CString ip, CString name, CString password)
    {
       // 连接数据库
       CString strConn;
       strConn.Format("Driver={Sql Server};server=%s;database=DB;UID=ca;PWD=111111", ip);
       //strConn = "Provider=SQLNCLI10.1;Integrated Security=SSPI;Persist Security Info=False;User
ID="";Initial Catalog=DB;Data Source=(local);Initial File Name="";Server SPN=""";
       theApp.mAdoConnection.strConnect = strConn;

       // 打开数据库失败
       if (!theApp.mAdoConnection.IsOpen() && theApp.mAdoConnection.Open("") == FALSE)
          return 1;

       // 查找此用户名的密码
       CADORecordset recordSet;
       CString strSql;
       strSql.Format("select password, type from admin where name = '%s'", name);
       if (recordSet.Open(strSql, theApp.mAdoConnection.mConnectionPtr))
       {
          while (!recordSet.IsEOF())
          {
             CString dbPassword = recordSet.GetValueString("password");
             if (dbPassword == password)    // 认证成功
             {
                 // 设置当前管理员并记录登录日志
                 theApp.mUserType = recordSet.GetValueLong("type");
                 theApp.mStrUserName = name;
                 recordSet.Close();
                 return 4;
             }
             else                          // 认证失败
             {
                 recordSet.Close();
                 return 3;
             }
          }
          recordSet.Close();
       }

       // 用户不存在
       return 2;
    }
    void CLoginDlg::OnOK()
    {
       UpdateData(true);
       if (mName == "")
       {
          MessageBox("请输入用户名！", "提示");
          GetDlgItem(IDC_EDIT1)->SetFocus();
          return;
       }

       // 记录登录次数，三次后自动退出
       mSumLogin++;

       // 认证
       int result = Authenticate(mIP, mName, mPassword);
       switch (result)
       {
       case 1:        // 连接数据库失败
          MessageBox("打开数据库失败！", "提示");
          //GetDlgItem(IDC_EDIT3)->SetFocus();
          break;
```

```
    case 2:         // 用户不存在
        MessageBox("用户不存在！", "提示");
        GetDlgItem(IDC_EDIT1)->SetFocus();
        break;
    case 3:         // 认证失败
        MessageBox("密码错误！", "提示");
        GetDlgItem(IDC_EDIT2)->SetFocus();
        break;
    case 4:         // 认证成功
        CDialog::OnOK();
        break;
    }

    if (mSumLogin >= 3)
    {
        MessageBox("你的输入次数已达到最大次数，程序将退出！", "提示");
        OnCancel();
    }
}
```

20.3.2 设计主界面模块

主界面模块包含两个文件：StaffView.h 和 StaffView.cpp，分别定义和实现了员工预览的功能。StaffView.h 的代码如下：

```
// Staff.h : main header file for the STAFF application
#if !defined(AFX_STAFF_H__EC73FA8A_AA2F_4D8D_8110_86982441D338__INCLUDED_)
#define AFX_STAFF_H__EC73FA8A_AA2F_4D8D_8110_86982441D338__INCLUDED_
#if _MSC_VER > 1000
#pragma once
#endif // _MSC_VER > 1000
#ifndef __AFXWIN_H__
#error include 'stdafx.h' before including this file for PCH
#endif
#include "resource.h"       // main symbols
#include "AdoRecordset.h"
// CStaffApp:
// See Staff.cpp for the implementation of this class
//
// 系统参数类
class CSysPara
{
public:
    // 参数信息
    CStringArray mArrUserType;        // 用户类型名称
    int         mAdminType;           // 管理员类型值

    CSysPara()
    {
        mArrUserType.Add("管理员");   // 用户类型名称
        mArrUserType.Add("主管");     // 用户类型名称
        mArrUserType.Add("员工");     // 用户类型名称
        mAdminType = 0;               // 管理员类型值
    }
};

class CStaffApp : public CWinApp
{
public:
    CStaffApp();
```

```
    CSysPara mSysPara; // 系统参数

    // 数据库连接
    CADOConnection mAdoConnection;
    // 用户权限，是否是超级管理员
    int             mUserType;
    CString             mStrUserName;
    // Overrides
        // ClassWizard generated virtual function overrides
        //{{AFX_VIRTUAL(CStaffApp)
public:
    virtual BOOL InitInstance();
    //}}AFX_VIRTUAL

// Implementation
    //{{AFX_MSG(CStaffApp)
    afx_msg void OnAppAbout();
    // NOTE - the ClassWizard will add and remove member functions here.
    //    DO NOT EDIT what you see in these blocks of generated code !
//}}AFX_MSG
    DECLARE_MESSAGE_MAP()
};
extern CStaffApp theApp;
//{{AFX_INSERT_LOCATION}}
// Microsoft Visual C++ will insert additional declarations immediately before the previous line.

#endif // !defined(AFX_STAFF_H__EC73FA8A_AA2F_4D8D_8110_86982441D338__INCLUDED_)
```

StaffView.cpp 的代码如下：

```
#include "stdafx.h"
#include "Staff.h"
#include "MainFrm.h"
#include "StaffDoc.h"
#include "StaffView.h"
#include "LoginDlg.h"
#ifdef _DEBUG
#define new DEBUG_NEW
#undef THIS_FILE
static char THIS_FILE[] = __FILE__;
#endif
BEGIN_MESSAGE_MAP(CStaffApp, CWinApp)
    ON_COMMAND(ID_APP_ABOUT, OnAppAbout)
ON_COMMAND(ID_FILE_PRINT_SETUP, CWinApp::OnFilePrintSetup)
END_MESSAGE_MAP()
CStaffApp::CStaffApp()
{
}
CStaffApp theApp;
BOOL CStaffApp::InitInstance()
{
    AfxEnableControlContainer();
#ifdef _AFXDLL
    Enable3dControls();
#else
    Enable3dControlsStatic();
#endif
    // 初始化 OLE 库
    if (!AfxOleInit())
    {
        //     AfxMessageBox(IDP_OLE_INIT_FAILED);
        return FALSE;
    }
    // 登录
    CLoginDlg dlg;
    if (dlg.DoModal() != IDOK)
```

```
      return FALSE;
   SetRegistryKey(_T("Local AppWizard-Generated Applications"));

   LoadStdProfileSettings();  // Load standard INI file options (including MRU)
   CSingleDocTemplate* pDocTemplate;
   pDocTemplate = new CSingleDocTemplate(
      IDR_MAINFRAME,
      RUNTIME_CLASS(CStaffDoc),
      RUNTIME_CLASS(CMainFrame),            RUNTIME_CLASS(CStaffView));
   AddDocTemplate(pDocTemplate);
   CCommandLineInfo cmdInfo;
   ParseCommandLine(cmdInfo);
   if (!ProcessShellCommand(cmdInfo))
      return FALSE;
   m_pMainWnd->ShowWindow(SW_SHOW);
   m_pMainWnd->UpdateWindow();
   m_pMainWnd->SetWindowText("工资管理系统");

   return TRUE;
}
class CAboutDlg : public CDialog
{
public:
   CAboutDlg();
   enum { IDD = IDD_ABOUTBOX };

protected:
   virtual void DoDataExchange(CDataExchange* pDX);   // DDX/DDV support
protected:
   DECLARE_MESSAGE_MAP()
};

CAboutDlg::CAboutDlg() : CDialog(CAboutDlg::IDD)
{
}
void CAboutDlg::DoDataExchange(CDataExchange* pDX)
{
   CDialog::DoDataExchange(pDX);
}
BEGIN_MESSAGE_MAP(CAboutDlg, CDialog)
END_MESSAGE_MAP()
void CStaffApp::OnAppAbout()
{
   CAboutDlg aboutDlg;
   aboutDlg.DoModal();
}
```

20.3.3 设计管理员管理模块

管理员管理模块包含两个文件：UserManageDlg.h 和 UserManageDlg.cpp，分别定义和实现了管理员增加、删除、修改和查询的功能。

UserManageDlg.h 的代码如下：

```
#pragma once
#include "afxcmn.h"
// CUserManageDlg 对话框
class CUserManageDlg : public CDialog
{
   DECLARE_DYNAMIC(CUserManageDlg)
public:
   CUserManageDlg(CWnd* pParent = NULL);            // 标准构造函数
   virtual ~CUserManageDlg();
```

```
    void UpdateUser(CString sql = "select * from admin");
    // 对话框数据
    enum { IDD = IDD_DIALOG_USER_MANAGE };
    CString mStrName;
    CString mStrPassword;
    int mType;
    int typeNumber;
    CListCtrl mList;
protected:
    virtual void DoDataExchange(CDataExchange* pDX);  // DDX/DDV 支持
    CString mRealName;
    DECLARE_MESSAGE_MAP()
public:
    afx_msg void OnBnClickedButtonAdd();
    afx_msg void OnBnClickedButtonDelete();
    virtual BOOL OnInitDialog();
    afx_msg void OnBnClickedButtonModify();
    afx_msg void OnLvnItemchangedListUser(NMHDR *pNMHDR, LRESULT *pResult);
    afx_msg void OnSelchangeComboTypeuser();
};
```

UserManageDlg.cpp 的代码如下：

```
// UserManageDlg.cpp : 实现文件
#include "stdafx.h"
#include "Staff.h"
#include "UserManageDlg.h"
#include ".\usermanagedlg.h"
#include "ADORecordset.h"
// CUserManageDlg 对话框
IMPLEMENT_DYNAMIC(CUserManageDlg, CDialog)
CUserManageDlg::CUserManageDlg(CWnd* pParent /*=NULL*/)
    : CDialog(CUserManageDlg::IDD, pParent)
    , mStrName(_T(""))
    , mStrPassword(_T(""))
    , mType(0)
    , typeNumber(0)
{
    mRealName = "";
}
CUserManageDlg::~CUserManageDlg()
{
}
void CUserManageDlg::DoDataExchange(CDataExchange* pDX)
{
    CDialog::DoDataExchange(pDX);
    DDX_Text(pDX, IDC_EDIT_NAME, mStrName);
    DDX_Text(pDX, IDC_EDIT_PASSWORD, mStrPassword);
    DDX_CBIndex(pDX, IDC_COMBO_TYPEUSER, mType);
    DDX_Control(pDX, IDC_LIST_USER, mList);
}
BEGIN_MESSAGE_MAP(CUserManageDlg, CDialog)
    ON_BN_CLICKED(IDC_BUTTON_ADD, OnBnClickedButtonAdd)
    ON_BN_CLICKED(IDC_BUTTON_DELETE, OnBnClickedButtonDelete)
    ON_BN_CLICKED(IDC_BUTTON_MODIFY, OnBnClickedButtonModify)
    ON_NOTIFY(LVN_ITEMCHANGED, IDC_LIST_USER, OnLvnItemchangedListUser)
    ON_CBN_SELCHANGE(IDC_COMBO_TYPEUSER, &CUserManageDlg::OnSelchangeComboTypeuser)
END_MESSAGE_MAP()
BOOL CUserManageDlg::OnInitDialog()
{
    CDialog::OnInitDialog();
    mList.SetExtendedStyle(LVS_EX_FULLROWSELECT | LVS_EX_GRIDLINES);
    mList.InsertColumn(0, "用户名", LVCFMT_LEFT, 140, 0);
    mList.InsertColumn(1, "密码", LVCFMT_LEFT, 140, 1);
    mList.InsertColumn(2, "用户类型", LVCFMT_LEFT, 140, 2);
```

```
    CComboBox *mBoxPtr = (CComboBox*)this->GetDlgItem(IDC_COMBO_TYPEUSER);
    typeNumber = theApp.mSysPara.mArrUserType.GetSize();
    for (int i = 0; i < theApp.mSysPara.mArrUserType.GetSize(); i++)
    {
        mBoxPtr->AddString(theApp.mSysPara.mArrUserType[i]);
    }
    mBoxPtr->AddString("全部");
    UpdateUser();
    return TRUE;  // return TRUE unless you set the focus to a control
    // 异常: OCX 属性页应返回 FALSE
}
void CUserManageDlg::UpdateUser(CString sql)
{
    mList.DeleteAllItems();
    CADORecordset recordset;
    if (recordset.Open(sql, theApp.mAdoConnection.mConnectionPtr))
    {
        int index = 0;
        while (!recordset.IsEOF())
        {
            mList.InsertItem(index, recordset.GetValueString(0));
            mList.SetItemText(index, 1, recordset.GetValueString(1));
            mList.SetItemText(index, 2, theApp.mSysPara.mArrUserType[recordset.GetValueLong(2)]);
            index++;
            recordset.MoveNext();
        }
    }
}
// CUserManageDlg 消息处理程序
void CUserManageDlg::OnBnClickedButtonAdd()
{
    UpdateData(true);
    if (mStrName == "")
    {
        MessageBox("请输入用户名! ", "错误");
        return;
    }
    CADORecordset recordset;
    CString strSql;
    strSql.Format("insert into admin values('%s', '%s', %d)", mStrName, mStrPassword, mType);
    if (!recordset.Open(strSql, theApp.mAdoConnection.mConnectionPtr))
        MessageBox("添加用户失败! ", "错误");
    UpdateUser();
}
void CUserManageDlg::OnBnClickedButtonModify()
{
    UpdateData(true);
    if (mRealName != mStrName)
    {
        MessageBox("不能修改用户名! ", "提示");
        mStrName = mRealName;
        UpdateData(false);
    }
    CString strSql;
    strSql.Format("update admin set Password = '%s', Type = %d where Name = '%s'",
        mStrPassword, mType, mStrName);
    CADORecordset recordset;
    if (!recordset.Open(strSql, theApp.mAdoConnection.mConnectionPtr))
    {
        MessageBox("修改用户失败! ", "错误");
    }
    UpdateUser();
}
void CUserManageDlg::OnBnClickedButtonDelete()
```

```
{
    POSITION pos = mList.GetFirstSelectedItemPosition();
    int nSel = mList.GetNextSelectedItem(pos);

    if (nSel == -1)
    {
        MessageBox("请选择要删除的用户！", "提示");
        return;
    }

    CADORecordset recordset;
    CString name = mList.GetItemText(nSel, 0);
    CString strSql;
    strSql.Format("delete from admin where Name = '%s'", name);
    if (!recordset.Open(strSql, theApp.mAdoConnection.mConnectionPtr))
        MessageBox("删除用户失败！", "错误");
    UpdateUser();
}
void CUserManageDlg::OnLvnItemchangedListUser(NMHDR *pNMHDR, LRESULT *pResult)
{
    LPNMLISTVIEW pNMLV = reinterpret_cast<LPNMLISTVIEW>(pNMHDR);
    POSITION pos = mList.GetFirstSelectedItemPosition();
    int nSel = mList.GetNextSelectedItem(pos);

    if (nSel != -1)
    {
        mStrName = mList.GetItemText(nSel, 0);
        mStrPassword = mList.GetItemText(nSel, 1);
        CComboBox *mBoxPtr = (CComboBox*)this->GetDlgItem(IDC_COMBO_TYPEUSER);
        mBoxPtr->SelectString(0, mList.GetItemText(nSel, 2));
        mRealName = mStrName;
        UpdateData(false);
    }

    *pResult = 0;
}
void CUserManageDlg::OnSelchangeComboTypeuser()
{
    // TODO: 在此添加控件通知处理程序代码
    UpdateData(true);
    CString sql;
    sql.Format("select * from admin where type = %d", mType);
    if (mType < typeNumber)
    {
        CUserManageDlg::UpdateUser(sql);
    }
    else
    {
        CUserManageDlg::UpdateUser();
    }
}
```

20.3.4　设计员工管理模块

员工管理模块包含 4 个文件：PeopleDlg.h、PeopleDlg.cpp、AddDlg.h 和 AddDlg.cpp，分别定义和实现了员工的增加、删除、修改和查询的功能。

PeopleDlg.h 的代码如下：

```
#include "afxcmn.h"
#if !defined(AFX_PEOPLEDLG_H__396AA93E_E152_4AB2_A7F2_70E169E7E8B1__INCLUDED_)
#define AFX_PEOPLEDLG_H__396AA93E_E152_4AB2_A7F2_70E169E7E8B1__INCLUDED_
#if _MSC_VER > 1000
#pragma once
```

```
#endif // _MSC_VER > 1000
class CPeopleDlg : public CDialog
{
public:
    CPeopleDlg(CWnd* pParent = NULL);   // standard constructor
    enum { IDD = IDD_DIALOG1 };
    CListCtrl mList;
    protected:
    virtual void DoDataExchange(CDataExchange* pDX);    // DDX/DDV support
protected:

    void ShowPeolpe();
    virtual BOOL OnInitDialog();
    afx_msg void OnButtonAdd();
    afx_msg void OnButtonSub();
    afx_msg void OnButtonMove();
    afx_msg void OnButtonModify();
    DECLARE_MESSAGE_MAP()
};
#endif
```

PeopleDlg.cpp 的代码如下：

```
#include "stdafx.h"
#include "Staff.h"
#include "PeopleDlg.h"
#include "AdoRecordset.h"
#include "AddDlg.h"
#include "DepartDlg.h"
#ifdef _DEBUG
#define new DEBUG_NEW
#undef THIS_FILE
static char THIS_FILE[] = __FILE__;
#endif
CPeopleDlg::CPeopleDlg(CWnd* pParent /*=NULL*/)
    : CDialog(CPeopleDlg::IDD, pParent)
{
}
void CPeopleDlg::DoDataExchange(CDataExchange* pDX)
{
    CDialog::DoDataExchange(pDX);
    DDX_Control(pDX, IDC_LIST1, mList);
}
BEGIN_MESSAGE_MAP(CPeopleDlg, CDialog)
    ON_BN_CLICKED(IDC_BUTTON1, OnButtonAdd)
    ON_BN_CLICKED(IDC_BUTTON2, OnButtonSub)
    ON_BN_CLICKED(IDC_BUTTON3, OnButtonMove)
    ON_BN_CLICKED(IDC_BUTTON_MODIFY, OnButtonModify)
END_MESSAGE_MAP()
BOOL CPeopleDlg::OnInitDialog()
{
    CDialog::OnInitDialog();
    mList.SetExtendedStyle(LVS_EX_FULLROWSELECT | LVS_EX_GRIDLINES);
    mList.InsertColumn(0, "编号", LVCFMT_LEFT, 60, 0);
    mList.InsertColumn(1, "姓名", LVCFMT_LEFT, 90, 1);
    mList.InsertColumn(2, "性别", LVCFMT_LEFT, 60, 2);
    mList.InsertColumn(3, "年龄", LVCFMT_LEFT, 60, 3);
    mList.InsertColumn(4, "所在部门", LVCFMT_LEFT, 80, 4);
    mList.InsertColumn(5, "职位", LVCFMT_LEFT, 80, 5);
    mList.InsertColumn(6, "联系电话", LVCFMT_LEFT, 100, 6);
    ShowPeolpe();
    return TRUE;  // return TRUE unless you set the focus to a control
              // EXCEPTION: OCX Property Pages should return FALSE
}
void CPeopleDlg::ShowPeolpe()
```

```
{
    mList.DeleteAllItems();
    CADORecordset recordSet;
    if (recordSet.Open("select * from People", theApp.mAdoConnection.mConnectionPtr))
    {
        // 如果查到，显示
        int index = 0;
        while (!recordSet.IsEOF())
        {
            mList.InsertItem(index, recordSet.GetValueString(0));
            mList.SetItemText(index, 1, recordSet.GetValueString(1));
            mList.SetItemText(index, 2, recordSet.GetValueString(2));
            mList.SetItemText(index, 3, recordSet.GetValueString(3));
            mList.SetItemText(index, 4, recordSet.GetValueString(4));
            mList.SetItemText(index, 5, recordSet.GetValueString(5));
            mList.SetItemText(index, 6, recordSet.GetValueString(6));
            index++;
            recordSet.MoveNext();
        }
    }
}
void CPeopleDlg::OnButtonAdd()
{
    CAddDlg dlg;
    if (dlg.DoModal() == IDOK)
    {
        ShowPeolpe();
    }
}
void CPeopleDlg::OnButtonSub()
{
    POSITION pos = mList.GetFirstSelectedItemPosition();
    if (pos == NULL)
    {
        MessageBox("请选择要删除的员工！", "错误");
        return;
    }
    int index = mList.GetNextSelectedItem(pos);

    CString sql;
    sql.Format("delete from People where ID = %s", mList.GetItemText(index, 0));
    CADORecordset recordSet;
    if (!recordSet.Open(sql, theApp.mAdoConnection.mConnectionPtr))
    {
        MessageBox("删除失败！", "错误");
    }
    recordSet.Close();

    // 删除用户中的员工
    CString strSql;
    strSql.Format("delete from admin where Name = '%s'", mList.GetItemText(index, 1));
    CADORecordset rsDelAdmin;
    rsDelAdmin.Open(strSql, theApp.mAdoConnection.mConnectionPtr);
    rsDelAdmin.Close();

    ShowPeolpe();
}

void CPeopleDlg::OnButtonMove()
{
    POSITION pos = mList.GetFirstSelectedItemPosition();
    if (pos == NULL)
    {
        MessageBox("请选择要调动的员工！", "错误");
        return;
```

```
    }
    int index = mList.GetNextSelectedItem(pos);

    CDepartDlg dlg;
    if (dlg.DoModal() == IDOK)
    {
        CString sql;
        sql.Format("update People set Depart = '%s' where ID = %s",
            dlg.mDepart, mList.GetItemText(index, 0));
        CADORecordset recordSet;
        if (!recordSet.Open(sql, theApp.mAdoConnection.mConnectionPtr))
        {
            MessageBox("调动失败！", "错误");
        }
        ShowPeolpe();
    }
}

void CPeopleDlg::OnButtonModify()
{
    POSITION pos = mList.GetFirstSelectedItemPosition();
    if (pos == NULL)
    {
        MessageBox("请选择要修改的员工！", "错误");
        return;
    }
    int index = mList.GetNextSelectedItem(pos);
    CAddDlg dlg;
    dlg.mType = 1;
    dlg.mId = atoi(mList.GetItemText(index, 0));
    dlg.mName = mList.GetItemText(index, 1);
    dlg.mSex = mList.GetItemText(index, 2);
    dlg.mAge = atoi(mList.GetItemText(index, 3));
    dlg.mDepart = mList.GetItemText(index, 4);
    dlg.mAddress = mList.GetItemText(index, 5);
    dlg.mTel = mList.GetItemText(index, 6);
    dlg.DoModal();
    ShowPeolpe();
}
```

AddDlg.h 的代码如下：

```
#if !defined(AFX_ADDDLG_H__6F58DDD7_C9E4_42C0_94CA_A81A6FA548A9__INCLUDED_)
#define AFX_ADDDLG_H__6F58DDD7_C9E4_42C0_94CA_A81A6FA548A9__INCLUDED_
#if _MSC_VER > 1000
#pragma once
#endif
class CAddDlg : public CDialog
{
public:
    CAddDlg(CWnd* pParent = NULL);  int mType;   // 0: 增加员工; 1: 修改员工
    enum { IDD = IDD_DIALOG_ADD };
    CString   mAddress;
    int   mAge;
    int   mId;
    CString   mName;
    CString   mTel;
    CString   mSex;
    CString   mDepart;
    protected:
    virtual void DoDataExchange(CDataExchange* pDX);    // DDX/DDV support
protected:
    virtual void OnOK();
    virtual BOOL OnInitDialog();
    DECLARE_MESSAGE_MAP()
};
```

```
#endif
```

AddDlg.cpp 的代码如下：

```
#include "stdafx.h"
#include "Staff.h"
#include "AddDlg.h"
#include "AdoRecordset.h"
#include "DepartDlg.h"
#ifdef _DEBUG
#define new DEBUG_NEW
#undef THIS_FILE
static char THIS_FILE[] = __FILE__;
#endif
CAddDlg::CAddDlg(CWnd* pParent /*=NULL*/)
    : CDialog(CAddDlg::IDD, pParent)
{
    mType = 0;
    mAddress = _T("");
    mAge = 0;
    mId = 0;
    mName = _T("");
    mTel = _T("");
    mSex = _T("男");
    mDepart = _T("校长办公室");
}
void CAddDlg::DoDataExchange(CDataExchange* pDX)
{
    CDialog::DoDataExchange(pDX);
    DDX_Text(pDX, IDC_EDIT_ADDRESS, mAddress);
    DDX_Text(pDX, IDC_EDIT_AGE, mAge);
    DDX_Text(pDX, IDC_EDIT_ID, mId);
    DDX_Text(pDX, IDC_EDIT_NAME, mName);
    DDX_Text(pDX, IDC_EDIT_TEL, mTel);
    DDX_CBString(pDX, IDC_COMBO_SEX, mSex);
    DDX_CBString(pDX, IDC_COMBO_DEPART, mDepart);
}
BEGIN_MESSAGE_MAP(CAddDlg, CDialog)
void CAddDlg::OnOK()
{
    UpdateData(true);
    if (mId == 0)
    {
        MessageBox("请输入员工编号！", "提示");
        return;
    }

    if (mName == "")
    {
        MessageBox("请输入员工姓名！", "提示");
        return;
    }

    if (mDepart == "")
    {
        MessageBox("请输入所在部门！", "提示");
        return;
    }
    CString sql;
    if (mType == 1)
    {
        sql.Format("update People set Name = '%s', Sex = '%s', Age = %d, Depart = '%s', Address 
= '%s', Tel = '%s' where ID = %d",
            mName, mSex, mAge, mDepart, mAddress, mTel, mId);
    }
    else
```

```
    {
        sql.Format("insert into People values(%d, '%s', '%s', %d, '%s', '%s', '%s')",
          mId, mName, mSex, mAge, mDepart, mAddress, mTel);

        // 向用户中增加一条记录
        CADORecordset recordset;
        CString strSql;
        strSql.Format("insert into admin values('%s', '', 2)", mName);
        recordset.Open(strSql, theApp.mAdoConnection.mConnectionPtr);
        recordset.Close();
    }
    TRACE("%s", sql);
    CADORecordset recordSet;

    if (!recordSet.Open(sql, theApp.mAdoConnection.mConnectionPtr))
    {
        if (mType == 1)
          MessageBox("修改数据失败！", "错误");
        else
          MessageBox("插入数据失败！", "错误");
        return;
    }

    CDialog::OnOK();
}
BOOL CAddDlg::OnInitDialog()
{
    CDialog::OnInitDialog();
    if (mType == 1)
    {
        CWnd* ptr = this->GetDlgItem(IDC_EDIT_ID);
        ptr->EnableWindow(false);
        this->GetDlgItem(IDC_COMBO_DEPART);
        ptr->EnableWindow(false);
        this->GetDlgItem(IDOK);
        this->SetDlgItemText(IDOK, "修改");
        UpdateData(false);
    }
    return TRUE;
}
```

20.3.5 设计工资管理模块

工资管理模块包含 4 个文件：WageDlg.h 和 WageDlg.cpp、InputWageDlg.h 和 InputWageDlg.cpp，分别定义和实现了工资查询、修改和录入的功能。

WageDlg.h 的代码如下：

```
#if !defined(AFX_WAGEDLG_H__512F67F5_925C_4C3D_8621_44A9C700E645__INCLUDED_)
#define AFX_WAGEDLG_H__512F67F5_925C_4C3D_8621_44A9C700E645__INCLUDED_
#if _MSC_VER > 1000
#pragma once
#endif
class CWageDlg : public CDialog
{
public:
    CWageDlg(CWnd* pParent = NULL);   // standard constructor
    enum { IDD = IDD_DIALOG_WAGE };
    CListCtrl mList;
    CString   mMonth;
protected:
    virtual void DoDataExchange(CDataExchange* pDX);    // DDX/DDV support
protected:
```

```
    afx_msg void OnButtonSelect();
    virtual BOOL OnInitDialog();
    DECLARE_MESSAGE_MAP()
public:
    afx_msg void OnBnClickedButtonInput();
    afx_msg void OnBnClickedButtonMod();
};
#endif
```

WageDlg.cpp 的代码如下：

```
#include "stdafx.h"
#include "Staff.h"
#include "WageDlg.h"
#include ".\wagedlg.h"
#include "InputWageDlg.h"
#ifdef _DEBUG
#define new DEBUG_NEW
#undef THIS_FILE
static char THIS_FILE[] = __FILE__;
#endif
CWageDlg::CWageDlg(CWnd* pParent /*=NULL*/)
    : CDialog(CWageDlg::IDD, pParent)
{
    mMonth = _T("1月");
}
void CWageDlg::DoDataExchange(CDataExchange* pDX)
{
    CDialog::DoDataExchange(pDX);
    DDX_Control(pDX, IDC_LIST1, mList);
    DDX_CBString(pDX, IDC_COMBO_YF, mMonth);
}
BEGIN_MESSAGE_MAP(CWageDlg, CDialog)
    ON_BN_CLICKED(IDC_BUTTON_SELECT, OnButtonSelect)
    ON_BN_CLICKED(IDC_BUTTON_INPUT, OnBnClickedButtonInput)
    ON_BN_CLICKED(IDC_BUTTON_MOD, OnBnClickedButtonMod)
END_MESSAGE_MAP()
void CWageDlg::OnButtonSelect()
{
    UpdateData(true);
    if (mMonth == "")
    {
        MessageBox("请选择要查看工资的月份！", "错误");
        return;
    }

    mList.DeleteAllItems();
    CString sql;
    sql.Format("select t1.id, t1.name, t2.BasicWage, t2.Bonus, t2.Allowance, t2.CallBackPay,
t2.Tax, t2.Attendance, t2.DeductWage, t2.OughtWage, t2.RealWage from People t1 LEFT  OUTER  JOIN
Wage t2 on t1.id = t2.ID and t2.Month = '%s'",
        mMonth);
    TRACE("%s\n", sql);
    CADORecordset recordSet;
    if (recordSet.Open(sql, theApp.mAdoConnection.mConnectionPtr))
    {
        // 如果查到，显示
        int index = 0;
        while (!recordSet.IsEOF())
        {
            mList.InsertItem(index, recordSet.GetValueString(0));
            mList.SetItemText(index, 1, recordSet.GetValueString(1));
            mList.SetItemText(index, 2, recordSet.GetValueString(2));
            mList.SetItemText(index, 3, recordSet.GetValueString(3));
            mList.SetItemText(index, 4, recordSet.GetValueString(4));
```

```
            mList.SetItemText(index, 5, recordSet.GetValueString(5));
            mList.SetItemText(index, 6, recordSet.GetValueString(6));
            mList.SetItemText(index, 7, recordSet.GetValueString(7));
            mList.SetItemText(index, 8, recordSet.GetValueString(8));
            mList.SetItemText(index, 9, recordSet.GetValueString(9));
            mList.SetItemText(index, 10, recordSet.GetValueString(10));

            index++;
            recordSet.MoveNext();
        }
    }
}
BOOL CWageDlg::OnInitDialog()
{
    CDialog::OnInitDialog();
    mList.SetExtendedStyle(LVS_EX_FULLROWSELECT | LVS_EX_GRIDLINES);
    mList.InsertColumn(0, "编号", LVCFMT_LEFT, 50, 0);
    mList.InsertColumn(1, "姓名", LVCFMT_LEFT, 60, 1);
    mList.InsertColumn(2, "基本工资", LVCFMT_LEFT, 60, 2);
    mList.InsertColumn(3, "奖金", LVCFMT_LEFT, 60, 3);
    mList.InsertColumn(4, "补贴", LVCFMT_LEFT, 60, 4);
    mList.InsertColumn(5, "加班费", LVCFMT_LEFT, 60, 5);
    mList.InsertColumn(6, "个人所得税", LVCFMT_LEFT, 80, 6);
    mList.InsertColumn(7, "出勤情况", LVCFMT_LEFT, 60, 7);
    mList.InsertColumn(8, "扣发工资", LVCFMT_LEFT, 60, 8);
    mList.InsertColumn(9, "应发工资", LVCFMT_LEFT, 60, 9);
    mList.InsertColumn(10, "实发工资", LVCFMT_LEFT, 60, 10);
    return TRUE; }
void CWageDlg::OnBnClickedButtonInput()
{
    POSITION pos = mList.GetFirstSelectedItemPosition();
    if (pos == NULL)
    {
        MessageBox("请选择要录入工资的员工！", "错误");
        return;
    }
    int index = mList.GetNextSelectedItem(pos);
    if (mList.GetItemText(index, 3) != "")
    {
        MessageBox("此员工本月的工资已经录入！", "错误");
        return;
    }

    CInputWageDlg dlg;
    dlg.mMonth = mMonth;
    dlg.mId = mList.GetItemText(index, 0);
    dlg.mName = mList.GetItemText(index, 1);
    if (dlg.DoModal() == IDOK)
    {
        OnButtonSelect();
    }
}

void CWageDlg::OnBnClickedButtonMod()
{
    POSITION pos = mList.GetFirstSelectedItemPosition();
    if (pos == NULL)
    {
        MessageBox("请选择要修改工资的员工！", "错误");
        return;
    }
    int index = mList.GetNextSelectedItem(pos);
    if (mList.GetItemText(index, 3) == "")
```

```
    {
       MessageBox("此员工本月的工资还未录入！", "错误");
       return;
    }
    CInputWageDlg dlg;
    dlg.mbMod = true;
    dlg.mMonth = mMonth;
    dlg.mId = mList.GetItemText(index, 0);
    dlg.mName = mList.GetItemText(index, 1);
    dlg.mBasicWage = atoi(mList.GetItemText(index, 2));
    dlg.mBonus = atoi(mList.GetItemText(index, 3));
    dlg.mAllowance = atoi(mList.GetItemText(index, 4));
    dlg.mCallBackPay = atoi(mList.GetItemText(index, 5));
    dlg.mTax = atof(mList.GetItemText(index, 6));
    dlg.mAttendance = mList.GetItemText(index, 7);
    dlg.mDeductWage = atoi(mList.GetItemText(index, 8));
    dlg.mOughtWage = atof(mList.GetItemText(index, 9));
    dlg.mRealWage = atof(mList.GetItemText(index, 10));
    if (dlg.DoModal() == IDOK)
    {
       OnButtonSelect();
    }
}
```

InputWageDlg.h 的代码如下：

```
#if !defined(AFX_INPUTWAGEDLG_H__55AFF762_A22F_40CF_81F0_7DAB457A824D__INCLUDED_)
#define AFX_INPUTWAGEDLG_H__55AFF762_A22F_40CF_81F0_7DAB457A824D__INCLUDED_
#if _MSC_VER > 1000
#pragma once
#endif // _MSC_VER > 1000
class CInputWageDlg : public CDialog
{
public:
   CInputWageDlg(CWnd* pParent = NULL);
   bool mbMod;
   enum { IDD = IDD_DIALOG_INPUT_WAGE };
   CString   mMonth;
   int   mAllowance;
   CString   mId;
   int   mBasicWage;
   int   mBonus;
   CString   mName;
   int   mTc;

   int   mCallBackPay;
   double    mTax;
   CString   mAttendance ;
   int   mDeductWage;
   double    mOughtWage;
   double    mRealWage;
   protected:
   virtual void DoDataExchange(CDataExchange* pDX);    // DDX/DDV support
protected:

   virtual void OnOK();
   virtual BOOL OnInitDialog();
   DECLARE_MESSAGE_MAP()
};
#endif
```

InputWageDlg.cpp 的代码如下：

```
#include "stdafx.h"
#include "Staff.h"
#include "InputWageDlg.h"
#ifdef _DEBUG
#define new DEBUG_NEW
```

```
#undef THIS_FILE
static char THIS_FILE[] = __FILE__;
#endif
CInputWageDlg::CInputWageDlg(CWnd* pParent /*=NULL*/)
   : CDialog(CInputWageDlg::IDD, pParent)
{
   mMonth = _T("");
   mAllowance = 0;
   mId = _T("");
   mBasicWage = 0;
   mBonus = 0;
   mName = _T("");
   mTc = 0;
   mCallBackPay = 0;
   mTax = 0.0;
   mAttendance = "";
   mDeductWage = 0;
   mOughtWage = 0.0;
   mRealWage = 0.0;
   mbMod = false;
}
void CInputWageDlg::DoDataExchange(CDataExchange* pDX)
{
   CDialog::DoDataExchange(pDX);
   DDX_CBString(pDX, IDC_COMBO_YF, mMonth);
   DDX_Text(pDX, IDC_EDIT_ID, mId);
   DDX_Text(pDX, IDC_EDIT_JBGZ, mBasicWage);
   DDX_Text(pDX, IDC_EDIT_TC, mTc);
   DDX_Text(pDX, IDC_EDIT_JJ, mBonus);
   DDX_Text(pDX, IDC_EDIT_BT, mAllowance);
   DDX_Text(pDX, IDC_EDIT_JBF, mCallBackPay);
   DDX_Text(pDX, IDC_EDIT_GRSDS, mTax);
   DDX_Text(pDX, IDC_EDIT_CQQK, mAttendance);
   DDX_Text(pDX, IDC_EDIT_KFGZ, mDeductWage);
   DDX_Text(pDX, IDC_EDIT_YFGZ, mOughtWage);
   DDX_Text(pDX, IDC_EDIT_SFGZ, mRealWage);
   DDX_Text(pDX, IDC_EDIT_NAME, mName);
BEGIN_MESSAGE_MAP(CInputWageDlg, CDialog)
END_MESSAGE_MAP()
void CInputWageDlg::OnOK()
{
   UpdateData(true);
   CString sql;

   if (mbMod)
   {
      sql.Format("update Wage set BasicWage=%d, TC=%d, Bonus=%d, Allowance=%d, CallBackPay=%d,
Tax=%f, Attendance='%s', DeductWage=%d, OughtWage=%f, RealWage=%f where Month='%s' and ID=%s",
         mBasicWage, mTc, mBonus, mAllowance, mCallBackPay, mTax, mAttendance, mDeductWage,
mOughtWage, mRealWage, mMonth, mId);
   }
   else
   {
      sql.Format("insert into Wage values('%s', %s, %d, %d, %d, %d, %d, %f, '%s', %d, %f, %f)",
         mMonth, mId, mBasicWage, mTc, mBonus, mAllowance, mCallBackPay, mTax, mAttendance,
mDeductWage, mOughtWage, mRealWage);
   }
   TRACE("%s\n", sql);
   CADORecordset recordSet;
   if (!recordSet.Open(sql, theApp.mAdoConnection.mConnectionPtr))
   {
      if (mbMod)
         MessageBox("修改工资失败! ", "错误");
      else
         MessageBox("录入工资失败! ", "错误");
      return;
```

```
    }
    CDialog::OnOK();
}
BOOL CInputWageDlg::OnInitDialog()
{
    CDialog::OnInitDialog();
    if (mbMod)
    {
        this->SetDlgItemText(IDOK, "修改");
    }
    UpdateData(false);
    return TRUE;
}
```

20.4　系统运行与测试

到了这里，整个企业工资管理系统就基本设计好了，现在就来看看设计的成果。

程序运行后直接进入登录界面，默认的超级管理员账号和密码都是 admin，登录界面如图 20-2 所示。如果三次输入密码错误，程序将自动退出。

程序的主界面中可以按照月份和部门查看员工的工资详情，同样也可以按照姓名查看，如图 20-3 所示。

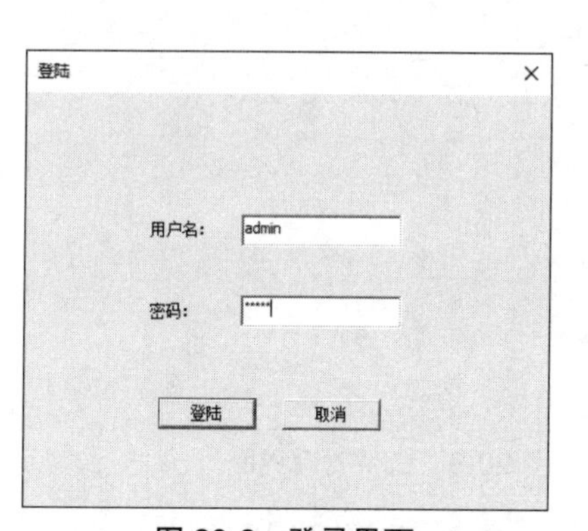

图 20-2　登录界面

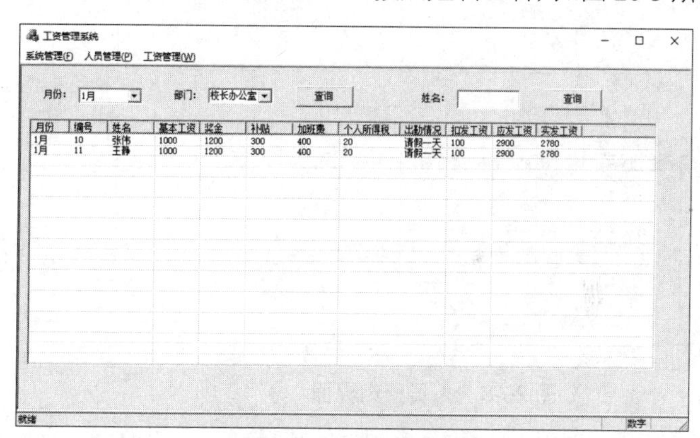

图 20-3　系统主界面

选择“系统管理”选项，在打开的该对话框中，能够查看用户的信息，同时也可以修改、添加和删除用户，修改和添加用户时直接在编辑框里面修改用户信息，然后单击“修改用户”按钮即可，如图 20-4 所示。

选择“人员管理”选项，在打开的对话框中可以对人员变动进行管理。人员管理的主界面如图 20-5 所示。

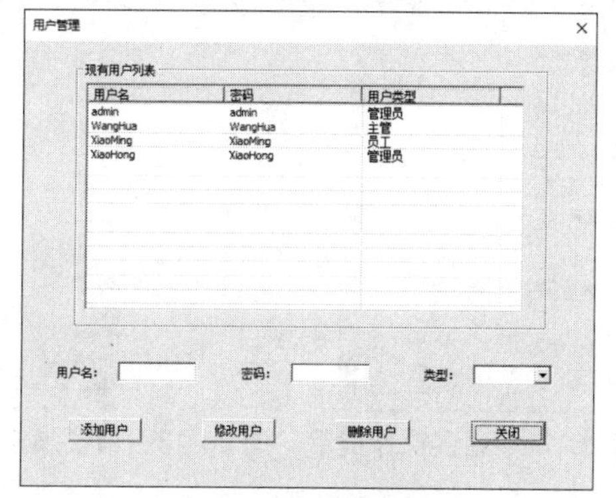

图 20-4　用户管理界面

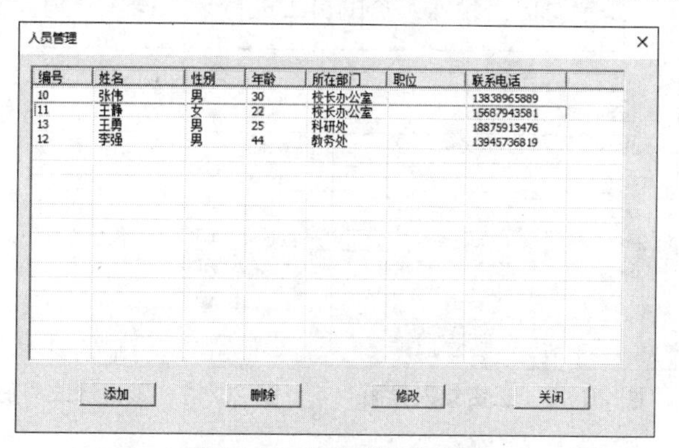

图 20-5　人员管理主界面

单击“添加”按钮后，弹出的对话框是空白信息，这里可以输入需要添加新员工的信息，如图 20-6 所示。

选中一个用户，单击“修改”按钮后，出现的界面会有需要修改的员工信息，如图 20-7 所示。

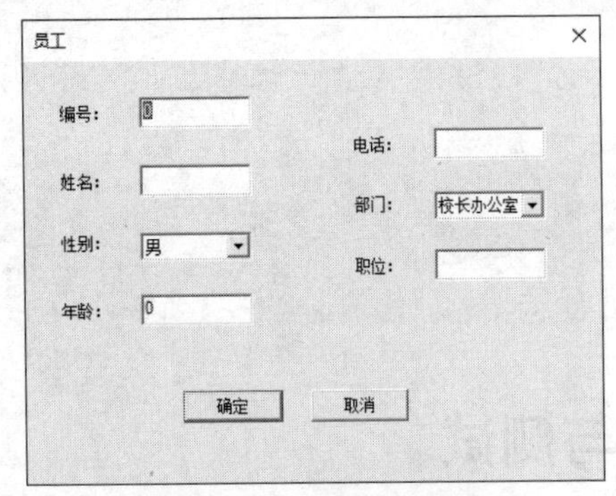

图 20-6　添加员工界面

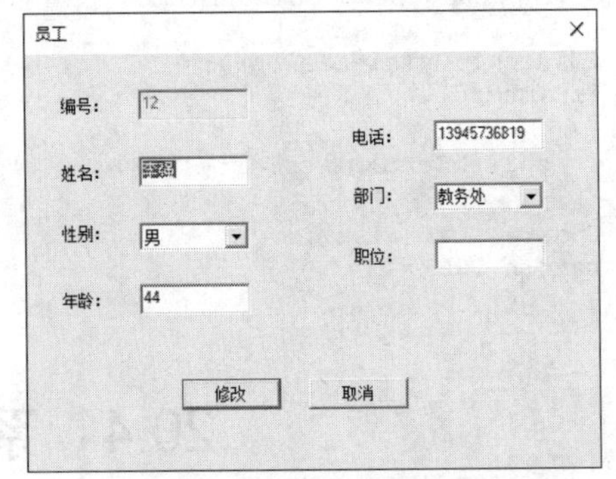

图 20-7　修改员工信息

可以按照姓名或部门查看职工人员的信息，如图 20-8 所示。

在主界面中选择“工资管理”选项，在打开的对话框中可以管理职工的工资，按月查看、录入和修改，如图 20-9 所示。

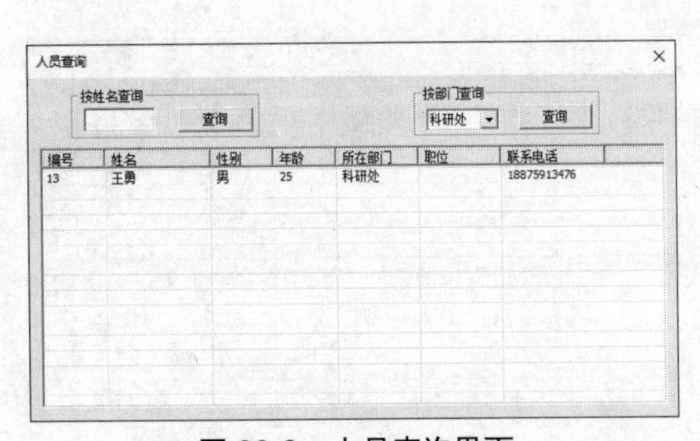

编号	姓名	性别	年龄	所在部门	职位	联系电话
13	王勇	男	25	科研处		18875913476

图 20-8　人员查询界面

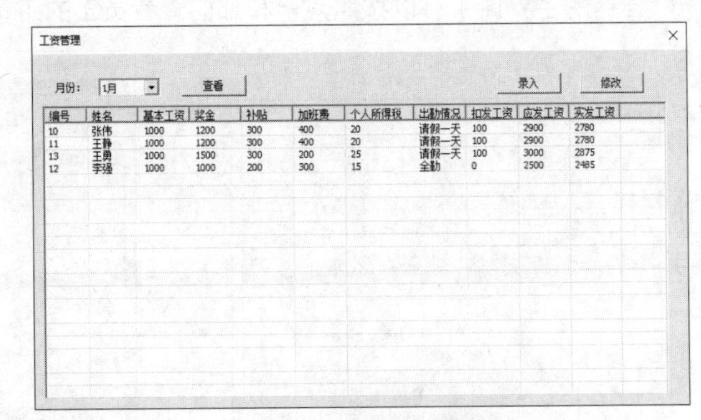

编号	姓名	基本工资	奖金	补贴	加班费	个人所得税	出勤情况	扣发工资	应发工资	实发工资
10	张伟	1000	1200	300	400	20	请假一天	100	2900	2780
11	王静	1000	1200	300	400	20	请假一天	100	2900	2780
13	王勇	1000	1500	300	200	25	请假一天	100	3000	2875
12	李强	1000	1000	200	300	15	全勤	0	2500	2485

图 20-9　工资管理界面

选中一个职工，然后单击“录入”按钮，即可对该职工的工资进行录入，如图 20-10 所示。

或者选中一个已经录入工资的员工，然后单击“修改”按钮，就可以更改该职工的工资，如图 20-11 所示。

如果对没有录入工资的员工进行修改操作，将提示工资未录入，如图 20-12 所示。

如果对已经录入工资的员工进行录入操作，则会提示该员工工资已录入的提示，如图 20-13 所示。

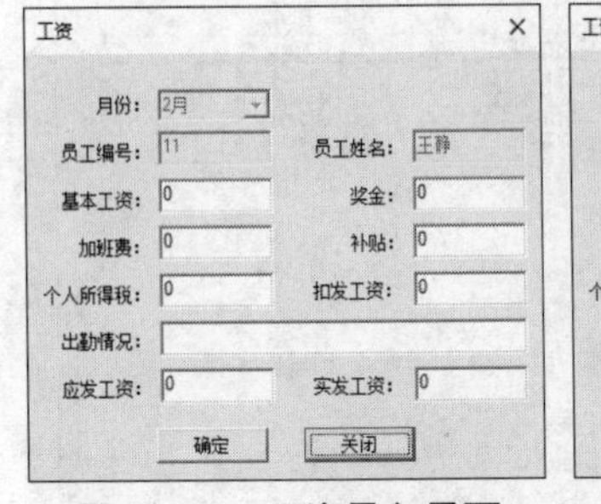

图 20-10　工资录入界面

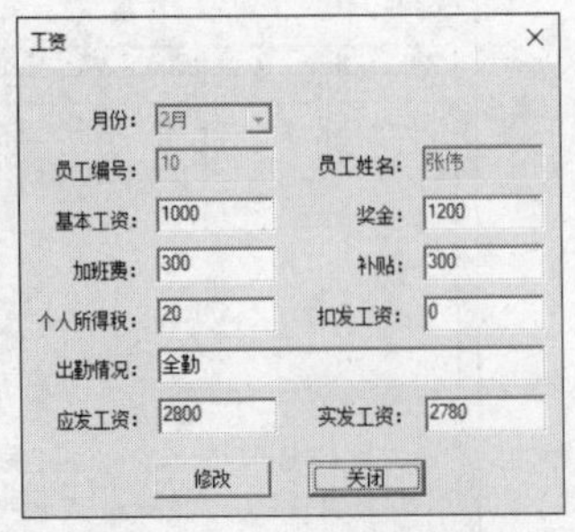

图 20-11　工资修改界面

图 20-12　错误操作提示

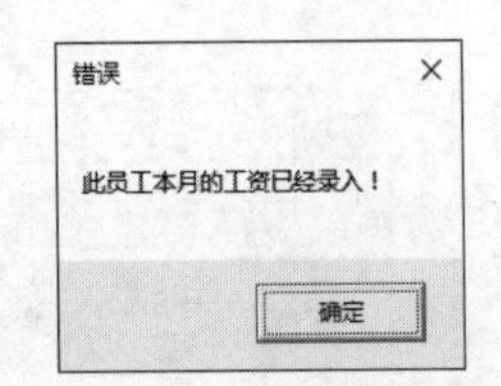

图 20-13　错误操作提示